普通高等教育"十一五"国家级规划教材

石油钻采机械概论

第 2 版

主编　李继志
主审　万邦烈

中国石油大学出版社

图书在版编目(CIP)数据

石油钻采机械概论/李继志主编. —2版. —东营：
中国石油大学出版社,2009.12(2015.7重印)
ISBN 978-7-5636-2994-7

Ⅰ.①石… Ⅱ.①李… Ⅲ.①油气钻井—钻机—高等
学校—教材②采油机械设备—高等学校—教材 Ⅳ.
①TE922②TE93

中国版本图书馆 CIP 数据核字(2009)第 241067 号

书　　名	石油钻采机械概论
主　　编	李继志

责任编辑：袁超红　秦晓霞
封面设计：赵志勇

出　版　者	中国石油大学出版社(山东 东营　邮编 257061)
网　　址	http://www.uppbook.com.cn
电子信箱	shiyoujiaoyu@126.com
印　刷　者	沂南县汇丰印刷有限公司
发　行　者	中国石油大学出版社(电话 0532—86981532,86983437)
开　　本	180 mm×235 mm　印张：32.75　字数：711 千字
版　　次	2015 年 7 月第 2 版第 3 次印刷
定　　价	58.00 元

前 言

PREFACE

　　石油高等学校原来的石油机械类专业已经更名为机械设计制造及其自动化专业,这体现了石油机械类专业在向着更宽广的方向发展。按照新的教学计划,原来必修的石油机械传统专业课程——钻井机械设计、采油机械设计和石油工程流体机械等——不再作为专业的必修课;一些介绍石油机械设备的课程也相应取消,取而代之的是一些通用性更强、涉及面更广的必修或选修课程。但是,作为石油高等学校的机械类专业,以石油工业为主要服务领域的基本方针不会改变,应该力争向其输送更多合格的机械工程技术人才。这些人才不仅要具备机械工程和控制工程等方面的知识、技术和技能,还必须了解其在石油工程中的应用范围和特点,即在人才培养目标上应该始终保持鲜明的石油行业特色。由此可见,有必要开设一门能够传授石油工程基本知识和石油机械设备概况的专业基础教育课程,以对石油高等学校机械类专业的学生进行必要的石油特色教育。

　　1992 年石油大学出版社出版的教材《石油钻采设备及工艺概论》,是以 1980 年校内铅印教材《石油钻采工艺基础及设备》为蓝本,在总结 12 年教学经验的基础上编写而成的。该教材在石油机械类专业的课堂教学、专业实习指导和工程技术应用等方面发挥了很好的作用,深受石油机械、钻井、采油及相近专业学生和现场工程技术人员的欢迎,并于1995 年获得了原中国石油天然气总公司石油高校优秀教材一等奖。从基本内容看,该教材能够适应石油高校中机械工程类专业培养计划的要求,石油高校开设的石油钻采机械概论或石油机械概论等课程大多选用该书作为基本教材。1997 年经原中国石油天然气总公司推荐和原国家教委批准,决定以《石油钻采设备及工艺概论》为基础进行第一次修订,教材更名为《石油钻采机械概论》,并被原国家教委确定为“九五”国家级重点教材,于2001 年 7 月出版。2005 年 12 月申请对该教材进行第二次修订,2006 年获教育部批准,并被列为普通高等教育“十一五”国家级规划教材。

　　新编《石油钻采机械概论》更新的部分主要是:第一,将原教材中的第一章和第二章合并为一章,组成石油工程基本知识,并对其中的内容进行了重新编排、适度精简和更新。第二,增加了第十一章石油机械的控制与测量,重点介绍气动、液压、电动控制以及自动测量技术在典型石油机械中的应用情况和主要特点,目的是适应石油机械教育和石油科技向自动化、信息化方向发展的需要。第三,对保留的各章节的内容进行了筛选、删除或精简,广泛收集近十年来新发展的主要石油机械设备资料并适当编入教材,包括交流变频钻机、复合驱动钻机、液压钻机、液压驱动往复泵、直线电机抽油机、长环形齿条抽油机等。

新编《石油钻采机械概论》力求在内容上更加丰富全面,努力反映石油教育和科技发展的最新趋势,并在逻辑上更符合教学要求、编排上更为合理、印装方面更精益求精。新编教材的基本特色是:

(1)石油工程技术与机械设备前后呼应。在教材第一章以及其他章节的相关内容中都简要介绍了石油钻井工程和采油工程的基本工艺过程,并导出实现工艺流程所必需的主要机械系统及主要设备,从而使读者能够对石油钻井和采油的全过程建立比较完整的概念,了解石油工程中主要机械设备所担负的任务,启发读者有目标地学习和探索相关知识。至于组成这些系统的主要机械设备的结构、工作原理和应用特点等,后续各章节中将分别予以介绍。海洋石油的勘探和开发正在蓬勃兴起,它是资金和新技术高度密集的行业。教材第十二章中简要介绍了海洋石油勘探和开发的情况,以便读者可沿此思路进一步作深入的探索。

(2)石油机械与通用机械相互融合。在教材内容的选取上,力争将通用机械的基本原理融入石油机械的特殊应用之中。凡属于通用机械的,如动力系统、传动系统、起升系统、往复泵、离心泵、压缩机、螺杆泵、仪表等,都保持有关内容自身的理论和科学体系,重点阐述工作原理、结构、特性、基本计算方法,使读者了解一般机械的基本知识和内在本质,扩展视野,为进一步的机械工程教育和实践能力的培养奠定必要基础;同时,作为石油机械中的一部分,又紧密结合其在石油工程技术中的特殊作用、应用特点和基本设计要求,引起读者关注。石油机械中的主要内容虽然本质上都属于工程机械的范畴,但更偏重于在石油工程中的应用,属于专用的石油机械设备,如石油钻机、旋转设备、机械采油设备、多相流分离设备、钻采工具等,在非石油类图书资料中比较少见。对于这些部分,教材中都作了比较全面的介绍,以加深读者对主要石油机械设备特殊性的认识,增进对石油工程技术知识的了解。至于石油机械的控制与测量,更是石油工程技术、石油机械与通用机械、现代信息工程技术相互融合和应用的典型范例。

(3)理论与实际相结合。本教材不同于理论专著,未对相关的理论问题作深入的展开和探讨;也不同于一般的资料性著作,只选取了部分具有代表性的、能够对读者有所启发的内容。教材中的主要内容都保持了自身的理论和科学体系,虽然比较简要,但也可以使读者学到系统的知识,还便于进行课堂教学;教材中紧密结合生产实际且比较充实的资料,也可使读者学之有物。本教材之所以受到石油机械厂和油田工程技术人员的喜爱,广泛用作技术参考书并被作为技术再教育的专用教材,正是因为其具有比较丰富的技术内容。

(4)遵循教学规律。本教材所述理论的广度和深度适中,力求取材合理。经过数次修订和30年的使用实践,表明其能够给予读者较完整的石油钻采工程及机械设备的理论知识和实践知识,实践性和针对性强,特别有利于读者感性知识、实践能力和求知欲的培养,既能传授基本的机械基础知识,又可反映现代石油钻采机械设备及其应用的全貌,在一定程度上弥补了取消石油钻采工艺和主要石油机械专业课程所造成的知识缺失。教材在内容的编排上力求贯彻由浅入深、循序渐进和重点突出的原则,符合科学性、逻辑性和教学规律。全书图文并茂,语言通畅,适合作为石油高校相关专业机械工程教育的基础性教材。

石油工程和石油机械设备的内容深广,每个方面都包含着极其深刻和广泛的科学内涵,鉴于教学目的及学时的要求,也限于篇幅,教材内容中不可能全面涉及,更深入的理论和实际内容也无法展开,读者可根据各自的需要在后续课程或工作中继续学习。

本教材主要面向石油高等学校机械类专业的学生,可作为课堂用教材或用于石油现场实践性教学;对于石油工程类专业的学生、石油现场和石油机械行业的技术人员,本教材也可作为培训和自学参考书。

本教材第一、第五、第六、第八章由李继志教授编写,第二、第三、第十一章由齐明侠教授编写,第四、第十章由高学仕教授编写,第七、第九章由刘猛教授编写,第十二章由徐兴平教授编写。全书由李继志教授担任主编,万邦烈教授主审。审阅人对教材初稿提出了许多宝贵的建议,石油教育界的著名专家陈如恒、赵国珍和方华灿教授,中国石油大学(华东)机械设计制造及其自动化专业的其他教师及石油行业的许多同行,对本教材的编写给予了热情的关怀和支持,并根据实际应用的经验提出了十分有益的建议,作者在此向他们致以衷心的谢意。教材编写过程中参阅了有关的国家和行业标准,《石油机械》、《石油矿场机械》、《石油钻采工艺》和《液压与气动》等刊物,以及许多工厂、研究院所提供的产品样本、说明书、鉴定材料、专利和研究生毕业论文等大量资料,在此谨向给予帮助及支持的单位和个人致以诚挚的谢意。

从1980年的校内铅印教材《石油钻采工艺基础及设备》到1992年公开出版的《石油钻采设备及工艺概论》和2001年出版的《石油钻采机械概论》,陈荣振教授作为主要编写人和主编者之一,为本教材的形成、发展和逐步完善付出了辛勤的劳动和才智,做出了重要的贡献,在此谨表示深切的怀念。

由于水平有限,新修订的教材中仍难免有不足和不当之处,恳请广大读者和同行批评指正。

编　者
2010 年 8 月

目 录
CONTENTS

第
一
章

> >> *Chapter One*

石油工程基本知识

　　石油和天然气是能源的重要组成部分,是国家工业、农业和国防建设以及人民日常生活不可缺少的战略资源。它们都埋藏在地下几百米、上千米甚至超过万米的岩层中。为了寻找油气藏并开采石油天然气,需要极其复杂的钻井、采油工艺过程,需要使用一系列的石油机械设备。也就是说,石油机械工作者研究、设计、制造和使用石油机械设备的根本任务在于完全服务于石油、天然气及其开采过程。为此,有必要了解一些与石油、天然气有关的常识,学习石油开采的基本工艺知识。

　　本章简要介绍石油钻井、采油工艺过程和新技术发展,进而引出执行有关工艺技术的机械设备系统,初步展现完成复杂的钻井和采油过程所必需的关键设备,以便读者在后续各章节中作更深入的学习和研究。

第一节　石油、天然气常识

一、石油、天然气的性质和成因

石油、天然气是在地壳中所形成的可燃有机矿产,具有流动性,成分极为复杂。

(一)石油的化学组成和物理性质

1. 石油的化学组成

石油主要由碳、氢两种元素组成,其中碳的质量占 80%～88%、氢占 10%～14%,另外还含有少量的氧、硫、氮,占 0.3%～7%。若石油中碳、氢元素含量高且碳/氢值低,则油质好;若氧、硫、氮元素含量高,则油质相对较差。

石油中的碳、氢、氧、硫、氮等元素一般以化合物形式存在。这些化合物可分为两大类:一类是烃,即碳氢化合物,是石油的主要组成部分,其质量分数在 80% 以上;另一类是含有氧、硫、氮的化合物,或称为非烃化合物。氧、硫、氮三种元素在石油中含量虽少,但其化合物在石油中的质量分数有时可达 30%,从而影响石油的质量,不利于石油的开采、炼制和加工。

根据石油成分被不同溶剂选择溶解及被介质选择吸附的特点,将其分成性质相近的组,称为组分。每个组内包含性质相似的一部分化合物。

(1)油质。油质是由碳氢化合物组成的淡色黏性液体,是石油的主要组成部分。若油质含量高,则石油质量相对较好。油质中含有的石蜡是一种熔点为 37～76 ℃ 的烷烃,呈淡黄色或黄褐色。石蜡含量高时石油易凝固,油井易结蜡,不利于石油的开采。

(2)胶质。胶质的主要成分是碳氢化合物,但氧、硫、氮含量增多,一般为黏性或玻璃状的固体物质。石油中胶质含量少(质量分数约为 1%),是渣油的主要成分。

(3)沥青质。沥青质所含碳氢化合物比胶质更少,含氧、硫、氮化合物更多,为黑色固体物质。胶质和沥青质称为石油的重组分,是非碳氢化合物比较集中的部分。当胶质、沥青质含量高时,石油质量变差。

(4)炭质。炭质以碳元素状态存在于石油中,含量很少,常称残炭。

2. 石油的物理性质

石油的物理性质包括颜色、密度、黏度、凝固点、溶解性、荧光性、导电性等。

(1)颜色。石油一般呈棕色、褐色或黑色,也有的是无色透明的凝析油。胶质、沥青质含量愈高,石油的颜色愈深。石油的颜色越淡,质量越好。

(2)密度。从地下采出来的石油称为原油。密度是标准条件下(20 ℃,0.101 MPa)单位体积原油的质量,单位为 t/m³ 或 g/cm³。原油密度与 4 ℃ 纯水密度的比值称为原油相对密度或比重,用符号 D_4^{20} 表示。原油的相对密度一般为 0.75～0.98,即原油比水轻。通常,相对密度大于 0.92 的原油为重质油或稠油,相对密度介于 0.88～0.92 之间的原油为中质油,相对密度小于 0.88 的原油为轻质油。

(3)黏度。原油流动时分子间会产生摩擦阻力,黏度即表示这种阻力大小。黏度小的原油的流动性好。原油黏度用符号 μ 表示,单位为 mPa·s(黏度的单位以前常用 P 或 cP),1 mPa·s=1 cP。

(4)凝固点。原油失去流动性时的温度或开始凝固时的温度称为凝固点。含蜡少、重组分含量低的原油的凝固点低,有利于开采和集输。凝固点在 40 ℃ 以上的原油称为凝油。

(5)溶解性。石油难溶于水,但易溶于有机溶剂。石油可与天然气互溶。溶有天然气的石油的黏度小,有利于开采。

(6)荧光性。石油在紫外线照射下会发出一种特殊的光亮,称为石油的荧光性。借助荧光分析可鉴别岩样中是否含有石油。

（7）导电性。石油为非导电体，电阻率很高，这种特性成为电法测井划分油、气、水层的物理基础。

（二）天然气的化学组成和物理性质

1. 天然气的化学组成

天然气也是在地壳中生成的一种可燃有机矿产，是以气态碳氢化合物为主的可燃混合气体。通常所说的天然气是指油田气和气田气。按分布特征的不同，地壳中的天然气可分为分散型和聚集型两大类；按与石油产出的关系，又可分为伴生气和非伴生气。分散型天然气主要包括溶解于石油或水中的溶解气，吸附或游离于煤层的煤层气，以及封闭、冻结于水分子晶格中的甲烷等气分子形成的固态气水合物。聚集型天然气是单独运移而聚集的游离气，包括气藏气、气顶气和凝析气。只有大规模的游离气聚集才具有开发利用价值。

天然气的主要成分为甲烷（CH_4）、乙烷（C_2H_6）、丙烷（C_3H_8）和丁烷（C_4H_{10}），其中所含甲烷的质量分数可达80%以上。此外，天然气中还含有少量的二氧化碳（CO_2）、一氧化碳（CO）、硫化氢（H_2S）及氮（N_2）、氧（O_2）、氢（H_2）。

天然气中，乙烷以上的烃称为重烃。依据重烃含量的不同，可将天然气分为干气和湿气。干气中甲烷的质量占95%以上，湿气中含有5%～10%以上的乙烷、丙烷、丁烷等重烃。湿气常与油共生，是油田或气田中的伴生气。

2. 天然气的物理性质

天然气无色，有汽油味，可燃。天然气的物理性质包括密度、黏度和溶解性等。

（1）密度。天然气密度在 $0.6\sim1.0\ g/cm^3$ 之间，湿气含重烃多，密度大于干气。

（2）黏度。气体黏度是气体内部摩擦阻力的表现，天然气黏度与其组成、压力和温度有关。

（3）溶解性。天然气溶于石油和水，更容易溶于石油。

（三）油气成因说

石油、天然气成因是石油地质界研究的重大课题，它涉及生物、化学、地质学等诸多学科。人类对此问题的认识，也是随着自然科学的发展和油气勘探开发的实践过程而不断深化的。目前基本上分为有机生成和无机生成两大学派。

有机成因说认为，石油和天然气是在地球上生物起源之后，在地质历史长期发展过程中，由保存在沉积岩中的生物有机质逐步转化而成的，即：古代陆地上的动植物遗体被水流带到内陆湖泊、海湾盆地，与原来水中的生物一起混同泥沙沉积下来，形成有机淤泥；这些淤泥又被后沉积的泥沙层覆盖，与空气隔绝处于缺氧还原环境；在漫长的时间长河中，在合适的地质、生物环境以及压力、温度等条件下，逐渐发生一系列复杂的分解、聚合和物理、化学演化过程，最终转变成石油或天然气。

无机成因说认为，包括烃类在内的有机化合物质是在宇宙天体的长期复杂的无机演化过程中逐渐形成的，即：在地球深处的高温、高压和催化剂的作用下，水（H_2O）、二氧化碳(CO_2)和氢(H_2)等简单无机物质发生复杂的化学反应,形成了石油和天然气。

目前,两种成因学说都有很多依据和比较充分的解释,不过有机成因说为多数人所接受和应用。

二、油藏、油田的概念

1. 石油地质知识

1) 地壳组成

地球自产生到现在已约有 45 亿～60 亿年,平均半径为 6 371 km。地球内部可分为地核、地幔和地壳三个同心排列的圈层,如图 1-1 所示。地壳厚度各处不等,最厚处达 70～80 km,最薄处只有 5～6 km,平均为 33 km,平均密度为 2.7～2.9 g/cm³,平均压力为 900 MPa,平均温度为 15～1 000 ℃;地幔平均深度为 2 900 km,平均密度为 3.32～5.66 g/cm³,平均压力为 136 800 MPa,平均温度为 1 500～2 000 ℃;地核平均深度为 6 371 km,平均密度为9.71～16 g/cm³,平均压力为360 000 MPa,平均温度为 72 000 ℃。

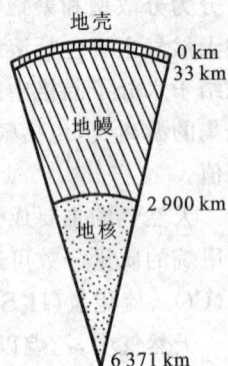

图 1-1 地球的内部结构示意图

地壳由岩石组成,岩石依成因的不同可分为三大类:火成岩、变质岩和沉积岩。火成岩(岩浆岩)是高热的岩浆冷凝后形成的岩石,呈块状,无层次,致密而坚硬,如花岗岩、玄武岩、正长石等;变质岩是沉积岩或火成岩在地壳内部的物理化学因素(如高温高压,岩浆的风化等)影响下,改变原来的成分和结构变质而成的新的岩石,如石灰石变成大理石;由火成岩、变质岩和早期形成的沉积岩经风吹雨打、温度变化、生物作用等被剥蚀、粉碎、溶解而形成的碎屑物质及溶解物质,再经风力、水流、冰川、海洋搬运至低凹处沉积下来,越积越厚,经压实、固结的岩层为沉积岩。沉积岩中有层次、孔隙、裂缝和溶洞,并有各种古代动植物残骸遗迹,从而形成化石。

2) 沉积岩的特点

沉积岩分为砂岩、泥岩和石灰岩。普通的砂粒由泥质或石灰质胶结而成,依颗粒直径不同可分为砾石(＞1 mm)、粗砂岩(0.5～1 mm)、中砂岩(0.25～0.5 mm)、细砂岩(0.1～0.25 mm)和粉砂岩(0.01～0.1 mm)。砂岩具有孔隙,可以储存流体(油、气、水)。岩石孔隙体积与岩石总体积之比称为孔隙度。由于存在孔隙,在压力作用下能通过油、气、水,称为渗透性。砂岩(孔隙大)和灰岩(裂缝发育)都是渗透性好的岩石。普通的泥土(颗粒直径小于 0.01 mm)经成岩作用后,呈块状的称泥岩,呈薄片层状的泥岩称为页岩,富含石油质的页岩称为油页岩。油页岩可以提炼石油。石灰岩俗称石灰石,主要成分为碳酸钙,呈块状,致密而坚硬。由于地壳的运动作用和地下水的侵蚀,石灰石常有裂缝和溶洞,石油和天然气可储存其中。

目前已发现的油气田中,99％以上的油气储集在沉积岩的孔隙、裂缝和溶洞中,其中的砂岩和石灰岩储集层中几乎各占一半。

3）地质构造

由于地壳发生升降、挤压褶皱及水平移动，使原来一层层平铺着的沉积岩发生变形，形成地壳的各种构造。

（1）背斜构造。是指岩层向上弯曲的褶曲，其核部地层比外圈地层老，如图1-2所示。

（2）向斜构造。是指岩层向下弯曲的褶曲，其核部地层比外圈地层新，如图1-3所示。

（3）单斜构造。岩层向单一方向倾斜，如图1-4所示。

（4）断层。岩层因地壳运动而断裂，在断裂两侧的岩层发生了显著的相对位移，称这种断裂为断层。

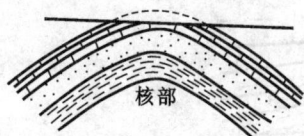

图1-2 背斜构造图　　　　图1-3 向斜构造图　　　　图1-4 单斜构造图

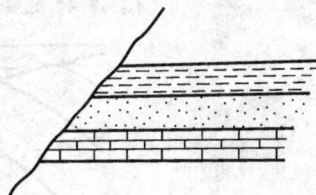

2. 油气藏

有机淤泥层中的有机物质，在成岩过程中逐渐转化成石油或天然气，称为生油层。生油层中分散存在的石油或天然气，当遇有适宜的圈闭地质构造时，油气便排开孔隙水，发生运移，并在圈闭中聚集，形成油气藏。油气藏是同一圈闭内具有同一压力系统的油气聚集。圈闭中只聚集了石油，称为油藏；只聚集了天然气，称为气藏；二者同时聚集，若采出的1 t石油中能分离出1 000 m³以上天然气，称为油气藏。习惯上所说的油气藏是上述三者的统称。凡储存的油气量较多，在当前的技术条件和经济条件下具有开采价值的油气藏称为工业油气藏。聚集油气的构造称为储油气构造。

圈闭通常由三部分组成：储集层，为油气提供具有孔隙的空间；盖层，阻止油气向上逸散；遮挡物，阻止油气侧向运移。圈闭是油藏形成的基本条件，因此一般以圈闭成因为依据，将油气藏划分为五大类。

（1）构造油气藏。由于地壳运动使地层发生变形或变位而形成的构造圈闭，在构造圈闭中的油气聚集称为构造油气藏，它是迄今最重要的油气藏。按照构造圈闭的成因，构造油气藏又可分为背斜油气藏、断层油气藏、裂缝油气藏以及岩体刺穿油气藏。图1-5所示为背斜油气藏示意图，图1-6所示为断层油气藏示意图。在世界石油和天然气的产量及储量中，背斜油气藏居首位，约占75%。

（2）地层油气藏。储集层是由于纵向沉积连续性中断而形成的地层圈闭，在地层圈闭中的油气聚集称为地层油气藏。地层油气藏又可分为潜山油气藏、地层不整合遮挡油气藏和地层超覆油气藏。图1-7所示为地层油气藏主要类型及其与非地层油气藏之间的区别示意图。其中，B，C是位于不整合面之上的地层超覆油气藏；D，E为不整合面之下的地层油气藏，分别为潜山油气藏和不整合遮挡油气藏；A，F分别为岩性尖灭油气藏和背斜油气藏。

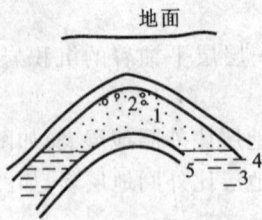

图 1-5 背斜储油构造示意图
1—油；2—气；3—水；4—不渗透泥岩盖层；
5—不渗透泥岩底层

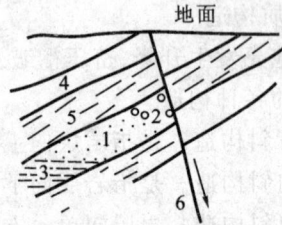

图 1-6 断层遮挡储油构造示意图
1—油；2—气；3—水 4—砂岩；5—泥岩；
6—不渗透断层

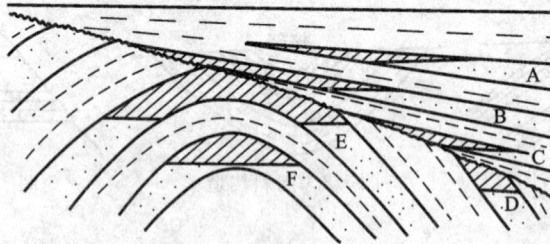

图 1-7 地层油气藏主要类型及其与非地层油气藏之间的区别示意图

（3）岩性油气藏。由于储集层的岩性或物性变化所形成的岩性圈闭中聚集了油气，故称为岩性油气藏。根据储集体的类型，岩性油气藏可分为砂岩、泥岩、碳酸岩和火成岩四种类型，主要为砂岩。按照圈闭的成因，岩性油气藏又可分为砂岩上倾尖灭油气藏、砂岩透镜体油气藏、物性封闭岩性油气藏和生物礁油气藏四类。

（4）水动力油气藏。由水动力与非渗透岩层联合形成的圈闭，使静水条件下油气难于聚集的地方形成了油气聚集，故称为水动力油气藏。图 1-8 所示为水动力油气藏示意图。

（5）复合油气藏。如果储集层上方和上倾方向是由构造、地层、岩性和水动力等因素中的两种或两种以上因素共同封闭而形成的圈闭，则称为复合圈闭。其中，聚集了油气的圈闭称为复合油气藏。图 1-9 所示为复合油气藏示意图。

图 1-8 构造鼻型水动力油气藏示意图

图 1-9 构造-岩性型复合油气藏示意图

近年来，国内外还发现了大量的非常规储集层油藏，如火成岩油藏、泥岩油藏等；也发现了非常规天然气聚集，如煤层气藏、深盆气藏等。

3．油气田和含油气盆地

从石油地质上说，油气田是指单一局部构造，同一面积内油藏、气藏或油气藏的总和。若该局部构造范围内主要为油藏，则称为油田；主要为气藏，则称为气田。同一油气田可以是一种类型的油气藏，也可以是多种类型的油气藏。

油气田也可以进行分类。按照地层岩性分类,油气田可分为砂岩性油气田和碳酸岩油气田两类。按照控制产油气面积的地质因素分类,油气田可分为构造油气田、地层油气田、岩性油气田和复合油气田四大类。通常所说的大庆油田、胜利油田等主要是从地理意义上称呼的,或指行政管理单位而言。实际上,它们内部含有多个地质意义上的油田或气田。

某一地质历史时期内,地壳曾经稳定下沉并接受了巨厚沉积物的统一沉降区,称为沉积盆地。发现油气田的沉积盆地,称为含油气盆地。

三、我国油气勘探前景

根据有关资料,世界石油储量居世界第1位的国家是沙特阿拉伯,其次为加拿大、伊朗、伊拉克等,俄罗斯居第8位,美国和中国分别居第11位和第12位。作为更清洁高效的能源,天然气越来越得到重视,以1 000 m³ 天然气折合1 t 石油计算,天然气总探明储量当量与石油总探明储量当量持平。到21世纪上半叶,天然气可能成为第一能源。俄罗斯天然气储量居世界第1位,其次为伊朗、卡塔尔、沙特阿拉伯,美国居第6位,中国居第22位。

在能源消费结构中,2003年时北美、欧洲地区的油气消耗占65%～67%,煤炭只占20%;在世界能源平均消费结构中,油、气所占的比例分别达37.3%和23.9%;在我国的能源消费中,油、气比例虽然有所提高,但煤炭仍占68.3%,油、气分别只占22.9%和2.7%。石油和天然气具有发热量大、燃烧完全、运输方便、环境污染小等优点,我国的能源消费结构中,油气所占比例必然会明显增加。

我国油气资源的分布受区域大地构造特征控制。按照大地构造特征,中、新生代以来,我国板块可分为西部聚敛区、东部扩张区、中部过渡区三种不同的构造格局,可将我国含油盆地相应分为三大类,归属于三个含油气大区。

(1)西部造山带挤压型盆地。属西部含油气大区,包括准噶尔、塔里木、柴达木、藏北羌塘、土哈、河西走廊等盆地。其中,塔里木盆地面积约56万 km²,是我国最大的盆地;准噶尔盆地面积约13.4万 km²,是我国大型含油气盆地之一。

(2)东部裂谷带拉张型盆地。属东部含油气大区,包括松辽、渤海湾、江汉、黄海-苏北、北部湾、莺歌海、琼东南、珠江口、台湾西部、南海中央太平-礼乐滩等盆地。其中,松辽盆地包括东北三省,面积26万 km²,是我国最大的含油气盆地之一,大庆油田就位于松辽盆地内;渤海湾盆地包括北京市、天津市、河北省、山东省和河南省、辽宁省一部分及渤海海域全部,面积近20万 km²,胜利、大港、辽河、任丘和渤海等油田就位于此盆地内。我国海域辽阔,大陆架宽广,渤海、黄海、东海的海域总面积达360万 km²,水深200 m 以内的大陆架为130万 km²,不包括南中国海盆地,石油资源量为225×10⁸ t。

(3)中部克拉通过渡型盆地。属中部含油气大区,位于前两大区之间,自北向南,有二连、鄂尔多斯、四川、楚雄等大型盆地。其中,四川盆面积19万 km²,该盆地内已发现了许多油气田,主要是气田;鄂尔多斯盆地位于我国黄河河套地区,面积约33万 km²,长庆油气田就位于该盆地内。

我国的非常规油气资源包括稠油、沥青、焦油砂、油页岩、煤层气、致密岩天然气、深盆气、天然气水合物等,这些资源在我国也非常丰富。

四、油气资源勘探

油气资源勘探的任务是寻找油气田,以发现和查明油气田为宗旨。勘探分为普查阶段和勘探阶段。前者包括区域概查、面积普查和构造详查三个阶段,后者是探明油气田。

我国石油天然气勘探程序基本包括:区域勘探,主要是划分和优选含油气盆地,提交盆地远景资源量,同时对其进一步开展勘探,划分和优选含油气体系,查清远景资源量的空间分布;圈闭预探,主要是识别圈闭,优选圈闭,提交圈闭潜在资源量,发现油气藏,提交预测储量;油气田(藏)评价勘探,即对已获工业油气流的圈闭进行勘探,提交控制储量和探明储量。

目前进行油气勘探的主要方法和技术有四种。

1. 地面地质法

直接观察地表的地质现象,寻找是否有露在地面的"油气苗",研究岩石、地层情况,分析地下是否有储油构造。在边远新区进行地质调查时,这种方法仍可发挥一定作用。

2. 地球物理法

地球物理法包括地球物理勘探和地球物理测井,是一种应用高新技术的勘探方法。

(1)地球物理勘探。根据岩石具有不同的物理性能(如密度、磁性、弹性等),在地面上利用多种专用的精密仪器进行测量,了解地下地质构造情况,判断是否有储油气构造。

(2)地球物理测井。采用专用的测井仪器(如数控测录系统),沿井眼自上而下测录地层的各种物理性能曲线,应用解释技术对测井曲线进行综合分析解释,以正确识别地层,了解地层含油、气、水的情况,为寻找油气藏和开发油气田提供科学依据。

3. 油气遥感技术

通过航空、航天遥感技术所获得的遥感信息,对油气遥感信息进行处理可得到油气地质遥感图像,对油气地质遥感图像进行处理和解释可寻找油气资源。随着油气遥感技术的发展,形成了两种油气资源探测方法。

(1)间接找油法。利用遥感图像进行目视地质构造解释,推断沉积盆地的地质构造,寻找油气聚集区。

(2)直接找油法。地下如有油气,地表会出现烃类微渗漏,可直接从遥感图像上提取、识别油气信息,预测油气藏。

4. 钻探法

钻探法就是打井找油气。在地质法、地球物理法和遥感法已初步查明的储油构造上钻井,以确切探明地下是否有油、气及油、气、水的分布。

随着勘探技术的发展,尤其是直接找油技术的发展,油气勘探程序必将进一步简化。

第二节	**常规钻井工艺过程**

在油气田勘探开发过程中,为了寻找和证实地下含油气构造,探明构造含油气面积和储量,取得油气田地质和开发资料,打开油气通道并将其从地下取到地面等,石油钻井在其中起着关键的作用。这是一项复杂的系统工程,涉及石油地质、油田化学、岩石力学、钻井机械与工具的理论与技术,近年来钻井测量、自动化和智能控制、电子技术、计算机技术等也得到广泛应用。本节概略介绍常规钻井(钻直井)的基本知识和概念。

一、钻井方法

从地面钻开一孔道直达油气层,即钻井。油气井的示意图如图 1-10 所示,图中分别标明了井口、井身、井径、井壁、井底、井段和井深。钻井的实质主要是要设法解决下列问题:① 破碎岩石;② 取出岩屑,保护井壁,继续加深钻进;③ 防止油气层污染。

有工业实用价值的钻井方法主要是两种:顿钻钻井法和旋转钻井法。

(一)顿钻钻井法

顿钻钻井法又称为冲击钻井,相应的钻井设备称为顿钻钻机或钢绳冲击钻机,其设备组成及工作原理如图 1-11 所示。周期地将钻头提到一定的高度向下冲击井底,破碎岩石,在不断冲击的同时向井内注水,将岩屑、泥土混成泥浆,待井底泥浆碎块积到一定

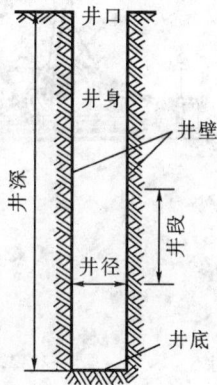

图 1-10 油气井示意图

数量时停止冲击,下入捞砂筒捞出岩屑,然后再开始冲击作业。如此交替进行,加深井眼,直至钻到预定深度为止。用这种方法钻井,破碎岩石、取出岩屑的作业都是不连续的,钻头功率小、效率低、速度慢,远不能适应现代石油钻井中优质快速打深井的要求,代之而起的便是旋转钻井方法。

(二)旋转钻井法

旋转钻井法包括两大类:地面驱动钻井法和井下动力钻具旋转钻井法。前者分为转盘旋转钻井和顶部驱动钻井,后者包括涡轮钻具钻井和螺杆钻具钻井。

1. 转盘旋转钻井法

转盘旋转钻井法如图 1-12 所示。井架、天车、游动滑车、大钩及绞车组成起升系统,以悬持、提升、下放钻柱。接在水龙头下面的方钻杆卡在转盘中,下部承接钻杆、钻铤、钻头等。钻柱是中空的,可通入清水或钻井液。工作时,动力机驱动转盘,通过方钻杆带动

井中钻柱,从而带动钻头旋转。控制绞车刹把,可调节由钻柱重量施加到钻头上压力(俗称钻压)的大小,使钻头以适当压力压在岩石面上,连续旋转破碎岩层。与此同时,动力机驱动钻井泵,使钻井液经由地面管汇→水龙头→钻柱内腔→钻头水眼→井底→环形空间→钻井液净化系统,进行钻井液循环,以连续带出被破碎的岩屑并保护井壁。

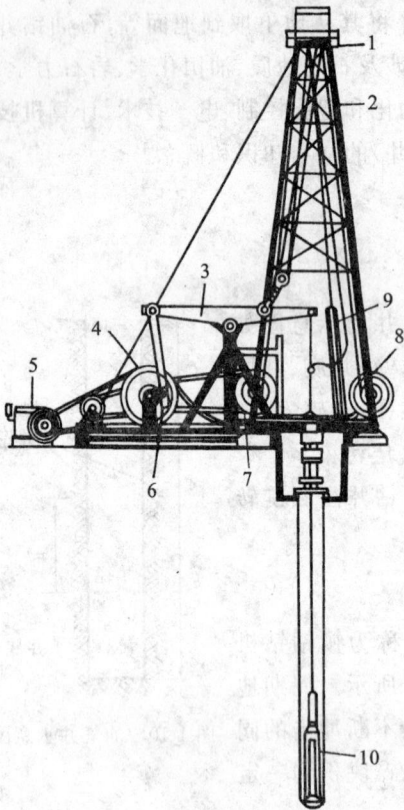

图 1-11 顿钻钻井示意图
1—天车;2—井架;3—游梁;4—大皮带轮;
5—动力机;6—曲柄与连杆;7—吊升滚筒;
8—钻井绳滚筒;9—捞砂筒;10—钻头

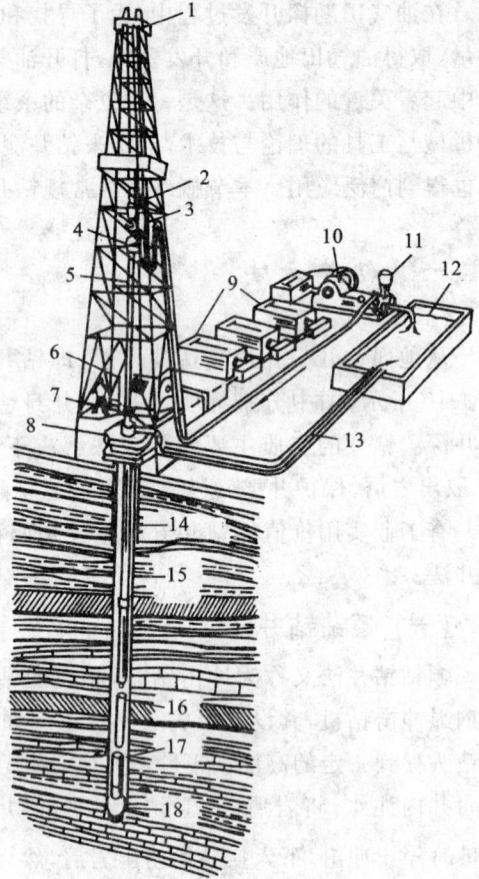

图 1-12 转盘旋转钻井示意图
1—天车;2—游动滑车;3—大钩;4—水龙头;5—方钻杆;
6—绞车;7—转盘;8—防喷器;9—动力机;10—钻井泵;
11—空气包;12—钻井液池;13—钻井液槽;14—表层套管;
15—井眼钻柱;16—钻铤;17—钻井液;18—钻头

由于钻杆代替了顿钻中的钢丝绳,钻头加压旋转代替了冲击,所以钻盘旋转钻井法破碎岩石和取出岩屑都是连续的,克服了冲击钻井的缺点,钻井效率高。

2.顶部驱动钻井法

20世纪80年代研究开发了顶驱钻井系统,并首先成功应用于海洋钻机,目前已应用到陆地深井、超深井钻机上,呈现出良好的发展前景。

顶部驱动钻井法采用一套安装于井架内部空间、由游车悬持的顶部驱动钻井系统,常规水龙头与钻井马达相结合,并配备一种结构新颖的钻杆上卸扣装置,从井架空间上部直接旋转钻柱,并沿井架内专用导轨向下送进,可完成旋转钻进、倒划眼、循环钻井液、接钻杆(单根、立根)、下套管和上卸管柱丝扣等各种钻井操作。

顶驱钻井系统突出的优点是:可节省钻井时间20%~25%,可大大减少卡钻事故,可控制井涌,避免井喷,用于深井超深井、斜井及各种高难度的定向井钻井时,其综合经济效益尤为显著。

3. 涡轮钻具钻井

虽然从顿钻钻井到旋转钻井是钻井方法上的一次革命,但随着钻井深度的增加,钻柱在井中旋转不仅要消耗过多的功率,且容易引起钻杆折断事故,这就促使人们向钻杆不转或不用钻杆的方面寻求驱动钻头的方法。将动力装置放到井下,带动钻头旋转,从而诞生了井下动力钻具旋转钻井法。

目前常用的井下动力钻具有两种,即涡轮钻具和螺杆钻具。图1-13所示为涡轮钻具结构组成示意图。它下接钻头,上接钻柱。工作时,钻井泵将高压钻井液经钻柱内腔泵入涡轮钻具中,驱动转子并通过主轴带动钻头旋转,实现破岩钻进。

涡轮钻具钻井的地面设备与转盘钻井相同,但钻柱是不转动的,节约了功率,磨损小,事故少,特别适用于定向井和水平井。

涡轮钻具转速偏高,不易配用牙轮钻头,若采用聚晶金刚石钻头切削块钻头(PDC钻头)及在PDC钻头基础上发起来的、热稳定性更好的巴拉斯钻头(BDC钻头),可在高速旋转和高温下钻井。因此,PDC和BDC钻头的出现,加上近年来随着钻测技术的发展,为涡轮钻具的应用开辟了广阔的前景。

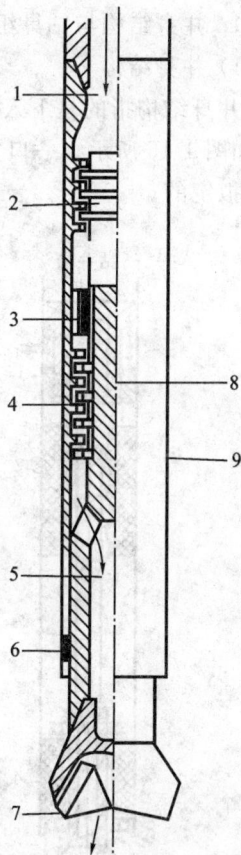

图1-13 涡轮钻具结构
示意图

1,5—钻井液;2—止推轴承;
3—中间轴承;4—涡轮;6—下轴承;
7—钻头;8—主轴;9—外壳

4. 螺杆钻具钻井

螺杆钻具是一种由高压钻井液驱动的容积式井下动力钻具。钻井液驱动转子(螺杆)在衬套中转动,带动装在其下端的钻具破岩钻进。单螺杆钻具结构如图1-14所示。

螺杆钻结构简单、工作可靠,能提供大扭矩、低转速的特性,适于配用普通牙轮钻头,也可配用金刚石钻头,从而可提高钻头进尺和使用寿命。由于它的这些性能优于涡轮钻具,因此螺杆钻具也是一种钻定向井、水平井、深井的,很有发展前途的井下动力钻具。

二、钻井工艺过程

一口井从开钻到完钻要经过多道工序,完成三项任务:破碎岩石;取出岩屑,保护井壁;固井和完井,形成油流通道。石油机械工程技术人员应了解一口井的钻井过程,了解钻机的使用操作及钻井工艺对钻井设备提出的要求。

1．井身结构与钻具组合

1）井身结构

井身结构指的是下入井中的套管层数、尺寸、规格和长度以及各层套管相应的钻头直径,如图 1-15 所示。一口井的井身结构是根据已掌握的地质情况和要求的钻井深度在开钻前拟定的。

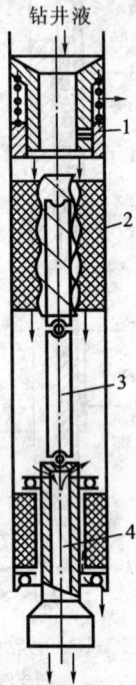

图 1-14　单螺杆钻具结构示意图

1—旁通阀;2—单螺杆马达总成;
3—万向轴总成;4—传动轴总成

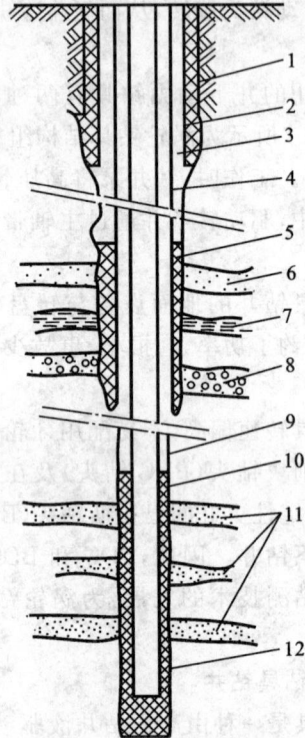

图 1-15　井身结构示意图

1—导管;2—表层套管;3—表层套管水泥环;4—技术套管;
5—技术套管水泥环;6—高压气层;7—高压水层;8—易塌地层;
9—井眼;10—油层套管;11—主油层;12—油层套管水泥

（1）导管。防止地表土层垮塌,引导钻头入井,并导引上返的钻井液流入净化系统。导管通常下入的深度为 30~50 m。

（2）表层套管。下入表层套管的目的在于加固上部疏松岩层的井壁,封住淡水砂层、砾石层或浅气层;安装井控设备并支撑随后下入的技术套管重量。表层套管的深度一般为 100 m,最深可达 300~400 m。

(3) 技术套管。技术套管是位于表层套管以内的套管。下入技术套管是为了隔绝上部的高压油、气、水层或漏失层及坍塌层。深井、超深井及地质情况复杂时,需下入几层技术套管。

(4) 油层套管。油层套管是下入井内的最后一层套管,以形成坚固的井筒,使生产层的油或气由井底沿该套管流至井口。

在各层套管与井壁的环形空间都应注入水泥加固(固井)。为节省钢材、降低钻井成本,在满足钻井工艺要求的前提下应少下或不下技术套管。有的井会在技术套管下部下入尾管(衬管)。

2) 钻具组合

钻具组合(或称钻具配合)是指根据地质条件与井身结构、钻具来源等决定钻井时采用何种规格的钻头、钻铤、钻杆、方钻杆配合连接起来组成钻柱。合理的钻具配合是确保优质、快速钻井的重要条件。典型的钻具组合如图 1-16 所示。

13

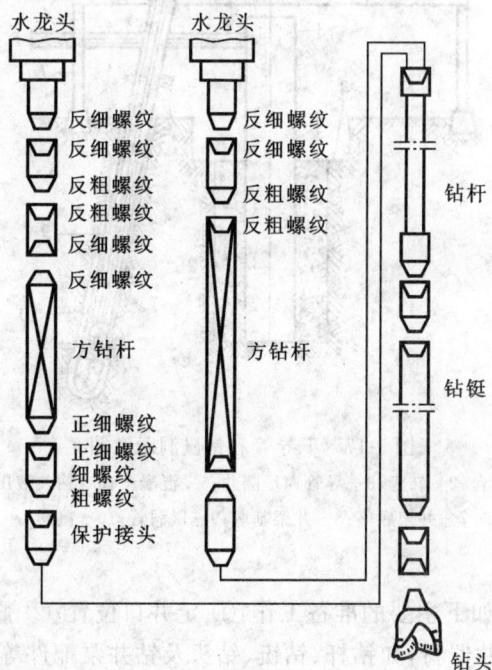

图 1-16 钻具组合示意图

入井钻具应尽量简单。在能满足要求时,尽量只用一种尺寸的钻杆,以简化钻井器材装备,便于起下作业和处理井下事故。钻深井时,由于钻柱自身很重,钻杆强度不够,故采用复合钻杆。此时两种钻杆尺寸可相差一级,大尺寸者在上部。

一口井的井身结构和钻具配合可以在钻井过程中根据具体情况进行适当调整。选择钻机时,必须保证该钻机的起重能力能满足提升最重钻柱和下最重套管柱的要求。

制定钻机标准系列时,应根据名义钻井深度 L 相应的标准井身结构与钻具组合,以确定钻机有关的基本参数。

2. 钻前准备

钻井前的准备工作十分重要,主要包括:平整井场,打好水泥基础;钻井设备的搬迁和安装;井口准备。

井口准备主要指下导管和钻鼠洞。如图 1-17 所示,在井口中央掘一个圆形井,下入一圆形导管,用混凝土固结;在离井口中心不远处的钻台前侧钻出深 17～18 m 的浅洞(称为鼠洞),下入一根钢管,用于钻井过程中存放方钻杆;在转盘外侧距中心 1 m 多处钻另一浅孔(称为小鼠洞),下入钢管,用于钻进过程中接单根时存放单根。在大多数情况下,鼠洞可由钻井泵打出的高速清水流冲出,也可由钻机带有的专用设备钻出。

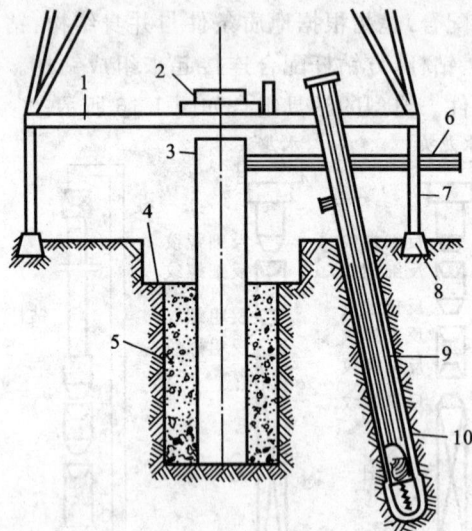

图 1-17　下导管和钻鼠洞示意图

1—钻台;2—转盘;3—导管;4—圆井;5—混凝土;6—钻井液出口;
7—井架底座;8—井架基墩;9—鼠洞管;10—鼠洞

3. 钻进

一口井开钻前应做如下主要的准备工作:① 定井口位置;② 修路,平井场;③ 打好水泥基础;④ 备足各种钻井器材,如钻杆、钻铤、钻头及钻井泵配件等。

钻进的全过程包括:将部分钻柱(钻铤)的重力作用在钻头上形成钻压,由地面或井下动力带动钻头旋转,使之破碎井底岩石;通过循环钻井液将破碎所产生的岩屑带到地面。这是打开油气层的主要手段。

全井钻进的工艺过程包括:

(1) 第一次开钻(一开),下入防止地表土层垮塌的导管后,从地面钻出较大的井眼到一定深度,下入表层套管。

（2）第二次开钻（二开），从表层套管内用小一些的钻头往下钻进。当地层情况不复杂时，可直接钻到预定井深完井；当遇到复杂地层，用钻井液难以控制时，便要起钻，下入技术套管（中间套管）。

（3）第三次开钻（三开），从技术套管内用再小一些的钻头往下钻进。依上述道理，或可一直钻达预期井深，或再下第二层技术套管，再进行第四次、第五次开钻，最后钻完井深，下入油层套管，进行固井、完井作业。

钻井作业包括如下五道工序：

（1）下钻。将由钻头、钻铤、钻杆、方钻杆组成的钻柱下入井中，使钻头接触井底，准备钻进。操作包括：挂吊卡，以高速挡提升空吊卡至一立根高度；二层台处扣吊卡，将立根提至井眼中心，对扣；拉猫头悬绳（或悬绳器）上扣；用猫头、大钳紧扣；稍提钻柱，移出吊卡（或提出卡瓦）；用刹车系统控制下放速度，将钻柱下放一立根距离；借助吊卡（或卡瓦）将钻柱轻坐落在转盘上，从吊卡上脱开吊环。再挂吊卡，重复上述操作，直至下完全部立根，接上方钻杆准备钻进。

（2）正常钻进（又称纯钻进）。启动地面或井底动力驱动系统，通过钻柱带动井底钻头旋转；借助刹车系统，控制钻柱（钻铤）作用在钻头上的重力，对钻头施加适当的压力（钻压）以破碎岩石；同时开动钻井液泵循环钻井液，冲洗井底，携出岩屑。根据不同的地层情况、钻进深度、钻头类型等，使钻头转速、钻压、钻井液流量和性能等各自都处于较佳参数值，就能获得较快的钻进速度。

（3）接单根。随着正常钻进的继续进行，井眼不断加深，需不断地接长钻柱。每次接入一根钻杆，称为接单根。采用顶驱钻井系统时，每次接入一立根（由 2～3 根单根组成）。操作包括：上提钻柱全露方钻杆，用吊卡或卡瓦将其坐落在转盘上；卸开并微提方钻杆，移至小鼠洞上方并与其中的单根对扣；拉猫头悬绳（或用悬绳器）上扣；从小鼠洞中提出单根移至井中钻柱上方，对扣；拉猫头悬绳（或悬绳器）上接头丝扣；用猫头、大钳紧扣；稍提钻柱，移出吊卡（或提出卡瓦），下放钻柱至井底，继续钻进。

（4）起钻。要更换新钻头时，需将井中全部钻柱取出，称为起钻。每起卸一立根构成一起钻操作循环，直到将钻头提出井口。操作包括：上提钻柱全露方钻杆，将其坐落在转盘上；旋下方钻杆，将方钻杆-水龙头置于大鼠洞中；提升钻柱至一立根高度，并坐落在转盘上；用猫头和大钳（或松扣气缸）松扣；上钳卡住接头，转盘正转卸扣；移动立根入钻杆盒和二层台指梁中，摘开吊卡；下放空吊卡至井口。

（5）换钻头。用专用工具卸下旧钻头，换上新钻头。

换完钻头便开始下钻，重复上述作业。下钻→正常钻进→接单根（立根）→起钻→换钻头→下钻，构成正常钻进作业的大循环，重复直至钻达预定井深。

钻进作业的各道工序中，仅纯钻进取得钻井进尺，其余都是辅助操作。应研制、推广井口机械化装置，使送钻、接单根、起下操作实现机械化，减轻工人劳动强度，创造安全工作条件，缩短钻井生产辅助时间，提高经济效益。

15

4. 固井

在井眼内下入一层套管,并在套管与井壁的环形空间中灌注水泥浆进行封固,称为固井。依井身结构的不同,钻井过程中有时仅需下一层套管(如油层套管),有时需下多层套管(如表层套管、技术套管、油层套管),最终形成一串轴心线重合的套管柱,如图 1-18 所示。因此,一口井从开始到完成,需要进行数次固井作业。

5. 完井

完井也称油井完成,是使井眼与油气储集层连通的工序,包括钻开生产层、确定完井的井底结构、安装井底(下套管固井或下入筛管)、使井眼与生产层连通、安装井口装置等。完井是联系钻井与采油生产、关系油气稳产高产的关键环节。

合理的井底结构应保证:油层具有最大的渗透面;油藏与油井有最好的流通性;能防止油、气、水互窜;对多层油井,能保证各油层互不窜通,以便进行分层开采。根据不同的油气储集层条件,完井井底结构大体分为四大类:封闭式井底完井、敞开式井底完井、混合式井底完井和防砂完井。这四大类中又可分为射孔完井、裸眼完井、贯眼完井、衬管完井等 11 种完井方法。

(1) 射孔完井方式大多数的储集层都可采用,最适合非均质储集层。如图 1-19 所示,钻开整个油层后,下入油层套管,注水泥,再下射孔枪,发射子弹,射穿套管、水泥环和油层,使油层与油井通过弹孔相通。射孔工艺分为正压射孔和负压射孔,前者工具简单,无井喷危险,但对储集层有污染,已基本停用。

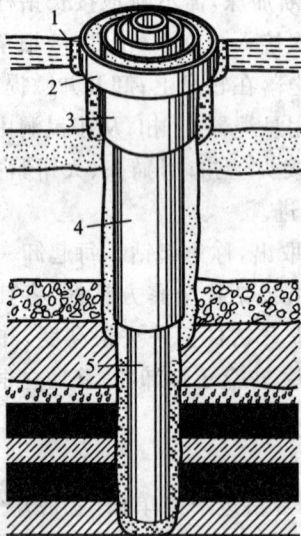

图 1-18 套管层次示意图	图 1-19 射孔完井方式示意图
1—地面;2—导管;3—表层套管;4—中间套管;5—油层套管	1—套管;2—水泥环;3—油层;4—射孔弹;5—电缆

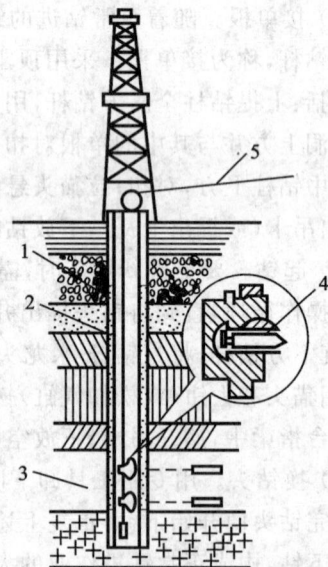

(2) 图 1-20 所示为裸眼、贯眼和衬管完井示意图。裸眼完井时,渗透面积大,油流阻力小,但井底易坍塌。当钻穿油层后,在油层部位下入带孔眼的筛管,只用水泥将油层以

上的套管封固起来,即为贯眼完井,其缺点仍然是不能防止油层坍塌。先将油层套管下到油层的顶部,固井,再钻开油层,下入带孔眼的衬管,即衬管完井,其缺点与贯眼完井类似。衬管上部装有堵塞器和悬挂器,前者用于隔开油层和井眼上部,后者将衬管悬挂于套管的尾部。

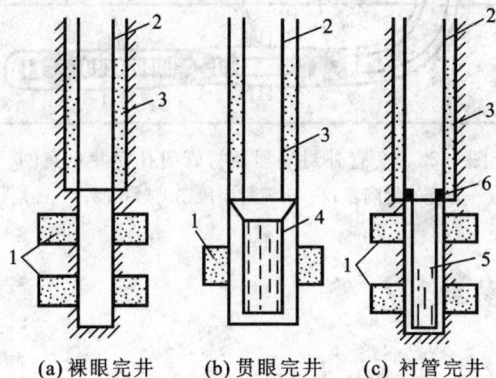

(a) 裸眼完井　　(b) 贯眼完井　　(c) 衬管完井

图 1-20 井底完井示意图
1—油层;2—套管;3—水泥环;4—带眼筛管;5—衬管;6—封隔器

　　(3) 近年来,随着水平井技术的不断应用,逐渐形成了水平井完成方法,且正处于发展中。水平井完井比常规井难度大,已出现的完井方法有很多种,常用的有:裸眼完井、筛孔/割缝衬管完井、筛孔/割缝衬管带管外封隔器完井、衬管固井完井。短半径水平井造斜曲率半径小,采用裸眼完井、筛孔/割缝衬管完井法;中半径、长半径水平井可根据地层条件,从产量、生产测井、生产控制、防砂、注水注汽量控制、修井完井费用等方面考虑,灵活选用完井方法。

　　图 1-21 和图 1-22 所示分别为水平井裸眼完井和割缝衬管完井示意图。图 1-23 所示为水平井套管外封隔器及衬管射孔完井示意图,这种方式可以按油层段进行作业和生产控制。

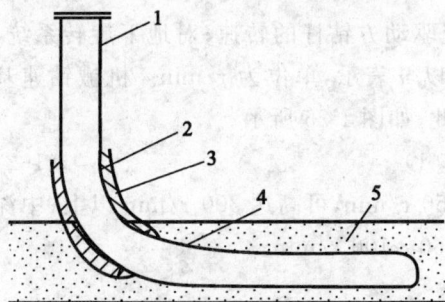

图 1-21 水平井裸眼完井示意图
1—9⅝ in 套管;2—造斜点;3—井壁;
4—8⅛ in 井眼;5—油层

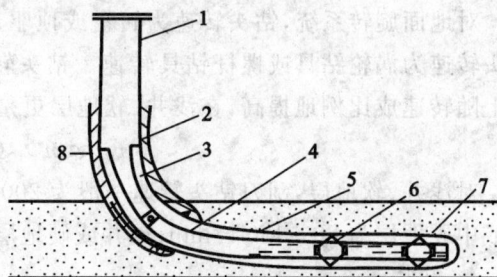

图 1-22 割缝衬管完井示意图
1—9⅝ in 套管;2—造斜点;3—5½ in 套管;4—衬管;
5—8⅛ in 井眼;6—扶正器;7—油层;8—悬挂器

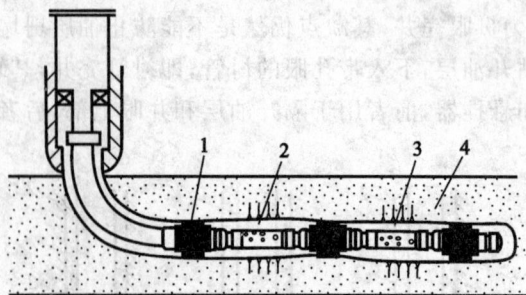

图 1-23 套管外封隔器及衬管射孔完井示意图
1—套管外封隔器;2—水泥封固段;3—射孔段;4—油层

三、钻井基本参数

1. 机械钻速

纯钻进时每小时进尺,以 v_m 表示,单位为 m/h。除钻头类型、磨损程度、水力功率利用、井底清洁状况外,影响机械钻速的因素主要是钻压、钻头转速、钻井液流量和钻井液性能。

2. 钻压

作用在钻头上的压力简称钻压,一般采用钻头直径单位长度上的压力数值,以 W 表示,单位为 kN/mm 或 t/in(1 in=2.54 mm)。一般来说,机械钻速随钻压增大而升高,可表示为:

$$v_m \propto (W - W_0) \tag{1-1}$$

式中,W_0 为门限钻压。

应在图 1-24 所示的 W_a 至 W_b 之间调节钻压值。在此范围内,钻速随钻压增大呈直线上升。钻压大小由司钻控制钻具悬重进行调节,总钻压值由司钻台上的指重表盘显示。

3. 钻头转速

对地面旋转系统,钻头转速为转盘或顶驱系统驱动方钻杆的转速;对地下旋转系统,钻头转速为涡轮钻具或螺杆钻具转速。钻头转速以 n 表示,单位为 r/min。机械钻速基本上随转速成比例地提高,在浅井、软地层更是如此,如图 1-25 所示。

$$v_m \propto n^a \quad (a \leqslant 1) \tag{1-2}$$

对浅井、软地层,刮刀钻头转速一般为 200~250 r/min,可高达 300 r/min 以上;中深井或中硬地层为 80~150 r/min;深井或硬地层为 60~100 r/min。

4. 钻井液流量

钻进过程中,由地面钻井泵向钻柱内孔注入,经过钻头水眼流出,再从钻柱和井壁(或套管)之间的环形空间返回地面,周而复始、不断循环的流体称为钻井液或洗井液,石油现场习惯称为钻井泥浆。钻井液是保证正常、安全、高效钻井的重要条件之一,被称为钻井的血液。钻井液的主要作用是:携带出被钻头破碎的岩屑,经净化系统除去岩屑后继续循

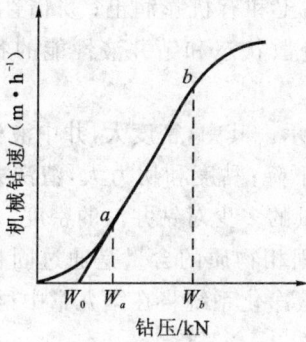

图 1-24 钻压和钻速曲线

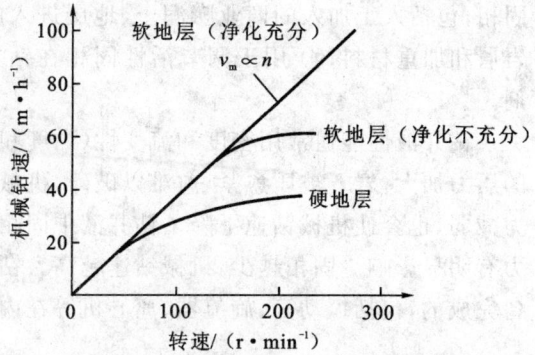

图 1-25 转速和钻速曲线

环使用;冷却和润滑钻头、钻柱,减少磨损,延长使用寿命;巩固井壁,防止井壁坍塌,阻止液体渗入地层;平衡地层压力,防止井喷和井漏;采用涡轮钻具、螺杆钻具或喷射钻井时,向井底输送水功率。此外,从携带出的岩屑及油气显示还可以判断地层的油气资源和岩层状况。

钻井泵单位时间内输出的钻井液数量称为钻井液流量,以 Q 表示,一般用 L/s 为单位。石油矿场习惯称为钻井液排量。

钻井液流量对机械钻速影响明显。在井底岩屑未被钻井液及时冲洗干净之前,增大流量可使钻速随之提高;当排量大到已足以洗净井底并携带岩屑上返地面时,再增大排量对钻速已无显著影响。图 1-26 所示为钻井液循环示意图。

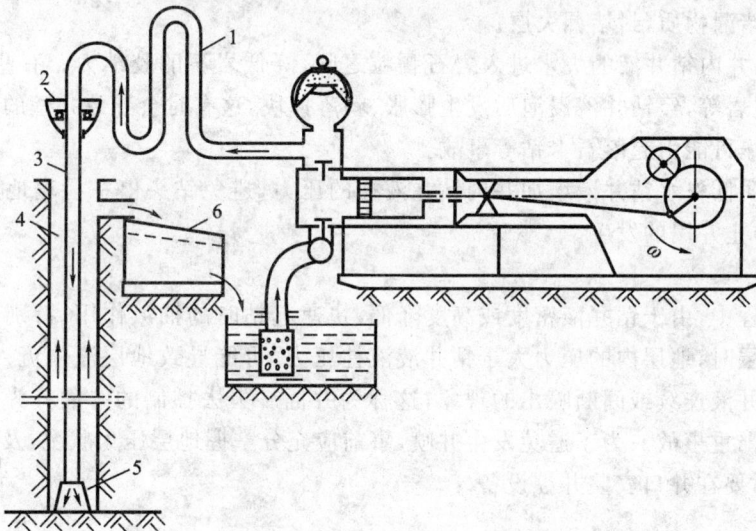

图 1-26 钻井液循环示意图

1—地面管汇;2—水龙头;3—钻柱;4—环形流道;5—钻头;6—钻井液净化系统

5. 钻井液性能

随着钻井技术的发展,钻井液的组成越来越复杂,包括:① 液相,即水或油;② 活性固相,包括人工加入的商业膨润土、地层进入的造浆黏土和有机膨润土;③ 惰性固相,即岩屑和加重材料;④ 用于调节活性固相在钻井液中分散状态和钻井液性能的各种添加剂。

钻井液性能通常用密度和流变性(黏度和切力)表示。其中,密度大,井中液柱对岩石的压力加大,岩石被压愈紧,愈难以破碎,机械钻速会下降;黏度和切力大,清洗井底的能力减弱,也会使机械钻速下降。钻井液中固相物质含量的多少对钻井液的密度、黏度和切力有明显影响。固相越少,机械钻速越高。钻井液中固相物质的含量是通过固相控制设备完成的,包括振动筛、旋流器、离心机等在内的钻井液净化系统将在第九章中讨论。

四、钻井事故及处理

在钻井过程中,由于地质条件和人为因素常常会引起许多种井下复杂情况及事故,如井漏、井喷、卡钻、断钻杆、落物等,对此都应及时处理。

1) 井漏、井塌

当井眼中钻井液液柱压力大于地层压力时会引起钻井液漏失。造成井漏的更具体原因可能有:钻遇疏松地层,开泵过猛而憋漏;钻遇渗透性地层,如渗透性良好的砂岩,发生渗透性漏失;钻遇地层断裂带或裂缝,如石灰岩裂缝发育地层或石灰岩大溶洞,发生井漏。

井漏会使钻井液池液面下降,井口返出的钻井液量减少,甚至循环失灵。发生井漏时应首先设法提高钻井液黏度、切力,相应降低钻井液比重和泵的排量。严重漏失时应在钻井液中加入堵漏物质,封堵漏失层。

钻进时,井内钻井液的失水进入岩石颗粒之间,降低岩石的胶结力。有些岩层,如黏土、页岩和泥岩等,经钻井液浸泡后发生膨胀、剥落掉块,这有时会导致井壁的不稳固和坍塌。严重井塌可能引起落石卡钻等事故。

采用优质低失水钻井液增加井内钻井液柱的压力,避免钻头停在易塌地层循环钻井液等,都可防止井塌的发生。

2) 井喷

钻井过程中,由于钻井液密度或高度降低,快速起钻时的抽汲作用,特别是遇到高压油、气、水地层时,地层内的压力大于钻井液液柱压力,可能导致地层流体流入井筒,使井筒内出现钻井液连续或间断喷出的现象,这称为井涌。失去控制的井涌称为井喷。井喷是钻井中的严重事故。为了避免发生井喷,事前应充分掌握地层压力状况,及时调整钻井液性能,同时要在井口安装井控设备。

3) 卡钻

卡钻是钻井中常发生的事故,依成因不同可分为沉砂卡钻、落石卡钻、地层膨胀卡钻、泥饼卡钻、键槽卡钻、泥包卡钻、落物卡钻等。

(1) 沉砂卡钻。由于用清水钻进或钻井液黏度低、切力小,悬浮岩屑能力差,稍一停泵岩屑就下沉,造成沉砂卡钻,如图 1-27(a)所示。接单根时间过长或泵因突然故障而需停泵检修,也可能造成这种卡钻。

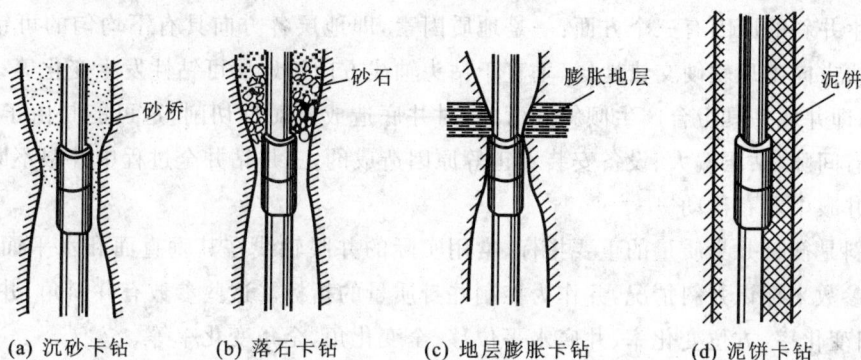

(a) 沉砂卡钻   (b) 落石卡钻   (c) 地层膨胀卡钻   (d) 泥饼卡钻

图 1-27 卡钻示意图

21

(2) 落石卡钻。钻遇疏松、胶结性不好的地层,发生井塌时造成落石卡钻,如图 1-27(b)所示。

(3) 地层膨胀卡钻。钻遇疏松、多孔隙和膨胀性地层时,若钻井液性能不好,失水大,渗入地层中并浸泡地层,导致地层膨胀、井径缩小,造成地层膨胀卡钻,如图 1-27(c)所示。

(4) 泥饼卡钻。由于钻井液性能不好或含砂量过大,在井壁上形成了一层很厚的泥饼。在砂岩处形成的泥饼厚,页岩、石灰岩处次之。在泥饼表面往往黏附很多岩屑,使井径变小。当钻柱贴向一侧井壁时,钻柱受到很大的侧向液静压力,使其紧贴泥饼,产生巨大的摩擦力,导致泥饼卡钻,如图 1-27(d)所示。

(5) 键槽卡钻。在井斜角及方位角变化的井中,由于钻柱在"狗腿"处旋转及多次下钻,在该处拉磨以至在井壁上磨出了一条细槽(一般略大于接头直径,但小于钻头直径),若起钻时钻头恰落入此槽内(键槽),即遇卡形成键槽卡钻。

为了处理卡钻事故,钻机应具备足够的短时提升能力。对机械传动的钻机,绞车应配备事故挡,转盘上必须有倒挡,并希望转盘转速及扭矩能进行可控调节。

4) 钻具事故和落物事故

在转盘钻井时,较常见的是钻杆和钻铤的折断、滑扣、脱扣和粘扣等。掉落井内的钻具俗称落鱼。较常见的井下落物事故有掉牙轮(包括掉牙轮或牙轮轴、断巴掌、掉弹子)、刮刀钻头断刀片、测斜仪落井、钻台上的工具(榔头、扳手、吊钳销子、电缆等)。出现这些事故后要进行打捞一系列处理,从而影响正常工作。

五、井斜及控制措施

在钻井技术著作中,经常见到井眼轨道和井眼轨迹两个术语。二者分别代表不同含义:前者是事先预设的井眼轴线形状;后者是已钻成的实际井眼轴线形状。按照设计轨道不同,井眼分为两大类:直井和定向井。直井的轨道只是一条铅垂线,无需专门设计。从 19 世纪末旋转钻井诞生到 20 世纪 30 年代都是打直井,预想的井眼轨道都是一条铅垂线,但实际的井眼轨迹基本上都一条倾斜扭曲的空间曲线,即出现井斜。

产生井斜的原因有三个方面:一是地质因素,即地层各方向具有不均匀的可钻性、沿钻头轴线方向出现软硬交错地层、垂直于钻头轴线方向的地层可钻性发生变化等;二是钻具因素,即井底钻具组合产生倾斜和弯曲,对井底造成不对称切削,这可能是由于钻具与井眼间有间隙、钻压偏大、设备安装不正等原因造成的;三是钻井全过程中井眼不断扩大,钻头在井眼中左右移动。

井斜是衡量井身质量的重要指标,常用实际的井眼轴线在其垂直面和水平面上投影的一些参数来标识井斜情况,并作为控制井身质量的指标。这些参数有井斜角、井斜方位角、井斜变化率、方位变化率、井底水平位移、全变化角、全角变化率等。

(1)井斜角。井眼轴线某点的切线沿井眼前进方向的延伸线(称井眼方向线)与铅垂线之间的夹角。

(2)井斜方位角。将井眼轴线投影在水平面上,其某点的切线沿井眼前进方向的延伸线(称井眼方位线或井斜方位线)与正北方向的夹角,即从正北方向开始,顺时针方向旋转到井眼方位线上所转过的角度。

(3)井斜变化率。单位长度井段(一般取 30 m)内井斜角的变化值。

(4)方位变化率。单位长度井段(30 m)方位角的变值。

(5)全变化角。某井段相邻两测点间井斜与方位的空间角变化值。

(6)全角变化率。单位长度井段内全角的变化值,又称狗腿严重度。全角变化率即井眼曲率,与井斜变化率不同。

为保证井身质量,对直井井眼轴线的偏斜程度是有规定,称井斜标准。各油田依地层条件等具体情况都有相应的规定。通常采用的井斜控制参数是最大全角变化率和井底最大水平位移。例如,某井设计井深 2 000 m,规定井底最大位移不超过 50 m;测点在 0～1 000 m 范围内最大全角变化率不大于 1°40′,测点在 1 001～2 000 m 范围内最大全角变化率不大于 2°10′。

井斜超过规定标准将引起一系列不良后果,给钻井本身增加难度,甚至引起钻井事故,如钻柱的过度磨损或折断、键槽卡钻、下套管不畅;井底水平位移过大会打乱油层处井眼的合理分布,降低采收率;井斜偏大会影响以后的分层开采及注水采油效果等。

因此,钻井时首先应尽量采取措施防止井斜。采用满眼钻具钻井是一种行之有效的防斜钻井方法。满眼钻井法又叫刚性配合法,即通过在钻铤弯曲处加上扶正器增加受压部分刚度,减小与井壁间的间隙,使钻具居于井眼中心,防止井斜。具体做法一般是:采用大直径钻铤或方钻铤,在计算好的位置用两个以上硬质合金扶正器等。

钻井过程中,当发现井斜超过规定值时,应及时采取措施纠正。纠正方法有多种:钟摆钻具纠斜;造斜工具纠斜(造斜方法与定向井相同);用水泥填死井斜严重井段,从上部井斜合格处重钻第二口新井眼。

六、钻取岩心

在油气勘探和开发过程中,采用岩屑录井、地球物理测井、地球化学测井、地层测试等方法可以收集到各种资料,了解地层情况。但这都是间接的,有一定的局限性,只有钻取特定地层较大量的岩心才可以得到完整的第一性资料。通过对岩心的分析研究可以获得各岩层的特性和地层生油气条件,确定储集层中油、气、水的分布,了解油气层的孔隙度、渗透率、含油气饱和度及有效厚度等,进而指导油气田的开发。

钻进取岩心主要包括以下环节:环状破碎井底岩石,形成圆柱体岩心;保护岩心,避免循环钻井液冲蚀和钻柱转动的机械碰撞;当钻进取心达到一定长度(通常为一个单根长度,也可进行长筒取心,达几十至几百米)后,从形成岩心的底部割断并夹住,再起钻,岩心随钻柱一同被取到地面;从钻柱中取出岩心,按照次序排列。

专门的取心工具如图 1-28 所示。取心钻头是钻进地层、形成岩心的关键工具。外岩心筒上接钻具,下接取心钻头。内岩心筒的作用是在取心钻进时接收、储存和保护岩心;其上端还装有分水接头及单流阀(回压阀),防止钻井液进入内岩心筒,并及时使筒内液体排出。岩心爪在取心钻进结束后用于割断岩心,起钻时承托已割取的岩心。悬挂装置将内岩心筒悬挂到外岩心筒的顶部,避免内岩心筒旋转磨损岩心。

取心时,力求获得钻进进尺同样长度的岩心,实际上由于冲蚀和磨损等原因,往往不能将应有长度的岩心取出。一般以岩心收获率来评价取心水平,即:岩心收获率=实际取出岩心长度/取心钻进进尺×100%。

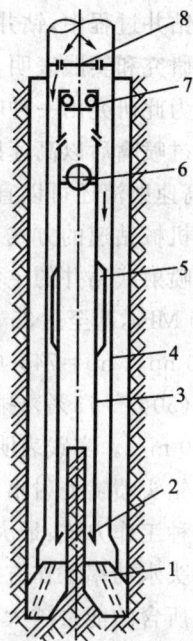

图 1-28 取心工具组成
示意图

1—取心钻头;2—岩心爪;
3—内岩心筒;4—外岩心筒;
5—扶正器;6—回压阀;
7—悬挂轴承;8—悬挂装置

第三节	**钻井技术新发展**

以旋转钻井法为基础,钻井技术一直处于蓬勃发展中。20 世纪 70～80 年代,喷射钻井和平衡钻井是广泛研究应用的优化钻井技术。20 世纪 80～90 年代,随着现代科学技术的进步,海上油气田勘探开发的迅速发展、陆上深部和复杂地质构造油气勘探开发的进展,涌现了多种跨世纪的油气钻探新技术。本节将简要介绍油气钻井技术的发展历程及其特点。

一、喷射式钻井

钻井过程中,钻井液及时而干净地将岩屑携带到地面是快速安全钻进的重要条件。理论研究和实践表明,只有及时地将岩屑冲离井底,才有可能保证上返的钻井液将岩屑带出。为此研究出一种喷射式钻头,即在钻头的水眼处安装可以产生高速射流的喷嘴,钻井液通过喷嘴后以高速射流形式冲击岩屑,使其快速离开井底,保持井底干净;在一定条件下,高速射流还可以直接破碎岩石。这种利用高速射流的水力作用与机械破碎相结合以提高机械钻速的方式,即喷射式钻井。

喷射式钻井的主要特点是:射流喷射速度高,一般为 $100\sim150$ m/s;泵压高,一般大于 15 MPa,甚至达 35 MPa;泵功率大,中深井、深井配备的泵功率为 $735\sim1\,176$ kW($1\,000\sim1\,600$ hp,1 hp $= 745.699\,9$ W);喷射钻头压力降和水功率高,一般占泵压和泵功率的一半以上($50\%\sim75\%$);排量适当,在满足环空上返液流携屑要求的前提下,控制返速为 $0.5\sim1.0$ m/s。实践表明,喷射式钻井可大幅提高机械钻速和钻头进尺,在软地层尤为显著。

钻头喷嘴处射出的喷射流可以用喷射速度、冲击力和水功率三个参数表征。由此形成三种工作方式:最大喷射速度、最大冲击力、最大钻头水功率。我国各油田普遍采用最大钻头水功率工作方式。此观点认为,破碎岩石、冲洗井底需要一定的能量。单位时间内射流所含的能量越大,钻进速度越快。因此,主张在地面泵提供一定水功率的条件下,将其中尽可能多的部分分配在钻头上。

设地面泵提供的水功率为 N,泵出口压力为 p,钻头水眼接收的水功率为 N_b,喷嘴处压力降为 p_b,可以证明:

$$N_{b\,max} = \frac{2}{3}N \tag{1-3}$$

或

$$p_{b\,max} = \frac{2}{3}p \tag{1-4}$$

也就是说,在拟订循环系统参数及钻进过程中选择技术参数时,应使钻头获得的水功率尽可能为泵水功率的 2/3,此即最大钻头水功率工作方式。

为保证能采用喷射式钻井,除研制各种水力喷射式钻头外,必须配备高压大功率的钻井泵及高压闸门、高压管汇、水龙带、水龙头,配备完善的固控设备。

二、平衡压力钻井、欠平衡压力钻井

钻进过程中,若钻井液不循环,静液柱作用在井底的压力称为井底压力,而作用在井内不同位置的压力称为井内静液柱压力,以 p_h 表示。钻进时,井内压力称为有效压力,以 p_{he} 表示。

$$p_{he} = p_h + \Delta p_r + \Delta p_a \pm \Delta p_s$$

式中，Δp_r 为钻井液中含岩屑增加的压力；Δp_a 为环空流动阻力增加的压力；Δp_s 为起下钻波动压力。

以上三者是变化的。设 p_{fp} 为地层孔隙压力（地层压力）。当保持井内有效压力与地层孔隙压力相等时，即 $p_{he} = p_{fp}$ 时，为平衡压力钻井。为了保证安全钻井，要使 p_{he} 略大于 p_h，按照习惯，仍然称为平衡压力钻井。保持井底压力平衡可降低岩石强度和岩屑的压持效应，大幅提高机械钻速；可有效保护地层，稳定井眼，防止井漏。实现平衡钻井的关键是选择合理的钻井液密度。

当采用常规井口装置时，由于其不能承受钻进与起下钻过程中来自井眼的液体压力，只能采用平衡压力钻井方式。平衡压力钻井方式存在容易造成储层孔隙压力较低油气层的污染、不利于深层油气层发现和评价等缺点。

近年来广泛采用欠平衡压力钻井技术，即钻井过程中，容许地层流体进入井内，循环出井，并在地面上得到处理和控制。它的主要标志是保持井内有效压力低于地层孔隙压力，即 $p_{he} < p_{fp}$。实现欠平衡钻井需要专门的井口装置，以承受钻进与起下钻过程中来自井眼的液体压力。

目前采用的欠平衡钻井方式有：

（1）空气钻井。向井底循环高压、大排量空气流，携带出岩屑。所需设备有大功率压风机、井口防喷器、旋转控制头及相关测量仪器等。空气钻井地面设备组成如图1-29所示。

（2）雾化钻井。空气钻井过程中，如果地层内有少量的水进入井眼，应改为雾状流体钻井，即用泵将水或轻质钻井液加一定的泡沫剂直接注入空气流内，在环形空间形成雾状流，循环携带出岩屑。

（3）泡沫钻井。泡沫流体分为硬胶泡沫和稳定泡沫。硬胶泡沫由气体、黏土、稳定剂和发泡剂等配成，泡沫时间长，携屑能力强，能够解决大直径井眼携带岩屑的问题；稳定泡沫由空气、液体、稳定剂和发泡剂等配成，对钻低压易渗漏地层有效。泡沫流所用气体多为氮气和二氧化碳，液体多为水基、醇基、烃基和酸基。

（4）充气钻井。在给井眼泵入钻井液的同时，利用特殊设备对钻井液充气，降低其当量密度，使井底压力小于储层压力。

上述气体型钻井液及钻井技术多用于地层压力较低的油气藏，井口回压一般较低。对于地层压力较高的油气藏，实施欠平衡钻井则采用密度高的非气体型钻井液。

（5）边喷边钻。钻井过程中，合理调节非气体型钻井液的密度，同时利用专门设备控制地层流体流入井眼的速度和压力。

实现并保持欠平衡钻井需配备专用注气设备、井控设备、产出流体地面处理设备、随钻测量仪器设备、固控设备等。

起下钻过程中很难维持欠平衡状态，因此如有可能，应尽量选择质量好的钻头，用一个钻头钻完目的层。

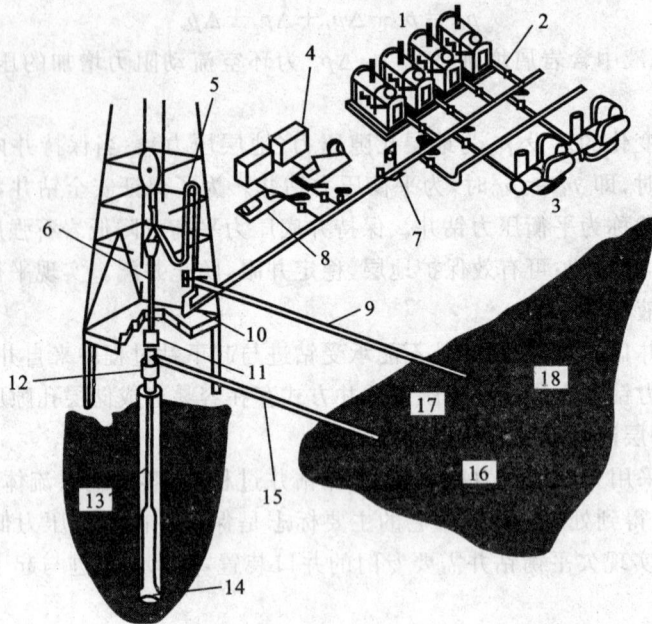

图 1-29　空气钻井地面设备示意图

1—压缩机；2—回压阀；3—增压器；4—计量罐；5—立管；6—方钻杆；7—孔板流量计；

8—泡沫注入装置；9—备用管线；10—可调节流阀；11—旋转控制头；12—防喷器；

13—钻柱；14—钻头；15—井口排放管线；16—岩屑；17—排出物；18—钻井液池

三、定向钻井、丛式钻井技术

所谓定向井，是指井眼设计轨道为非铅垂线，而沿着预定方向钻达目的层位的钻井方法。20 世纪 30 年代初，自海边向海中打定向井开采石油获得成功，到了 20 世纪 70～80 年代已发展成熟，获得普遍应用，目前已成为油田勘探开发极为重要的钻井技术。

定向钻井的应用可归纳为两大方面。一方面，受地理条件限制或为处理事故。如在岸上打定向井，勘探开发近海和湖泊下的油气田；在不适宜设置井场的位置打定向井，勘探开发高山、森林、沼泽、城镇等处的地下油气田；受地层条件影响，打直井不能有效开发的油气藏；当钻柱折断无法打捞时，在落鱼顶部打水泥塞另钻侧井达目的层；井喷失火当在地面难以控制时，在其临近钻定向救援井达失火井井底，注入压井液控制井喷、灭火，等等。

另一方面，提高油气开采效率。如为了钻穿多套含油气层系，扩大勘探成果，在同一直井眼的不同深度打定向井；为了延长目标段的长度，增大油层裸露面积，定向钻进；为了使老井、死井复活，进行侧钻，等等。

应用定向钻井技术，在同一井场（钻井平台）钻多口井，即丛式钻井。丛式钻井应用于海洋时，在一座海上钻井平台上用定向钻井方法可钻 60 口以上的井，大大提高了钻井平台和设备利用率,降低了钻井成本;应用于沼泽、沙漠等地面条件恶劣地区时,能满足勘探开发新油田的需要;应用于在森林、农业地区时,钻丛式井可大大节约占地面积,减少钻井设备搬迁安装时间和钻前工程量。丛式井采油可减少集输计量站、集输管线和油建工程量,便于实现自动化管理。

图 1-30 所示为定向井应用示意图。图 1-31 所示为多底井示意图。定向井一般依据具体用途由直井段、增斜井段、稳斜井段、降斜井段组合而成。

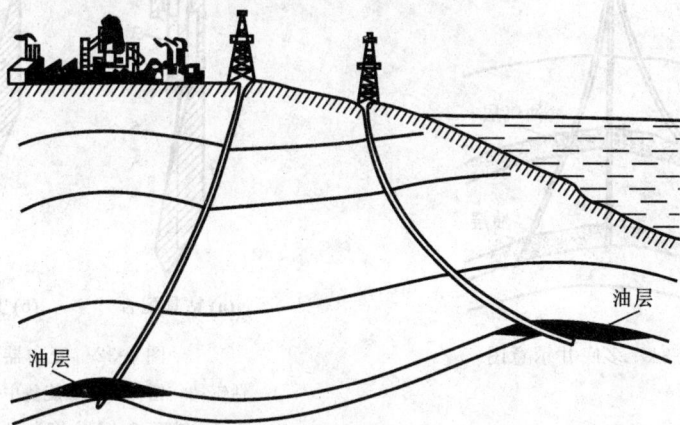

图 1-30　定向井应用示意图

按照井斜角的大小,定向井可分为三类:井斜角 15°~30°的为小倾角定向井;井斜角 30°~60°的为中倾角定向井;井斜角超过 60°的为大倾角定向井。应尽量减小井斜角,以减小钻井难度,但不得小于 15°,否则井斜方位不易稳定。

定向钻井需要用专门的造斜方法和工具,以使井身沿预定的方向钻进。造斜方法有两种:转盘造斜和井下动力钻具造斜。井下动力钻具造斜的应用更普遍。

(1)转盘钻定向井。最早使用的是槽式变向器,用套管焊成。其下为楔形,便于插入地层;其上有销钉孔,用销钉和钻具连接,如图 1-32(b)所示。图 1-32(a)所示为变向器造斜时下部钻具配合的情况。造斜时,首先使方钻杆进入方补心,定向并固定好转盘,加一定压力使变向器下部楔入地层,剪断销钉后钻头沿斜面下行,造斜钻进。

也可用扶正器(稳定器)组合的造斜工具造斜。钻进时,以稳定器为支点,在钻头处产生造斜力,实现造斜钻进。采用合理的稳定器安装组合,即调整稳定器的参数、安装位置及稳定器尺寸(全尺寸或欠尺寸),可得到所需的增斜、稳斜及降斜钻具组合。

(2)井下动力钻具钻定向井。常用的井下动力钻具是涡轮钻具和螺杆钻具,俄罗斯也采用电动钻具钻定向井。井下动力钻具钻进时钻柱是不动的,更有利于使用造斜工具。

用螺杆钻具和涡轮钻具钻定向井时,在钻具上方接造斜工具,使造斜工具的下部产生弹性力矩和相应的斜向力。常用的造斜工具有弯接头、弯钻铤、弯钻杆、涡轮偏心短节和螺杆钻具弯壳体等。

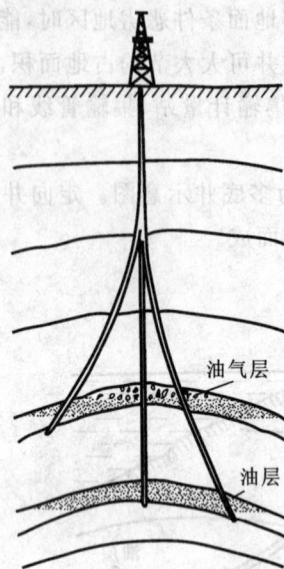

图 1-31　多底井示意图

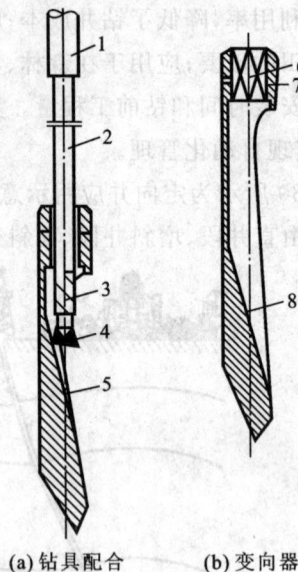

(a) 钻具配合　　(b) 变向器

图 1-32　变向器

1—钻铤；2—钻杆；3—螺旋找中器；4—钻头；

5,8—斜面；6—六方接头；7—销钉孔

　　弯接头如图 1-33 所示。弯钻铤为一长 3 m 左右的短钻铤，两端的扣都车有一弯角，相当于两个弯接头组合，可获得较大组合弯度，较易下井，如图 1-34 所示。弯钻杆将普通钻杆下端弯曲成一定角度，弯曲点距丝扣处 1～1.5 m，柔性大，易加工，便于下井，但造斜能力弱，如图 1-35 所示。涡轮偏心短节在涡轮钻具下部压紧短节上焊一弧形偏心铁块，在松软易塌地层中的造斜效果比弯接头或弯钻杆好，如图 1-36 所示。

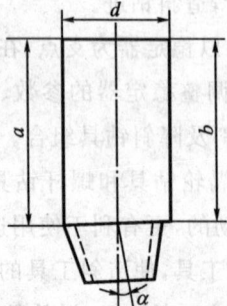

图 1-33　弯接头

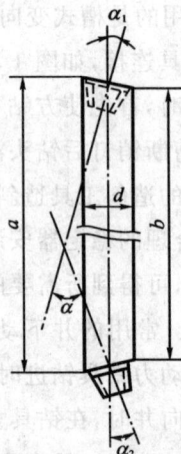

图 1-34　弯钻铤

图 1-35　弯钻杆

　　使斜井达到一定的造斜率是通过选用不同造斜能力的斜向器和相应的钻具组合来实现的。图 1-37 所示为我国四川地区常用的两种涡轮造斜钻具组合。短涡轮结构与普通单式涡轮基本相同,长 3～5 m。复式弯涡轮钻具是用弯接头及相应的活动联轴节连接起来的。它的下节短(约 3 m),用于造斜;上节长(约 8 m),可增加涡轮组数,获得较大功率。

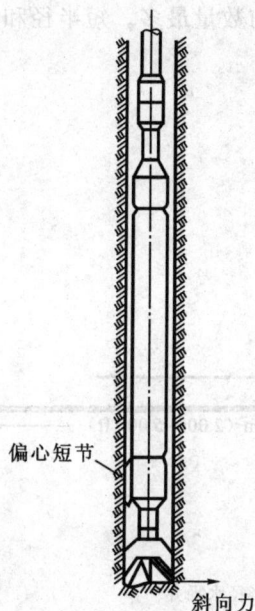

图 1-36 涡轮偏心短节

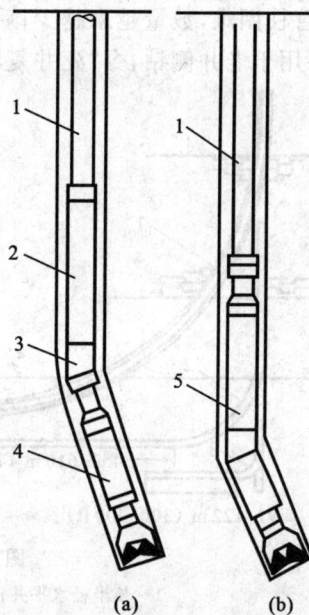

图 1-37 涡轮造斜钻具组合

1—钻杆;2—钻铤;3—弯接头;4—短涡轮;5—复式弯涡轮

　　定向钻井有一系列比较成熟的定向工艺技术和仪器设备。目前最先进的方法和仪器是随钻随测仪＋定向键。它可以在钻进过程中随时指出造斜工具的工具面方位及其变化情况,以便及时调整,使造斜工具的工具面方位始终保持在预定的定向方位线上。

四、水平井钻井技术

　　使钻入油层部分的井眼轨迹呈水平状态的钻井方法称水平钻井。水平钻井属定向钻井范畴而又独具特色,在 20 世纪 80～90 年代得到了迅速发展。水平井已成为提高油气产量和采收率的崭新技术途径,应用广泛。在低渗透性地层中钻水平井穿入产层,增加了泄油长度,流动阻力很小,可大大提高油气产量和采收率;天然裂缝大多数是垂直或近似垂直的,油气储藏在裂缝中,垂直井只能钻到一个甚至钻不到产层,而水平井可横向钻穿多个裂缝产层;对于薄层油气藏,垂直井的采油井段长度即油层厚度,若在薄油层中钻水平井,可大大增加油层接触面积,显著提高产量;可使成熟油田或枯竭油藏"起死回生",等等。

应用水平井开发低渗透性油藏、裂缝性油气藏、薄层油气藏可获得较垂直井高3～6倍以上的产量。应用水平井开发油气藏时采收率有可能高达60%～80%。

水平井是在定向斜井的基础上发展起来的，一般井斜大于86°的井段称为水平井。依造斜井段曲率半径的大小，可分为长半径、中半径、中短半径、短半径、超短半径水平井，如图1-38所示。长半径和中半径水平井可采用常规钻井设备和方法钻成。前者摩擦阻力大，起下管柱困难，数量越来越少；后者摩擦阻力小，目前数量最多。短半径和中短半径水平井主要用于老井侧钻，令"死井复活"，提高采收率。

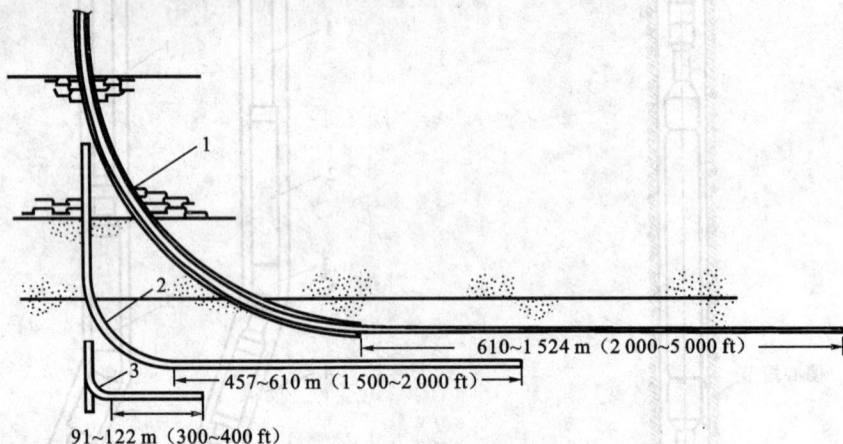

图 1-38　水平井类型
1—长半径水平井；2—中半径水平井；3—短半径水平井

超短半径水平井也被称为径向水平井，通过转动转向器在同一井深处水平辐射地钻出最多达12个水平井眼。它早期用于使老井"复活"，现在已经用于新油气田开发。它采用特殊的径向钻井系统，利用高压液体射流喷出一段水平井眼。超短半径水平井适用于松软地层分隔的层状油气藏。径向钻井系统如图1-39所示，造斜器如图1-40所示。

径向钻井系统能够在23～30 cm(9～12 in)曲率半径内作90°转向并钻出水平井段。井眼扩孔段可用机械或水力喷射工具完成，直径为56 cm(22 in)。超短半径造斜器竖立安放其中，用锚爪固定于套管内壁。曲率导向管由几节短导向管组成，各节之间用销钉连接。各短节可绕销轴转动，能使整个导向管从垂直转向水平，形成90°弯曲导向管。还有一对提升侧向板和转换连接装置(图中未示明)。侧向板通过转向连接装置与高压工作管柱连接，可随工作管柱作有限上下移动(约30 cm)。曲率导向管顶部一节短管进口端与造斜器本体连接，底部一短节管出口端通过销钉与提升侧向板下端连接。当地面修井机上提高压工作管柱约30 cm时，侧向板随之上升30 cm，通过提升销连接的最下一节曲率导向短节，迫使中间各节短导向管柱销钉转动而向前后延伸形成反向弓形弯曲的曲率导向管。

径向管为连续焊钢管，直径32 mm(1¼ in)。曲率导向管内有一系列的滚柱和滑块，使径向管容易通过，并引导径向管在曲率半径23～30 cm范围内逐渐弯曲，转向90°至水

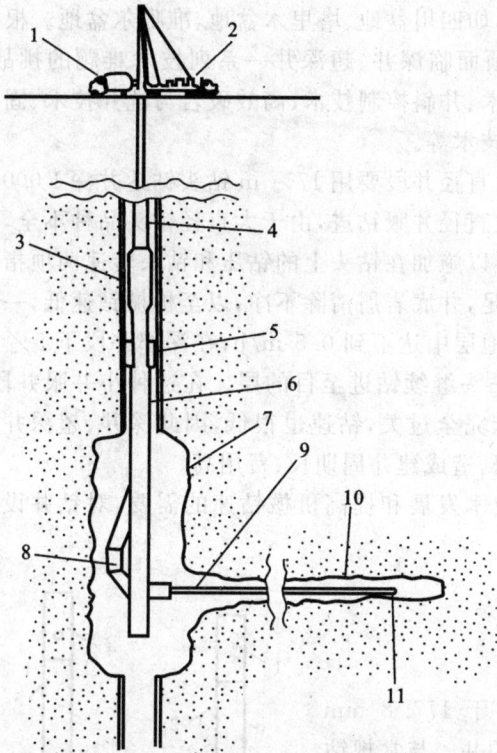

图 1-39 径向钻井系统

1—电缆限制器装载车；2—修井机；3—套管；4—高压管柱；
5—锚爪；6—造斜器主体；7—扩孔段；8—油层曲率导向管；
9—径向管；10—径向井眼；11—钻头

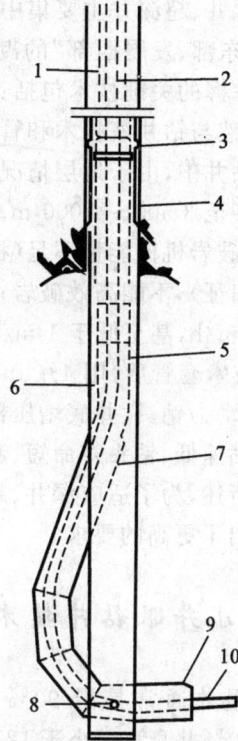

图 1-40 造斜器

1—高压油管柱；2—径向管；3—锚爪；4—造斜器
本体；5—高压密封；6—入口端；7—提升侧向板；
8—提升销；9—出口端（矫直装置）；10—径向管

平位置。径向钻进依靠高压水系统完成：通过特殊的锥形射流喷嘴产生高压水射流切削地层；对径向尾管端产生轴向推力，使其沿造斜器的曲率导向管进入地层；高压水在径向管前端产生张力（轴向拉力），拉着径向管前端沿轴向朝前运动，实现钻进。

在大多数地层岩石中，径向钻井系统采用等压力喷射钻井。

现代水平井技术十分广泛，主要有：优化设计技术，包括研究油藏，综合考虑地质、钻井、测井、完井以及采油多方面；井眼轨迹控制技术，包括研究配备先进的导向钻进系统，采用先进的随钻测量（MWD）仪器和技术；优化完井技术，钻井液技术以及水平井的固井、测井、射孔、防砂和增产技术等。其中，优化设计、井眼轨迹控制、优化完井是水平井钻井的关键技术。这些技术的应用和推广都与钻井设备、工具及仪器等有着密切关系。

五、深井、超深井钻井技术

完钻井深为 4 500～6 000 m 的井称为深井；完钻井深为 6 000 m 以上的井称为超深井。要勘探、开发深部的油气资源，必须钻深井或超深井。

　　我国深井、超深井主要集中在西部地区,如四川盆地、塔里木盆地、准噶尔盆地。根据我国"稳定东部、发展西部"的勘探战略,必须面临深井、超深井一系列技术难题的挑战。要研究和掌握的关键技术包括:井眼稳定技术、井斜控制技术、高效破岩与洗井技术、固井技术、钻井液与钻井液技术和管柱优化设计技术等。

　　深井钻井中,由于地层情况复杂,上部大直径井段要用17½ in钻头钻达井深1 000～3 000 m,甚至3 500～4 000 m。如此深的大直径井眼钻进,由于大直径钻头品种不全,可选型号少,破岩机械能量不足(机械能量主要以施加在钻头上的钻压和钻头转速两项指标的乘积来表征),不能高效破岩;水力能量不足,井底岩屑清除不净,以至机械钻速低,一般只有1～2 m/h,甚至低于1 m/h,在难钻的地层中达不到0.5 m/h,在深部井段下5½ in(或7 in)技术套管后,用4⅝ in(或5⅞ in)钻头继续钻进至目的层。在这种小井眼井段,由于钻头、动力钻具、井底增压器等技术尚未完全过关,钻速也很低,因此深井、超深井钻井中机械钻速低、钻头寿命短、起下作业频繁,造成建井周期长、费用高。

　　综上所述,为了适应深井、超深井钻井技术发展和提高机械钻速的需要,对钻井设备和钻具提出了更高的要求。

六、小井眼钻井技术

　　小井眼井通常是指90％井深直径小于177.8 mm(7 in)或70％井身直径小于127 mm(5 in)的井。与常规钻井相比,小井眼钻井可大幅度降低钻井成本,改善油田经济环境。钻井实践表明:小井眼探井和评价井可降低钻井成本40％～60％,生产井和注水井可降低钻井成本25％～40％。小井眼钻井在石油工业中的应用始于20世纪50年代,并在20世纪80～90年代取得了突破性进展,成为继水平井之后油气勘探开发中又一热门技术,展现了良好的应用与发展前景。

　　专用小井眼钻井系统是实现小井眼钻井的关键。典型小井眼钻井系统有三种基本型式:转盘钻进、井下马达钻进和连续取心钻进系统。它们的共同特点是:采用小钻机、小直径钻具(钻头、钻柱、井下马达)和高转速钻进,与常规钻井系统相比可节约钻井成本40％～70％。

　　两种典型的小井眼井下螺杆钻具组合如图1-41所示。常用的小井眼钻井系统如图1-42所示。

七、连续柔管钻井技术

　　连续柔管(coiled tubing)又称为挠性管或软管,简称

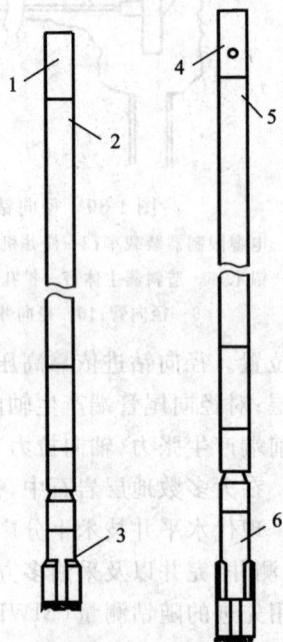

图1-41　典型小井眼井下动力
钻具组合
1—交换接头;2—44.45 mm高性能
螺杆钻具;3—63.5 mm钻头;
4—循环短节;5—85.73 mm高性
能螺杆钻具;6—104.78 mm
磨铣钻头

CT,是一种高强度连续制造的钢管。目前连续制造的长度已达 914.4～7 620 m。

用连续柔管作业机取代钻机、修井机,用连续柔管取代常规钻杆和油管,进行修井、钻井、完井及各种油井作业,统称为连续柔管技术。

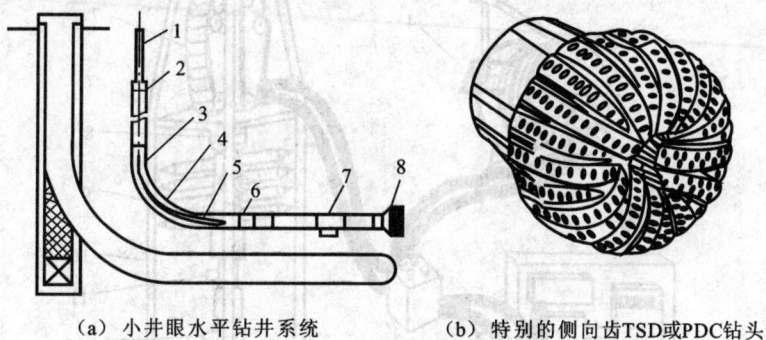

(a) 小井眼水平钻井系统   (b) 特别的侧向齿TSD或PDC钻头

图 1-42　小井眼水平井钻井系统

1—钻杆;2—钻铤;3—小钻杆;4—无磁钻铤;5—测量工具;6—定向旁通短节;7—马达;8—钻头

连续柔管技术用于油气勘探与开发始于 30 年前。现在连续柔管技术已成功用于修井、完井和各种油井作业,如冲洗、人工举升、测井和射孔、挤水泥、井下扩孔、防砂及酸化增产。仅就钻井而言,连续柔管技术已成功用于老井眼内钻直井、侧钻水平井及小井眼钻井。随着连续柔管材质和制造工艺的改进与完善,大直径、高强度连续柔管的问世,以及配套井下马达、定向工具、传输系统和钻头的研制,连续柔管钻井技术将有新的发展并获得广泛应用。

连续柔管钻井的突出优点是省时、省钱、安全。与常规钻井比,连续柔管的收放取代了钻杆单根(立根)连接、拆卸,实现了连续钻井并大大节省了起下作业时间,缩短了建井周期。连续柔管钻井的地面设备少,占地面积小,对环境影响小,设备投资及安装、维护、保养费用低。连续柔管不存在常规钻柱的大量接头,能连续循环钻井液,即使在带压作业条件下也可安全有效地控制工作管柱而无需压井,减小对地层的伤害,用于欠平衡钻井时更具安全性。

连续柔管钻井系统包括地面设备(作业机及辅助装置、循环系统)、连续柔管和井下钻具。图 1-43 所示为一种连续柔管作业机的结构示意图,主要部分包括:

(1) 连续柔管作业机。包括连续柔管注入头(又称牵引起下设备)。主要功能是:克服浮力和摩阻力,将柔管下入井筒内;悬挂连续柔管并控制其下放和提升速度;底部装有载荷传感器,在控制台显示柔管柱重量和提升力。

(2) 卷筒。用于绕连续柔管。筒芯直径大小取决于要卷绕的柔管直径和长度。

(3) 连续柔管。连续柔管的性能和质量是连续柔管技术的关键。有三种材质的连续柔管已投入使用,即碳钢、调质合金钢和钛钢,现正在研制玻璃纤维和炭纤维等复合材料的连续柔管。

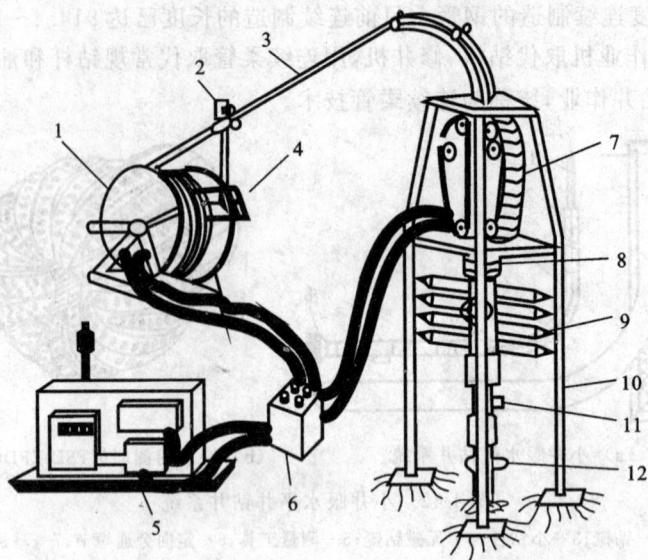

图 1-43　连续柔管作业机组成示意图
1—卷筒；2—计数器；3—连续油管；4—排管器；5—动力机组；6—控制柜；7—链条牵引总成；
8—橡胶刮泥器；9—防喷器组；10—支架；11—排液三通；12—井口阀

（4）井下钻具组合。连续柔管钻井用钻头、井下动力钻具、钻铤及测量仪与常规钻井所用的相同，但连续柔管接头、定向工具、紧急断开接头等则是专门设计的工具。连续柔管接头用于连接连续柔管和井下工具组合，并避免井下钻具振动冲击对连续柔管造成损害。紧急断开接头的作用是，当钻头或钻铤在井眼中卡住时，能使连续柔管与井下钻具断开。

八、其他钻井新技术

目前钻井深度已超过 10 000 m。由于旋转钻钻井导致钻井机械及设备愈来愈庞大和复杂，近些年来人们一直试图利用现代科学的最新成就，开辟破碎和清除岩石的新途径，积极探索和试验新的钻井方法。

新提出的钻井方法大致可分为四类：熔化及气化法、热胀裂法、化学反应和机械诱导应力法。这些方法的共同特点是抛弃了用钻头加上旋转破碎岩石的原理，如试验成功，必将引起钻井方法和钻井工艺技术方面的重大变革。

据报道，由美国气体研究院、美国空军、美国海军联合发起了一个研究计划，即激光钻井。研制目标包括激光钻井与完井，其直接研究产品是一台激光钻机。激光钻井有两种激光发生器。一是利用化学原理设计的氧化碘激光发生器；二是红外线激光发生器。据介绍，激光钻井 10 h 的钻井进尺相当于常规钻井 10 天的钻井进尺。与常规钻井过程相比，激光钻井不需要钻井液、钻头、油管和套管，也不产生钻屑，可以大幅度降低成本。

　　近20年来井眼轨迹控制技术的研究和应用也取得了长足的进步，大大提高了直井防斜与定向井、水平井定向控制的技术水平，可望成为实现自动化与智能化钻井的一门核心技术。

　　其他钻井新技术（如井眼稳定、高效破岩与洗井、油层保护、现代油井设计、随钻测井、随钻地震以及钻井三维可视化技术等）也都取得了可喜进展，为实现科学钻进、提高油气勘探综合经济效益作出了重要贡献。

第四节　采油工艺技术

　　石油开发的基本目的是尽可能将储存在油气层深处的油、气开采出来，提高采收率，降低成本。因此，钻井、完井之后，油田主要和大量的工作就是实施各项完善的采油工艺，将井下原油提升到地面并进行输送，以及采取措施使地层中的原油流向井底。

　　按照油层内部的天然能量、油层渗透性能和原油性质等，开采原油的方法有自喷井采油法和机械采油法两大类型。

　　利用地层本身的能量由井底向地面举升原油为自喷井采油，其工艺和设备比较简单。

　　随着自喷油井油层压力逐步降低，当流到井底的油气所具有的剩余能量不足以将油液喷到地面时，或低渗透、低压力油层的原始能量不能将油液自喷到地面时，通常要应用专门的抽油装置将油井中的油液举升到地面，以便保持井底和油层之间油液流动的压力差，保证油气源源不断地流向井底。这种采油方式称为机械采油或人工举升采油。按照抽油装置动力传递方式的不同，机械采油主要包括有杆泵采油、无杆泵采油和气举法采油三大方式，但具体型式多种多样。目前，我国的机械采油量占总采油量的80%以上。

一、自喷井采油

　　图1-44所示为自喷井采油示意图。原油从油层自喷到地面计量站一般要经过渗流、垂直流、嘴流和水平流四个流动过程，即先在多孔地层介质中经过渗滤流到井底，再从井底沿油管垂直上升，经过控制自喷井产量的油嘴，最后沿地面管线进入计量站。实际上，当钻井作业完成以后，由于井筒内还充满着钻井液，液柱作用于井底的压力一般大于油气层压力，加上钻井和射孔过程中污染物的堵塞和阻碍，油、气不能流入井筒内，更不能自动喷到地面。因此，自喷采油之前要降低井筒内的液柱压力，清除堵塞油层的污物，使油气能够畅流到地面。这种作业过程称为诱喷或诱流。

　　1. 自喷井的诱喷

　　诱喷的方法通常有以下几种：

（1）替喷法。将油管下入井底，利用洗井机或水泥车向井内注入低比重钻井液或清水、原油，替换出井内原有的高比重钻井液，降低井底液柱压力，然后上提油管至油层中部，或者继续在井底向井内注入清水，直至返出的清水中带有大量油花并形成轻微的井喷为止。

用原油替喷时一般从油管、套管环形空间注入，从油管中返出循环洗井液。这样做易于控制井喷和放喷。

（2）抽汲法。替喷后，若油井仍不能自喷，可用一种特殊的抽子在油管内上下高速提放。一方面，将井内液体逐渐抽出，进一步降低井内液柱压力；另一方面，在强大的抽力下有可能将浸入油层的钻井液、污物吸出，从而使油井自喷。

（3）气举法。利用移动式压缩机从油管或油管、套管环形空间向井内打入压缩气体，使井筒中的液体从环形空间或油管中排出，降低井底液柱的压力。

（4）提捞法。将一个用钢管制成的提捞桶下入井内，一桶一桶地提捞出液体，达到降低井底压力的目的。

通过上述方法使油井自喷后，打开套管阀门放喷一段短暂的时间，然后改为油管放喷，转入正常采油。

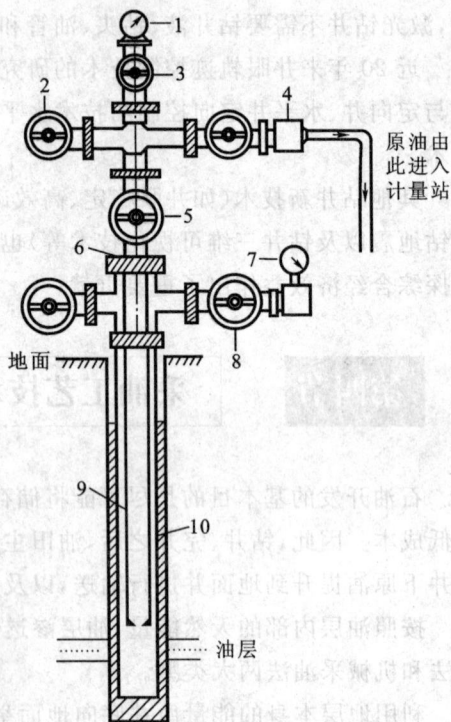

图 1-44　自喷井采油示意图
1—油压表；2—生产阀门；3—清蜡阀门；
4—油嘴套；5—总阀门；6—油管头；7—套压表；
8—套管阀门；9—油管；10—套管

2. 自喷的动力

井底原油为何能够自喷到地面？这主要是受到若干地层驱动力的作用。当油藏未开发、地层未打开时，油层中的压力处于平衡状态，原油不流动；一旦地层中钻出油井并开始生产时，油层内的压力平衡被打破，井底压力低于油层压力。在地层驱动力的作用下，先将原油从地层内推向井筒，若还有剩余的能量，再将井筒内的原油举升到地面。地层对原油的驱动力主要有以下几种：

（1）静水压头。有些油田的油层如图 1-45 和图 1-46 所示，与四周地面水源连通，或油层的底部和四周与水源连通，且油水表面之间有一定的高度差。油层的原油在水静压力差的驱使下向井筒内流动，若剩余压力大于井筒内液柱的压力，原油就自喷到地面。这两种情况分别称为边水驱动和底水驱动。

（2）气顶压缩气的膨胀力。有的油层中，原油的溶气量达到饱和状态以后，多余的天

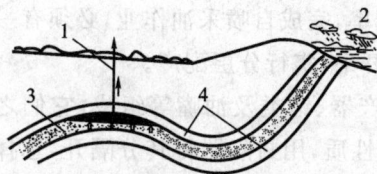

图 1-45 边水驱动
1—油井;2—供水区;3—边水;4—不渗透层

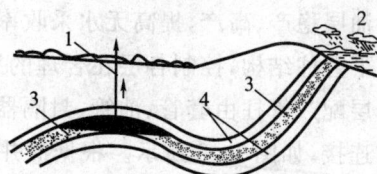

图 1-46 底水驱动
1—油井;2—供水区;3—底水;4—不渗透层

然气就聚集到油层的顶部,处于高度压缩状态,如图 1-47 所示。当油井生产时,随着油层压力的降低,压缩气体膨胀,推动原油流向井筒并喷出。气顶驱油能量的大小与气顶体积和气体的压缩性等有关。

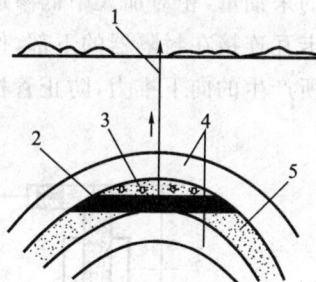

图 1-47 气顶驱动
1—油井;2—油层;3—气顶;
4—不渗透层;5—水层

（3）油层弹性力。当油层投入开发时,由于其压力不断下降,处于压缩状态的含油岩层及其中的各种液体(主要是位于广大含水区的水)体积膨胀,挤压原油向井筒流动。

（4）溶解气的膨胀力。随着油田的不断开发,地层压力不断下降,当降到低于气体饱和压力时,油层原油中的饱和气就开始膨胀,带动原油一起流入井筒并携带原油喷出。

（5）重力。油田进入开发末期后,其他能量逐渐枯竭,原油依靠自重从油层高处流向低处,进入油井。此时,油井就完全无自喷能力了。

油层的地质条件及开采方法不同,主要驱油动力的表现也不同,驱油效率也不一样。一般说来,水压驱动时原油的采收率最高,溶解气驱动和重力驱动时采收率最低。

3．自喷流体的流态

自喷过程中油气在井筒内的流态是变化的,分为纯油流、泡流、段塞流、环流和雾状流等,如图 1-48 所示。这主要是因为井筒内不同井段的压力发生变化的缘故。在最下段,井筒内压力高于饱和压力,气体溶解在原油中,油流为单相运动状态;往上,由于井筒内的压力稍低于饱和压力,小部分气体从油流中分离,在原油中呈小气泡状态;再往上,井筒内压力更低于饱和压力,气体进一步膨胀,小气泡合并成大气泡,使井筒内出现一段原油一段气体的柱塞状,这时的气体如同活塞一样,对油流有很大的举升力;油流再上升,气体再分离、膨胀,气体柱塞不断加长,逐渐从油管中心突破,形成中心连续气流,而管壁附近则是原油流动的液流状态;最后,在井筒的最上段,气体继续增加,中心气柱完全占据了油管断面,油流变成极小的液滴分散在气柱中,以雾状喷出。

一般的井筒中包含若干油层,在非均质油田,各油层的渗透性能、压力和含水等差别很大,如果多层同时以单一的管柱开采,则同一井底压力下,渗透性好、压力高的油层就产得多,出油快,中低渗透层及压力较低的油层由于生产压差小,不能发挥生产能力。为了确保各油层稳产、高产,提高无水采收率和最终采收率,完成自喷采油作业,必须有一套完整的井下管柱结构,控制各层在合理的压差下平衡开采,实行分层配产。

分层配产管柱由套管、油管、封隔器、工作筒配产器、锚类及油嘴等组成,它们之间通过螺纹连接,如图 1-49 所示。根据油井内各油层的性质,用封隔器将其分隔开,选择不同大小的油嘴,控制生产压差,使各层段按照自身特点进行生产。其中,油井封隔器是分隔油层、实行分层开采的主要井下工具;配产器用于控制各油层的回压,适当降低高渗透油层的采油量,相对加大中低渗透层的采油量,实现分层配产或不压井起下作业;锚类或支撑卡瓦连接在封隔器的下部,作为管柱的支点,用于坐封封隔器,克服封隔器因受上部压力所产生的向下推力,防止管柱向下移动。

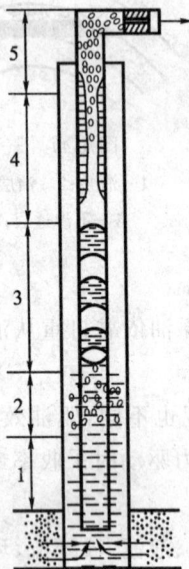

图 1-48　油气在井筒中的运动状态

1—纯油流;2—泡流;3—段塞流;4—环流;5—雾状流

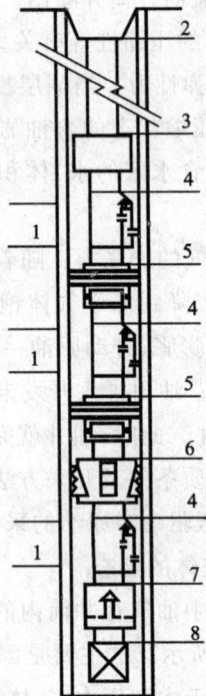

图 1-49　自喷井分层采油管柱结构示意图

1—油层;2—DQ0152 活动油管头;3—油管堵塞器 φ45 工作筒;4—DQ0653 偏心配产器;5—DQ7552 封隔器;6—DQ0552 支撑卡瓦;7—DQ0153 撞击筒(压井时用 SL0652 配产器);8—丝堵

二、有杆泵采油

有杆泵采油是机械采油方法中应用最为广泛的一种方法,在俄罗斯大约占 77%,美

国占 81.5％,我国占 90％以上。图 1-50 所示为最常见的有杆泵采油方式示意图,除井口
装置外,主要包括三部分:地面设备(游梁式抽油机、液压驱动式抽油机、直线电机抽油机、
链条式抽油机等);井下部分(抽油泵,又称为深井泵);抽油机与抽油泵连接部分(抽油
杆)。

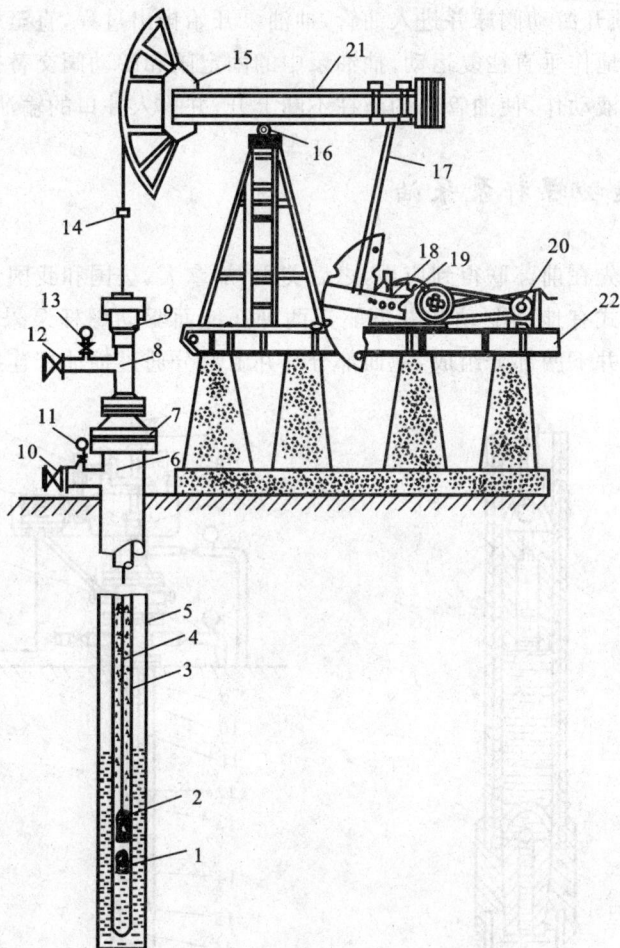

图 1-50　游梁式抽油机-抽油泵装置简图

1—吸入(固定)阀;2—排出(游动)阀;3—油管;4—抽油杆;5—套管;6—套管三通;7—法兰盘;
8—油管三通;9—密封盒;10—套管阀门;11—套压表;12—生产阀门;13—油压表;14—悬绳器;15—驴头;
16—中轴承;17—连杆;18—曲柄;19—减速箱;20—电动机;21—游梁;22—底座

习惯上将有杆泵采油设备称为"三抽"设备。在图 1-50 中,动力机通过减速箱、曲柄
连杆机构和游梁等将高速旋转运动变为抽油机驴头的低速上下往复运动,并通过悬绳器、
光杆和抽油杆带动有游动阀的柱塞在深井泵筒中上下往复运动,实现抽油。

抽油泵的工作原理如图 1-51 所示。抽油泵总是下放到液面以下的某一深度,故当柱
塞上行时,游动阀受油管内液柱的压力自动关闭,随着柱塞的上行,油管上部的一部分液

体排出地面；与此同时，柱塞下部泵筒空间内压力降低，井内液体在压差作用下顶开安装于泵筒上的固定阀球，进入泵筒，抽油泵处于吸入过程，直至柱塞到达上死点。当柱塞下行时，泵筒内液体受压缩，压力升高，当与泵筒外环形空间液柱压力相等后，固定阀阀球依靠自重下落，使固定阀关闭；柱塞继续下行，泵内压力进一步升高，当超过油管内液柱压力时，泵筒内液体便顶开游动阀球并进入油管，抽油泵开始排出过程，直至柱塞到达下死点。

随着柱塞不停地作垂直往复运动，抽油泵中的固定阀和游动阀交替打开和关闭，泵筒反复完成吸液和排液动作，使油管内的液柱不断上升，并排入井口的输油管之中。

三、地面驱动螺杆泵采油

螺杆泵采油首先在前苏联得到应用，之后美国、加拿大、法国和我国也开始相继应用。螺杆泵采油驱动方式有地面驱动和井下驱动两种。地面驱动螺杆泵采油系统如图 1-52 所示。它由地面和井下两部分组成，地面部分与井下部分通过抽油杆连接。

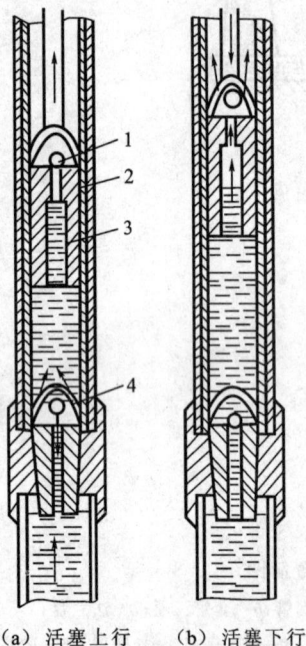

（a）活塞上行　（b）活塞下行

图 1-51　抽油泵工作原理图
1—游动阀；2—衬套；3—柱塞；4—固定阀

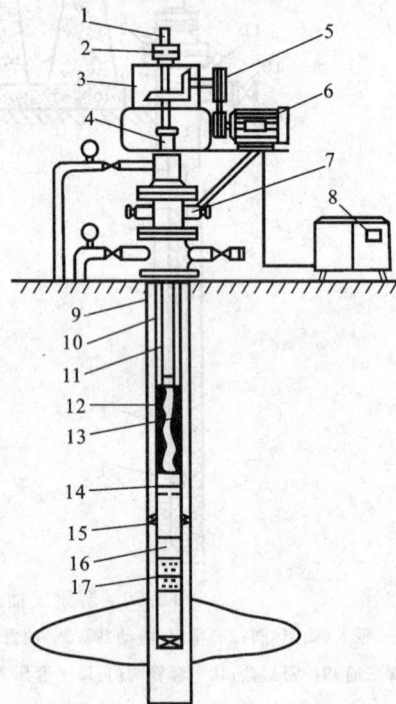

图 1-52　地面螺杆泵采油系统示意图
1—光杆；2—方卡；3—减速箱；4—密封盒；5—皮带轮；
6—电动机；7—专用井口；8—电控箱；9—套管；10—油管；
11—抽油杆；12—定子；13—转子；14—定位销；
15—锚定工具；16—防蜡器；17—筛管

为了防止油管与定子脱扣,在尾管下部装有封隔器或油管锚。当地面动力通过抽油杆驱动转子旋转时,转子与定子啮合,形成一系列由定子与转子之间接触线所密封的腔室;随着转子的转动,这些腔室由定子的一端运动到另一端,泵入口处不断形成的敞开室,在沉没压力的作用下依次被井液充满,并逐渐向泵的排出端移动,排出井液。

四、无杆泵采油

无杆泵采油的主要特点是取消了抽油机和抽油杆,大多采用液体和电力驱动。无杆泵采油有多种型式,我国常用的有以下几种。

1. 水力活塞泵采油

水力活塞泵装置是通过高压动力液向井底传递动力并实现抽汲井液的一种无杆抽油设备。该装置包括三大部分:井下部分、地面部分和中间部分。井下部分是水力活塞泵系统的主要机组,由井下液马达、往复容积式抽油泵、控制滑阀等组成,完成抽油的主要动作;地面部分包括柱塞泵组、井口装置、井口四通、控制阀及动力液系统,起着向井下机组供给高压动力液及处理动力液的作用;中间部分包括各种专用管道及油管,起着将动力液从地面送至井下机组,以及将抽出的地层液和工作过的乏动力液排出地面的作用。实际上,水力活塞泵装置相当于将液压抽油机的驱动油缸及换向阀移动到井下,直接与抽油泵相连,从而取消了抽油杆的一种抽油设备。它除适用于一般油井采油外,尤其适用于稠油井、多蜡井、深井、定向井以及海上油井,另外还可用于单井和多井的开采,便于集中管理。

图1-53所示为开式水力活塞泵装置的工艺流程图。地面柱塞泵将处理合格的动力液增压后,经过地面管网和井口四通阀,沿中心油管注入井内,驱动井下液马达工作;液马达的活塞带动抽油泵的柱塞作往复运动,使抽油泵的固定阀和游动阀交替打开和关闭,实现吸油和排油排动作;液马达的乏动力液和抽汲的原油一起从油管、套管环形空间排到地面,通过井口四通阀进入地面输油管道。

2. 电动潜油离心泵采油

电动潜油离心泵机组被认为是一种比较经济有效、特别适用于海上油井和高产油井的人工举升采油方法。

电动潜油离心泵系统如图1-54所示。它由电动机、保护器、吸入口(或气体分离器)、多级潜油离心泵、电缆、控制屏和变压器等组成,附件有油管挂(井口装置)、单流阀、泄油阀、电缆滚筒、测量井底压力和温度的仪表、将电缆固定到油管上的电缆卡子等。通常情况下,将潜油离心泵、电动机、保护器等井下机组统称为"电泵"。电泵连接在油管上,用油管柱下入井中,沉没在井液下抽油。它适用于垂直井、弯曲井和定向井。

井下机组中,电动机作为动力,驱动离心泵工作;多级离心泵将机械能转换为液体能,提高油井液的压头,并将其举升到地面;保护器起着补偿漏油和电机平衡室的作用,即电机工作时,电动机油受热膨胀,一部分电机油进入保护器,当电机停转时,电机油冷却收

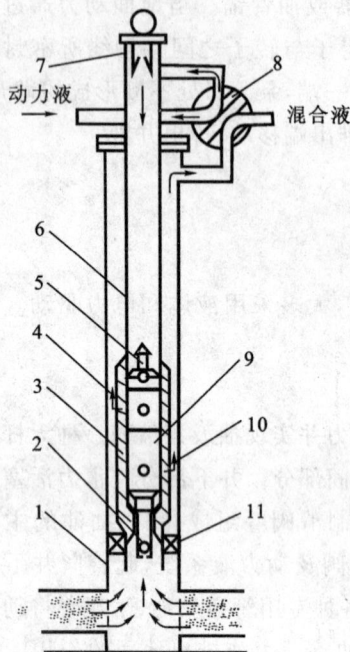

图 1-53　水力活塞泵采油系统流程图

1—套管；2—底阀；3—泵工作筒；4—泛动力液；

5—液马达；6—油管；7—井口捕捉器；

8—井口四通阀；9—抽油泵；10—产液；

11—封隔器

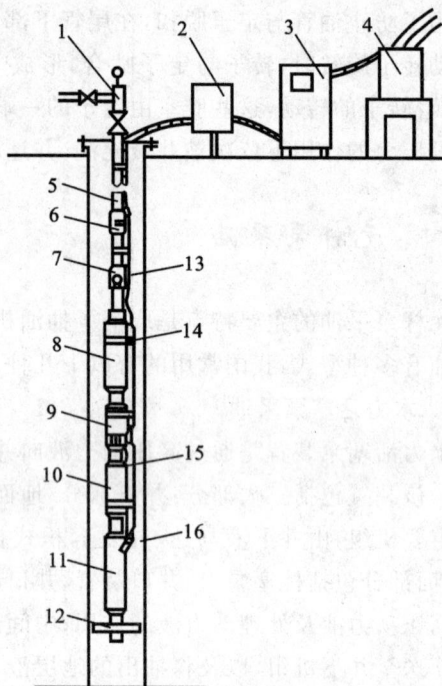

图 1-54　电动潜油离心泵采油系统示意图

1—井口；2—接线盒；3—控制屏；4—变压器；5—油管；

6—泄油器；7—单流阀；8—多级离心泵；9—气体分离器；

10—保护器；11—潜油电动机；12—扶正器；13—电缆；

14—电缆卡子；15—电缆护罩；16—电缆头

缩,保护器又向电机内充油,并且密封电机壳体的动力端,使井液不能进入电机;油气分离型吸入口或油气分离器用于分离井液中的游离气体,并使游离气进入油管、套管环形空间;泵上部的单流阀用于防止停泵时油管内液体回流而引起泵的反转;泄油器在提出井下机组时可以将油管柱内的井液放掉;井口可起到密封油井、悬挂管柱及其他井下设备的作用。

　　3．井下驱动螺杆泵采油

　　井下驱动螺杆泵采油与电动潜油离心泵采油类似,自上至下为螺杆泵、保护器和潜油电机等,属于无杆采油。地面驱动螺杆泵采油是由地面电动机通过抽油杆驱动螺杆泵的,属于有杆采油。

　　图 1-55 所示为是电动单螺杆泵采油装置示意图。井下部分包括单螺杆泵、保护器和潜油电机,单螺杆泵在上面,保护器在单螺杆泵与潜油电机之间。还有一种液动单螺杆泵采油装置,从地面向井下液马达提供高压动力液,带动螺杆泵工作。

　　4．射流泵采油

　　射流泵采油原理如图 1-56 所示。当高压动力液从油管注入并流过喷嘴时,其压能几

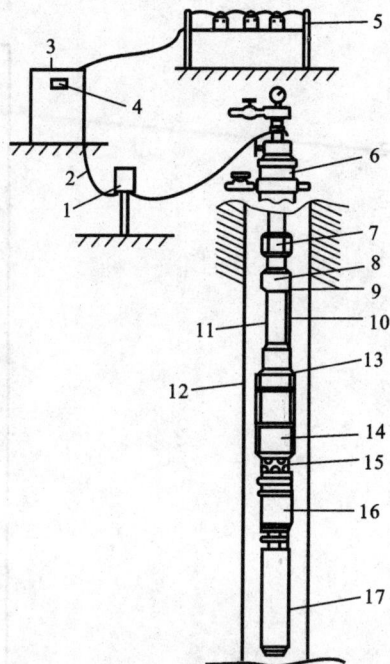

图 1-55 井下驱动螺杆泵采油系统示意图

1—接线盒;2—地面电线;3—控制屏;4—电流表;5—变压器;

6—井口;7—泄油阀;8—单流阀;9—圆电缆;10—电缆接头;

11—油管;12—套管;13—小扁电缆;14—螺杆泵;15—吸入口;

16—保护器;17—电动机

乎全部变成高速的动能,在喉管区周围形成低压区;由于压差的作用,地层液进入混合室,与动力液混合后一起流进扩散管;扩散管将一部分速度能再转换为大于油管、套管环形空间中静液柱的压能,使地层液与泛动力液的混合液上升到地面。

5. 涡轮驱动潜油泵采油

图 1-57 所示为井下机组轴流涡轮-轴流泵示意图。上部为轴流涡轮级,下部为轴流泵级,共同固定在一根轴上,两者之间有止推轴承和密封装置。地面提供的高压动力液通过井口阀和中心油管进入井下机组的中间部位,从涡轮级的下方向上流动,推动涡轮级带动离心泵级转动,抽出地层液。采出液自下向上流动,与泛动力液混合,一起进入油管、套管环形空间排出。

五、气举法采油

气举法采油是应用压缩机等机械手段,将经过脱氧的空气、氮气或二氧化碳等气体注入油管、套管环形空间,并经过油管将井液举升到地面的一种采油方法。气举法有连续气举和间歇气举两种。连续气举是将高压气体连续地从油管、套管环形空间注入井内,进入

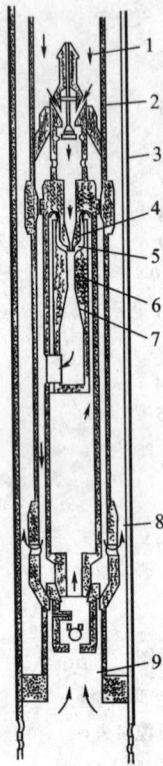

图1-56 科贝A型套管自由式射流泵
工作原理图

1—动力液;2—泵筒;3—套管;4—喷嘴;5—混合室;

6—喉管;7—扩散管;8—混合采出液;9—地层液

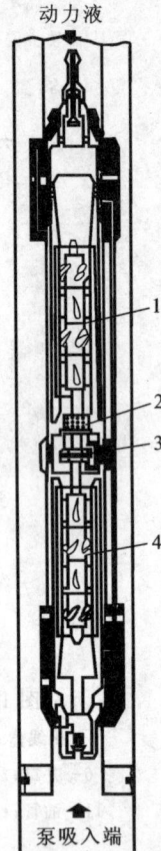

图1-57 轴流涡轮-轴流泵装置井下机组简图

1—轴流涡轮级;2—离心式过滤器;3—止推轴承;

4—轴流泵级

油管后与液体混合,使其密度降低,油管中压力梯度减小,液柱重量下降,在油管和地层之间形成足够的生产压差,从而导致井液喷出地面。这种方法主要用于采油指数高和因为井深造成井底压力高的油井。间歇气举通过气举控制器和阀使气体定期注入井中,从聚集在油管中的液体段塞下面像推动活塞似地将段塞一段一段地推至地面。间歇气举既适用于低产油井,也适用于采油指数高和井底压力低的油井,或采油指数与井底压力都低的油井。

气举循环系统有的比较简单,有的相当复杂。图1-58所示为气举循环系统,一般分为地面和井下两部分。地面部分是主要由压缩机、管线、阀门、分离器及储气罐等组成的压缩机系统,有开式、半封闭式和全封闭式三种。开式系统是将低压气体压缩到气举工作压力,用于气举采油,返回到低压系统的气体不再循环使用,而移作他用;半封闭式系统可以将从井中出来的低压气体重新压缩循环使用,但要有充裕的补偿气体以保持系统压力;

全封闭式系统中,气体由压缩机到油井、分离器,再返回到压缩机重新压缩,对全部气体进行循环,无需补充气体。

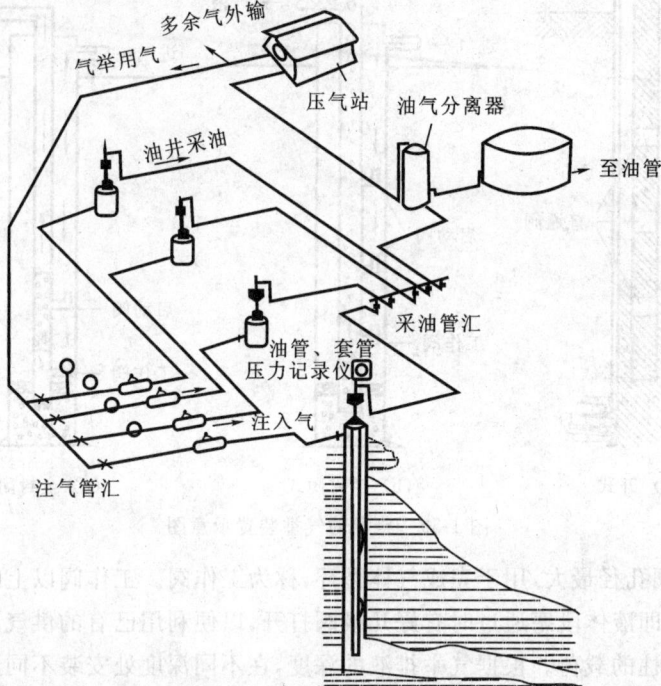

图 1-58 气举循环系统示意图

井下部分是由油管和气举(单流)阀等组成的气举装置。气举装置的类型一般也相应的分为开式、半封闭式和全封闭式三种。

开式气举装置如图 1-59(a)所示,下井的油管柱不带封隔器,气体从油管、套管环形空间注入,产液自油管中喷出。这种装置只限于油封很好的油井,通常指的是那些只适合连续气举的油井,但不能用于气体有可能从油管底部循环的场合。由于气体有可能从油管底部进入油管,深井开始生产时需要很大的启动压力,连续气举时很难确定注气部位,以及地面管线压力波动会引起油管、套管环形空间液面升降而冲蚀气阀等一系列缺点,这种装置一般较少应用。

半封闭式气举装置如图 1-59(b)所示,除了用封隔器封隔油管、套管环形空间外,其余都与开式装置相同。这种装置既适用于连续气举,也适用于间歇气举。与开式装置相比,无论何种情况下油管中和地层中的液体都不会进入油管、套管环形空间。

全封闭式气举装置如图 1-59(c)所示。与半封闭式装置相比,全封闭式气举装置油管柱的下部多安装了一个固定阀,用于防止气体压力通过油管作用于地层液。它常用于间歇气举采油。

在气举装置中有一些特殊设计的阀件安装在油管柱的不同部位。暴露于环形空间气

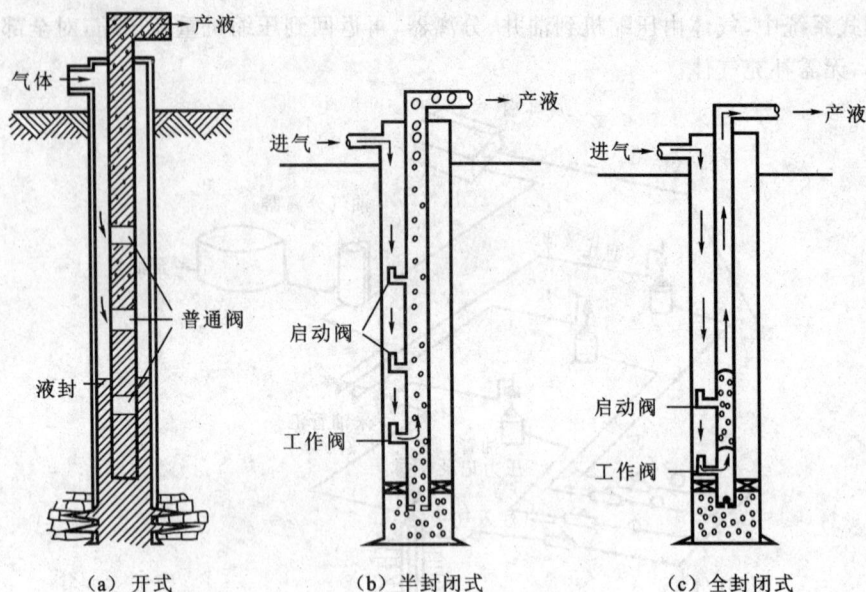

图 1-59　典型的气举装置示意图

体中最下部的阀孔径最大,用于完成气体循环,称为工作阀。工作阀以上的各级阀称为启动阀或卸载阀,即液体段塞通过时有好几级阀打开,以便利用已有的供气压力帮助推动段塞上行,减轻液柱的载荷。根据气举排液的深度,在不同深度处安装不同进气孔直径的气举工作阀,可进行多级排液。

除上述方法之外,有杆泵无油管采油法和提捞采油法等也有应用。

第五节　油田增产及油、水井维修技术

为了提高油层的产量和采收率,我国各油田广泛采用多种增产技术和措施,包括油田注水、压裂和酸化、剖面调整、防砂及大修等作业。在油井自喷、抽油或注水过程中,由于地质、工程和人为等因素的影响,常会有一些影响生产的因素发生,有时还会出现油、气、水井或设备故障,因此必须建立一套系统的维护和修理工艺程序。进行这些作业的工艺技术和设备都相当复杂,本节仅介绍与工艺有关的基本内容及相应的设备流程。

一、油田注水工艺技术

油田开发初期,原油所受的驱动力较大,即地层压力较高。随着原油不断被采出,地层压力逐渐降低。为了保持和提高油层的压力,进而保证油田稳产、高产并提高最终采收率,从油田开发初期起,除了钻出大量的采油井外,还要钻出一批注水井,专门用于从地面

向油层注入高压水,以补充采油过程中不断消耗的天然能量。这种作业过程称为油田注水,也称为二次采油法。油田注水驱油示意图如图 1-60 所示。

　　油田注水方式多种多样,主要根据油田的地质条件选择注水方式。对于面积不大、油层连通和渗透性好、原油黏度不大的油田,可以采用油田边外注水、边缘注水和边内注水等方式注水,如图 1-61 所示。对于大油田或渗透性差、黏度高的油田,多采用行列注水和面积注水方式。行列注水是将一个油田用一排排注水井切割成若干小的开发区,在每个小开发区内平行于注水井成行或成列地布置采油井;面积注水是将油田按照规则的几何图形划分成许多单元,在每个单元内同时布置注水井和采油井,如四点法注水或反九点法注水等。

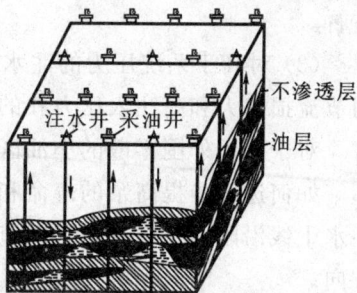

图 1-60　注水驱油示意图

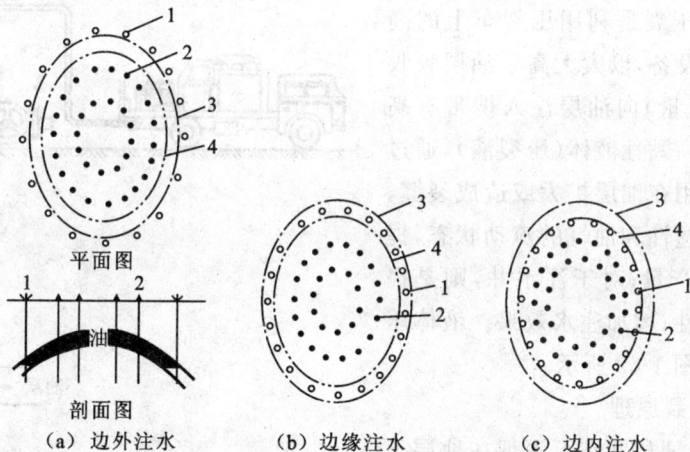

（a）边外注水　　　　（b）边缘注水　　　　（c）边内注水

图 1-61　小油区注水方案

1—注水井;2—采油井;3—油田外边界;4—油田内边界

　　对于多层油田,因各层间的性质差异很大,因此与采油一样,也只能采用分层注水、分层保持压力的方法,尽可能使不同的油层都在保持的压力下开采。

　　注水系统是油田能耗大户,也是油田投资的主要领域之一。目前的注水站有三种型式:

　　(1)以离心式注水泵为主的大站系统,其特点是流量大,维护简单,注水压力一般不超过 16 MPa,适合高渗透率、整装大油田注水。它主要采用多级高压离心泵,如 DF400-150A,DF300-150A,DG250-160,6D100-150(改型),D155-170 等,平均泵效在 76% 左右。

　　(2)以柱塞式注水泵为主的小站系统,其具有扬程高、效率高、电力配套设施简单(指380 V 电压系统)等特点,适用于注水量低、注水压力高的中低渗透率油田或断块油田。它的主要泵型有 3H-8/450,5ZBII-210/176,3DZ-8/40,5ZBII-37/170 等,平均泵效在 86%

左右。

（3）对高于系统压力的注水井点,采用增压注水泵增注,重点解决井压过高、系统管网节流损失大和高注入压力井的欠注问题。

对于油田外围零散的小油区,采用就地打水源井、简易注水流程技术比较经济。

如何进一步提高泵的寿命和效率,特别是减少注水泵出口节流损失、沿程水量漏失、注水干线沿阻力损失和配水间节流损失,使管网系统保持较高的运行效率,是重要的努力方向。

油田注水的全部流程包括水源净化系统、注水站、配水间、注水井及注水作业控制等,将在第十一章中介绍。

二、油层水力压裂工艺技术

油层水力压裂是利用压裂车上的高压泵组及辅助设备,以大大高于油层吸收能力的速率(流量)向油层注入携带有高强度支撑剂的高黏性液体(压裂液),通过液体的传压作用在油层扩大或造成裂缝,改善油层的渗透性和油气的流动状态,提高油井的油气产量;对于注水井,则是提高油层的吸水性,增加注水效果。液体压裂作业原理如图 1-62 所示。

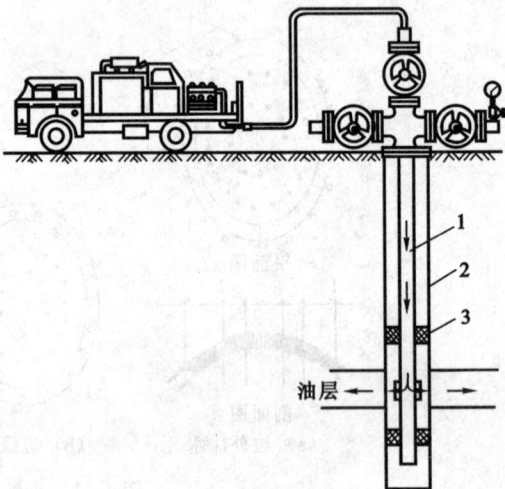

图 1-62　液体压裂作业示意图
1—油管;2—套管;3—封隔器

1. 水力压裂原理

一般来说,原始状态下深埋在地层下的油层结构都是致密的,油气从油层向井筒内渗流的速度比较缓慢。图 1-63 所示为油气流向井筒的状况。当油层还未形成裂缝或裂缝很小时,油气穿过致密的岩层,顺着孔隙或小裂缝从远处向井筒内渗流,流通面积的直径 ϕ 较大,流到井筒附近时流通面积的直径 ϕ_1 很小。由于面积缩小,油气流动的阻力增大,以致其流动能量大部分消耗在克服岩层的阻力上,到达井筒后所剩余的能量很少,大大降低了自喷能力,甚至不能自喷。

图 1-64 所示为油层压力分布曲线示意图。其中的水平线 A 表示地层未打开时油层的压力分布状况,曲线 B 表示油井开采过程中油层压力分布状况。由曲线 B 可以看出,油井附近的压力梯度很大,油气流的大部分能量消耗在油井附近。

水力压裂时,若液体压力增大到大于油层破裂所需要的压力,在油层中就会形成图 1-65 所示的一条或数条水平、垂直或倾斜的裂缝,原有的裂缝也被扩大,油气通过裂缝侧

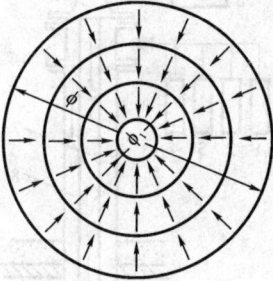

图 1-63 液体流向井筒示意图

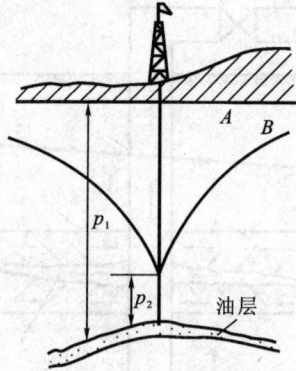

图 1-64 油层压力分布示意图

壁进入裂缝内。由于裂缝的阻力减小,油气可很快流向井筒。随着高压液体的不断注入,裂缝会不断延伸、扩展,直到液体的注入速度与油层所能吸收的速度相等,裂缝的延伸与扩展才会停止。为了维持裂缝始终处于张开状态,一般在压裂液中掺入较大直径的支撑剂,如石英砂、陶粒、核桃壳等,使之沉淀于裂缝中,支撑已经形成的裂缝。

水力压裂只对油层渗透率较低的油井,或由于钻井、修井及完井过程中泥浆等污物浸入井筒附近岩层的孔隙造成局部堵塞,使渗透率降低的油井,才有增产效果。

2. 压裂施工工艺简介

油层水力压裂施工是一项细致复杂的工程,主要由地质、采油及专门负责压裂的工程技术人员提出施工方案。就压裂方式来讲,主要有合层压裂、单层压裂和一次多层分压等。

(1) 合层压裂。对一个生产层组的各个小层同时进行压裂施工称为合层压裂。这是一种最简单的压裂方式。它又分为几种情况:油管、套管同时压裂(压裂时油管连接 1 部压裂车,套管连接 3～4 部压裂车,同时向井内注入高压压裂液,从套管加砂,如图 1-66 所示);油管压裂(只从油管中注入压裂液);套管压裂(井内不下油管,坐好井口后即进行压裂);环形空间压裂(高压压裂液从油管与套管所形成的环形空间注入井底)。

(2) 单层压裂。选择一个层组中的某一小层或一层中的某一层段进行压裂称为单层压裂。用两个水力压差式封隔器卡住拟压裂层上、下部位,可以进行任意单层压裂。当选压层为油井最下段位置时,可以采用单个水力压差封隔器封隔其他油层进行压裂。

(3) 一次多层分压。一次多层分压由于井段小,压裂强度及处理半径较大,能够充分发挥各油层的潜力,因而成为广泛采用的压裂方式。下入管柱后,加液压,坐封各封隔器,打开下部喷嘴,加砂压裂第一个油层;第一层压裂后,减小注入流量,从油管投球,封隔第一个压裂层,再加液压,打开第二层的喷砂器(第一层喷砂器此时关闭),再加砂压裂该层;之后,按照同样的方法可以压裂第三个油层等。多层压裂时,喷砂器的滑套内径自上而下逐渐减小,故压裂必须自下而上逐级进行。最下层可以不用滑套。

49

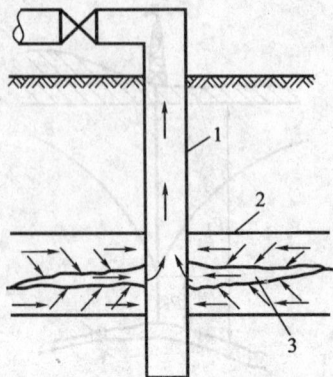

图 1-65 液体自裂缝流向井筒示意图

1—井筒;2—油层;3—裂缝

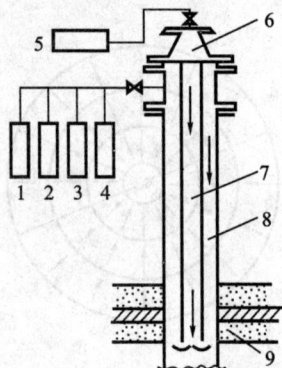

图 1-66 油管、套管同时压裂示意图

1~5—压裂车;6—井口;7—油管;8—套管;9—油层

3. 压裂参数

油层压裂效果不仅与油层的特性、选层和压裂方式有关,还受压裂参数的影响。压裂设备的设计和选用也必须以合理的压裂参数作为依据。压裂参数包括油层破裂压力、井口压力、最大工作泵压、压裂液的流量等,施工过程中要合理设计和控制。

4. 压裂地面流程

根据压裂时的压力和总流量计算发动机应该配备的功率,然后计算压裂车的台数,再根据压裂车数目等设计压裂施工的地面流程。图 1-67 所示为其中的一种,包括井口装置、压裂车、混砂车、供液罐(车)、拉砂车及高压管汇等。作业时,混砂车自供液罐吸入液体,由拉砂车输进砂子,混合搅拌后输送到压裂车的吸入口,压裂泵将混合液增压,由井口注入井底,对油层进行压裂。井场上还配有其他设备,如平衡车、作业机、仪表车和消防车等。其中,平衡车用于平衡上封隔器的压力,作业机用于进行必要的起升作业。在所有设备中,压裂车和混砂车是压裂施工的关键设备。图 1-68 所示为国产 SYC-700 型压裂车。

5. 压裂液

压裂过程中向井内注入的液体称为压裂液。压裂液的作用是在油层中形成裂缝和输送支撑剂。压裂液种类很多,物理和化学性

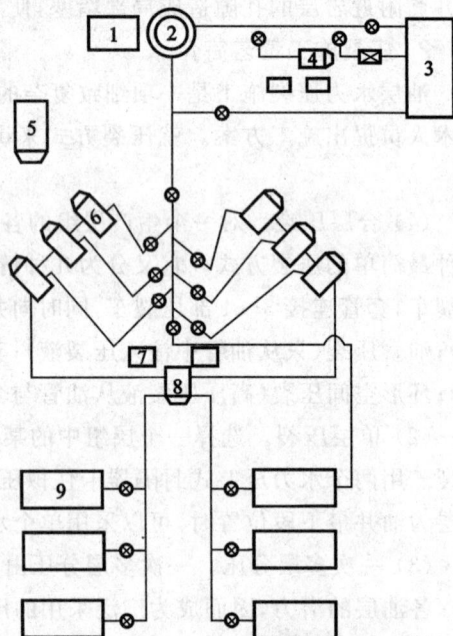

图 1-67 压裂施工地面流程示意图

1—作业机;2—油井;3—土油池;4—平衡车;
5—消防车;6—压裂车;7—拉砂车;8—混砂车;
9—供油罐

质相差很大,可分为水基压裂液(以水作为基本液体)、油基压裂液、酸基压裂液和液化气

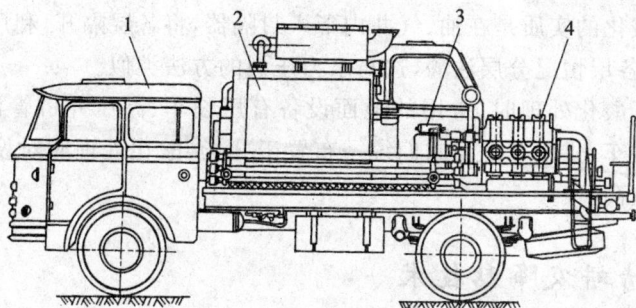

图 1-68　SYC-700 型压裂车外形图
1—汽车；2—动力机；3—传动装置；4—压裂泵

压裂液等。压裂液由各种不同液体混合配制而成。各种压裂液分别适用于不同类型的油层，视具体情况选用。压裂液中一般要加砂子，其数量多少用含砂比或混砂比表示。

三、油层酸化处理

利用酸液能够溶解油层中所含盐类的特性，提高近井地带油层的渗透率，改善油、气流动状况，增加产量，这称为油层酸化处理。油层酸化一般分为两大类：一类是注酸压力低于油、气破裂压力的常规酸化，主要是依靠酸液的化学溶蚀作用扩大与其接触的孔、缝、洞；另一类是注酸压力高于油、气破裂压力的压裂酸化，酸液在油层中同时发挥化学作用和水力压裂作用，扩大、延伸、压开和沟通裂缝，形成更畅顺的油、气渗流通道。应根据油层中岩层的组成和性质选择不同的酸化处理液。

1．盐酸处理

对于主要由方解石（$CaCO_3$）和白云石[$CaMg(CO_3)_2$]等组成的碳酸盐岩储油层，酸化处理液主要是盐酸。盐酸处理的原理是盐酸与碳酸盐作用后生成可溶性盐类（氯化钙、氯化镁）以及二氧化碳气体排出地面，从而提高井底附近的渗透率。

2．土酸处理

盐酸与氟氢酸的混合液称为土酸。对于泥质成分较高而碳酸盐含量较低的砂岩油气层，通常用土酸进行酸化处理。其中，盐酸可溶解碳酸盐类胶结物以及钙矿物质，还可以溶解铁矿物质；氟氢酸可溶解石英石等硅酸盐矿物质和黏土物质。

3．"王水"处理

硝酸与盐酸按照 1：3 的体积比混合而成的液体称为"王水"。"王水"对各种金属有较强的溶解能力，其原理是硝酸与盐酸混合后生成一种氯化亚硝酸（$NOCl$）。氯化亚硝酸分解后生成原子氯，原子氯的氧化能力极强，它能与大多数金属或金属氧化物起反应，生成可溶解性盐类。因此，当油层或井底被金属或金属氧化物堵塞时，可采用"王水"处理。

采用机械的或物理化学的方法将各油气层段隔开，然后根据各油层的特点将酸液有控制地注入各层段，这种技术称为分层酸化或选择性酸化。目前常用的分层酸化方法是封隔器分层法、封堵球堵塞射孔孔眼法及化学临时堵塞剂封堵高渗透层等方法。

封隔器分层酸化的实质是在油、气井内下入封隔器,将各层隔开,利用孔嘴、注酸短节等辅助工具,按照各层情况分层注酸,这与水力压裂的方法类似。

对油气层进行酸化处理时,常用的地面设备有压裂车、高压井口管汇和各种辅助车辆,如运酸车、储酸车、供酸车等。它们统一布置于井场,酸化处理时对设备的耐压、耐酸蚀等性能的要求更高。

四、油井清蜡及降黏技术

我国有些油田生产的原油含蜡量很高,在开采过程中,无论蜡在油层内还是在油管、集输管内析出,都会增加油流阻力,甚至堵塞油层影响生产。因此,在开采过程中,油井清蜡、防蜡和降黏是开采含蜡原油的主要措施之一。清蜡和防蜡技术由初期的机械清蜡、热载体循环清蜡已发展到电热清蜡、化学清蜡、微生物清蜡等,并且做到清、防结合,以防为主,效果很好。

1. 机械清蜡

以机械刮削方式清除油管、抽油杆及输油管中沉积的蜡物质称为机械清蜡。机械清蜡装置如图 1-69 所示,由地面绞车滚筒缠绕钢丝或钢丝绳,通过滑轮、防喷管将加重铅锤、刮蜡器(刮蜡片、麻花钻头、矛刺钻头等)下入油管,在油管结蜡部位上、下活动,管壁上的结蜡被刮碎,被油流带出地面。

有杆泵采油时,通常采用柱塞提升抽油杆刮蜡器和清管器等清蜡。

机械清蜡的优点是操作简便有效,成本较低;缺点是清下的结蜡块容易落入井底,堵塞射孔孔眼,加剧设备磨损。

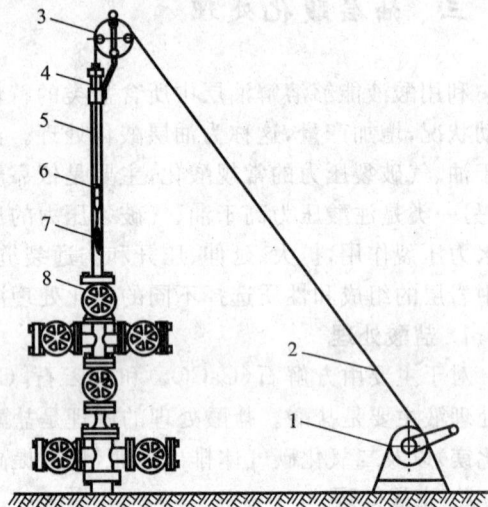

图 1-69　自喷井机械清蜡装置示意图
1—绞车;2—钢丝;3—滑轮;4—防喷盒;
5—防喷管;6—刮蜡片;7—铅锤;8—清蜡阀门

2. 热载体循环清蜡

利用各种加热手段(如热载体循环洗井、井下电加热、注入化学物质等)使蜡的温度升高,使其由固体变为液体,达到清蜡的目的,这些处理工艺通常称为热力清蜡。

热载体循环洗井一般是将热容量大、溶蜡能力强的热载体,如热油、热水、热蒸汽、热空气和热烟道气等,通过相应的设备从油管、套管环形空间注入井内,使原油温度逐步升高,再随同原油从油管中返回地面,将沉积在油管壁内的结蜡清洗干净,称为反洗井清蜡。反洗井清蜡的优点是设备简单,但热洗效率不高,还可能污染地油层。空心抽油杆热洗清蜡则较好地克服了上述不足。图 1-70 所示为空心抽油杆热洗流程图。其中,地面部分包括热洗车、空心光杆、高压阀门、弯管、快速接头及高温耐压胶管,井下部分包括空心抽油杆柱及单向阀等。清洗时,热洗车将罐内的高温流体经过空心抽油杆、单向阀的内孔注入井内,再从空心抽油杆与油管间的环形空间与地层液一起返回地面。由于抽油杆与油管间的环形空间小,因而传热速度快,需要热载体少,循环时间短,效率较高。

3. 电热清蜡

电热清蜡一般是以热电缆、井下加热器、油管或抽油杆等通电作为发热体,通过热传导、热辐射、热对流三种方式对油流加热,达到清蜡目的。此方法特别适用高含蜡、高凝固点和稠油开采。常用的电热清蜡包括电热抽油杆清蜡和加热电缆清蜡两种方式。

电热抽油杆清蜡装置如图 1-71 所示,它由变扣接头、终端器、空心杆、整体电缆、传感器、电光杆、悬挂器、防喷盒、二次电缆及电控柜等组成。三相交流电经控制柜调节后变成单相交流电,通过与抽油杆相连的电缆和空心抽油杆底部的终端器构成回路,在电缆线和杆体上形成集肤效应,使空心抽油杆发热。现用的参数一般是:电热抽油杆控制柜有 50 kW 和 75 kW 两种;空心抽油杆是 $\phi36$ mm×5.5 mm 的无缝钢管;电缆截面积为 25 mm²;额定电压为 380 V,额定电流为 125 A。

53

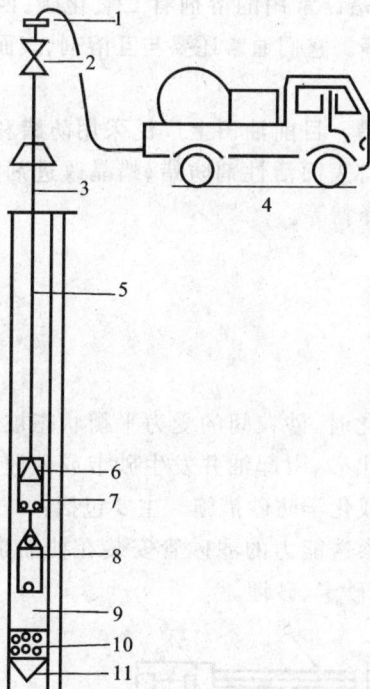

图 1-70　空心抽油杆热洗流程图

1—快速接头;2—洗井闸门;3—空心光杆;

4—热洗车或加药车;5—抽油杆组合;

6—洗井单流阀;7—洗井特殊接头;8—抽油泵;

9—尾管;10—筛管;11—导锥或丝堵

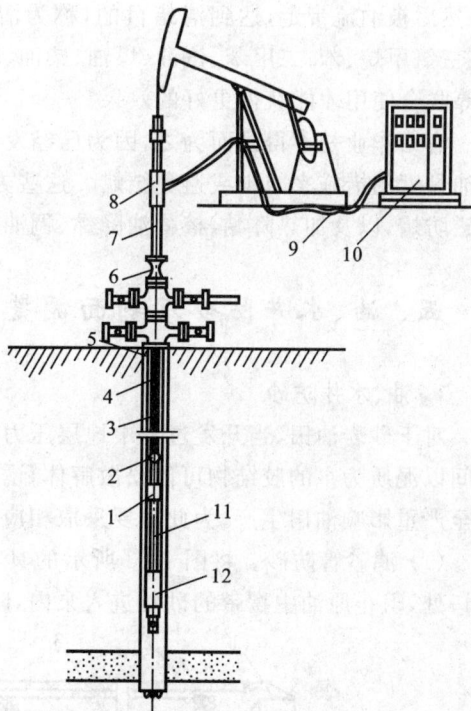

图 1-71　电热抽油杆清蜡示意图

1—变扣接头;2—终端器;3—空心杆;

4—整体电缆;5—传感器;6—防喷盒;

7—电光杆;8—悬挂器;9—二次电缆;

10—电控柜;11—实心杆;12—抽油泵

加热电缆清蜡如图 1-72 所示。它的工作原理与日常所用的电炉或电热器相同,即将电缆捆绑在油管的外壁,通电发热。常用的电功率为 50 kW,电缆长度为 1 000 m,截面积为 3 mm×8 mm,工作电压为 380 V,工作温度小于 180 ℃。电热清蜡的效率高,效果好,但投资大,耗电量多,电缆的防腐和绝缘性能要求高。

4. 化学清蜡

应用热化学清蜡或清蜡剂清蜡都属于化学清蜡。利用某些物质(如氢氧化钠、铝、镁等)与盐酸的化学反应产生大量的热能来清除积蜡称为热化学清蜡。一般认为此法效率低、不经济,

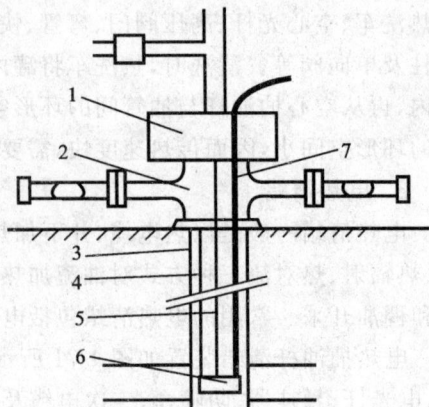

图 1-72 加热电缆清蜡示意图

1—专用井口;2—井口四通;3—套管;4—油管;
5—抽油杆;6—抽油泵;7—加热电缆

很少单独使用,通常与热酸处理联合使用。利用溶蜡能力很强的溶剂将已沉积的蜡溶胀,使其变成有一定黏度的松软物质,或者完全溶解,然后被油流带走,达到清蜡目的,称为清蜡剂清蜡。常用的溶剂有二氧化碳、四氯化碳、三氯甲烷、苯、二甲苯、汽油、煤油、柴油、轻质油等。它们通常还要与互溶剂、表面活性剂等联合使用才能获得更好的效果。

清蜡作业是不得已而为之,因为已经发生了结蜡。目前油田上广泛采用防蜡和降低原油黏度的措施来减少或避免结蜡。这些方法中,有表面活性剂防蜡、蜡晶改进剂防蜡、强磁防蜡,以及加热降黏、掺稀油降黏、稠油催化剂降黏等。

五、油、水井防砂及剖面调整技术

1. 油、水井防砂

对于砂岩油田,当开发过程中地层压力发生变化时,砂粒间的受力平衡状态被打破,粒间以泥质为主的胶结物可能松散解体,诱使地层出砂,引起油井发生砂卡或砂埋现象,甚至严重影响油田生产,为此就要采取相应的机械或化学防砂措施。主要包括:

(1) 滤砂管防砂。将图 1-73 所示的具有一定渗透能力的滤砂管安装在抽油泵的吸入口处,阻止原油中携带的砂粒进入泵内,防止泵的砂卡、砂埋。

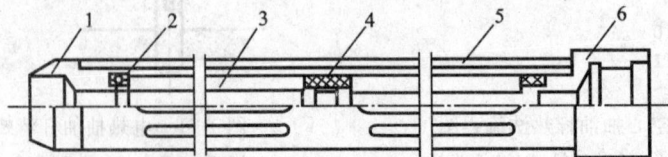

图 1-73 陶瓷滤砂管结构示意图

1—下接头;2—密封;3—陶瓷管;4—调节环;5—外壳;6—上接头

（2）防砂卡泵防砂。防砂卡泵如图 1-74 所示，主要包括两部分：第一部分包括滑阀、泄油器芯体等，停抽时滑阀坐封关闭，防止砂子沉积在泵筒内，避免卡泵和拉缸；第二部分是由泵筒、长筒与外套等组成的双筒环空沉砂结构，砂子通过环空进入沉砂管，以防砂埋。

（3）绕丝筛管砾石充填防砂。将不锈钢丝拉拔成梯形断面，在专用焊床上焊成不同尺寸的金属绕丝筛管，并将其下放到出砂油层井段，再用砾石充填工具将砾石充填在绕丝筛管周围，由绕丝筛管阻挡砾石，砾石阻挡地层砂，以达到防砂目的。绕丝筛管砾石充填防砂管柱如图 1-75 所示。

（4）小直径气砂锚防砂。这是一种集防气及防砂于一体的井下工具，根据需要可以组合使用，也可单独使用气锚或砂锚。如图 1-76 所示，小直径气砂锚的上部为气锚，下部为砂锚。气锚由出油接头、单流阀、气罩、中心杆、螺旋叶片、螺旋外管、接头等组成。砂锚由中心管（内外筛管）、滤网、上下压帽、变扣接头等组成，可根据需要填充不同粒径的陶粒。油气混合物首先经滤砂管进行放砂，过滤介质将油流中的大部分砂子阻挡在滤管外，只有粒径细小的泥沙通过滤砂管随油气混合物上升进入气锚。

（5）化学防砂。应用水玻璃、凝结剂和调温剂等制成各种固砂剂，将其挤注入油井周围的油层砂岩中，增强抗挤压和抗冲蚀能力，防止或减少砂粒随油气进入油井的可能性。

2. 油、水井剖面调整

对于以注水保持地层能量开发的油田来说，由于油层的非均质性等原因，注入水及边水沿高渗透层和高渗透区不均匀地推进，在纵向上形成单层突进，在横向上形成舌进，造成注入水提前突破，当油田开发到中晚期后就会产生油井出水甚至水淹的问题。结果使得油层能量下降，减少抽油井泵效，引起管线和设备结垢和腐蚀，增加脱水站负荷，降低油层的最终采收率。因此，必须采取措施及时对油井的产出剖面和注水井的吸水剖面进行调整，即采用油井堵水或注水井调剖的方法来治理水害。其中包括：

（1）油井化学堵水。化学堵水是以某些特定的化学剂作为堵水剂，依靠工艺手段有选择性地将其注入到含水饱和度较高的中低渗透层或出水裂缝，在层内或缝孔内形成人

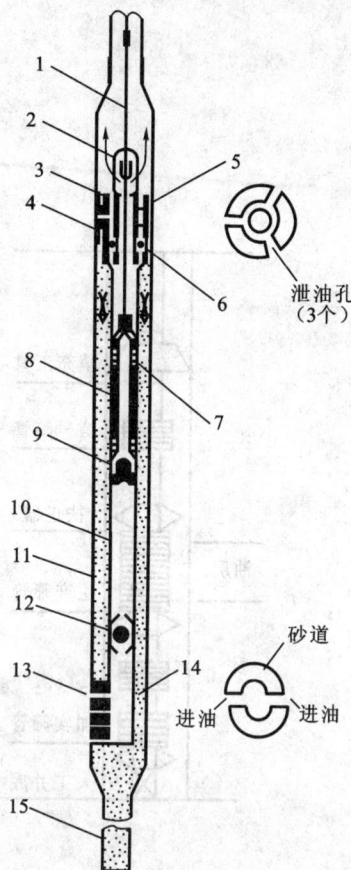

图 1-74　防砂卡泵结构示意图
1—特殊连杆；2—滑阀；3—泄油器芯体；
4—扶正接头；5—密封；6—长筒；
7—刮砂密封圈；8—柱塞；9—游动阀；
10—泵筒；11—外套；12—固定阀；
13—供油孔；14—砂道；15—沉砂管

55

56

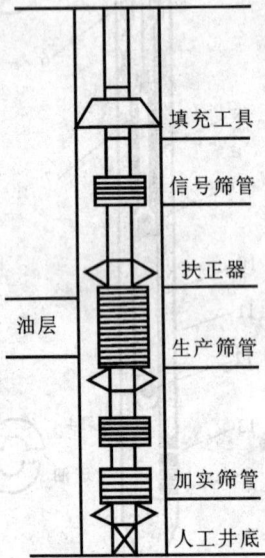

图 1-75　绕丝筛管砾石充填防砂管柱结构示意图

填充工具

信号筛管

扶正器

油层　生产筛管

加实筛管

人工井底

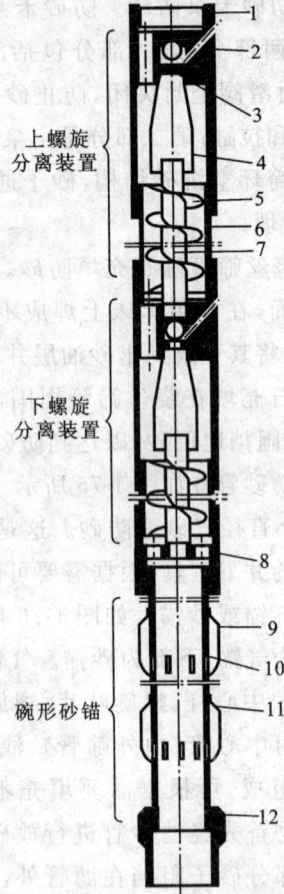

上螺旋
分离装置

下螺旋
分离装置

碗形砂锚

图 1-76　小直径气砂锚结构示意图

1—分流腔体；2—单流阀；3—阀座；4—气罩；
5—螺旋片；6—螺旋外管；7—中心杆；8—变扣接头；
9—碗；10—中心管；11—滤网；12—变扣接头

工物理堵塞,抑制水的窜流、锥进,从而使驱替能量能够扩大到含油饱和度较高的中低渗透层或裂缝孔道,改变纵向上产液剖面和裂缝系统的产量布局,提高水驱效率,实现"控水稳油"和改善油藏的开发效果。

堵水剂分为两大类:一类是有机胶乳堵水剂,另一类是无机堵剂。注入堵水剂时,根据出水层段和出油层段吸收能力的差异,要求泵给出适当的注入压力和注入速度。

(2)机械堵水。对于油层和水层相间的地层,采用机械方法堵水,即将封隔器、常关滑套、安全接头、球座等下放到预定的深度后,向油管内投入相应尺寸的球体,使其坐封在下端的球座上,堵住油管与井眼环形空间的连通渠道,通过地面水泥车向井内打入高压液体,使封隔器锚定在裸眼井壁上,即可防止底水进入油层。卸掉液压,上提管柱即可解封。

（3）注水井化学调剖。注水井调剖方法有多种，当前主要是化学调剖。注水井调剖的原理是利用注水井层间和层内渗透性的差异，依靠工艺技术手段，使化学调剖剂选择性地进入相对高渗透的吸水层，在地层温度的作用下反应生成高黏度或高强度的凝胶体，对高渗透孔道产生物理和化学堵塞，增加注入水在原高渗透吸水层段或孔道的渗流阻力，使注入水在注水井段重新分配，实现注水井吸水剖面的调整，提高注入水的利用率。

六、油、水井修理

在生产过程中，油、水井经常出现的故障包括：井下砂堵；井内严重结蜡、结盐，油层堵死；渗透率降低，油管断裂、脱扣和渗漏；套管挤扁、断裂和渗漏等。设备故障包括：抽油泵游动阀磨损或卡死；抽油杆弯曲、断裂或脱扣等。所有这些故障都可能造成减产甚至停产，必须对其进行维修、完善或排除故障的修井作业。

根据作业的性质和难度，通常将修井作业分为小修和大修。小修只进行一般性的修理工作和简单的故障处理，如洗井、检泵、解堵（捞砂或冲砂、清除蜡堵或蜡卡）、更换抽油杆和抽油管、打水泥塞或挤水泥等。处理套管变形、挤封串、侧钻、打捞、复杂的井下事故等称为大修，主要包括：

1. 打捞及卡钻处理作业

对断脱在井内的油管、钻杆、抽油杆、压力计等以及如钢丝绳、电缆、试井钢丝等落物，采用各式打捞工具进行打捞，必要时可在落物上部造扣或进行套铣。出现卡钻事故时，除进行活动管柱或循环解卡外，可能采用倒扣法或切割法起出卡点以上的管柱。

2. 套管内开窗侧钻

在油田开发后期，当井下套管发生变形、破裂、错断或其他难以处理的复杂事故时，有时不得不丢弃油井的下部层段而在其上部进行侧钻作业。方法有两种：一是在原井筒套管严重损坏或复杂落物以上的某一深度，利用套管断铣工具，铣掉 $20\sim30$ m 套管，然后打水泥塞进行侧钻；二是在该深度处固定一个定斜器，利用定斜器斜面的造斜和导向作用，利用铣锥在套管的侧面开窗，从窗口钻出新的井眼，最后下入小尺寸的套管完井。

3. 套管补贴工艺

当油、水井的套管出现如腐蚀穿孔、丝扣渗漏、机械损伤等影响油井生产时，要采用套管补贴技术解决上述问题。其中，水力式机械胀贴波纹管工艺是一种比较先进的技术。它是将组装好的补贴工具下入井内，使波纹管对准需要补贴的位置，通过地面泵注入压力液体，推动液缸活塞并带动连杆和钢性胀头上行，强行进入波纹管，使其依靠对外的径向扩张力紧贴在套管壁上，实现封堵井段的目的。

4. 挤封串工艺

在多层系油田开发中往往需要分层开采，但是经常会出现油、水井的层间或管外串通，使生产受到影响，甚至使井报废。因此，处理套管外漏串是油井大修的一项重要任务。

基本方法是借助封隔器、桥塞等工具,通过水泥车将水泥浆准确地挤注到预定位置,使其在井眼内凝结,而多余的水泥浆则从工具的上部反循环至地面。

修井作业的方式归纳起来为三大类:

(1)起下作业,如油管、抽油杆、深井泵等井下设备及工具的起下,以及抽汲、捞砂、机械清蜡的起下等。可以由通井机、轻型修井机等起下设备独立完成。

(2)液体循环作业,如冲砂、热洗、挤水泥及循环水泥等。通常由冲洗设备如洗井机、水泥车、锅炉车等单独完成。

(3)旋转作业,如钻水泥塞、钻砂堵、扩孔、重钻、加深及修补套管等。

实际上,上述作业通常都是交叉或同时进行的,简单的设备往往满足不了工艺要求,必须依赖配备有起升系统、旋转系统和循环系统的中型或重型修井设备。修井机就是其中的主要设备。修井机由与钻机相类似的机组组成,结构和作用原理无多大差异,所不同的只是功率和体积相对较小,机动性较高,一般固装于汽车或拖拉机上,如图 1-77 所示。

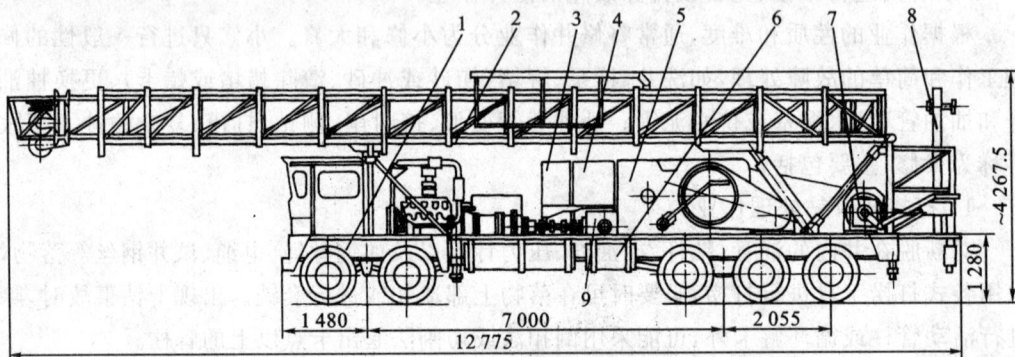

图 1-77 XJ350 修井机

1—自走车底盘;2—102/31 井架及游动系统;3—液压系统油箱;4—水刹车循环系统水箱;

5—绞车架及护罩总成(包括主滚筒及刹车系统、捞砂滚筒及刹车系统、水刹车);

6—刹车冷却装置水箱;7—转盘传动装置;8—转盘链传动箱;9—角传动装置

国产的陆地用轮胎式修井机已经实现了标准化和系列化,其型号的表示方法规定为 XJ□□□□。其中,XJ 是石油修井机系列代号;后面的第 1 个方框为阿拉伯数字,代表额定钩载(t);第 2 个方框表示装载方式,C 表示车装,无 C 表示自行;第 3 个方框表示传动型式,Y 表示动液加机械传动,无 Y 表示纯机械传动;第 4 个方框表示设计序号,用数字表示。

我国江汉油田已经设计和研制出新型修井机 XJ1000,其装机功率为 746 kW,最大钩载 1 800 kN,公称钩载 1 500 kN,适合于中、深井修井作业的需要。

常规修井机不能回收油管柱下放释放出来的位能。为了节约能源,我国胜利油田的科技工作者于 20 世纪 90 年代成功研制出液压蓄能修井机,利用 1 个大型蓄能器可以回收管柱下放时释放出来的重力势能,使动力机装机功率减小了 2/3,取得了十分明显的节能效果。此外,美国 Baker 公司研发的不压井液压修井机也很有特点。

第六节 **高新采油技术知识**

随着油藏的不断开发和采油技术的发展,根据驱油能量来源的不同,采油界提出了一次采油、二次采油和三次采油的新概念。完全依靠岩石收缩、边水驱动、重力等油藏天然能量将原油驱动到生产井,不应用注入法采油的方式称为一次采油,其原油采收率只达到15%。此后随着地下压力减小,地层能量下降,不得不依靠人工给地层补充能量,采用向地层注水或注气,将原油驱向生产井的采油方式,这称为二次采油。我国老油田多数处于二次采油晚期,产出液含水95%以上,原油采收率不到40%。通过向油层注入化学物质、蒸汽、混相物质,或采用生物技术、物理技术等方法改变原油的物理、化学性质,提高油层压力,驱动原油流向生产井的方法称为三次采油,也称强化采油。运用三次采油技术可使我国多数油田的原油采收率提高20%以上。

目前广泛采用的采油新技术大多属于三次采油,本节将对其中部分内容作简要介绍。

一、微生物采油技术

将经过选择的微生物及其代谢产物注入油层,利用其在油藏内增殖产物的激励和运移作用,增加二次采油后枯竭的油井产量,减少二次采油后留在地层中的残余石油(即提高采收率)的技术称为微生物采油技术。

微生物采油的关键是必须保证微生物的生命活动并使其在地层中繁殖。在微生物生命过程中,首先要求有利于微生物生长的环境,同时必须不断地从外界环境吸收各种营养物质,以便在培养微生物过程中提供维持其生命的能源和碳源、氮源、无机盐、生长因子及水等。

可作为微生物培养能源和碳源的物质有糖类、脂肪、蛋白质、烃类、醇类、有机酸等。有机氮源的物质有牛肉膏、蛋白冻、酵母膏、鱼粉、豆粉、血粉、蚕蛹粉、花生饼粉、玉米浆等,无机氮源的物质有胺盐、硝酸盐、尿素及氨水等;常用的无机盐有硫酸盐、磷酸盐、氯化物及含有钾、钠、钙、镁等元素的化合物;加速某些微生物合成的生长因子,按照化学结构可分为维生素、氨基酸和嘌呤(或嘧啶)。

微生物采油的基本作用原理是:

(1)在油层中增殖形成新的生物量,特别是产生黏液的细菌,当它们密集成团时可选择性或非选择性地堵塞地层中的孔道,改变地层液的流向,扩大扫油面积。由于菌体通常黏附在岩石的表面,改变岩石表面的润湿性,所以可以将岩石上附着的油膜排代下来。

(2)某些菌类在油层中具有"吃"长碳链烷烃的特性,可以将长碳链的烷烃降解为短碳链的烷烃类,从而增加原油中的轻质成分,降低原油的黏度和凝点,增加原油的流动性。

（3）微生物的代替产物有的可以产生气体，如 CO_2，CH_4，H_2 等，溶解在原油中可使原油体积膨胀、黏度降低。CO_2 气体与地层水作用生成的碳酸能部分溶解碳酸盐岩，气体和发酵产生的有机酸还能够清洗井筒周围的孔隙，使油层压力增加，从而提高油层的产能和采收率。

（4）在微生物的作用下，通过生物化学途径，烷烃很容易在无氧的环境下分解，微生物在新陈代谢过程中产生脂肪酸、糖脂等表面活性剂，可以降低水-岩石-原油体系的表面张力，防止蜡、胶的结晶和沉积，还可能生成聚合物，如黄狍胶，增加驱替物的黏度，提高驱油效果。

微生物采油的现场施工工艺比较简单，只是将一定量的微生物制剂与培养基一起配制成需要的水溶液，利用压力泵从油管、套管环形空间注入井筒内，再利用泵车将微生物稀释液和顶替液挤入地层，然后关井等候反应。

二、热采油技术

对于稠油层和进入中晚期开发的油层，原油的黏度大，一些高凝点的有机物，如石蜡、胶质物和沥青等，往往以结晶的形式在近井地带沉积下来，造成油层堵塞、原油产量下降。为了提高油井产量和采收率，提高油层温度是降低黏度、提高流动性的有效措施。这种方法称为热采油技术（简称热采）。

目前的热采油技术包括热化学采油、蒸汽吞吐采油和电磁波加热技术。

1. 热化学采油

热化学采油是选择货源广、成本低、化学反应热效率高的化学剂，在催化剂的作用下按照不同深度的油层控制其化学反应时间，产生大量的热量和氮气。热能通过垂直方向和径向的传导作用，加热近井地带，使油层中的温度大幅度升高，从而解除有机物堵塞、水堵塞及高界面张力堵塞，降低原油的黏度；同时，反应过程中放出的大量高温氮气可以使地层局部压力升高，将孔隙中的微粒冲散，从而使油井增加产量。

目前应用的化学药品主要是亚硝酸钠（$NaNO_2$）、硝酸铵（NH_4NO_3）、氯化铵（NH_4Cl）以及少量的活化剂和缓蚀剂。化学反应方程式和离子方程式分别为：

$$NaNO_2 + NH_4NO_3 = NaNO_3 + N_2 + 2H_2O$$

$$NO_2^- + NH_4^+ = 2H_2O + N_2$$

硝酸铵和亚硝酸钠及化学反应后生成的硝酸钠（$NaNO_3$）都可以溶解于水，不会有晶体析出。

利用多台泵车、液罐和相应的地面设备，通过油管、套管环形空间或空油管柱，按照一定的比例将选择好的化学药剂连续高压注入油层，再关井 $4\sim10$ h。注入化学药剂的前后有一系列的施工要求，必须严格遵守。

2. 蒸汽驱和蒸汽吞吐法采油

将干度达 $75\%\sim80\%$ 的蒸汽注入油层，提高井筒周围的温度，降低稠油黏度，使其加快向生产井筒流动,增加原油产量,这称为蒸汽驱。对于单井,可交替将蒸汽选择性地注入井内,然后用抽油泵将蒸汽冷却水与原油形成的乳状物抽出,这称为蒸汽吞吐。

蒸汽驱或蒸汽吞吐需要相应的地面设备和地下管柱。

3. ORS 热采工艺

美国 ORS 公司设计了一种图 1-78 所示的加热方式。它是将套管或油管作为地面供应电能的天线,相当于把天线倒过来插入油井。电能的发射点在下部,将电能传递到单一油层或多个油层中进行加热。由于天线的作用,在井筒附近地带产生电磁场,通过电阻和电解质机理的综合作用来加热储层流体。低频有利于电阻加热,高频有利于电解质加热。电磁能径向穿入储层更深,从而可提高处理效果。

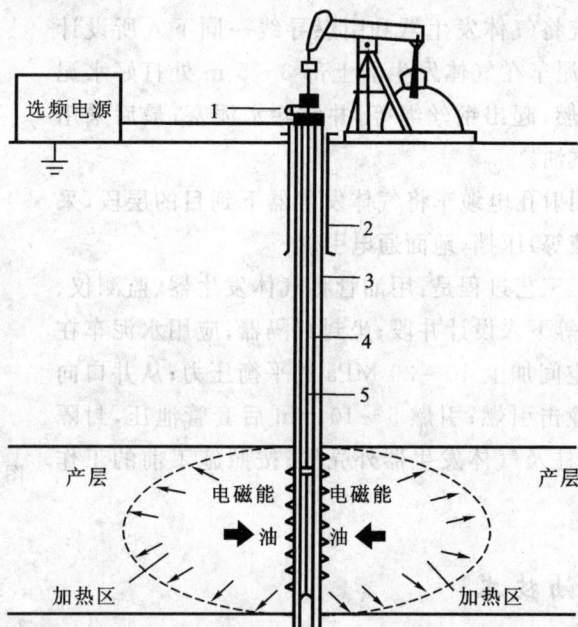

图 1-78　ORS 加热方式示意
1—出油口;2,3—套管;4—油管;5—抽油杆

三、高能气体压裂采油技术

利用特定的火药或火箭推进剂在确定的油层段进行高速燃烧,产生高温高压气体,以脉冲加载的方式冲击油层,使井筒周围的岩层产生多条自井眼呈放射状的径向裂缝,增强原油流动的能力,提高原油产量的措施称为高能气体压裂,或爆燃压裂、脉冲压裂、多缝压裂、应力压裂。高能气体压裂时,火药燃烧所产生的高能气体对地层还具有热力和物理化学作用,能够使石蜡沥青胶质和其他硬质沉淀溶化,碳酸盐岩和胶结物溶解,从而降低原油的黏度及其与岩石接触表面的附着力。

高能气体压裂后,需利用水力压裂使其微小裂缝扩展延伸,进行填砂支撑,这是因为高能气体压裂工艺中没有使用支撑剂。这种施工一般只适用于石灰岩、白云石灰岩、白云岩和泥质含量较少的脆性地层,而不适用于泥质含量较高的灰岩和泥沙岩。高能气体压裂施工大体分为三种情况:钢丝绳起下,水泥塞封堵,地面引燃;电缆起下,液柱压挡,地面引燃;油管输送,封隔器加环压复合压挡,撞击引燃。

钢丝绳起下的施工工艺如图1-79所示。工艺过程是:当施工井段以下尚有较深的井段时,先应用水泥车打下水泥塞;再用射孔电缆车或起升系统将气体发生器和引燃导线一同下入所设计的施工井段;应用水泥车在气体发生器上部3～5 m处打好水泥塞封堵;地面通电引燃;起出钢丝绳等,并钻除水泥塞;最后采用原工作制度生产或试油。

电缆起下是应用射孔电缆车将气体发生器下到目的层段,采用液柱(水、油或酸液等)压挡,地面通电引燃。

油管输送的施工工艺过程是:用油管将气体发生器、监测仪、撞击起爆器、封隔器等下入设计井段;坐封封隔器;应用水泥车在油管与套管的环形空间加上10～20 MPa的平衡压力;从井口向油管内投入撞击棒撞击引燃;引燃5～10 min后套管泄压,封隔器解封,起出井内管柱及气体发生器外壳等;按照施工前的工作制度生产或试油。

四、振动采油技术

振动采油技术是近些年来得到不断采用的新型采油方法,取得了较明显的增产效果。根据震源的不同,主要分为以下三种。

1. 人工地震法

人工地震法采油是在不影响油水井正常生产的前提下,利用地面人工震源所建立的波动场,以频率很低的机械波的形式传到地层,进而对包含多口井的大面积油层作振动处理,达到多口井增产、增注目的的一种采油方法。这种由人工震源在地面产生的垂直振动能够使地下深处的油层产生一定幅值的受迫振动,从而可以加快地层中流体的流速,降低原油黏度,清除油层堵塞并提高地层的渗透率。实践表明,它对于中、高含水期油田的开发具有重要的意义。

人工地震法采油的关键是合理设计和制造人工震源,以便使油层产生一定幅值的振动。图1-80所示为一种震源装置的工作原理图。它的底座重量为Q,每个偏心轮的重量

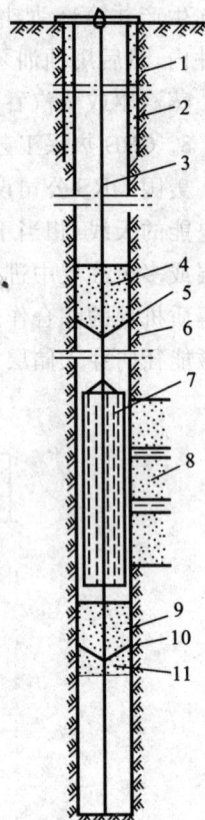

图1-79 钢丝绳起下,
水泥塞封堵,地面
引燃施工示意图
1—套管;2—水泥环;
3—钢丝绳;4—上水泥塞;
5—水泥伞;6—裸眼井壁;
7—气体发生器;8—油层;
9—下水泥塞;10—水泥伞;
11—草团

为 P,偏心距为 e,两偏心轮以相同的角速度 ω 朝反方向旋转,产生扰动力和向地层传播的垂直振动波,调节振动频率,使之与含油层的自振频率的整数倍接近并引起油层共振,从而获得最佳的振采效果。

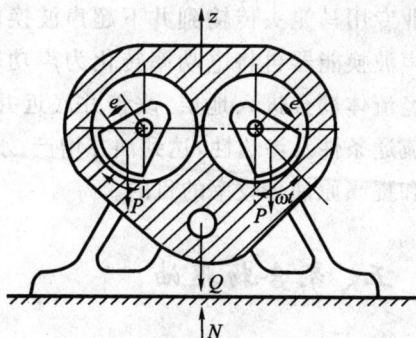

图 1-80　震源装置工作原理图

2．水力振动采油

水力振动采油是利用油管下入的井下振动器发出的高频或低频的水力脉冲波,在油层部位周期性地产生膨胀-压缩作用,逐渐撑开地层深处的裂缝,清除近井地带的机械杂质、钻井液和沥青胶质沉积,破坏盐类沉积,降低原油黏度,达到提高原油采收率的方法。

水力振动采油设备由地面设备和振动管柱两部分组成,如图 1-81 所示。施工过程是:下入振动管柱,将振动器对准油层;先用泵车从油管、套管环形空间打入清水,反洗井筒,再从油管打入工作液正循环,产生振动;根据油层的厚度和渗透率,自上而下每隔 0.5~2.0 m 作为一个振动点,振动 10~15 min;振动期间,水泥车上的泵压保持在 10~15 MPa;振动完全部设计点后,用清水大排量反洗井;洗净后,起出振动管柱,下入生产管柱,恢复正常生产。

3．声波采油技术

声波是一种能够在气体、液体和固体介质中传播的弹性波。声波对地层、油和水的穿透能力比电磁波强,且不易被吸收。理论研究和试验表明,当声波作用于饱和的油水层时能导致原油黏度降低,孔隙中的气液分离,疏通流道,地层渗透率提高,促进液体加速向井筒聚集。作为一门新兴的学科,声波采油技术已经比较广泛地应用于防结垢、防结蜡、驱油、降黏、破乳脱水及处理油层等方面。

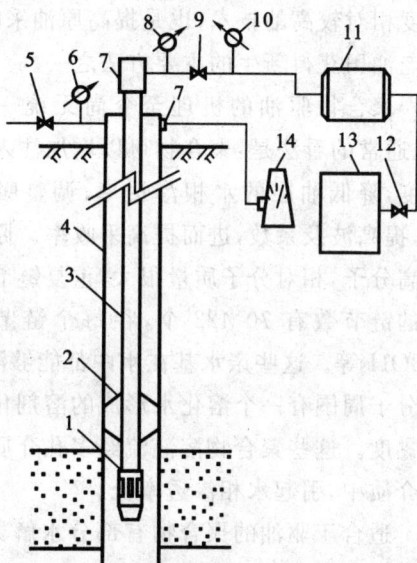

图 1-81　水力振动现场施工示意图
1—振动器;2—扶正器;3—油管;4—套管;
5,9,12—阀;6,8—压力表;7—井口;
10—流量计;11—泵车;13—罐车;
14—测试仪器

图 1-82 所示为 CSYY60H10 型超声波采油专用成套设备,由胜利油田钻井工艺研究院等单位研制,在油田的试验和应用中取得了成功。该设备主要由 60 kW 超声波功率源、低损耗超声增油专用电缆、超声作业专用马笼头和井下超声波换能器等组成。对油层作业时,地面超声波功率源发射 20 kHz 左右的超声电功率,经超声增油专用电缆和超声

作业专用马笼头传输到井下超声波换能器。超声波换能器再将电功率转化为声功率,声波经流体耦合进入地层,改善井底近井地带的流通条件及渗透性,达到油井增产、水井增注和提高原油采收率的目的。

五、聚合物驱油

在三次采油技术中,除热力法采油技术外,聚合物驱油是石油矿场试验最多、技术成熟度相对较高的技术,也是提高原油采收率、使老油田获得新生的主要方法之一。

聚合物驱油的机理至今尚无统一的认识,通常的看法是:聚合物可以增加注入水的黏度,降低油层的水相渗透率,调整吸水剖

图 1-82　超声波采油装备组成示意图
1—作业井口;2—电测车;3—井下换能器;
4—马笼头;5—套管;6—油层;
7—射孔段;8—射孔孔眼;
9—水泥;10—超声波电源

面,提高波及系数,进而提高采收率。原因是聚合物驱油中所应用的聚合物都是水溶性线型高分子,相对分子质量很大,重复链节很多。例如,相对分子质量为 500 万的聚丙烯酰胺的链节数有 70 422 个,在每个链节上都有亲水基,如—COO^-,Na^+,—$CONH_2$,—COOH 等。这些亲水基在水中都能够溶剂化并产生许多带电符号相同的链节,使得聚合物分子周围有一个溶化水形成的溶剂化层,链节间相互排斥,增加相对移动时的内摩擦力和黏度。这些聚合物溶液流经多孔介质时,由于吸附和机械捕集,使聚合物分子滞留在多孔介质中,引起水相渗透率低。

适合于驱油的聚合物有部分水解聚丙烯酰胺(PHPAM,HPAM)、生物聚多糖(黄狍胶)等。

聚丙烯酰胺与碱反应后,生成部分水解聚丙烯酰胺:

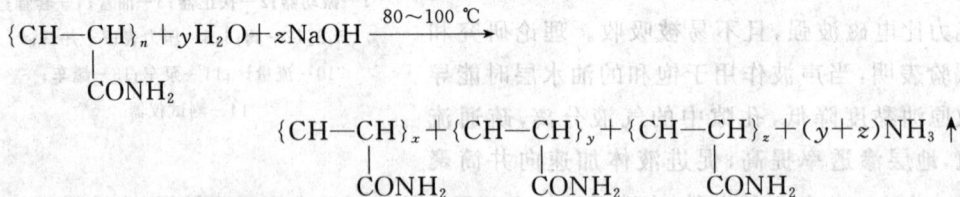

$$\{CH{-}CH\}_n + yH_2O + zNaOH \xrightarrow{80\sim100\ ℃}$$

$$\underset{CONH_2}{|}$$

$$\{CH{-}CH\}_x + \{CH{-}CH\}_y + \{CH{-}CH\}_z + (y+z)NH_3\uparrow$$

$$\underset{CONH_2}{|}\qquad \underset{CONH_2}{|}\qquad \underset{CONH_2}{|}$$

部分水解聚丙烯酰胺在水溶液中发生离解,产生—COO^- 离子,使整个分子带负电荷,链节间有静电斥力,分子链在水中比较伸展,故增黏性好。它与带负电的砂岩间也有斥力,表面吸附量少,是目前最适合用于驱油的聚合物。

聚合物主要有三种类型:乳状聚合物,有效含量为 30%～50%;水溶聚合物;固体粉末状或胶块状聚合物,有效含量在 85% 以上。注入前,要经过溶解、混合、稀释等工艺过程。聚合物注入工艺与注水工艺在技术上无多大差别。注入聚合物的关键是力求保持其

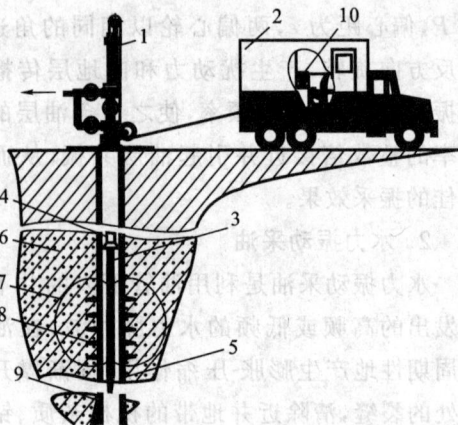

黏度不变。从设备上看,第一,聚合物对铁离子敏感,黏度损失大,因此凡是接触聚合物的管道和容器,要尽量选择不锈钢或玻璃钢等作为衬底材料;第二,要充分注意溶解搅拌过程和传输注入过程中发生的机械降解作用,因此必须选择合理的搅拌器和搅拌速度,采用剪切降解小的容积泵、阀门和流量计组成注入循环系统。

概括来说,聚合物溶液的配制及注入过程包括:配比→分散→熟化→泵送→储存→增压计量→配比稀释→混合→注入。目前我国注入聚合物的流程有两大类:一类是单井单泵流程,通过计量泵冲程调节母液量;另一类是一泵多井流程,依靠单井的盘管增加阻力,实现母液量的调节。

六、二氧化碳驱油

在提高原油采收率的众多方法中,二氧化碳驱油是较受重视的方法之一,尤其是二氧化碳混相驱最被看好。

二氧化碳驱油可分为混相驱和非混相驱。

所谓混相驱,即二氧化碳与地层液混合在一起时,所有的混合物都保持单相,形成混相流体。混相流体的特点是混合物仅为单相,流体之间不存在相界面,不存在表面张力,残余油饱和度能够降低到最低值,因而可以实现驱油的目的。这种情况称为混相驱油。混相驱油可以得到 90% 以上的采收率,但需要一个最低的混相压力。因此,只能在油层压力高于最低混相压力、具有高压驱气设备的条件下才可以实现。

对于埋藏较浅的油层,二氧化碳驱的最低混相压力已经接近和超过油层岩石的破裂压力,如果在此种情况下注入二氧化碳,则属于非混相驱。非混相驱的效果不如混相驱,但也有较好的驱油效果,且驱动压力越接近最低混相压力,采收率越高。原因是注入的二氧化碳在原油中可以起溶解作用,提高油层压力,使原油膨胀,降低原油的黏度。二氧化碳可以有多种来源:一是靠天然的二氧化碳矿源,有时二氧化碳以接近纯态的形式与氮气或烃气一起储存于地层中;二是利用合适的溶剂进行化学或物理吸附,或者采用相应的办法从电厂等的烟道气中收回二氧化碳气体;三是利用天然气合成氨厂、合成天然气厂的副产品,这些是二氧化碳。可将这些二氧化碳进行收集、处理、输送,通过注气设备将二氧化碳增压,实行驱油。

第七节　油田油气集输

油井在油田上的分布很广,从地下开采的产出液都需要有一个收集、输送、储存和计量的过程。与此同时,井下产出液中除原油外,还伴有大量的天然气、水、砂子、盐类及其他杂质,在送往炼油厂及其他用户之前,必须经过初步的净化处理等一系列工作。在石油矿场,这些工作一般也属于采油工程的范畴,油田上也称为油气集输,实质是多相流体的短途混合输送与分离工作。本节将简要介绍这方面的基本内容。

一、集油和集气

这项工作的目的是将各油井产出的原油和天然气等汇集起来,经计量后输送到集油站(联合站或处理场),进行分离、脱水等净化处理。对于高黏度、高凝固点的原油,还要采用加热、化学或物理等方法进行降黏、降凝处理,以保证在允许的输送压力下能够将原油输送到集油站,而不至于凝固在管道内。

目前油田上油井的油气集输流程大致有两种:第一种是油气双管分输流程,油井产出液在井口附近进行分离、计量后,将原油和气体分别经油管和气管输送到转油站和集气干线,如图 1-83 所示;第二种是油气单管混合输送流程,油井产出液在油井附近进行分离、计量后,油、气又重新混合,再经过一条管线输送到转油站,如图 1-84 所示。

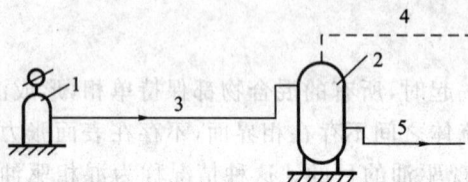

图 1-83　油气双管分输流程示意图
1—油井;2—油气计量分离器;3—出油管线;
4—气管线(至集气管线或当地用户);
5—油管线(至集油站)

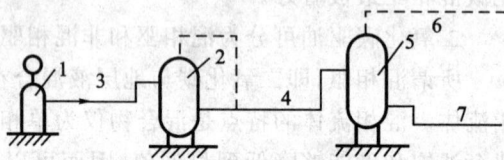

图 1-84　单管密闭油气混输流程示意图
1—油井;2—油气计量分离器;3—出油管线;
4—集油管线;5—油气分离器;6—气管线(至
配气站或用户);7—油管线(至集油总站或用户)

以上两种流程中,双管分输流程的井口回压较低,当自喷井和抽油井同时存在时适应性较好,在油井开发后期广泛采用,但耗费钢材较多。这种油、气双管分输流程除了计量分离器外,还有量油罐、沉淀罐、储油罐等,一次计量后即进行初步净化处理,可以不经转油站而直接至油库和集气站。

单管混合输送流程节约钢材和设备,但井口回压较高,在油井开发初期,油田压力较高时采用较多。此外,油气单管混输流程的计量站与转油站是分开的,井口出来的油、气经计量分离器分别计量后,合输到转油站进行初步处理,再输送至集油总站和集气管道。

在井口到集油站之间,根据不同的压力和温度要求,往往还配有加压装置(混输油泵)和加热设备(加热炉)等。

二、油气计量

目前油田上油、气、水的计量分为三级:作为商品交接的油田外输计量,为一级;联合站(处理场)内部交接计量,为二级;油井计量站计量,为三级。计量级别不同,精度也不同。

油气计量站设在油井附近,主要用于量油和量气。计量站分为单井计量和多井计量两种。单井计量在井口进行,图 1-85 所示为自喷井口地面流程;计量后,油、气输送到转油站。多井计量是将几口井的油、气计量工作集中进行,其流程如图 1-86 所示;计量站的原油输送到转油站,气体可单独送往集气干线或用户,也可油气混合输送到转油站。

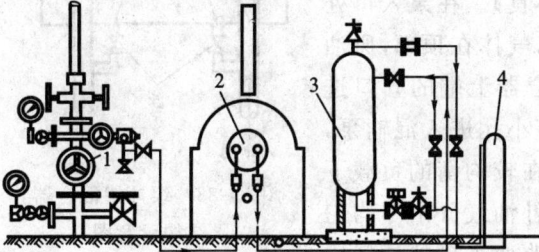

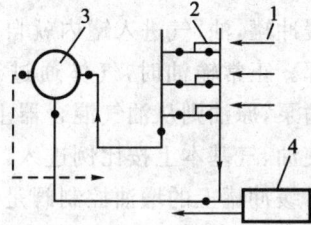

<table>
<tr><td>图 1-85 单井计量站流程示意图</td><td>图 1-86 多井计量站流程示意图</td></tr>
<tr><td>1—油井;2—水套加热炉;3—计量分离器;
4—水套加热炉</td><td>1—油井来油管线;2—总机关;3—计量分离器;
4—干线分气包</td></tr>
</table>

三、油气混合输送

来自油井或计量站的以油、气为主的多相混合流体,一般要经过混输泵站加压后才能输送到目的地。混输泵站流程如图 1-87 所示。混合流体通过总机关汇总后进入缓冲罐,再通过混输泵的专用管线进入混输泵,加压后进入回油装置,再进入外输管线。

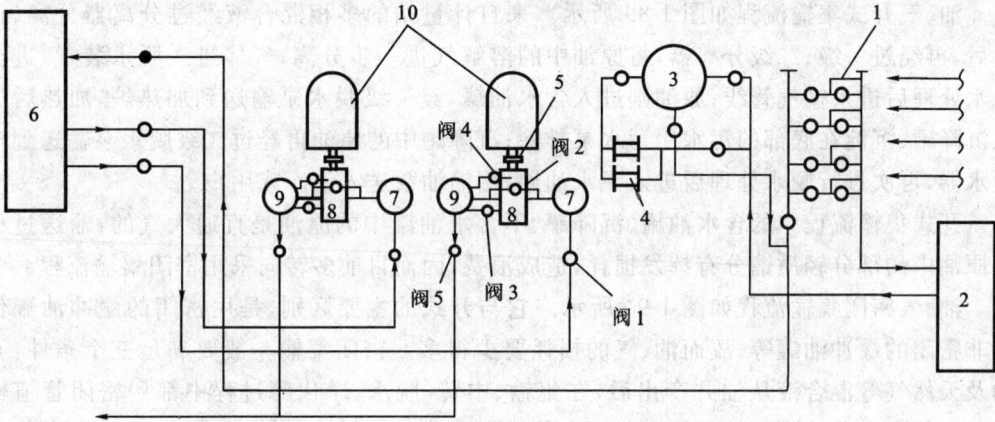

图 1-87 混输泵站流程示意图

1—总机关;2—水套炉;3—分离器;4—测气挡板;5—联轴器;
6—缓冲罐;7—过滤器;8—混输泵;9—回油装置;10—电动机

在这种流程中,要计量每口井的产量,可以控制总机关,分别将每口井的油、气混合液通入水套炉内升温,再进入计量分离器,计量油、气后,与其他油井的混合液一起进入缓冲

罐。缓冲罐是用于使混输泵工作平稳的装置,结构如图1-88
所示。由于油、气在管道中的流动总是不均匀的,一会儿油
多气少,一会儿气多油少,因此混输泵工作时一会儿打油,
一会儿打气,造成电机负载不平衡,对混输泵自身也有害
(如会使混输泵螺杆与衬套之间的润滑不良)。在泵入口处
设置缓冲罐,油、气进入罐内就自动分离,气体在顶部,原油
在底部。正常输油时,气体通过油气混合器上端的开口进
入混输泵,原油则从油气混合器上的众多小孔进入混输泵,
从而使油、气基本上按比例进入,保证泵在较均衡的负载下
工作。缓冲罐上的增油控制阀是为了弥补油气分出不均匀
而设置的,通过调节该阀的开启度,可以改变进泵的油气比
例,保持泵平稳工作的条件。

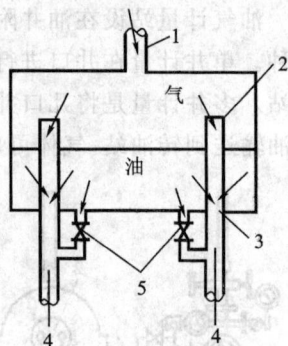

图 1-88　缓冲罐混合器
结构示意图
1—油气进口;2—油气混合器;
3—小孔;4—至混输泵入口;
5—增油控制阀

　　混输泵站中的主要设备还有泵类(离心泵、螺杆泵、其
他混输泵等)、分离器、水套加热炉、回油装置等。

四、净化处理

　　经过计量站计量(或直接来自单井、井排)的油、气混合物中含有原油、天然气、水、砂
等多种成分,必须输送到转油站进行分离和净化处理后才能进行油、气的转输和储备等后
续工作。按照油、气输送的特点,转油站分为开式集输和密闭集输两种流程。

　　油、气开式集输流程如图1-89所示。来自计量站的多相混合液经过分离器分离、计
量后,再经过一级、二级分离器,将原油中的溶解气进一步分离,气体进入脱水装置,进行
脱水处理后进入输气管线;原油则进入含水油罐,经一级脱水泵输送到加热炉,加热后进
入沉降罐,沉淀在底部的污水用污水泵排除;沉降罐中的原油再经过二级脱水泵输送到电
脱水器,再次进行脱水处理后进入无水油罐,用输油泵送入油库或用户。

　　开式集输流程中的含水油罐、沉降罐、不含水油罐中的原油是直通大气的,输送过程
中原油中的部分轻质馏分有挥发损耗,造成浪费,因而目前多转向采用密闭集输流程。

　　油、气密闭集输流程如图1-90所示。它与开式的主要区别,是用密闭的缓冲油罐代
替非密闭的缓冲油罐等,故而油、气的损耗要少得多。密闭集输一般要满足三个条件:石
油及天然气等混合液从油井产出后,在集输、中转、脱水、净化等过程中都用密闭管道输
送;油、气在净化处理和储存等过程中所使用的容器都是耐压的,正常情况下油、气不与外
界相互串通;生产中排放的污油、污水、天然气等全部回收处理,中间不开口。

　　密闭流程具有减少油、气损耗,流程结构简单等优点,但必须有一套比较完整可靠的
自动监测和自动控制设备,以便及时发现和处理故障。

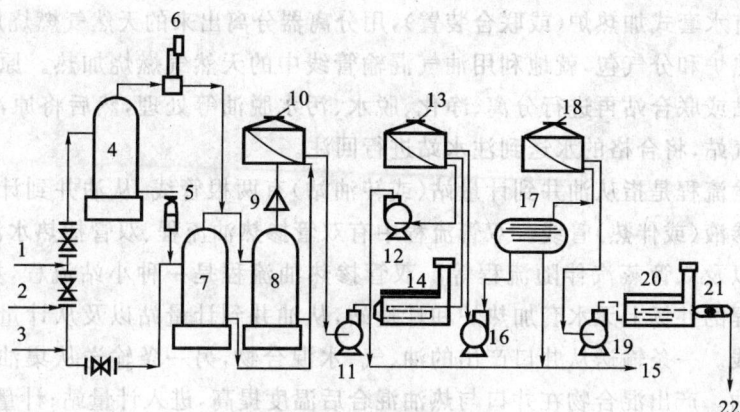

图 1-89　开式集输转油站流程示意图

1—单井来油；2—井排来油；3—计量站来油；4—油气计量分离器；5—流量计；6—气体流量计；
7，8—二级油气分离器；9—天然气脱水装置；10—含水油罐；11，16—二级脱水泵；12—污水排除泵；
13—沉降罐；14—脱水加热炉；15—污水排出管线；17—电脱水器；18—不含水油罐；19—外输油泵；
20—外输油加热炉；21—外输油流量计；22—外输油管线

69

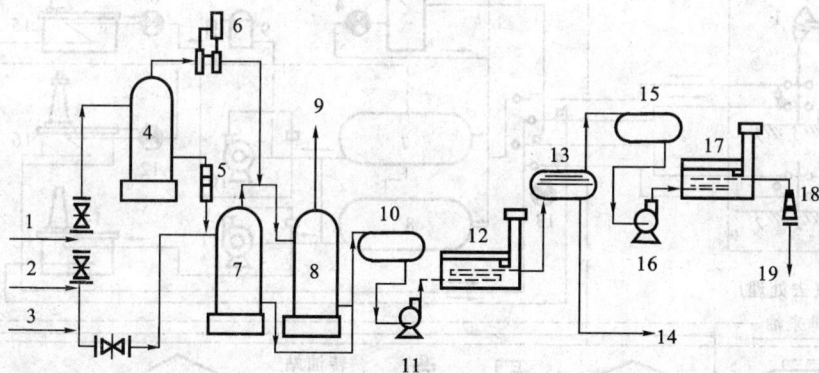

图 1-90　密闭输送转油站流程示意图

1—单井来油；2—井排来油；3—计量站来油；4—油气计量分离器；5—流量计；6—气体流量计；
7，8—二级油气分离器；9—天然气脱水装置；10，15—缓冲罐；11—脱水泵；12—脱水加热炉；
13—脱水器；14—污水排出管线；16—外输油泵；17—外输油加热炉；18—外输油流量计；19—外输油管线

五、典型的油气集输流程

根据油井到计量站或集输中转站的油气集输和保温型式的不同，油气集输的流程可分为单管流程、双管流程、三管和多管流程等。我国采用单管和双管流程的情况较多。

单管油气集输流程即典型的萨尔图流程，将 100~150 口油井串联在一根管子上，利用油井地层的剩余压力将油气从井口密闭输送到集油站或联合站。每口井的井场上安装有计量分离器，经过油、气初步分离和计量后再汇合到一条管线上混输。为了实现保温，在井场上设有水套式加热炉(或联合装置),用分离器分离出来的天然气燃烧加热;干线上设有干线加热炉和分气包,就地利用油气混输管线中的天然气燃烧加热。原油和天然气集中到集油站或联合站再进行分离、净化、脱水、污水脱油等处理,然后将原油外输,将天然气送往压气站,将合格的水送到注水站进行回注。

双管集输流程是指从油井到计量站(或转油站)有两根管线:从油井到计量站的油气集输管线和掺液(或伴热)管线。双管流程中有双管掺热油流程、双管掺热水流程、双管掺活性水流程以及双管蒸汽伴随流程等。双管掺热油流程是一种小站流程,如图 1-91 所示。这种流程的井场上无水套加热炉和计量站,从油井到计量站以及从计量站到集油站都有两条管线。一条输送从井口产出的油、气、水混合物,另一条输送从集油站加热后返回井口的热油。产出混合物在井口与热油混合后温度提高,进入计量站;计量后再输送到集油站,进行原油和天然气的再分离;原油加热后,一部分输入脱水站脱水净化,另一部分输送到计量间,经过分配阀组再输至油井的热油管线,对油井产出液再进行加热。使用这种流程可以对油井进行热洗清蜡。

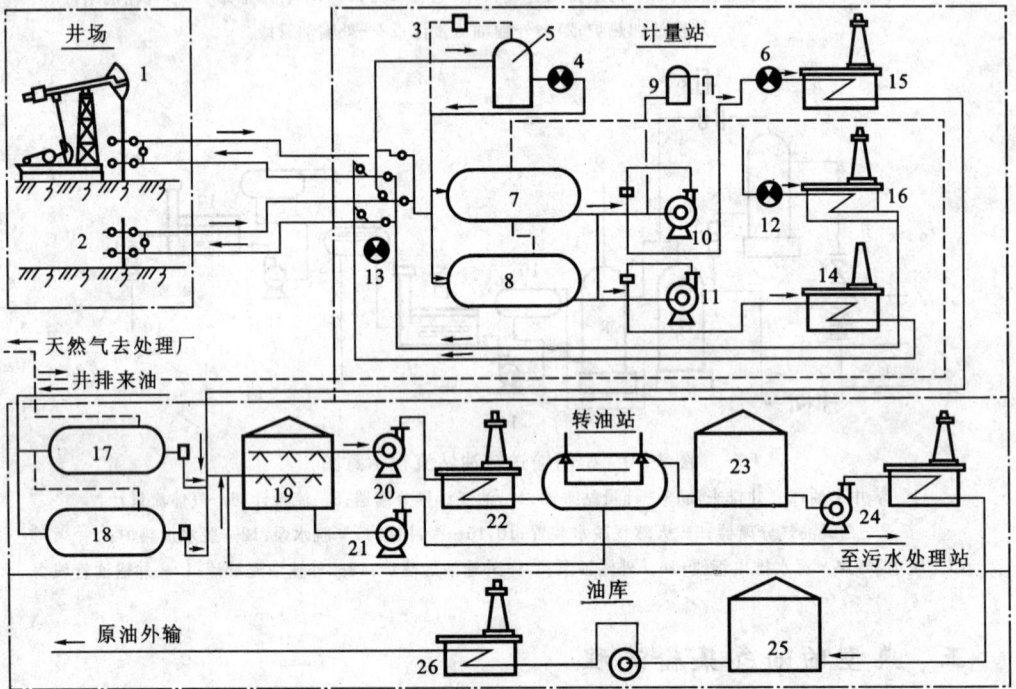

图 1-91 双管掺热油集输流程图

1—抽油井口;2—自喷井口;3—测气孔板;4,6,12,13—流量计;5—计量分离器;7,8—分离缓冲罐;
9—加药罐;10—外输循环泵;11—洗井泵;14—洗井加热炉;15—外输加热炉;16—循环加热器;
17—油气分离器;18—气体除油器;19—沉降罐;20—脱水泵;21—排污泵;22—脱水加热炉;
23—净化油罐;24—原油外输泵;25—油罐;26—加热炉

本章思考题

1. 什么是油气藏和油气田？油气是怎样生成的？

2. 石油和天然气有哪些物理性质？它们由哪些元素组成？

3. 简要阐述主要的钻井方法及基本设备。

4. 正常钻井包括哪些工艺过程？容易出现哪些事故？如何防止井斜？上述过程中需要用到哪些设备？

5. 影响钻井速度的主要参数有哪些？

6. 何谓定向钻井、丛式钻井和水平钻井？各有什么特征？

7. 喷射钻井有什么特点？

8. 简述定向钻井造斜的基本方法和所应用的主要工具。

9. 什么是欠平衡、超深井钻井技术？各有什么特点？对设备有什么特殊要求？

10. 水平井钻井技术有哪些特点？对设备有哪些特殊要求？

11. 小井眼钻井技术有什么特点？设备有什么特殊性？

12. 连续柔管钻井技术与设备有哪些特点？

13. 自喷井是怎样采出原油的？主要有哪些设备？

14. 有杆泵采油的工艺原理是什么？有哪些形式？用到的主要设备有哪些？

15. 无杆泵采油的工艺原理是什么？有哪些形式？用到的主要设备有哪些？

16. 油田注水的主要工艺流程是怎样的？需要哪些主要设备？

17. 什么是油层的压裂？所用设备有哪些特点？

18. 油层酸化的基本目的、原理是什么？

19. 目前的高新采油技术有哪些？试阐述其基本原理和所应用的设备。

20. 油井清蜡的技术有哪些？主要设备是什么？

21. 什么是油、水井防砂和剖面调整？有哪些主要设备？

22. 为什么要进行油、水井维修？主要工作有哪些？

23. 油、水井维修所用到的主要设备有哪些？

24. 油气集输的主要生产流程是什么？有哪些主要设备？

> >> *Chapter Two*

石油钻机总论及旋转设备

石油钻机或油、气钻机是指用来进行油气勘探、开发的成套钻井设备,通称钻机。陆用转盘钻机是成套钻井设备中的基本型式,即通常所说的钻机,也称常规钻机。为适应各种地理环境和地质条件、加快钻井速度、降低钻井成本、提高钻井综合经济效益,近年来相继研制了各种具有特殊用途的钻机,如沙漠钻机、丛式井钻机、斜井钻机、顶驱钻机、直升机吊运的钻机、小井眼钻机、连续柔管钻机等,可统称为特种钻机。

整套钻机包括驱动与传动、旋转、起升、循环等系统设备,以及辅助设备与测量仪表等。本章简要介绍钻机的组成、类型、基本参数与标准系列、主要国产机械驱动与电驱动钻机以及旋转设备。

第一节　钻机概述

一、石油钻机的组成

石油钻机属于重型矿业机械,是由多种机器设备组成、具有多种功能的联合工作机组。为满足钻井工艺要求,整套钻机必须具备下列八大系统设备(图 2-1)。

(1)起升系统设备。为了起下钻具、下套管,控制钻压及钻头钻进等,钻机配备有一套起升设备,以辅助完成钻井生产。这套设备由钻井绞车、辅助刹车、游动系统(钢丝绳、天车、游动滑车及大钩)和井架组成。另外,还有用于起下操作的井口工具及机械化设备,

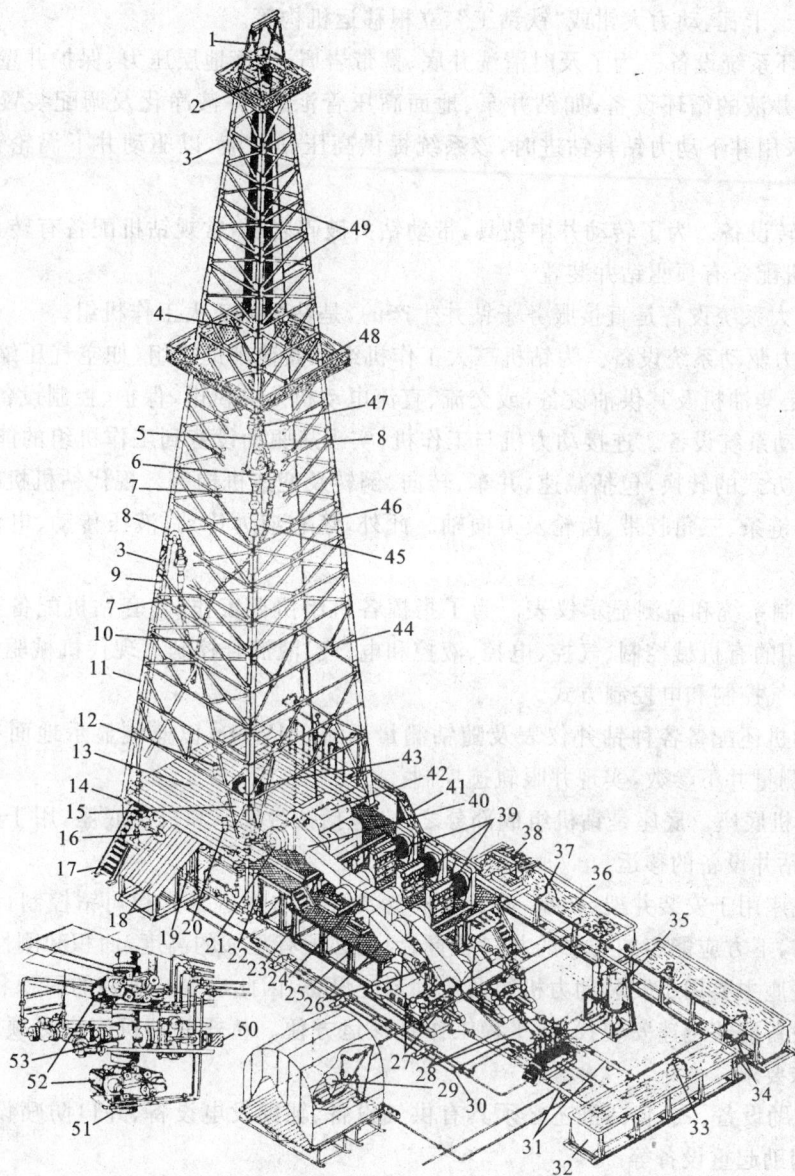

图 2-1 钻机组成示意图

1—人字架；2—天车；3—井架；4—游车；5—水龙头提环；6—水龙头；7—保险链；8—鹅颈管；9—立管；
10—水龙带；11—井架大腿；12—小鼠洞；13—钻台；14—架脚；15—转盘传动；16—填充钻井液管；17—扶梯；
18—坡板；19—底座；20—大鼠洞；21—水刹车；22—缓冲室；23—绞车底座；24—并车箱；25—发动机平台；
26—泵传动；27—钻井泵；28—钻井液管线；29—钻井液配制系统；30—供水管；31—吸入管；32—钻井液池；
33—固定钻液枪；34—连接软管；35—空气包；36—沉砂池；37—钻液枪；38—振动筛；39—动力机组；
40—绞车传动装置；41—钻井液槽；42—钻井绞车；43—转盘；44—井架横梁；45—方钻杆；46—斜撑；
47—大钩；48—二层平台；49—游绳；50—钻井液喷出口；51—井口装置；52—防喷器；53—换向闸门

73

如吊环、吊卡、卡瓦、动力大钳或"铁钻工"、立根移运机构等。

(2) 循环系统设备。为了及时清洗井底、携带岩屑、平衡地层压力、保护井壁,钻机配备有全套钻井液的循环设备,如钻井泵、地面高压管汇、钻井液净化及调配装置(固控设备)等。当采用井下动力钻具钻进时,该系统提供高压钻井液,以驱动井下涡轮钻具或螺杆钻具。

(3) 旋转设备。为了转动井中钻具,带动钻头破碎岩石,常规钻机配备有转盘和水龙头,顶驱钻机配备有顶驱钻井装置。

上述三大系统设备是直接服务于钻井生产的,是钻机的三大工作机组。

(4) 动力驱动系统设备。为钻机三大工作机组及其他辅助机组(如空气压缩机)提供动力,可以是柴油机及其供油设备,或交流、直流电动机及其供电、保护、控制设备等。

(5) 传动系统设备。连接动力机与工作机,实现从驱动设备到工作机组的能量传递、分配及运动方式的转换,包括减速、并车、转向、倒转及变速机构等。现代钻机机械传动常用传动副有链条、三角胶带、齿轮及万向轴。此外,还有液力传动、液压传动、电传动等形式。

(6) 控制系统和监测显示仪表。为了指挥各机组协调工作,整套钻机配备有各种控制装置,常用的有机械控制、气控、电控、液控和电、气、液混合控制。现代机械驱动钻机普遍采用集中气控制和电控制方式。

现代钻机还配备各种钻井仪表及随钻测量系统(MWD),以监测显示地面有关系统设备工况,测量井下参数,实现井眼轨迹控制。

(7) 钻机底座。底座是钻机组成部分之一,包括钻台底座和机房底座,用于安装钻井设备,方便钻井设备的移运。

钻台底座用于安装井架、转盘,放置立根盒及必要的井口工具和司钻控制台,有的还要安装绞车,下方应能容纳必要的井口装置,因此必须有足够的高度、面积和刚性。

机房底座主要用于安装动力机组及传动系统设备,因此也要有足够的面积和刚性,以保证机房设备能够迅速安装找正、平稳工作且移运方便。丛式井钻机底座必须满足丛式钻井的特殊要求。

(8) 辅助设备。成套钻机还必须具有供气设备、辅助发电设备、井口防喷设备、钻鼠洞设备与辅助起重设备等。

二、钻机分类及特点

1. 钻机分类
根据需要,石油钻机有各种不同的分类方法:

(1) 按钻井深度分:浅井钻机,钻井深度≤1 500 m;中深井钻机,钻井深度为1 500~3 000 m;深井钻机,钻井深度为3 000~5 000 m;超深井钻机,钻井深度>5 000 m。

(2) 按使用地区和用途分:海洋钻机;浅海钻机(适用于0~5 m水深或沼泽地区);陆

地常规钻机;丛式井钻机;沙漠钻机;直升机吊运钻机;小井眼钻机;连续柔管钻机等。

（3）按驱动设备类型分:柴油机驱动、电驱动和液压驱动。其中,电驱动又分为交流电驱动、直流电驱动、交流变频电驱动。

（4）按传动形式分:链条并车传动的链条钻机;V形带并车传动的皮带钻机;圆锥齿轮-万向轴并车传动的齿轮钻机。

（5）按移动方式分:块装式钻机、自行式钻机和拖挂式钻机。

2．钻机特点

石油钻机的主要特点是:

（1）功率大,动力传递复杂。钻机是大功率、多工作机联合工作的重型矿业机械,由多台柴油机提供动力。钻机的三大工作系统均需要较大的功率:旋转系统需要产生水平方向的旋转动力,以驱动钻柱带钻头破岩;循环系统要驱动钻井泵,以提供高压液体;起升系统则需要起升几千 kN 的井下载荷。

（2）钻井过程不连续,功率要求也不相同。正常钻进时,转盘驱动钻柱,钻井液泵循环钻井液。起下钻作业时,则是起升系统需要功率。

图 2-2 所示为钻机能量传递与运动转换示意图。钻进时,发动机功率一路传至钻井泵,另一路传至转盘。起升时,发动机功率传至绞车滚筒,绞车和游动系统工作。

钻进: $N_e \begin{cases} M_e \begin{cases} \longrightarrow & M_{rt} \\ \longrightarrow P_p \\ \longrightarrow Q_d \end{cases} N_1 \\ n_e \longrightarrow & n_{rt} \end{cases} N_2 \longrightarrow N_b$

起升: $N_e \begin{cases} M_e \longrightarrow M_{dr} \longrightarrow Q_h \\ n_e \longrightarrow n_{dr} \longrightarrow v_h \end{cases} N_3$

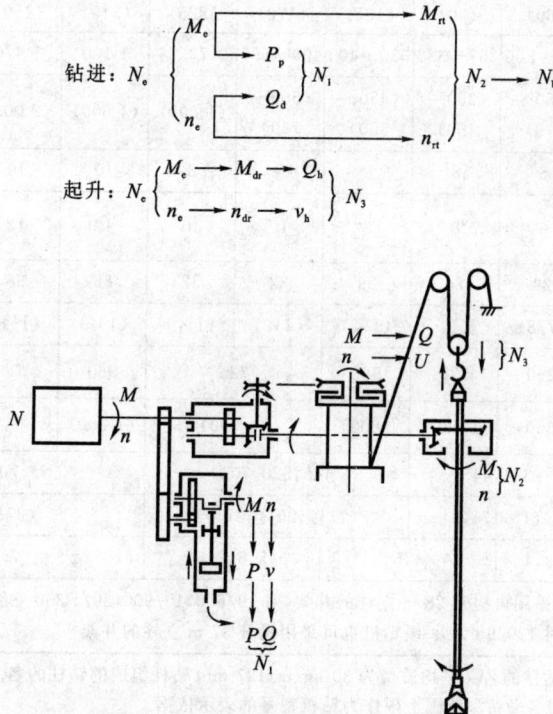

图 2-2　钻机的能量传递与运动转换

（3）工作地区多样(平原、山地、沙漠、沼泽、海洋),自然环境恶劣(风、沙、雨、雪),野外流动作业,要求钻机有很强的适应地区、环境的能力和便捷的移运性能。

三、钻机的基本参数

反映钻机工作性能的数量指标称为基本参数。例如,名义钻井深度、最大钩载等表明了钻机的基本工作性能,就是钻机的基本参数。基本参数是设计、选用钻机,对钻机进行技术改造的依据,是钻机标准系列的组成元素。

石油行业标准 SY/T 5609—1999 规定了石油钻机的型式与基本参数。该标准给出了钻机的 9 个基本参数,根据钻机的基本参数将钻机分成 9 个级别,见表 2-1。

表 2-1　钻机的基本参数

钻机级别		10/600	15/900	20/1 350	30/1 700	40/2 250	50/3 150	70/4 500	90/6 750 / 90/5 850	120/9 000
名义钻深范围[①]/m	127mm 钻杆	500～800	700～1400	1 100～1 800	1 500～2 500	2 000～3 200	2 800～4 500	4 000～6 000	5 000～8 000	7 000～10 000
	114mm 钻杆	500～1 000	800～1 500	1 200～2 000	1 600～3 000	2 500～4 000	3 500～5 000	4 500～7 000	6 000～9 000	7 500～12 000
最大钩载 /kN(tf)			600 (60)	900 (90)	1 350 (135)	1 700 (170)	2 250 (225)	3 150 (315)	4 500 (450)	6 750(675) / 5 850(585)[③]	9 000 (900)
绞车额定功率	kW	110～200	257～330	330～400	400～550	735	1 100	1 470	2 210	2 940
	(hp)	(150～270)	(350～450)	(450～550)	(550～750)	(1 000)	(1 500)	(2 000)	(3 000)	(4 000)
游动系统绳数	钻井绳数 Z	6	8	8	8	8	10	10	12/10[③]	12
	最多绳数 Z_{max}	6	8	8	10	10	10	12	16/14[③]	12
钻井钢丝绳直径[②]	mm	22	26	29	32	32	35	38	42	52
	(in)	(7/8)	(1)	(1⅛)	(1¼)	(1¼)	(1⅜)	(1½)	(1⅝)	(2)
钻井泵单台功率不小于	kW	260	370	590	735		960	1 180		1 470
	(hp)	(350)	(500)	(800)	(1 000)		(1 300)	(1 600)		(2 000)
转盘开口直径	mm	381,445		445,520,700			700,950,1 260			
	(in)	(15,17½)		(17½,20½,27½)			(27½,37½,49½)			
钻台高度	m	3,4		4,5		5,6,7.5		7.5,9,10.5,12		
井架[④]		各级钻机均采用可提升 28 m 立柱的井架,对 10/600,15/900,20/1 350 三级钻井也可采用提升 19 m 立柱的井架,对 120/9 000 一级钻机也可采用提升 37 m 立柱的井架								

① 114 m 钻杆组成的钻柱的名义平均质量为 30 kg/m,127 mm 钻杆组成的钻柱的名义平均质量为 36 kg/m。以 114 mm 钻杆标定的名义钻深范围上限作为钻机型号的表示依据。

② 所选用钢丝绳应保证在游动系统最多绳数和最大钩载的情况下安全系数不小于 2,在钻井绳数和和最大钻柱载荷情况下安全系数不小于 3。

③ 为非优先采用参数。

④ 不适用于自行钻机、拖挂式钻机。

(1) 名义钻深范围。指该级钻机可经济使用的钻井深度。名义钻深范围的下限是一个经济合理值,与前一级的上限有重叠;名义钻深范围的上限为该级钻机的名义钻井深度 L。

钻机的名义钻井深度与使用的钻柱有关,我国推荐使用 114 mm($4\frac{1}{2}$ in)钻杆,同时也给出了使用 127 mm(5 in)钻杆时可钻达的井深。

(2) 最大钻柱重量 Q_{st}。在标准规定的钻井绳数下,正常钻进或进行起下作业时,大钩所允许承受的最大钻柱在空气中的重量(质量)。

$$Q_{st} = q_{st}L \tag{2-1}$$

式中,L 为钻柱长度;q_{st} 为每米钻柱质量,使用 114 mm 钻杆时 $q_{st} = 30$ kg/m,使用 127 mm 钻杆时 $q_{st} = 36$ kg/m。

Q_{st} 可直接由钻深范围算得,所以不再列在国家标准基本参数中,但 Q_{st} 是计算钻机疲劳强度的依据,是一个非常重要的钻机参数。

(3) 最大钩载 Q_{max}。在标准规定的最多绳数下,下套管或进行解卡等其他特殊作业时大钩上不允许超过的最大载荷。

Q_{max} 决定钻机下套管和处理事故的能力,是钻机静强度和刚度计算的依据。

(4) 提升系统绳数 Z,Z_{max}。钻井绳数 Z 指用于正常起下钻及钻进时的有效绳数。游动系统最多绳数 Z_{max} 指钻机配备的轮系所提供的最大有效绳数。

四、钻机的型号

石油行业标准 SY/T 5609—1999 规定钻机型号的表示方法为:

ZJ□/□□□-□

其中,ZJ 表示钻机;

第 1 框为钻机级别,以 100 m 为单位计算的名义钻深范围上限;

第 2 框为最大钩载,单位为 kN;

第 3 框为钻机特征,L 表示链条并车钻机,J 表示 V 带并车钻机,C 表示齿轮传动钻机,Y 表示液压钻机,DJ 表示交流电动钻机,DZ 表示直流电动钻机,DB 表示交流变频电动钻机;

第 4 框为移运方式,块装式符号省略,Z 表示自行式钻机,T 表示拖挂式钻机;

第 5 框为改型序号,用阿拉伯数字表示,原型不写。

例如,5 000 m 块装直流电驱动钻机第二次改型表示为:ZJ50/3150DZ-2。

第二节 　**机械驱动钻机**

机械驱动钻机是指以柴油机为动力,通过液力变矩器、链条、齿轮、三角胶带等不同组合的传动形式所驱动的钻机。依据所采用的主传动副类型,可分为齿轮钻机、皮带钻机和链条钻机。

一、齿轮钻机

我国在 20 世纪 60～70 年代曾致力于齿轮钻机的设计制造,如 ZJ75-4,ZJ150,ZJ130-2,ZJ130-3。此类钻机采用齿轮为主传动副,配合万向轴、传动绞车和转盘,或采用圆锥齿轮-万向轴并车驱动绞车、转盘和钻井泵(如 ZJ130-3)。

齿轮传动允许线速度高,体积小,结构紧凑;万向轴结构简单、紧凑,维护保养方便,互换性好。但大功率螺旋齿圆锥齿轮制造困难,成本高,且现场不能更换、修理。因此,进入 20 世纪 80 年代后,中深井以上钻机不再采用齿轮而改用链条为主传动副,不过在 2 000 m 及以下的浅井和轻便钻机中,齿轮传动钻机仍具有优越性。

ZJ20-2 钻机是 1991 年由宝鸡石油机械厂设计制造的、以齿轮为主传动副的钻机,其传动系统如图 2-3 所示。ZJ20-2 钻机的主要特点是:

(1) 3 台 PZ8V190 型柴油机驱动,一台柴油机驱动绞车-转盘机组,另两台柴油机分别驱动两台 800 hp 钻井泵(示意图中未列出)。这种独立驱动方案便于钻井设备在井场布置和安装,但 3 台动力机功率不能互济,装机功率利用率欠佳。

(2) 高速大功率偶合器-行星变速器(1 500 r/min,588 kW),通过万向轴传动绞车-转盘,使绞车和转盘分别具有 6 个正挡和 3 个倒挡;偶合器是柔性传动,可使行星离合器在不摘除动力的情况下换挡;万向轴传动绞车、转盘,便于安装找正;传动变速系统和绞车、转盘可分为 4 个运输单元,便于搬运。

(3) 外变速两轴绞车,结构简单,质量轻,便于移运。

二、皮带钻机

皮带钻机采用三角胶带作为钻机主传动副,用三角胶带将多台柴油机并车,统一驱动各工作机及辅助设备,且用胶带传动泵。

胶带并车传动的主要优点是传动柔和、并车容易、制造简单、维护保养方便。早期的皮带钻机采用的是常规 E 型尼龙三角胶带,如大庆 130 型钻机、ZJ45J 钻机。胶带传动能力低于链条,大功率传动时胶带根数多,伸长量过大,结构笨重且寿命不长。20 世纪 80 年代以来,采用窄 V 联组胶带的传动性能可与滚子链条媲美,因此对 5 000 m 以下的中深井、深井,窄 V 联组胶带钻机可与链条钻机并驾齐驱。此种国产胶带钻机有 ZJ32J-2 (柴油机直接驱动)、ZJ32-4(柴油机正车减速器驱动)、ZJ32J-5(柴油机-液力变矩器驱动)和兰州石油机械厂生产的 ZJ50J 钻机。

ZJ32J-2 钻机是兰州石油机械厂于 1988 年研制的窄 V 型联组胶带传动钻机,其传动系统图如图 2-4 所示。ZJ32J-2 胶带钻机有如下主要特点：

（1）3 台 PZ12V190B-1 柴油机驱动，窄 V 联组胶带直接并车，统一驱动绞车、转盘和两台钻井泵，结构简单，布局合理，提高了传动效率。

（2）窄 V 型联组胶带结构紧凑，传动平稳，较尼龙胶带寿命长。

（3）采用密封式绞车、开槽滚筒、过卷阀控制的防碰天车装置、电磁涡流刹车提高了起升机组的可靠性、安全性和工作性能。

（4）采用整体自升式前开口井架，便于安装、移运；采用 4.5 m 高钻台，便于安装井控设备。

该钻机的主要不足是直接并车转速偏高，影响胶带寿命；若柴油机降速运行（1 000～1 050 r/min），则发出的功率不足带动双泵进行喷射钻井。

三、链条钻机

此类钻机采用链条作为主传动副，2～4 台柴油机-变矩器驱动机组，用多排小节距套筒滚子链条并车，统一驱动各工作机组，一般仍用胶带传动泵。

高质量的多排小节距链条并车时，传动功率大、结构紧凑、使用寿命长，适用于各级井深钻机，尤其是深井、超深井钻机。

美国一直在发展链条钻机。自 20 世纪 60 年代开始，前苏联、罗马尼亚也大力发展链条钻机。我国自 20 世纪 70 年代中期开始重视研制石油工业用套筒滚子链，目前已能生产高性能石油钻机用套筒滚子链。

ZJ45L 钻机是我国生产的第一台链条钻机，1990 年兰州石油机械厂又研制成功 ZJ60L 型钻机。

ZJ45L 或 ZJ45 钻机是兰州石油机械厂于 1985 年在生产 ZJ45J 基础上研制的，其传动系统如图 2-5 所示。与 ZJ45J 胶带钻机相比，它具有如下主要特点：

（1）柴油机-液力变矩器柔性驱动，能随外载改变而自动变速、变矩；充分利用柴油机功率，提升机组功率利用率；吸收震动冲击，传动平稳，可延长机械设备寿命。

（2）采用 6 排高强度、高精度套筒滚子链并车传动，传动效率高、结构紧凑、寿命长。

（3）DS-45 电磁涡流刹车制动性能好，制动力矩可精确调节，控制灵敏，能保证迅速、安全下钻，减轻司钻劳动强度，延长机械刹车使用寿命。

（4）采用 ZP-275 转盘（通孔直径 698.5 mm），能下大直径套管，可满足复杂地层钻井时下多层技术套管的需要。

钻井实践证明，ZJ45L 钻机设计合理、布局紧凑、结构简单、使用方便、性能良好，能满足喷射钻井的需要。

PZ8V190
$N=588$ kW
$n=1\,500$ r/min

冷却系统

液力偶合器

油泵

$Z_A=61$
$Z_B=101$
$Z_C=34$
$m=5$

$Z_A=61$
$Z_B=101$
$Z_C=19$
$m=5$

1¼ in-2

31

应急电动机
$N=55$ kW
$n=980$ r/min

LT500×200

35 25 35

22 in 水刹车

1¼ in-3

⊂23

⊏47

35

⊂23 500×125

1¼ in-2

φ560×1120

31

59

59

LT900-250

LT900-250

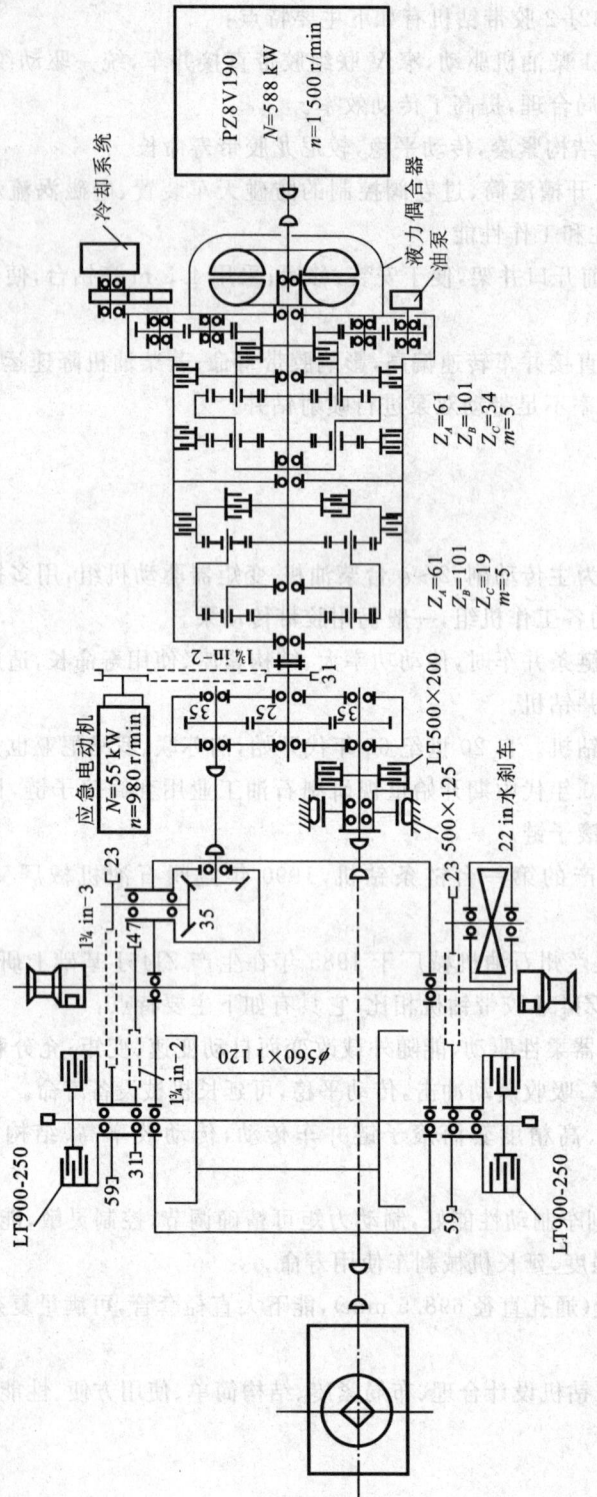

图2-3 ZJ20-2型钻机传动系统图

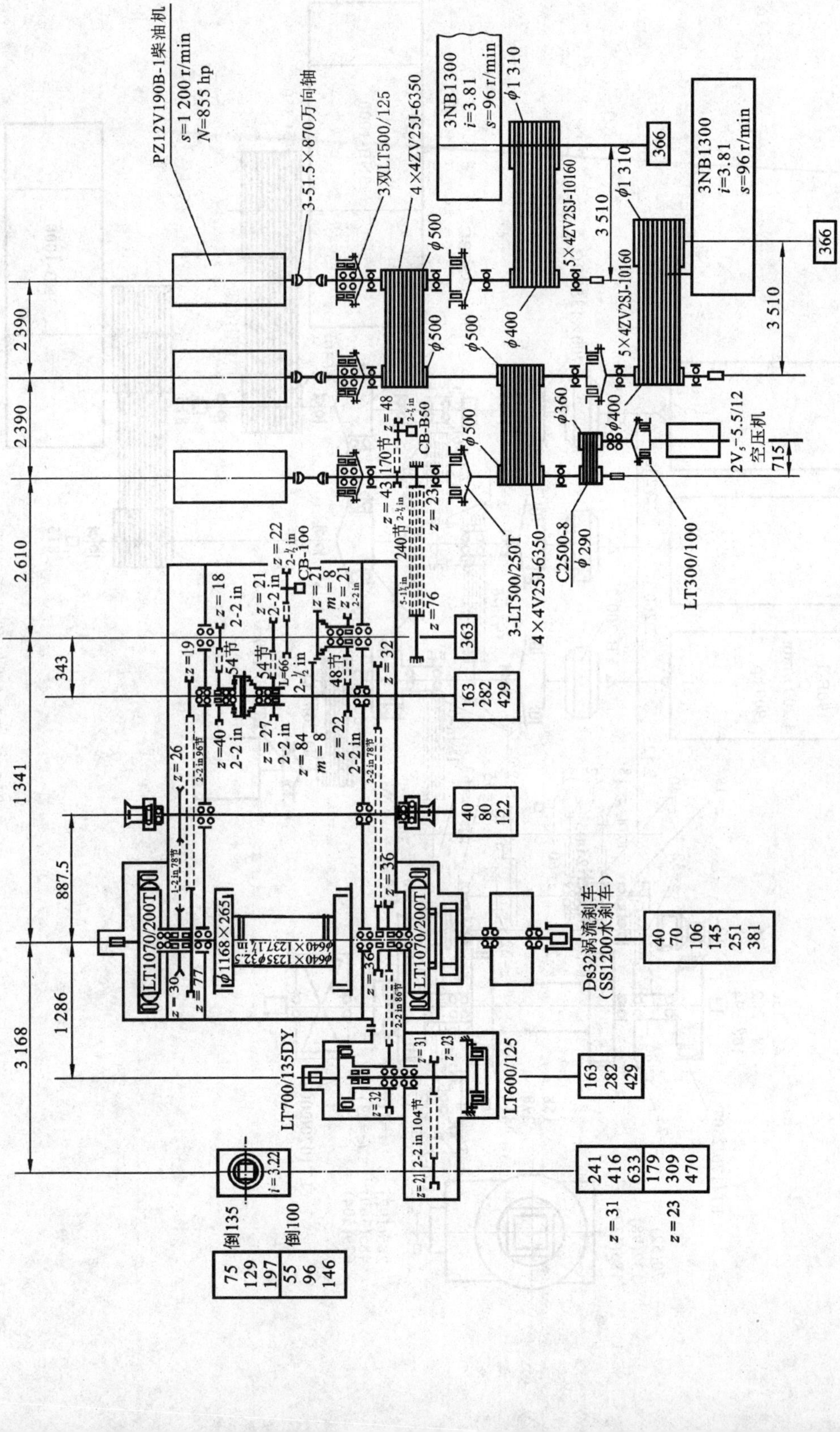

图 2-4 ZJ32J-2钻机传动系统图

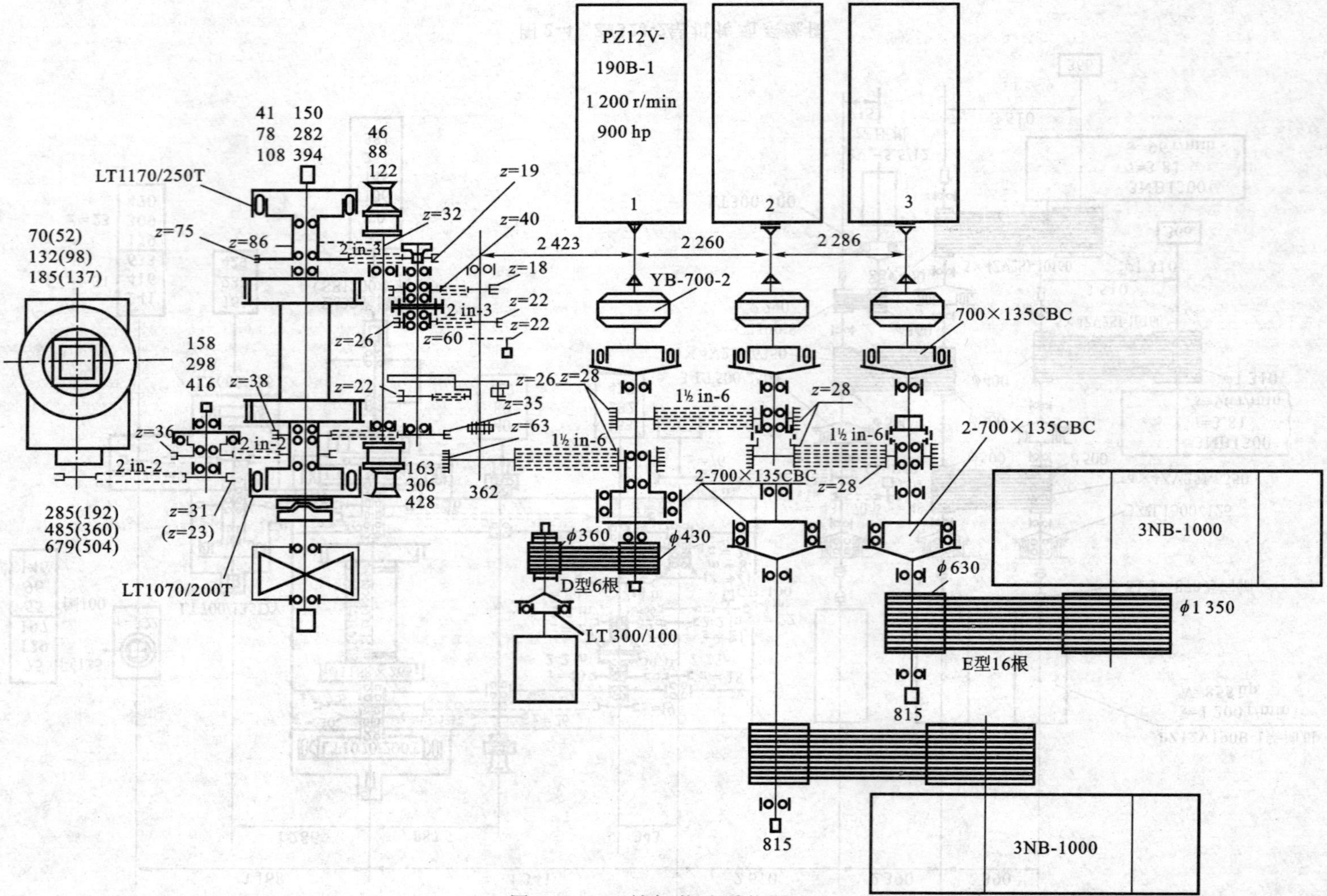

图 2-5 ZJ45钻机传动系统图

第三节 电驱动钻机

一、电驱动钻机发展历程

电驱动钻机发展历程可分为：

（1）交流电驱动钻机，即交流发电机（或工业电网）-交流电动机驱动（AC-AC）。

（2）直流电驱动钻机，即直流发电机-直流电动机驱动（DC-DC）。

（3）可控硅整流直流电驱动钻机，即交流发电机-可控硅整流-直流电动机驱动（AC-SCR-DC）。

（4）交流变频调速驱动钻机，即交流发电机-变频调速器-交流电动机驱动（AC-VFD-AC）。

我国研制电驱动钻机始于 20 世纪 70 年代：DZ-200，DC-DC 驱动，钻深 5 000 m（宝鸡石油机械厂，1971 年）；海洋 5 000 m 钻机，DC-DC 驱动（兰州石油机械厂，1975 年）。20 世纪 80 年代研制并投入矿场应用的电驱动钻机有：吉林重机厂生产的 ZJ15D（AC-AC 驱动）以及兰州石油机械厂生产的 ZJ45D（丛），ZJ60D，ZJ60DS（AC-SCR-DC）。20 世纪 90 年代中期开始研制交流变频电驱动钻机，2003 年研制成功 9 000 m 电驱动钻机，2006 年研制成功 12 000 m 电驱动钻机。

二、国产电驱动钻机

下面简要介绍几种国产电驱动钻机的传动方案与结构特点。

1. ZJ45D 丛式井钻机

ZJ45D 是我国研制的第一台电驱动丛式井钻机（兰州石油机械厂，1989 年），其传动系统如图 2-6 所示。

1）整体布局

整套钻井设备分为固定和移动两部分。固定部分按功能又分为 3 个区块：动力控制区块，包括主柴油发动机房、辅助柴油发动机房、供应装置房、可控硅房和马达控制中心；泵房、固控区块，包括 2 台钻井泵及其驱动电机、钻井液罐、药罐和循环水箱；油罐、水罐区块，包括柴油罐、机油罐和冷却水箱。移动部分包括井架、游动系统、绞车、转盘、钻台底座、钻台移动系统、钻杆架和振动筛罐。

曲尺式电缆槽和油、气、水、钻井液管线将这两部分连接起来，成为有机整体。

2）钻台移动系统

钻台底座为平行四边形整体自升式结构。钻台移动采用步进式液缸推力（拉力）系

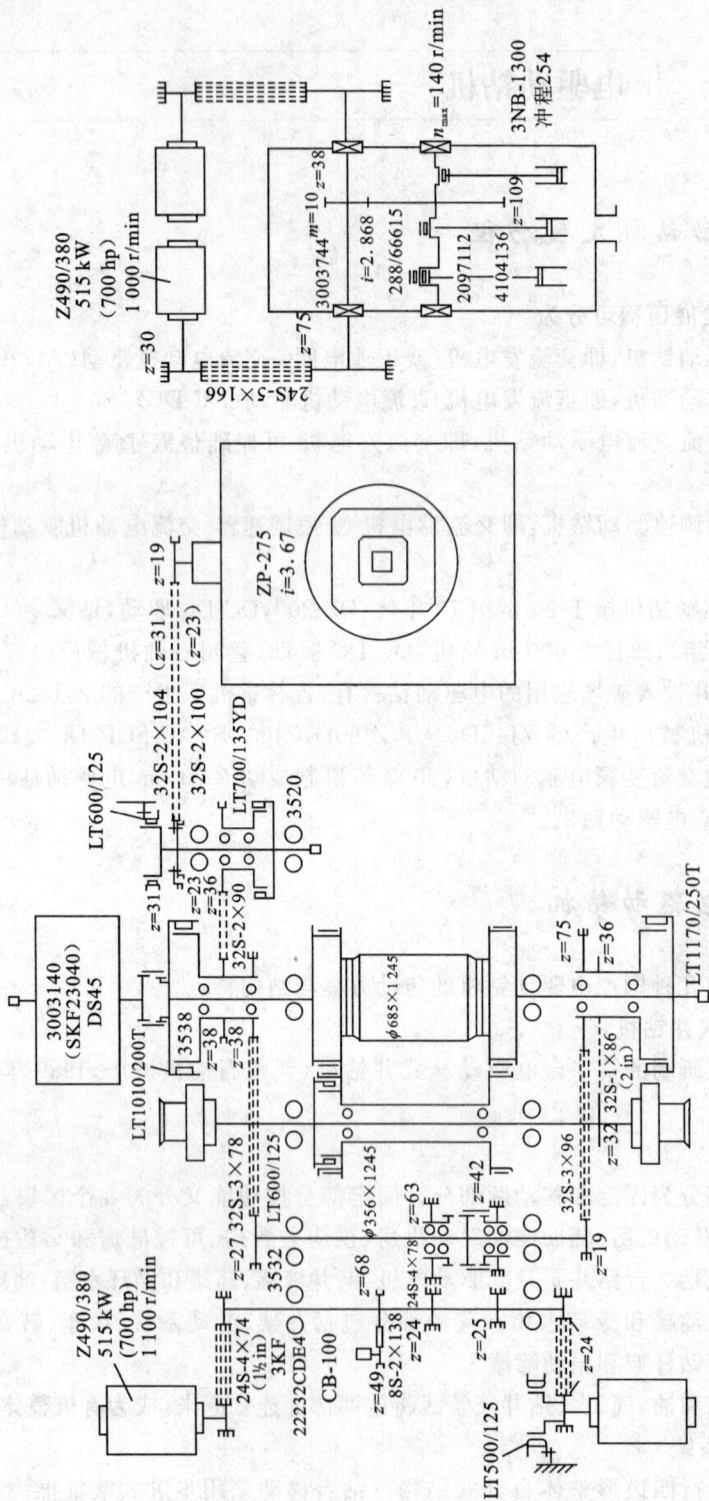

图 2-6　ZJ45D 丛式井钻机传动系统图

统,包括滑轨、液压缸、远距离操纵盒和液压源。液压动力来自液压大钳的电动油泵。钻台纵向移动时液缸装在下底座的前端(或后端),横向移动时则装在两个大底座的内侧。每根滑轨长 5 m,相互用搭扣连接,随钻台的移动可循环重复使用。

3) ZJ45D 丛式井钻机特点

与 ZJ45L 和 ZJ45J 相比,ZJ45D 丛式井钻机有如下主要特点:

(1)采用 AC-SCR-DC 驱动,动力控制系统全部国产化。钻井绞车具有近似恒功率、无级调速提升特性,转盘和钻井泵可实现恒转矩、无级调速。主柴油发电机组为 3 台 PZ12V190B 柴油机,转速 1 500 r/min,每台净输出功率 754 kW,各驱动一台 TF500M-4TH 型发电机,50 Hz,600 V,700 kW。辅助柴油机组 1 台,柴油机 PZ8V190-2 驱动 1 台 TFH320-6TH 型发电机,50 Hz,400 V,320 kW。可控硅整流柜 6 台,0~750 V,0~1 200 A,一对一控制 6 台 Z490/380 型直流电动机,转速 1 100 r/min,持续功率 515 kW (700 hp)。

(2)钻机的天车、游车、大钩、水龙头、绞车、钻井泵等的易损件与常规钻机通用。

(3)采用常规工字钢制造的前开口井架,地面组装,整机起放,视野开阔,运输方便。

(4)采用平行四边形整体起升式底座,井架和钻台上全部设备均可在低位安装,随底座起升而达到工作位置。

(5)配备钻台移动系统,可使钻台沿纵向或横向移动 20 m。

(6)配备有钻杆架,其中间钻杆台可以低位(与两侧钻杆架齐平),也可以抬高到 3.5 m,在钻台纵向移动时跨越井口。

(7)配备两用水龙头,可实现气动旋扣。

(8)绞车配备电磁涡流刹车,采用开槽滚筒并增加了捞砂滚筒。

2. ZJ60D 钻机

ZJ60D 钻机是国产第一台 6 000 m 级 SCR 电驱动钻机,兰州石油机械厂制造,1987 年 3 月通过鉴定,具有良好的钻井性能和经济性,其机械传动系统如图 2-7 所示。

ZJ60D 钻机的特点是:

(1)动力控制设备由 GE 公司引进。柴油交流发电机组,柴油机 CAT,D399TA;发电机 GE,GTA30,50 Hz,600 V,945 kW。4 台并网,通过 7 台 SCR 单独驱动 7 台 GE752R 直流电动机。为使设备国产化,也可采用 4 台 PZ12V190E 柴油交流发电机组,在 1 500 r/min 时发出 4×700 kW 动力,通过 SCR 变换驱动 7 台 GE752R 直流电动机。

(2)配套 SL-450 水龙头,ZP375 转盘(开口直径 952.5 mm),2 台 3NB-1300 或 3NB-1600 钻井泵。绞车功率 1 470 kW(2 000 hp),开槽滚筒,强制水冷;分体组合式密封绞车架,通风型胎式低速离合器;配置 DS-60 电涡流刹车和钻头自动送进装置。

(3)7.5 m 高钻台,可容纳全套井口防喷装置;采用平行四边形整体起升式底座,可低位安装质量为 55 t 的绞车。

(4)塔型井架,有效高度 44.5 m,也可配前开口井架;考虑到可能用于海上平台,井架采用热镀锌低合金钢制造。

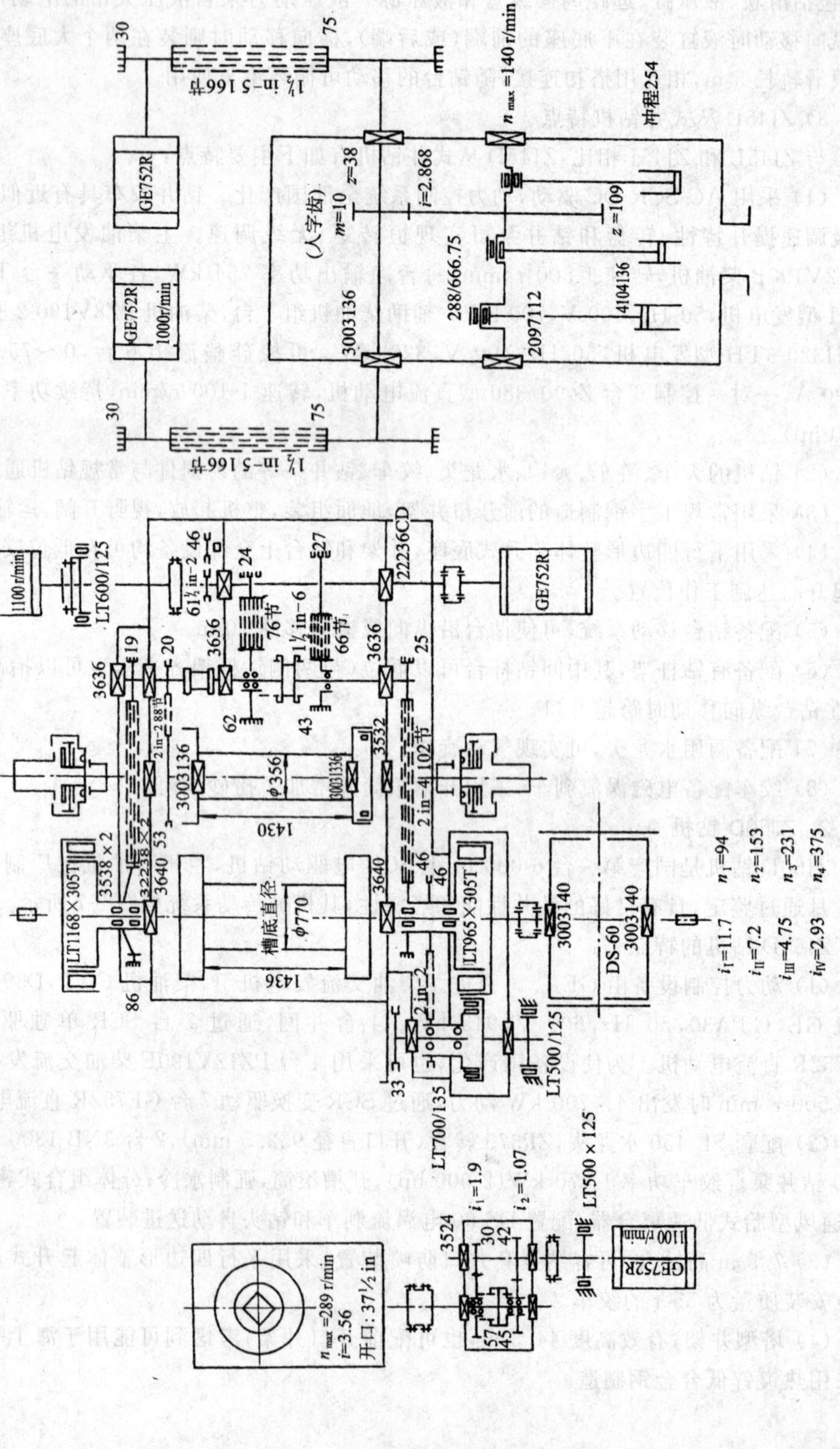

图 2-7 ZJ60D钻机传动系统图

（5）具有简便集中的控制系统和灵敏完善的保护系统。例如，司钻可操作绞车、转盘、钻井泵、涡流刹车、自动送钻等作业机械，其控制操作都集中在司钻台上。司钻可自由选择合适的钻井参数、最佳设备运转工况。AC-SCR-DC 系统本身对各柴油机、各交流发电机、可控硅整流装置以及绞车、转盘、钻井泵等机械设备都有较完善灵敏的安全保护措施，以确保各系统及全套设备安全可靠地工作。

3. ZJ60DS 钻机

ZJ60DS 钻机是 20 世纪 90 年代初兰州石油机械厂为开发我国西部沙漠油气区的特殊需要而研制的，AC-SCR-DC 驱动，部件设计符合 API 规范，其机械传动系统如图 2-8 所示。

ZJ60DS 钻机的特点是：

（1）4 台交流发电机组并网，高原沙漠用高增压柴油机 Z12V190BYM-1，转速 1 200 r/min，持续净输出功率 662 kW；交流发电机型号为 TFW500M-6TH，60 Hz，6 000 V，600 kW。

（2）6 台 Z490/390 型直流电动机，转速 1 100 r/min，其中 4 台分别驱动 2 台 3NB-1600 钻井泵，每台持续功率 606 kW，2 台驱动绞车，每台间歇功率 735 kW。ZJ60DS 钻机的转盘不是由 1 台直流电动机单独驱动，而是通过绞车驱动，节省了 1 台电动机，这是其与 ZJ60D 钻机的主要不同之处。

（3）6 台 SCR 控制柜，一对一驱动 6 台直流电动机。电控系统采用模拟控制，辅机监测。

（4）配置 1 470 kW（2 000 hp）绞车，2 台 3NB-1600 钻井泵，SL-450 水龙头，ZP-375 转盘，有效高度为 47 m 的前开口井架。

（5）为适应沙漠腹地恶劣的自然环境条件，钻机特别采取了防砂、防高温、防冷冻、防火、防爆措施。例如，柴油机、压气机装设大型高效复合式沙漠空气滤清器，可除去空气中 99.5% 的砂尘；发电机、电动机加装风路密封冷却器及除尘器；柴油机、发电机、绞车、电涡流刹车等装有防高温冷却系统及防冷冻的电阻加热器等。

4. ZJ70/4500DB 钻机

进入 21 世纪后，钻机的设计制造理念发生了很大的变化，钻机制造业以极快的速度发展。钻机制造者可以选用各种钻机控制模块，也可以选用各种不同的钻机部件。这一方面降低了钻机的制造难度，另一方面也更好地保证了钻机的质量。现在国内能够生产钻机的制造厂有 10 余家，交流变频钻机就是在这样的环境下发展起来的。

ZJ70/4500DB 钻机是交流变频电驱动钻机，基本参数符合标准 SY/T 5609—1999，主要部件符合 API 规范，其传动方案如图 2-9 所示。

1）ZJ70/4500DB 钻机的主要技术规范

主要技术规范如下：

（1）名义钻井深度（4½ in 钻杆）7 000 m，最大钩载 4 500 kN，最大钻柱重量 2 100 kN。

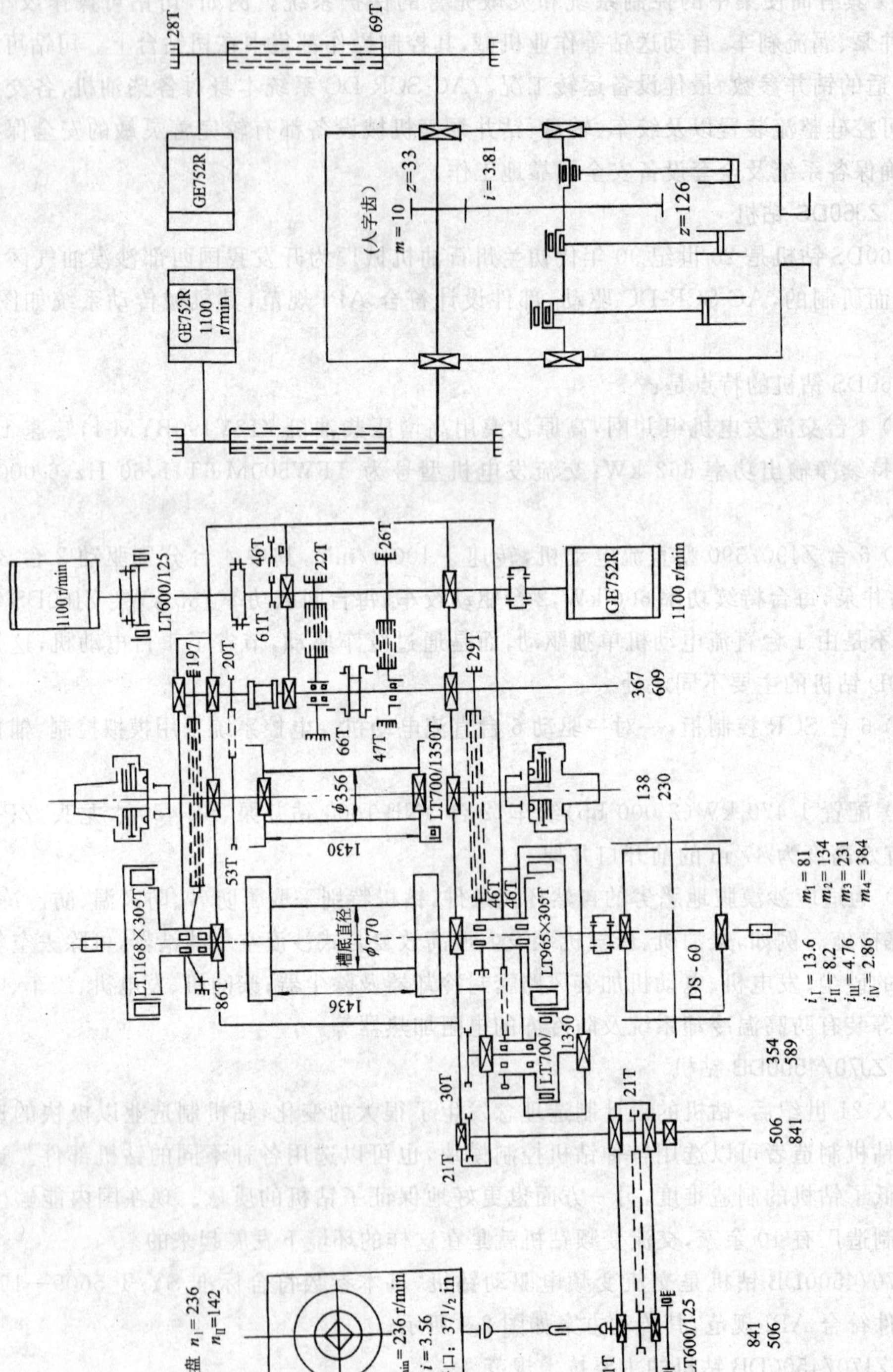

图 2-8 ZJ60DS 钻机传动系统图

(2) 绞车最大输入功率 1 470 kW,提升系统最大绳数 12,钢丝绳直径 38 mm。

(3) 钻井泵 3 台,功率 1 180 kW。

(4) ZP-375 转盘,开口直径为 950 mm。

(5) 前开口井架,有效高度为 45 m,钻台高度为 9 m,净空高度为 7.58 m。

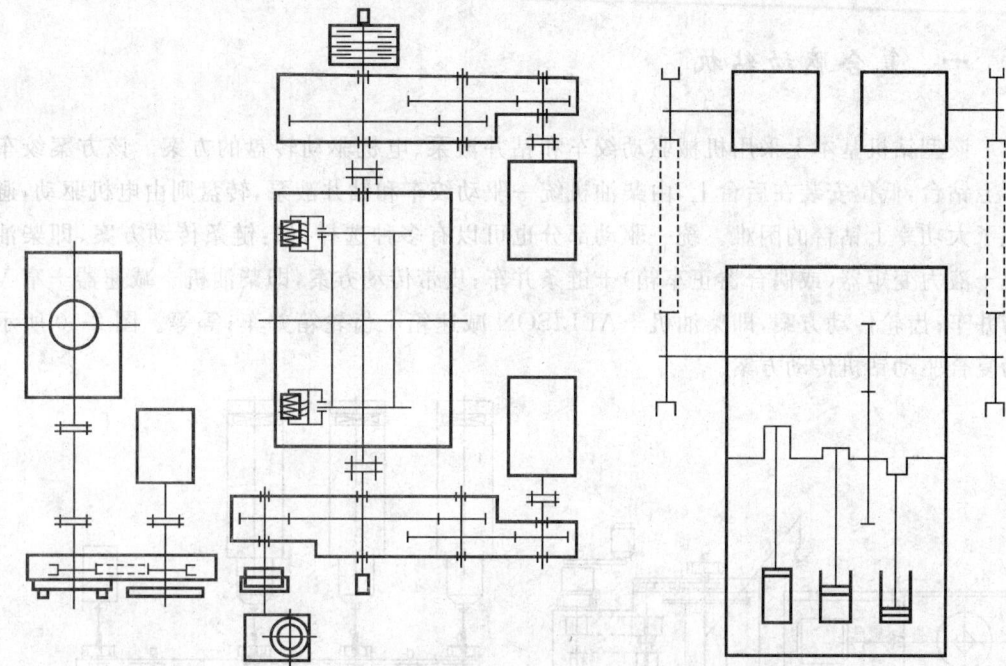

图 2-9 ZJ70/4500DB 钻机机械传动方案

2) ZJ70/4500DB 钻机的主要特点

主要特点如下:

(1) 全数字交流变频技术,通过 PLC、触摸屏实现对钻机的气、电、液一体化控制,实现全程无级调速,满足油气井钻井工艺要求。

(2) 钻机功率大,4 台 CAT3512BDITA/SR4B×4 柴油发电机组,总功率为 5 240 kW。

(3) 单轴、高速大功率齿轮传动绞车,Ⅰ挡无级调速;液压盘式与电机能耗制动相结合的刹车装置,性能可靠。

(4) 绞车电机变频器采用"二对一"控制模式,提高了电机瞬时动态响应的能力,优化了电机加速特性。

(5) 利用主电机+独立小电机自动送钻,能够对起下钻和钻井工况进行实时监控。

(6) 配置 3 台 F-1600 钻井泵,每 2 台交流电动机驱动 1 台钻井泵。

(7) 转盘单独驱动,不通过绞车传动,控制更加灵活。

(8) 采用自升钻台,井架、绞车可低位安装。

第四节　其他类型钻机

一、复合驱动钻机

该型钻机基本上采用机械驱动绞车和钻井液泵、电机驱动转盘的方案。该方案绞车不上钻台,低位安装在后台上,由柴油机统一驱动绞车和钻井液泵,转盘则由电机驱动,避免了大功率上钻台的困难。统一驱动部分也可以有多种选择,如:链条传动方案,即柴油机+液力变矩器(或偶合器正车箱)+链条并车;皮带传动方案,即柴油机+减速器+窄V带并车;齿轮传动方案,即柴油机+ALLISON减速箱+齿轮箱并车;等等。图2-10所示为复合驱动钻机传动方案。

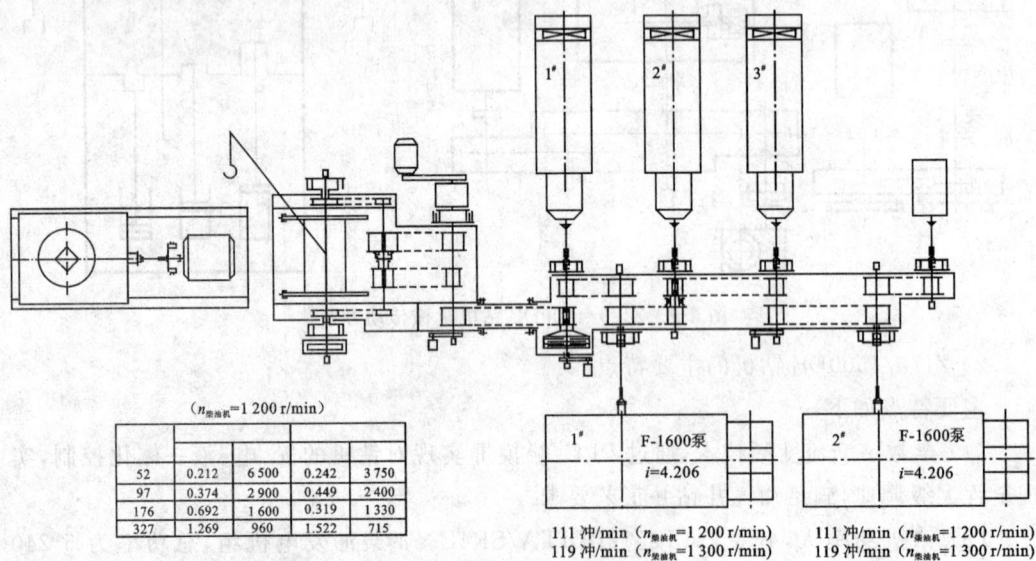

$(n_{柴油机}=1\,200\ \text{r/min})$				
52	0.212	6 500	0.242	3 750
97	0.374	2 900	0.449	2 400
176	0.692	1 600	0.319	1 330
327	1.269	960	1.522	715

1# F-1600泵 $i=4.206$
111 冲/min ($n_{柴油机}=1\,200$ r/min)
119 冲/min ($n_{柴油机}=1\,300$ r/min)

2# F-1600泵 $i=4.206$
111 冲/min ($n_{柴油机}=1\,200$ r/min)
119 冲/min ($n_{柴油机}=1\,300$ r/min)

图 2-10　复合驱动钻机传动方案

二、拖挂式钻机

该型钻机模块化程度高、移运性好、搬运安装快捷方便,主要适用于 4 000 m 及以下的钻机。运输时,该钻机可分为前台和后台两大模块。前台模块包括钻台和转盘驱动;后台模块包括绞车传动、游吊系统和井架等,如图2-11所示。

三、液压钻机

国内外一直致力于液压钻机的研制,并有数种钻机问世。图 2-12 所示为其中一种,这种钻井机械及其附件都受国际专利的保护。主要特点如下:

(1)完全液压操作。液压源自成系统,由它驱动钻机的其他部分,运输时无需拆卸,并配有一个装有消音装置的发动机为钻井系统提供动力。

(2)除游动滑车和天车外没有更复杂的构造,通过一个液压油缸就可起下钻柱和管柱。这种结构可以减轻桅杆的重量并降低高度,从而可以通过普通车辆方便地运输。采用顶驱的运转方式。顶驱装置由两根钢丝绳通过天车滑轮悬挂,天车固定连接在液压缸顶部,钢丝绳另一端固定在拖车机座上。由顶驱所产生的扭矩只需要一个轻型机架来承受。这种结构可以使大钩的速度是液压缸运动速度的 2 倍。在装置的底部采用了相同的结构型

图 2-11 拖挂式钻机

式。这种结构型式可减少 20 t 的质量(尤其适用于钻浅井),并且当卡钻后需要进行超载提升时,可以避免游动装置的突然跳动。

(3)这种钻机可以安装在一个 3 轴半挂拖车上,在 40 t 的路面条件下由一辆载重卡车拖动。钻机的安装非常便捷:拖车底部的液压缸慢慢地将钻台升到适当的高度,另外一对液缸将井架竖起,顶驱和连在上面的钢丝绳就处于工作状态。井架不需要绷绳固定,钻机的拆装简便,因此从一个井位移到另一个井位时能够节约时间。

(4)排放钻杆和钻铤的垂直排管架固定在钻机上并围绕着悬臂吊车,这样在钻机搬运时,管柱运输以及钻杆连接和管柱下入方便快捷。共有 11 个排管盒安放在钻台周围的地面上,每个排管盒可容纳 18 根 3½ in 钻杆,总的排放量根据所使用钻杆的大小和长度而定,大约可容纳 3½ in 的钻杆 2 000 m。要打更深的井只需用装满钻杆的排管盒进行替换,而不需改变排管架到钻机的距离。40 kN 悬臂吊车可以起升钻杆盒,也可以处理钻台上任一装置的移动。

① 通过悬臂吊车、钻杆(单根)或套管从竖直排管架上取出并置于鼠洞中,如果单根的长度与标准长度不符,可以通过安装在鼠洞上的液压卡瓦悬吊在适当的位置。

② 顶驱装置从井口中心移出并停在鼠洞的竖直上方,抓取单根,提升并移到井口中心,从而连接到钻柱上。执行相反的操作时,钻柱又可以从井口中提出。顶驱装置可以提供足够的上扣扭矩,上紧钻杆。

以上两步只需两人同时操作即可完成。

动力水龙头的行程为 15 m 并可以处理套管。顶驱装置由 4 个液压马达驱动,在 50

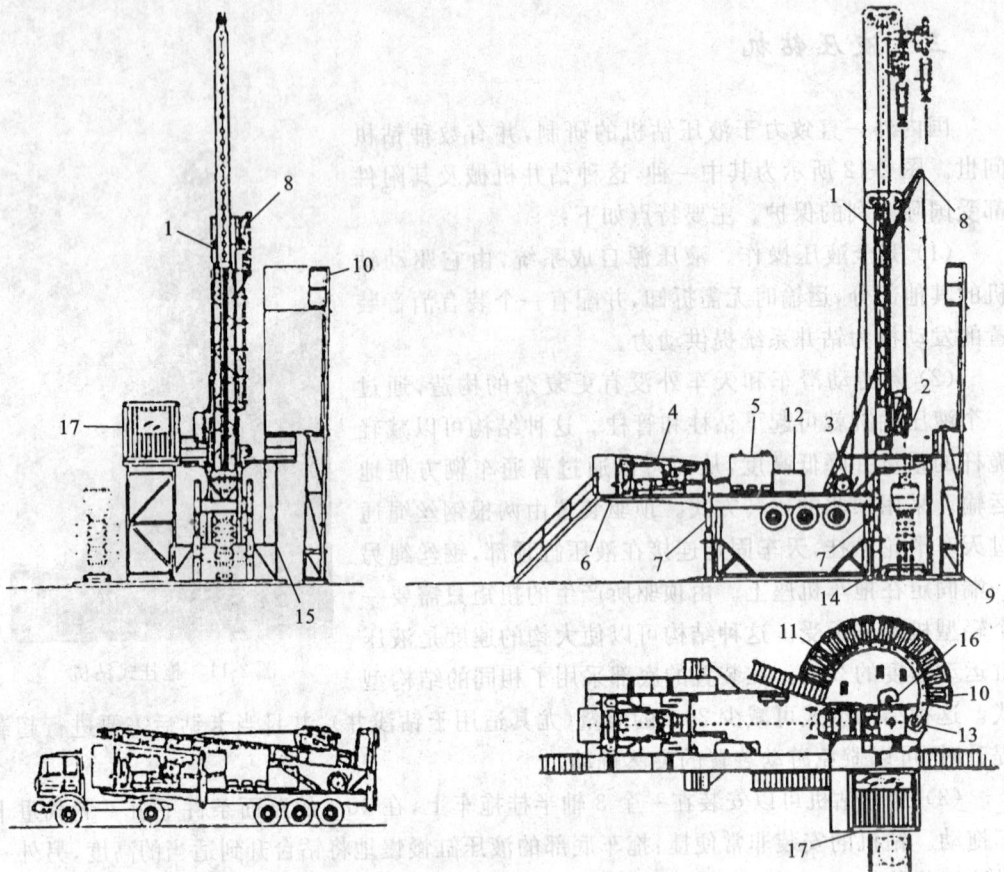

图 2-12 液压钻机

1—伸缩式井架;2—顶驱;3—捞砂绞车;4—液压站;5—液压油箱;6—半挂拖车;7—可自锁液压起升油缸;
8—悬臂吊车;9—排管盒平台;10—钻杆(套管)排管盒;11—储备钻铤;12—液压油冷却器;13—鼠洞液压钳;
14—防喷器支架;15—伸缩式井架底座;16—动力大钳;17—值班房

r/min 时可以输出扭矩 3 kN·m。配备专门的装置,通过调节控制面板上的控制阀可以控制输出扭矩,从而实现提升和上紧套管。提升套管时,2 个活塞缸通过一个环型压板夹紧套管母接头的上部;顶驱装置启动,旋转套管并上紧(丝扣上不承受压力)。同时,还可以循环钻井液。

(5)液压装置允许控制面板的操作者选择连续钻压进行自动钻进,或者设定进尺深度。在这种情况下,由司钻控制钻压(设定报警,可以自动停止钻进)。在卡钻的情况下,可以通过控制和预先设定超载提升阀平稳地达到超载提升力。

(6)钻台高度为 5.2 m,下部可以有足够的空间安装防喷器。在地面的横梁上安装一个搬运架,可以进行防喷器的运移。

(7)作业地点通常接近村镇或建筑物,故减少噪音是一个重要的问题。拖挂上的两个发动机、液压冷机系统的风扇都是消音的。运转试验表明,1 m 内的噪音仅为 85 dB。

取消了普通钻机上的刹车,这种刹车一般情况下是最难消除的噪音源。

(8) 移动式井场值班房布置在钻台旁边,钻机的振动不会对它造成影响。

(9) 液压自动卡瓦和液压动力大钳布置在钻台面上。

(10) 标准的钻井液处理系统与钻机构成一个整体,提高了移运性能。

(11) 人员组成:钻井队由 7 人组成(设每天 4 人)。

日班 4 人:钻井队长 1 人;机械/电器工程师 1 人;钻工 2 人。

两班制 3 人:司钻 1 人;副司钻 2 人。

(12) 钻机性能:

钻机发动机功率:500 hp;

最大输出扭矩:3 600 kg·m(在 50 r/min 情况下);

两台钻井液泵发动机功率:500 hp;

最大泵排量:2 300 L/min;

最大静载:91 000 kg;

最大泵压:4 200 psi(29 MPa);

最大升降速度:0.8 m/s;

运输状态下最大重量:40 000 kg;

动力水龙头转速范围:0~152 r/min。

第五节　地面旋转设备

地面旋转设备包括转盘、水龙头及顶驱钻井装置。本节主要介绍转盘和水龙头。转盘是旋转系统工作机,是钻机的关键部件。水龙头在钻井过程中悬持并允许钻柱旋转,使钻井液进入钻柱内腔以完成循环洗井作业,故其是起升、循环与旋转三个系统交汇的“关节”部件。

一、转盘

1. 转盘的功用与使用要求

1) 转盘的功用

钻井过程中转盘要完成如下主要工作:

(1) 转动井中钻具,传递足够大的扭矩和必要的转速。

(2) 下套管或起下钻时,承托井中全部套管柱或钻柱重量。

(3) 完成卸钻头、卸扣,处理事故时倒扣、进扣等辅助工作;涡轮钻井时,转盘制动上部钻柱,以承受反扭矩。

2）转盘的使用要求

转盘工作条件恶劣，工作环境不洁，泥浆喷溅，油水污蚀；井中钻柱的振跳首先直接传到转盘上，冲击振动相当严重。为保证转盘能实现其职能，正常运转，要求：

（1）转盘的主轴承应有足够的强度和寿命，以保证承受上百吨的套管柱或钻柱重量，并在钻柱下滑时造成的最大轴向载荷及圆锥齿轮传动造成的轴向、径向载荷作用下有足够的寿命。

（2）转台和圆锥齿轮能传递足够大的扭矩（可达 $50\sim100$ kN·m），能倒转，能可靠地制动。

（3）密封性好，严防外界的泥浆、油水污液渗入转盘内部，减缓齿轮和轴承的磨损。

2. 转盘结构组成与工作原理

现代钻机转盘的结构在 20 世纪 80 年代已经基本定型，90 年代没有突破性发展和变化。国内外厂家生产的转盘的结构组成大同小异，基本参数已系列化，主参数为通孔直径。

国产转盘 ZP-520 和 ZP-700 应用比较普遍。现以二者为例，介绍现代转盘的一般结构组成与工作原理。ZP-520 配用大庆型和 ZJ32 型钻机，也可配用 ZJ45J 型钻机，如图 2-13 所示。ZP-700（ZP-275）配用 ZJ45 型钻机，如图 2-14 所示。

1）转盘的结构组成

转盘实质上是一个结构特殊的角传动减速器，主要由水平轴（快速轴）总成，转台总成，主、辅轴承（负荷轴承、防跳轴承）和壳体等几部分组成。

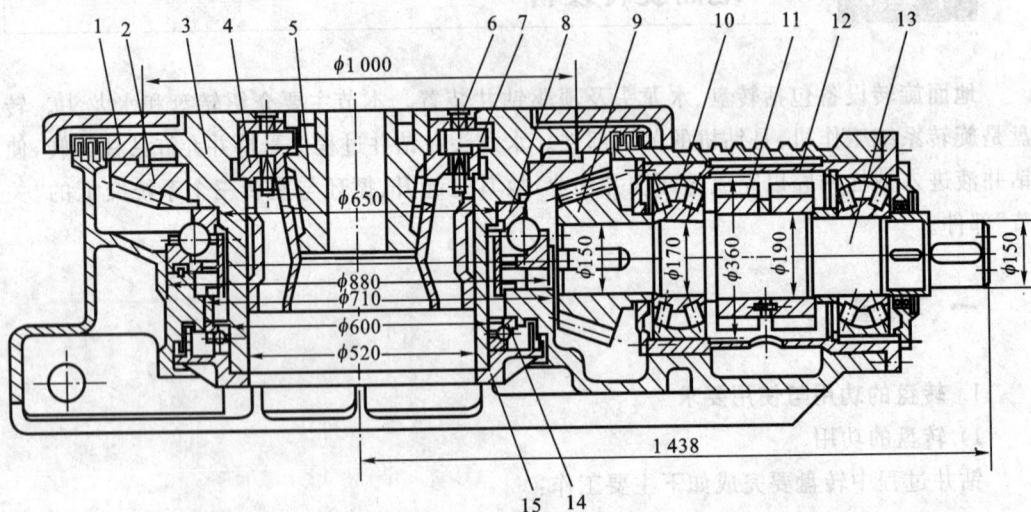

图 2-13 ZP-520 转盘

1—转台迷宫圈；2—大圆锥齿轮；3—转台；4—大方瓦；5—方补心；6—制动销；7—制动块；8—负荷轴承；9—小圆锥齿轮；10—调心轴承；11—制动棘轮；12—套筒；13—快速轴；14—辅助轴承；15—螺母支座

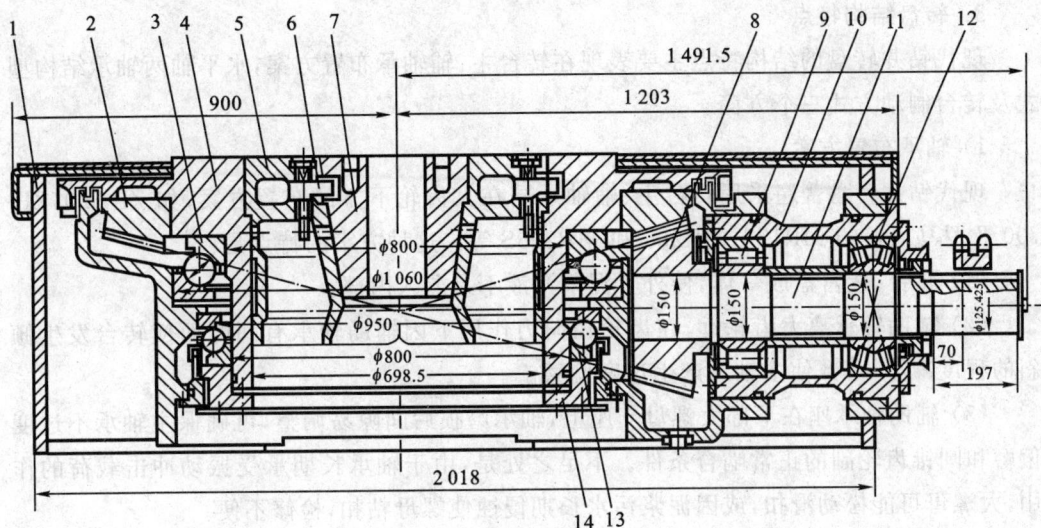

图 2-14 ZP-700(ZP-275)转盘

1—壳体；2—大圆锥齿轮；3—主轴承；4—转台；5—大方瓦；6—大方瓦与方补心锁紧机构；7—方补心；
8—小圆锥齿轮；9—圆柱滚动轴承；10—套筒；11—快速轴(水平轴)；12—双列向心球面滚子轴承；
13—辅助轴承；14—调节螺母

（1）水平轴总成。水平轴头部装有小圆锥齿轮，万向轴传动时尾部装连接法兰，链传动时为链轮。水平轴通过轴承和套筒座装在壳体中，套筒的作用是使水平轴能进行整体式装配。水平轴下方的壳体构成一独立油池，使水平轴轴承得到良好的润滑。

（2）转台总成。转台体如同一根短粗的空心立轴，外装斜齿或螺旋齿大圆锥齿轮，借助主轴承座装在壳体上。下部辅助轴承防止转台倾斜和向上振跳。转台中心通孔都比较大，以便通过开钻时的最大号钻头。通孔内装着方补心和与方钻杆配合的小方瓦，两者通过锁销锁在转台体上。转台上部过盈配合装着一个迷宫盘，构成整体结构，防止泥浆污水漏入转盘油池内。

（3）主、辅轴承。主轴承起承载和承转作用。静止时，承受最重管柱重量；旋转工作时，承受主要由方钻杆下滑所造成的轴向载荷及圆锥齿轮传动所形成的径向载荷。

辅助轴承起径向扶正和轴向防跳的作用。

（4）壳体。壳体是结构比较复杂而坚固的铸钢件或铸焊组件，其内腔形成两个油池；在外形上要便于安装固定和运输，便于工人进行井口操作。

2）转盘的工作原理

由以上几部分组成的现代钻井转盘，动力经水平轴上的法兰或链轮传入，通过圆锥齿轮传动转台，借助转台通孔中的方补心和小方瓦带动方钻杆、钻柱和钻头转动，同时小方瓦允许钻杆轴向自由滑动，实现钻柱的边旋转边送进。起下钻或下套管时，钻柱或套管柱可用卡瓦或吊卡坐落在转台上。

3．转盘结构特点

现代钻井转盘的结构特点主要表现在转台主、辅轴承布置方案，水平轴两轴承结构型式及转台制动方式三个方面。

1）轴承布置方案

现代钻井转盘普遍采用转台主、辅轴承同在大齿轮下方的布置方案，如 ZP-520，ZP-700 及罗马尼亚的 MR175，MR205 和 MR205S 等。这种方案的特点是：

（1）转台、迷宫盘成一体，使外界泥浆污液不易漏入内部。

（2）辅助轴承离大齿轮远，在齿轮径向力作用下因辅助轴承有间隙而使转台发生倾斜的程度减小，不致使主轴承产生过度偏磨。

（3）辅助轴承座在下部大螺母支座上，轴承磨损后间隙易调整，可确保主轴承不过度偏磨和圆锥齿轮副的正常啮合条件。不足之处是，由于轴承长期承受振动冲击载荷的作用，大螺母可能松动滑扣，或因泥浆污水长期侵蚀使螺母粘扣，检修不便。

2）水平轴两轴承结构型式

有两种方案：

（1）水平轴上用同样型号的一对调心轴承分别从水平轴两端装配，这种结构不便于更换靠近小齿轮处的轴承油封，如 ZP-520 转盘。

（2）水平轴上两轴承采用不同型式或不同尺寸，且都由轴的一端进行装配，如 ZP-700 转盘。这种方案获得了普遍应用。

3）转盘制动方式

有两种方式：

（1）水平轴上装有棘轮，如 ZP-520，这种方案制动时对圆锥齿轮有损害。

（2）用销子或棘爪直接制动转台，制动时齿轮副不参加传力，如 ZP-700 及罗马尼亚的 MR205S 转盘。

4．特性参数

（1）通孔直径。转盘通孔直径是转盘主要几何参数，它应比第一次开钻时用的最大号钻头直径至少大 10 mm。

（2）最大静负荷。转盘上能承受的最大重量，应与钻机的最大钩载相匹配。该载荷经转台作用到主轴承上，因此决定着主轴承的规格。

（3）最大工作扭矩。转盘在最低工作转速时应达到的工作扭矩，它决定着转盘的输入功率及传动零件的尺寸。有关标准规定，以 150 r/min 转速在最大扭矩下运转 2 h，齿轮齿面不得有损伤现象。美国 Dreco 公司生产了一种大扭矩双轴驱动转盘，其扭矩可达 86 772 N·m(64 000 lb·ft，其中 1 lb＝0.453 592 37 kg，1 ft＝0.304 8 m)，如图 2-15 所示。

（4）最高转速。转盘在轻载荷下允许使用的最高转速，一般规定为 300 r/min。

（5）中心矩。转台中心至水平轴链轮第一排轮齿中心的距离。

图 2-15 双轴驱动转盘结构示意

表征石油钻机转盘特性的基本参数都已系列化,见表 2-2。

表 2-2 石油钻机转盘基本参数

型 号	通孔直径/mm(in)	中心矩/mm	最大静负荷/kN(tf)	最大工作扭矩/(N·m)(kg·m)	最高转速/(r·min^{-1})
ZP-175	444.5(17.5)	1 117.6	1 324(135)	13 729(1 400)	
ZP-205	520.7(20.5)	1 352.6	3 138(320)	22 555(2 300)	
ZP-275	698.5(27.5)	1 352.6	4 413(450)	27 459(2 800)	300
ZP-375	952.5(37.5)	1 352.6	5 884(600)	32 362(3 300)	
ZP-495	1 257.3(49.5)	1 651	6 865(700)	36 285(3 700)	

二、水龙头

1. 水龙头功用与使用要求

钻井水龙头通过提环挂在大钩上,上部通过鹅颈管与很长的水龙带相连,下部接方钻杆,连接下井钻具。水龙头是钻机中非常具有专业特点的设备。

水龙头的主要功用是:悬持旋转着的钻柱,承受大部分以至全部钻具重量;向转动着的钻柱内引输高压钻井液,是提升、旋转、循环三大工作机组交汇的"关节"部件,在钻机组成中处于重要地位。

对水龙头的要求是:水龙头的主轴承具有足够的强度和寿命;高压钻井液密封系统(或称冲管总成)工作可靠,寿命长,更换快速、方便;机油密封良好,能自动补偿工作过程中密封元件的磨损;各承载零件,如提环、壳体、中心管等,应有足够的强度和刚性。

大量钻井实践表明:水龙头的寿命和工作质量主要取决于主轴承的结构类型、轴承布置方案和钻井液密封系统的结构型式。

2. 结构组成

下面以国产 SL-450 水龙头为例,简析现代钻井水龙头的结构组成。根据水龙头在钻井过程中所应起的作用,其结构一般都可分为三部分,如图 2-16 所示。

(1)承载系统。中心管及其接头、壳体、耳轴、提环和主轴承(负荷轴承)等。重达百

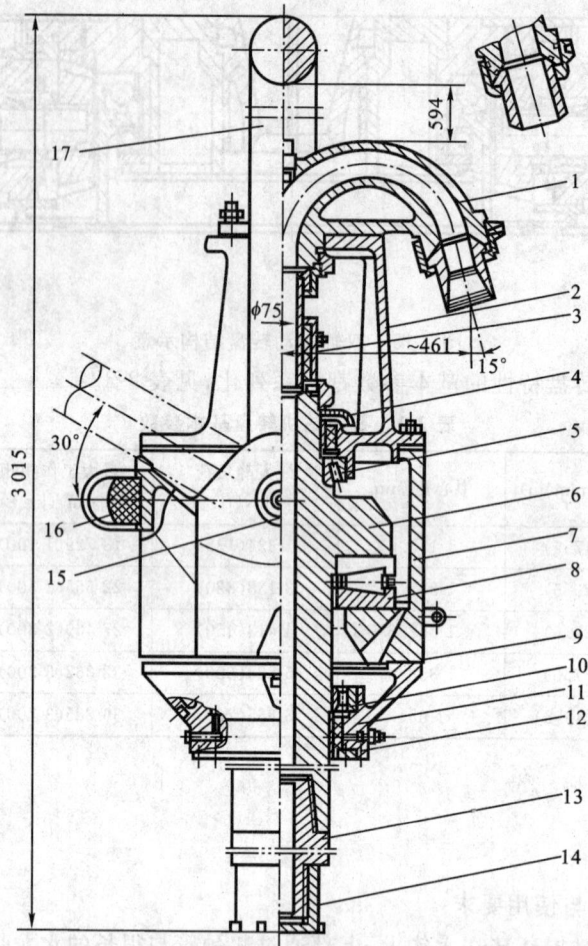

图 2-16 SL-450 水龙头

1—鹅颈管；2—上盖；3—浮动冲管总成；4—泥浆伞；5—上辅助轴承；6—中心管；7—壳体；
8—主轴承；9—密封垫圈；10—下辅助轴承；11—下盖；12—压盖；13—方钻杆接头；
14—护丝；15—提环销；16—缓冲器；17—提环

吨以上的井中钻具通过方钻杆加到中心管上；中心管通过主轴承座在壳体上经提环销、提环将载荷传给大钩。

（2）钻井液系统。包括鹅颈管、钻井液冲管总成（包括上、下钻井液密封盒组件等）。高压钻井液经鹅颈管进入钻井液管（冲管），流进旋转着的中心管到达钻柱内，上、下钻井液密封盒用以防止高压钻井液泄漏。

（3）辅助系统。包括扶正和防跳辅助轴承、机油密封盒组件及上盖等。上、下辅助轴承对中心管起扶正作用，保证其工作稳定，限制其摆动，以改善钻井液和机油密封的工作条件，延长其寿命。SL-450 上辅助轴承是止推轴承，还可起到防跳轴承作用，可承受钻井过程中由钻柱传来的冲击和振动，防止中心管可能发生的轴向窜跳。

3. 结构特点

水龙头内轴承布置方案和冲管总成的结构型式最能反映水龙头的结构特点。

（1）辅助轴承分置于主轴承两边。现代重型水龙头大都采用辅助轴承分置于主轴承两边的方案，如罗马尼亚生产的 CH-125，CH-200，CH-400 和国产 SL-450 等。这种方案辅助轴承间距大，扶正效果好。中心管摆动小，工作稳定，有利于钻井液密封及机油密封。防跳轴承布置在上扶正轴承的下方，或上辅助轴承只采用一个圆锥滚子轴承，起扶正和防跳作用，既可增大扶正间距，又使结构紧凑。使用实践证明，这是一种较好的方案。

（2）浮动式快卸冲管总成。冲管总成是水龙头中最关键的组件，其工作条件十分恶劣。因为钻井液压力高，磨砺性强，稍有泄漏就会加速密封和冲管的磨损；冲管与中心管之间是转与不转的动密封。既要求对通过高压、磨砺性强的钻井液进行动密封，又要求寿命长，这极不容易实现。现代钻井水龙头采用浮动式快卸冲管，较好地解决了水龙头中高压钻井液的密封问题。

浮动式快卸冲管的结构如图 2-17 所示，其特点是：

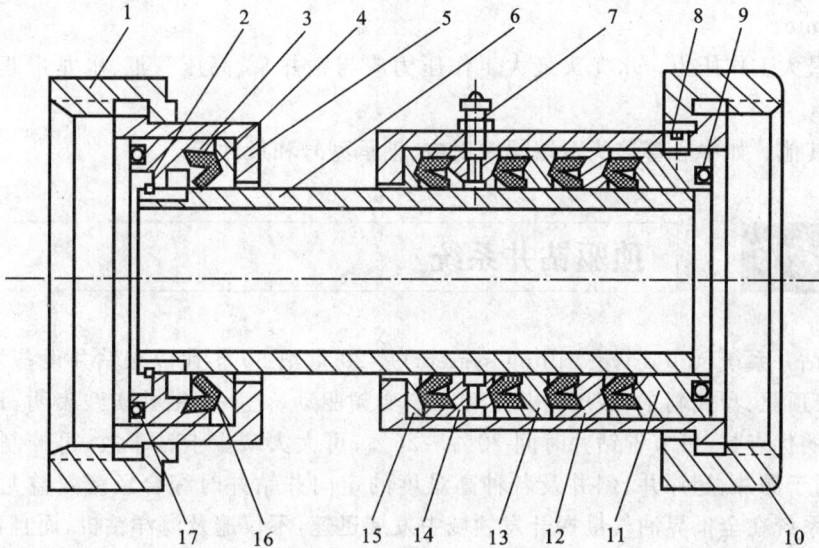

图 2-17　SL-450 水龙头浮动冲管总成

1—上密封盒压盖；2—弹簧圈；3—上密封压套；4—钻井液密封圈；5—上密封盒；6—钻井液冲管；
7—油环；8—螺钉；9—O 形密封圈；10—下密封盒压盖；11—下 O 形密封压套；12—下密封盒；
13—长隔环；14—隔环；15—下衬环；16—上衬环；17—O 形密封圈

① 冲管浮立在鹅颈管过渡接头和中心管之间，工作时不转动，但允许略有轴向窜动，冲管磨损均匀。

② Y 形密封圈与钢制隔环交叠布置。这种密封圈可借助钻井液压力自行封紧。它的唇部在钻井液液压力作用下可始终贴住管外壁，工作过程中，即使在密封圈不断磨损情况下，仍能依靠钻井液液压力涨开唇部而很好密封。

③ 密封圈数目少，仅有 3～4 个。可通过密封盒上黄油嘴注入黄油，润滑条件好，减

少了摩擦能量损失和磨损。

④ 冲管和中心管同心性好。密封盒有定位止口,圆柱配合面定心,可提高加工及配合精度,保证冲管和中心管有很好的同心性,不易发生偏磨,延长了冲管和密封圈的寿命。

⑤ 能快速拆装,更换方便。只需将上、下密封盒压帽旋出就可取出冲管总成,快速更换密封圈或冲管,这对安全、快速打井具有非常重要的意义。

总之,这种结构型式的冲管总成耐高压、磨损小、寿命长、拆卸方便、更换快速。现代钻井水龙头 CH-125,CH-200,CH-400,SL-450 等广泛采用这种冲管结构型式。

4. 特性参数

(1) 最大静载荷。水龙头的主要受力件是主轴承、提环等,所能承受的最大载荷应等于或大于钻机的最大钩载。水龙头常以最大静载荷标定型号,如 SL-450 的最大静载荷为 4 500 kN。

(2) 中心管通孔直径。目前国产水龙头中心管、冲管通孔直径均为 75 mm。

(3) 最高转速。水龙头许用最高转速(单位为 r/min)应与转盘的最高转速一致,一般为 300 r/min。

(4) 最大工作压力。水龙头最大工作压力应与钻井泵、高压管汇、水龙带匹配,一般为 35 MPa。

(5) 其他。如中心管接头下端螺纹规格、轴承型号和尺寸等。

第六节　顶驱钻井系统

顶驱钻井系统(top drive drilling system)是 20 世纪 80 年代以来钻井设备发展的四大新技术(顶驱、盘式刹车、液压钻井泵和 AC 变频驱动)之一。钻井实践表明,顶驱钻井系统突出的优点是:可节省钻井时间 20%～25%,可大大减少卡钻事故,可控制井涌,避免井喷,用于深井、超深井、斜井及各种高难度的定向井钻井时综合经济效益尤为显著。顶驱钻井系统在全世界油气勘探开发领域中发展迅速,不仅遍及海洋钻机,而且在陆地深井、超深井、丛式井及各种定向钻井中也获得了广泛应用。

一、概述

顶驱钻井系统简称顶驱系统(top drive system,TDS),是一套安装于井架内部空间、由游车悬持的顶部驱动钻井装置。它将常规水龙头与钻井马达相结合,并配备一种结构新颖的钻杆上卸扣装置(或称管柱处理装置),从井架空间上部直接旋转钻柱,沿井架内专用导轨向下送进,可完成旋转钻进、倒划眼、循环钻井液、接钻杆(单根、立根)、下套管和上卸管柱丝扣等各种钻井操作。

第一台顶驱钻井系统于 1982 年问世,由美国 Varco 公司研制。此后,法国、挪威、加拿大、中国也相继研制成功顶驱钻井系统。

二、顶驱钻井系统的特点

与转盘-方钻杆旋转钻井法相比,顶驱钻井系统旋转钻井法具有下述主要特点:

(1)直接采用立根(28 m)钻进,节省 2/3 钻柱连接时间。

(2)起下钻时顶驱钻井系统可在任意高度立即循环钻井液,实行倒划眼起钻和划眼下钻,可大大减少卡钻事故。

(3)系统具有遥控内部防喷器(IBOP),钻进或起钻中如有井涌迹象,可即时实施井控,可大大提高在复杂地层、钻井事故地区钻井的安全性。

(4)顶驱系统以 28 m 立根钻水平井、丛式井、斜井时,不仅可减少钻柱连接时间,还可减少测量次数,容易控制井底马达的造斜方位,节省定向钻井时间,提高钻井效率。

(5)顶驱系统配备钻杆上卸扣装置,可实现钻杆上卸扣操作机械化,操作快速便捷、安全可靠。不用转盘、方钻杆,避免接单根钻进的频繁常规操作,节省时间,可大大减轻钻井工人的体力劳动强度,降低发生人身事故的概率。

(6)系统以 28 m 立根进行取心钻进,可改善取心条件并提高岩心质量。

三、顶驱钻井系统一般结构组成

顶驱钻井系统是具有驱动钻柱动力的水龙头。如图 2-18 所示,它取消了转盘和方钻杆,钻柱要直接接到中心管之下,为此要增加管柱处理系统。为了平衡驱动力矩,还需要增加承扭梁和导向滑车。此外,对这样一个复杂系统还要有精确的控制系统。因此,顶驱系统一般由钻井马达-水龙头总成、钻杆上卸扣装置、导轨-导向滑车总成和控制系统四部分组成。

1. 钻井马达-水龙头总成

钻井马达-水龙头是顶驱钻井装置的主体部件,主要包括主驱动元件、减速器、电机刹车装置、通风散热系统、主轴、冲管总成、提环等。

顶驱装置主驱动有液马达、直流电机和交流电机三类,目前 AC 变频顶驱系统占据主导地位。顶驱功率一般在几百 kW 至上千 kW,受顶驱空间限制,主驱动元件体积不能过大,对于较大型号的顶驱一般要配两个驱动电机,以满足功率要求,如 7 000 km 顶驱功率为两台 350 kW,600 V 交流电机。

减速器为两级齿轮减速,用以驱动中心管的大齿轮,带动钻柱旋转。

电机刹车装置位于电机的上方,采用液压或气动盘式刹车,以保证快速停止中心管。

由于顶驱的功率较大而体积偏小,因此需要散热装置。散热装置由通风机和散热通道组成,置于主电机的顶部,保证对主电机热量的散发。

主轴即水龙头上的中心管,上面装有驱动齿轮,以传递主电机的驱动力矩,下面通过防喷器连接钻杆,上部与冲管总成连接。

101

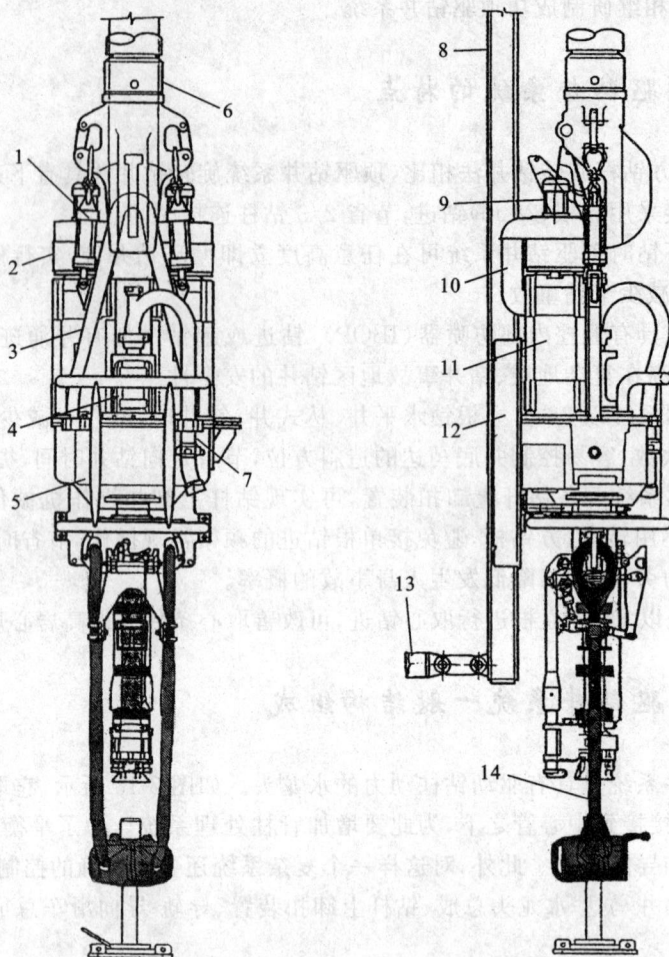

图 2-18　TDS-11S 型顶驱钻井系统结构示意图

1—平衡系统；2—钻井电机刹车-2；3—系统提环；4—整体式水龙头；5—传动比 10.5：1；

6—已有的游动设备；7—S形鹅颈管；8—分段式导轨；9—冷却风扇交流电机-2；

10—冷却系统；11—350 hp 交流电钻井电机-2；12—滑动架；13—扭矩反作用梁；14—吊环

　　冲管总成是可以快速更换的旋转密封装置，保证高压钻井液不会从旋转的主轴与鹅颈管间漏失，其结构与水龙头的结构相同。

　　2. 钻杆上卸扣装置

　　现代化顶驱系统将钻井马达和钻井水龙头结合，除具有转盘和常规水龙头的功能外，更为重要的是：发展了钻柱上卸扣技术，研制了结构新颖的钻杆上卸扣装置，实现了钻柱连接、上卸扣操作机械化，使钻台上方的钻井设备面目一新。钻杆上卸装置总成一般由旋转头、吊环组、防喷器组和背钳等组成。

　　旋转头用来旋转吊环支承座，当需要时可使吊环旋转 360°。

　　吊环组主要由吊环、吊环支座和吊环倾斜油缸等组成，可使吊环前倾 30°、后摆 60°，以保证连接管柱和二层移动管柱的需要。

为防止井喷事故,顶驱中一般装有两个防喷器组。上防喷器组为远程控制,下防喷器组为手动控制。

背钳用来夹持下部接头。除了一定夹持力外,背钳的连接要有足够的刚度,以承受上卸扣时的反扭矩;同时背钳还要能上下浮动,以保证上卸扣时的行程补偿。

3．导轨-导向滑车总成

导轨装在井架内部,通过导向滑车或滑架对顶驱钻井装置起导向作用,钻井时承受反扭矩。20世纪80年代时顶驱系统大都是双导轨,90年代的顶驱系统改为单导轨,结构更为轻便。

4．控制系统

由顶驱的结构组成可以看出,顶驱是一个复杂的系统。例如,正常钻进时,要控制电机的旋转,必要时还要刹住钻柱,有时还可能要关闭防喷器;起下钻时,要完成夹紧、上卸扣、吊环旋转或移动等动作,同时要有保护系统,以保证系统正常工作,还要防止误操作等。因此顶驱的控制是非常复杂的,目前采用的是电液联合控制(或电气液联合控制)。控制系统由控制柜、顶驱司钻台和液压控制所组成。

控制柜中主要由大功率变频装置、PLC控制器等组成,用以完成对顶驱的全面控制。顶驱司钻台装在司钻控制室内,由司钻操作,以发出各种控制指令。液压控制系统直接安装在顶驱上,用以控制各液压执行元件的动作。图2-19所示为Varco公司的液压控制流程图。

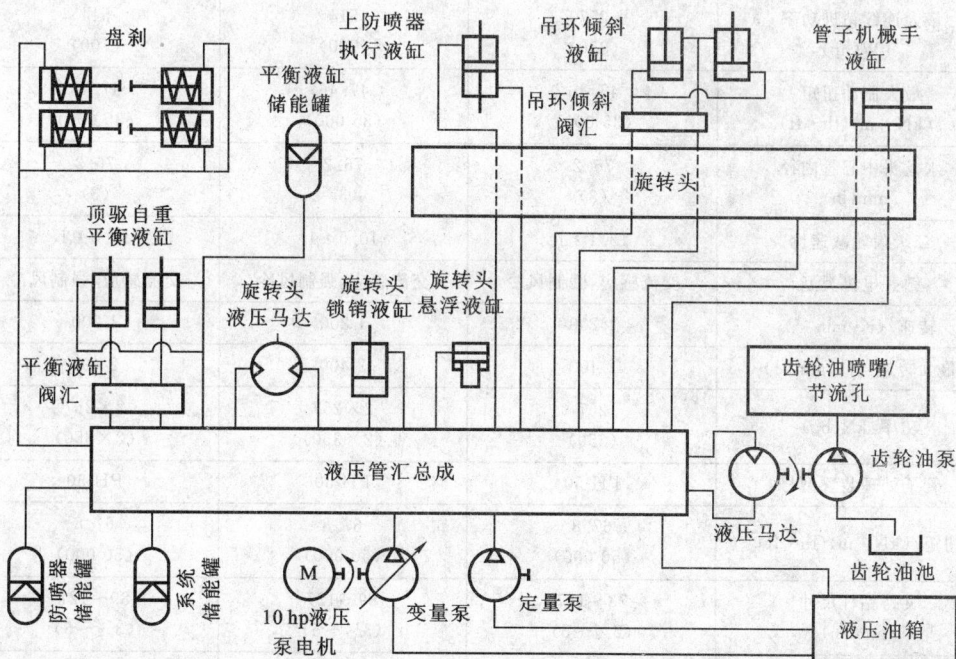

图2-19 顶驱的液压控制流程图

四、顶驱系统简介

1. 美国 Varco 公司的顶驱系统

美国 Varco 公司是世界上第一个研制顶驱钻井系统的公司,从 20 世纪 80 年代到 90 年代初研制了多种规格的 AC-SCR-DC 常规电驱动顶驱系统,如 TDS-3(1983 年),TDS-4 和 TDS-5(1988 年),TDS-3H 和 TDS-4H(1989 年),TDS-3S,TDS-4S 和 TDS-6S(1991 年)。额定承载能力 350 tf,500 tf,650 tf,采用 GE752 直流电动机驱动。

Varco 公司也是 AC 变频顶驱系统的大厂家,生产系列的 AC 变频顶驱钻井系统,如 TDS-9S,TDS-10S,TDS-11S,以及额定提升能力为 650 tf 的 TDS-7S。

Varco 公司的 TDS-10S,TDS-9S 和 TDS-11S 三种 AC 变频顶驱系统的额定提升能力分别为 250 tf,400 tf 和 500 tf,其主要技术特性参数见表 2-3。

表 2-3 Varco 公司 AC 变频顶驱系统主要技术参数

AC 顶驱型号	TDS-10S	TDS-9S	TDS-11S
最大提升能力/kN(tf)	2 500 (250)	4 000 (400)	5 000 (500)
最大连续钻井扭矩 /(kN·m)(lb·ft)	27.115 (20 000)	44.05 (32 500)	44.05 (32 500)
钻井转速范围/(r·min⁻¹)	0~182	0~228	0~228
最大连续钻进功率 /kW(hp)	257 (350)	514 (700)	514 (700)
最大制动扭矩 /(kN·m)(lb·ft)	47.46 (35 000)	47.46 (35 000)	47.46 (35 000)
水龙头中心管内径 /mm(in)	76.2 (3)	76.2 (3)	76.2 (3)
二级齿轮减速比	13.1:1	10.5:1	10.5:1
钻井电机类型	交流感应,强制风冷	交流感应,强制风冷	交流感应,强制风冷
转速/(r·min⁻¹)	1 200	1 200	1 200
最大转速/(r·min⁻¹)	2 400	2 400	2 400
功率/kN(hp)	257 (350)	2×257 (2×350)	2×257 (2×350)
管子处理装置型号	PH-50	PH-50	PH-50
扭矩/(kN·m)(lb·ft)	67.8 (50 000)	67.8 (50 000)	67.8 (50 000)
夹持钻杆尺寸 /mm(in)	73~127 (2⅞~5)	89~127 (3½~5)	89~127 (3½~5)
配备吊环规格/t	150,250	250,350 或 500	250,350 或 500

AC 顶驱型号	TDS-10S	TDS-9S	TDS-11S
上卸扣扭矩 /(kN·m)(lb·ft)	49.49 (36 500)	62.37 (46 000)	62.37 (46 000)

2. 挪威 MH 公司的顶驱系统

1) DDM-650 型顶驱系统

原产品为直流电机驱动,也可改用 AC 变频驱动,其主要技术特性参数见表 2-4,结构组成如图 2-20 所示。

表 2-4　挪威 MH 公司 AC 变频驱动主要技术参数

DDM-650 驱动型式	AC-SCR-DC 驱动	AC 变频驱动
额定提升能力/kN(tf)	6 500 (650)	6 500 (650)
电机类型	DC	AC
功率/kW	740	760
电压/V	750	680
电流/A	1 060	480
主轴转速/(r·min^{-1})	170	290
连续钻井扭矩/(kN·m)(lb·ft)	42 (31 000)	36.9 (27 000)
间隙钻井扭矩/(kN·m)(lb·ft)	56 (41 300)	41.2 (30 400)
卸扣背钳扭矩/(/(kN·m)(lb·ft)	81.3 (60 000)	81.3 (60 000)

2) PTDELZ 型轻便顶驱

(1) AC 变频驱动,额定载荷 4 100 kN(410 tf)。

(2) 采用 PA44-5W 型永磁同步电动机,输出功率 750 kW。

(3) 主轴最高转速为 230 r/min,最高转速时扭矩为 29 kN·m。

(4) 连续钻井扭矩为 50 kN·m。

3. 国产顶驱系统

第一台国产顶驱钻井系统 DQ-60D 由石油勘探院机械所与宝鸡石油机械厂等联合研制,于 1997 年 2 月通过部级鉴定,整体技术达到了国外 20 世纪 90 年代同类产品的先进水平,使中国成为世界上第 5 个能研制、生产顶驱钻井系统的国家。现在我国已经能够生产从 3 000 m 到 12 000 m 的顶驱装置,其参数符合我国钻机标准。生产厂家有北京石油机械厂(其产品主要技术特性参数见表 2-5)和辽河天意石油装备有限公司(其产品主要技术特性参数见 2-6)。

图 2-21 所示为我国生产的交流变频顶驱的结构图。

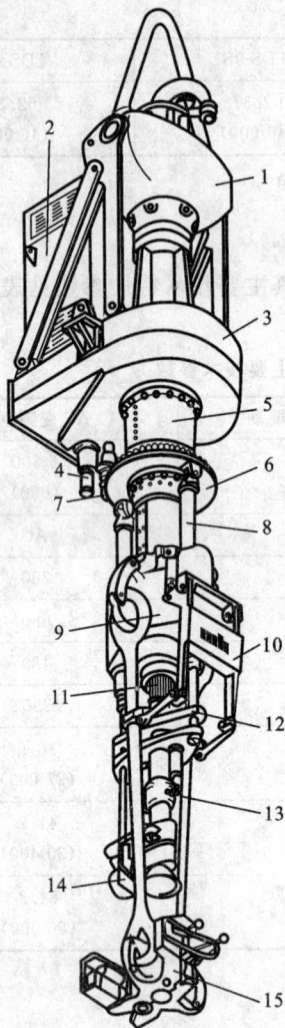

图 2-20 顶驱结构示意图

1—水龙头;2—电动机;3—齿轮减速箱;4—机械齿轮箱;
5—钻杆操纵接头;6—钻杆操纵旋转杆;7—吊卡位置电动机;
8—液压缸;9—悬挂器;10—吊卡游动作器器;
11—伸缩接头;12—伸缩接头支承组;
13—遥控内防喷阀;14—扭矩扳手;15—钻杆吊卡

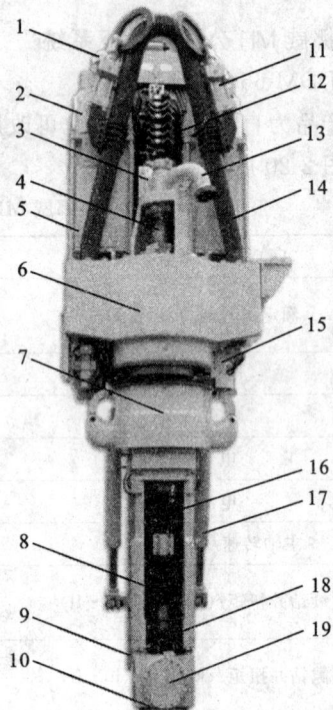

图 2-21 国产交流变频顶驱

1—通风机;2—盘式刹车;3—油箱;4—冲管总成;
5—主电机;6—齿轮箱;7—回转头;8—手动防喷器;
9—导轨;10—导向器;11—平衡油缸;12—液压阀组;
13—鹅颈管;14—提环;15—液压马达;16—遥控防喷器;
17—倾斜油缸;18—防松法兰;19—背钳

表 2-5 北京石油机械厂顶驱系统主要技术参数

顶驱型号	DQ70BSD	DQ90BSC	DQ120BSC
名义钻井深度/m	7 000(114 mm 钻杆)	9 000(114 mm 钻杆)	12 000(114 mm 钻杆)
最大载荷/kN	4 500	6 750	9 000
转速范围/(r·min^{-1})	0~200	0~200	0~200

续表 2-5

顶驱型号	DQ70BSD	DQ90BSC	DQ120BSC
工作扭矩(连续)/(kN·m)	60(0~100 r/min)	70(0~100 r/min)	85(0~100 r/min)
最大卸扣扭矩/(kN·m)	90	125	135
背钳夹持范围/mm	89~197(2⅜~6⅝ in 钻杆)	87~126(2⅜~6⅝ in 钻杆)	87~250(2⅜~6⅝ in 钻杆)

表 2-6 辽河天意石油装备有限公司顶驱系统主要技术参数

顶驱型号	DQ-40LHTY-A	DQ-50LHTY1	DQ-70LHTY1
额定载荷/kN	2 250	3 150	4 500
电动机功率(连续)/kW	257	350	2×350
最大连续钻井扭矩/(kN·m)	26	36	60
最大卸扣扭矩/(kN·m)	39	50	80
刹车扭矩/(kN·m)	47	53	2×53
额定循环压力/MPa	35	35	35

本章思考题

1. 石油钻机包括哪些系统和设备？它们各起什么作用？

2. 石油钻机的特点是什么？有哪些主要参数？

3. 我国石油钻机的型号是如何表示的？各项代表什么内容？

4. 齿轮钻机、胶带钻机和链条钻机各具有什么特点？各自由哪些部分组成？

5. 电动钻机分为几种形式？各有什么特点？

6. 转盘在石油钻机中的功用是什么？其工作原理如何？由哪些部分组成？结构上有何特点？主要参数有哪些？

7. 水龙头在石油钻机中的功用是什么？其工作原理如何？由哪些部分组成？结构上有何特点？主要参数有哪些？

8. 顶驱系统旋转钻井方法有哪些特点？其结构组成如何？

9. AC 顶驱系统的突出优点是什么？

第三章

> >> *Chapter Three*

石油机械的动力传动与特性

与普通工程机械一样,石油机械同样需要驱动设备,并需将动力分配给各工作机组。这两部分分别称为动力和传动部分。

根据石油机械工作机组的特点,本章主要介绍驱动类型的选择和传动系统的设计,以更好地满足石油钻井工艺和经济性的要求。

第一节　石油钻机用柴油机

石油机械的动力主要来自柴油机和电动机两大类。与同其他机械相比,石油钻机用动力机械有其不同之处。首先是功率大,如一台钻机要几千 kW 的功率配备,一座海洋平台则要上万 kW 的功率配备;其次是控制精度高,石油钻机常常需要用几部柴油机带交流发电机共同工作,这就要求电机能精确控制,以保证交流电的汇集;第三是适应性强,石油的开发和生产地大多在条件艰苦的地区,且动力电源往往得不到供给。

一、驱动设备的特性指标

各类动力机有一些共同的技术经济指标,可用来评价它们的动力性和经济性。

1. 适应性系数 K_s

$$K_s = M_{max}/M_e \qquad (3-1)$$

式中,M_{max} 为动力机稳定工作状态时发出的最大扭矩;M_e 为动力机额定(标定)功率时的扭矩。

K_s 值的大小表明动力机适应外载变化的能力。K_s 值大,表明动力机过载能力大。

2. 速度范围 R

$$R = n_{max}/n_{min} \tag{3-2}$$

式中,n_{max} 为动力机最高稳定工作转速;n_{min} 为动力机最低稳定工作转速。

R 越大,表明速度调节范围越宽。

3. 燃料(能源)的经济性

燃料的经济性指的是提供同样功率时所消耗的燃料费用。柴油机、燃气轮机以耗油率来表征;电动机则以耗电量、功率因数来表征。

4. 动力机比质量

动力机比质量即每单位功率(以 kW 为单位)的质量(以 kg 为单位),用 K_G 表示:

$$K_G = G/N_e \tag{3-3}$$

式中,G 为动力机(包括必备的附件)的质量;N_e 为额定功率。

5. 使用经济性

除特别指明的燃料经济性之外,使用经济性尚应包括对工作地区的适应性、启动性能、控制操作的灵敏程度、工作的可靠性、安全性、持久性及维护保养难易性等。

表 3-1 给出了石油机械常用驱动设备的适应性系数 K_s 和调速范围 R 的参考数值。

表 3-1 适应性系数 K_s 和 R 调速范围的参考数值

类 型	$K_s = \dfrac{M_{max}}{M_e}$	$R = \dfrac{n_{max}}{n_{min}}$
柴油机(中、高速)	1.05~1.15	1.3~1.8
柴油机-变矩器	1.5~3.5	1.5~2.5
直流电动机	1.6~4.0	1.5~2.5
交流电动机	1.5~2.2(短期)	1.5

二、柴油机驱动的特点

柴油机是石油机械中使用最为广泛的动力机械,这主要是因为它具有以下特点:

(1) 不受地区限制,具有自持能力。在寒带、热带、高原、山地、平原、沙漠、沼泽、海洋环境,自带燃料就可工作,这对勘探和开发新油田是非常重要的。

(2) 产品系列化后,不同级别钻机可采用所谓"积木式"方式,即增加相同类型机组数目可以增加总装机功率,从而减少柴油机品种。

(3) 在性能上,转速可平稳调节,能防止工作机过载,避免出现设备事故。装有全制式调速器,油门手柄处于不同位置即可得到不同的稳定工作转速。当外载增加超过 M_{max} 时,柴油机便超过外特性上稳定工作点而熄火,不致造成传动机构或工作机因过载而损坏。

（4）结构紧凑，体积小，质量轻，便于搬迁移运，适于野外流动作业。

作为钻机动力机，它也有不足之处，如：扭矩曲线较平坦，适应性系数小（$K_s = 1.05 \sim 1.15$），过载能力有限；转速调节范围窄（$R = 1.3 \sim 1.8$）；噪音大，影响工人健康；与电驱动比较，驱动传动效率低、燃料成本高，等等。

三、柴油机驱动特性

柴油机驱动特性包括外特性、负荷特性和调速特性。

1）外特性

油泵齿条固定在供油量最大位置时，功率 N_e、转矩 M_e、单位时间功率的油耗 g_e、排气温度 t_T、增压后吸气压力 p_K、排出压力 p_T 随 n 变化的规律称为外特性。

外特性是正确选择及合理使用发动机的基础。图 3-1 所示为 Z12V190B 型柴油机外特性曲线。该曲线定量地指明了不同转速下的 N_e，M_e 和 g_e 值，还指明了最大功率 N_{max}、最大扭矩 M_{max} 及最大功率时扭矩 M_e、最小耗油量 $g_{e\ min}$ 及相应的经济转速，可确定适应性系数 K 和合理的工作转速范围。

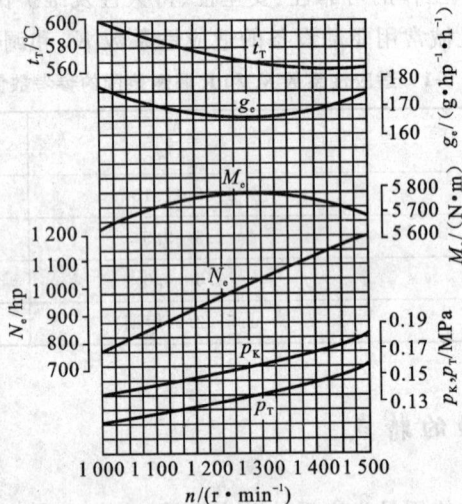

图 3-1　Z12V190B 型柴油机外特性性曲线

2）负荷特性

定转速下 g_e，G_T，t_T，p_K 随功率 N_e 变化的规律称为负荷特性。其中，G_T 为每小时油耗。图 3-2 所示为 Z12V190B 型柴油机负荷特性曲线。

依据负荷特性，可确定动力机在定转速下工作时的经济负荷，即耗油率最小的功率范围。由坐标原点引射线与 g_e 曲线相切，切点所对应的功率即为最经济的功率，因为该点 N_e 与 g_e 比值最大。

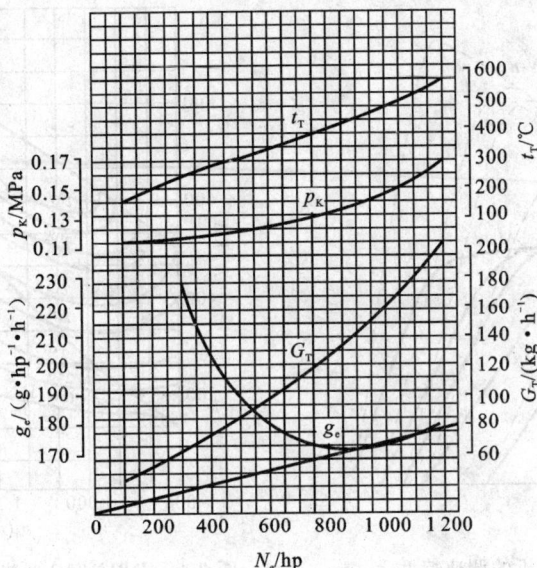

图 3-2　Z12V190B 型柴油机负荷特性

3）调速特性

油门手柄固定、油泵齿条由调速器自动控制时，N_e，M_e 与转速 n 的关系称为调速特性。图 3-3 所示为柴油机的调速特性。

由调速特性可知，装有全制式调速器的柴油机的负荷可以在很大范围内变化，而转速则可维持 <5% 的变化。调节油门手柄位置可得到一系列形状类似的调速线。

选择匹配和操作使用柴油机时应让其在调速线上工作。若外载超过 M_e 点，发动机将在超负荷工况下运行，动力性和经济性指标都会变坏。

4）通用特性

图 3-4 所示为 Z12V190B 柴油机的通用特性曲线，最内层的等油耗率曲线表明发动机最经济的工作范围。

四、石油机械常用柴油机

1. Z190 系列钻机柴油机

济南柴油机厂研制生产的 Z190 系列柴油机包括 Z8V190，Z8V190-1，Z8V190-2，Z812V190B，Z12V190B-1，Z12V190B-2 等基本机型及相应的配套机座（即带有风扇、水箱和底架的动力机组，如 PZ12V190B）。此外，还发展有能适应不同环境、满足不同性能要求的专用机型。

Z190 系列柴油机是国产钻机用动力机，也可用于固定发电、船舶、内燃机车及其他工程机械。Z190 系列柴油机的基本型号、规格及主要技术参数见表 3-2。

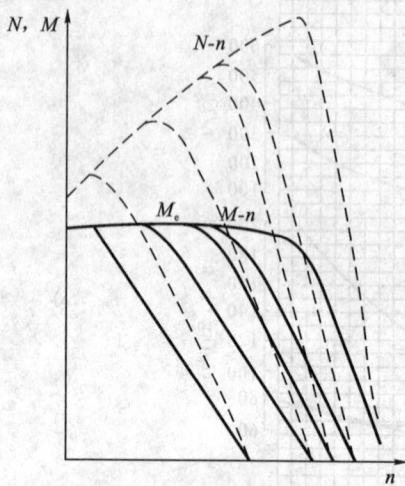

图 3-3　柴油机的调速特性

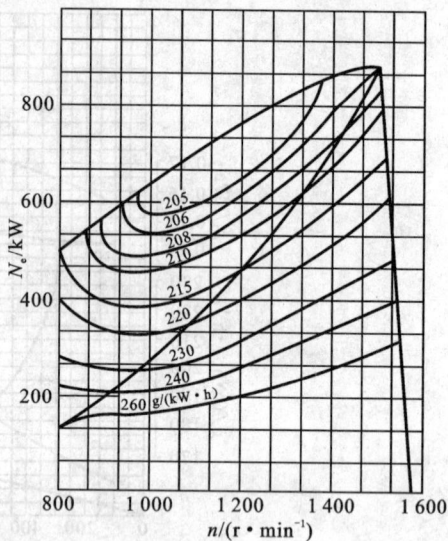

图 3-4　Z12V190B 型柴油机的通用特性曲线

表 3-2　Z190 系列柴油机的基本型号、规格及主要技术参数

项目		基本参数										
气缸直径/mm		190										
气缸数及布置形式		12 V				8 V			6 V	6 L		
活塞行程/mm		210										
标定转速/(r·min⁻¹)		1 500	1 300	1 200	1 000	1 500	1 200	1 000	1 000	1 500	1 200	1 000
标定功率	12 h 功率/kW	1 000	882	735	588	588	471	390	250	按产品技术文件		
	持续功率/kW	900	794	662	529	529	426	353	225			
气缸编号		输出端 1 2 3 4 5 6 / 7 8 9 10 11 12				输出端 1 2 3 4 / 5 6 7 8			输出端 1 2 3 / 4 5 6	输出端 1-2-3-4-5-6		
发火次序		1 5 3 6 2 4 / 8 10 7 11 9 12				1 3 4 2 / 6 5 7 8			1 3 2 / 5 4 6	1-5-3-6-2-4		
活塞平均速度/(m·s⁻¹)		10.5	9.1	8.4	7.0	10.5	8.4		7.0	10.5	8.4	7.0
总排量/L		71.45				47.60			35.73			
压缩比		14∶1										
旋转方向		逆时针（面向输出端视）										

注：标定功率值也可由供需双方协商，另行确定。

190 系列柴油机型号编制为：

□□□□□□□□□-□

第1框为换代代号：由制造厂给定；

第2框为气缸数：用数字表示；

第3框为气缸布置型式符号：V 表示 V 形布置，L 表示直列（省略）；

第4框为气缸直径：190 表示 190 mm；

第5框为种类代号：无符号表示单机，P 表示配套机；

第6框为结构特征符号：无符号表示非增压，Z 表示增压，ZL 表示增压、中冷；

第7框为地区符号：无符号表示一般地区，M 表示沙漠地区，Y 表示高原地区；

第8框为用途符号：无符号表示机械驱动钻机、通用，D 表示电驱动钻机、发电，G 表示其他石油工程机械，C 表示船，J 表示机车；

第9框为转速符号：无符号表示 1 500 r/min，1 表示 1 200 r/min，2 表示 1 000 r/min。

2. 电驱动用柴油机

为满足电动机对动力——柴油机发电机组的需要，济南柴油机厂研制了一种新型 1 000 kW 的柴油机 A12V190ZL，并以该机为原动机开发了柴油发电机组。

该机既继承了 Z12V190B 柴油机的优点，又吸取了船用及机车用柴油机的成功经验，采取了如 RR153 高效增压器、圆管式高效中冷器、电子调速器、机油泵外移、气门镶座、液晶显示的监控仪、预啮合气动马达、新型高压水泵、风扇、散热器、自吸式输油泵、新型密封材料等 12 项卓有成效的技术改进措施，使柴油机功率提高了 13%。它的可靠性、维修性、调速性能、安全性、适应性都得到了进一步的提高，能适应陆地、高原、海洋、沙漠等地区恶劣环境条件下工作的要求，在技术性能上已达到美国卡特彼勒（Caterpillar）公司 3512TA 柴油机的水平，其基本参数如表 3-3 所示。除卡特彼勒 3500 系列柴油机外，我国还大量使用底特律（DDC）公司的 4000 系列柴油机。

表 3-3　柴油机特性参数

参　　数	Cat3500 系列柴油机	沃尔沃系列柴油机	济柴 3000 系列柴油机
机　　型	3512TA/3512B	TAD1232GE	A12V190ZL
型　　式	四冲程水冷增压中冷直喷式燃烧室		
气缸排列	V	V	V
气　缸　数	12	6	12
缸径/冲程(mm/mm)	170/190	130.17/150	190/210
活塞总排量/L	51.8	11.98	71.45
压缩比	13∶1	14∶1	14.5∶1
发动机转速/(r·min^{-1})	1 500	1 500	1 500

参 数		Cat3500 系列 柴油机	沃尔沃系列 柴油机	济柴 3000 系列 柴油机
额定功率/kW		1 022/1 280	323	1 200
燃油消耗率/(g·kW^{-1}·h^{-1})		212	208	205
机油消耗率/(g·kW^{-1}·h^{-1})			0.45	1
平均有效压力/MPa		1.575	2.2	1.31
活塞平均速度/(m·s^{-1})		9.5	7.5	10.5
涡轮前排气温度/℃		655		650
调速指标	稳态调速率/%	0~5	0~5 可调	0~5 可调
	瞬态调速率/%	+5.4~−3.8		+5~−2.8
	波动率/%	0.25		0.35
	稳定时间/s	2.4		1.67
冷却方式		强制水冷	强制水冷	强制水冷
润滑方式		压力和飞溅	压力和飞溅	压力和飞溅
启动方式		电或气马达	电或气马达	电或气马达
曲轴转向(面向飞轮端)		逆时针	逆时针	逆时针
发火顺序		1-12-9-4-5-8-11-2-3-10-7-6	1-5-3-6-2-4	1-8-5-10-3-7-6-11-2-9-4-12
外形尺寸(长×宽×高)		2 699 mm×1 703 mm ×1 720 mm		2 950 mm×1 980 mm ×2 206 mm
质量/kg		6 084	1 250	9 300

第二节　石油钻机液力传动装置

　　石油钻机传动装置既有机械式的也有其他形式的,机械式有螺旋、齿轮、皮带、链条、万向轴等形式。石油机械功率大,工况特殊,有的还制定了专用标准,如套筒滚子链、石油钻机用万向联轴器等。这些传动装置与一般机械相同,在此不再赘述。

　　除此之外,石油机械还常用液力传动装置,如液力变矩器、液力偶合器等,本节主要介绍这些传动装置。

一、液力偶合器

　　液力传动原理如图 3-5 所示,主动轴经离心泵将能量传给工作液,工作液又经涡轮将能量传给从动轴,即:

$$\text{机械能} \xrightarrow[\text{工作液}]{\text{离心泵}} \text{液能} \xrightarrow[\text{工作液}]{\text{涡轮}} \text{机械能}$$
(主动轴)　　　　　　　　　　　　　　　(从动轴)

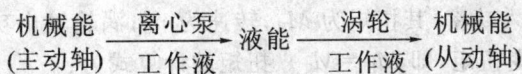

因此,通过液体在离心泵和涡轮机中的循环流动,实现运动的连续传递和能量的连续转换。

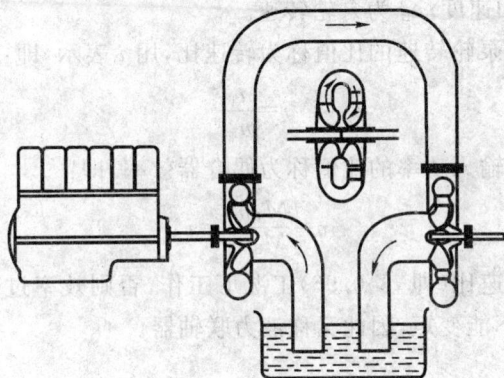

图 3-5　液力传动作用原理示意图

液力偶合器主要由泵轮、涡轮、外壳和输入输出轴组成,其结构如图 3-6 所示,输出外特性如图 3-7 所示。

柴油机-偶合器驱动的主要优点是:传动具有柔性,可吸收震动与冲击;涡轮轴可随外载变化而自动变速,可防止工作机过载,即使外载增加导致涡轮制动,动力机(主动轴)仍可以某一转速工作而不熄火。

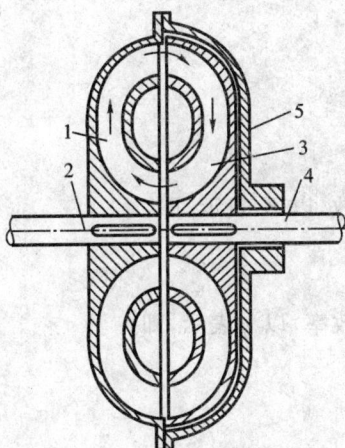

图 3-6　液力偶合器结构图

1—泵轮;2—输入轴;3—涡轮;4—输出轴;5—外壳

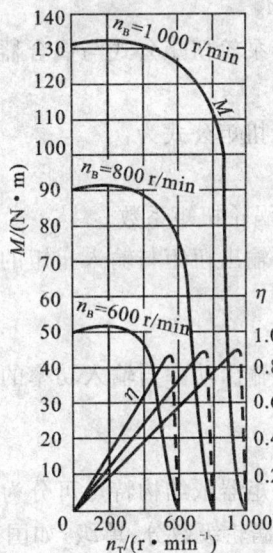

图 3-7　偶合器输出外特性

偶合器中,泵轮输入功率,其扭矩为 M_B,转速为 n_B;涡轮输出功率,其扭矩为 M_T,转速为 n_T。偶合器不改变扭矩,即 $M_B = M_T$。扭矩的计算式为:

$$M_B = \lambda_B \rho g n_B^2 D^5 \tag{3-4}$$

式中,λ_B 为泵轮扭矩系数,一般由试验求得;ρ 为偶合器中传能工作介质密度;D 为偶合器循环圆直径;g 为重力加速度;n_B 为泵轮转速。

偶合器涡轮转速与泵轮转速的比值称为转速比,用 i 表示,即:

$$i = \frac{n_T}{n_B} \tag{3-5}$$

偶合器输出功率与输入功率的比值称为偶合器效率,即:

$$\eta = \frac{M_T n_T}{M_B n_B} = i \tag{3-6}$$

偶合器只能在高转速比(即 $i > 0.96$)工况下工作,否则效率过低,功率损失大。液力偶合器只能传递扭矩,不能变矩,因此又称液力联轴器。

二、液力变矩器(涡轮变矩器)

1. 液力变矩器结构和基本原理

液力变矩器结构如图 3-8 所示。导轮与外壳相连,是不转动的,叶片大都为空间扭曲形状。与偶合器相比,它多了一个固定不动的导轮,性能便大不相同,其外特性曲线如图 3-9 所示。当泵轮扭矩 M_B 一定时,导轮可改变涡轮输出扭矩 M_T,使得 M_T 可以小于、等于或大于 M_B。

变矩器泵轮扭矩公式与偶合器相同,为:

$$M_B = \lambda_B \rho g n_B^2 D^5 \tag{3-7}$$

变矩器涡轮扭矩公式为:

$$M_T = \lambda_T \rho g n_B^2 D^5 \tag{3-8}$$

式中,λ_T 为涡轮扭矩系数。

变矩器输出扭矩与输入扭矩的比值称为变矩系数,以 K 表示,即:

$$K = \frac{M_T}{M_B} = \frac{\lambda_T}{\lambda_B} \tag{3-9}$$

变矩器输出功率与输入功率的比值为变矩器的效率,以 η 表示,即:

$$\eta = \frac{M_T n_T}{M_B n_B} = Ki \tag{3-10}$$

液力变矩器依结构特点可分为:

(1) 按涡轮级数分:单级,如国产 WB 型;多级,如罗马尼亚 CHC 型(3 级)。

(2) 按涡轮内液流流向分:离心式、向心式、轴流式,如图 3-10 所示。

2. CHC 型液力变矩器

罗马尼亚石油钻机用的 CHC 型液力变矩器是一种 3 级变矩器。根据循环圆尺寸不

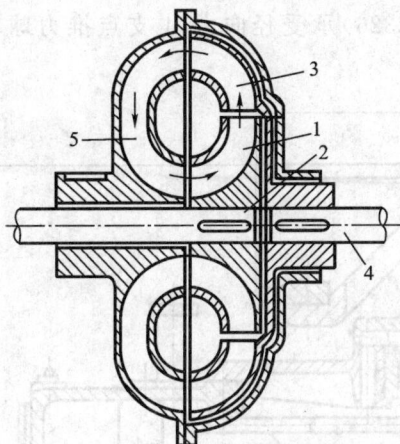

图 3-8　液力变矩器
1—泵轮;2—泵轮轴;3—涡轮;4—涡轮轴;5—导轮

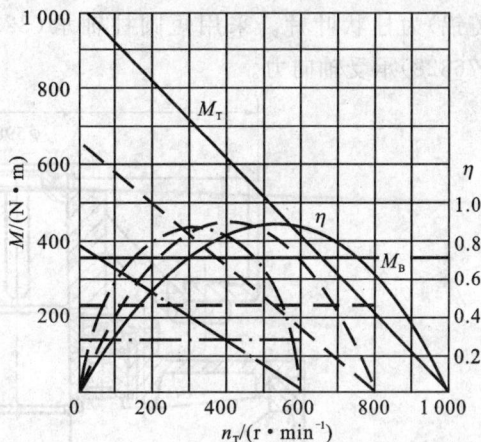

图 3-9　液力变矩器外特性曲线
—— $n_B=100\%$；　——— $n_B=80\%$；
—·—·— $n_B=60\%$

（a）离心式　　　（b）向心式　　　（c）轴流式

图 3-10　液力变矩器类型图

同,有 CHC-650,CHC-750-1 和 CHC-750-2 等。启动变矩比大($K=4.5$)、高效范围内输出转速低($i=0.25\sim0.65$,$\eta>70\%$)是这种变矩器的主要特点,但其结构复杂,不易维修,最高效率低,仅 $82\%\pm2\%$。

CHC-750-2 变矩器的配套钻机是 F-200,F-320。CHC-750-2 的主要技术参数为:最大输入功率为 654 kW(890 hp),最大输入转速为 1 400 r/min,最高效率为 $82\%\pm2\%$($i=0.45$ 时),启动变矩系数为 4.5,高效区工作范围 $i=0.25\sim0.65$($\eta\geqslant75\%$)。

3. YB900 液力变矩器

YB900 液力变矩器是北京石油勘探开发研究院机械所、大连内燃机车研究所和四川石油管理局共同研制的单级充油调节离心液力变矩器,与 PZ12V190B-1 柴油机匹配,用以取代 CHC750 变矩器、MB820Bb 柴油机,作为 F320 钻机动力机组及国产深井、超深井机械驱动钻机(如 ZJ32J-5 和 ZJ60L)的动力机组。

1)结构特点

YB900 变矩器总成如图 3-11 所示。泵轮为双扭曲叶片(铸钢),涡轮(锻钢)和导轮

（铸铝）为柱状叶片。采用短圆柱轴承（32324，32326）承受径向力，4 支点推力球轴承（176328）承受轴向力。

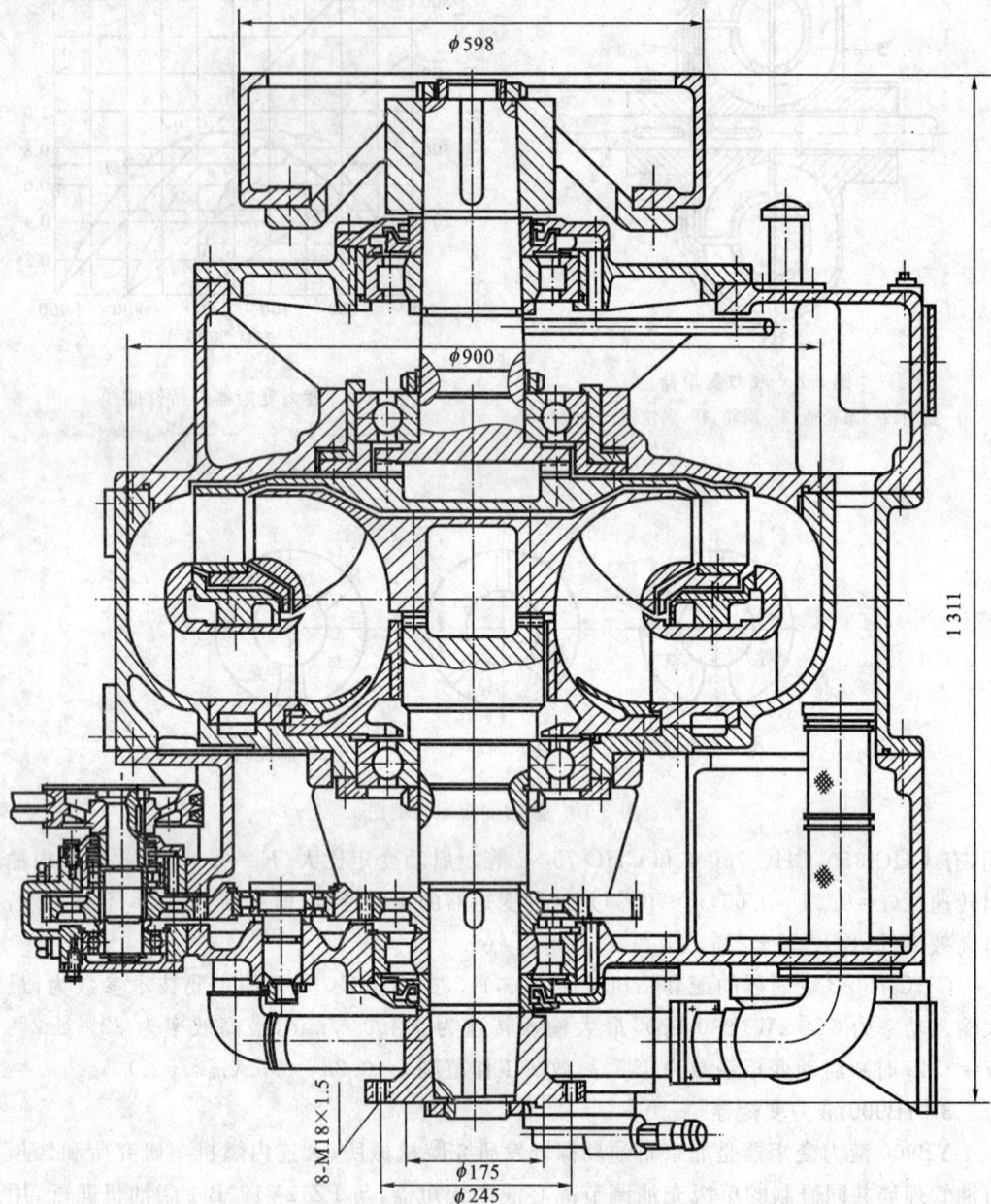

图 3-11　YB900 变矩器总成

　　变矩器工作腔采用间隙迷宫密封，允许少量油泄漏，流回箱底。泵轮和涡轮轴轴端采用图 3-12 所示的离心式间隙密封，甩油盘可将自油箱溅来的工作油甩入压盖的环形槽中，经过回油孔又流回油箱。

YB900 变矩器是我国首次研制的充油调节离心涡轮钻机用变矩器,设置有专用充油调节阀,在轻载、空载时使变矩器处于部分充油状态,降低空载发热损失,提高柴油机-液力变矩器机组的经济性。

2）技术特性

YB900 变矩器的原始特性曲线如图 3-13 所示,主要技术参数见表 3-4。

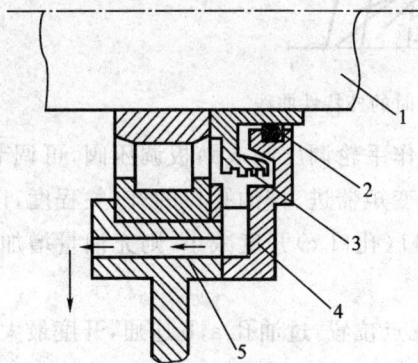

图 3-12 YB900 变矩器轴端离心式间隙密封

1—轴；2—毡圈；3—甩油盘；4—压盖；5—回油孔

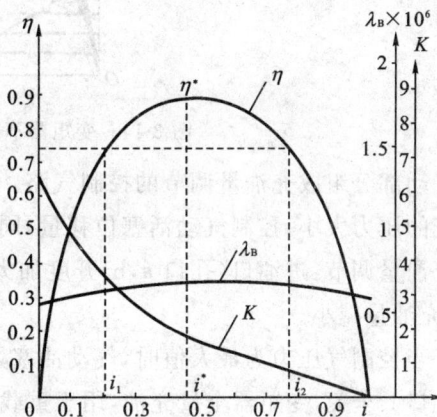

图 3-13 YB900 变矩器原始特性曲线

图 3-13 中,$G_{\eta=0.75}$ 为效率等于 0.75 时高效区的宽度；$G=\dfrac{i_2}{i_1}=\dfrac{0.77}{0.2}=3.85$；$\eta^*$ 为最高效率点,$\eta^*=0.9$；i^* 为最高效率点的转速比,$i^*=0.45$。

表 3-4 YB900 变矩器技术参数

输入功率/kW(hp)	610(830)	补偿压力/MPa	0.13～0.25
输入转速/(r·min⁻¹)	1 200	冷却系统最大散热量/kW	197
最高效率/%	88～90	输出制动扭矩/(N·m)	26 000
启动变矩系数	6.4	工作油温/℃	70～100
循环圈有效直径/mm	900	外形尺寸/mm	—

3）变矩器充油量调节

通过试验可求出变矩器不同充油量时的一组外特性曲线,如图 3-14 所示。曲线表明:变矩器的 λ_B,i^*,η^*,K 等参数随充油量的减少而降低,随充油量的增加而上升。当充油量为零时,涡轮轴转速为零,即使泵轮转速(柴油机转速)不变,而泵轮吸收的功率将为零,则变矩器的空载损失可降低到零。

图 3-15 所示为变矩器充油量调节控制系统示意图。供油泵、散热器、充油调节阀、变矩器、油箱构成工作油路系统。手轮调压阀、踏板调压阀、开关阀、手动控制阀、充油调节

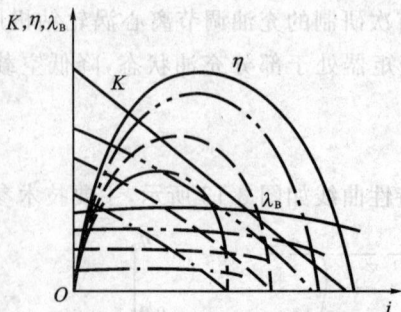

图 3-14　变矩器不同充油量时的外特性曲线

阀气动部分组成充油量调节的控制气路。适当操作手轮调压阀或踏板调压阀,可调节控制气的压力大小,控制气动活塞位移量,同时调节变矩器进、排油孔口的开、关程度,以实现充油量调节:进油口(孔口 a,b)开度加大,排油口(孔口 c)开度减小,则充油量增加;反之,充油量减小。

当控制气压力为最大值时,气动活塞处于下死点位置,过油孔 a,b 连通,开度最大;排油孔口 c 全关,变矩器全量充油,用于重载工况,如钻进、提升钻柱。

当控制气压力处于零时,气动活塞处于上死点位置,进、排孔口分别趋于全关、全开,变矩器无油或油量很小,用于空载工况。

当控制气压力调在最大至最小范围内某一值时,进油口局部开启,排油口局部关闭,变矩器处于部分充油状态,用于轻载工况,如划眼、提升空吊卡等。

钻进工况时,踏板调压阀全关,用手轮调压阀调节控制气压力;提升工况时,可将手轮调压阀全关,用踏板调压阀调节控制气压力。

第三节　柴油机驱动钻机工作特性

通过纯机械传动部件(皮带、链条、齿轮等)或液力传动装置-机械传动部件,将柴油机动力分配给钻机各工件机组(绞车、转盘和钻井泵),执行钻井工作任务的钻机称为机械驱动钻机,又称为柴油机驱动钻机。

一、绞车、转盘、钻井泵负载特点及对驱动特性的要求

1. 绞车

图 3-16 所示为大钩提升载荷 Q 与提升速度 v 的关系曲线。

若大钩提升速度能随载荷的变化而相应改变,即沿图中曲线 1 工作,这是最理想的情况,功率利用最充分。$Q_h v = C$ 是理想功率曲线。

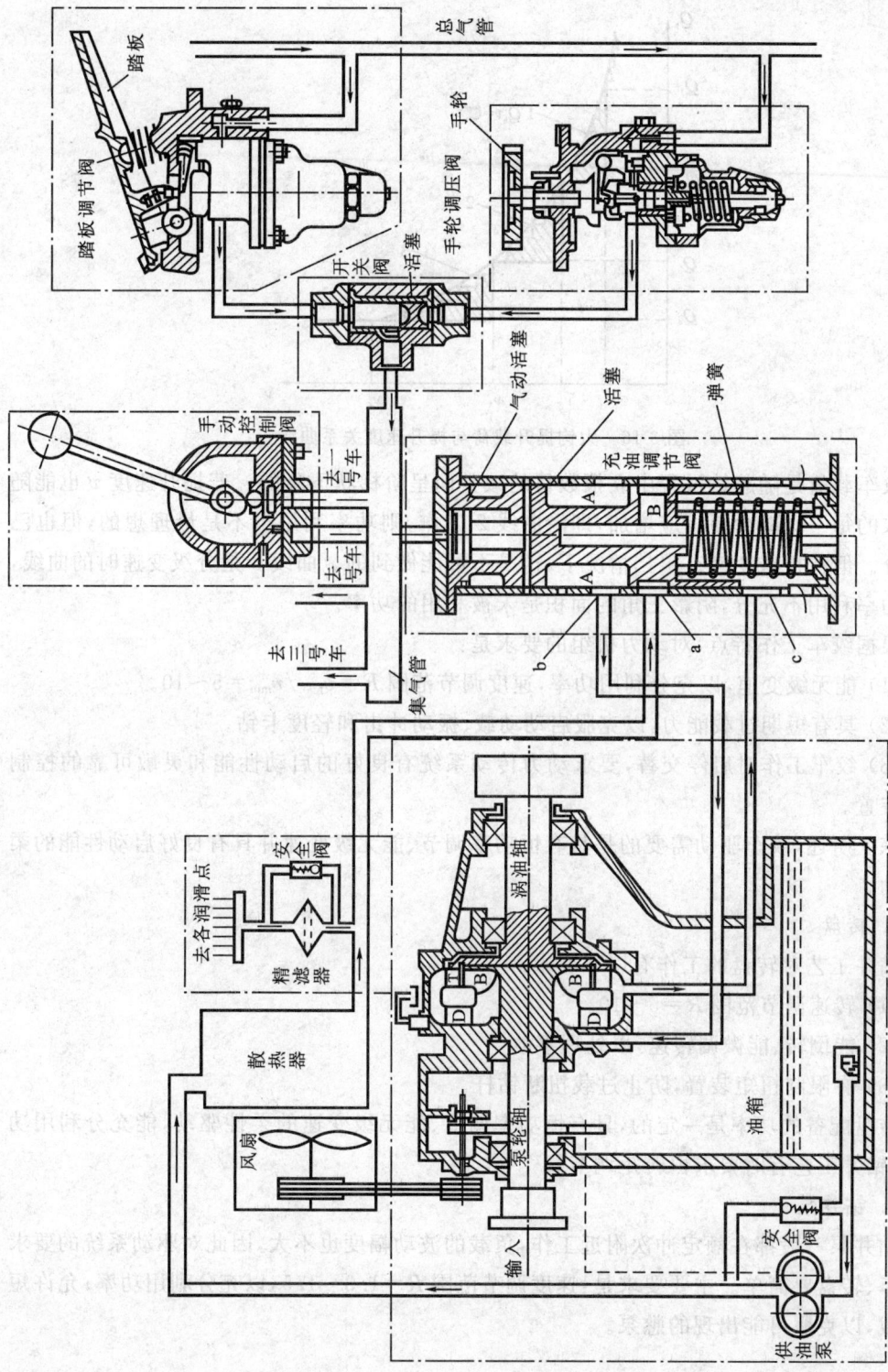

图 3-15 变矩器充油量调节控制系统示意图

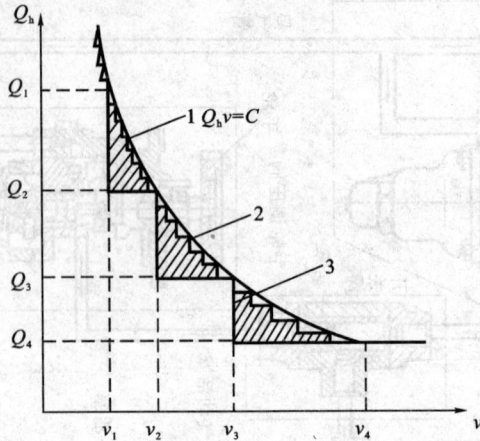

图 3-16 大钩提升载荷与提升速度关系曲线

绞车载荷是随起钻过程中立根数目的减少而呈阶梯状下降的。若提升速度 v 也能随立根数的每一次减少而相应增加,即沿曲线 2 工作,则功率利用虽不是最理想的,但也已很充分。但在机械变速有限挡情况下,这是不可能做到的。曲线 3 是分级变速时的曲线,可见功率利用不充分,阴影三角的面积是未被利用的功率。

根据绞车工作特点,对动力机组的要求是:

(1) 能无级变速,以充分利用功率,速度调节范围 $R=v_{max}/v_{min}=5\sim10$。

(2) 具有短期过载能力,以克服启动动载、振动冲击和轻度卡钻。

(3) 绞车工作时启停交替,要求动力传动系统有良好的启动性能和灵敏可靠的控制离合装置。

综上所述,绞车驱动需要的是具有恒功率调节、能无级变速并具有良好启动性能的柔性驱动。

2. 转盘

钻井工艺对转盘的工作有以下要求:

(1) 转速调节范围 $R=5\sim10$。

(2) 能倒转、能微调转速,以处理事故。

(3) 有限制扭矩装置,防止过载扭断钻杆。

转盘配备的功率是一定的,具有恒功率调节、能无级变速的柔性驱动,能充分利用功率,但钻井工艺有时要求恒转矩调节。

3. 钻井泵

钻井泵一般都在额定冲次附近工作,负载的波动幅度也不大,因此对驱动系统的要求比绞车、转盘要简单。主要要求是:速度调节范围 $R=1.3\sim1.5$,以充分利用功率;允许短期过载,以克服可能出现的憋泵。

二、柴油机-机械传动钻机工作特性

1. 机械传动方案

钻机的驱动方案有三种，即统一驱动、分组驱动和单独驱动。

1）单独驱动方案

单独驱动方案是转盘、绞车、钻井泵三个工作机组各由不同的动力机一对一或二对一地进行驱动。电驱动钻机大都采用图 3-17 所示的单独驱动方式，如国产 ZJ60D，ZJ70DB（参考图 2-7 和图 2-9）。单独驱动方案的传动系统简单、效率高；工作机间无机械形式的联系，便于钻机在井场进行平面布置。但它的装机功率利用率低，动力机不能互济。

2）统一驱动方案

统一驱动方案是转盘、绞车、钻井泵三工作机由 2～4 台动力机并车统一驱动。

统一驱动装机功率利用率高，可并车调剂各工作机不同的功率需要，动力机有故障时动力可互济，但驱动系统复杂，传动效率低，安装找正困难。

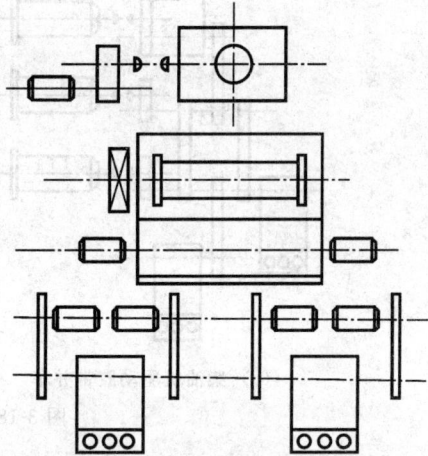

图 3-17　单独驱动示意图

柴油机直接驱动和柴油机-变矩器驱动广泛采用统一驱动方案。

图 3-18(a)所示为三台柴油机由胶带并车统一驱动，国产胶带钻机如 ZJ32J-2，ZJ45J 均属此类型（参考图 2-4）。图 3-18(b)所示为三台柴油机-变矩器由链条并车统一驱动，如罗马尼亚 F320-3DH、国产 ZJ45 链条钻机属此类型（参考图 2-5）。

此外，两台柴油机并车统一驱动转盘、绞车和一台泵，外加单机-泵组，如国产 ZJ20 胶带钻机；四台柴油机-变矩器驱动机组，由链条并车统一驱动三大工作机组，如国产 ZJ60L 链条钻机等。这也都属于统一驱动类型。

3）分组驱动方案

典型的分组驱动是将三个工作机分成两组，绞车、转盘为一组，钻井泵为另一组，并由动力机（柴油机或电动机）分别驱动，也称为二分组驱动。

分组驱动的目的主要是：

（1）兼有统一驱动利用率高和单独驱动传动简单、安装方便的优点。

（2）现代深井、超深井钻机采用 7～9 m 高钻台，分组驱动可实现转盘、辅助绞车（猫头轴）在高钻台上，而主绞车不上高钻台的方案。

（3）满足丛式井钻机对工作机平面布置的要求——转盘、绞车在钻台上并可随钻台一起作纵横方向的移动，而钻井泵组不必移动。因此，转盘、绞车与钻井泵组不能有任何机械传动方面的联系，必须进行两分组驱动。

(a) 柴油机驱动胶带并车   (b) 柴油机-变矩器驱动链条并车

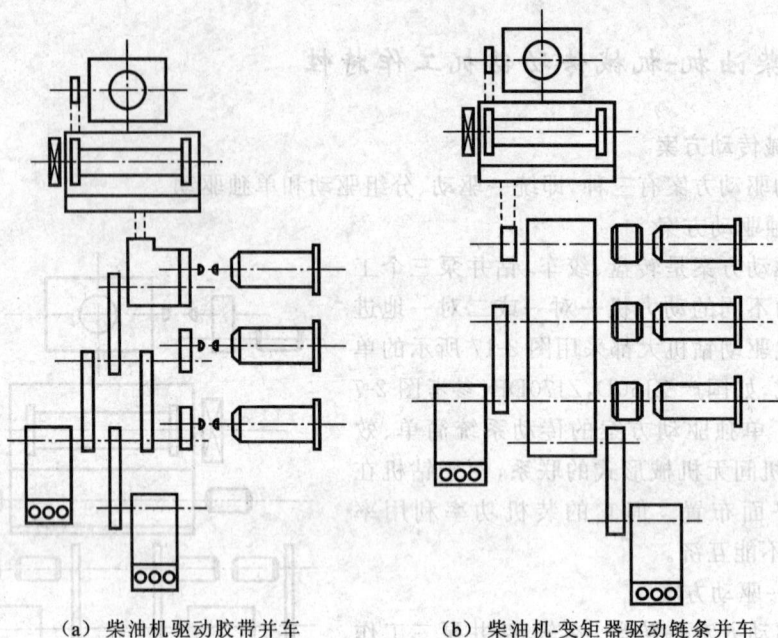

图 3-18 统一驱动示意图

  典型的分组驱动方案如图 3-19 所示。图 3-19(a)中,交流电二分组驱动,国产 ZJ15D 属此类型:转盘、绞车共用一变速箱,由一台交流电动机驱动;一台 NB-350 钻井泵由另一台交流电动机驱动。图 3-19(b)中,直流电二分组驱动,国产 ZJ45D 丛式井钻机属此类型 (参考图 2-6):钻台上,两台直流电动机驱动绞车,并可通过绞车驱动转盘;钻台下,4 台直流电动机二对一驱动两台钻井泵。

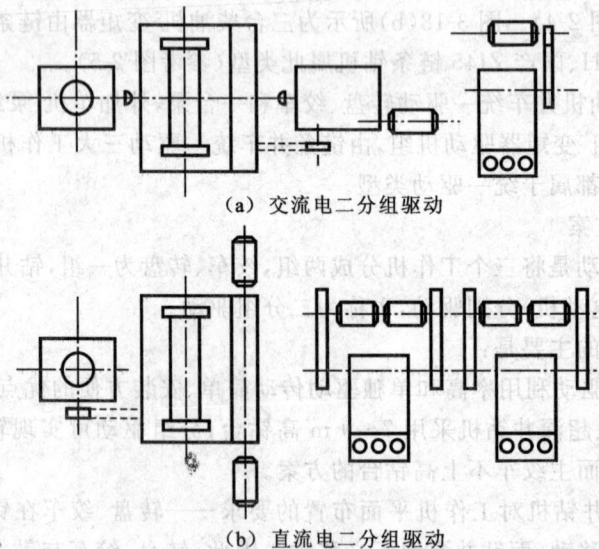

(a) 交流电二分组驱动

(b) 直流电二分组驱动

图 3-19 二分组驱动示意图

此外,二分组驱动也可以是柴油机驱动,如 Wilson65B 钻机,或柴油机-直流电混合二分组驱动等。

2. 机械传动钻机的特点

钻机机械驱动方案一般采用统一驱动或分组驱动方案。这需要将几台柴油机的动力合在一起,也就是并车。机械驱动的钻机采用皮带并车,早期使用 E 型三角胶带,现在广泛使用的是窄 V 三角胶带,

机械驱动钻机的传动方案依据钻机的用途、钻井深度、所采用的驱动类型及主传动元件的不同而异。但是,对任何一种钻机,其传动系统的基本组成和所承担的任务却具有共性,都主要由并车、倒车、减速增矩、变速变矩及转换方向等几部分构成,将一台或几台驱动机组的动力及运动单独地或统一地传递给各工作机,以满足钻井工作的需要。

1) 并车

现代机械驱动钻机都采用两台以上驱动机组,因此存在并车问题。广泛采用的并车方式是:柴油机直接驱动,胶带并车传动,如 ZJ32J-2,ZJ45J(参考图 2-4);柴油机-液力驱动,链条并车传动,如 F-320,ZJ45,ZJ60L(参考图 2-5)。

2) 倒车

转盘需要倒车,绞车一般不需要倒车。倒车方案繁多,但其实质不外乎以下几种:

(1) 齿正车、链倒车(齿轮传动正车、链传动倒车)。大庆 130 钻机就是齿正车、链倒车,但 1 号机组本身不能倒车。有的钻机的齿正车传动副和链倒车传动副安置在同一传动箱的两根平行轴上。

(2) 双锥齿轮正倒车。这种方案适用于转盘单独倒车,需一个单独的正倒车箱。齿轮钻机常采用该方案,如图 3-20 所示 ZJ130-3 钻机。

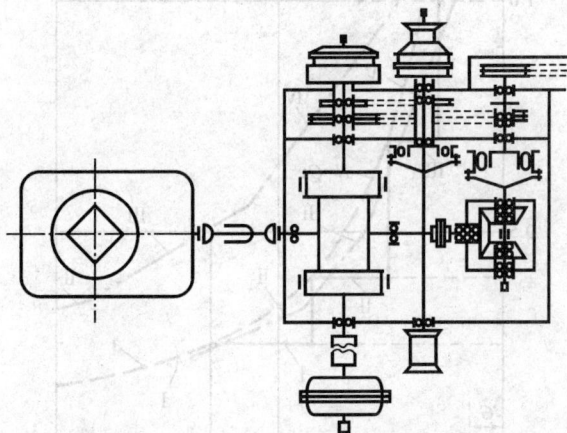

图 3-20 双锥齿轮正倒车示意图

锥齿轮倒车,短万向轴水平传动转盘,可使钻台面宽敞,但缺点是增加了一副角传动。

(3) 链正车、齿倒车。链条钻机必须采用齿传动倒车,如 ZJ45 钻机等,倒车齿轮副置于链条变速箱中,可不必另设倒车箱(参考图 2-5)。

3）减速与变速

钻机动力机转速高而工作机转速低，从动力机到工作机一般要经过 3～5 次减速。另外，绞车和转盘要求调速范围为 5～10。为充分利用功率，一般应设 4～6 个机械挡，柴油机-变矩器驱动时，也应设 3～4 个机械挡。

动力机至钻井泵无需变速，除泵本身已有一次减速外，在传动系统中再设 1～2 次减速即可。

4）转换方向

对于链条钻机，动力机与绞车滚筒轴及泵轴采用轴线平行布置方案无转向问题，但至转盘则有两种情况：

（1）对于转盘水平轴平行动力机轴线的，链条传动转盘无转向问题。

（2）对于转盘水平轴垂直动力机轴线的，短万向轴传动转盘用角传动转向。

3. 机械驱动钻机的起升特性

机械驱动的钻机不能无级调速，只能由机械挡变换速度。考虑到传动的复杂程度和操作要求，起升绞车一般设 6 个挡，前 2 个挡用于处理事故，后 4 个挡用于正常钻井。它的起升特性曲线如图 3-21 所示。

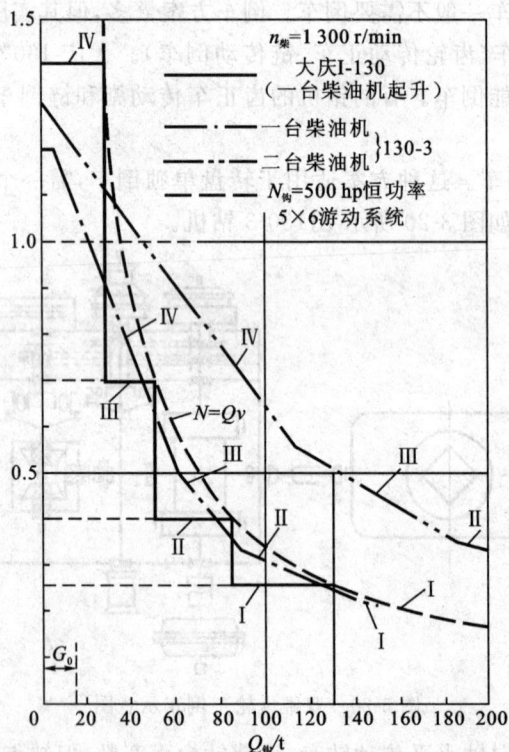

图 3-21 机械驱动钻机的起升特性曲线

三、柴油机-液力驱动钻机工作特性

1. 柴油机和变矩器的联合工作特性

当柴油机和变矩器连接在一起的时候就形成一个整体,它们的综合特性也发生了变化,这就需要作出它们的联合工作特性曲线。下面介绍 PZ12V-190B 与 YB900 变矩器联合工作的特性曲线。

由柴油机的调速特性曲线和变矩器的原始特性曲线可以绘制联合工作特性曲线(图 3-22)作法如下:

(1) 选定一转速比 i,在变矩器原始特性曲线上查得 λ_B,K 和 η;

(2) 在柴油机的调速特性曲线上,由式(3-7)作出 M_B-n_B 特性曲线,该曲线与 M_e-n 曲线的交点(n_e,M_e)即为柴油机与变矩器的工作点;

(3) 由 n_e 点查得柴油机的 N_e,g_e 等;

(4) 由 $M_T = KM_B$ 求得 M_T,由 $n_T = in_B$ 求得 n_T,由 $N_T = M_T\omega_T$ 求得变矩器输出功率 N_T;

(5) 以 n_T 为横坐标,分别作出 M_T,M_e,N_e,N_T,η,n_B 等曲线,即完成联合工作特性曲线。

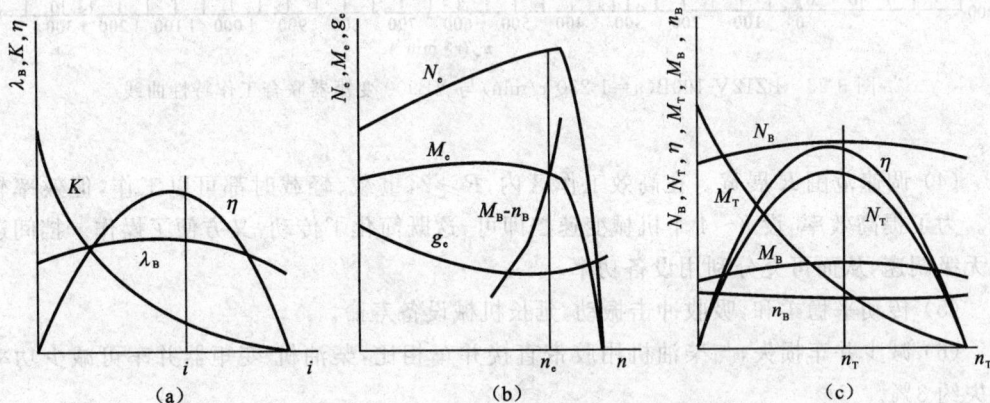

图 3-22 柴油机与变矩器联合工作特性曲线作法

图 3-23 所示为 PZ12V-190B 与 YB900 变矩器的联合工作特性曲线。

2. 柴油机-液力驱动钻机的工作特点

柴油机-变矩器驱动具有如下优越性:

(1) 随外载变化能自动无级变速变矩,驱动绞车时可明显提高钻机起升工效。

(2) 使柴油机始终维持在经济合理的工况下运行,即使外载增大而导致涡轮轴处于制动状态时,柴油机也不会被憋灭火。

(3) K 值大,使机组适应外载变化能力大大增强。例如,在高效区范围内,$K \geqslant 2$(柴油机本身 $K \leqslant 1.5$);重载时,K 值可高达 $3.5 \sim 4.0$。处理事故、负载启动能力强,操作平

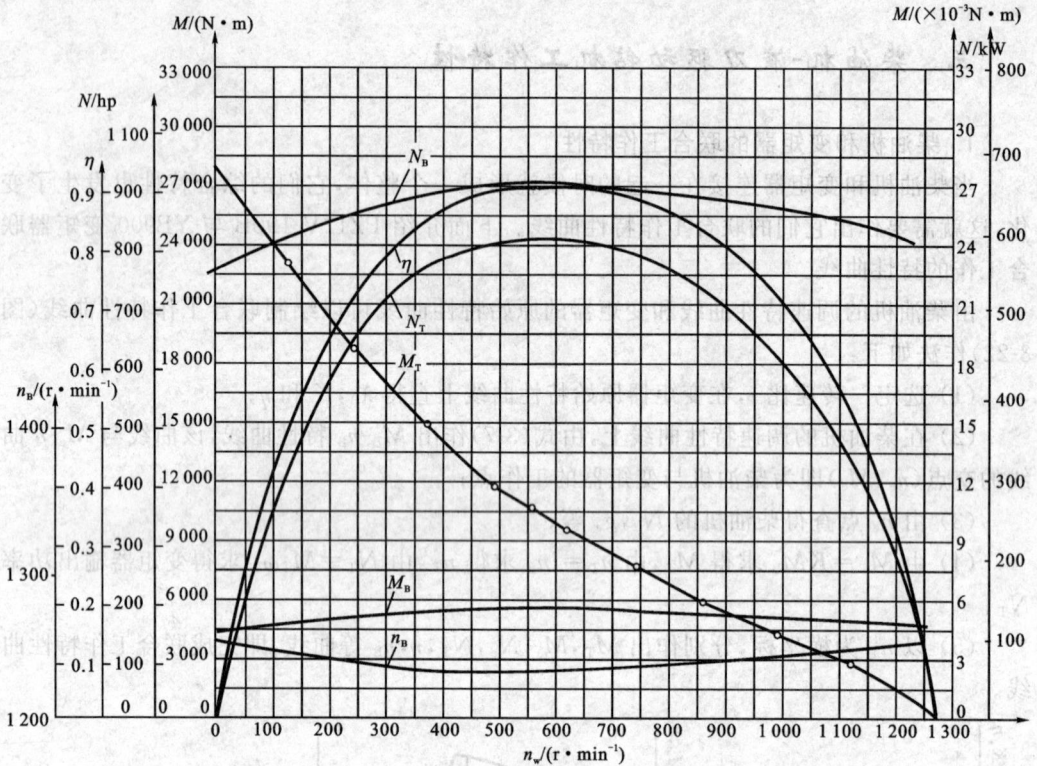

图 3-23　PZ12V-190B(n＝1 230 r/min)与 YB900 变矩器联合工作特性曲线

稳。

（4）调速范围 R 展宽。在高效工作区内，$R \geq 2$，重载、轻载时都可以工作，但效率较低。为了提高效率，设 3～4 个机械变速挡即可，这既简化了传动，又方便了操作。挡间还是无级调速，从而可充分利用设备功率。

（5）传动平稳柔和，吸收冲击振动，延长机械设备寿命。

（6）减少并车损失，与柴油机用胶带直接并车相比，柴油机-变矩器并车可减少功率损失约 3％。

液力变矩器的主要不足之处是效率偏低，最高效率一般为 85％～90％，且效率随涡轮轴转速在很大范围内变化，纯钻进驱动泵时工效明显低于机械传动。此外，它的结构比较复杂，还需要一套补偿和散热冷却系统。

理论分析和实践证明：柴油机-变矩器驱动是可取的。因此，它在内燃机车、船舶、石油机械和各种工程机械中获得了广泛应用。若研制成功带机械闭锁的液力变矩器，在石油钻机中用柴油机-闭锁型变矩器驱动，还可避免钻进工况时工效低的缺点，取得更好的经济效益。

3. 柴油机-变矩器驱动钻机的提升曲线

根据柴油机-变矩器联合工作的外特性及钻机所配备的机械变速挡数，可绘出钻机提升载荷与提升速度之间的关系曲线,这称为提升特性曲线或钻机牵引特性曲线。一般钻机说明书中都给出该特性曲线。

图 3-24 所示为 ZJ45 钻机提升曲线,采用 PZ12V-190B-1 柴油机、YB700-II 变矩器、6 挡机械变速箱。

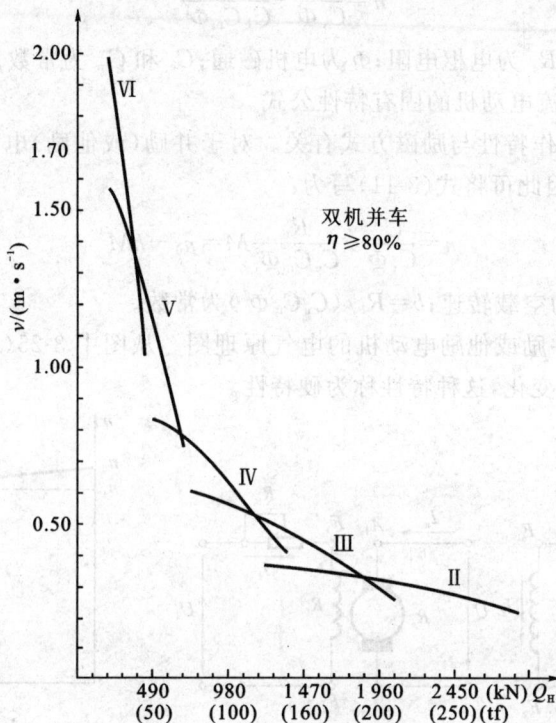

图 3-24　ZJ45 钻机提升曲线

由图中各曲线可见,如能按规定及时换挡,实际的提升曲线很接近理想的等功率双曲线,提升速度也是无级变化的。这说明柴油机-变矩器驱动的钻机能充分利用提升功率,缩短起升时间,加快钻井速度。

第四节　电驱动钻机工作特性

一、电驱动设备的工作原理

电驱动设备有直流电动机和交流电动机两大类,其控制方式也有很大的差别。直流电动机有着很好的速度控制特性,在石油机械领域中有着广泛的应用,一般采用 SCR 控制。交流电动机由于不易调速,其应用受到一定的限制,但交流变频技术的出现使交流电动机得到了快速的发展。

1. 直流电动机

1）直流电动机的固有工作特性

由电工学可知，直流电机的转速 n 与电机扭矩 M 的关系为：

$$n=\frac{U}{C_e\Phi}-\frac{R_eM}{C_eC_m\Phi^2} \tag{3-11}$$

式中，U 为电源电压；R_e 为电枢电阻；Φ 为电机磁通；C_e 和 C_m 为常数。

式（3-11）称为直流电动机的固有特性公式。

直流电动机的工作特性与励磁方式有关。对于并励（或他励）电动机，磁通不随电动机的工作扭矩变化，因此可将式（3-11）写为：

$$n=\frac{U}{C_e\Phi}-\frac{R_e}{C_eC_m\Phi^2}M=n_0-bM \tag{3-12}$$

式中，$n_0=U/(C_e\Phi)$ 为空载转速；$b=R_e/(C_eC_m\Phi^2)$ 为常数。

图 3-25 所示为并励或他励电动机的电气原理图。从图中 3-25（c）可以看出，当负载变化时转速基本上不变化，这种特性称为硬特性。

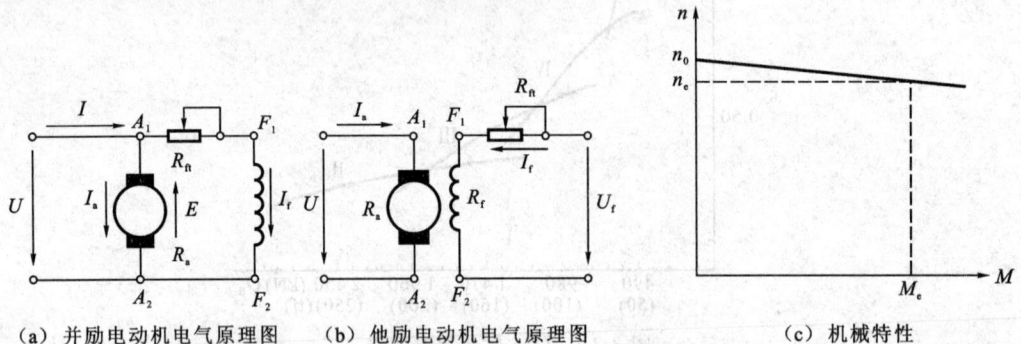

（a）并励电动机电气原理图　（b）他励电动机电气原理图　（c）机械特性

图 3-25　并励及他励电动机的电气原理图与机械特性

串励电动机将励磁线圈与电枢线圈串联，这样励磁电流就随电动机工作电流而变化，因此特性有较大的不同。该电动机的电气原理图及特性如图 3-26 所示。

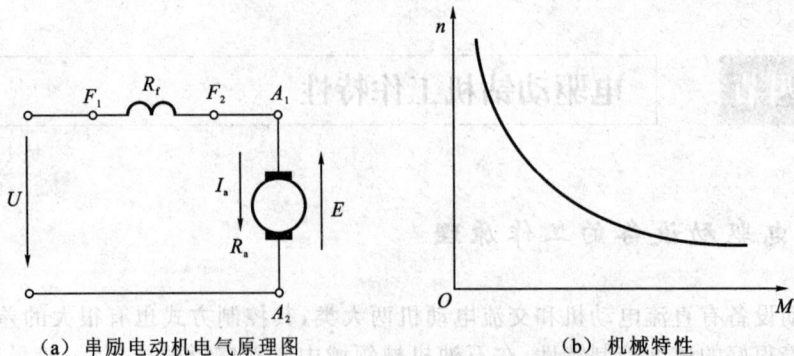

（a）串励电动机电气原理图　（b）机械特性

图 3-26　串励电动机电气原理图及机械特性

当串励电动机载荷很小或为零时,转速将会很高。转速高于极限转速时称为"飞车",这是非常危险的,应注意避免。

复励电动机采用两组励磁线圈,一个为并励,另一个为串励,其特性介于并励和串励之间。在复励中若将两组线圈的一组反接,工作特性又将有较大的变化。差复励电动机在石油机械中应用很少。复励和差复励电动机特性如图 3-27 所示。

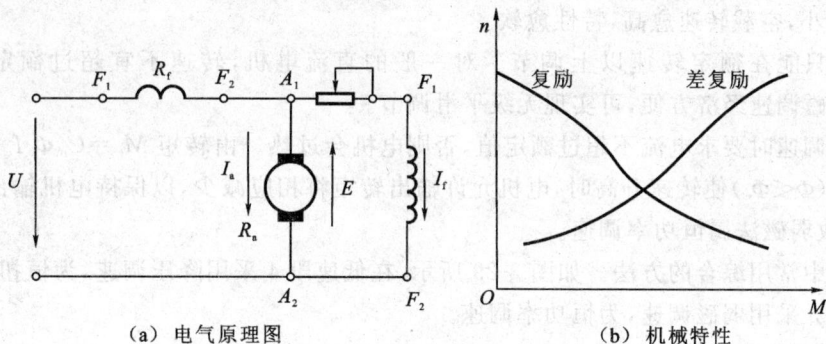

(a) 电气原理图　　　　　　　(b) 机械特性

图 3-27　复励和差复励电机特性

2) 直流电动机的调速特性

调速特性也称人为特性,即通过控制某些参数来改变电动机的特性。由式(3-11)可知,能够变化的参数只有 R_e、U 和 Φ 三个。改变这三个参数的调速方法分别称为电枢串电阻调速、降压调速和弱磁调速(图 3-28)。

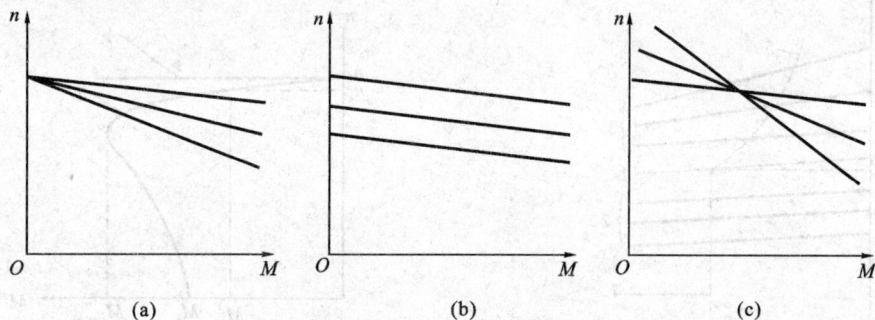

(a)　　　　　　　(b)　　　　　　　(c)

图 3-28　直流电机调速特性

(1) 电枢串电阻调速。在电枢电路中串入电阻 R_a,式(3-11)变为:

$$n=\frac{U}{C_e\Phi}-\frac{R_e+R_a}{C_eC_m\Phi^2}M=n_0-b_1M \qquad (3-13)$$

此时空载转速 n_0 不变,b_1 增大,当扭矩增加时转速下降。它的调速特性如图 3-28(a)所示。调速范围一般为 1.5:1,且只能降速调节。该调速方法简单,但由于电枢电流都比较大,经过调节电阻时要消耗大量的功率,不经济,故大型电机一般不采用。

(2) 降压调速,即采用降低电枢电压的方法进行电机调速。由式(3-12)可知,降低输入电枢的电源电压 U,则理想空载转速 n_0 将随 U 的下降而降低,但 b 值不变,可得到一组与固有特性曲线平行的机械特性曲线,如图 3-28(b)所示。此法自额定转速往下调速,调速范围可达 8:1。均匀降低电枢电压 U,可实现平滑无级调节。磁通不变,工作电流不超过额定值,允许输出转矩仍为额定值,属恒转矩调速。

(3) 弱磁调速。调节串入励磁电路中的可调电阻 R_f,使励磁电流 I_f 减小,则磁通 Φ 减弱。由式(3-12)可知,磁通减弱时,n_0 升高、b 值增大,即特性变软,如图 3-28(c)所示。磁通 Φ 愈小,空载转速愈高,特性愈软。

此法只能在额定转速以上调节。对一般的直流电机,转速不宜超过额定转速的 20%。弱磁调速经济方便,可实现无级平滑调节。

弱磁调速时要求电流不超过额定值,否则电机会过热。由转矩 $M_e = C_m\Phi_e I_e$ 可知,当减弱磁通($\Phi < \Phi_e$)使转速升高时,电机允许输出转矩将相应减少,以保持电机输出功率基本不变,故弱磁法属恒功率调速。

实际中常用综合的方法。如图 3-29 所示,在低速段 4 采用降压调速,为恒扭矩调速;在高速段 5 采用弱磁调速,为恒功率调速。

2. 交流电动机

1) 交流电动机的固有机械特性

同步电动机具有特硬特性,如图 3-30 中曲线 1 所示;异步电动机具有硬特性,如图 3-30 中曲线 2 所示。当负载转矩 $M \leqslant M_e$ 时,转速略有下降,$n_e = (0.94 - 0.98)n_1$;当 $M > M_e$ 时,转速下降较多;当 $M > M_{max}$ 时,电机停转。

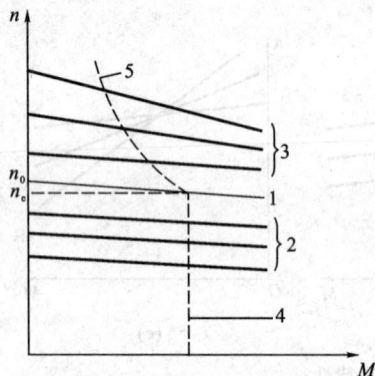

图 3-29　他励直流电机机械特性

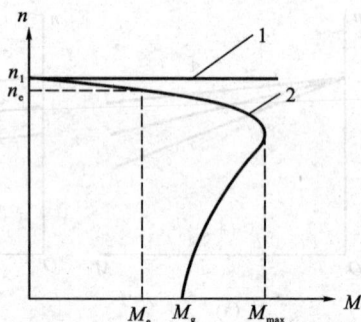

图 3-30　交流电动机特性曲线

1—同步电动机;2—异步电动机;n—旋转磁场转速;

n_e—额定转速;M_e—额定电磁转矩;

M_g—启动转矩($n=0$ 时);M_{max}—最大转矩

由于交流电动机的固有机械特性是硬特性,不能满足钻机工作机对调速的要求。

同步电动机转子转速 $n = n_1 = 60f/p$,只取决于交流电频率 f 和磁极对数 p,不随负载转矩的改变发生变化。同步电动机的启动性能很差,但具有较高的功率因数和效率,可用于不经常启动、不需要调速的中等功率和大功率的电力驱动,如驱动大型压气机、水泵、输油泵等。在 AC-AC 电驱动钻机中曾用于驱动钻井泵。

异步电动机过载能力较大，一般过载系数 $K = M_{max}/M_e = 1.6 \sim 2.8$。曾在 AC-AC 电驱动钻机中用绕线式异步电动机驱动绞车和转盘，但需设立机械挡，进行有级调速。采用转子中串电阻的方法可调低速度，但功率损耗大，不经济。鼠笼式电动机不宜经常启动，只用于驱动钻井泵及中小功率的辅助设备，如压气机、离心泵等。交流变频技术的出现使上述状况得到了根本的改变。

2）交流电动机变频调速的机械特性

应用 AC 变频技术，通过变频器向交流电动机提供频率可调的交流电源，改变电源频率 f，可得到如图 3-31 所示的人为特性——变频调速机械特性，精确控制并调节交流电动机的转速，以满足钻井装备工作机对调速性能的要求。

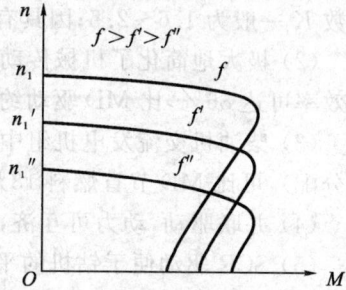

图 3-31　变频调速的机械特性

二、直流电驱动钻机

采用直流发电机-电动机组或可控硅整流电源供电的直流电动机可联合应用降压法与弱磁法，以扩大调速范围。

图 3-32 所示为直流发电机-电动机组电路原理图。调节发电机励磁可降低电动机电枢供电电压，使转速自额定转速往下降；减弱电动机励磁，可使转速自额定转速往上升。

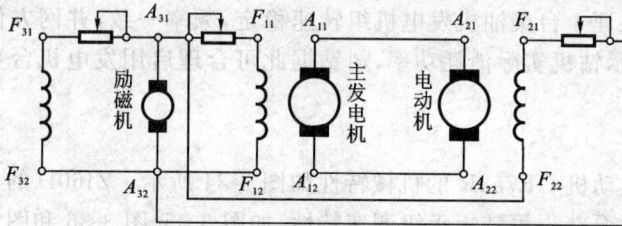

图 3-32　直流发电机-电动机组电路原理图

图 3-33 所示为可控硅整流电源供电的直流电动机电路原理图。全波可控硅整流电源向电枢绕组供电，可实现降压调速。不可控硅整流电源向励磁绕组供电，可实现弱磁调速。

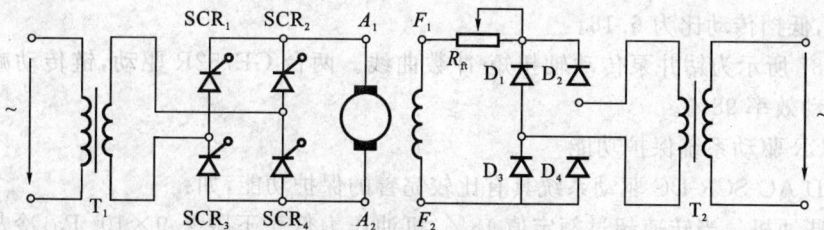

图 3-33　可控硅整流电源供电的直流电动机电路原理图

与机械驱动(MD)相比,可控硅整流驱动(SCR)具有如下优越性:

(1) 直流电动机具有人为软特性。调速范围宽,R 一般为 2.5～5;超载能力强,超载系数 K 一般为 1.6～2.5;因具有无级调速的钻井特性,可提高钻井效率。

(2) 极大地简化了机械传动系统,提高了传动效率,如从动力机轴到绞车输入轴的传动效率可达 86%,比 MD 驱动约高 11%。

(3) 柴油机交流发电机组中的柴油机始终处于最佳运转工况(额定转速、载荷自动均衡分配),可比 MD 节省燃料 18%～20%;大修周期延长 80%,柴油机使用寿命延长。

(4) 并联驱动,动力可互济,动力分配更灵活合理。

(5) SCR 驱动便于钻机的平面和立体布置,且维护费用仅为 MD 驱动的 30%;自动化程度较高,使用更安全可靠。

综上所述,虽然 SCR 驱动钻机的初投资略高于 MD 驱动钻机,但其综合经济性好,具有强大生命力。自 1970 年问世以来,SCR 驱动钻机获得了迅猛发展,不仅完全取代了 DC-DC 驱动,应用于海洋钻机,而且主宰了陆上深井、超深井钻机。

下面结合国产 ZJ60D,ZJ45D,ZJ60DS 钻机简要介绍 SCR 驱动系统及其特性。

1. ZJ60D 钻机的 SCR 驱动系统

1) 动力分配与控制系统

ZJ60D 的动力控制设备是引进的美国 GE 公司第 4 代产品 Micro Drill 3000 型。4 台柴油机交流发电机组并网,通过 7 台相同的可控硅整流装置驱动直流电动机,带动绞车、转盘和钻井泵。

控制系统可保证 4 台柴油机发电机组转速稳定,频率一致,并网方便;负荷能自动均衡分配;可随时指示钻机实际消耗功率,司钻据此可合理启用发电机台数,提高使用经济性。

2) 驱动特性

ZJ60D 直流电动机 GE752R 的机械特性如图 3-34 所示。ZJ60D 的 SCR 驱动系统可使绞车、转盘、钻井泵获得恒转矩无级调速特性,如图 3-35、图 3-36 和图 3-37 所示。

图 3-35 所示为绞车特性曲线。绞车传动效率为 90.4%,滚筒计算直径按第二层缠绳直径;对于游动系统效率,10 根绳时取 81%,12 根绳时取 77%;钻井钢丝绳为 1⅜ in;10 根绳时安全系数为 3,12 根绳时安全系数为 2。

图 3-36 所示为转盘 M-n 曲线。一台 GE752R 驱动,转盘传动效率为 91%,高挡传动比为 3.81,低挡传动比为 6.16。

图 3-37 所示为钻井泵传动轴扭矩-冲数曲线。两台 GE752R 驱动,链传动减速比为 2.5,链传动效率 98%。

3) SCR 驱动系统保护功能

ZJ60D AC-SCR-DC 驱动系统具有比较完善的保护功能,如:

(1) 柴油机。当转速超过额定值 18%、机油压力低于下限 $2.9×10^5$ Pa、冷却水出口温度超过 99 ℃时,柴油机自动停车。

(2) 交流发电机组。功率、电流和千伏安限制额定值为 650 kW,1 200 A,1 247

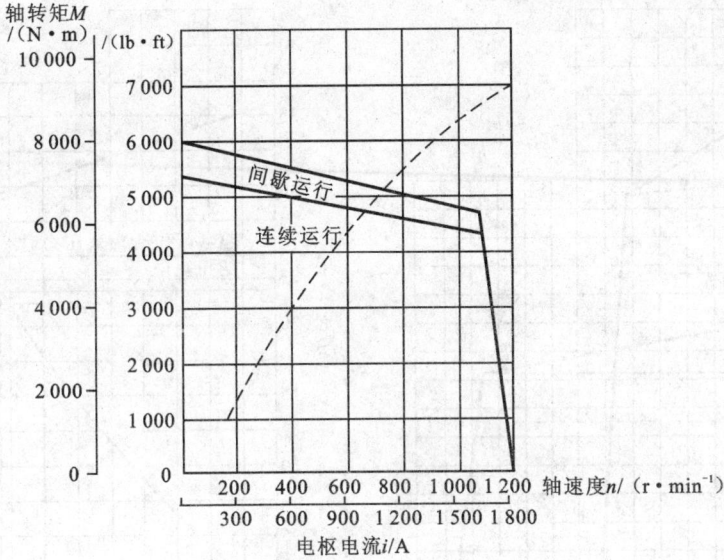

图 3-34 GE752R 特性(激磁电流为 50.5 A)
——— M-n 曲线；——— M-i 曲线

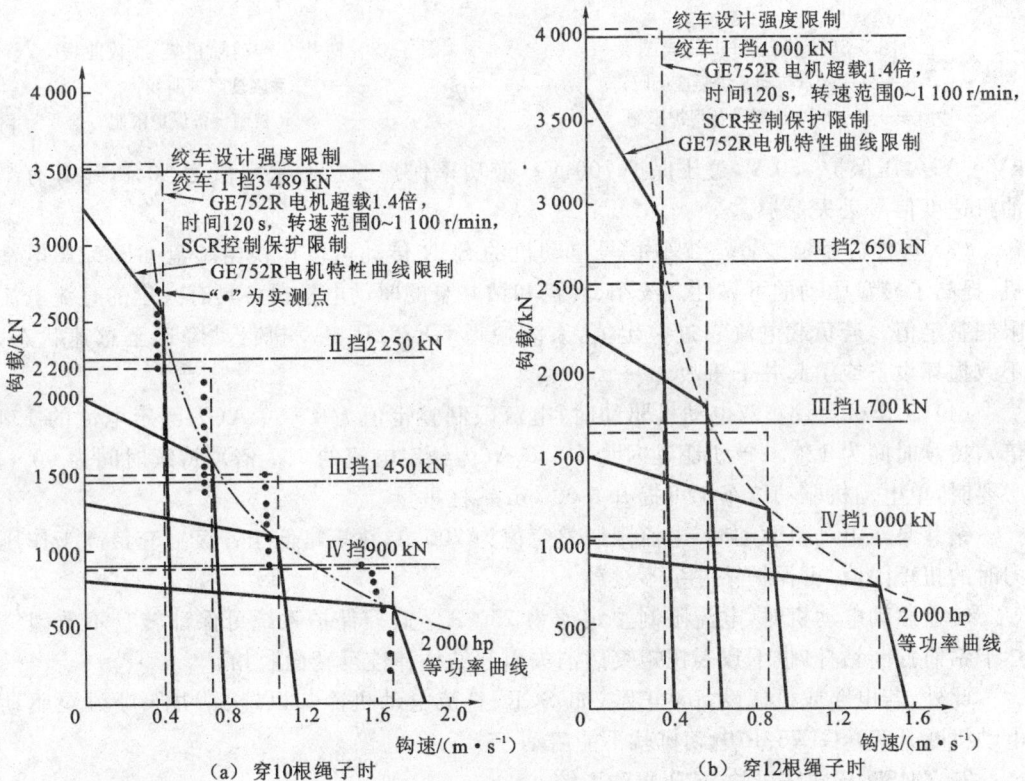

（a）穿10根绳子时

（b）穿12根绳子时

图 3-35 绞车提升曲线

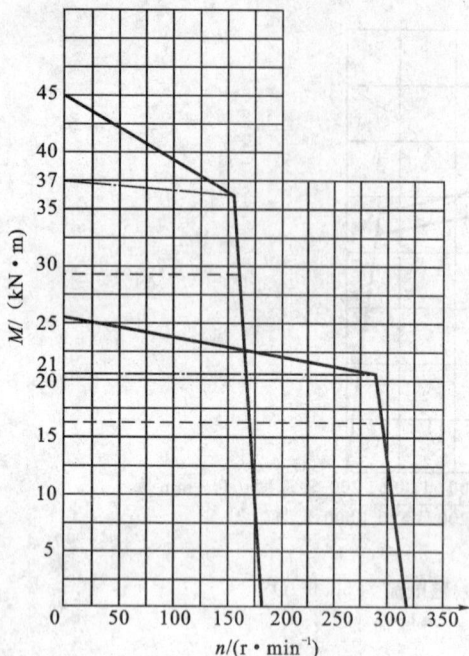

图 3-36　转盘 *M*-*n* 曲线图
—·—转盘传动装置强度所限；
————SCR 控制设备保护限制

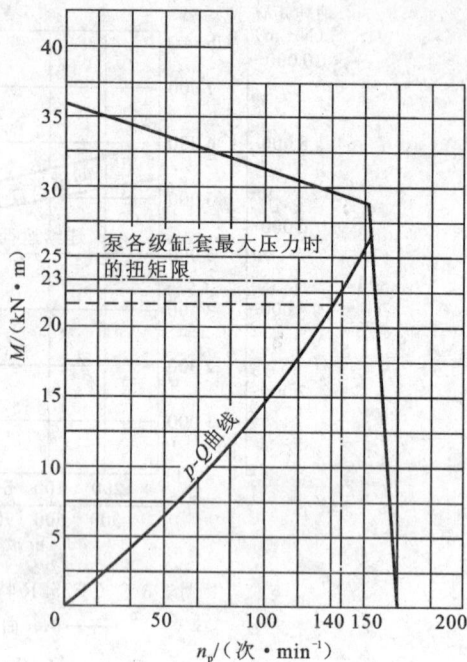

图 3-37　钻井泵传动轴扭矩-冲数曲线
—·—泵强度限制曲线；
————SCR 控制设备保护限制

kV·A；欠压保护 450 V，过压保护 700 V。逆功率保护的功率限定值为 10%，还具有柴油机速度信号丢失保护。

（3）可控硅整流装置。绞车 B 号电动机的 SCR 传动可以切换给转盘 GE752R 电动机，提高了转盘驱动的可靠性。绞车、转盘和钻井泵的驱动电动机各具有一定的直流电流限制整定值。若负载电流超过整定值，系统使得 GE752R 电动机自动降速至怠速状态，不致损坏设备或引起井下事故。

（4）工作机。绞车双电动机驱动时，电流限制整定值为 1 450 A（为额定电流的 1.4 倍），持续时间为 120 s；单机驱动时为 1 750 A（为额定电流的 1.7 倍），持续时间为 90 s。必要时，单电动机驱动绞车仍可提升 6 000 m 钻柱重量。

钻井泵双电动机驱动时，电流限制整定值为 700 A，扭矩略低于各级缸套最高工作压力时的扭矩限值，可保护钻井泵不过载。

转盘驱动电动机时，电流限制整定值为 750 A。监控保护系统可保证转盘不致因突然卡钻而拧断钻杆，也不致因扭矩突然消失引起钻柱弹性反转而脱扣。

此外，若电路或机械设备不正常（如 SCR、直流电动机冷却风扇、钻井泵喷淋泵驱动电动机断开等），GE752R 电动机就不能启动。

2. ZJ45D 丛式钻机的 SCR 驱动系统

ZJ45D 丛式井钻机动力分配见表 3-5。

表 3-5 ZJ45D(丛)动力分配

C_{1-3}	柴油机 PZ12V-190B 1 200 hp,1 500 r/min	FK_{1-4}	发电机控制柜
C_4	柴油机 PZ12V-190-2 530 hp,1 000 r/min	B_{1-2}	干式变压器 400 kV·A,500 V/380 V
F_{1-3}	交流发电机 TFW500M-4TH 50 Hz,600 V,1 000 kW	$1K_{1-2}$	框架式自动空气断路器 1 600 A,660 A
F_4	交流发电机 TZH320-6TH 50 Hz,400 V,320 kW	$2K_{1-3}$	塑壳式自动空气断路器 1 000 A,660 V
SCR1-6	可控硅柜 0~750 V,0~1 200 A	$3K_{1-3}$	塑壳式自动空气断路器 600 A,400 V
ZD1-6	直流电动机 Z490/380 515 kW,1 100 r/min	4K	切断未开

ZJ45D 的动力与控制设备是我国自行研制的,各主要机组的情况如下:

(1)柴油机发电机组。柴油机 PZ12V-190B,配备有全电子型调速系统,动态性能好(频率恢复时间约 1 s),稳态精度高(频率稳态调整率为 ±1)。

发电机为 TFW500M-4TH 型,1 000 kW,体积小,质量轻,绕组绝缘程度高。

试验表明:柴油机发电机组及其控制设备能在带不同 SCR 负载的小电网上可靠运行,技术指标和各种保护参数相当于国外 20 世纪 80 年代初的水平。

(2)可控硅传动装置。交流输入为 50 Hz,600 V;输出电压为 0~750 V 连续可调,输出直流电流为 750 A(额定值),瞬时最大电流为 1 200 A,双电动机驱动时,两机负荷均衡在 5% 以内。绞车具有恒功率保护特性曲线。采用宽脉冲触发方式(脉冲宽度电角度),大大提高了可控硅传动装置工作的可靠性。

(3)Z490/380 直流电动机。额定参数:容量 515 kW(700 hp),电压 750 V,电流 720 A,转速 1 100 r/min。他励式,励磁电压 110 V,励磁电流 50.5 A,绝缘等级 H。

额定工作条件:环境温度 -20~+45 ℃,海拔高度不超过 1 000 m。

3. ZJ60DS 钻机的 SCR 驱动系统

ZJ60DS 沙漠钻机 1996 年通过工业试验鉴定,其动力分配和控制系统与 ZJ60D 略有不同。

(1)柴油机交流发电机组采用 5 台柴油机发电,柴油机 Cat D399,1 000 r/min,1 010 hp,交流发电机为国产 TFW5606T,50 Hz,600 V;单台发电机组输出有功功率为 600 kW(若用国产机组为 Z12V190BYM-1 柴油机,TFW500M-6TH 发电机,60 Hz,600 kW)。

(2)6 台 SCR 传动控制柜分别控制 6 台直流电动机,电动机为 Z490/390,1 100 r/min,750 V,4 台电动机以二对一方式分别驱动两台钻井泵,另两台电动机驱动绞车,并通过链条驱动转盘。单台电动机连续功率(驱动钻井液泵)为 606 kW,间歇功率(驱动绞车)为 735 kW。

（3）电控系统采用模拟控制加微机检测，具有故障显示、报警、自动诊断和保护功能。

4．SCR 驱动的交流发电机

1）柴油机与发电机的功率匹配

据相关资料介绍，SCR 电驱动中柴油机与发电机功率匹配原则与一般使用环境下不相同，发电机铭牌上的额定功率值（$\cos\varphi=0.7$）应比柴油机铭牌上的持续功率大。最经济的匹配计算式为：

$$N_e = \left(1 - \frac{\cos\varphi - \cos\lambda}{\cos\varphi}\right)\frac{P_f}{\eta_f\eta_T} \tag{3-14}$$

$$N_e = \left(1 - \frac{\cos\varphi - \cos\lambda}{\cos\varphi}\right)\frac{S_f\cos\varphi}{\eta_f\eta_T} \tag{3-15}$$

式中，N_e 为柴油机额定持续功率，kW；$\cos\varphi$ 为发电机额定功率因数；$\cos\lambda$ 为 SCR 装置的平均功率因数；P_f 为发电机额定有功功率，kW；S_f 为发电机额定视在功率，kV·A；η_f 为发电机效率，一般取 0.95；η_T 为机组传递效率，一般取 0.98～0.99。

SCR 电驱动发电机通常按 $\cos\varphi=0.7$ 设计（滞后），SCR 装置的功率因数取决于接线方式。当采用三相桥式全控制整流电路时，其平均功率因数 $\cos\lambda=0.55$，则 $\cos\varphi$ 比 $\cos\lambda$ 高 21.4%。如不计 η_f 和 η_T，则发电机铭牌上额定功率值也应比柴油机铭牌上持续功率大 21.4%。

ZJ60D 钻机柴油机发电机功率匹配与此原则相吻合。柴油机 D399TA，转速 1 000 r/min，功率 742.6 kW（1 010 hp）；发电机 GTA30，功率 945 kW。发电机功率比柴油机功率大 21.4%。

2）发电机额定参数

单机功率 1 000～1 500 kW，额定输出电压 600 V（以便与 SCR 整流器和电动机相匹配）；频率 60 Hz 或 50 Hz（如国产 TFW500M-4TH，50 Hz）；额定转速 1 000～1 500 r/min。

ZJ60D 钻机采用的 GTA30 发电机的工作原理如图 3-38 所示。转子装有谐波抑制器，能有效地抑制高次谐波。定子装有电压调节器，以保证输出电压的稳定性。该发电机体积小，质量轻，使用寿命长，平均两次大修间隔可达到 243 900 h（同类产品为 231 300 h）。

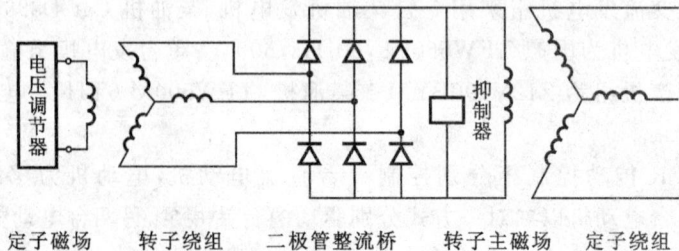

定子磁场　　转子绕组　　二极管整流桥　　转子主磁场　　定子绕组

图 3-38　GTA30 型发电机工作原理图

5. SCR 电驱动钻机的直流电动机

1）额定参数

额定功率一般为：持续 600～735 kW，断续 735～900 kW。前者用于转盘、钻井泵；后者用于绞车。额定电压 750 V，额定转速 1 000～1 500 r/min。

2）优先选用他励电机

串励电动机具有软特性，可得到较大启动转矩和较好的处理故障的能力。但是，反接制动和反转需要用大电流接触器变换磁场极性；传动链条、胶带脱开时易发生超速；驱动绞车仍需要配备机械挡、与钻井泵不能较好匹配。

他励电机具有恒转矩调节特性（图 3-29），比串励机更适合用于钻井泵，配备一定的机械变速挡也能很好地用于绞车和转盘；容易实现反转，控制调节简单。所以，现代海洋或陆用 SCR 电驱动钻机都优先选用他励电动机。

他励电动机可进行弱磁调速，但范围不宜过大，一般以 1.2∶1 为宜；驱动绞车时要配备 3～4 个机械挡。

3）直流电动机 GE752R

GE 公司生产的钻机用直流电动机 GE752R 的额定参数为：连续工作的额定功率 736 kW（1 000 hp），间隙工作的额定功率 920 kW（1 250 hp）；额定电压 750 V；额定转速 1 075 r/min。

美国 GE 公司的 GE752U，AR，AU 电动机是早期产品。20 世纪 80 年代初开发的 GE752AFS 的各项参数均可覆盖上述各型电动机。GE752AFS 是串励电机，若需其他励磁方式，稍加改进即可。

引进 GE 公司技术生产的 Z490/380 和 Z490/390 直流电动机相当于 GE752R。永济电机厂引进 GE 公司的 GE752AF8 技术，研制了 800 kW 钻机用直流电动机 YZ08（串励）和 YZ08F（他励）以及 SCR 顶驱电动机 YZ10，用于国产 SCR 电驱动钻机 ZJ20D（YZ08F），ZJ50D，ZJ60D，ZJ70D 及顶驱钻井系统 DQ-60P（YZ10）。

三、交流变频电驱动钻机

AC-AC 是钻机最早采用的驱动方式。由于交流电动机具有硬特性，不能满足钻机工作机对调速的要求，随着 DC-DC 和 SCR 驱动型式的发展，使 AC-AC 驱动型式失去了竞争力。

随着电力电子技术的发展，交流变频调速已发展成为一门成熟的交流变频技术，已使交流电动机的调速控制性能达到了直流电动机调速控制性能的水平。此外，与直流电动机相比，交流电动机没有整流子、炭刷等活动部件，防爆要求低，无须维护，安全可靠；单机容量大，体积小，质量轻，价格便宜。因此，随着交流变频调速技术的发展，先进、成熟的交流变频器系列产品的问世和应用，使 AC 变频驱动钻机和顶驱钻井系统比 SCR 直流电驱动型式具有明显优势，成为电驱动钻机发展的方向。

1. 交流变频电驱动基本工作原理

交流电动机转速关系式为 $n=60f(1-S)/p$,改变 p,S 或 f 都可以改变转速,但最好的调速方法是改变输入的电源频率 f。为此,需要一个输出频率 f 及电压均可调并具有良好控制性能的变频电源。

随着电力电子技术的发展,采用可自关断的全控器件,应用脉宽调制(PWM)技术及电动机矢量控制技术,研制成先进的交流变频器,形成了成熟的交流变频电驱动系统。

交流变频电驱动系统由交流电源、交流变频器和交流电动机组成。对于石油钻机,交流电源主要是柴油机交流发电机发出的交流电(380~600 V)。交流变频器的主回路由一个整流器和一个逆变器组成,两者通过直流电路相连接。整流器将输入的固定频率的交流电变为直流电,逆变器再将直流电变为频率和幅值可调的交流电供给交流电动机,从而可准确地调节控制电动机的转速和扭矩。

2. 交流变频电驱动的特点

交流变频电驱动的特点是:

(1)能精确控制电动机转速和转矩,使钻机的绞车、转盘实现无级变速;可实现恒功率调速,调速范围宽,大大简化了机械变速机构;低速性能好,能以极低速度恒扭矩输出,对处理钻井事故、侧钻修井、小钻井液流量作业及优选参数钻井极为有利;当电动机转速为零、处于制动状态时,可保持最大扭矩、静悬钩载。

(2)具有转矩转速限定功能,可防止扭断钻柱、损坏传动机件;变频器对电动机有过载、过热、过电流保护性能。

(3)电动机短时超载能力强(1.5~2倍),可带载平稳启动;下钻时可实现对电网能量反馈,减少制动装置的能量损耗,节约能源。

(4)交流电动机效率高达 96%(直流电动机为 91%),没有炭刷换向器,不需制成防爆型,不需管道强制冷却,维护费用低,易于操作管理,可靠性高,安全性好。

(5)容易实现自动化控制,提高钻井自动化水平。交流变频器备有多种通讯接口,通过专用接口可与微机连接,可实时自动检测钻井参数,并实现自动调节控制,提高钻井自动化水平。

3. 交流变频电驱动绞车的特性

20 世纪 90 年代以来,我国的科技人员和有关单位积极开展了将交流变频调速技术用于石油钻采设备电驱动的试验研究工作。1996 年和 1998 年,有关单位与辽河、胜利等油田合作,成功对 ZJ20 钻机的绞车、转盘、钻井泵、80 t 修井机和电动潜油泵进行了变频改造与交流变频电驱动试验。在上述实践的基础上,我国成功研制了交流变频电驱动石油钻机。

图 3-39 所示为 JC30DB 型交流变频电驱动绞车起升特性曲线,即钩载与大钩速度的关系曲线。通过对 JC30DB 型绞车起升特性分析可知:在频率 0~21 Hz 范围内,绞车是恒转矩输出的,起升大钩速度在 0~0.319 m/s 范围,起升大钩载荷基本为恒定值,最大钩载为 1 934 kN,绞车可以利用此段特性起升最大载荷;在频率 21~45 Hz 范围内,绞车是

恒功率输出的,大钩速度在 0.319～0.681 m/s 范围内,最大钩载为 1 924 kN,最小钩载为 902 kN,绞车可以利用此段特性进行正常钻井作业;在频率 45～80 Hz 范围内,绞车是高转速输出的,功率下降的同时输出转矩降低,大钩速度在 0.681～1.231 m/s 范围内,最大钩载为 902 kN,最小钩载为 288 kN,绞车可以利用此段特性进行下钻或起空吊卡等作业工况。

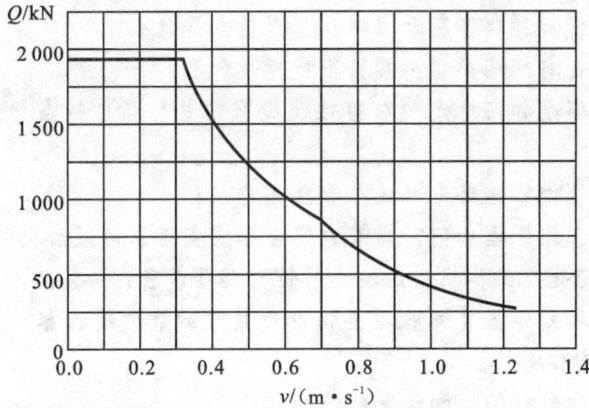

图 3-39　JC30DB 型电驱动绞车起升特性曲线

4. 交流变频电驱动顶驱的特性

图 3-40 所示为 Varco 交流变频电驱动顶驱的特性曲线,即驱动扭矩与转速的关系曲线。与绞车特性相比,两者非常类似,都具有软特性,同样分为恒扭矩段和恒功率段。

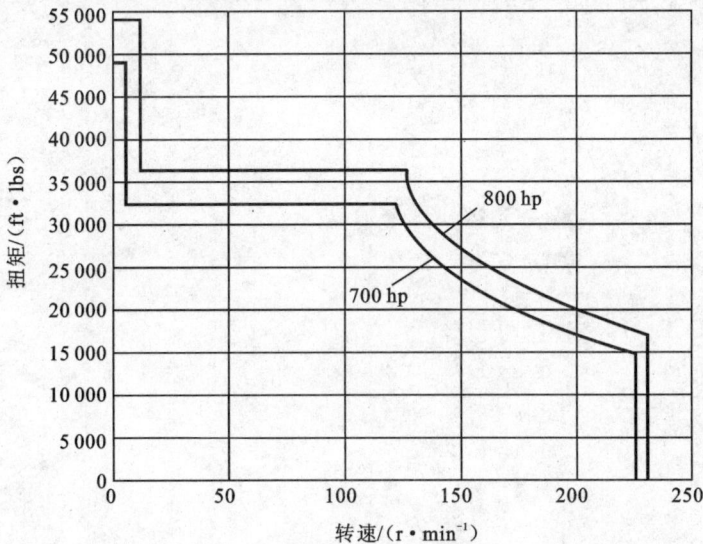

图 3-40　Varco 交流变频电驱动顶驱的特性曲线

由以上数据可以看出,交流变频驱动具有调速范围宽、调速特性好的特性,特别是交流电机具有超频超速的特性,不需要再增设变速挡,使机械结构大简化,且各项性能指标均有不同程度的提高。

本章思考题

1. 石油钻机三大工作机组的负载特性如何？对驱动传动装置有什么特殊要求？

2. 石油钻机有哪三种典型驱动方案？主要特点是什么？

3. 钻机驱动设备有哪些类型？其特征指标是什么？

4. 柴油机的功率是如何标定的？特性曲线有哪些？各自特点如何？国产柴油机的型号如何表示？

5. 机械传动系统由哪些部分组成？有什么特点？

6. 液力传动的工作原理如何？当液力偶合器或变矩器与柴油机联合工作时，动力机组的输出特性有何变化？工作机组的输出特性有哪些改善？

7. 液力偶合器和变矩器有哪些主要特性参数？参数如何计算？试述几种典型钻机用液力变矩器的结构和特性。

8. 交流电动机的机械特性和调速特性如何？

9. 直流电动机的机械特性和调速特性如何？

10. 可控硅直流电驱动钻机系统由哪些部分组成？各有什么优点和特点？其发展前景如何？

11. 交流变频电驱动钻机有哪些特点？其发展前景如何？

第四章

石油钻机的起升系统

起升系统包括绞车、游动系统、井架。起升系统是石油钻机的核心。它的主要作用是在钻井过程中起升和下放钻柱、控制钻头施加在井底的钻压、下放加固井壁的套管及其他辅助作业等。本章主要分析起升系统的基本原理和设备特点。

第一节 起升系统工作原理

一、起下钻操作

1. 起钻操作

更换钻头时需将井中的全部钻柱取出,这称为起钻作业。起钻包括以下操作:

(1) 上提钻具全露方钻杆,用卡瓦或吊卡将钻柱坐在转盘上。

(2) 旋下方钻杆,将方钻杆和水龙头置于大鼠洞中。

(3) 用吊环扣住钻杆接头。

(4) 挂合绞车滚筒,带动钻柱起升,提出卡瓦,将井中整根钻柱起升一个立根高度,然后摘开离合器,刹车。

(5) 稍松刹车,下放钻柱,用卡瓦或吊卡将钻柱卡坐在转盘上。

(6) 用液压大钳崩扣后卸扣。

(7) 将立根移入钻杆盒并靠在二层台指梁中,摘开吊卡。

(8) 下放空吊卡至转盘上方刹住。

起另一立根时又重复上述操作。每起一个立根就构成一个起钻循环,直到将井中钻柱全部起出为止。

2. 下钻操作

将钻头、钻铤、方钻杆组成的钻柱下入井中,这称为下钻作业。下钻包括以下操作:

(1) 挂吊卡,以高速挡提升至一个立根高度。

(2) 在二层台处扣吊卡,稍提立根移至井眼中心,对扣。

(3) 用液压大钳上扣后紧扣。

(4) 稍提钻柱,移出卡瓦或吊卡。

(5) 用机械刹车和辅助刹车控制下放速度,将钻柱下放一个立根的距离。

(6) 借助吊卡(或卡瓦)将钻柱坐在转盘上,从吊卡上将吊环脱开。

下另一立根时又重复上述操作。

二、游动系统中钢丝绳与滑轮的运动分析

如图 4-1 所示,设 v 为大钩速度,v' 为钢丝绳快绳速度,v_1' 为第 1 根有效钢丝绳速度,v_n' 为第 n 根有效钢丝绳速度,v_Z' 为第 Z 根有效钢丝绳速度,v_d 为死绳速度,v'' 为天车滑轮的切向速度,Z 为有效绳数(除快绳和死绳以外的游绳数),D_c 为滑轮直径,则钢丝绳速度由快绳侧至死绳侧依次为:

$$\left. \begin{array}{l} v'=v_1'=10v=Zv \\ v_2'=v_3'=8v \\ \cdots \\ v_n'=v_Z'=v_d=0 \end{array} \right\} \tag{4-1}$$

天车滑轮的切向速度 v'' 和转速 n 依次为:

$$\left. \begin{array}{l} v_1''=Zv,n_1=\dfrac{60Zv}{\pi D_c} \\ \\ v_2''=8v,n_2=\dfrac{60\times 8v}{\pi D_c} \\ \\ \cdots \\ v_6''=0,n_6=0 \end{array} \right\} \tag{4-2}$$

式中,v_1'' 和 v_6'' 分别为第 1 个和第 6 个天车轮的切向速度;n_1 和 n_6 分别为第 1 个和第 6 个天车轮转速。

通过上述分析可知:在起下钻过程中,快绳一侧滑轮的转速要比死绳一侧的高数倍,所以当天车、游车进行检修时应将其滑轮及轴承倒换一下,以使轴承的使用寿命均衡。在完成轴承选型计算时,应以快绳侧的轴承工况作为依据。同样,在快绳侧的钢丝绳由于弯曲次数比死绳侧多出数倍,快绳一侧的钢丝绳会提前疲劳断丝,所以钢丝绳经过一定时间后应从死绳端储绳卷筒中放出新绳,从滚筒上斩掉一段钢丝绳重新固定缠好,即一段一段地向滚筒方向补充新绳。

三、游动系统中钢丝绳拉力和效率

在图 4-1 中,设 Q_t,η_t 为起升时游动系统的起重量和效率,Q'_t,η'_t 为下钻时游动系统的起重量和效率,P_f,P_d 为快绳和死绳拉力,P_1,P_2,$\cdots$,P_Z 分别为游绳拉力。

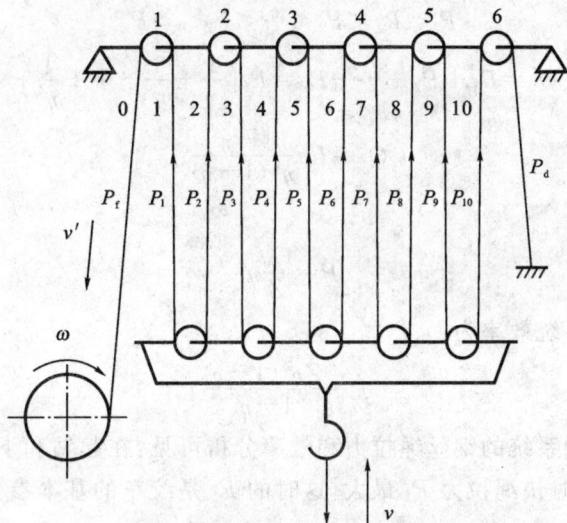

图 4-1　游动系统的运动和钢丝绳拉力

(1) 当大钩静止悬重时,各段游绳拉力相等。

$$P_f = P_1 = \cdots = P_d$$

$$P_f = \frac{Q_c}{Z}$$

(2) 当起升时,滑轮轴承的摩擦阻力和通过滑轮时的弯曲阻力使各绳拉力发生了变化。

$$P_f > P_1 > P_2 > \cdots > P_{Z-1} > P_Z$$

设 η 为一个轮绳的效率,则有:

$$P_f = \frac{P_1}{\eta} = \frac{P_2}{\eta^2} = \cdots = \frac{P_Z}{\eta^Z}$$

因为,$Q_t = P_1 + P_2 + \cdots + P_Z$,所以:

$$Q_t = P_f(\eta + \eta^2 + \cdots + \eta^Z)$$

上式括号内为一等比级数和,又可写为:

$$Q_t = P_f \frac{\eta(1-\eta^Z)}{1-\eta}$$

由于 $P_f = \dfrac{Q_t}{Z}\dfrac{1}{\eta_t}$,所以起升时的游动系统效率为:

$$\eta_t = \frac{\eta(1-\eta^Z)}{Z(1-\eta)} \tag{4-3}$$

可见，游动系统的效率主要取决于游动系统有效绳系 Z，Z 愈多，η_t 愈低。另外还与单轮效率 η 有关，η 的大小取决于滑轮轴承类型和钢丝绳特性。

当装滚动轴承、较大的滑轮和用较软的钢丝绳时，$\eta=0.98$；当装滚动轴承用较硬的钢丝绳时，$\eta=0.96\sim0.97$；当装滑动轴承和绳轮较小时，$\eta=0.95$。

（3）下钻时的情况与起钻时相反。

$$P_f<P_1<P_2<\cdots<P_{z-1}<P_z$$

$$Q'_t=P_1+P_2+\cdots+P_z=P_f\left(\frac{1}{\eta}+\frac{1}{\eta^2}+\cdots+\frac{1}{\eta^z}\right)$$

$$Q'_t=P_f\frac{1-\eta^z}{\eta^z(1-\eta)}$$

由于

$$P=\frac{Q'_t}{Z}\eta'_t$$

所以下放时的游动系统效率为：

$$\eta'_t=\frac{Z\eta^z(1-\eta)}{1-\eta^z} \tag{4-4}$$

通过以上对游动系统的钢丝绳拉力和效率分析可见：在起钻和下钻时各游绳的拉力是不同的，其中起钻时快绳拉力 P_f 最大，这时的 P_f 是绞车的基本参数，也是选用钢丝绳的依据。

η_t 和 η'_t 虽然计算公式不一样，但当 Z 相同时它们的值是非常接近的，因此取 $\eta_t\approx\eta'_t$ 也可以保证足够的准确度。

将式（4-3）和式（4-4）相乘，得：

$$\eta_t\eta'_t=\eta^{z+1}$$
$$\eta_t^2=\eta^{z+1}$$
$$\eta_t=\eta^{\frac{z+1}{2}} \tag{4-5}$$

表 4-1 中给出的常用 η_t 值可直接选用。对麻芯、右捻柔性钢丝绳和滚动轴承的滑轮，常取 $\eta=0.98$；对钢丝芯、左捻硬性钢丝绳，取 $\eta=0.96\sim0.97$；对于滑动轴承的滑轮，取 $\eta=0.95$。

表 4-1 起下钻时游动系统效率

游动系统结构	有效绳数 Z	η_t				
		$\eta=0.98$	$\eta=0.97$	$\eta=0.96$	$\mu=0.95$	API 标准
2×3	4	0.95	0.93	0.90	0.88	—
3×4	6	0.93	0.90	0.87	0.84	0.874
4×5	8	0.91	0.87	0.83	0.79	0.841
5×6	10	0.90	0.85	0.80	0.75	0.81
6×7	12	0.83	0.82	0.77	0.72	0.77

四、绞车滚筒转速和大钩提升速度

从图 4-1 可见,某挡位下绞车滚筒的转速 n_i 为:

$$n_i = n_e i_i \tag{4-6}$$

式中, n_e 为提升柴油机的输出轴转速,r/min; i_i 为绞车第 i 挡提升时从柴油机输出轴到滚筒轴的总传动比。

i_i 是变矩器(或减速器)本身传动比传至绞车输入轴,经变速轴再传至滚筒轴的各分传动比的连乘积。

某挡位下,大钩的提升速度为:

$$v_i = \frac{\pi D_i n_i}{60} \tag{4-7}$$

式中, D_i 为提升时滚筒缠至第 i 层钢丝绳时的工作直径,m。

由于 D_i 的变化,当 n_i 一定,在起升一立根过程中起升速度是阶梯变化的,如图 4-2 所示。

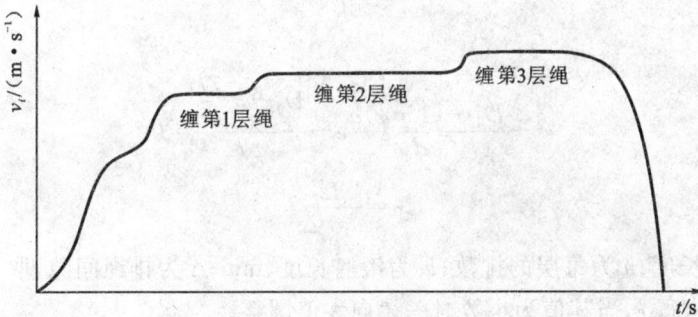

图 4-2 大钩起升速度图

五、滚筒缠绳直径的确定

1. 无槽滚筒的缠绳

设图 4-3 所示滚筒的外径和钢丝的直径分别为 D_0 和 d,缠一层绳时滚筒直径 $D_1 = D_0 + d$。第 1 层缠绳一般不松开工作,以利于排绳。

当第 1 层为左旋缠绳时,第 2 层必为右旋缠绳。钢丝绳在拉力作用下约有 3/4 圈落入前一层的绳槽中,如图 4-3(b)所示,则 $h = 0.866d$;还有约 1/4 圈必须由一槽跳向另一相邻槽中,这时钢丝绳直径重叠起来,

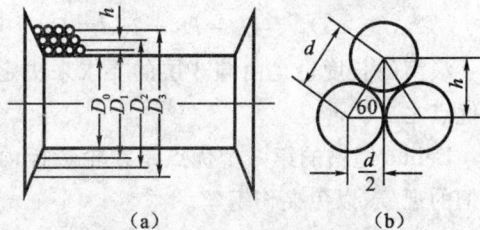

(a)　　　　(b)

图 4-3 缠绳滚筒直径的变化

$h=d$。由此,可近似认为每一整圈缠绳在滚筒半径上的增量平均值 $h=\varphi d$。

$$\varphi=\frac{3}{4}\times 0.866+\frac{1}{4}\times 1=0.9$$

因此,滚筒缠绳直径依次变化如下:

滚筒原始直径:D_0

第 1 层缠绳直径:$D_1=D_0+d$

第 2 层缠绳直径:$D_2=D_0+d+2\varphi d$

任意 i 层缠绳直径:$D_i=D_0+d+2(i-1)\varphi d$

第末层缠绳直径:$D_e=D_0+d+2(e-1)\varphi d$

设从第 2 层开始缠绳,缠至第末层,则平均缠绳直径为:

$$D_m=\frac{D_2+D_e}{2}=D_0+(e\varphi+1)d \tag{4-8}$$

上式中的缠绳总层数 e 取决于提升立根的总长度和有效绳数 Z。

根据

$$Zl=\pi D_m n(e-1)$$

有:

$$e^2+\frac{D_0+(1-\varphi)d}{\varphi d}e-\frac{D_0+d}{\varphi d}\frac{Zl}{\pi n}=0 \tag{4-9}$$

$$n=\frac{L}{d+\Delta}$$

式中,l 为立根长度;n 为每层的排数;L 为滚筒长度,mm;Δ 为排绳间隙,取 $1\sim 1.5$ mm。

从上式可求得 e,当其值为小数时一律向大值圆整。

2. 带槽滚筒的缠绳

现代滚筒多采用 Lebus 绳槽,其结构如图 4-4 所示。由于滚筒有槽,导致钢丝绳大部分作环状缠绕,并在 180°对侧有两次跳槽,从而避免了一侧跳槽带来的滚筒旋转质量不均匀现象,这是优点之一。另外,这种带槽滚筒的第 1 层缠绳可以松开工作,从而减少了总的缠绳层数,一般缠绳 3 层即可起一个立根,因此第 2 层缠绳直径也就是平均缠绳直径。

$$D_m=D_2=D_1+2\varphi d=D_0-0.4d+2\varphi d=D_0+(2\varphi-0.4)d \tag{4-10}$$

滚筒的长度也是由缠 3 层的要求来决定的,其结果是减小滚筒的受力及结构尺寸,这是优点之二。

Lebus 绳槽的第 3 个优点是在轮毂板内侧焊有舌形板,避免了靠边的绳排嵌入内层绳槽的现象,以免夹伤钢丝。

Lebus 绳槽有两种制造方法:一种是在光滚筒面上用靠模车削绳槽;另一种是用精密铸造法制成 2 片或 4 片带槽筒皮,然后焊在筒面上。

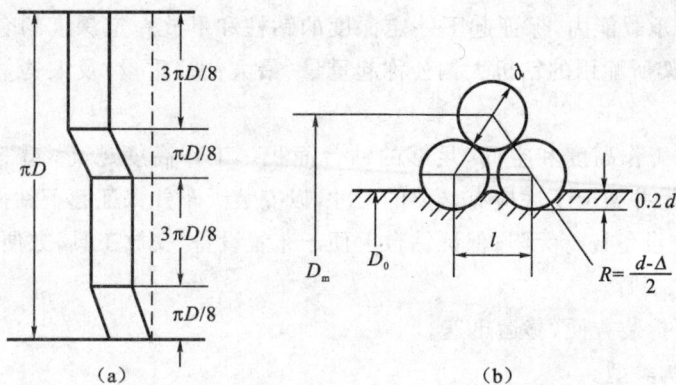

图 4-4 带 Lebus 绳槽的滚筒

第二节 井架及底座

钻井井架是起升设备的重要组成之一。它不仅要承受水平载荷,还要承受可高达 9 000 kN 的大垂直载荷。因此,钻井井架必须具有足够的强度、刚度和整体稳定性。

一、井架及其结构类型

1. 概述

1) 功能

井架的功能主要是:

(1) 安放天车,悬挂游车、大钩、顶部驱动系统及专用工具(如吊钳等),在钻井过程中进行起下钻具操作、下套管。

(2) 起下钻过程中存放立根。能容纳立根的总长度称立根容量。

2) 结构组成

石油矿场中使用各种井架,如图 4-5 所示。井架的组成主要是:

(1) 井架主体。多为型材组成的空间桁架结构。

(2) 天车台。安置天车和天车架。

(3) 天车架。安装、维修天车。

(4) 二层台。包括井架工进行起下操作的工作台和存靠立根的指梁。

(5) 立管平台。装拆水龙带操作台。

(6) 工作梯。

3) 钻井工艺对井架的基本要求

钻井工艺对井架的基本要求是:

（1）足够的承载能力,保证起下一定深度的钻柱和下放一定深度的套管柱。所谓足够,即要与该井架所配用的钻机大钩公称起重量(最大钻柱重量)及大钩最大起重量相适应。

（2）足够的工作高度和空间,足够的钻台面积。工作高度越高,起下的立根长度越长,可节省时间。井架上下底应有必要的尺寸,以安装天车并保证起下钻操作时游动系统设备或顶驱系统设备畅行无阻;保证钻台上便于布置设备、安放工具,方便工人安全操作,使司钻有良好的视野。

（3）应保证拆装方便,移运迅速。

2. 整体结构类型

钻井井架按整体结构型式的主要特征可分为塔形井架、前开口井架、A 形井架、桅形井架、动力井架等多种类型。

1）塔形井架

塔形井架(图 2-1)是一种四棱锥体的空间结构,横截面一般为正方形。井架本体分成四扇平面桁架,每扇又分成若干桁架,同一高度的四面桁格在空间构成井架的一层,故塔形井架本体又可看成是由许多层空间桁架所组成的。

塔形井架整体结构型式的主要特征是:

（1）井架本体是封闭的整体结构,整体稳定性好,承载能力大。

（2）整个井架是由单个构件用螺栓连接而成的可拆结构。

井架尺寸可不受运输条件限制,允许井架内部空间大,起下钻操作方便、安全,但单件拆装工作量大,高空作业,不安全。

近年来,国外在超深井钻机中配备了一种四柱腿式塔形井架。每根腿可以是矩形断面的杆件结构,也可以是圆筒形薄壁壳结构。

2）前开口井架

图 4-6 所示为前开口井架,又称 K 形井架或 Π 形井架,国产新型钻机井架均属此类。

前开口井架的主要特征是:

（1）整体井架本体分成 4～5 段,各段一般为焊接的整体结构,段间采用锥销定位并与螺栓连接,地面或接近地面水平组装,整体起放,分段运输。

（2）因受运输尺寸限制,井架本体截面尺寸比塔形井架小。为方便游动系统设备上下畅行和便于放置立根,井架做成前扇敞开、截面为 K 形不封闭空间结构。有的 K 形井架最上段做成四边封闭结构,以增强整体稳定性。

（3）井架各段两侧扇桁架结构型式相同。为保证司钻有良好的视野,背扇采用不同的腹杆布置,如菱形等。有些 K 形井架的背扇横斜杆是由锁轴与左右侧片连接的可拆卸结构,便于井架分片运输。

近年来,我国在 K 形井架研制方面进展迅速,已设计制造了配用 1 500～12 000 m 钻机的多种 K 形井架并投入矿场使用。

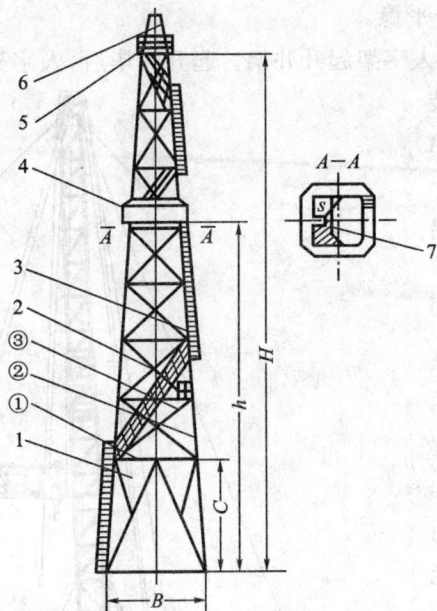

图 4-5　井架的基本组成

1—主体(① 横杆；② 弦杆；③ 斜杆)；2—立管平台；

3—工作梯；4—二层台；5—天车台；6—人字架；7—指梁

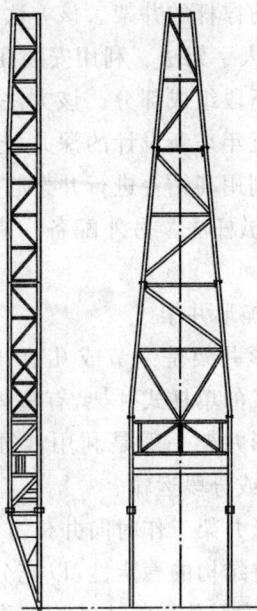

图 4-6　前开口井架结构图

3）A 形井架

（1）A 形井架结构型式的主要特征：

① 两大腿通过天车台、二层台及附加杆件连成"A"字形。在大腿的前方或后方有撑杆支承，或后方有人字架支承，构成一个完整的空间结构。整个井架在地面或接近地面水平组装，整体起放，分段运输。

② 大腿可以是空间杆件结构，分成 3～5 段。依据所选用型材不同，大腿断面一般分为矩形和三角形。用管材作大腿弦杆者多采用三角形，用角钢者多采用矩形，以便于制造。撑杆有杆系柱结构、矩形断面板焊柱结构或管柱结构几种。

③ A 形井架的每根大腿都是封闭的整体结构，承载能力和稳定性较好。但由于有两腿且腿间联系较弱，致使井架整体稳定性不理想。

图 4-7 所示为一种 A 形井架的结构简图。

（2）A 形井架基本起升方式有三种：

① 撑杆法。利用井架本身来起升井架，一般只用

图 4-7　A 形井架结构简图

于采用前撑杆的井架。该方法安装方便,起升平稳。

②人字架法。利用安装在钻机底座上的人字架起升井架。起升完毕后,人字架便构成井架下段组成部分。该方法起升平稳,安装方便。近年来新设计的深井、超深井高钻台A形井架利用高钻台进行井架起升。

③扒杆法。另外配备一套起升扒杆来吊升井架。

4)桅形井架

桅形井架是一节或几节杆件结构或管柱结构组成的单柱式井架,有整体式和伸缩式两种。桅形井架一般是利用液缸或绞车整体起放,整体或分段运输。

桅形井架工作时向井口方向倾斜,需利用绷绳保持结构的稳定性,以充分发挥其承载能力,这是桅形井架整体结构的重要特征。

桅形井架结构简单、轻便,但承载能力小,只用于车装轻便钻机和修井机。

图4-8所示为XJ250修井机伸缩式桅形井架。

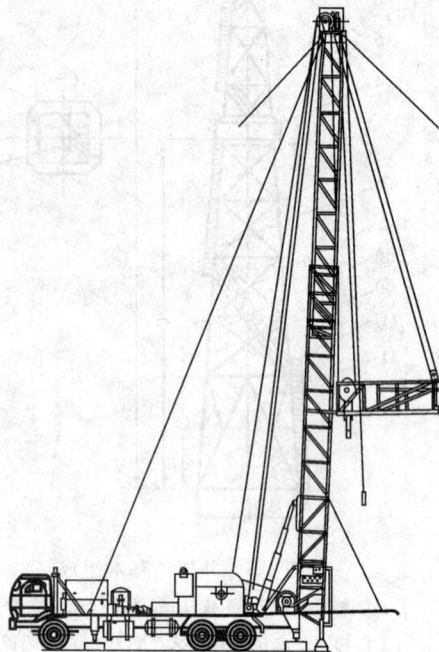

图4-8 XJ250修井机伸缩式桅形井架

二、井架基本参数及受力分析

1. 井架的基本参数

井架的基本参数包括:

(1)最大钩载。井架的最大钩载是指死绳固定在指定位置、用规定的钻井绳数、没有风载和立根载荷的条件下大钩的最大起重量。最大钩载包括游车和大钩的自重(钻机的最大钩载不包括游车和大钩自重)。

(2)立根载荷。立根载荷是指立根自重及其承受的风载在二层台指梁上所产生的水平方向作用力。

(3)井架高度。井架的高度根据其类型不同而定义。

①塔形井架的高度是指井架大腿底板底面到天车梁底面的垂直高度。

②前开口井架和A形井架的高度是指井架下底支角销孔中心到天车梁面的垂直高度。

③桅形井架的高度是指撬座或车轮与地面接触点到天车梁底面的垂直高度。

(4)井架的有效高度。井架的有效高度是指钻台到天车梁底面的垂直高度。

（5）二层台高度。二层台高度是指由钻台面到二层台面的垂直高度。

（6）二层台容量。二层台容量是指二层台（安装在最小高度上）所能存放钻杆的数量。

（7）上底尺寸和下底尺寸。塔形井架的上底尺寸和下底尺寸分别指井架相邻大腿上底和下底轴线间的水平距离。对于单角钢大腿，则指角钢外缘之间的距离。

（8）大门高度。塔形井架大门高度是指井架大腿底板底面到大门顶面的垂直高度。大门高度一般应高于 8 m，以便将单根拉上钻台。

2．井架基本载荷分析

1）恒载

井架的恒载是指长期作用在井架上的不变载荷，包括井架本身的重量及在其上的各种设备和工具的重量，如天车、游动系统和吊钳等。设计计算井架时一般按集中载荷分配到井架相应各层节点上。井架工作时与起落时载荷不同，分布到各点上的力也不同。

2）大钩载荷

计算时取其最大值，即最大钩载。闭式塔形井架和 A 形井架的钩载一般按作用在井架顶部中心考虑；前开口井架和桅形井架的作用点随具体结构而异。

3）工作绳拉力

工作绳拉力指最大钩载在快绳和死绳中所产生的合力。由于死绳固定位置且一般与快绳不对称，其合力的作用方向往往与井架本体的几何轴线偏移一个角度，因而井架各大腿实际受力不同。为简化计算，可以按下式近似计算作用力：

$$P_s \approx 2P = \frac{2(Q_{max} + 10G)}{Z} \tag{4-11}$$

式中，P_s 为工作绳作用力，kN；P 为大钩静止悬重时的游绳拉力，kN；Q_{max} 为最大钩载，kN；G 为游动系统（包括大钩、游车、游绳）重量，kN；Z 为游动系统的有效绳数。

4）风载

井架结构在风中的情况很像一个沉没在水中的固定物体的情况。风是空气的运动，井架是风在运动路程上的障碍物。当运动的空气受阻或被迫变更方向时，空气运动的动能转变成压力能，压力的压强取决于风速、空气的密度及结构形状、风向和面积。

井架在工作时所受的风载可按下式计算：

$$P_w = Wf \tag{4-12}$$

式中，P_w 为作用在井架上的风载，N；f 为承风面面积，即垂直于风向的井架外廓面积，m^2；W 为作用在井架上的计算风压，Pa。

$$W = W_0 K_0 K_g K\beta \tag{4-13}$$

式中，W_0 为基本风压，Pa；K_0 为工作风压系数，一般取 0.3～0.4，如 W_0 值大则 K_0 取小值，反之取大值，如此值取 1，则 W 为最大风压；K_g 为风压高度变化系数；K 为风压体型系数；β 为风振系数。

各系数可查阅相关气象标准。

153

基本风压 W_0 即气温为 15 ℃时距离地面 10 m 处的静压力,计算公式为:

$$W_0 = \frac{1}{2}\rho v^2 \tag{4-14}$$

式中,ρ 为 15 ℃时空气的密度,$\rho = 1.227$ kg/m³;v 为风速,m/s。

气象标准规定不同风力等级对应不同的风速。

5)立根载荷

立根载荷包括立根自重水平分力及立根所受风载,它通过二层台的指梁按水平方向作用到井架各节点上。由立根自重所产生的立根载荷按下式计算:

$$P_1 = \frac{10}{2}qln\cot\theta \tag{4-15}$$

式中,q 为立根单位长度的质量,kg/m;l 为立根长度,m;n 为指梁与钻台上所放的全部立根数;θ 为立根与钻台平面的倾角,θ 一般为 $86° \sim 88°$。

排列在指梁上的一组立根所受风载可按前述计算风载的方法计算,在井架没有围篷布的情况,其承风面积为:

$$f_e = n_1 dl\sin\theta \tag{4-16}$$

式中,n_1 为指梁上每排的立根数;d 为立根外径,一般取为接头外径,m。

6)绷绳载荷

桅形井架需计入绷绳载荷,即井架因受载荷而在绷绳中产生的拉力。它的大小因结构尺寸、绷绳数量和固定位置不同而变化。

三、钻机底座

钻机底座是用于安放钻井设备的基础,也是钻井工人进行钻井作业的工作平台。

钻机底座分为前台(钻台)和后台底座。钻台底座上安装液压猫头、液压大钳、气动绞车、吊钳、绞车、转盘及转盘驱动装置、司钻控制房和司钻偏房等设备。钻台的一个重要作用是存放钻柱的立根。有的钻机的井架直接安放在钻台底座上。后台底座用于安放动力与传动装置,有的钻机在后台底座上安放绞车。

钻机前台底座与井架同属于空间杆系结构,结构尺寸和重量比井架的大,多用钢板焊接而成。

钻台底座按结构类型可分为层箱式底座、块装式底座及自升式底座。自升式底座按起升方式又可分为弹弓式、旋升式、伸缩式 3 种。目前,国内外 4 000~9 000 m 陆地钻机主要采用 K 形井架和旋升式底座。

旋升式底座是近几年发展起来的一种钻机底座,其主要特点是:底座地面组装,同时将绞车、转盘等在底座上安装固定,然后通过底座自身配备的动力或钻井绞车的动力将底座升高到钻台的工作高度。图 4-9 所示为 ZJ50LDB 钻机旋升式底座,利用低位安装的绞车旋转拉起。

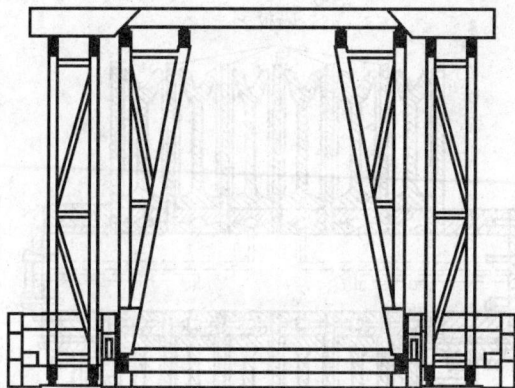

图 4-9　ZJ50LDB 钻机旋升式底座

　　钻机后台底座主要是箱式模块化结构。现代钻机后台底座高度低于 0.8 m,稳定性好。另外,现代钻机充分利用后台底座的空间,可以充当水箱。

第三节　游动系统

　　天车、游车、钢丝绳和大钩统称为游动系统。

　　天车、游动滑车用钢丝绳联系,组成复滑轮系统。它可以大大降低快绳拉力,从而大大减轻钻机绞车在钻井各作业(起下钻、下套管、钻进、悬持钻具)中的负荷和起升机组发动机应配套的功率。

一、天车和游车

　　天车是安装在井架顶部的定滑轮组。游车是在井架内部上下作往复运动的动滑轮组。常说的游动系统结构指的是游车轮数×天车轮数。

　　天车、游车的结构比较简单。在观察和分析天车及游车结构时应注意以下几点:

　　(1) 现代天车、游车都是单轴的。多个绳轮通过滚动轴承装在一根心轴上,或虽是两根轴,但两轴心线一致。

　　(2) 单轴天车或游车的轴一般是双支承的。轴的直径较大,轴上钻有轴向和径向黄油孔道,引黄油去润滑轴承。个别也有空心轴的,以减轻重量。

　　(3) 单轴天车或游车的轴也有多支承的。轴及轴承直径可比双支承的小一些,但不易保证载荷均匀分布在各支承上。

　　图 4-10 所示为六轮多支点单轴天车剖面图,隔板是轴的中间支承。

　　由于快绳一侧滑轮转动速度快于死绳一侧,所以各轮轴承的磨损是不均匀的。愈靠近快绳处,滑轮轴承磨损愈厉害。

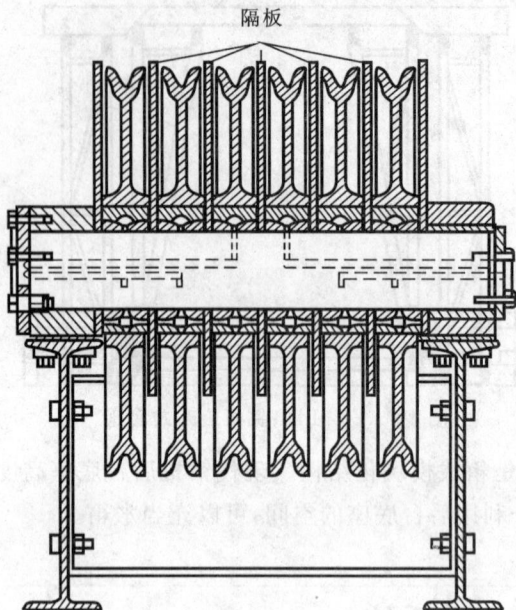

图 4-10 六轮多支点单轴天车剖面图

轮槽磨损是不可避免的。为增加耐磨性,轮槽应进行表面热处理。当轮槽磨损严重或已出现波纹状沟痕时应更换滑轮,以延长钢丝绳使用寿命。

图 4-11 和图 4-12 所示为配用于 ZJ45J,ZJ45D,ZJ60D 钻机的天车和游车。

天车主要由天车架、滑轮、滑轮轴、轴承、轴承座和辅助滑轮等零件组成。天车架是由钢梁焊接的矩形框架,用以安装天车轮并与井架顶部相连接。六个滑轮分为两组,中间由一个轴套隔开。快绳滑轮安装在两组天车滑轮之间的前方,便于使快绳直接从井架外侧引向滚筒。每个滑轮采用一个双列圆锥滚子轴承,每个轴承都有一个单独的润滑油道,钻在滑轮轴上,用锂基黄油润滑。

TC-350 天车和 YC-350 游车可配用四种不同规格的轮槽,可分别配用直径为 1¼ in,1⅜ in 或 32.5 mm,33.5 mm,34.5 mm 的钢丝绳,以适应我国油田目前所用钢丝绳规格较多的状况。

二、大钩

大钩有单钩、双钩和三钩几种。石油钻机用大钩一般都是三钩(主钩＋两吊环钩)。

依制造方法不同,钩身有锻造、钢板组焊的(DG1-130)和铸造(BJ)几种,铸造的会轻便一些。

大钩主要由钩身、钩杆、钩座、提环、止推轴承和弹簧组成。钻井工作对大钩的要求是:应具有足够的强度和工作可靠性;钩身能灵活转动,以便上、卸扣;大钩弹簧行程应足以补偿上、卸钻杆时的距离;钩口和侧钩的闭锁装置应绝对可靠、闭启方便;大钩应有缓冲

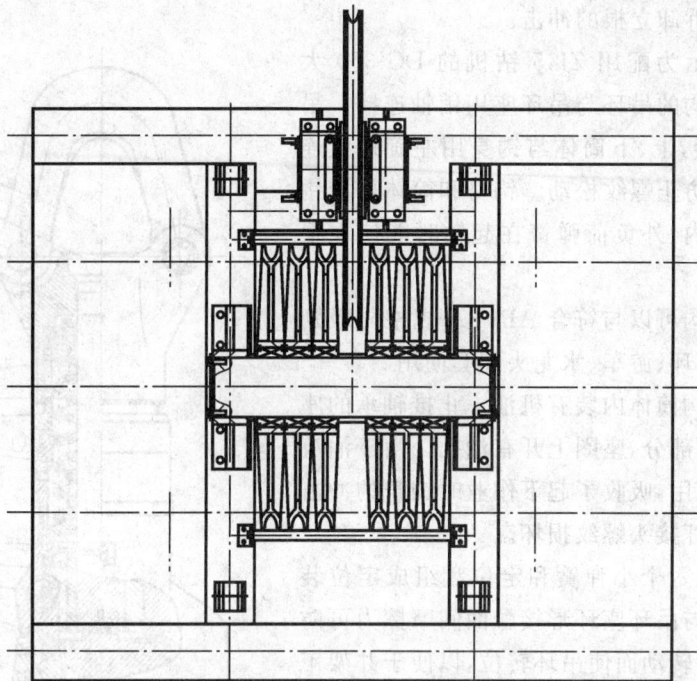

图 4-11 TC-350 天车

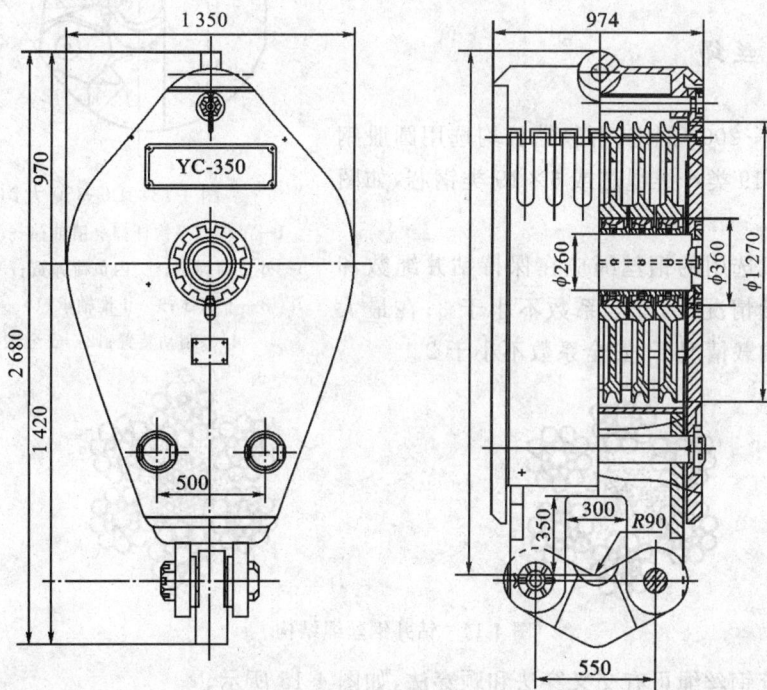

图 4-12 YC-350 游车

减振功能,减小拆卸立根的冲击。

图 4-13 所示为配用 ZJ45 钻机的 DG-350 大
钩。DG-350 大钩的吊环与吊环座用销轴连接。吊
环座与钩杆焊接,上、下筒体与钩身用左旋螺纹连
接,并用止动块防止螺纹松动。钩身和筒体可沿钩
杆上、下运动。内、外负荷弹簧在起钻时能使立根
松扣后向上弹起。

DG-350 大钩可以与符合 API 8A 规格同级别
的任何种类的吊环、游车、水龙头配套使用。

DG-350 大钩筒体内装有机油。止推轴承的座
圈将油腔分为两部分,座圈上开有油孔。由于油流
道通过的阻尼作用,吸收了起下作业时钩身的冲击
振动,可防止钻杆接头螺纹损坏。

筒体上端由六个小弹簧和定位盘组成定位装
置,借助定位盘与吊环座环形接触面间摩擦力可防
止提升空吊卡时转动而使吊环转位,以便于井架工
操作。

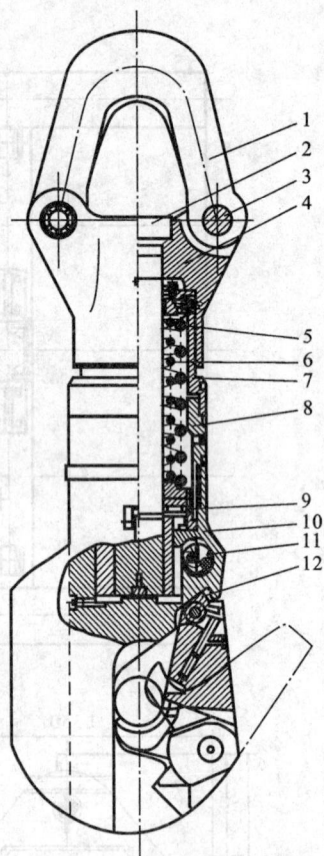

图 4-13　DG-350 大钩

1—吊环;2—钩杆;3—销轴;4—吊环座;
5—外负荷弹簧;6—内负荷弹簧;7—上筒体;
8—下筒体;9—止推轴承;10—钩身;
11—制动装置;12—安全锁体

三、钢丝绳

SY 5170—2008 规定,各级钻机均选用圆股钢
丝绳中的 6×19 类纤维绳芯或 6×19 类钢芯,如图
4-14 所示。

各级钻机选用的钢丝绳应在保持钻井绳数和
最大钻柱重量情况下,安全系数不小于 3;在最大
绳数和最大钩载情况下,安全系数不小于 2。

图 4-14　钻井钢丝绳结构

游动系统钢丝绳可有交叉穿法和顺穿法,如图 4-15 所示。

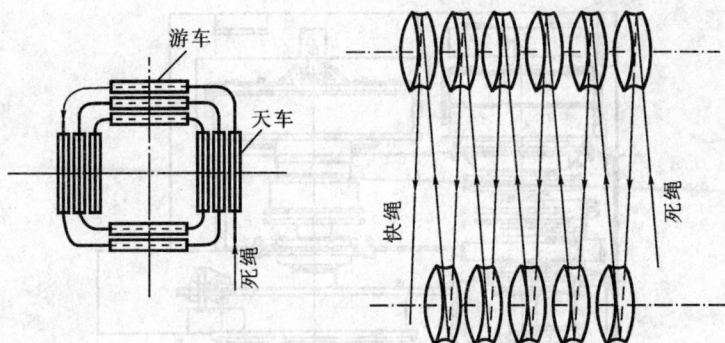

图 4-15　钢丝绳穿法示意图

游车
天车
死绳
快绳
死绳

第四节　钻井绞车

一、绞车的功能与结构组成

钻井绞车不仅是起升系统设备,也是整个钻机的核心部件,是钻机三大工作机之一。

1. 功能

绞车的功能主要是:

(1) 起下钻具、下套管;

(2) 钻进过程中控制钻压,送进钻具;

(3) 借助猫头上、卸钻具丝扣,起吊重物及进行其他辅助工作;

(4) 充当转盘的变速机构或中间传动机构;

(5) 整体起放井架。

2. 结构组成

钻井绞车是一台多功能的起重工作机。尽管各型绞车在结构上有所差异,但都具有类似的功能机构或部件。以图 4-16 所示 ZJ40 钻机绞车为例,其由以下几部分组成:

(1) 滚筒、滚筒轴总成,这是绞车的核心部件。

(2) 制动机构,包括液压盘式刹车和电磁涡流辅助刹车。

(3) 有的重型钻机绞车上还包括捞砂滚筒,用以提取岩心筒和打捞井内沉砂。

(4) 传动系统,引入并分配动力和传递运动。对于内变速绞车,除传动轴及滚筒轴、变速轴外,还包括链条、齿轮、轴系零件及转盘中间传动轴等。

(5) 控制系统,包括牙嵌、齿式、气动离合器,司钻控制台,控制阀件等,一般都属于钻机控制系统的组成部分。

(6) 润滑系统,包括黄油润滑、滴油润滑和密封传动时的飞溅或强制润滑。

159

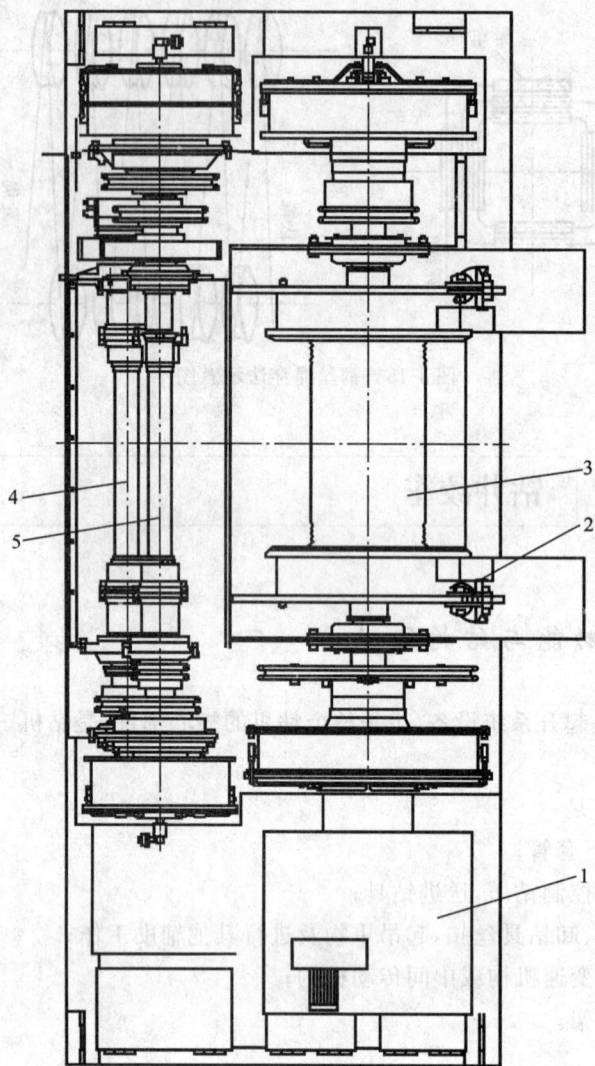

图 4-16 ZJ40 钻机三轴绞车
1—电磁涡流刹车;2—主刹车钳;3—滚筒轴总成;4—输入轴;5—中间轴

（7）支撑系统,有焊接的框架式支架或密闭箱壳式座架。

二、绞车的类型与选用

1. 绞车的类型

绞车种类繁多,习惯上有多种分类法。如按轴数分,有单轴、双轴、三轴及多轴绞车;按滚筒数目分,有单滚筒和多滚筒绞车,主滚筒用于起下钻具,捞砂滚筒用于提升取心工具及试油时进行提捞作业;按提升速度数分,可分为两速、三速、四速、六速和八速绞车,柴油机-变矩器驱动的钻机一般用四速,可提高变矩器使用效率。

最能体现绞车结构特点的是它的传动方案。按绞车轴数,对各种绞车传动方案进行归纳和分析,以揭示其结构类型及特点。

(1)单轴绞车。图 4-17 所示为现代大型单轴绞车,这类绞车特点是:

① 完成单一起升功能,不带猫头和捞砂筒。

② 采用电马达或液压马达驱动,利用一级齿轮传动实现机械减速。

③ 采用液压盘式刹车,克服了带式刹车的缺点。

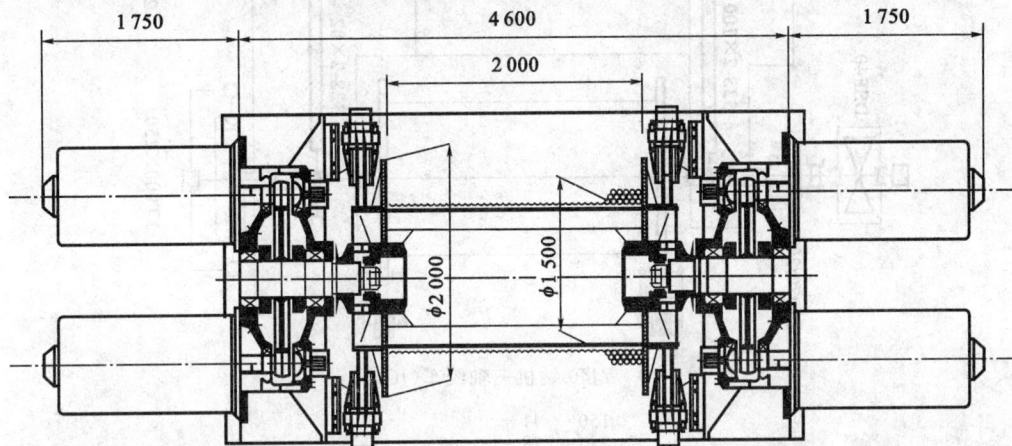

图 4-17　现代大型单轴绞车

(2)双轴绞车。ZJ15D 钻机双轴绞车传动示意图如图 4-18 所示,由滚筒轴外加一猫头轴组成。它仍为绞车外变速,猫头轴的转速通过滚筒轴转换而来,比单轴绞车方便。

(3)三轴绞车。图 4-19 所示为 ZJ40 钻机三轴绞车,其传动方案的特点是:多加了一根引入动力的传动轴,在绞车内实现链条变速传动,共有 4 个机械挡;取消了外带的变速箱,但绞车本身却复杂了,重达 306 kN;主刹车采用液压盘式刹车,辅助刹车采用电磁涡流刹车。

(4)多轴绞车。四轴以上的绞车称为多轴绞车。图 4-20 所示为 ZJ45 和 ZJ45J 钻机用的 JC45 四轴绞车,内变速,链条传动。它由输入轴、中间轴(变速轴)、猫头轴、滚筒轴组成。绞车内齿轮倒车,水刹车装在滚筒轴上,通过齿套离合器实现离合,总重达 300 kN。

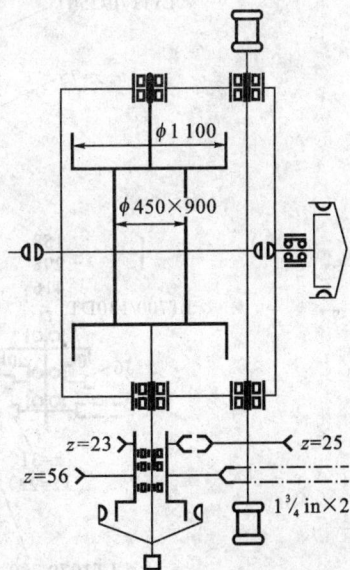

图 4-18　ZJ15D 钻机双轴绞车

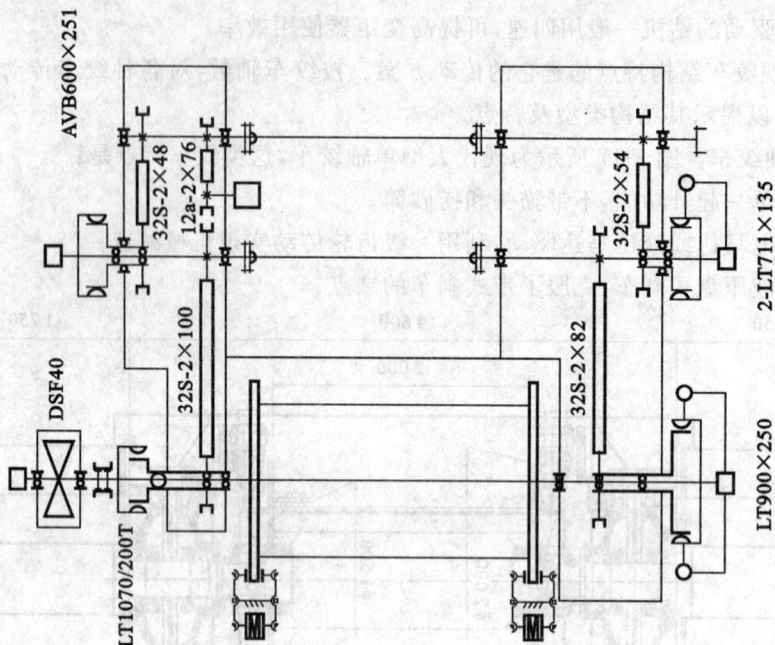

图 4-19 ZJ40 钻机三轴绞车(JC40)

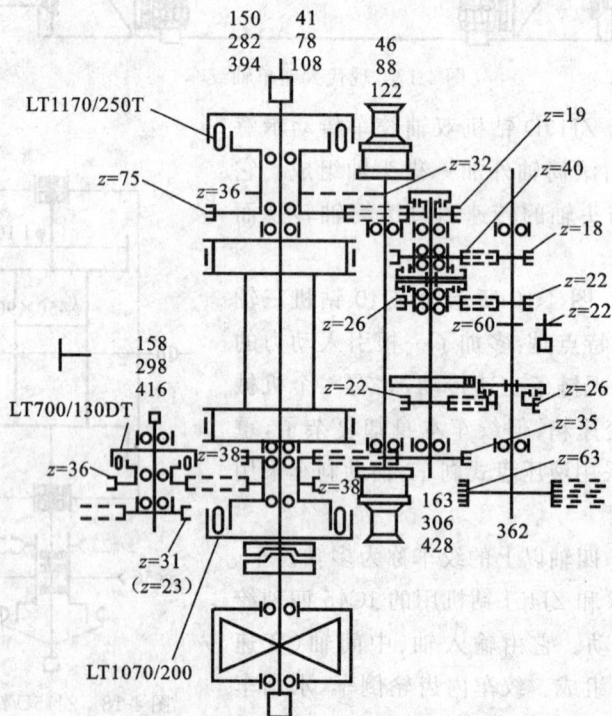

图 4-20 JC45 绞车

　　(5)电驱动绞车。某些电驱动的超深井钻机利用直流电动机分别驱动滚筒轴和猫头轴,主滚筒和猫头轴各自为独立单元,或将绞车分解成滚筒绞车和猫头绞车(轴上装有捞砂滚筒)两个独立单元。

　　俄罗斯钻深 15 000 m 钻机"乌拉尔 15 000"的电驱动绞车可以由两台电动机直接驱动滚筒轴,也可以用一台电动机直接或通过传动比为 1 及传动比为 3 的链条箱驱动滚筒轴。绞车最大输入功率为 2 646 kW。

　　近年来发展了自升式高钻台,绞车仍可以低位安装,使深井、超深井电驱动钻机仍采用一体式双直流电动机驱动的四轴绞车。图 4-21 所示为 ZJ60D 钻机绞车。

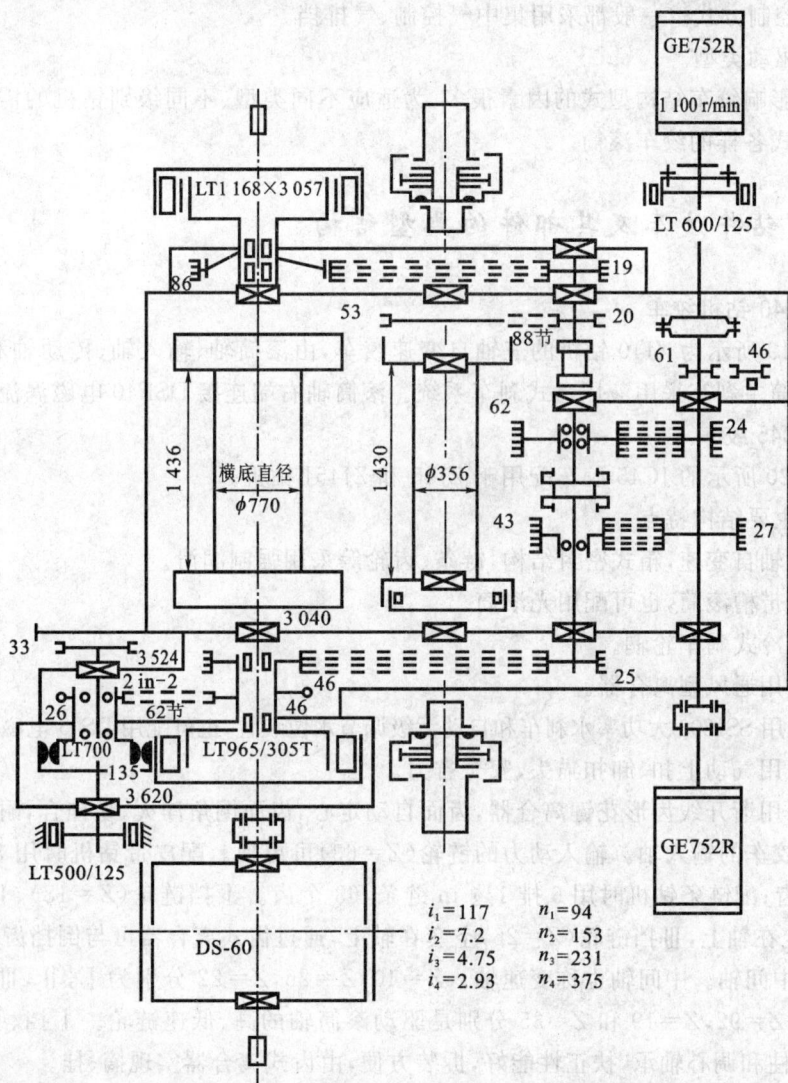

图 4-21　ZJ60D 绞车

2．绞车的选用

一台钻机采用何种结构类型的绞车与多种因素有关，主要有：

（1）功率大小。主滚筒是否上钻台，如何安装移运。

（2）变速方式。是绞车内还是绞车外变速，这与整机传动方案有关，要统一考虑，轻中型钻机多为绞车外变速；重型、超重型钻机多采用绞车内变速。

（3）倒车方式。是绞车外还是绞车内倒车。

（4）功用。是否充当转盘中间机构、变速机构。

（5）润滑方式。黄油、滴油、飞溅或强制润滑。

（6）控制方式。一般都采用集中气控制、气排挡。

（7）驱动类型。

由于影响绞车结构型式的因素很多，为适应不同类型、不同级别钻机的需要，出现了结构上各式各样的绞车滚筒。

三、钻井绞车及其部件的典型结构

1. ZJ40 钻机绞车

图 4-19 所示为 ZJ40 钻机的三轴自变速绞车，由滚筒轴、输入轴、传动轴和支架底座组成。滚筒主刹车采用液压盘式刹车系统。滚筒轴右端连接 DSF40 电磁涡流辅助刹车。

2. JC45 绞车

图 4-20 所示的 JC45 绞车配用于 ZJ45 和 ZJ45J 钻机。

（1）主要结构特点：

① 四轴自变速，箱式密封结构，链条、齿轮等采用强制润滑。

② 用带槽滚筒，也可配用光滚筒。

③ 水冷式刹车轮辋。

④ 采用通风型离合器。

⑤ 配用 SS1200 大功率水刹车和自动无级调节水位装置，也可配用 DS45 电磁涡流刹车。

⑥ 采用气动上扣、卸扣猫头，安全省力。

⑦ 采用渐开线齿形花键离合器，齿面自动定心，齿面倒角淬火，易挂合，耐磨损。

（2）绞车的输入轴。输入动力的链轮（$Z=63$）可更换。配皮带钻机时用 3 排 2 in 链条，49 个齿；配链条钻机时用 6 排 1½ in 链条，63 个齿。Ⅰ挡链轮（$Z=18$）、Ⅱ挡链轮（$Z=22$）固定在轴上，Ⅲ挡链轮（$Z=26$）空套在轴上，通过齿式离合器可与倒挡齿轮挂合。

（3）中间轴。中间轴也称变速轴。$Z=40$，$Z=26$，$Z=22$ 分别为Ⅰ，Ⅱ，Ⅲ挡链轮，倒挡齿轮为 $Z=92$，$Z=19$ 和 $Z=35$ 分别是驱动滚筒轴的高、低速链轮。Ⅰ挡、Ⅱ挡链轮均采用短圆柱和调心轴承，扶正性能好，拆装方便，由齿式离合器实现摘、挂。

（4）绞车滚筒轴总成。图 4-22 所示为 JC45 绞车滚筒轴总成。滚筒轴由合金钢锻制，其上装有低速通风型离合器、低速空套链轮、滚筒、刹车鼓、高速空套链轮、高速通风型离合器和挂合辅助刹车的外齿圈、刹车冷却水套。在低速链轮体上有驱动猫头的链轮（Z=36），在高速链轮体上有驱动转盘中间轴的链轮（Z=38）。

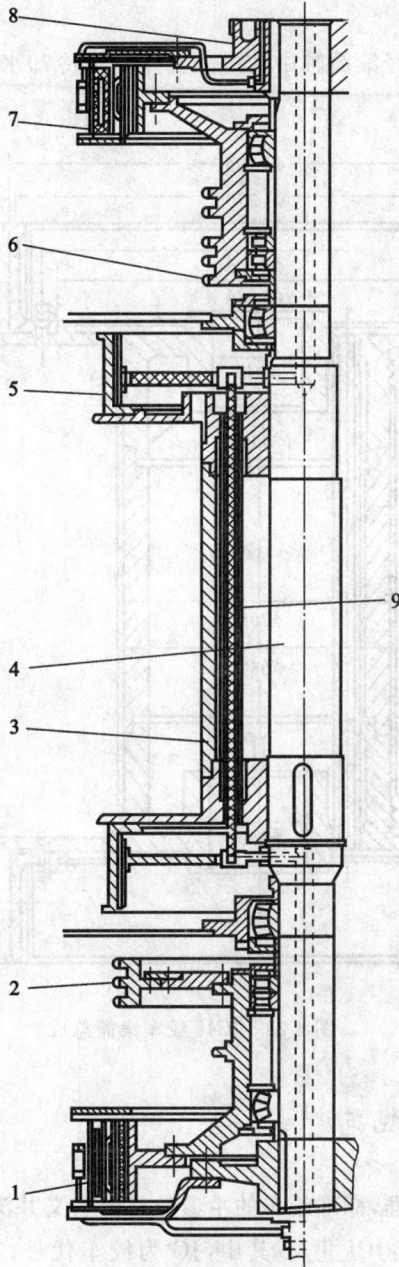

图 4-22　JC45 绞车滚筒轴总成

1—低速离合器；2—低速链轮；3—滚筒；4—滚筒轴；5—刹车鼓；
6—高速链轮；7—高速离合器；8—外齿圈；9—冷却水套

图 4-23 所示为 JC45 绞车的滚筒体,是铸焊组合结构,可配带槽滚筒,也可配用光滚筒。刹车轮辋由特种合成钢制成,摩擦系数大,耐热。轮辋表面高频淬火,磨削加工,硬度高、耐磨性好。

由水葫芦来的冷却水经滚筒轴中孔进入刹车轮辋冷却水腔,带走刹车产生的热量,延长刹车副使用寿命。

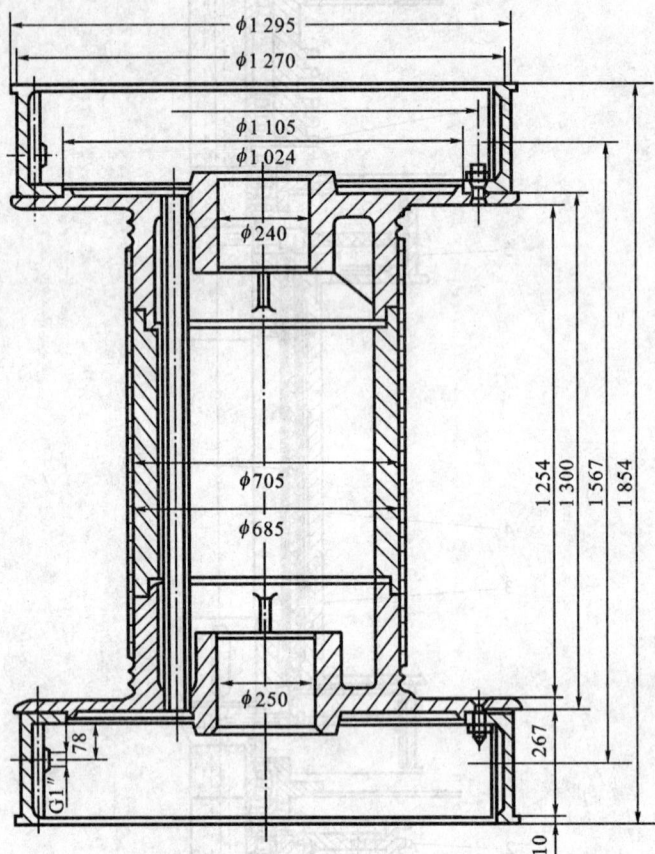

图 4-23 JC45 绞车滚筒总成

四、绞车的技术规范

钻井绞车已制定了标准,标准绞车的主参数是以名义井深来标注的。

标准钻井绞车型号为:JC□□。其中,JC 为绞车代号;第 1 个□为绞车级别,是以100 m 为单位的绞车名义钻深范围上限;第 2 个□为绞车型式,机械驱动无代号,液压驱动为 Y,直流电驱动为 D,交流电驱动为 DJ,交流变频驱动为 DB。

标准绞车的基本参数见表 4-2。

表 4-2 标准绞车基本参数

参 数 级 别	名义钻深范围 (127 mm 钻杆)	名义钻深范围 (114 mm 钻杆)	额定功率 /kW	最大钩载 /kN(tf)	钢丝绳直径 /mm
10	500~800	500~1 000	110~200	600(60)	φ22
15	700~1 400	800~1 500	257~330	900(90)	φ26
20	1 100~1 800	1 200~2 000	330~400	1 350(135)	φ29
30	1 500~2 500	1 600~3 000	400~550	1 700(170)	φ32
40	2 000~3 200	2 500~4 000	735	2 250(225)	φ32
50	2 800~4 500	3 500~5 000	1 100	3 150(315)	φ35
70	4 000~6 000	4 500~7 000	1 470	4 500(450)	φ38
90	5 000~8 000	6 000~9 000	2 210	6 750(675) 5 850(585)	φ42
120	7 000~10 000	7 500~12 000	2 940	9 000(900)	φ52

第五节 绞车制动系统

绞车的制动系统包括主刹车和辅助刹车。

一、机械刹车

机械刹车的功用:下钻、下套管时,刹慢或刹住滚筒,控制下放速度,悬持钻具;正常钻进时,控制滚筒转动,以调节钻压,送进钻具。

机械刹车的使用要求:安全可靠,灵活省力,寿命长。

现场曾不止一次因刹车不可靠而发生重大溜钻事故,造成设备损失、井下事故,甚至危及工人的人身安全。

钻井过程中,司钻总是手不离刹把。如果刹车机构不灵活、不省力,将大大加重司钻的体力劳动强度,带来操作的不方便。生产实践表明:刹车机构是绞车中的重要部件,石油矿场机械工作者对此切不能等闲视之。

二、带式刹车

1. 结构组成与工作原理

图 4-24 所示为单杠杆刹车机构示意图。该刹车机构由控制部分(刹把 4)、传动部分(传动杠杆或称刹车曲轴 3)、制动部分(刹带 1、刹车鼓 2)、辅助部分(平衡梁 6、调整螺钉 7)、刹车气缸 8 等组成。

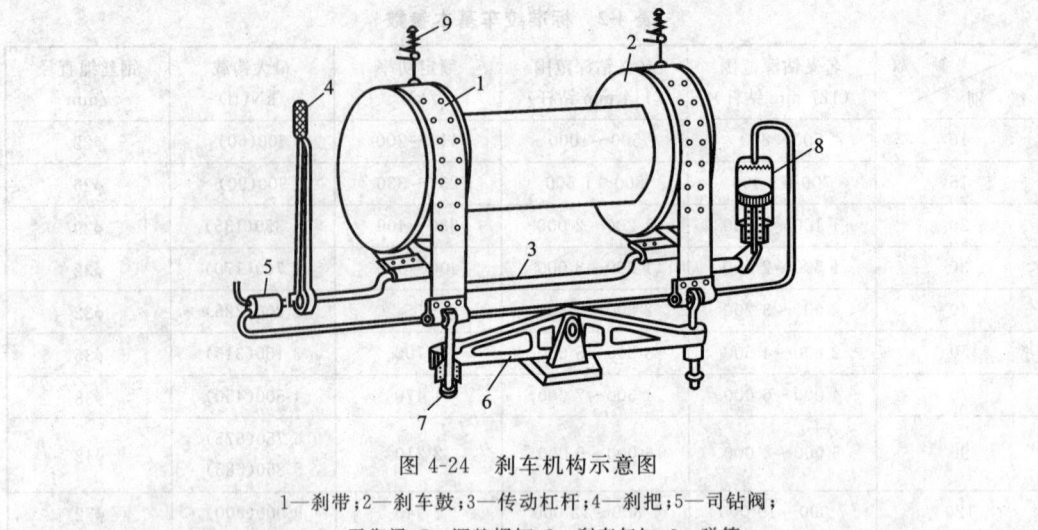

图 4-24　刹车机构示意图

1—刹带；2—刹车鼓；3—传动杠杆；4—刹把；5—司钻阀；
6—平衡梁；7—调整螺钉；8—刹车气缸；9—弹簧

刹车时，操作刹把 4 转动传动杠杆 3，通过曲拐拉拽刹带 1 活动端使其抱住刹车鼓。扭动刹把手柄可控制司钻阀 5 启动气刹车。气刹车起省力作用。平衡梁用来均衡左、右刹带的松紧程度，以保证它们受力均匀。当刹块磨损使刹带与刹鼓间隙增大，导致刹把的刹止角过低时，可通过调整螺钉 7 调整到初始间隙。

刹带 1 由弹簧板制成，用带弹簧的螺钉挂在绞车外壳上，不工作时可均匀脱离刹车鼓；耐热耐磨的刹车块则铆在钢带上。

美国的绞车广泛采用双杠杆机构，增力比大，非常省力。

2．刹带两端的拉力

1）轻便钻机连续石棉制软带

如图 4-25 所示，若刹带对刹车鼓的围抱角为 α（图中 $\alpha = 1.5\pi$），石棉刹带与刹车鼓面间的干摩擦系数为 μ（钢对石棉制品的 $\mu = 0.35 \sim 0.45$），设刹带固定端（送入端）的拉力为 T，活动端（送出端）的拉力为 t，则根据欧拉公式有：

$$T = t e^{\mu \alpha} \tag{4-17}$$

刹带对轮鼓造成的制动力以 F_b 表示，它作用在轮鼓的切线上。F_b 由下式计算：

$$F_b = T - t = t(e^{\mu \alpha} - 1) \tag{4-18}$$

设 R_b 为刹车鼓半径，则制动力矩为：

$$M_b = F_b R_b = t(e^{\mu \alpha} - 1) R_b \tag{4-19}$$

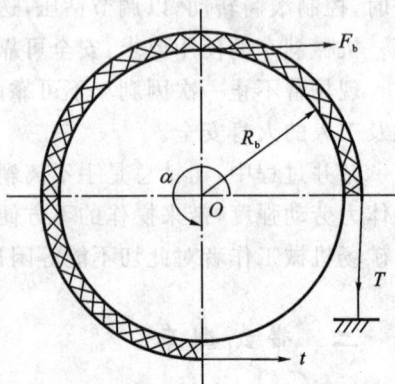

图 4-25　连续刹车带作用原理

根据具体的钻机起升系统及下钻钩载可计算出所需的 $F_{b\,\max}$，从而可计算出 t 和 T，作为计算刹车机构的依据。

2）刹车块刹带

从图 4-26 中可见，设刹车块数为 n，任意取一个刹车块，其中心角为 φ，其刹带送入端拉力为 T'、送出端拉力为 t'，则任意一刹车块形成的制动力矩为：

$$M_i = (T' - t')R_b \qquad (4\text{-}20)$$

设 ρ 为摩擦角，即 $\tan\rho = \mu$，则上式变为：

$$M_i = T'R_b\left[1 - \frac{\cos\left(\frac{\varphi}{2} + \rho\right)}{\cos\left(\frac{\varphi}{2} - \rho\right)}\right]\left[1 - \frac{\cos\left(\frac{\varphi}{2} + \rho\right)}{\cos\left(\frac{\varphi}{2} - \rho\right)}\right]^{i-1}$$

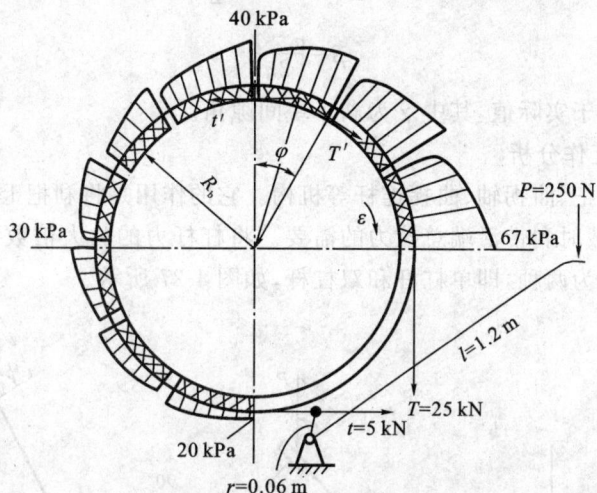

图 4-26　刹车块作用原理

全部刹车块形成的制动力矩为：

$$M_b = \sum_{i=1}^{n} M_i$$

$$M_b = T'R_b\left\{1 - \left[\frac{\cos\left(\frac{\varphi}{2} + \rho\right)}{\cos\left(\frac{\varphi}{2} - \rho\right)}\right]^n\right\} \qquad (4\text{-}21)$$

摩擦制动力为：

$$F_b = T' - t' = T'\left\{1 - \left[\frac{\cos\left(\frac{\varphi}{2} + \rho\right)}{\cos\left(\frac{\varphi}{2} - \rho\right)}\right]^n\right\} \qquad (4\text{-}22)$$

近似计算时也可用以下修正的欧拉公式：

$$T' = t'e^{\mu n\varphi} \qquad (4\text{-}23)$$

它的计算结果比较接近实际值。

此外，俄罗斯的达维道夫公式为：

$$T' = t' \left[\frac{1 + \frac{\mu\alpha}{2n}}{1 - \frac{\mu\alpha}{2n}} \right]^n \tag{4-24}$$

它的计算结果常小于实际值。

俄罗斯的凯夫拉公式为：

$$T' = t' \left[\frac{1 + \mu\tan\frac{\beta}{2}}{1 - \mu\tan\frac{\beta}{2}} \right]^n \tag{4-25}$$

$$\beta = \frac{\alpha - \gamma}{2n}$$

它的计算结果常大于实际值，其中 γ 为刹车块间隙角。

3. 刹车杠杆工作分析

刹车杠杆指刹把、曲拐轴、曲拐连杆等机构。它的作用是将刹把上的操作力放大若干倍，以满足刹住重载时刹带活端总拉力的需要。将杠杆力的放大倍数叫做杠杆的增力倍数。杠杆可大致分为两种，即单杠杆和双杠杆，如图 4-27 所示。

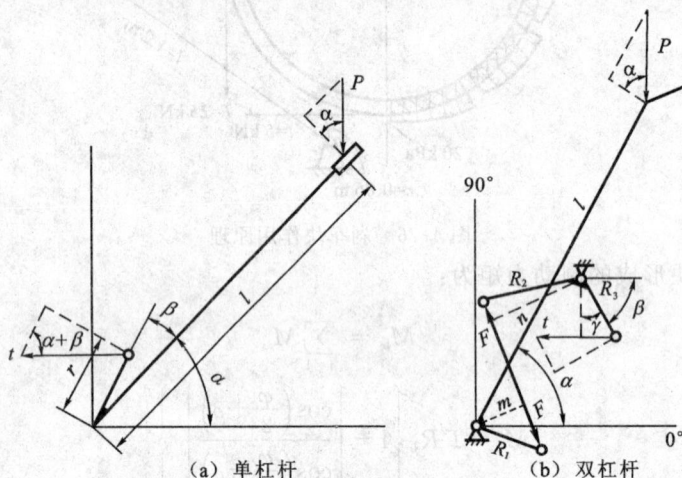

(a) 单杠杆 (b) 双杠杆

图 4-27　刹车机构

1) 单杠杆刹车机构

设图 4-27(a) 的刹把力为 P（铅直方向），刹住刹带活端总拉力为 t，刹把长度为 l，曲拐臂长为 r，考虑传动效率 η 的影响时，计算公式为：

$$P\cos\alpha \cdot l\eta = t\sin(\alpha + \beta) \cdot r$$

$$P = t\frac{r}{l}\frac{\sin(\alpha + \beta)}{\eta\cos\alpha}$$

$$i = \frac{t}{P} = \frac{l}{r}\eta\frac{\cos\alpha}{\sin(\alpha + \beta)} \tag{4-26}$$

由以上公式可见,P 或 i 的大小主要取决于 l 与 r 的比值。另外,由于刹车块的磨损情况不同,致使刹车块与鼓刹车间的间隙由小变大,所以刹把的刹住角 α 也在变,因而 P 与 i 也随 α 发生变化,而 β 和 η 是定值。

根据司钻的操作情况,刹把的最合适的倾角应为 $\alpha=45°\sim30°$,上述单杠杆的 $i=20\sim30$,而这时刹把力却要 $670\sim450$ N,这显然是人力所不能胜任的,所以单杠杆机构一般只用于在轻型和中型钻机上。在重型和超重型钻机上,为了保证当气刹车出故障时仍能安全可靠地刹住 $1\,300\sim2\,000$ kN 的重载,必须采用更高 i 值的双杠杆刹车机构。

2)双杠杆刹车机构

如图 4-27(b)所示,在两套单杠杆之间用浮动连杆将它们铰连在一起,组成双杠杆机构。设 P 为刹把力(铅直向下),t 为刹住刹带活端总拉力,F 为连杆上的拉力,m 和 n 分别为二轴至连杆间的垂直距离(虚线所示),从力矩关系看,计算公式为:

$$P\cos\alpha \cdot l\eta = Fm$$
$$t\cos\gamma \cdot R_3 = Fn$$
$$i = \frac{t}{P} = \frac{l}{R_3}\eta\frac{n}{m}\frac{\cos\alpha}{\cos\gamma} \tag{4-27}$$

式(4-27),中 l/R_3 为定值,n/m 随 α 而变化。当 α 逐渐减小时,n 加大,m 减小,即 n/m 越来越大。R_3 的转角 γ 随 α 的加大而减小,这样就使增力倍数在单杠杆的 $i=48$ 的基础上进一步加大为 $i\approx80$,确保 $\alpha=45°\sim30°$ 时 $P=400\sim250$ kN,这样的刹车就比较省力。

4. 带式刹车的优缺点

带式刹车的优点是:

(1)包角 α 可达到 $270°$ 甚至 $330°$,其制动力矩可随包角的增大而增大,以适应于重型绞车的需要。

(2)采用双杠杆刹车机构,既省力又安全。

(3)机构简单紧凑,便于维修。

由于刹带的作用,带式刹车也存在一些缺点:

(1)刹车时滚筒轴受一弯曲力,其值为 T 和 t 的向量和。

(2)只能用于单向制动,因其反向制动力矩要小 $e^{\mu\alpha}$ 倍,所以在钻机方案设计时要注意滚筒的旋转方向。

(3)活动端和固定端的刹车块磨损不一致。

三、盘式刹车

盘式刹车于 19 世纪初问世,在机车、汽车、飞机及矿山提升机上获得了飞速发展。1985 年,美国 GH,NSCO,EMSCO 三家公司开始将盘式刹车用于钻机绞车。我国 1990 年开始在修井机上改装盘式刹车,1995 年胜利石油机械厂生产的钻机已采用盘式刹车。

1. 液压盘式刹车的结构类型

绞车盘式刹车的结构如图 4-28 所示。它包括刹车盘、刹车液缸、刹车钳（或刹车杠杆）、刹车块、钳架、液压控制系统等。全套刹车包括两种刹车钳：一种为工作钳，用于下钻及钻进过程；另一种为应急钳，作为安全保险。

刹车钳的结构方案可以分为杠杆钳和固定钳两种，如图 4-29 所示。前者中心液缸在刹车盘外缘，双活塞反向动作；后者两个对置液缸分居刹车盘外侧，活塞直接对刹车块加压。每一种又可以分为用液压加压的常开式和用弹簧加压（用液压松刹）的常闭式两类。美国 GH 和 EMSCO 的产品属于杠杆钳液压加压式（图 4-29a），而 NSCO 的产品则属于固定钳液压加压式（图 4-29c）。总体来说，绞车上多用杠杆钳液压加压式，修井机上多用固定钳液压加压式（它的尺寸较小），而应急钳多用图 4-29(b) 和图 4-29(d) 所示的杠杆钳弹簧加压常闭式与固定钳弹簧加压常开式结构。

ZJ32 型钻机上使用的 JC32 绞车为盘式刹车，其刹车钳的基本结构如图 4-30 所示。该刹车钳（STⅡ型刹车钳）是第二次改进型，属于常闭式。

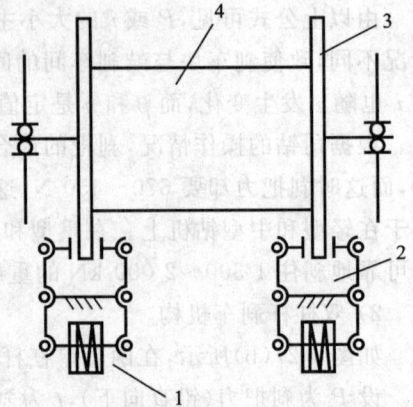

图 4-28 盘式刹车系统结构示意图
1—刹车液缸；2—刹车钳；3—刹车盘；4—滚筒

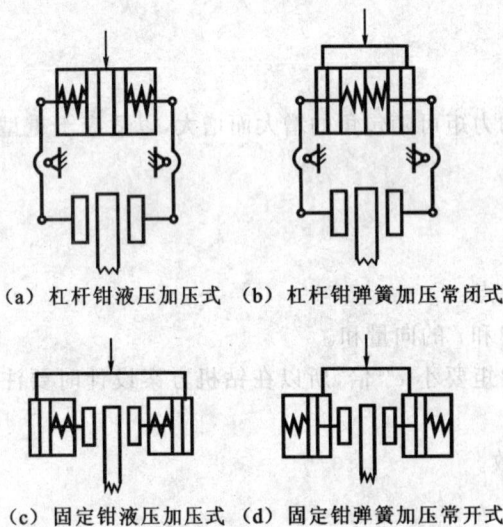

（a）杠杆钳液压加压式 （b）杠杆钳弹簧加压常闭式

（c）固定钳液压加压式 （d）固定钳弹簧加压常开式

图 4-29 刹车钳结构方案

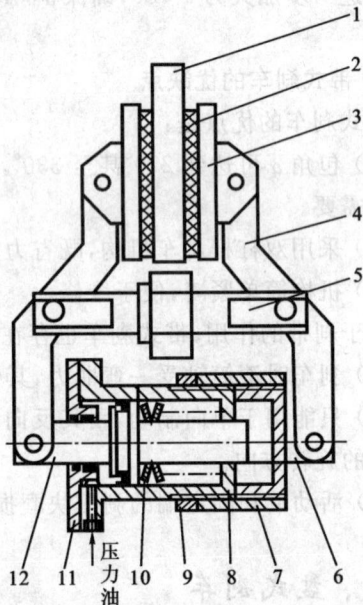

图 4-30 STⅡ型刹车钳基本结构
1—刹车盘；2—刹车块；3—衬板；4—杠杆；5—支杆；
6—顶杆；7—调节螺母 8—油缸；9—锁紧螺母；
10—蝶形弹簧；11—油缸盖；12—活塞

2．盘式刹车的优缺点

与带式刹车相比，盘式刹车有以下优点：

（1）刹车盘为中空带通风叶轮式，散热性好，整个盘面积只有不到 1/10 在摩擦发热，而其余面积都在交替散热。盘和块的热稳定性好（热衰退小），摩擦系数稳定，制动力矩平稳。

（2）由于盘块间的比压大，以及盘的离心作用而不易存水和油污物，所以刹车块的吃水稳定性好。

（3）刹车盘的热变形小，热疲劳寿命较长。

（4）比压分布均匀，摩擦副的寿命较长。

（5）正反向刹车力矩一样（带式则相差 $e^{\mu\alpha}$ 倍）。

（6）刹车盘的飞轮矩（GD^2）比刹车鼓小，刹止时间短，反应灵敏。

（7）刹把力只有 100 N 左右，操作省力。

（8）每个刹车钳皆可独立刹止全部钻柱重量，而且由于有应急钳，刹车的可靠性大大提高。

（9）更换刹车只需 20 min。

盘式刹车存在两个缺点：一是比压比带式刹车大 2 倍，摩擦表面温度高，对刹车块的材料要求高；二是增加了液压装置及其密封圈等易损件。

3．盘式刹车的设计计算

盘式刹车的设计计算包括制动力矩、刹车钳数目及液压系统压力的确定等。

1）制动力矩

单钳制动力矩为：

$$M_d = KNR_e \qquad (4\text{-}28)$$

式中，N 为作用在刹车块上的压力，N；R_e 为刹车盘有效摩擦半径，m；K 为刹车钳制动效能因素。

$$K = nK' = 2\mu$$

式中，n 为单钳上的刹车块数或工作面数；K' 为单刹车块制动效能因素。

$$K' = \frac{\text{刹车块摩擦力}}{\text{刹车块正压力}} = \frac{\mu N}{N} = \mu$$

式中，μ 为摩擦系数。

如图 4-31 所示，设 p 为作用在单刹车块上的单位压力，则作用在单刹车块上的摩擦力矩 M_1 为：

$$M_1 = \int_{R_2}^{R_1} \int_{-\frac{\phi}{2}}^{\frac{\phi}{2}} \mu p r^2 \, dr \, d\beta$$

经推导，单钳的制动力矩 M_d 为：

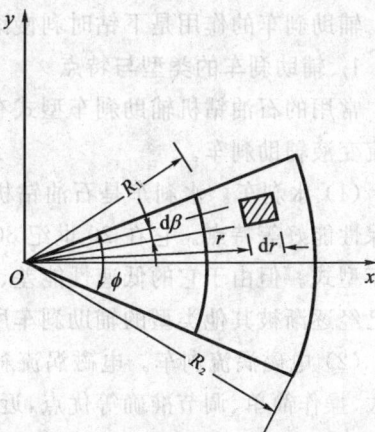

图 4-31 刹车盘的有效摩擦半径

$$M_d = KN \frac{2\phi}{3\sin\frac{\phi}{2}}\left[1-\frac{R_1 R_2}{(R_1+R_2)^2}\right]\frac{R_1+R_2}{2} = KNR_e \qquad (4\text{-}29)$$

$$R_e = \frac{2\phi}{3\sin\frac{\phi}{2}}\left[1-\frac{R_1 R_2}{(R_1+R_2)^2}\right]\frac{R_1+R_2}{2}$$

2）刹车钳的数目

计算值需向大值圆整为整数，计算公式为：

$$n' = \frac{M_{b\max}}{M_d} \qquad (4\text{-}30)$$

式中，$M_{b\max}$ 为最大制动力矩；n' 为刹车钳的数目。

3）液压力计算

由 $K=2\mu$，有：

$$M_d = 2\mu NR_e = \mu ApD_e \qquad (4\text{-}31)$$
$$D_e = 2R_e \approx D_c - 0.1$$

式中，A 为液缸活塞面积，m^2；D_e 为刹车盘的有效工作直径，m；D_c 为刹车盘的外径，m；p 为液缸内压力，Pa。

p 由正压力 N、弹簧压缩力、运动阻力等决定，一般选用额定压力 $p \leqslant 10$ MPa。

液压系统设计要保证在应急情况下应急钳回油，弹簧刹止，同时工作钳通压力油而刹止（双刹保险），在油泵断电（或断气）的情况下用存储器中的油临时工作。

此外，对带刹车和盘式刹车的刹车块都要进行平均比压、摩擦功和发热量的检验计算。

四、辅助刹车

辅助刹车的作用是下钻时刹慢滚筒，保持钻具以安全的速度均匀下放。

1. 辅助刹车的类型与特点

常用的石油钻机辅助刹车型式有水刹车、电磁涡流刹车、伊顿刹车、电机能耗制动和磁流变液辅助刹车。

（1）水刹车。水刹车是石油钻机上早期使用的辅助刹车，具有结构简单、使用方便、环保性能好等特点。它在 20 世纪 80 年代以前广为应用，是中、小型钻机广泛配置的辅助刹车型式。但由于它的低速性能差、制动力矩无法自动调节、不能完全独立制动绞车，现在已经逐渐被其他类型的辅助刹车所取代。

（2）电磁涡流刹车。电磁涡流刹车有水冷式和风冷式两种，具有低速性能好、制动力矩大、操作简单、调节准确等优点，近年来在中、深井钻机中得到了广泛推广和应用。水冷式电磁涡流刹车冷却效果好，但结构复杂、可靠性低，应用范围受到限制。风冷式电磁涡流刹车既具有水冷式涡流刹车的优点，又克服了其缺陷，深受钻井作业人员的欢迎，特别寒冷地区的油气田。但是,无论是水冷式还是风冷式电磁涡流刹车,其外形尺寸和质量都较大,安装、更换、维护不便,影响了其在中、小型钻机上的使用。

(3)伊顿刹车。近年来伊顿刹车在中、小型钻机上应用较为广泛。美国伊顿公司生产的这种气动控制辅助刹车具有低速制动性能好、结构紧凑、体积小、质量轻等特点,且气动控制方式安全性高,适应易燃易爆的工作环境,工作介质为压缩空气,无污染,在环保指标上更具选择优势,所以得到了广泛的应用。国内目前使用的气动控制辅助刹车绝大部分是这种刹车。

(4)电机能耗刹车。电机能耗刹车利用交流变频电机调速的固有特性,适合于交流电驱动钻机。它具有设备少、维护费用低、整机体积和质量小等独特优点,是石油钻机理想的辅助刹车装置。通过变频系统制动单元,定量控制施加在绞车上的制动扭矩,实现游车平稳下放,零速悬停,并可实现绞车恒压自动送钻,对钻井过程进行实时监控等功能。它不适用于非交流电驱动的钻机。

(5)磁流变液辅助刹车。磁流变液是新型智能材料,它的表观黏度可以随着外加磁场强度的变化而变化,产生阻力矩。

磁流变液钻机辅助刹车主要由圆筒式腔体和叶片组成,如图4-32所示。工作原理是:依靠处于磁场作用下的密闭腔内的磁流变液对其旋转的叶片产生阻力,形成辅助刹车制动力矩。

当励磁线圈不通电时,腔内的磁流变液保持良好的流动状态,对旋转叶片产生的阻力很小;当励磁线圈通入电流后,腔内的磁流变液在磁场作用下发生磁流变效应,表观黏度迅速增大,从而对旋转的叶片产生较大的阻力作用,依靠这种阻力形成辅助刹车的制动力矩。

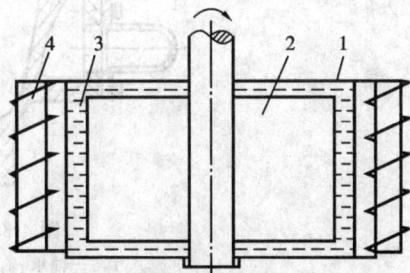

图4-32 磁流变液钻机辅助刹车装置示意图
1—圆筒式腔体;2—叶片;3—磁流变液;
4—绕有励磁线圈的导磁柱

2. 水刹车

1)水刹车的作用、结构与原理

(1)水刹车的作用。在下钻时刹慢滚筒,保持钻具以安全的速度均匀下放。

(2)结构示例。图4-33所示为JC45绞车的SS1200水刹车。它主要由旋转主轴(主轴可借助离合器与滚筒轴相连)及固定在其上的转子3和定子2,4组成。定子置于外壳内并对称位于转子两侧。转子和定子上都有许多叶片,呈辐射状分布,且逆着下钻时与转子旋转方向成一角度,以加大水流对转子叶片的阻力。两叶片之间形成水室,下部有进水口,顶部有出水口。

(3)作用原理。下钻时,滚筒轴转动带动转子旋转。在转子水室中水因离心力作用被甩到外缘,并受迫被导流进入定子水室;在定子水室由外缘流向心部,然后又受迫被导流进入转子水室,于是在各水室中液流都形成小涡流不断循环。简而言之,运动着的倾斜转子叶片迎面切割高速循环的小涡流,遇到很大阻力,即形成制动力矩。图4-34所示为各型水刹水刹车的 M-n 特性曲线。

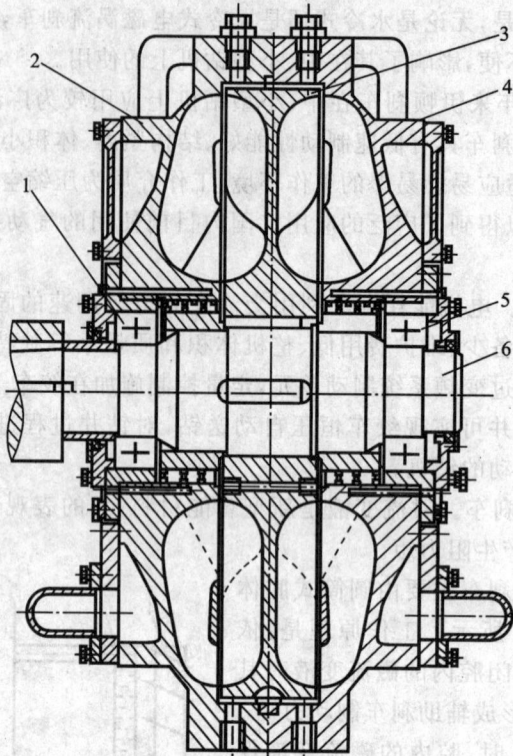

图 4-33 SS1200 水刹车

1,5—轴承；2,4—定子；3—转子；6—主轴

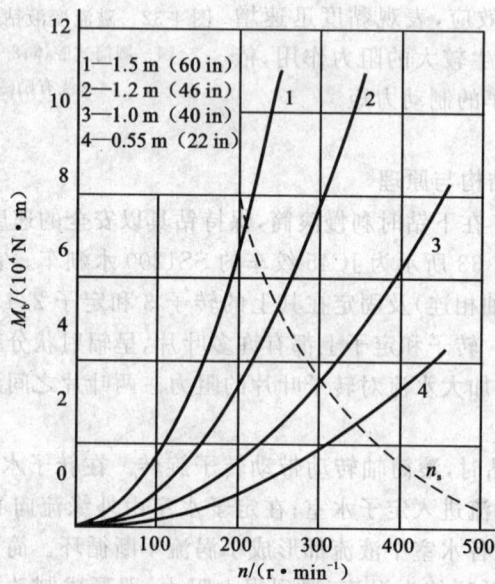

1—1.5 m（60 in）
2—1.2 m（46 in）
3—1.0 m（40 in）
4—0.55 m（22 in）

图 4-34 各型水刹车的 M-n 特性

水刹车工作原理的实质就是通过叶片和液流的互相作用,以吸收下钻时产生的大部分动能(转化成热能释放掉),从而减轻带刹车的负担。

2)水刹车的制动能力与调节

(1)水刹车的制动能力。水刹车的制动力矩为:

$$M_b = \alpha_M n^2 (D_1^5 - D_2^5) \tag{4-32}$$

水刹车的制动功率为:

$$N_b = \alpha_N n^3 (D_1^5 - D_2^5) \tag{4-33}$$

式中,α_M,α_N 分别为水刹车的力矩系数和功率系数(见表 4-3);n 为下钻时水刹车转子转速,r/min;D_1 为水室外径,m;D_2 为水室中水环内径,当水室中充满水时即水室内径,m。

表 4-3 水刹车的力矩系数和功率系数

水刹车尺寸 D_1/m	1.5	1.2	1.0	0.55
α_M	1.74	0.875	0.395	0.021
α_N	1.85×10^{-4}	9.15×10^{-5}	4.13×10^{-5}	2.2×10^{-6}

可见,水刹车的制动力矩与其转速呈二次方变化。当转速低时其制动力矩很小,这是水刹车的一大缺点。

(2)水刹车能力调节。水刹车内水室充满度大小直接反映了刹车能力,水位的高低由水刹车水位调节装置实现。水位调节装置下部水口为水刹车进水口,与水刹车下部水口相接;水位调节装置上部水口为回水口,与水刹车上部水口相接。水刹车水位调节装置有几种结构型式:

① 分级调节水位装置,依靠开启处于不同高度的闸门获得几个不同的水位。这种装置使用不方便,且不能充分发挥水刹车的作用。

② 采用气控浮筒式水位调节装置,司钻可根据下钻载荷的变化,通过调压阀调节气缸的供气量即可调节水刹车的水位。使用这种装置时司钻不可能每下一立根调节一次。它实际上只是一种多级数的分级调节水位装置。

③ 新型水位自动调节装置,每下一个立根可自动提高一次水位,使水刹车能随下钻立根增加而自动调节。

3. 电磁涡流刹车

电磁涡流刹车是适用于海洋和陆地钻机上的新型辅助刹车。它利用电磁感应原理进行无损制动。它无易损件,制动性能好,使用寿命长,操作维修简单,在国内外钻机上正在获得广泛应用。

我国已能制造全系列的电磁涡流刹车,如 DS32,DS45,DS60 和 DS80,分别配用钻深为 3 200,4 500,6 000 和 8 000 m 的钻机。

1)结构和原理

图 4-35 所示为一种典型涡流刹车。它主要由左、右定子和转子组成,定子中固嵌着激磁线圈(刹车线圈)。

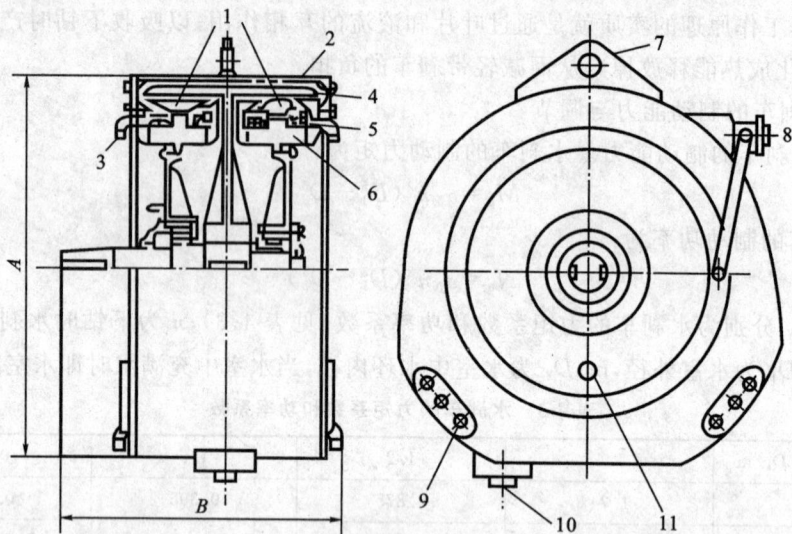

图 4-35 电磁涡流刹车

1—磁极；2—水套；3—引入导线；4—转子；5—激磁线圈；6—定子；

7—提环；8—接线盒；9—底座联板；10—出水口；11—进水口（两侧）

三相 380 V 的交流电源经三相变压器降压输入整流器，经过三相整流桥输出连续可调的直流电至激磁线圈，在激磁周围产生固定磁场，转子即处于此磁场中。当它被滚筒轴转动时，转子磁通密度的变化在转子表面感生电动势，随即引起涡电流。此涡电流形成旋转磁场，与固定磁场相互作用，产生制动力矩。制动产生的热量由从侧面输入的冷却水带走。

2）特性

DS 系列电磁涡流刹车的机械特性曲线如图 4-36 所示。由图可见，除滚筒轴转速低于 50 r/min 的一小段外，中、高速段力矩很大且几乎不变化。调节电位器，改变送入刹车线圈的电流便可以获得较低 M-n 曲线，即在任何载荷下均可以调得任意需要的下钻速度。

当转速降至 35 r/min 时，制动力矩仍为最大值的 75%，完全能满足低速重载下钻的要求。

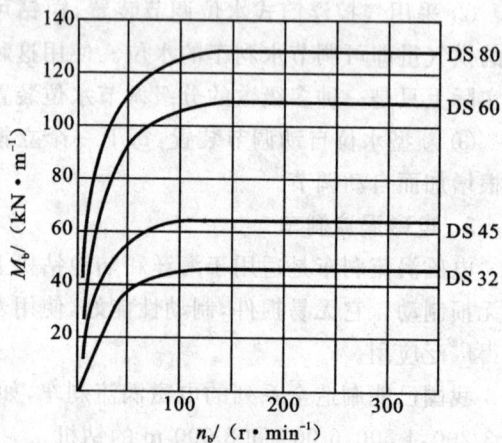

图 4-36 电磁涡流刹车的 M-n 特性

4. 气动盘式刹车

石油钻机盘式制动系统是近年来出现的钻井装备新技术之一，主要用作石油钻机绞车的辅助刹车。盘式制动系统具有制动力矩大、控制精度高、反应快、工作安全可靠、劳动强度小、噪音低、易损件寿命长、更换简单方便等显著优势,现已得到广泛的现场应用。在深井、超深井、复杂地层定向井钻井情况下,利用其配套控制技术,在恒钻压条件下可以实现钻头自动进给,既可以保障钻井安全,又能大大提高钻井速度,延长钻头寿命,为钻井工程带来明显的经济效益。盘式刹车结构紧凑,便于专业化生产厂家实现系列化制造。

目前,国内外重型钻机全部要求配备盘式制动系统,部分在用的钻机也要求由原来的带式刹车改装为盘式刹车。应用盘式刹车已成为石油钻机中绞车技术发展的基本趋势。从现场使用情况来看,气动控制盘式制动系统与液压控制盘式制动系统具有同样的优势。同时,由于它使用压缩空气为工作介质,无污染,符合环境保护的要求,是环境友好型刹车,在环保指标上更具优势。

图 4-37 所示为伊顿气动盘式刹车结构原理图。伊顿 436WCB 型刹车是一种水冷却、气动压紧、弹簧松开的盘式刹车,它可以匀速下放钻柱、紧急制动、夹持锁死大钩载荷。该刹车具有结构紧凑,转动惯量小,操作安全、平稳、简单,工作可靠的特点,近几年在国内许多 7 000 m 钻机上配套使用。它属于机械摩擦式刹车,随刹车力矩的增加在摩擦副之间产生很大的热量,在刹车状态下摩擦盘长时间摩擦产生的大量热量必须由固定盘背面的冷却水流带走,以保证较低的工作温度,延长使用寿命。

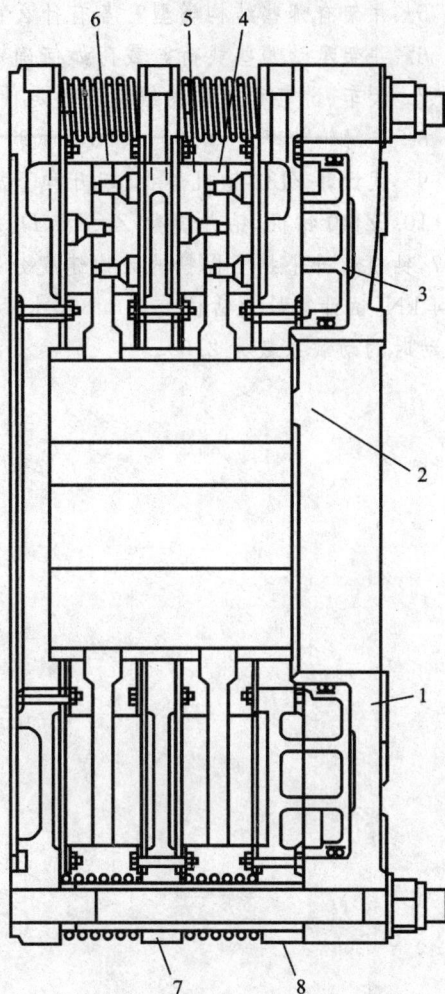

图 4-37 伊顿气动盘式刹车
1—气缸;2—齿轮;3—活塞;4—摩擦盘芯;5—摩擦盘;
6—摩擦盘总成;7—抗力盘总成;8—压力盘总成

179

本章思考题

1. 起、下钻作业包括哪些操作过程?
2. 钢丝绳从快绳侧到死绳侧的速度与大钩的速度有何关系?
3. 绞车包括哪几种类型?各有什么特点?

4. 有哪些类型的刹车装置？各起什么作用？作用原理如何？

5. 井架有哪些结构类型？各有什么特点？

6. 井架承受哪些载荷？载荷如何确定或计算？

7. 天车、游车和大钩的结构特点是什么？

8. 单滑轮效率 $\eta=0.97$，$Z=10$，试验证公式 $\eta_t=\eta^{(Z+1)/2}$ 用于起升和下放时的精确性。

9. 试计算 ZJ32 钻机静止、起升和下放工况的快绳拉力（$G_{游}=80$ kN）。

10. ZJ40 钻机，钻井绳数 $Z=10$，$D_2=728.4$ mm，刹车鼓直径 180 mm，滚筒效率为 0.97，钻机起升 I 挡至 IV 挡的大钩速度分别为 0.25，0.4，0.7，1.4 m/s，游动系统重量 $G_{游}=54$ kN，试计算最大钻柱重量 1 300 kN 时滚筒的静力矩、最大制动力矩和最大制动力（制动时的动载系数为 2.0）。

第五章

石油矿场用往复泵

第一节	概　　述

　　往复泵在石油矿场中的应用非常广泛。它常常用于高压下输送高黏度、大密度和高含砂量的液体，流量相对较小。按用途的不同，石油矿场用往复泵往往被冠以相应的名称。例如，在钻井过程中，为了携带出井底的岩屑并供给井底动力钻具的动力，用于向井底输送和循环钻井液的往复泵称为钻井泵或钻井液泵（现场曾习惯称为泥浆泵）；为了固化井壁，向井底注入高压水泥浆的往复泵称为固井泵；为了造成油层的人工裂缝、提高原油产量和采收率，用于向井内注入含有大量固体颗粒的液体或酸碱液体的往复泵称为压裂泵；向井内油层注入高压水驱油的往复泵称为注水泵；在采油过程中，用于在井内抽汲原油的往复泵称为抽油泵，等等。

　　石油工业的发展对往复泵提出了更高的要求，主要是泵的压力越来越高、功率越来越大，而且制造和维修成本要低，体积和重量不能过大。由于石油矿场用往复泵的工作条件十分恶劣，提高其易损件（泵阀、活塞-缸套、柱塞-密封等）的工作寿命成为往复泵设计、制造和使用中迫切需要解决的问题。本章主要介绍油田用往复泵的工作原理、典型结构，以及计算、特性和使用中的基本问题。

　　往复泵是通过工作腔内元件（活塞、柱塞、隔膜、波纹管等）的往复位移来改变工作腔内容积，使被输送流体按确定流量和压力排出的一种流体机械。目前石油矿场用往复泵大多为曲柄-连杆机械传动形式，本章以讨论这种类型泵的工作原理、基础理论和应用等问题为主。

图 5-1 所示为卧式单缸单作用往复式活塞泵的示意图。它主要由液缸、活塞、吸入阀、排出阀、阀室、曲柄(或曲轴)、连杆、十字头、活塞杆,以及齿轮、皮带轮和传动轴等零部件组成。当动力机通过皮带、齿轮等传动件带动曲轴或曲柄以角速度 ω 按图示方向从左边水平位置开始旋转时,活塞向右边(即泵的动力端)移动,液缸内形成一定的真空度,吸入池中的液体在液面压力 p_a 的作用下推开吸入阀,进入液缸,直到活塞移到右死点为止,这称为液缸的吸入过程。曲柄继续转动,活塞开始向左(液力端)移动,缸套内液体受挤压,压力升高,吸入阀关闭,排出阀被推开,液体经排出阀和排出管进入排出池,直到活塞移到左死点时为止,这称为液缸的排出过程。曲柄连续旋转,每一周(0~2π)内活塞往复运动一次,单作用泵的液缸完成一次吸入和排出过程。

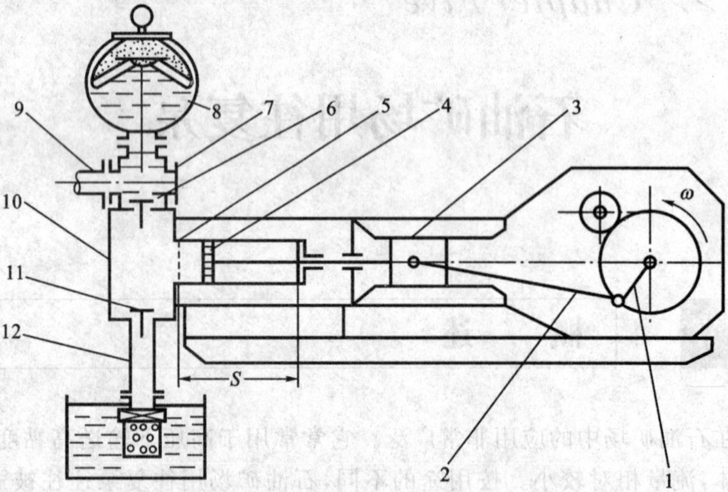

图 5-1 往复泵工作示意图

1—曲柄;2—连杆;3—十字头;4—活塞;5—缸套;6—排出阀;7—排出四通;
8—预压排出空气包;9—排出管;10—阀箱(液缸);11—吸入阀;12—吸入管

在吸入或排出过程中,活塞移动的距离以 S 表示,称为活塞的冲程长度;曲柄半径用 r 表示。它们之间的关系为 $S=2r$。

按照结构特点,石油矿场用往复泵大致可以按以下五方面分类:

(1) 按缸数分,有:单缸泵、双缸泵、三缸泵、四缸泵等。

(2) 按直接与工作液体接触的工作机构分,有:活塞式泵,由带密封件的活塞与固定的金属缸套形成密封副;柱塞泵,由金属柱塞与固定的密封组件形成密封副。

(3) 按作用方式分,主要有单作用式和双作用式。单作用式泵中,活塞(柱塞)在液缸中往复一次,该液缸作一次吸入和一次排出。双作用式泵中,液缸被活塞(或柱塞)为分两个工作室:无活塞杆的为前工作室(或前缸),有活塞杆的为后工作室(或后缸)。每个工作室都有吸入阀和排出阀;活塞往复一次,液缸吸入和排出各两次。此外,差动式往复泵近来年来在石油矿场上也有应用。

(4) 按液缸的布置方案及其相互位置分,有:卧式泵、立式泵、V 形或星形泵等。

（5）按传动（或驱动）方式分，有：机械传动泵，如曲柄-连杆传动、凸轮传动、摇杆传动、钢丝绳传动往复泵及隔膜泵等；蒸汽驱动往复泵；液压驱动往复泵等。近几年来，液压驱动往复泵在油田越来越受到重视。

图 5-2 所示为几种典型的往复泵类型示意图。

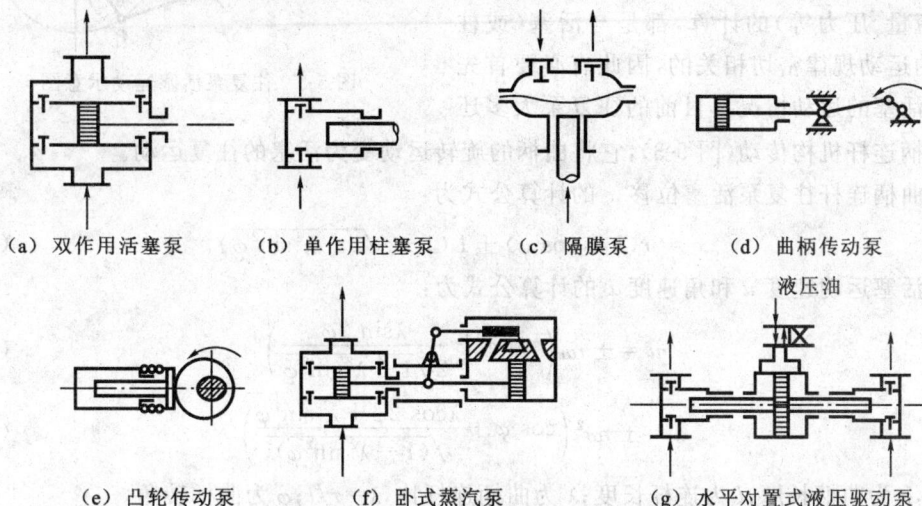

（a）双作用活塞泵　　（b）单作用柱塞泵　　（c）隔膜泵　　（d）曲柄传动泵

（e）凸轮传动泵　　（f）卧式蒸汽泵　　（g）水平对置式液压驱动泵

图 5-2　往复泵类型示意图

通常以上述几项主要特点来区分各种不同类型的往复泵。石油矿场中广泛采用三缸单作用和双缸双作用卧式活塞泵作为钻井泵，采用三缸、五缸单作用卧式柱塞泵及其他类型的往复泵作为压裂、固井及注水泵。

第二节　往复泵的参数和特性

往复泵的基本参数包括流量、压头和压力、功率和效率等。反映各参数之间关系的曲线为特性曲线。

一、往复泵的流量

往复泵的流量是指单位时间内泵通过排出或吸入管道所输送的液体量。流量通常以单位时间内的体积表示，称为体积流量，代表符号为 Q，单位为 L/s 或 m^3/s。有时也以单位时间内的重量表示，称为重量流量，代表符号为 Q_G，单位为 N/s。

$$Q_G = Q\rho g$$

式中，ρ 为输送液体的密度，kg/m^3；g 为重力加速度，$g=9.8$ m/s^2。

往复泵的曲轴旋转一周（$0\sim2\pi$），泵所排出或吸入的液体体积称为泵的排量。它只与泵的液缸数目及几何尺寸有关,与时间无关。流量与排量是两个不同的概念。

1. 活塞运动规律

往复泵的基本工作理论及其主要特性参数(流量、压力等)的计算,都是与活塞(或柱塞)的运动规律密切相关的,因此有必要首先讨论活塞的运动情况。目前的往复泵大多还

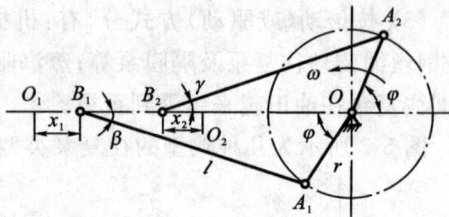

图5-3 往复泵活塞运动示意图

是曲柄连杆机构传动(图5-3),它将曲柄的旋转运动变为活塞的往复运动。

曲柄连杆往复泵活塞位移 x 的计算公式为:

$$x = r(1 \mp \cos \varphi) \pm L(1 - \sqrt{1 - \lambda^2 \sin^2 \varphi}) \tag{5-1}$$

活塞运动速度 u 和角速度 a 的计算公式为:

$$u = \pm r\omega \left(\sin \varphi + \frac{\lambda \sin 2\varphi}{2\sqrt{1 - \lambda^2 \sin^2 \varphi}} \right) \tag{5-2}$$

$$a = \pm r\omega^2 \left(\cos \varphi + \frac{\lambda \cos 2\varphi + \lambda^3 \sin^4 \varphi}{\sqrt{(1 - \lambda^2 \sin^2 \varphi)^3}} \right) \tag{5-3}$$

式中,r 为曲柄长度;l 为连杆长度;λ 为曲柄连杆比,$\lambda = r/l$;φ 为曲柄转角。

活塞由液力端向动力端运动时,$\varphi = 0 \sim \pi$;活塞由动力端向液力端运动时,$\varphi = \pi \sim 2\pi$。

式(5-1)、式(5-2)和式(5-3)是反映活塞运动规律的精确公式,但比较复杂,不便记忆和应用。可对它们进行适当简化,常应用的公式为:

$$\left. \begin{aligned} x &\approx r\left(1 \mp \cos \varphi \pm \frac{\lambda}{2} \sin^2 \varphi\right) \\ u &\approx \pm r\omega \left(\sin \varphi + \frac{\lambda}{2} \sin 2\varphi\right) \\ a &\approx \pm r\omega^2 (\cos \varphi + \lambda \cos 2\varphi) \end{aligned} \right\} \tag{5-4}$$

式(5-4)是表示活塞位移、速度和加速度的近似公式,对活塞位移、速度和加速度的影响甚微,最大误差不到百分之一。因此,以式(5-4)计算往复泵活塞运动规律是完全满足精度要求的。

有时为了便于记忆和定性分析活塞的运动,可不考虑曲柄连杆比 λ 的影响,即认为连杆无限长,$\lambda = 0$,活塞的运动规律为:

$$\left. \begin{aligned} x &\approx r(1 \mp \cos \varphi) \\ u &\approx \pm r\omega \sin \varphi \\ a &\approx \pm r\omega^2 \cos \varphi \end{aligned} \right\} \tag{5-5}$$

式(5-5)表明,曲柄-连杆传动往复泵活塞运动的速度和加速度分别近似按正弦和余弦规律变化。

在这些公式中,正负号及 φ 的取值范围按以下原则决定:当求活塞由液力端向动力端运动的位移、速度和加速度时,取公式上面的符号,曲柄转角 φ 在 $0 \sim \pi$ 范围内取值;当求

活塞由动力端向液力端运动的位移、速度和加速度时,取公式中下面的符号,φ 在 $\pi \sim 2\pi$ 范围内取值;当 $\varphi = 0, \pi, 2\pi$ 时,活塞处于死点位置。

2. 往复泵的平均流量

往复泵在单位时间内理论上应输送的液体体积称为泵的理论平均流量。它与泵的活塞截面积 F、活塞冲程长度 S 以及活塞每分钟在缸套中往复的次数 n 有关。对于单作用泵,设缸数为 i,其理论平均流量 Q_{th} 为:

$$Q_{th} = iFSn \tag{5-6}$$

对于双作用往复泵,活塞往复一次,液缸的前、后工作室输送液体各一次,体积为 $(2F - f)S$。设泵的缸数为 i,则双缸双作用泵的理论平均流量 Q_{th} 为:

$$Q_{th} = i(2F - f)Sn \tag{5-7}$$

式中,f 为活塞杆截面面积;n 为泵速。

泵速也称冲次,指单位时间内活塞或柱塞的往复次数。

实际上,往复泵工作时,由于吸入阀和排出阀一般不能及时关闭,泵阀、活塞和其他密封处可能有高压液体漏失,泵缸中或液体内含有气体而降低吸入充满度等,都可能使泵的实际输送量有所降低,因而往复泵的实际平均流量要低于理论平均流量。设实际平均流量为 Q,则:

$$Q = \alpha Q_{th} \tag{5-8}$$

式中,α 为流量系数。

流量系数 α 一般在 $0.85 \sim 0.95$ 范围内。大型的、吸入条件较好的新泵,α 可取得大一些,有的可达 $0.97 \sim 0.99$。

3. 往复泵的瞬时流量

由于往复泵的活塞运动速度是变化的,故每个液缸和泵的流量也是变量,为此有必要引入瞬时流量的概念。例如,某单作用液缸的理论瞬时流量 Q_{cm} 为:

$$Q_{cm} = Fu \tag{5-9}$$

对于单作用液缸,吸入过程中吸入的瞬时理论流量为:

$$Q_{cm} = Fr\omega \left(\sin \varphi_m + \frac{\lambda}{2} \sin 2\varphi_m \right) \quad (0 < \varphi_m < \pi) \tag{5-10}$$

排出过程中排出的瞬时理论流量为:

$$Q_{cm} = - Fr\omega \left(\sin \varphi_m + \frac{\pi}{2} \sin 2\varphi_m \right) \quad (\pi < \varphi_m < 2\pi) \tag{5-11}$$

当 $\varphi_m = 0, \pi, 2\pi$ 时,正好是活塞运动的极限位置,流量均为零。公式中的下标 m 表示液缸或曲柄的顺序编号 $1, 2, 3$ 等。

双作用泵活塞将液缸分为前工作室和后工作室。以 Q_{cf} 和 Q_{ca} 分别表示液缸前工作室和后工作室的瞬时流量,则有:

$$Q_{cfm} = \pm Fr\omega \left(\sin \varphi_m + \frac{\lambda}{2} \sin 2\varphi_m \right) \tag{5-12}$$

185

$$Q_{cam} = \pm(F - f)r\omega\left(\sin\varphi_m + \frac{\lambda}{2}\sin 2\varphi_m\right) \qquad (5\text{-}13)$$

当 $\varphi_m = 0 \sim \pi$ 时,前工作室吸入、后工作室排出,公式取"+"号;当 $\varphi_m = \pi \sim 2\pi$ 时,前工作室排出、后工作室吸入,公式取"−"号。

实际上,往复泵一般都是由几个液缸组成的,如图 5-4 所示。在曲轴转动一周范围内,几个液缸按一定的规律交替吸入或排出,整台泵的瞬时流量由同一时刻各缸瞬时流量叠加而成。计算整台泵的瞬时流量时,要根据各曲柄间存在的角位差 θ 决定公式中的角参数,如三缸单作用泵的角位差 $\theta = 120°$,则 $\varphi_1 = \varphi$,$\varphi_2 = \varphi + 120°$,$\varphi_3 = \varphi + 2\times120°$;双缸双作用泵的角位差 $\theta = 90°$,则 $\varphi_1 = \varphi$,$\varphi_2 = \varphi +$

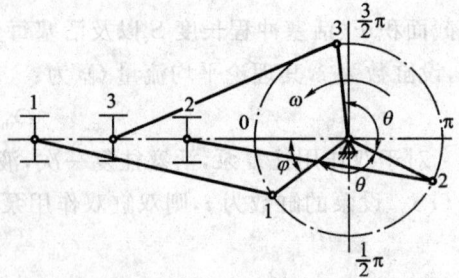

图 5-4 往复泵曲柄间相互关系示意图

$90°$。必须以相应的角参数代入公式计算各液缸的瞬时流量。

4. 往复泵的流量曲线

由前面分析可知,往复泵工作时,在曲柄旋转 2π 范围内,各液缸(或工作室)及泵的瞬时流量是按一定规律变化的。如果以曲柄转角 φ 为横坐标、流量为纵坐标,就可以作出泵的瞬时流量和平均流量随曲柄转角变化的曲线,如图 5-5 所示。这类曲线称为泵的流量曲线。通常,吸入和排出过程的流量曲线是分别作出的,在考虑 λ 影响的条件下,两者有一定的区别。

流量曲线除了比较形象地反映整台泵与各液缸(或工作室)瞬时流量间的关系及其随曲柄转角的变化特点外,在往复泵的理论分析和计算中还具有下列用途。

1)判断流量的均匀程度

任何类型的往复泵,在曲轴转动一周的过程中,理论瞬时流量都是变化的,其最大值 $Q_{cB\,max}$、最小值 $Q_{cB\,min}$ 及理论平均流量 Q_t 都可以由曲线找到。理论瞬时流量的最大差值与平均流量的比值称为往复泵的流量不均度,以 δ_Q 表示,即:

(a)三缸单作用泵

(b)双缸双作用泵

图 5-5 往复泵流量曲线

$$\delta_Q = \frac{(Q_{cB\,max} - Q_{cB\,min})}{Q_t} \qquad (5\text{-}14)$$

在不考虑曲柄连杆比影响的条件下,单缸、双缸、三缸及四缸单作用泵的流量曲线如

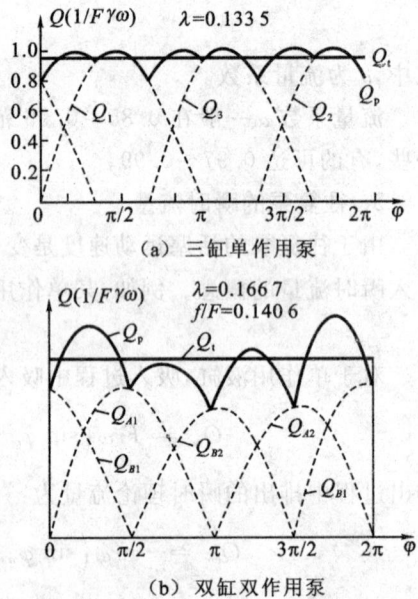

图 5-6 所示,其流量不均度 δ_Q 分别为 3.14,1.57,0.141,0.314。不考虑活塞杆断面面积的影响,则单缸双作用泵与双缸单作用泵流量不均度相同,双缸双作用泵与四缸单作用泵的流量不均度也相同。

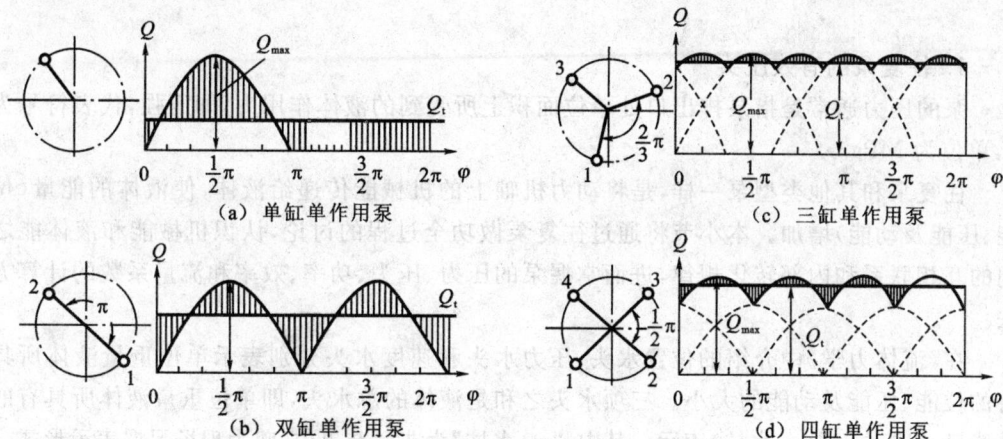

(a) 单缸单作用泵

(c) 三缸单作用泵

(b) 双缸单作用泵

(d) 四缸单作用泵

图 5-6 不考虑曲柄-连杆比影响时单作用泵的流量曲线

当往复泵缸数增多时,流量趋于均匀,而单数缸效果更为显著。从使用观点来看,流量不均度越小越好。因为流量越均匀,管线中液流越接近稳定流状态,压力变化也越小,这有助于减小管线振动,使泵工作平稳。但是,也不能只依靠增加缸数来达到这个目的。缸数太多,泵结构会变得很复杂,造价增高,维修困难。目前钻井泵大多数是三缸单作用或双缸双作用往复泵。

当考虑 λ 影响时,流量不均度一般都相对增大。实用中多按绘成的流量曲线进行计算。

2) 确定泵输送的液体体积

设在曲柄转角 φ 由 φ_1 到 φ_2 的范围内,每个液缸(或工作室)的流量曲线与横坐标所包围的面积为 A,而在同样的曲柄转角范围内,活塞由位置 S_1 运动到位置 S_2,泵所输送的液体体积为 V。液体体积 V 与面积 A 之间存在下列关系:

$$\frac{V}{A} = \frac{1}{\omega}$$

或

$$V = \frac{A}{\omega} \tag{5-15}$$

上式表明,在同样的转角范围内,泵或某个液缸所输送的液体体积与流量曲线所包围的面积成正比。流量曲线的波动情况反映了泵或液缸输送液体的变化程度。这个关系在空气包的体积计算中十分有用。

3) 检验曲柄布置是否合理

对于多缸往复泵,尤其是多缸双作用泵,通过绘制流量曲线,可发现各液缸瞬时流量是否叠加合理,从而检验曲柄布置方案的合理性。

二、往复泵的压头、压力、功率和效率

1. 往复泵的有效压头

泵的压力通常是指泵排出口处单位面积上所受到的液体作用力,即压强,代表符号为 p,单位为 MPa。

往复泵和其他类型泵一样,是将动力机轴上的机械能传递给液体,使液体的能量(位能、压能及动能)增加。本小节将通过往复泵做功全过程的讨论,认识机械能和液体能之间的互相联系和内部转化规律,进而掌握泵的压力、压头、功率、效率和流量系数的计算方法。

在《流体力学》中介绍的位置水头、压力水头和速度水头分别表示单位重量液体所具有的位能、压能及动能的大小。三项水头之和是液体的总水头,即单位重量液体所具有的总能量,以 J/N(或 m,水柱)表示。其中,"m,水柱"为非标准单位,曾为现场习惯表示形式。

当将一系列管线与泵连接成如图 5-7 所示的系统时,由于泵对液体做功,把机械能传给液体,液体本身的能量将增加。重量的单位为 N,能量的单位为 N·m(即 J);H 表示单位重量液体由泵获得的能量,其单位为 J/N,称为泵的有效压头或扬程。其表达式为:

$$H = Z + \frac{p_k - p_a}{\rho g} + \frac{u_4^2 - u_1^2}{2g} + \sum h \quad (5\text{-}16)$$

$$Z = Z_1 + H_0 + Z_2$$

$$\sum h = \sum h_s + \sum h_d$$

式中,p_a,p_k 分别为吸入池与排出池液面上的压力,MPa;u_1,u_4 分别为吸入池与排出池液面上液体的流速,m/s;Z 为吸入池与排出池液面的总高度差,m;Z_1 为吸

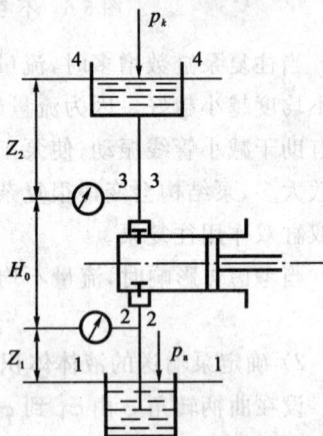

图 5-7 往复泵压头计算示意图

入管 2-2 断面处至吸入池液面的高度差,m;Z_2 为排出管 3-3 断面处至排出池液面的高度差,m;H_0 为断面 2-2 与 3-3 的高度差(真空表与压力表分别安装在这两个断面处,因此 H_0 也就是两表的高度差),m;$\sum h_s$ 和 $\sum h_d$ 分别为吸入管段和排出管段内的水头损失,J/N;$\sum h$ 为总的水头损失,J/N;H 为泵的有效压头,J/N。

式(5-16)表明,泵的有效压头 H 等于排出池液面与吸入池液面的总比能差,加上吸入与排出管路中的水头损失。这就是说,泵供给单位重量液体的能量用于提高液体的总比能以及克服全部管线中的液体流动阻力。

吸入池与排出池一般很大,$u_1 \approx 0$,$u_4 \approx 0$,并且当 $p_k = p_a$ 时,式(5-16)变为:

$$H = Z + \sum h \quad (5\text{-}17)$$

　　在特殊条件下,如往复泵用于钻井时,吸入池与排出池往往是公用的,即 $p_k = p_a$,$u_1 = u_4 \approx 0$,$Z = 0$,因而泵的有效压头为:

$$H = \sum h \qquad (5\text{-}18)$$

此种情况下,泵供给液体的能量全部用于克服管路中的阻力。

　　由式(5-16)、式(5-17)及式(5-18)可知,无论在哪种条件下,要想求得泵的有效压头,即液体在泵前与泵后能量所发生的变化,必须先求出全部管路中的阻力损失。但是,由于管路系统一般都比较复杂,阻力损失计算繁琐且不准确。简便的方法是应用下式直接确定有效压头,即:

$$H = \frac{p_g}{\rho g} + \frac{p_v}{\rho g} + H_0 \qquad (5\text{-}19)$$

　　因此,往复泵的有效压头主要取决于三项:第一,泵的排出口装压力表与吸入口装真空表处的高度差 H_0,对一定的泵来说,为定值;第二,吸入口处真空表的读数,即真空度 p_v;第三,泵排出口处压力表的读数,即表压力 p_g。

　　在实际计算中,由于考虑到泵的排出压力一般较高,表压力也很高,达数十 MPa,而真空度 p_v 及高度差 H_0 相对很小,可以略去不计,因此由表压力可近似求得泵的有效压头,即:

$$H \approx \frac{p_g}{\rho g}$$

2. 往复泵的功率

　　设泵的有效压头为 H,重量流量为 Q_G,则单位时间内液体由泵所获得的总能量 N(即泵的输出的功率)为 $N = Q_G H$。因为 $Q_G = Q \rho g$,$p = \rho g H$,所以泵的输出的功率可以写为:

$$N = Q \rho g H \times 10^{-3} = p Q \times 10^{-3} \qquad (5\text{-}20)$$

式中,N 为泵的输出功率,kW;ρ 为被输送液体的密度,kg/m³;Q 为泵的实际平均流量,m³/s。

　　N 表明泵的实际工作效果,因此称为泵的有效功率,亦称为泵的水力功率或输出功率。

　　泵之所以能将能量传给液体,是由于外界机械能输入的结果。假定动力机(柴油机、电动机等)输送到泵主动轴上的功率为 N_{ax}(称为泵的输入功率或传动轴功率),由于泵内存在功率损失,所以 $N_{ax} > N$。将 N 与 N_{ax} 的比值用 η 表示,称为泵的总效率,即:

$$\eta = \frac{N}{N_{ax}} \qquad (5\text{-}21)$$

　　往复泵一般都是经过离合器、变速箱或变矩器、链条和皮带等传动件与动力机相连的,计算整台泵所应配备的功率时应考虑传动装置的效率。一台机泵组所需的动力机功率 N_p 为:

$$N_p = \frac{N_{ax}}{\eta_{tr}} = \frac{N}{\eta \eta_{tr}} \qquad (5\text{-}22)$$

式中，η_{tr} 为自动力机输出轴至泵输入轴全部传动装置的总效率。

对于非液力变矩器传动的机泵组，考虑到工作过程中可能超载，应使所选的动力机功率比计算功率 N_p 大 10% 左右。

3. 往复泵的效率

往复泵工作过程中的功率损失，包括以下几方面（图 5-8）：

1）机械损失

它是克服泵内齿轮传动、轴承、活塞、密封和十字头等机械摩擦方面所消耗的功率，以 ΔN_m 表示。泵的输入功率减去这部分损失后

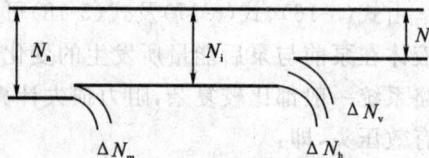

图 5-8　往复泵内功率分配示意

所剩下的功率称为转化功率。转化功率是指单位时间内由机械能转化为液体能的那一部分功率，全部用于对液体做功，即提高液体的能量，以 N_i 表示，则 $N_i = N_{ax} - \Delta N_m$。$N_i$ 与 N_{ax} 的比值称为机械效率，用 η_m 表示：

$$\eta_m = \frac{N_i}{N_{ax}} \tag{5-23}$$

单位时间内获得能量的液体称为转化流量 Q_i，单位重量液体所得到的能量称为转化压头 H_i，转化压力为 p_i 则转化功率为：

$$N_i = H_i Q_i \rho g \times 10^{-3} = p_i Q_i \times 10^{-3} \tag{5-24}$$

2）容积损失

泵实际输送的液体体积总要比理论输出体积小，因为有一部分获得能量的高压液体会从活塞与缸套间的间隙、缸套密封、阀盖密封及拉杆密封（对双作用泵）等处漏失，造成一定的能量损失。设单位时间内漏失的液体体积为 ΔQ_v，实际流量 Q 与接受能量的转化流量 Q_i 之比为容积效率 η_v，则：

$$\eta_v = \frac{Q}{Q_i} = \frac{Q}{Q + \Delta Q_v} \tag{5-25}$$

泵内接受能量的转化流量 Q_i 往往低于泵的理论平均流量 Q_t，因为有时液缸内存在少量气体或泵阀迟关造成液体回流，可能减少吸入的液体量。由上面两个原因所减少的流量几乎不造成能量损失，所以严格来讲，流量系数 α 并不等于泵的容积效率 η_v，其关系为 $\alpha = \alpha_1 \eta_v$。α_1 称为泵的充满系数，它考虑液缸中含有气体及泵阀迟关对流量的影响，$\alpha_1 = Q_i/Q_t$。容积效率 η_v 则反映因密封不严造成高能液体漏失对流量的影响，属于能量损失。

3）水力损失

设液体在泵内流动时，为克服沿程和局部（包括泵阀在内）阻力所消耗的各项水力损失之和为 h_h，则有效压头 H 小于转化压头 H_i，二者之比称为水力效率，以 η_h 表示：

$$\eta_h = \frac{H}{H_i} = \frac{H}{H + h_h} \tag{5-26}$$

泵的有效功率与泵通过活塞传给液体的转化功率之比称为泵的转化效率，以 η_i 表示：

$$\eta_i = \frac{N}{N_i} = \frac{QH\rho g}{Q_t H_i \rho g} = \eta_v \eta_h \qquad (5-27)$$

综上所述,泵的总效率 η 为:

$$\eta = \frac{N}{N_{ax}} = \frac{N_i}{N_{ax}} \frac{N}{N_i} = \eta_m \eta_v \eta_h \qquad (5-28)$$

往复泵转化效率的大小表示液力部分的完善程度,而机械效率的大小则表示其机械传动部分的完善程度。泵的总效率可由试验测出,一般情况下 $\eta = 0.75 \sim 0.90$。

上述分析是从能量损失的角度来看的,但在具体测试中很难确定转化流量 Q_i,因而不能准确计算出 η_v 和 α_1。为方便起见,很多文献中将流量系数 α 和容积效率 η_v 视为同一概念,实际上是认为充满度系数 $\alpha_1 = 1$,故 $\alpha = \eta_v$。有时,将泵的机械效率与水力效率合并在一起,称为水力机械效率,以 η_{hm} 表示,即 $\eta_{hm} = \eta_h \eta_m$,于是 $\eta = \eta_{hm} \eta_v$。

三、往复泵的工作特性

往复泵的工作特性主要体现在流量 Q、压力 p、冲数 n、轴功率 N_{ax} 以及效率 η 等方面,这些参数是互相联系的。本小节通过对往复泵特性的讨论,着重分析钻井泵实际使用中的问题。

1. 往复泵的特性曲线

往复泵的特性曲线主要表示泵的流量、输入功率及效率等与压力的关系。

由前面公式可知,往复泵在单位时间内排出的液体体积取决于活塞(柱塞)截面面积 F、冲程长度 S、冲数 n 以及泵缸数 i,而与压力无关。因此,若以横坐标表示泵的排出压力、纵坐标表示流量,在保持泵的冲数不变的条件下,泵的理论 Q-p 曲线应是垂直于纵坐标的直线。实际上,随着泵压的升高,泵的密封处(如活塞—缸套、柱塞—密封、活塞杆—密封之间)的漏失量将增加,即流量系数 α 要相应变小,所以实际流量随着泵压的增高而略有减小,反映在图 5-9 所示的 Q-p 曲线上就是略有倾斜。流量不同,Q-p 曲线的位置也不同。对钻井泵,其压力是随着井深增加而加大的,因此井的深度较大时,即使缸套与冲数不变,流量将稍有减小。此外,机械传动往复泵的输入功率 N_{ax}、总效率 η 及容积效率 η_v 等也随着泵压的升高而变化。

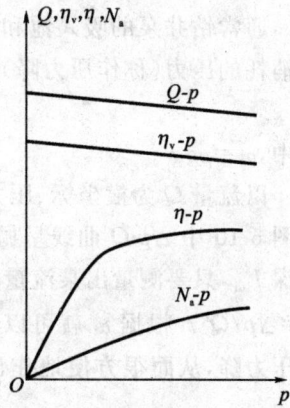

图 5-9 往复泵的性能曲线

图 5-9 是往复泵的基本性能曲线,可以通过试验求出。当泵的冲数可调节时,在保持额定压力不变的情况下,应该测定泵的流量、功率和效率随冲数变化的曲线,以及流量系数 α 随吸入压力 p_s 而变化的曲线。

应该指出,往复泵的 Q-p 曲线是与传动方式紧密相关的。上述的 Q-p 曲线只适合纯机械传动往复泵。因为动力机转速和机械传动的传动比一定时,泵的冲数 n 不变;在一定的冲数下,只要活塞截面积和冲程长度一定,流量也不变。这时,泵压与外载基本上呈正比变化关系。在外载变化的条件下,机械传动的往复泵不能保持恒功率的工作状态。

当往复泵在某些软传动(如液力传动等)条件下工作时,随着泵压的变化,泵的冲数和流量能自动调节,使往复泵在一定的范围内接近恒功率工作状态。此时,泵的 $Q \cdot p$ 近似按双曲线规律变化。

2. 往复泵的工况

任何泵装置工作时都必须与管路组成一定的输送系统才能输送液体。在输送过程中,液体遵守质量守恒和能量守恒规律。所谓质量守恒,就是单位时间内泵所输送的液体量 Q 等于流过管线的液体量 Q',即 $Q = Q'$。

所谓能量守恒,是指泵所提供给液体的能量 H 全部消耗在克服管路的阻力损失及提高静压头上。设管路系统消耗及具有的总能量为 H',则有 $H = H'$。由式(5-16)可知,对于一定的管路系统,式中右端前三项为定值,称作固定压头,以 H_{st} 表示。前已述及,从吸入和排出的全过程来看,管路中液体的惯性水头并不造成能量损失,因此 $\sum h$ 只是吸入及排出管中的阻力损失,其表达式为:

$$\sum h = \sum h_s + \sum h_d = \alpha' Q^2 \tag{5-29}$$

对于固定的管路系统,α' 为常数。对钻井泵来说,由于井深是不断变化的,所以排出管路长度 L_d 也是变化的,故 α' 随井深不同而不同,即 $H_p = H_{st} + \alpha' Q^2$。

通常钻井泵的吸入池和排出池是共用的,因此静压头 $H_{st} = 0$。以 Δp 表示管路系统所消耗的压力(称作压力降),则有:

$$\Delta p = \rho g H' = \rho g \alpha' Q^2 = \alpha_i Q^2 \tag{5-30}$$

式中,$\alpha_i = \rho g \alpha'$。

以流量 Q 为横坐标、压力降 Δp 为纵坐标,可以作出不同井深 L_{di} 下的管路特性曲线,在图 5-10 中 Δp-Q 曲线呈抛物线形状。α_i 是很难准确计算的,现场工作时,对于一定的井深 L_{di},只要测量出某流量 Q 下的压力降 Δp,就可以求得该井深时的压力降系数 α_i,即 $\alpha_i = \Delta p / Q^2$。根据 α_i 就可以求得该井深下不同流量时的压力降,从而很方便地作出某井深下的管路特性曲线。

将泵的 $Q \cdot p$ 特性曲线按同样的比例绘在管路特性曲线图上,即得到泵与管路联合特性曲线。由图 5-10 可以看出,当泵的流量为 Q_1 时,两种曲线分别交于 A_1,B_1,C_1……各点。显然,只有这些交点处才能满足质量守恒和能量守恒条件,泵才能正常工作。一般称这些交点为泵的工况点。泵流量为 Q_2 时,工况点为 A_2,B_2,C_2……

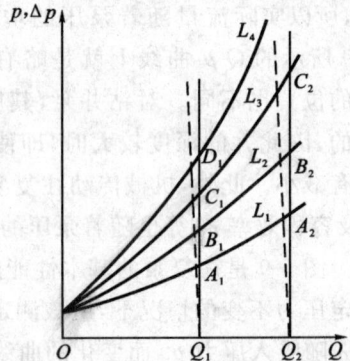

图 5-10 泵与管路联合特性曲线

由图 5-10 还可以看出,在排出管长度(即井深)一定的情况下,泵的流量不同,管路消耗的压力不同。降低泵的流量可以使压力减小,即压降减小。同样,在流量一定的情况下,井深增加,泵压升高。这说明,泵实际给出的工作压力总是与负载(此处指管路阻力)直接相关的。负载增大,泵压就升高;反之,泵压就下降。

3. 钻井泵的临界特性

在往复泵的设计和使用过程中,一般受到两种条件的限制。

第一,是泵的冲次 n 不能超过额定值。对钻井泵来说,冲次过高,不仅会加速活塞和缸套的磨损,使吸入条件恶化,降低使用效率,还会使泵阀产生严重的冲击,大大缩短泵阀寿命。在泵的冲程长度、活塞及活塞杆截面积一定的条件下,泵的流量 Q 与冲次 n 成正比。对于同一台钻井泵,冲程长度和活塞杆截面积通常是不变的,因此对于不同的活塞面积($F_1, F_2 \cdots\cdots F_n$),即不同的缸套面积,都具有一个相应的最大流量 $Q_1, Q_2 \cdots\cdots Q_n$,即在某 i 级缸套下工作时,泵的流量不允许超过 Q_i,否则泵的冲次就可能超过允许值。

第二,受泵的压力限制。因为泵的活塞杆和曲柄连杆机构等的机械强度是有限的,为了满足强度方面的要求,每一级缸套的最大活塞力不应超过某一常数,即 $p_1 F_1 = p_2 F_2 = \cdots\cdots = p_n F_n =$ 常数。也就是每一级缸套都受到一个最大工作压力或极限泵压的限制。设计泵时,各级缸套的直径及极限压力就是按照这个条件确定的。

钻井泵的临界特性曲线正是根据这两个限制条件作出的。在图 5-11 中,以 Q 为横坐标、p 为纵坐标的直角坐标上,分别作出了每一级缸套(共 5 级)下的泵特性曲线,并在其上标定各级缸套极限工作压力点 $1,2\cdots\cdots 5$,则折线 1—$1''$—2—$2''$—3—$3''$—4—$4''$—5 为该泵的临界工作特性曲线。临界工作特性曲线上通常还根据井身结构及钻具组成绘制各种井深时的管路特性曲线。

从临界工作特性曲线可以看出:

(1) 在机械传动的条件下,随着井深的增加,往复泵每级缸套的泵压近似按垂直线变化。当钻至某井深使泵压达该级缸套的极限值时,必须更换较小直径的缸套,从较低的压力开始继续工作。如泵在第一级缸套下以流量 Q_1 工作时,井深由 L_0 增至 L_1,压力由 p_0 增至 p_1;更换第二级缸套后,流量为 Q_2,在井深为 L_1 时,泵压为 p'_b。随着井深的增加,泵压不断升高,一直到工作压力升到 p_2 时才需要更换缸套。

(2) 无论泵速是否可调节,任何一级缸套下的流量 Q(或冲数 n)和压力 p 都限制在一定的范围内。例如,用第一级缸套时,泵压和流量只能在矩形 $Q_1 1 p_1 O$ 范围内;用第二级缸套时,则限制在矩形 $Q_2 2 p_2 O$ 范围内。

(3) 在泵的最大冲次保持不变的条件下,各级缸套下泵的最大流量 $Q_1, Q_2 \cdots\cdots$ 与活塞有效面积成正比,泵输出的最大水力功率(有效功率)为 $N = P_1 Q_1 = P_2 Q_2 = \cdots\cdots =$ 常

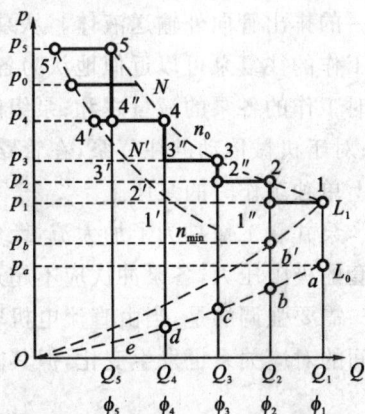

图 5-11 钻井泵的临界特性曲线

193

数。

　　显然,点 1,2……5 的连线是一条等功率曲线。可以看出,往复泵工作时所有工况点都应控制在等功率曲线的下方,即泵实际输出的水力功率总是小于有效功率。为了提高工作效率,应根据井深和钻井工艺的要求合理选用钻井泵,并按照井深变化的情况合理选用和适时更换缸套直径。还可以采用除纯机械传动以外的传动型式,使泵的工况点尽可能接近等功率曲线。

　　当然,钻井泵的临界特性曲线仅反映其本身的工作能力,而在使用中还要考虑其他因素的影响。当泵所配备的动力机功率偏小时(动力机所提供的最大功率小于泵的设计功率),如图 5-11 中的等功率曲线 N' 所示,则泵的流量和压力应在 N' 曲线的下方选用。此时,泵的工况主要受动力机功率的限制,同时也受到最大冲次和各级缸套最大压力的限制。又如,当排出管的耐压强度较低,最大允许压力 p_0 小于泵某级缸套下的极限值时,泵的实际工作压力和流量应该在 p_0 以下的范围内选用。

　　往复泵与一定的管路系统组成统一的装置后,其工况点一般也是确定的。有时为了某些需要,希望人为地改变工况,即调节泵的流量。钻井泵中常用调节流量的方法有:更换不同直径的缸套;调节泵的冲次;减少泵的工作室;旁路调节。

　　为了满足一定的流量需要,石油矿场中常将往复泵并联工作。往复泵并联工作时,以统一的排出管向外输送液体。从泵的等功率曲线可以看出,并联工作有如下特点:高压力下工作的往复泵可以近似地认为各泵都在相同的压力 p 下工作;排出管路中的总流量为同时工作的各泵的流量之和;泵组输出的总水力功率为同时工作各泵输出的水力功率之和;对于机械传动的往复泵,在管路特性一定的条件下,并联后的泵压大于每台泵在该管路上单独工作时的泵压。

　　泵并联工作是为了加大流量。应注意的是,并联工作的总压力 p 必须小于各泵在用缸套的极限压力,各泵冲次应不超过额定值。

　　需要强调的是,当由直流电机驱动,或动力机与泵之间加入液力传动时,泵压与流量之间的对应关系也发生变化,但其临界压力的限制是不变的。

第三节　往复泵的结构和特点

　　往复泵的主要型式是活塞泵和柱塞泵,活塞泵中以三缸单作用泵和双缸双作用泵为主,此外还出现了一些新型式的往复泵,如恒流量泵和液压驱动往复泵等。本节介绍几种典型石油矿场用往复泵的基本结构及特点。

　　我国用于石油、天然气勘探开发的三缸单作用钻井泵已经标准化,统一的代号表示为3NB-□-□。各符含义依次是:3NB 表示三缸单作用钻井泵代号;第 1 个方框表示额定输入功率代号(hp,或 1 kW/1.36);第 2 个方框表示变型代号。

　　例如,3NB-1300 表示输入功率为 960 kW 的三缸单作用钻井泵。

有的钻井泵,为了反映其设计制造单位、适用区域和性能方面的特点,在统一代号的前后还标以适当的符号。例如 SL3NB-1300A,其中的 SL 是"胜利"汉语拼音的首字母,A 表示改型设计。

国内双缸双作用钻井泵的应用已经较少,其表示方法与三缸单作用泵类似。例如 NB_6-600,其中的 NB 表示双缸双作用泵,下标表示设计序号,后面的数字表示额定输入功率(hp,或 $1\ kW/1.36$)。国外的钻井泵一般具有不同的代号,多数按照制造厂家编排的系列而定,但代号后面的一组数字通常表示该泵的额定输入功率,单位为 hp 或其 $1/10$ 的倍数。

柱塞泵在各行各业都有应用,其标准代号为□Z□□□□。各符含义依次是:第 1 个方框表示柱塞数目,用阿拉伯数字表示;Z 表示柱塞泵泵型代号,"柱"汉语拼音的首字母;第 2 个方框表示结构型式,立式用 L 表示,卧式不表示;第 3 个方框表示额定流量(单位为 m^3/h),用阿拉伯数字表示;第 4 个方框表示额定排出压力(单位为 MPa),用阿拉伯数字表示;第 5 个方框表示阀结构,锥阀省略,球阀为 Q,板阀为 B;第 6 个方框表示变型代号,用罗马数字表示。

例如,3ZL12.5/25Q 表示柱塞数目为 3 的立式球阀泵,其额定流量为 $12.5\ m^3/h$,额定压力为 25 MPa。某些特殊用途的柱塞泵还在其代号前面加某些代号,如 SD3Z8/20B 为卧式三柱塞板阀泵,额定流量为 $8\ m^3/h$,额定压力为 20 MPa,SD 表示作为水力活塞泵装置的地面泵。

一、双缸双作用活塞泵

双缸双作用活塞泵的结构方案如图 5-12 所示。主轴上有两个互相成 90°的曲柄,分别带动两个活塞在液缸中作往复运动。液缸两端分别装有吸入阀和排出阀。当活塞向液力端运动时,左边的排出阀打开,吸入阀关闭,活塞前端工作室(前缸)内液体排出;而右边的排出阀关闭,吸入阀打开,活塞后端工作室(后缸)吸入液体。当活塞向动力端运动时,情况正好与上述相反。图 5-12(b)所示为双缸双作用往复泵的流量曲线。两个液缸的前后缸的瞬时流量近似按正弦规律变化。前缸流量曲线为 a_1,b_1,后缸流量曲线为 a_2,b_2。将它们按纵坐标叠加,就可以得到整台泵的流量曲线。

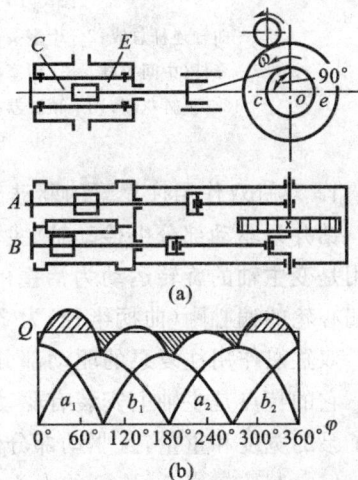

国内双缸双作用往复式钻井泵的型式很少,早期的有 NB-470 泵,后来又设计了 NB-350,NB-550 和 NB8-600 泵。但作为钻井泵,它们显得功率不足,流量和工作压力偏小。国外双缸双作用往复式钻井泵的型式较多,结构上

图 5-12　双缸双作用往复泵结构方案

也不尽相同。比较典型的有罗马尼亚的 2PN 型泵、法国的 BB 型泵、俄罗斯的 Y8—6M 型泵等,它们都各有特点。

图 5-13 所示为国产 NB$_8$-600 型钻井泵的主剖面图,可以反映一般双缸双作用往复泵的概貌。往复泵由动力端(驱动部分)和液力端(水力部分)两大部分组成。

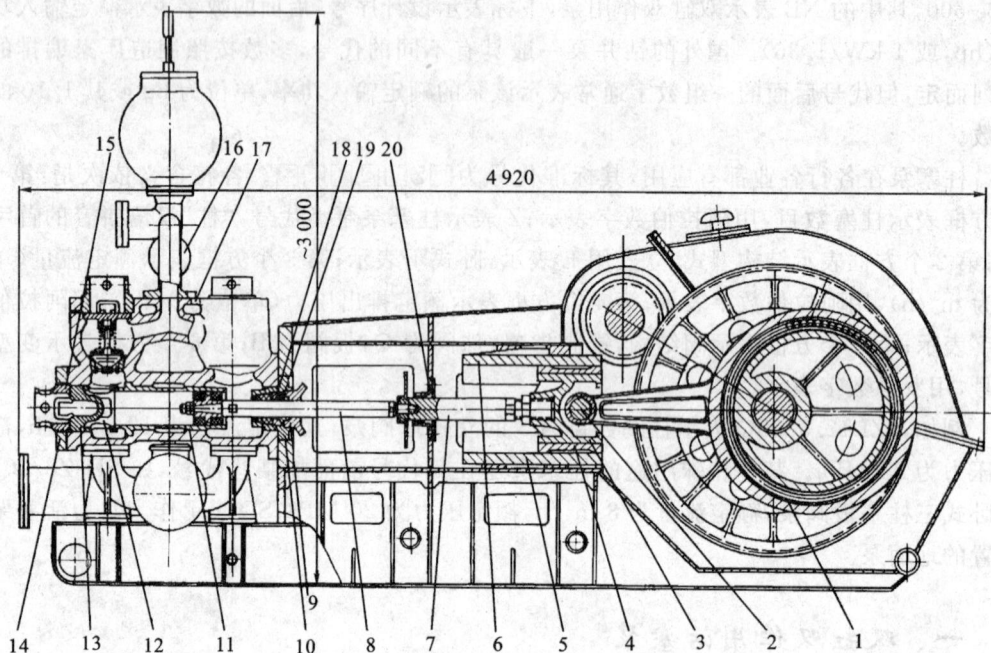

图 5-13　NB$_8$-600 型双缸双作用钻井泵

1—曲轴连杆总成;2—十字头销;3—十字头体;4—十字头滑履;5—下导板;6—上导板;

7—介杆(中间拉杆);8—活塞杆;9—活塞杆密封盒压盖;10—活塞杆密封盒;11—缸套;

12—顶缸花篮;13—顶缸器;14—缸套法兰;15—缸套压盖;16—排出管;17—泵体;

18—压紧圈;19—顶套;20—介杆密封盒

1. 双缸双作用往复泵的驱动部分

钻井泵驱动部分由传动轴、主轴(曲轴)、齿轮、曲柄连杆机构、壳体(底座)等组成,其作用是变主轴的旋转运动为活塞的往复运动,同时传递动力和减速。NB$_8$-600 钻井泵主轴偏心轮的偏心距(曲柄半径)为 200 mm。

双缸双作用往复泵的驱动部分有多种可供选择的基本方案,但目前多采用偏心轮方案。它的特点是主轴上安装有驱动连杆的偏心轮,使得液缸中心线间的距离大大缩小,减少了泵的宽度和重量,且驱动部分修理方便,主轴承的承载条件改善,主轴强度好,工作可靠。但它制造较复杂,连杆的大头也较大,需要大直径的连杆轴承。

多数双缸双作用往复式钻井泵动力端的结构相差不大,一般都希望传动轴、主轴及连杆等强度高,齿轮传动副的牙齿不易折断、点蚀,拆装和检修方便,零部件固定牢靠,十字头和导板间的间隙易于调节,各类轴承和相对运动摩擦副的润滑条件好,寿命长。

NB$_8$-600等双缸双作用泵的主动轴和被动轴轴承、连杆大小头轴承、十字头与导板之间及中间拉杆的密封等处,都是依靠大齿轮旋转时溅起的机油进行润滑,这称作飞溅润滑。而另一些泵,如2PN-1250型钻井泵等,则是在壳体油箱底部(内部或外部)安装齿轮油泵,依靠大齿轮齿圈驱动,向各润滑点打润滑油,这称作强制润滑。

2. 双缸双作用往复泵的水力部分

双缸双作用往复式钻井泵的水力部分包括泵体(阀箱)、缸套、活塞、活塞杆、密封盒、泵阀等,其作用是自吸入池吸入低压液体,通过活塞的作用变机械能为液压能,向井底输送高压液体,实现液体的循环,冷却钻头,冲洗井底和携带出岩屑。

双缸双作用泵液力端每个液缸的两端各有一个吸入和排出阀箱。吸入阀箱在活塞中心的侧下面,上部与液缸连通,下部与吸入管连通;排出阀箱上部与排出管连通,下部与液缸连通,如图5-14所示。图5-15所示为罗马尼亚2PN-1250泵液力端剖视图,液力端的主要零部件大多已反映在该视图中。

往复泵的泵体(泵头)是液力端的主要零件,其他零件大多固定在泵体上。泵工作时泵体要承受高压液体和其他载荷的反复作用。双缸双作用往复泵的泵体相当复杂,分为铸造式和锻造焊接式两大类。双缸泵常将两缸的泵体单独铸造,称为剖分结构。

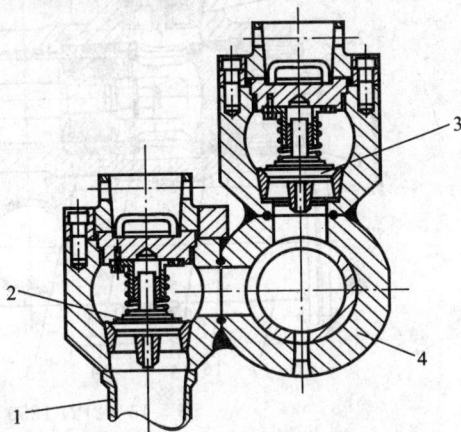

图 5-14　阀箱、缸套及管路间的连通关系
1—吸入支管;2—吸入阀;3—排出阀;4—缸套体

剖分铸造比较容易,质量易保证,但加工面增多,连接、找中和装配都比较麻烦。整体铸造的泵体具有刚性大、缸间距小、机加工少等优点,但工件大,铸造复杂,铸造质量不易保证。锻造焊接式泵头是将各有关的锻件焊接后进行精加工。与铸钢件相比,锻钢件的抗拉和抗压强度都较大,更适用于高压钻井泵。泵体中的液流通道应力求短而直,表面光滑;通道相贯处的圆角半径应尽可能大,以减少应力集中;排出阀应位于工作腔的最高点,以防止腔内滞留气体,降低充满系数;吸入和排出阀应尽量靠近缸套,以便减少液流阻力和余隙容积。

3. 三缸双作用往复泵

三缸双作用往复式钻井泵各曲柄间的夹角为120°,其简化结构和流量曲线如图5-16所示。三缸双作用泵的优点是流量比双缸双作用泵均匀,但易损件多,结构复杂,加工和拆装困难,曲轴受力恶化,在石油矿场的应用比较少。

二、三缸单作用活塞泵

三缸单作用活塞泵于20世纪60年代中期研制成功,并作为双缸双作用钻井泵的替

197

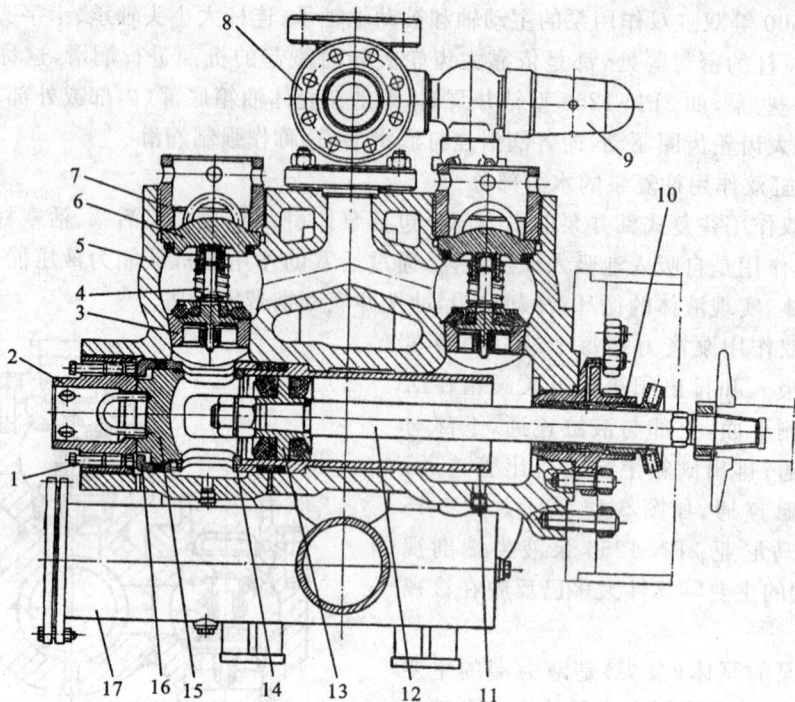

图 5-15　2PN-1250 型钻井泵液力端剖视图

1—顶缸螺栓；2—缸盖丝扣压圈；3—阀座；4—阀盘；5—泵体；6—阀盖；
7—阀盖丝扣压圈；8—排出四通；9—安全阀；10—活塞杆密封盒；11—缸套；
12—活塞杆；13—活塞；14—缸套顶套；15—缸盖；16—压套；17—吸入总管

代产品迅速推广使用。三缸单作用泵的示意图和流量曲线如图 5-17 所示。图 5-18 所示为国产 3NB-1000 型三缸单作用钻井泵的结构剖面图。

与双缸双作用泵相比，三缸单作用泵无论在结构或性能方面都有较大的区别，并且具有一些明显的优点，主要是：

(1) 缸径小，冲程短，冲次较高，在功率相近的条件下，体积小、重量轻。据同一工厂生产的两种 965 kW 泵比较，三缸单作用泵的长度比双缸双作用泵短 25%，重量轻 27%。

(2) 缸套在液缸外部用夹持器(卡箍等)固定，活塞杆与介杆也用夹持器固定，因而拆装方便；活塞杆无需密封，工作寿命长。

(3) 活塞单面工作，可以从后部喷进冷却液体对缸套和活塞进行冲洗和润滑，有利于提高缸套与活塞的寿命。

(4) 泵的流量均匀，压力波动小。计算表明，一台未安装空气包的双缸双作用泵的瞬时流量在平均值上下波动分别为 26.72% 和 21.56%，总计达到 48.28%；而三缸单作用泵的瞬时流量在平均值上下波动分别为 6.64% 和 18.42%，总计为 25.06%。泵的压力是随流量的平方而变化的，三缸泵的流量变化小，压力波动比双缸双作用泵会更小。

由于三缸单作用泵的上述优点，在应用中显示出良好的经济效益，所以在我国和一些其他国家的钻井设备中已经取代了双缸双作用泵。

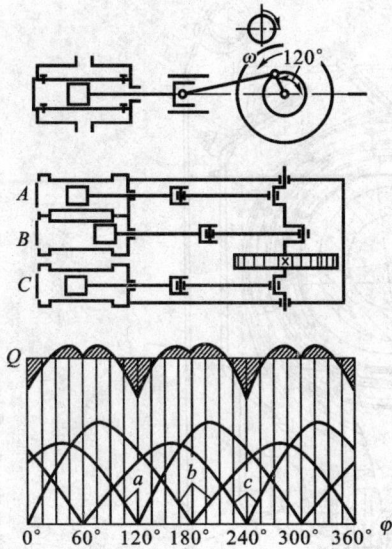

图 5-16　三缸双作用泵示意图及流量曲线　　　图 5-17　三缸单作用泵示意图及流量曲线

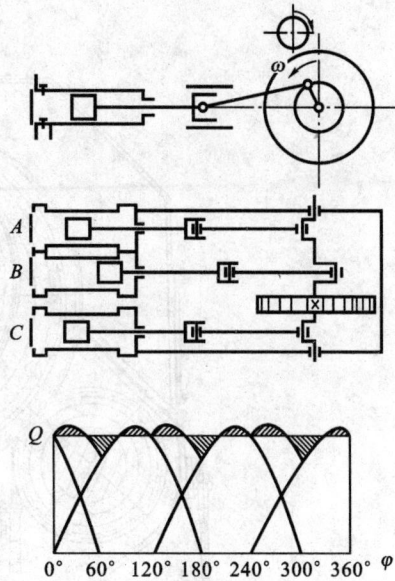

　　开发大功率、高泵压钻井泵是一种必然趋势。目前世界上生产大功率钻井泵的主要
有：美国 Emsco 公司（FC-2200 型）、美国 National Oilwell 公司（14-P-220 型）、美国 IDE-
CO 公司（T-1641HP 型）、加拿大 DRECO 公司（12T2000 型）、德国 WIRTH 公司（TPK
7½ in×14 in-2000 型）等。这些大功率钻井泵性能参数列于表 5-1。

　　国内生产三缸单作用钻井泵的厂家主要是：宝鸡石油机械有限公司（F 系列）、兰州兰
石国民油井石油工程有限公司（P 系列）、青州石油机械厂（SL3NB，QZ3NB 系列）、四川石
油管理局成都总机械厂（CSF 系列）等。宝鸡石油机械有限公司已经开发出 F-1600HL 和
F-2200HL 大功率钻井泵，泵压由 35 MPa 提高到 52 MPa。国标规定的 3NB 型三缸单作
用钻井泵的基本参数列于表 5-2。

表 5-1　国外部分大功率钻井泵性能参数

项　　目	美国 Emsco 公司 FC-2200	美国 National Oilwell 公司 14-P-220	美国 IDECO 公司 T-1641HP	加拿大 DRECO 公司 12T2000	德国 WIRTH 公司 TPK7½ in×14 in-2000
额定功率/kW	1 628	1 641	1 641	1 470	1 640
额定冲次/min	100	105	95	120	110
冲程/mm	381	355.6	381	304.8	355.6
齿轮传动比	4.270	3.969	4.302	4.310	3.964
最大缸套直径/mm	203.2	228.6	203.2	203.2	190.5
最大排出压力/MPa	52.7	52.7	35	35	52.7
质量/kg	37 576	39 000	36 925	36 925	33 000
液力端结构	L 型	L 型	I 型	L 型	L 型

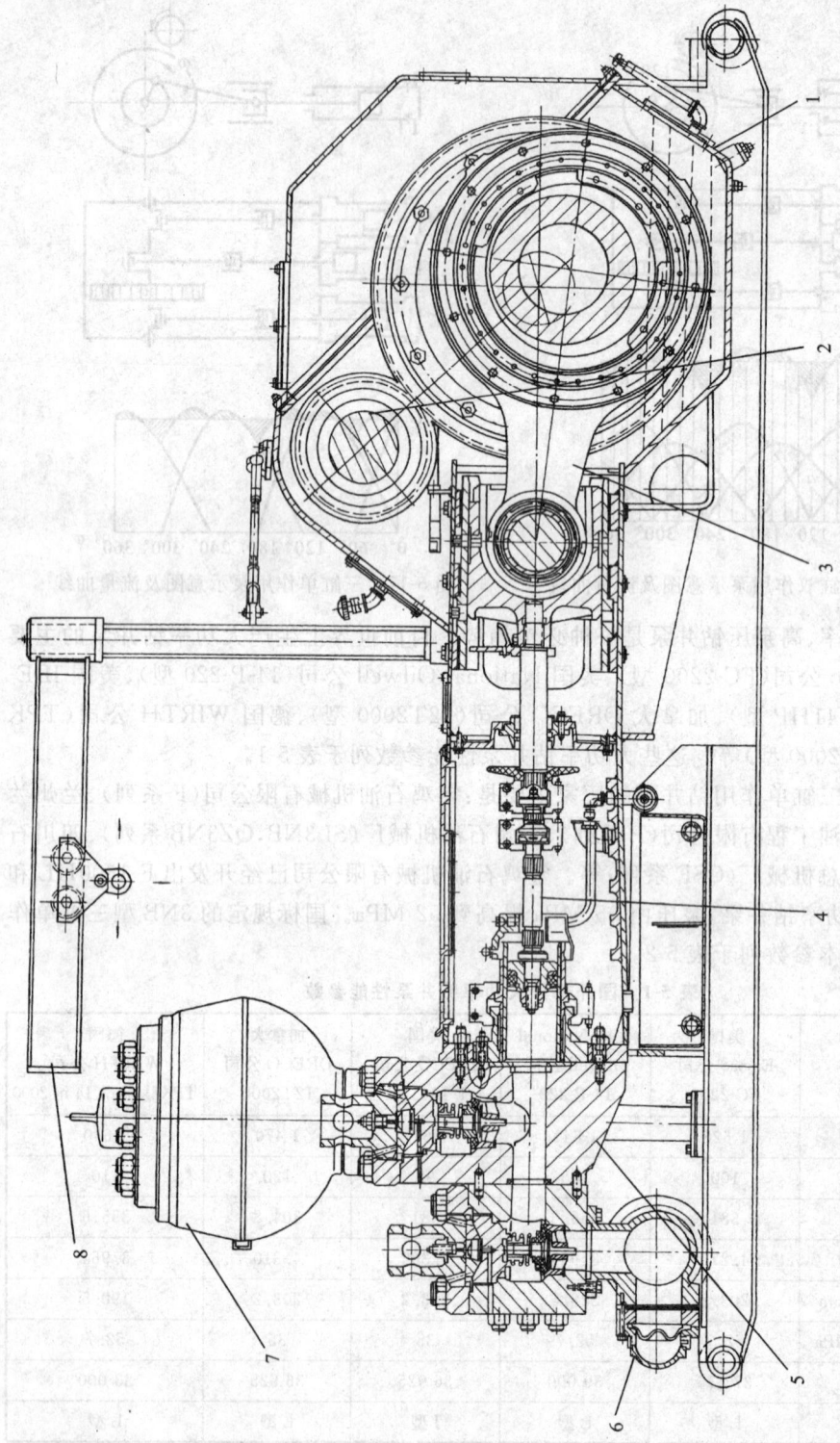

图5-18 3NB-1000型三缸单作用泵主剖面图

1—机座；2—主动轴总成；3—被动轴总成；4—缸套活塞总成；5—泵体；
6—吸入管汇系统；7—排出空气包；8—起重架

表 5-2 三缸单作用钻井泵基本参数

泵型号	额定功率 /kW	冲程长度 /mm	额定泵速 /(r·min⁻¹)	最大排出压力 /MPa	最大流量不小于 /(L·s⁻¹)
3NB-800	590	229(216,254)	150	32.6	34.5
3NB-1000	740	254(235,305)	140	33.1	40.4
3NB-1300	960	305(254)	120	35.6	46.6
3NB-1600	1 180	305	120	37.7	51.9
3NB-2000	1 470	355	100	42.1	55.8

注：① 本表按容积效率 100%和机械效率 90%计算。

② 最大排出压力超过 35 MPa 时，只允许按 35 MPa 使用。

③ 括号内的冲程长度允许采用。

三缸单作用泵的主要问题是：

第一，由于泵的冲次提高导致其自吸能力降低，通常情况下应该配备灌注系统，即由另一台灌注泵向三缸单作用泵的吸入口供给一定压力的液体，这样便增加了附属设备。

第二，由于单作用泵活塞的后端外露，且外露圆周比双作用泵活塞杆密封圆周大得多，在自吸的条件下，当处于吸入过程时液缸内压力降低，假如缸套和活塞配合之处松弛，外部空气有可能进入液缸，从而导致泵工作不平稳，降低容积效率。

三缸单作用活塞泵仍然由动力端和液力端两大部分组成。

1. 三缸单作用活塞泵的动力端

三缸单作用活塞泵动力端的主要部分仍然由主动轴（传动轴）、被动轴（主轴或曲轴）、十字头等组成。

1）传动轴总成

三缸泵传动轴的两端对称外伸，可以在任何一端安装大皮带轮或链轮。两端的支承采用双列向心球面滚珠轴承或单列向心短圆柱滚珠轴承，可以保证有一定的轴向浮动。传动轴与小齿轮可以是整体式齿轴结构型式，也可以采用齿圈热套到轴上的组合型式。前者具有较大的刚性，国外泵中多常见；后者的齿圈与轴可选用不同的材料和热处理工艺，容易保证齿面硬度、轴的强度和韧性要求，必要时还可以更换齿圈。齿圈有的是整体式小退刀槽结构，有的是宽退刀槽结构。为了滚齿加工方便、保证齿形精度、消除退刀槽使泵宽度加大的影响，可将齿圈加工成两只半人字形齿圈套装到轴上，形成人字齿轮，但会提高装配精度要求。

国产泵的传动轴多采用 35CrMo 锻钢件，加工过程大体为：退火处理消除内应力—粗加工—超声波检查—调质处理使硬度达 HB210～280—精加工—磁粉探伤检查。小齿轮多采用 42CrMo 或 40CrNiMo 等高强度合金钢锻造件，退火处理和粗加工后进行超声波探伤检查，再经过调质处理，硬度要求为 HB340～385。钻井泵齿轮大多采用高度变位的渐开线人字短齿,目的是保证具有较高的弯曲强度和接触强度。

2）曲轴总成

曲轴是钻井泵中最重要的零件之一,结构和受力都十分复杂。曲轴上安装有大人字齿轮和三根连杆大头。大齿轮圈用绞制孔螺栓与曲轴上的轮毂紧固为一体。三个连杆轴承的内圈热套在曲轴上,连杆大头热套在轴承的外圈上。

国产三缸单作用泵的曲轴大体上有两种结构型式。一种是碳钢或合金钢铸造的整体式空心曲轴结构,其总成如图 5-19 所示;另一种是锻造直轴加偏心轮结构,其特点是改铸造件为锻造件,化整体件为组装件,便于保证毛坯的质量,加工和修理也比较方便,已经在 SL3NB-1300,SL3NB1600 型钻井泵和其他往复泵中已广泛采用。国外三缸泵中有的采用锻焊结构曲轴,即将曲柄和齿轮轮毂都焊接在直轴上,再加工为整体式曲轴。曲轴上的大人字齿轮多采用 35CrMo 铸钢件或 42CrMoA 锻造件,调质处理后的硬度为 HB285～325。

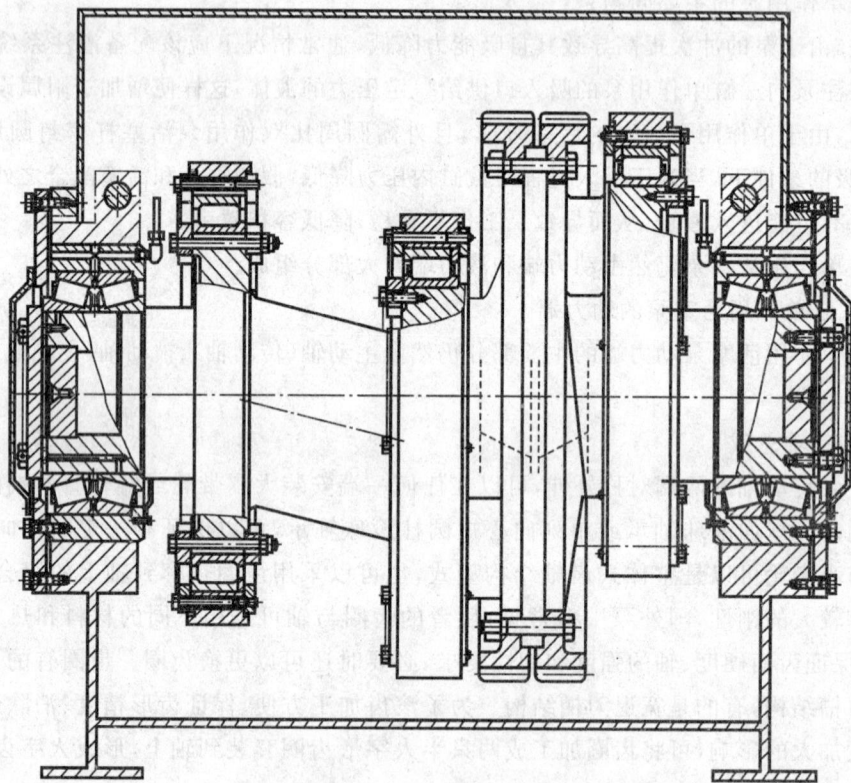

图 5-19　整体式曲轴总成(3NB-1000 型三缸单作用泵)

3）十字头总成

十字头是传递活塞力的重要部件,同时又对活塞在缸套内作往复平直运动实行导向,使介杆、活塞等不受曲柄切向力的影响,减少介杆和活塞的磨损。曲轴通过连杆和十字头销带动十字头体,十字头体又通过介杆带动活塞。连杆由 20Mn2 或 35CrMo 铸造而成。十字头由 QT60-2 球墨铸铁或 35CrMo 铸造而成。连杆小头与十字头销之间装有圆柱滚子或滚针轴承。十字头体上有的装有铸铁滑履,有的不装,在导板上往复滑动。导板通常是铸铁件,固定在机壳上,通过调节导板下部垫片使十字头体与导板之间保持 0.25～0.4 mm 的间隙。当泵反转时,如果间隙过大,则十字头落到导板上将会产生过大的冲击。

　　2．三缸单作用泵的液力端

　　单作用泵的每个缸套只有一个吸入阀和排出阀,故其液力端结构比双作用泵液力端简单得多。目前的三缸单作用泵泵头主要有 L 型、I 型和 T 型三种型式。

　　1）L 型泵头

　　L 型泵头示意图如图 5-20 所示,其结构如图 5-18 中所示。属于此类的国产泵有兰石 3NB-1000 和 3NB-1300 泵、大隆 3NB-800 和 3NB-1300 泵等;国外泵有美国 National Supply 公司的 P 型系列泵,Oil Well 公司的 PT 型系列泵,Dreco 公司的 T 型系列泵,以及俄罗斯、德国等生产的一些三缸单作用泵。现在多数大功率钻井泵都采用 L 型泵头。L 型泵头可将吸入泵头和排出泵头分块制造。它的优点是吸入阀可以单独拆卸,检修和维护方便,液体漏失较少。但是它的结构不紧凑,泵内余隙流道长,泵头重量大,自吸能力较差。

　　2）I 型泵头

　　I 型泵头的示意图如图 5-21 所示,结构图如图 5-22 所示。国产大隆 3NB-1000,胜利 SL3NB-1300A 和 SL3NB-1600A 泵,美国 Continental Emsco(CE)公司的 F,FA,FB 型系列泵,Ideco 公司的 T 型系列泵,罗马尼亚的 3PN 系列泵等都属于此类。这种直通型式的泵头的液力端结构紧凑,重量较轻,缸内余隙流道长度短,有利于自吸。但是更换吸入阀座时必须先拆除上方的排出阀,采用带筋阀座时还要先取出排出阀座,检修比较困难。

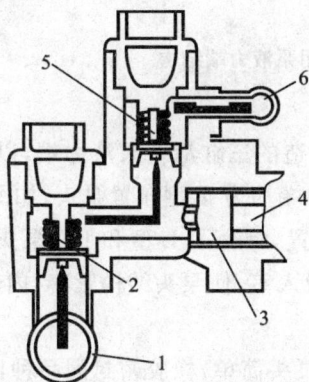

203

图 5-20　L 型泵头示意图
1—吸入管汇;2—吸入阀;3—活塞;
4—活塞杆;5—排出阀;6—排出管汇

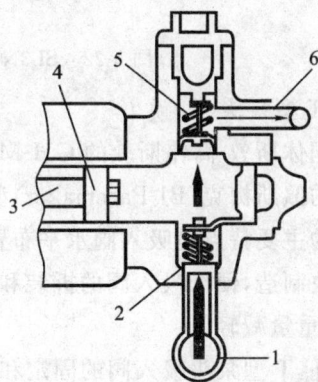

图 5-21　I 型泵头布置示意图
1—吸入管汇;2—吸入阀;3—活塞杆;
4—活塞;5—排出阀;6—排出管汇

由于吸入阀与排出阀重叠，吸入阀都采用特殊的固定机构。安装吸入阀时，先将阀体及弹簧就位，再将导向装置竖直方向伸入泵头，使阀的上导向杆插入其中心孔内，而弹簧则套在中心杆外围；将导向装置旋转 90°，使其两端的曲面与泵头垂直内孔曲面相配合；按下阀的导向装置，使弹簧受压缩，将楔形固定板插入导向装置上部槽内，放松弹簧后，固定板的上部就顶在泵头水平孔内的顶部；安装好密封圈和泵头端盖，则楔形固定板和导向装置全部被固定，吸入阀盘定位。

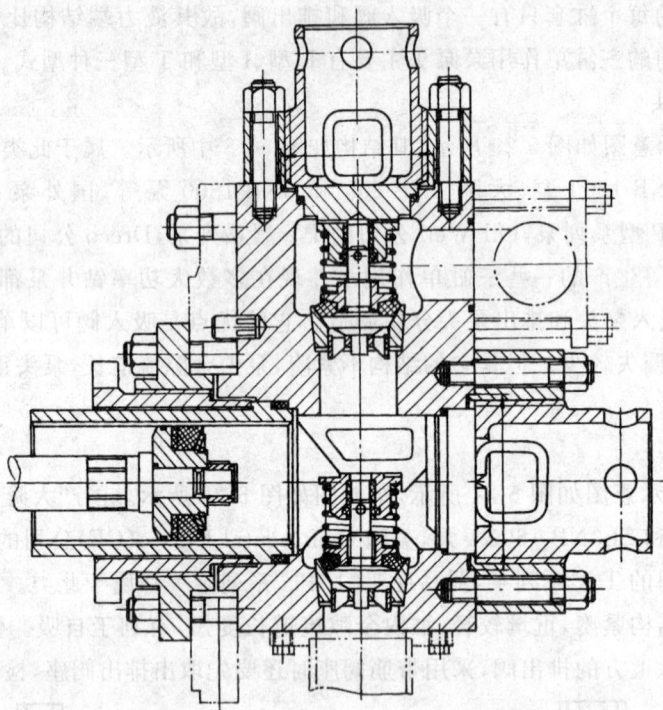

图 5-22　SL3NB-1300 型三缸单作用泵液力端结构

3）T 型泵头

美国休斯敦-高伟斯敦的 GH-Mattco 公司设计制造的三缸活塞泵液力端，以及 BJ 公司生产的佩斯梅克(BJ-Pacemaker)型三缸柱塞泵液力端均为 T 型布置泵头，如图 5-23 所示。它的主要特点是吸入阀水平布置，排出阀垂直布置，综合了 L 型和 I 型泵头的优点，既可分块制造，便于吸入阀的拆装和检修，又取消了吸入室，使泵头结构紧凑，内部余隙容积减小，重量减轻。

此外，T 型泵头吸入阀的固定和导向系统比 I 型泵头简单，橡胶密封圈品种比 L 型泵头明显减少。T 型泵头的不足之处是更换吸入阀时需卸下吸入液缸及弯管，液体漏失相对多一些。

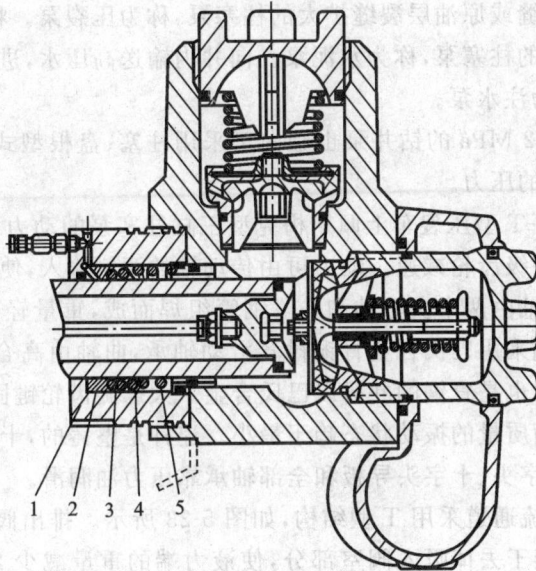

图 5-23 佩斯梅克型三缸柱塞泵液力端结构

1—密封盒；2—后环；3—密封圈；4—前环；5—弹簧

三、柱塞泵

柱塞泵的工作原理与活塞泵类似，主要区别在于往复运动件的密封方式上，如图5-24所示。活塞泵的活塞直径外表面与缸套内表面紧密配合，活塞的往复运动改变缸套内部容积，实现吸入和排出。柱塞泵的柱塞则采用外密封结构，柱塞运动不断改变液缸内的充液容积，实现吸入和排出。柱塞密封在泵缸之外，便于拆装、调节，还可以通过冷却液冲洗摩擦表面并降低温度。柱塞泵通常由柴油机、电动机作动力；有的在泵外减速，动力直接传递到曲轴上，有的在泵内装有减速机构；曲

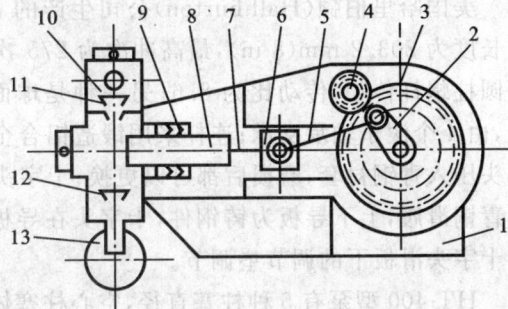

图 5-24 柱塞泵示意图

1—泵体；2—曲轴；3—减速齿轮；4—主动轴；5—连杆；

6—十字头；7—拉杆；8—柱塞；9—密封盒；

10—阀箱；11—排出阀；12—吸入阀；13—上水室

轴通常采用偏心结构，冲程较短而冲次较高；连杆大头有的采用滚动整体式的，如同钻井泵那样，但较多见的还是滑动剖分式的，便于安装。

柱塞泵在石油矿场主要作为压裂泵、固井水泥泵和注水泵。它们之间只有压力和流量等性能参数的不同，结构和工作原理并无实质上的区别。将压裂液送入油井内，并借助

高压在油层中造成裂缝或原油层裂缝扩大的柱塞泵,称为压裂泵。将水泥浆注入油井,使套管与井壁牢固连接的柱塞泵,称为水泥泵。向井内输送高压水,进入油层驱油和补充地层能量的柱塞泵,称为注水泵。

现在,泵压超过 42 MPa 的钻井泵也趋向于采用柱塞、盘根型式,这是因为传统的橡胶活塞不能承受过高的压力。

美国 BJ 公司 122-T 型压裂车上佩斯梅克型三缸柱塞泵的动力端机座(箱壳)由合金钢板焊接而成,内有一级齿轮减速。动力可由传动轴的两侧输入,使泵的曲轴可以顺时针或逆时针旋转。传动轴由两个实心轴和一段钢管组焊而成,重量轻,强度高,通过花键与小螺旋齿轮连接,两端采用巴氏合金青铜衬套滑动轴承,曲轴由高合金钢锻造毛坯,经过热处理加工而成,轴承也是青铜的并衬以巴氏合金。大螺旋齿轮键固在曲轴上,齿轮上还配以平衡重,使不平衡质量的振动状态趋于最小。连杆是整铸的,十字头由轻质高合金钢制成整体圆筒形。十字头、十字头导板和全部轴承靠压力油润滑。

该泵液力端的液流通道采用 T 型结构,如图 5-23 所示。排出阀采用翼型导向,吸入阀采用柱型导向,相当于去掉吸入阀室部分,使液力端的重量减少 20%～30%。泵头由整块高合金钢坯加工而成,内部有较厚的硬化层。柱塞有 89,101,114 mm(3.5,4,4.5 in)三种规格,89 mm 柱塞由钢棒制成,将含硼和硅溶剂的铬镍合金用火焰喷焊到钢棒上,形成表面硬金属覆盖层,厚度达 16 mm;101 mm 和 114 mm 柱塞是厚壁管状合金钢,表面也有硬覆盖层。通过密封盒中的支撑环向密封盒中灌注润滑油,对密封件起润滑作用;同时设置柱塞冲洗系统,用细的水流冲刷外露柱塞表面的细磨粒、泥浆或其他腐蚀性物质。

美国哈里伯顿(Halliburton)公司生产的 HT-400 型三缸柱塞泵也具有代表性,其冲程长度为 203.2 mm(8 in),最高冲次为 275 次/min。泵的动力端为涡轮蜗杆传动:一种是圆柱蜗杆传动,传动比为 8.6;另一种是球面蜗杆传动,传动比为 8.4。曲轴用锻钢制造,由 4 个滚子轴承支承;连杆采用锻造铝合金制作,大头为剖分式,镶有剖分青铜轴瓦,小头压入青铜衬套,磨损后都可以更换;十字头为铸钢加工件,上下表面安装有可拆卸的锡青铜滑履,上下导板为铸钢件,十字头在导板中运动的径向间隙为 0.152～0.203 mm,由十字头滑板下的调节垫调节。

HT-400 型泵有 5 种柱塞直径,空心柱塞体材料是经过退火处理的优质钢,通过弹性杆穿过其内孔与十字头相连;泵头毛坯是多向模锻件,阀箱内腔经过自增强处理;泵阀为双向导阀,锻钢件,表面渗碳淬火,阀座与阀箱的配合锥度为 1:8,自锁性能好。

第四节　液压驱动及其他类型的往复泵

以高压液体作为动力的直动式往复泵的开发和应用越来越引起重视,并有多种产品问世。本节介绍液压驱动式往复泵和其他结构类型的往复泵。

一、液压驱动式往复泵的工作原理

液压驱动往复泵取消了原有往复泵的机械传动,主体结构大大简化;液压油缸的动力液来源于液压系统,可以满足高压力、变排量、远距离自动控制及不同的动作要求;容易实现长冲程、低冲次运行,有利于提高泵液力端易损件的使用寿命;动力油缸和泵缸中的活塞(或柱塞)大部分时间内作匀速往复运动,容易保证吸入总管和排出总管中的液体均匀流动,取消吸入和排出空气包;以近似恒流量的泵输送液体,可以最大限度地保护被输送液体的分子链免遭破坏。

目前的液压驱动往复泵有单缸双作用、双缸单作用、双缸双作用、三缸单作用及四缸单作用等多种型式。泵的输入功率小的只有十几 kW,大的在 1 500 kW 以上。按照流量和压力的范围,在油田上分别用于注水、压裂和钻井作业。国外在 20 世纪 80 年代末、90年代初开始研制液压钻井泵,并且有功率越来越大的发展趋势。1991 年挪威 MH(Maritime Hydraulies)公司推出 Mudmaster 液压钻井泵,输入功率为 1 588 kW,以双缸单作用泵为基本单元,组成四缸或六缸液压钻井泵。我国液压钻井泵尚处于技术发展初期阶段,已经有多种液压驱动往复泵问世,但总体实践经验较少,成熟产品尚少。下面以双缸双作用和三缸泵为例介绍液压驱动往复泵的工作原理。

1. 液压驱动式双缸双作用往复泵

图 5-25 所示为某液压驱动式双缸双作用往复泵工作原理图。液力端由两个双作用活塞-泵缸组成;Ⅰ、Ⅱ号油缸活塞驱动相应的泵缸活塞实现双向运动,完成吸液和排液;控制系统由行程开关 1XK,2XK,3XK,4XK 和可编程控制器组成,使逻辑阀堆中的各进、排油阀按照预定的顺序开启和关闭,控制油缸换向。下面分析液压驱动往复泵的基本工作过程:

(1) 当电磁铁未通电时,逻辑进油阀 A,B,E,F 及逻辑回油阀 C,D,G,H 在油泵打出的压力油的作用下全部开启,整个液压系统处于卸荷状态。

(2) 当电磁阀 1DT,2DT,3DT 和 4DT 全部通电时,进油阀和回油阀在压力油的作用下,由于上下阀芯存在面积差而全部关闭,整个液压系统处于憋压状态。

(3) 当四个电磁阀中的一个不通电,例如 3DT 断电时,组合阀 F,G 打开,其余仍然关闭,Ⅱ号油缸无杆腔进油、有杆腔回油,Ⅱ号油缸活塞左移,推动Ⅱ号泵缸活塞也左移,Ⅱ号泵缸左工作室排出液体、右工作室吸入液体。

(4) 当Ⅱ号油缸活塞移到接近左死点时,活塞杆上安装的行程开关使 1DT 断电、3DT 通电,组合阀 B,C 开启,F,G 关闭,Ⅰ号油缸无杆腔进油、有杆腔回油,Ⅰ号油缸活塞左移,推动Ⅰ号泵缸活塞也左移,Ⅰ号泵缸左工作室排液、右工作室吸液。

(5) 当Ⅰ号油缸活塞移到接近左死点时,活塞杆上安装的行程开关使 4DT 断电、1DT 通电,组合阀 E,H 开启,B,C 关闭,Ⅱ号油缸有杆腔进油、无杆腔回油,Ⅱ号油缸和泵缸的活塞都右移,Ⅱ号泵缸右工作室排液、左工作室吸液。

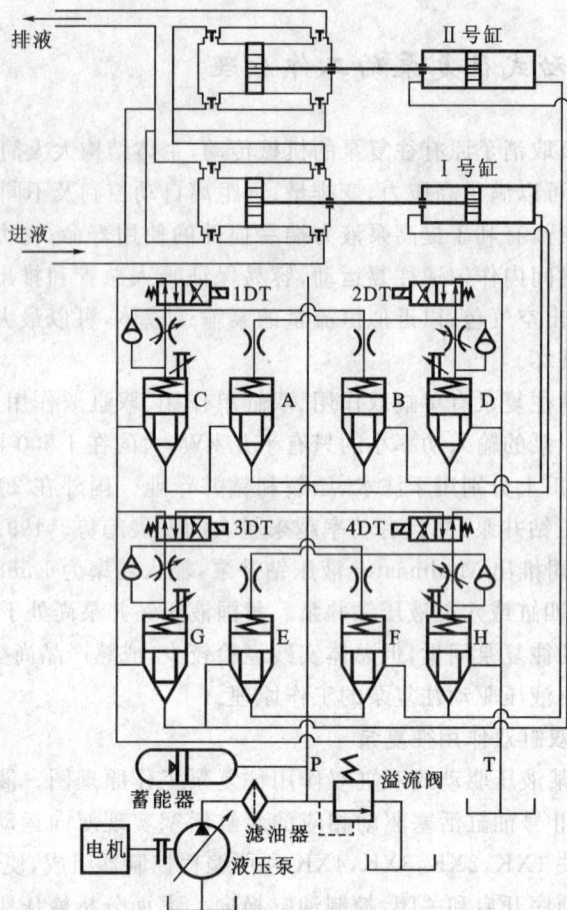

图 5-25 液压驱动式双缸双作用往复泵工作原理图

（6）当Ⅱ号油缸活塞移到接近右死点时，活塞杆上安装的行程开关使 2DT 断电、4DT 通电，组合阀 A，D 开启，E，H 关闭，Ⅰ号油缸有杆腔进油、无杆腔回油，Ⅰ号油缸和泵缸活塞都右移，Ⅰ号泵缸右工作室排液、左工作室吸液。

（7）当Ⅰ号油缸活塞移到接近右死点时，活塞杆上安装的行程开关使 3DT 断电、2DT 通电，又重复上述（2）的过程。

在逻辑阀的进油和回油流道中分别安装有节流阀和单向阀，目的是控制阀芯的开启速度，进而控制油缸活塞的速度。

2．液压驱动三缸单作用往复泵

《液压与气动》杂志 2002 年第 10 期比较详细地介绍了进口液压钻机上配备的钻井往复泵液压驱动系统。该泵由美国研制成功，功率为 1 500 kW，用于深井钻井和井下动力钻具钻井，取得了较高的经济效益。图 5-26 所示为该泵的液压驱动系统，其最大特点是以一只旋转换向阀取代编程控制器，实现对泵缸有序工作的自动控制，从而克服了电动换向速度太快、各缸动作之间的协调不易掌控的不足，更具合理性和可行性。

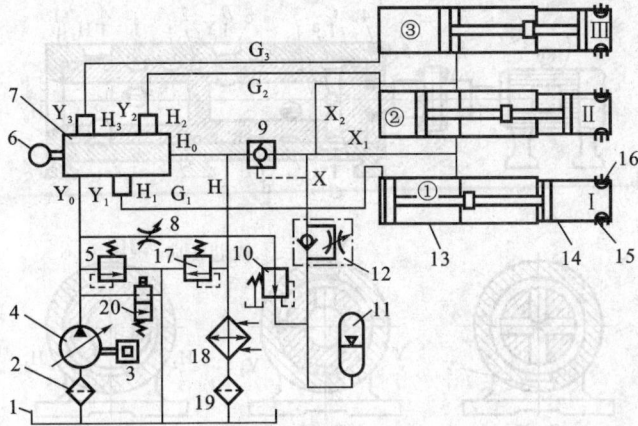

图 5-26　钻井往复泵液压驱动系统

1—油箱；2,19—过滤器；3—柴油机；4—变量泵；5,17—溢流阀；6—交流调速电机；
7—往复换向控转阀；8—节流阀；9—液控单向阀；10—定值减压阀；11—蓄能器；
12—单向节流阀；13—液压油缸；14—往复泵泵缸；15—往复泵吸入阀；
16—往复泵排出阀；18—冷却器；20—二位二通电磁阀

图 5-27 所示为旋转换向阀的结构原理图。阀体 1 上共有 8 个油口：动力油进口，即入阀总压油口 Y_0；分别为 1,2,3 号动力油缸提供动力油的出阀压油口 Y_1，Y_2，Y_3，各油口中心线之间互成 120°；分别供 1,2,3 号动力油缸回油的入阀回油口 H_1，H_2，H_3，各油口中心线之间也互成 120°；出阀总回油口为 H_0。阀芯 3 上左半部有一个圆周环形槽 a，它通过径向孔与阀芯中心孔 y 相通，这样就可使入阀总压油口 Y_0 始终与阀芯中心孔 y 相通；还有 3 个与阀芯中心孔 y 相通的中心线互成 120° 的径向油口 y_1，y_2，y_3，在阀芯的外表面以径向孔 y_1，y_2，y_3 的中心线为对称中心铣有 3 个月牙形环槽 c,d,e，各环槽占 150°。阀芯 3 上右半部有一个阀芯中心孔 h，还有 3 个与阀芯中心孔 h 相通的中心线互成 120° 的径向孔 h_1，h_2，h_3，在阀芯的外表面也以径向孔 h_1，h_2，h_3 的中心线为对称中心铣有 3 个月牙形环槽 g,i,j，各环槽占 150°，阀芯中心孔 h 直接与阀体右端的回油口 H_0 相通。阀芯左端通过联轴器 6 与交流调速电机 7 相连。高低压油腔之间用密封圈隔开。

当交流调速电机带动阀芯以一定的转速旋转时，在阀芯转动的一周内，首先阀体上的 Y_1 油口与阀芯上的 y_1 油口相通，这样来自泵的压力油就通过阀体上的 Y_1 油口经管线 G_1 进入液压油缸① 中，使泵缸 I 进行排出冲程，向钻机循环系统管线提供高压钻井液；转过 120° 后，阀体上的 Y_3 油口通过月牙形环槽 e 与阀芯上的油口 y_3 相通，来自液压油泵的压力油就通过阀体上的 Y_3 油口经管线 G_3 进入液压油缸③ 中，使泵缸 III 进行排出冲程，向钻机循环系统管线提供高压钻井液；再转过 120° 后，阀体上的 Y_2 油口就通过月牙形环槽 d 与阀芯上的 y_2 油口相通，来自液压油泵的压力油就通过阀体上的 Y_2 油口经管线 G_2 进入液压油缸② 中，使泵缸 II 进行排出冲程，向钻机循环系统管线提供高压钻井液。其中，每两个泵缸之间都有 30° 重叠排液。回油口的工作顺序与压油口相同。如图 5-27 所示，电机每转一周，各泵缸吸液一次、排液一次。因此，交流调速电机 7 的转速就

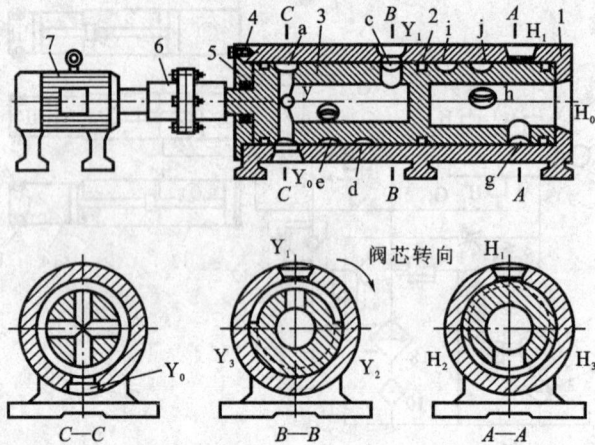

图 5-27 旋转换向阀结构原理图

1—阀体；2—密封件；3—阀芯；4—螺钉；5—阀盖；6—联轴器；7—交流调速机

是液压驱动往复泵的冲次。

由图 5-26 可以看出，利用旋转换向阀控制的液压驱动三缸往复泵排出过程为：

（1）当钻机循环系统工作时，电动机 3 带动油泵 4 旋转，此时由于电磁换向阀 20 尚未通电（电磁换向阀 20 与交流调速电机 6 联动），处于打开状态，因此油泵排出的油经阀 20 回油箱，油泵卸载。

（2）当交流调速电机 6 通电时，阀 20 的电磁铁通电而关闭，卸载油路断开。油泵泵 4 排出的压力油分为两部分：一部分经节流阀 8 和减压阀 10 进入蓄能器 11 中，作为泵缸 I，II，III 吸入冲程时进入油缸①，②，③有杆腔的用油；另一部分压力油经换向转阀 7 的总进口 Y_0 进入阀中，此时阀体径向压油口 Y_1 与阀芯径向压油口 y_1 相通（见 B—B 剖视图），而阀体径向回油口 H_1 与阀芯径向回油口 h_1 不通（见 A—A 剖视图），压力油经出油口 Y_1 及管线 G_1 进入动力油缸①中，推动油缸活塞及泵缸活塞向右运动，泵缸 I 进行排出冲程。

（3）泵缸 I 排出时，动力油缸①有杆腔中的低压油被排到管线 X_1 中，进入处于吸入冲程中的动力油缸的有杆腔，另外有少量的油经液控单向阀 9 及管线 H 回油箱冷却；自出油口 Y_1 有压力油流出开始，旋转换向阀芯转过 120°后，出油口 Y_3 开始有压力油流出，经管线 G_3 进入动力油缸③中，推动油缸活塞及泵缸活塞向右运动，泵缸 III 进行排出冲程。

（4）泵缸 III 排出时，动力油缸③有杆腔中的低压油被排到管线 X_2 中，进入处于吸入冲程中的动力油缸的有杆腔，另外有少量的油经液控单向阀 9 及管线 H 回油箱冷却；自出油口 Y_3 有压力油流出开始，旋转换向阀芯转过 120°后，出油口 Y_2 开始有压力油流出，经管线 G_2 进入动力油缸②中，推动油缸活塞及泵缸活塞向右运动，泵缸 II 进行排出冲程。

（5）泵缸 II 排出时，动力油缸②有杆腔中的低压油被排到管线 X_2 及 X_1 中，进入处于吸入冲程中的动力油缸的有杆腔，另外有少量的油经液控单向阀 9 及管线 H 回油箱冷却；自出油口 Y_2 有压力油流出开始，旋转换向阀芯转过 120°后，出油口 Y_1 又开始有压力油流出(此时阀芯已开始转第二周)，经管线 G_1 进入动力油缸①中，推动油缸活塞及泵缸活塞向右运动，泵缸Ⅰ又进行排出冲程。

　　泵缸Ⅰ排液过程的后 30°与泵缸Ⅲ排液过程的前 30°是重叠排液的，泵缸Ⅲ排液过程的后 30°与泵缸Ⅱ排液过程的前 30°是重叠排液的，泵缸Ⅱ排液过程的后 30°与泵缸Ⅰ排液过程的前 30°是重叠排液的(见 B—B 剖视图)。

　　利用旋转换向阀控制的液压驱动三缸往复泵吸入过程为：

　　(1) 在图 5-27 所示的位置时(见 A—A 剖视图)，阀体径向回油口 H_1 与阀芯径向回油口 h_1 不通，阀体径向回油口 H_2 与阀芯径向回油口 h_2 即将断开，而阀体径向回油口 H_3 与阀芯径向回油口 h_3 通过月牙形环槽 i 刚开始接通，动力油缸③无杆腔中的压力油经管线 G_3 及回油口 H_3、月牙形环槽 i 进入阀中心孔 h 中，又经总回油口 H_0 及管线 H、冷却器 18、过滤器 19 返回油箱。与此同时，蓄能器 11 中的压力油经单向节流阀 12 及管线 X，X_2，进入动力油缸③的有杆腔中，推动油缸活塞带动泵缸活塞向左运动，泵缸Ⅲ进行吸入冲程。

　　(2) 阀芯转过 120°时，阀体径向回油口 H_1 与阀芯径向回油口 h_1 通过月牙形环槽 g 开始接通，动力油缸①无杆腔中的压力油就经管线 G_1 及回油口 H_1、月牙形环槽 g 进入阀中心孔 h 中，又经总回油口 H_0 及管线 H、冷却器 18、过滤器 19 返回油箱。与此同时，由蓄能器来的管线 X 中的压力油经管线 X_1 进入动力油①的有杆腔中，推动油缸活塞带动泵缸活塞向左运动，泵缸Ⅰ进行吸入冲程。

　　(3) 阀芯再转过 120°时，阀体径向回油口 H_2，与阀芯径向回油口 h_2，通过月牙形环槽 j 开始接通，动力油缸②无杆腔中的压力油就经管线 G_2 及回油口 H_2、月牙形环槽 j 进入阀中心孔 h 中，又经总回油口 H_0 及管线 H、冷却器 18、过滤器 19 返回油箱。与此同时由蓄能器来的管线 X 中的压力油经管线 X_2 及管线 X_1 进入动力油缸②的有杆腔中，推动油缸活塞带动泵缸活塞向左运动，泵缸Ⅱ进行吸入冲程。

　　(4) 阀芯又转过 120°时，泵缸Ⅲ又进行吸入冲程(此时阀芯已开始转第二周)。

　　只要交流调速电机以一定的转速 n 带动阀芯旋转，泵缸就以冲次 n 进行吸液、排液，为钻机循环系统提供动力钻井液。如此循环往复，可使钻机循环系统管路中的钻井液流量均匀，压力平稳。

二、液压驱动往复泵的工作特性

1. 活塞运动规律

液压驱动往复泵油缸活塞和泵缸活塞(或柱塞)的运动过程比曲柄连杆传动往复泵简单。图 5-28 所示为双缸双作用往复泵活塞运动的实测曲线。其中，实线表示Ⅰ号泵缸活塞的运动规律，虚线表示Ⅱ号泵缸活塞的运动规律，它们是交替进行的。Ⅰ号泵缸活塞运动时,Ⅱ号泵缸活塞停止不动,当Ⅰ号泵缸活塞接近终点即将停止运动时,Ⅱ号泵缸活塞开始启动,二者有一定的衔接过程;当Ⅱ号泵缸活塞接近终点即将停止运动点时,Ⅰ号泵缸活塞又开始启动,同样有一定的衔接过程。

由图中速度曲线可以看出,活塞的运动由四个阶段组成:启动时作加速运动,达最大值后作匀速运动,到达终点前作减速运动,达到终点后暂时停止运动。

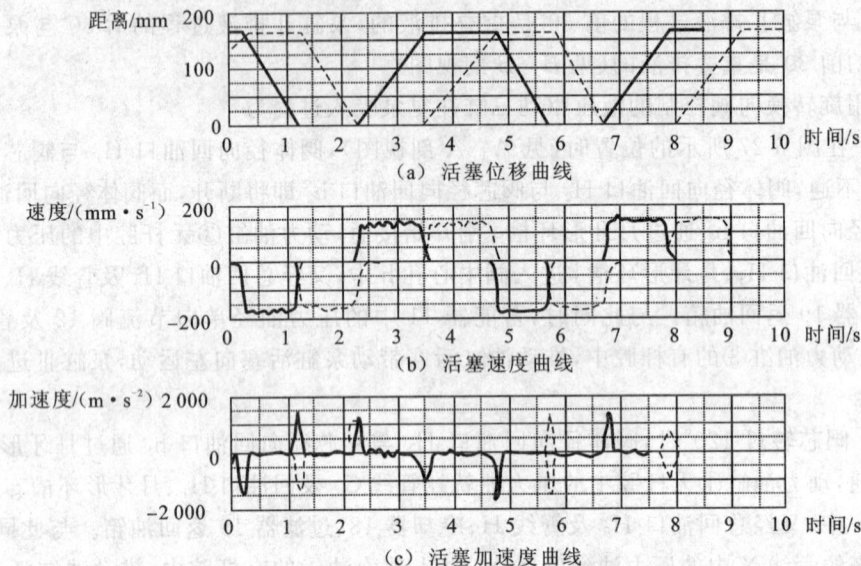

图 5-28　液压驱动双缸双作往复泵活塞运动实测试曲线

图 5-28 还显示:泵缸活塞作反方向运动,运动曲线方向发生变化;双作用泵驱动油缸活塞的前端有活塞杆,有效承压面积小,在油泵供给流量相同的条件下,高压油推动油缸活塞后退的运动速度稍快,运行时间稍短;反过来,高压油推动油缸活塞向前运动的速度稍慢,运行时间稍长,其区别体现在位移曲线的斜率和速度曲线的高低、长短上。准确的运动规律曲线可以反映出活塞在不同阶段运动的时间。

假设活塞在加速段和减速段为匀加速和匀减速运动,即活塞在加速和减速阶段的加速度各为常数 a_1,a_3,在恒速阶段的速度为 v,则活塞在一个运动循环过程中的位移方程如下:

加速阶段:

$$s_1(t)=\frac{1}{2}a_1t^2=\frac{1}{2}s_1''t^2 \qquad (0<t\leqslant t_1)$$

恒速阶段:

$$s_2(t)=s_1+vt=\frac{1}{2}s_1''t_1^2+s_2't \qquad (t_1<t\leqslant t_2)$$

减速阶段:

$$s_3(t)=s_2+\left(vt-\frac{1}{2}a_2t^2\right)=\frac{1}{2}s_1''t_1^2+s_2't_2+s_2'^2t-\frac{1}{2}s_3''t^2 \qquad (t_2<t\leqslant t_3)$$

停留阶段：

$$s_4(t) = s_3(t) \qquad (t_3 < t \leqslant t_4)$$

式中，s,t 分别为活塞运动的位移和时间；s',s'' 分别为 s 对 t 的一次和二次导数。

理论上，活塞在加速和减速阶段的位移曲线是一条抛物线，在恒速运动阶段是一条斜直线。

活塞运动的速度就是活塞运动的位移对时间 t 的一次导数。活塞运动的加速度就是活塞运动的速度对时间的一次导数。

由上述分析可知，两油缸活塞在一个运动循环过程中均经历加速、恒速、减速和停留四个阶段，并且一个活塞的减速和死点停留阶段刚好是另一个活塞的加速和恒速阶段。若能保证两油缸活塞恒速运动的速度相同，加速和减速的时间及加速度数值相同，则可使两油缸活塞运动的速度曲线叠加后为一条水平直线。这是液压驱动往复泵设计的关键技术。

2. 流量特性

液压驱动式往复泵单泵缸的瞬时流量 $Q_c = Fu$，即由其活塞（柱塞）有效断面面积 F 与运动速度 u 确定。对于双作用液缸，无杆腔的瞬时流量 $Q_c = Fu$，有杆腔为 $Q'_c = (F-f)u'$（f 为活塞杆断面面积；u' 为活塞反方向运动速度）。在泵液力端的压力不变以及油泵的流量全部进入油缸的条件下，$Q_c = Q'_c$，所以 $u' > u$。由于液压驱动式往复泵活塞的运动速度在大部分时间内为定值，故单泵缸的瞬时流量在大部分时间内也是定值。

液压驱动式往复泵单泵缸流量的变化特征完全与活塞的运动速度相同。整台液压驱动式往复泵的流量变化特征取决于该泵液缸的数目及各个液缸动作的协调程度。对于电控液压驱动式往复泵，假如能够保证吸入或排出时两个泵缸活塞运动的良好衔接，就可以达到吸入和排出流量的基本均匀。图 5-29 是根据实测位移曲线换算所得的双缸双作用液压驱动往复泵的流量特性曲线，在衔接过程流量稍有突变，衔接不够理想。

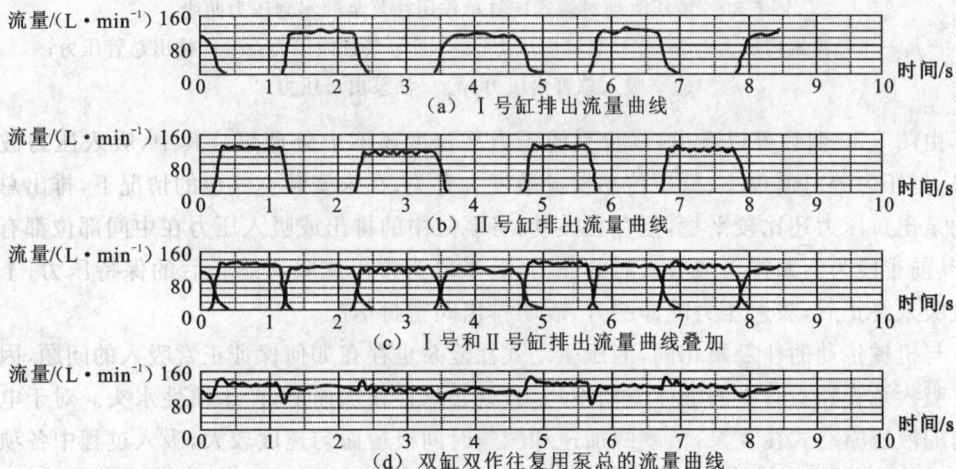

(a) Ⅰ号缸排出流量曲线

(b) Ⅱ号缸排出流量曲线

(c) Ⅰ号和Ⅱ号缸排出流量曲线叠加

(d) 双缸双作用往复用泵总的流量曲线

图 5-29 液压驱动双缸双作用往复泵的实测流量曲线

3. 压力特性

在排出总管和吸入总管一定的条件下,往复泵排出和吸入压力的平稳度取决于流量的均匀度,如果能够保证泵吸入和排出的流量接近恒定,使得吸入总管和排出总管中的液体接近匀速流动,则吸入和排出压力基本上不发生波动。这对于消除和减小设备和管网的振动,提高使用寿命十分有益,也有利于钻井和采油作业的进行,因此通常作为评判往复泵性能的重要指标之一。图 5-30 所示为液压驱动对置式四缸单作用往复泵的实测压力曲线。

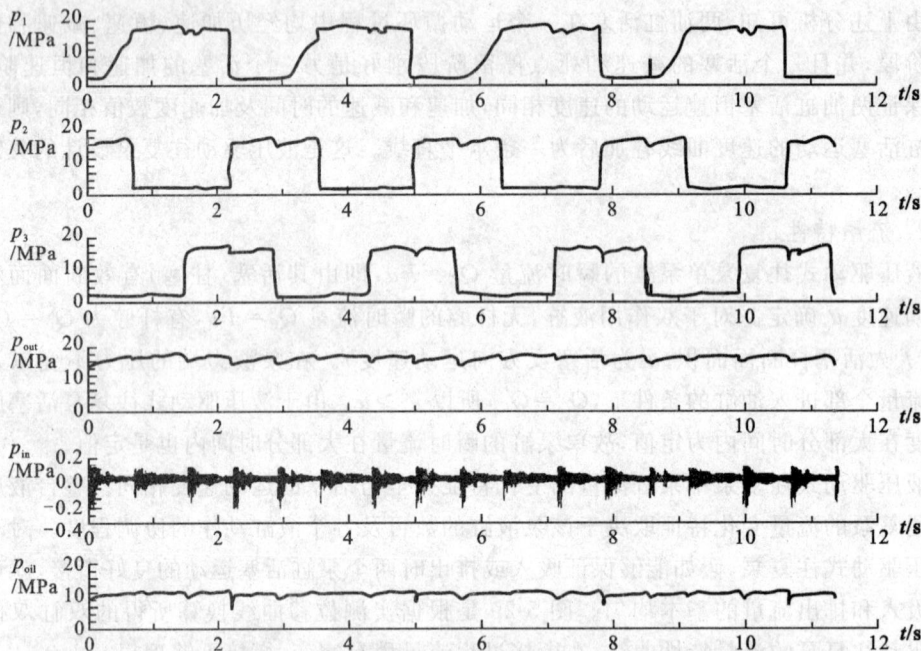

图 5-30　液压驱动对置式四缸单作用往复泵的实测压力曲线

p_1—Ⅰ号泵缸内压力;p_2—Ⅱ号泵缸内压力;p_3—Ⅲ号泵缸内压力;p_{out}—排出总管压力;

p_{in}—吸入总管内压力;p_{oil}—油泵出口压力

由图 5-30 曲线可以看出,试验泵的压力平稳度还不十分理想。其中,吸入压力波动明显,但压力绝对值很小、低压传感器灵敏度大有关;在未安装空气包的情况下,排出总管和油泵出口压力还比较平稳,但存在波动;各泵缸中的排出或吸入压力在中间部位都有波动,其前半段为活塞排出或吸入时的压力,后半段为排出或吸入终止后的保持压力;Ⅰ号泵缸吸入终止后,吸入压力随即缓升,表明排出阀密封不严。

与机械传动的往复泵相同,液压驱动式往复泵也存在如何保证正常吸入的问题,因为只要吸入总管和支管中的液体流动不均匀,就必然存在加速度,产生惯性水头。对于电动换向的液压驱动式往复泵,活塞的加速和减速时间极短而匀速度较大,吸入过程中各项惯性损失之和可能相当大,在一个标准大气压下吸入时,有可能破坏正常的吸入条件,使液缸内发生汽化。

4．泵阀特性

液压驱动往复泵的泵阀多采用自动板阀或锥阀，其运动状态取决于泵缸活塞的运动状况，即活塞启动、加速时，阀盘启动、加速上升；活塞达匀速状态后，阀盘基本停留在固定的高度；活塞开始减速时，阀盘落入阀座。图 5-31 所示为同时测量出的双缸双作用泵前缸的排出阀阀盘和吸入阀阀盘升距、活塞位移和速度及泵缸内压力的对应关系曲线。图中，A-B-C-D 段为泵缸的吸入过程，吸入阀打开，缸内为吸入压力；D-E 段活塞停止运动，吸入阀关闭；E-F-G-H 段为泵的排出过程，排出阀打开，缸内为排出压力。

前缸吸入时，相同流量的高压油进入驱动油缸的前端（带活塞杆），活塞运动速度较快，流量较大，阀盘升距也较大；前缸排出时，相同流量的高压油进入驱动油缸的后端（不带活塞杆），活塞运动速度较慢，流量较小，阀盘升距也较小。

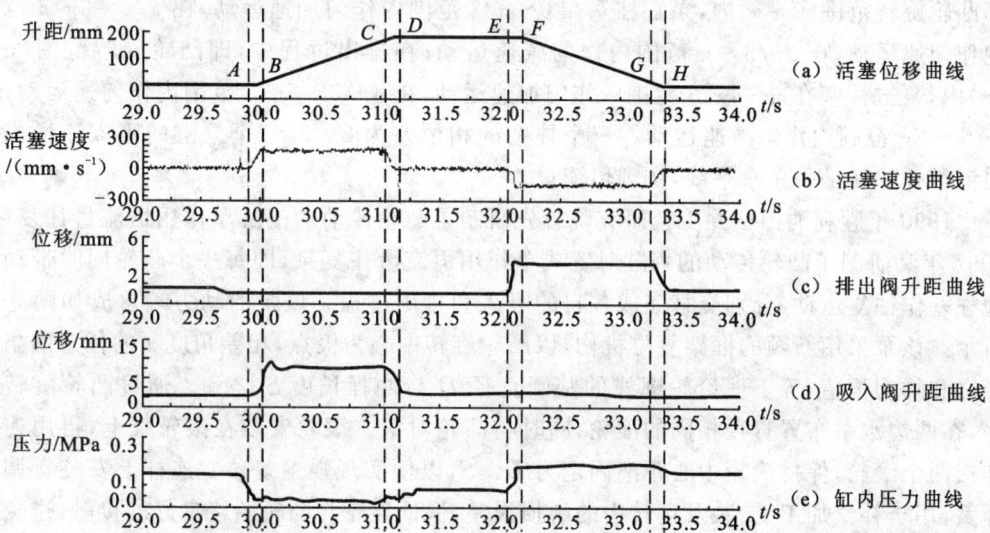

图 5-31　液压驱动双缸双作用往复泵阀盘升距、活塞位移和速度、泵缸内压力曲线

从吸入阀和排出阀的阀盘升距曲线可以看出，在吸入和排出开始时，阀盘就被液体顶起，经过短暂的不稳定期后保持在固定的高度，吸入和排出结束时，阀盘落入阀座。

液压驱动往复泵阀盘的运动规律与曲柄连杆传动往复泵泵阀运动规律完全不同，体现在：

（1）电动换向的液压驱动往复泵活塞加速时，阀盘急剧上升到最大高度，在很短的时间范围内有速度和加速度；活塞在大部分时间内作匀速运动时，阀盘停留在固定的升距高度，速度和加速度均为零；活塞急剧减速时，阀盘在自重和弹簧力的作用下，落入阀座。

（2）电动换向的液压驱动往复泵活塞到达运动终点时并不立即换向，要等到另一个活塞快到终点时才开始动作。在此期间，缸内压力基本保持不变，阀盘上下基本不存在压力差，仅靠自身的重量和弹簧力的作用落入阀座，不存在因压力差作用而产生的下落冲击，泵阀的工作寿命应该更长。

215

液压驱动式往复泵尚处于开发阶段,是否能够在油田应用中获得认可和推广,取决于其工作特性、制造成本、使用寿命及维修难度,即总的经济效益是否胜过机械传动式往复泵。因此,应该积极开展这种泵型的理论和试验研究,以便获得比较全面的认识。

三、其他结构类型往复泵

除了上述活塞泵和柱塞泵外,近些年来油田上也出现了多种新结构型式的往复泵。

1. 凸轮传动恒流量往复泵

这种泵的设计思想是取消曲柄连杆传动机构,采用特殊轮廓线的凸轮传动机构作为动力端,带动十字头、介杆、柱塞等从动件,作类似等腰梯形的往复运动。在吸入过程中,即凸轮旋转范围($0\sim\pi$)内,泵缸柱塞在 $0\sim\pi/3$ 范围内作匀加速运动,在 $\pi/3\sim2\pi/3$ 范围内作匀速运动,在 $2\pi/3\sim\pi$ 范围内作匀减速运动;在排出过程中,即凸轮旋转范围($\pi\sim2\pi$)内,泵缸柱塞在 $\pi\sim4\pi/3$ 范围内作匀加速运动,在 $4\pi/3\sim5\pi/3$ 范围内作匀速运动,在 $5\pi/3\sim2\pi$ 范围内作匀减速运动。三个柱塞的相位差为 $2\pi/3$,三个泵缸的吸入流量或排出流量叠加就是一条水平线,实现恒流量。

1990 年胜利油田钻井工艺研究院首先研制了凸轮传动的三缸单作用恒流量往复泵;1997 年又研制了凸轮传动的六缸对置式单作用恒流量往复泵,即每一个凸轮同时带动两边柱塞作往复运动,分别交替完成各自的吸入和排出过程。该泵的动力端总成如图 5-32 所示。该泵采用新颖的框架复位机构,以凸轮旋转中心为极点,相差角度 π 的任意两条极径之和均为恒值,等于理论轮廓线的基圆直径 D 与冲程长度 S 之和。通过凸轮旋转中心,在两边水平布置直径相同的滚轮,同时与凸轮对滚。滚轮安装在滚轮架上,再用连杆连接两个滚轮,保持滚轮中心距离固定为 $D+S$,以便实现强迫复位。连杆上安装有调整弹簧,用于补偿加工、安装及运转中的磨损误差,保证滚轮与凸轮始终良好的接触,避免撞击。凸轮采用 20CrMnTi,经渗碳等处理后硬度大于 HRC60,硬度层深度 $\geqslant 1.5\sim2$ mm。

为了防止滚轮架总成自重影响传动精度,消除滚轮架转动的自由度,在传动轴上分别安装了三个扶正块,以定位和支撑前后滚轮架,保证滚轮与凸轮正确的线接触位置和方向,从而提高柱塞运动的准确性,防止凸轮与滚轮、十字头与导向套、介杆与油封、柱塞与盘根等运动件的偏磨。采用扶正块还可以分担十字头的受力,减小十字头与导向套(圆柱面)之间的单位压力。

恒流量往复泵优点是:设计相应的凸轮轮廓,可以任意拟定从动件的运动规律;吸入和排出管中的流量均匀,无惯性水头损失,注聚合物驱油时黏度降解程度小,可以改善驱油效果;无需吸入和排出空气包。其缺点是:凸轮机构设计、加工、运行条件要求高;冲程短,只适合流量不大和较小功率的泵。

2. 斜盘-摆盘结构往复泵

北京龙基九天实业有限公司、中原石油勘探局钻采院、大港油田集团有限公司和西南石油大学等单位,联合或单独研制开发了一种新型的 5 缸和 7 港钻井泵。它们的主要特

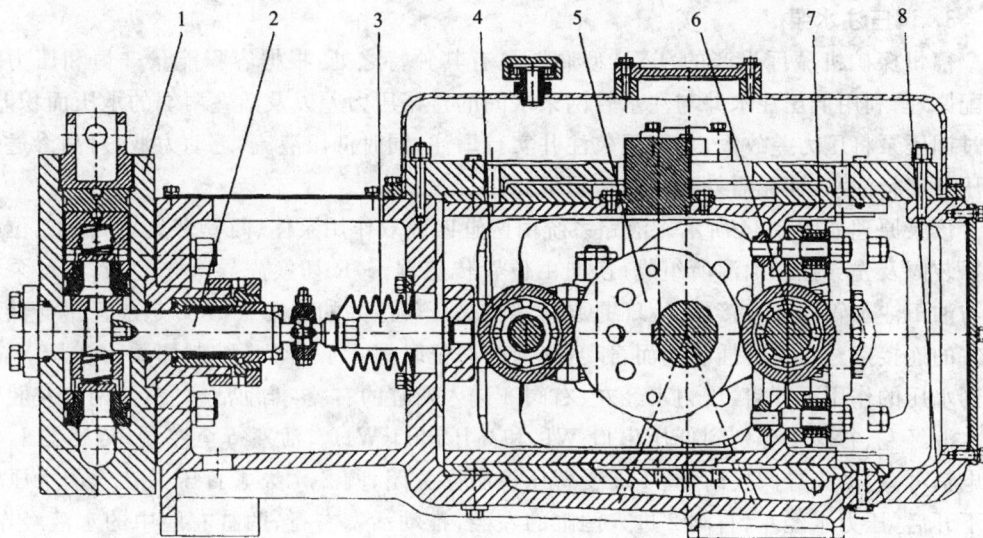

图 5-32　凸轮传动三缸单作用恒流量往复泵
1—阀箱总成；2—柱塞；3—介杆；4—左滚轮；5—凸轮；6—右滚轮架总成；
7—复位框架总成；8—泵壳总成

点是去掉了往复泵的动力端传统的曲柄连杆机构，而采用斜盘-摆盘结构，并将 3 缸增加到 5 缸或 7 缸，为环形排列。它们的设计思路基本类似液压传动系统中的斜盘型轴向柱塞泵和空调机中的斜盘式气体压缩机。图 5-33 所示为其结构示意图，主传动轴带动与其固定在一起的斜盘转动，行星板既与斜盘的倾斜面通过圆柱滚子构成止推轴承，又可通过球面摩擦副相对主传动轴上的大球头摆动；泵体内在圆周方向上均匀分布着几个轴向柱塞液缸，后者通过两端带有小球头的连

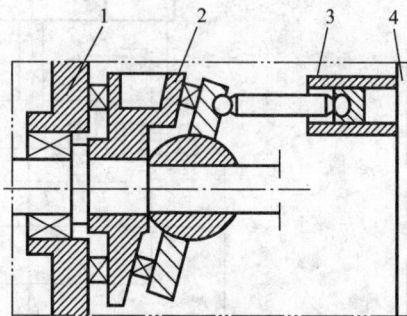

图 5-33　斜盘—摆盘单作用往复泵结构示意图
1—主传动轴；2—斜盘；3—柱塞液缸；4—液力端

杆与行星板相连，钻井液由液力端排出。由于泵体固定，斜盘的转动必然导致各个柱塞在缸体内作往复直线运动。

　　北京龙基九天实业有限公司开发的 5 缸 1300 型新结构钻井泵经国家专利局检索属国内外首创，已获国家专利，并已申请 18 个国家的国际专利。该泵钻井液的液力脉动系数仅为 2.5%，液流脉动率小，水力特性好，钻井泵运转平稳，震动很小，在 10 MPa 泵压内压力表指针几乎不动；运转时斜盘爬行坡度为 20°，没有上下死点，泵和柴油机运转平稳省力，机械效率可达 90%；在泵功率相同的情况下，新结构 5 缸钻井泵的重量只有传统 3 缸泵的 1/2～2/3，并可在设计压力 25 MPa 下持续运转。

3. 调压注水泵

德州探矿机械厂生产的 TYB 型调压泵有其独特之处：根据容积能量守恒和压力再分配原理，利用低压注水井与注水管网来水间的富裕压力差以及活塞两端的承压面积差，通过调压泵将压力差放大，对高压欠注井实行增注，同时低压液流（乏动力液）对高渗透的低压井实行注水，而无需外加动力装置。

该泵原理如图 5-34 所示。液路系统由两缸四腔双作用泵体、两套带先导阀的二位四通插装阀及先导控制油源所组成；换向由位置传感器 L，R 切换先导阀来完成；P 是泵管路与油田注水管网的连接点，WH 是泵管路与高压欠注井的连接点，WL 是泵管路与低压注井的连接点。对两套插装阀而言，当先导阀右位时阀 2，4 受背压控制而关闭，阀 1，3 在管网水压的作用下开启，压力水经左、右阀 3 进入两缸的右腔，推动活塞左行，两缸左腔中的水液经左、右阀 1 分别到低压出口 WL 和高压出口 WH。活塞行至左端，传感器 L 发出电信号，启动先导阀换向，阀 1，3 受背压控制而关闭，阀 2，4 失去背压并在管网水压作用下开启，压力水经左、右阀 2 进入两缸的左腔，推动活塞右行，两缸右腔中的水液经左、右阀 4 分别进入高压出口 WH 和低压出口 WL。活塞行至右端，传感器 R 发出电信号，先导阀再换向，进行下一个循环。

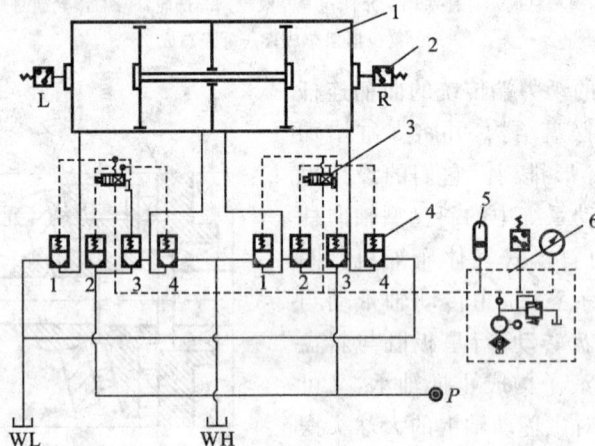

图 5-34　液压驱动油田调压注水泵液压系统原理图
1—泵体；2—接近传感器；3—先导阀；4—插装阀组；
5—蓄能器；6—液压工作站

4. 单作用液力平衡式液力端结构

胜利油田钻井院生产的 3ZY-4/35 型和大港油田总机械厂生产的 3ZY-8/37 型三缸柱塞泵都采用图 5-35 所示的单作用阶梯柱塞液力平衡式液力端结构。它由柱塞、外密封盘根、密封盘根法兰、内密封盘根、泵头、吸入歧管、排出歧管等组成。阶梯柱塞采用双级密封结构，柱塞小端始终与排出压力腔沟通。一方面可平衡一部分柱塞力，实现节能；另一方面可减小主密封环上的压力差，延长密封寿命。

5. 双作用差动液力平衡式液力端结构

图 5-36 所示为潍坊生建机械厂生产的 3ZYS 型三缸柱塞泵液力端,属于双作用差动柱塞液力平衡式结构。差动柱塞采用双级填料预紧式密封,泵头体为整体锻块,泵腔被内密封一分为二。这种泵的流量相对较大,吸入压力起液力平衡作用。

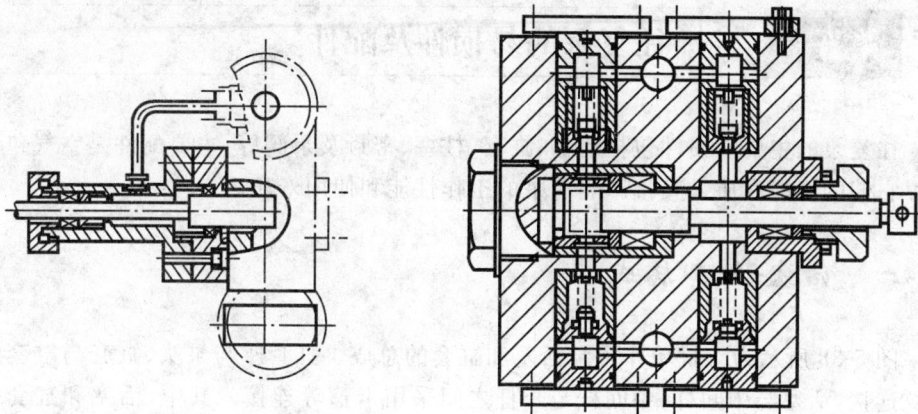

图 5-35　单作用阶梯柱塞液力平衡式液力端结构　　图 5-36　双作用差动柱塞液力平衡式液力端结构

6. "苏格兰轭"(Scotch Yoke)传动机构

青州水泵厂生产的 6D-Z10/32 型双泵端六缸单作用增压柱塞泵等属于此类传动机构,如图 5-37 所示。由直轴＋偏心轮、十字头滑块、导向架等共同组成。电动机的动力通过皮带轮传给传动轴,传动轴上的偏心轮带动与其配合的十字头滑块作空间平面运动。十字头滑块的水平运动分量传递给刚性导向架,使得导向架及固定在其两边的柱塞沿着导向心轴作一阶谐波水平往复运动,实现泵的工作循环。

219

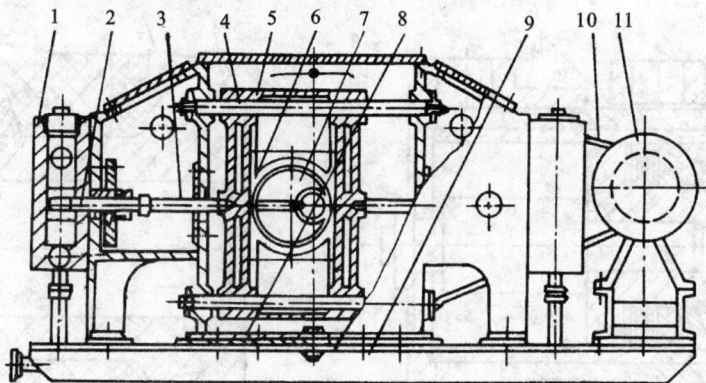

图 5-37　6D-Z10/32 型双泵端六缸单作用增压柱塞泵结构示意图

1—液力端总成;2—柱塞;3—介杆;4—导向心轴;5—导向架;
6—十字头滑块;7—"偏心轮＋直轴"式传动轴;8—泵体;
9—泵座;10—窄 V 形三角皮带;11—电动机

7. 高压隔膜钻井泵

由上海大隆机器厂与郑州轻金属研究院联合研制的 3KM15/20 型高压隔膜钻井泵

曾通过技术鉴定,认为技术先进,设计可靠,运行平稳,维修方便,实现了机电一体化,在以固体颗粒的钻井液为介质的领域具有广泛的应用前景。该泵的研制成功填补了我国隔膜钻井泵的空白,其技术性能可以替代进口设备。

第五节　往复泵的易损件及配件

往复泵的主要易损件包括活塞、缸套、柱塞、密封及泵阀等,主要配件是空气包和安全阀。它们的性能和质量直接影响着泵的工作性能和使用寿命。

一、活塞-缸套总成

图 5-38 所示为三缸单作用泵活塞和缸套的总成。缸套座与泵头、缸套与缸套座采用螺纹连接,活塞与中间杆、中间杆与介杆之间采用卡箍等连接。其中,活塞和缸套是易损件。当活塞在缸套内作往复运动时,有规律地反复挤出通常带有固体磨砺颗粒的液体,活塞与缸套之间既是一对密封副,又是一对摩擦副,容易磨损或被高压液体刺漏而失效。

图 5-39 所示为单作用泵活塞,由钢芯和皮碗等组成,一般采用自动封严结构,即在液体压力的作用下能自动张开,紧贴缸套内壁。单作用泵活塞的前部为工作室,吸入低压液体,排出高压液体;后部与大气连通,一般由喷淋装置喷出的液体冲洗和冷却。双作用泵活塞将缸套分为两个工作室,两边交替吸入低压液体和排出高压液体,故活塞皮碗在钢芯两边呈对称布置。

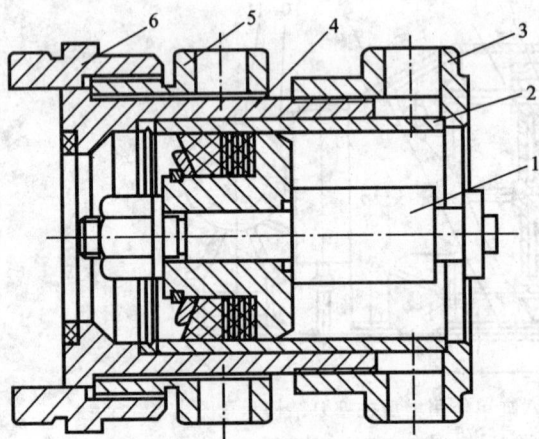

图 5-38　单作用泵活塞和缸套总成
1—活塞总成;2—缸套;3—缸套压帽;
4—缸套座;5—缸套座压帽;6—连接法兰

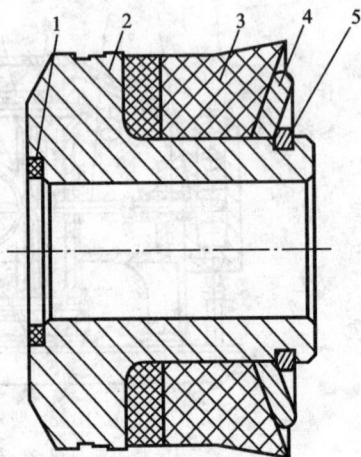

图 5-39　单作用泵活塞
1—密封圈;2—活塞阀芯;3—活塞皮碗;
4—压板;5—卡簧

活塞皮碗高压硫化对提高其寿命有利。具体方法是选用耐磨的耐油橡胶作主体材料，其上嵌接高聚物树脂；以挂胶帆布为骨架，整体成型，模压定型，加工处理后与橡胶高压硫化成一体。目前，对于高压硫化等活塞，在 18～20 MPa 下工作时寿命可达 179～324 h，在 28～32 MPa 下工作时寿命可达 112 h。

缸套结构比较简单，目前有单一金属和双金属两种。由高碳钢或合金钢制造的单金属缸套，一般经过整体淬火后回火，或内表面淬火，保证一定的强度和内表面硬度；由低碳钢或低碳合金钢制造的单金属缸套，一般进行表面硬化处理，如渗碳、渗氮、氰化或硼化处理等，将内表面硬度提高到 HRC60 以上，也有对缸套内部进行镀铬处理的。单金属缸套工作寿命短，贵金属消耗量大。

双金属缸套有镶装式和熔铸式两种结构型式。镶装式外套材质的机械性能不低于 ZG35 正火状态的机械性能；内衬为高铬耐磨铸铁（实际是耐磨白口铸铁），内外套之间有足够的过盈量保证结合力；内衬硬度大于 HRC60。熔铸式外套材质的机械性能不低于 ZG35 正火状态的机械性能；用离心浇铸法加高铬耐磨铸铁内衬；毛坯进行退火处理，粗机械加工后进行热处理（淬火＋低温回火），精加工。目前，国产双金属缸套的平均寿命可达 700 h。

工程陶瓷具有高硬度、高耐磨性、耐高温、耐腐蚀和摩擦系数小等优点，在成功地解决了钢外层与陶瓷层的牢固结合问题之后，钻井泵陶瓷缸套显示出比双金属缸套更大的优越性。其中，在金属缸套内孔镀上一层铬基碳化硅（SiC）的陶瓷缸套，使用寿命稳定提高到 1 500 h 以上；而用低碳作外套，以 Al_2O_3 陶瓷作衬套的陶瓷缸套的使用寿命为 4 000～6 000 h。

二、柱塞-密封总成

柱塞泵通常在更高的压力下工作，液缸排出时缸内的高压液体极易从柱塞密封处泄漏。为了防止泄漏，必须保证密封件压紧在柱塞上，但这会加剧密封件和柱塞的磨损，缩短密封寿命。实际统计表明，在某些柱塞泵中，柱塞及其密封件的消耗费用大约占泵易损件费用的 70％。

高压柱塞泵的柱塞采用 45 号钢，表面喷涂镍基合金，可以提高表面光洁度和耐磨性。柱塞密封的使用寿命与其结构型式、材料及工作条件等有关。当前，炭纤维密封和自封式密封的应用比较广泛。

自封式密封装置如图 5-40 所示。由连接法兰、密封盒、柱塞密封、支撑环、压套、背帽等组成。法兰上有四个 45°凹槽，密封盒上有四个 45°凸键，将密封盒上四个 45°凸键对准法兰上四个 45°凹槽，转动 45°，通过四个大螺栓压紧法兰使二者形成端面结合，并通过连接法兰将密封盒与阀箱连接起来。密封盒与阀箱之间依靠矩形密封圈密封。作用在密封盒与柱塞之间环形面积上的高压液体产生的轴向力由四个连接螺栓承受，不像传统往复泵那样由泵壳承受。法兰外径与泵壳前板上的孔形成严格的定位间隙配合；泵壳前板上的孔与泵壳安装十字头导向套的孔为同一定位基准。

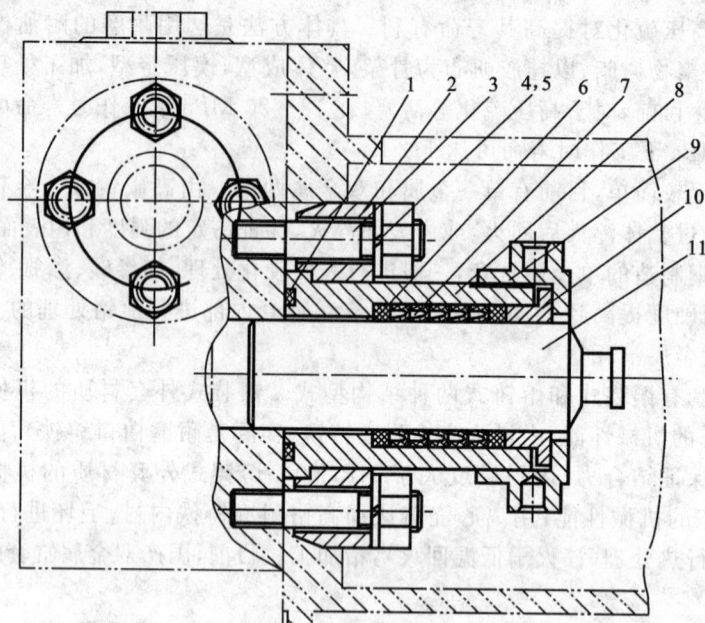

图 5-40　自封式柱塞密封总成

1—矩形密封圈;2—连接法兰;3—连接螺栓;4,5—螺母和垫圈;
6—密封盒;7—密封;8—背帽;9—支撑环;10—压套;11—柱塞

自封式密封的结构由骨架、帘布增强橡胶、改性聚四氟乙烯和高耐磨丁腈橡胶等高压硫化而成。骨架的作用是保证安装和高压下不产生轴向和径向变形,高压下只可压紧不可压缩,避免过紧、过热、加剧磨损。盘根截面为 L 形,唇部采用高耐磨橡胶,与柱塞有一定的过盈量;高压液体进入唇部,唇口胀大,抱紧柱塞,起自封作用;安装时,唇部涂有二硫化铝减摩剂,减小摩擦力。

柱塞的密封结构型式很多,常见的有:

(1)自封式 V 形密封,为常用的密封结构。其唇部前面的夹角大于背部夹角,在压差的作用下唇部自动张开,实行封严。

(2)压紧力自调式密封,如图 5-41 所示。它由几个特别的密封环、两个金属垫环和一个弹簧等组成。工作时依靠液体工作压力压紧密封件,实现自封;磨损后弹簧自动张紧,故安装后无需调整。

(3)J 形密封,如图 5-42 所示。它有内、外两个密封唇,内唇密封活塞杆,外唇密封盒的内壁,中间部分承受轴向力,一般不会出现密封压垮和互相卡住的现象,故又称作"压不垮式"密封。

此外还有带有冲洗装置的密封等,即在柱塞密封与液缸之间安装用金属或其他较硬材料(如硬橡胶)制成的刮环,又称限制环或挡环,在密封与刮环之间的柱塞周围形成一个环形空间。用一个与柱塞冲程同步的定量泵,在柱塞泵的吸入行程中以不很高的压头将一定体积冲洗液(一般为清水)通过泵壳上的注入孔注入该空间。环形空间内的冲洗液可以阻止磨砺性介质进入密封。在注入孔通向环形空间的通道上安装一个单向阀,使进入

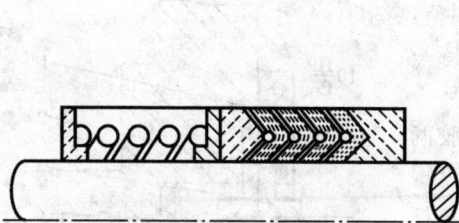

图 5-41　压紧力自调式密封结构

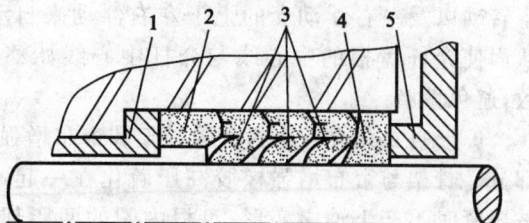

图 5-42　J 型密封结构

1—垫环；2—下适配环；3—密封圈；4—上适配环；5—压盖

环形空间的冲洗液在柱塞的排出行程中不能返回注入孔。为了减轻柱塞和密封的磨损，通过泵壳上的注油孔和间隔环向密封部位注入润滑油脂。

三、介杆-密封总成

往复泵介杆的一端与十字头相连，处于润滑机油环境中；另一端与活塞杆相连，经常受到漏失的钻井液、污水等冲刷或污染。为了防止各类污染液体窜入动力端机油箱，破坏机油的润滑性能，避免机油外漏，必须采用介杆-密封装置将动力端与液力端严格隔离。

对于三缸单作往复用泵，由于泵速和压力都较高，有的还带有活塞或柱塞喷淋冷却液系统，介杆作往复运动时很容易造成油液、泥浆液等的相互渗漏。国内外往复泵采用的介杆密封有多种型式。这些介杆密封装置工作一段时间以后，由于导板磨损后十字头下沉，或十字头、介杆及活塞（柱塞）杆之间连接不牢固，或壳体发生变形，以及加工和安装误差等原因，使介杆发生偏磨，密封会很快失效。

目前应用较多的有两种型式：

（1）跟随式介杆密封，如图 5-43 所示。波纹密封套的一端用压板紧固中间压板上，另一端用卡子固紧在介杆上。

（2）全浮动式介杆密封装置。图 5-44 所示为全浮动式介杆密封装置结构图，包括连接盘、定位板、O 形密封圈、左右浮动套、球形密封盒、K 形自封式介杆密封等。球形盘根盒可以在浮动套内任意转动调整。与此同时，左右两个浮动套与连接盘和壳体形成端面间隙配合，可以随着球形盘根盒的浮动而在连接盘与壳体之间上下浮动，自动调整径向偏移量；浮动套与连接盘及球形盘根盒之间都安装有 O 形密封圈，具有多重保险密封的作用。因此，当运动件（包括介杆、十字头、柱塞等）的组合轴心线与理论轴心线偏移时（由于加工误差、安装误差、十字头自重偏磨等引起），通过球形盘根盒在左右浮动套内任

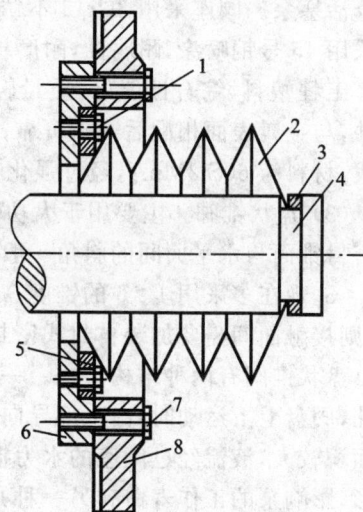

图 5-43　跟随式介杆密封

1—螺钉；2—波纹密封套；3—卡子；4—介杆；
5—压板；6—连接板；7—螺栓；8—中间隔板

意转动以及左右浮动套的上下左右浮动来自动调整，从而使介杆盘根的中心线与介杆中心线始终保持一致，避免偏磨。

K 形自封式介杆密封分为骨架和帘布增强橡胶两部分。骨架与帘布增强橡胶高压硫化在一起，使盘根被压紧时不产生轴向变形；盘根内圈的两唇部与介杆有一定的过盈，使其两端密封；盘根的两唇部加一层耐磨橡胶，耐磨耐热。

此外，十字头与介杆之间采用活络连接，使得活塞或柱塞可以与十字头同时转动，也减轻了活塞-缸套、柱塞-密封、介杆-密封等的偏磨。

四、泵阀

泵阀是往复泵内控制液体单向流动的液压闭锁机构，是往复泵的心脏部分。它一般由阀座、阀体、胶皮垫和弹簧等组成。目前，有三种主要型式的泵阀广泛被采用。

(1) 球阀，如图 5-45 所示。主要用于深井抽油泵和部分柱塞泵。

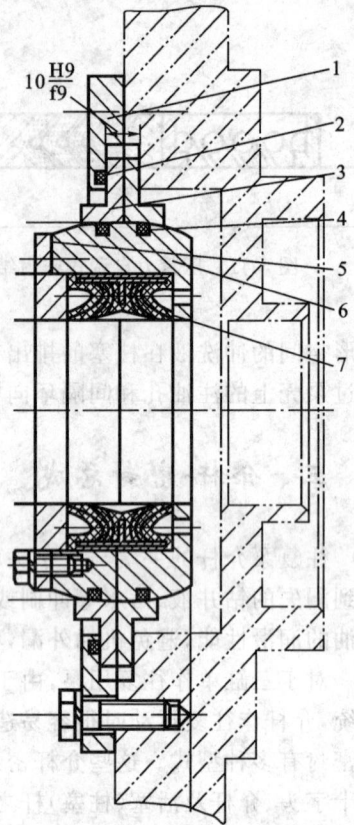

图 5-44　全浮动式介杆密封装置总成
1—连接盘；2,4—O 形密封圈；
3—左右浮动套；5—定位板；
6—球形密封盒；7—K 形自封密封

(2) 平板阀，如图 5-46 所示。主要用于柱塞泵和部分活塞泵。阀座采用 3Cr13 不锈钢，表面渗碳处理，或采用 45 号钢喷涂，耐腐蚀，耐磨损；阀板采用新型聚甲醛工程塑料，综合性能好，质量轻，硬度高，耐磨，耐腐蚀，与金属表面相配后密封可靠；弹簧采用圆柱螺旋形式，材料为 60Si2MnA，经过强化喷丸处理，疲劳寿命高。

(3) 盘状锥阀。主要用于大功率的活塞泵及部分柱塞泵。盘状锥阀的阀体和阀座支承密封锥面与水平面间的斜角一般为 45°～55°。阀座与液缸壁接触面的锥度一般为 1：5～1：8，现在多采用 1：6 的锥度。锥度过小，阀座下沉严重且不易自液缸中取出；锥度过大，则接触面间需要加装自封式密封圈。

盘状锥阀有两种结构型式。一种是双锥面通孔阀，如图 5-47 所示，其阀座的内孔是通孔，阀盘上下运动时，由上部导向杆和下部导向翼导向。这种阀结构简单，阀座有效过流面积较大，液流经过阀座的水力损失较小，但阀盘与阀座接触面上的应力较大，阀盘易变形，影响泵的工作寿命。另一种是新型双锥面带筋阀，如图 5-48 所示，其主要特点是：阀盘上下部靠加长的导向杆导向，保证阀盘平稳落座；阀座内孔带有加强筋，采用双面支撑；阀盘质量减轻 0.35 kg，有利于减小下落冲击；阀盘和密封圈结构的改进，避免了阀盘与阀座金属面的直接接触。带筋阀内孔内的有效通流面积减小，水力损失加大。

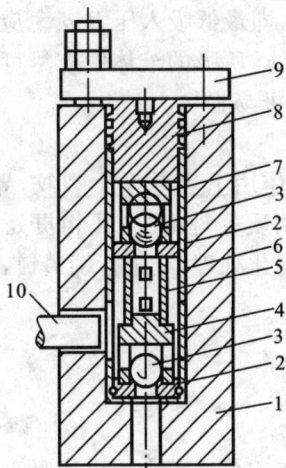

图 5-45 球阀组装结构

1—泵头;2—阀座;3—阀盘;4—下阀套;5—压套;
6—阀筒;7—上阀套;8—连接盖;9—压盖;10—柱塞

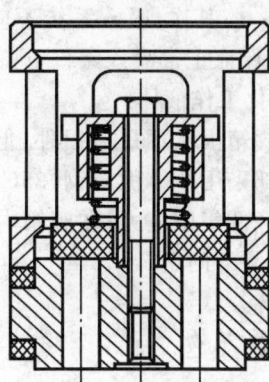

图 5-46 平板阀结构

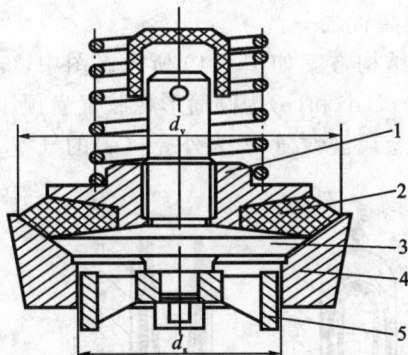

图 5-47 双锥面通孔泵阀结构

1—压紧螺母;2—密封圈;3—阀体;
4—阀座;5—导向翼

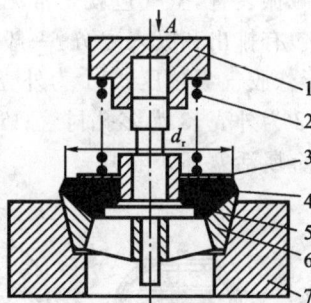

图 5-48 新型泵阀结构

1—阀盖;2—弹簧;3—螺母;4—密封圈;
5—阀瓣;6—阀座;7—阀体

225

往复泵工作时,阀盘和阀座表面受到含有磨砺性颗粒液流的冲刷,产生磨砺性磨损。此外,阀盘滞后下落到阀座上,也会产生冲击性磨损。

提高泵阀寿命的办法主要是:

(1) 合理确定液体流经阀隙的速度。即阀的结构尺寸要与泵的结构尺寸和性能参数相对应,保证阀隙流速不要过大。

(2) 控制泵的冲次。对于阀盘或阀座上有橡皮垫的锥阀,按照无冲击条件 $h_{max} n \leqslant$ 800~1 000 条件确定泵的冲次 n(单位为次/min),其中的 h_{max} 是泵阀的最大升距,单位为 mm。

(3) 改进结构设计,采用新型材料。如在阀座下方增加一个阻缸对下落的阀盘起一定的阻尼作用,减轻阀盘重量等;阀体和阀座采用优质合金钢 40Cr,40CrNi2MoA 等整体锻造,表面或整体淬火,表面硬度可达 HRC60~62,橡胶圈由丁腈橡胶或聚氨酯等制成。

（4）保证正常的吸入条件。首先，要满足 $p_{s\,min} \geqslant p_t$，即最低吸入压力 $p_{s\,min}$ 应大于液体的汽化压力 p_t；其次，吸入系统不应吸入空气或其他气体，所吸的液体中应尽可能少含气体。若不能保证正常吸入条件，则阀（特别是吸入阀）将极易损坏。

（5）净化工作液体。

此外，阀箱虽然不是易损件，但在高压液体的交变作用下容易发生裂纹，导致破坏。因此，应全部采用整体优质钢（35CrMo 等）锻件，经过调质处理；在圆孔相贯处采用平滑圆弧过渡，降低集中应力；在阀箱内腔采用喷丸或高压强化处理，或进行镍磷镀，以较好地解决阀箱开裂等问题。

五、空气包

前已提及，曲柄连杆传动往复泵工作时，每个液缸在一个冲程中排出或吸入的瞬时流量都近似地按正弦规律变化，即使有几个液缸交替工作，总的流量也达不到均匀程度。总流量的不均匀必然导致压力波动，进而引起吸入和排出管线振动，使吸入条件恶化，破坏管线和机件，甚至使泵不能正常工作。为了消除流量不均匀和压力波动，往复泵通常都安装有各种减振装置，空气包就是常见且有效的减振装置之一。

空气包有排出和吸入之分，一般为预压式，其结构方案如图 5-49 所示。图中，(a) 和 (b) 为球形橡胶气囊预压式，1 为外壳，2 为气室；(c)、(d) 和 (e) 为圆筒形橡胶气囊预压式，1 为气室，2 为外壳，3 为多孔衬管；(f) 的气室 5 为金属波纹管，2 为外壳；(g) 的气室 3 与下液腔由金属活塞环 4 隔开。

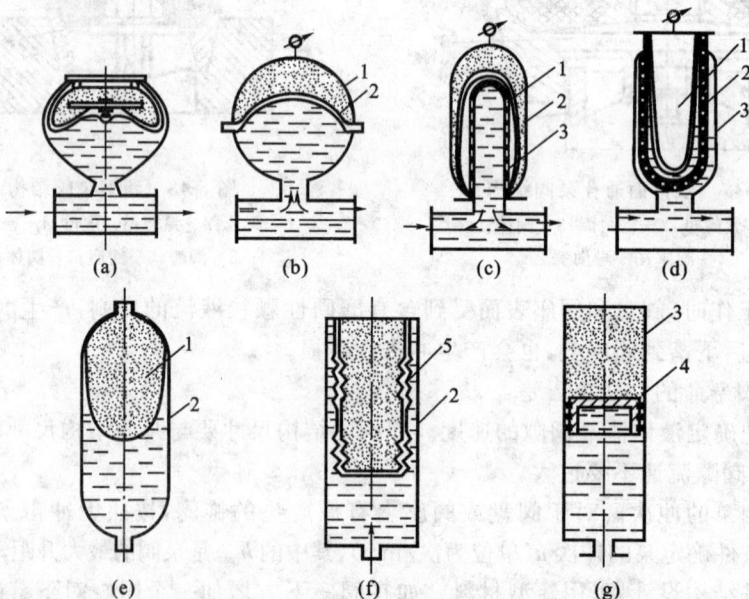

图 5-49　预压式空气包结构方案

1—吸入歧管；2—孔板；3—间隔圈；4—端盖；5—胶皮隔膜

当输送液体温度高于橡胶的允许温度时,采用(f)和(g)方案。排出空气包安装在泵的排出口附近,吸入空气包安装在泵的吸入口附近。空气包结构型式很多,图 5-50 所示为常用排出空气包中的一种。

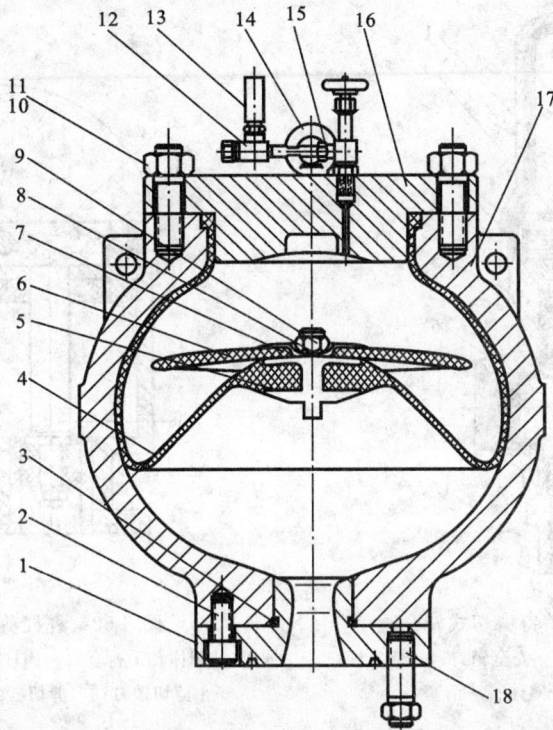

图 5-50 带稳定片的球形空气包

1—间隔块;2—内六角螺钉;3—密封圈;4—气囊;5—铁芯;6—胶板;7—压板;
8—垫片;9,11—螺母;10—双头螺栓;12—截止阀;13—压力表;14—吊环螺钉;
15—O 形密封圈;16—压盖;17—壳体;18—双头螺栓

空气包是利用其内部气体的可压缩性进行工作的。以排出空气包为例,当液缸排出瞬时流量增加、液体压力加大时,胶囊内气体受压缩,空气包储存来自液缸内的一部分液体,使进入排出管的液体变化不大;当液缸排出的瞬时流量减少、液体压力减小时,胶囊内气体膨胀,空气包放出一部分液体,使进入排出管内的液体变化不大,从而保持排出管内压力趋于均匀。

吸入空气包的作用是使吸入管中的液体流量趋于均匀,保持压力稳定。空气包气囊内一般充以惰性气体(氮气或空气),充气预压力视泵的工作压力而定。对于钻井排出空气包,充气压力一般为 4~7 MPa;对于吸入空气包,充气压力为吸入压力的 80% 左右。

六、安全阀

往复泵一般都在高压下工作,为了保证安全,在排出口处装有安全装置,即安全阀,以便将泵的极限压力控制在允许的范围内。常见的安全阀为销钉剪切式,此外还有膜片式和弹簧式等安全阀。

图 5-51、图 5-52 和图 5-53 所示分别为直接剪切式、杠杠剪切式和膜片式安全阀结构

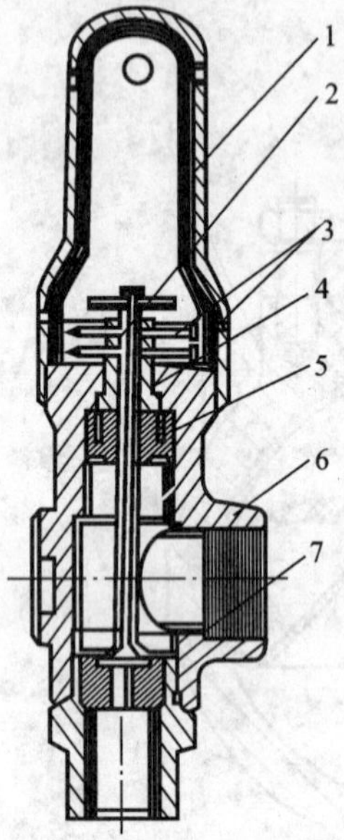

图 5-51　直接销钉剪切式安全阀

1—阀帽;2—活塞杆;3—安全销钉;4—活塞杆;
5—密封;6—阀体;7—活塞

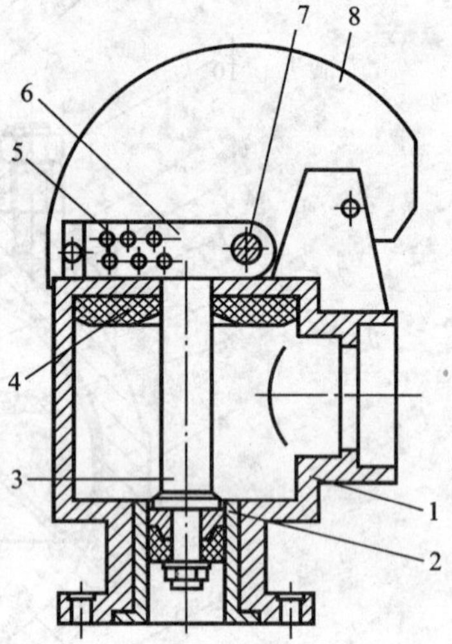

图 5-52　杠杠剪切式安全阀

1—阀体;2—衬套;3—阀杆阀芯总成;4—缓冲垫;
5—剪切销钉;6—剪切杠杆;7—销轴;8—护罩

图。活塞下端作用着高压液体,当压力到达一定值后活塞推动连杆,切断销钉,活塞上移,或膜片破裂,高压液体由安全阀排出口进入吸入池或大气空间,达到泄压保安全的目的。

杠杠剪切式安全阀只需要同一种材料和同一截面的销钉,对于不同的压力规定值只需改变安全销钉的位置。销钉距力的作用点越远,承受的压力越高。

销钉剪切式安全阀的结构简单,拆卸容易,但安全销钉的材料、尺寸及加工工艺必须恰当,还要防止安全阀的活塞和导杆在缸套内锈蚀,否则灵敏度降低,不能准确控制排出压力。当安全阀打开后,必须停泵更换安全销。

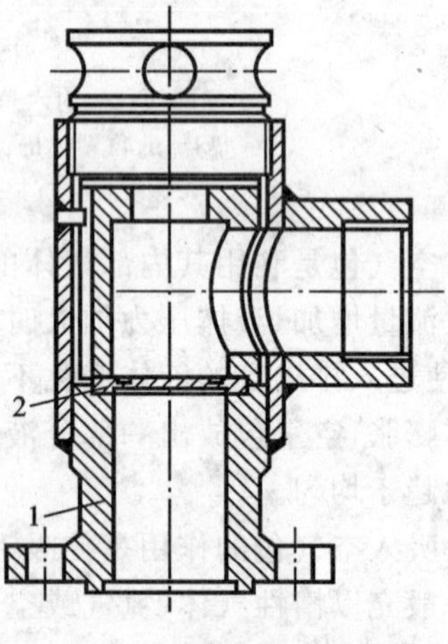

图 5-53　膜片式安全阀

1—阀体;2—膜片

本章思考题

1. 往复泵的主要性能参数有哪些？

2. 曲柄连杆传动往复泵的工作原理是什么？其活塞运动规律如何表达？

3. 什么是往复泵的平均流量和瞬时流量？如何计算？

4. 往复泵的流量曲线有什么用途？曲柄连杆传动往复泵的流量曲线如何绘制？

5. 什么是泵的有效压头？试按照能量平衡的原理阐述其物理意义。

6. 压头和压力有何区别？怎样测算？

7. 往复泵的功率和效率的基本概念是什么？如何计算？

8. 什么是往复泵的特性曲线、联合工作特性曲线？它们对实践有何指导意义？

9. 机械传动往复泵的临界特性曲线是按照什么原则作出的？有何用途？

10. 机械传动往复泵的流量怎样调节？

11. 曲柄连杆传动往复式活塞泵的型号如何表示？三缸单作用泵和双缸双作用泵的主要异同点是什么？

12. 曲柄连杆传动往复式柱塞泵的型号如何表示？与活塞泵相比较，其主要异同点是什么？

13. 石油矿场往复泵的主要工作特点是什么？有哪些主要配套件？各自的作用是什么？

14. 往复泵有哪些易损件？可以采取哪些措施提高其使用寿命？

15. 试列举几种其他型式往复传动机械的结构及性能特点。

16. 液压驱动往复泵的工作原理是什么？其性能有什么特点？液压驱动往复泵的优缺点是什么？

第六章

> >> *Chapter Six*

油田用离心泵

离心泵是最典型的叶片式机械,在石油矿场上应用广泛,主要用于输送原油、向井底注水、油井采油,以及作为往复泵的灌注泵和生活供水泵等。离心泵的工作原理和结构与往复泵完全不同。往复泵主要通过改变工作腔的容积将机械能主要转变为液体的压力能;而离心泵则主要依靠改变工作腔内液体的运动速度将机械能转变为液体的动能和压能。

第一节　离心泵的工作原理与结构

一、离心泵的工作原理

图 6-1 所示为离心泵的结构示意图,由叶轮、泵轴、蜗壳等组成。叶轮上带有若干个叶片,通常在 6～12 个之间,大多不超过 9 个。叶轮与泵轴固装在一起,当动力机通过联轴器和泵轴带动叶轮旋转时,叶片就带动其流道内的液体作圆周运动。在离心力的作用下,液体以较大的速度和较高的压力沿着叶片形成的流道自中心向外缘运动,并通过蜗壳和扩散管流向排出管。由于泵壳内的液体不断被排出,在叶轮中心和吸入管内形成真空,吸入池中的液体在大气压或液罐内压力的作用下源源不断地流入吸入管和叶轮;蜗壳则收集从叶轮中高速流出并具有一定压力的液体,引向排出管的扩散管;扩散管的过流断面是逐渐增大的,起着降低流速和进一步增加液体压力的作用,从而使泵形成连续的吸入和排出过程,不断地排出高能量的液体。

离心泵必须与吸入管汇和排出管汇等共同组成如图 6-2 所示的泵装置,才能正常工作。吸入管的下部安装有滤网和底阀,对液体起过滤作用,并防止管中液体倒流入吸入池。排出口处安装有阀门,用于调节流量。蜗壳的顶部安装有漏斗,启动泵之前用于向泵内灌水排除泵腔内的气体,或由专用的真空泵抽吸泵腔内的气体。启动泵之前要关闭排出阀门,启动后打开。

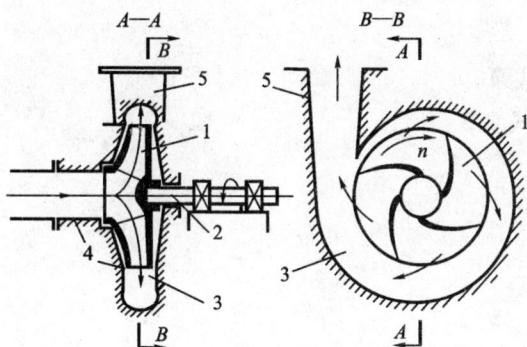

图 6-1　离心泵结构示意图

1—叶轮;2—泵轴;3—蜗壳;4—吸入口;5—扩散管

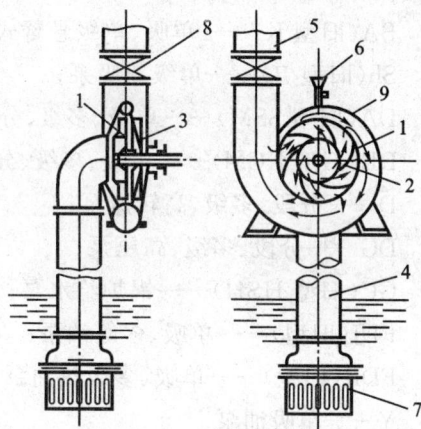

图 6-2　离心泵装置示意图

1—叶轮;2—叶片;3,9—蜗壳;4—吸入管;

5—排出管;6—漏斗;7—滤网和底阀;8—排出阀门

二、离心泵的类型

离心泵的种类很多,有各种分类方法。

按泵轴布置方式,主要分为:卧式泵(泵轴为水平布置);立式泵(泵轴为垂直布置)。

按吸入方式,可分为:单吸泵(叶轮从一个方向吸入液体);双吸泵(叶轮从两个方向吸入液体)。

按叶轮级数,可分为:单级泵(泵轮上只安装一个叶轮);多级泵(泵轴上安装两个或两个以上的叶轮)。

按泵体的形式,可分为:蜗壳泵(叶轮排出一侧具有蜗形室的壳体);透平泵(带导叶的多级泵)。

按壳体剖分的方式,可分为:分段式泵(泵的壳体按照与泵轴垂直的平面剖分);中开式泵(壳体在通过轴心线的平面上分开)。

离心泵还可以按用途、叶片安装方式、压力大小及比转数的大小等进行分类。对于具体的泵,往往根据其主要的特点按照汉语拼音字母等编制型号代号。

型号代号通常为首、中、尾三部分。首部是数字,表示泵的主要尺寸规格,一般为泵的吸入口直径,单位为 mm 或 in;中部则用汉语拼音字母表示泵的型式或特征;尾部一般用

231

数字表示该泵的参数,老式泵大多是比转数 n_s 除以 10 所得的值,新式泵则表示泵的单级扬程(单位为 m)和级数,有的还带有 A,B,表示泵中安装有切割过的叶轮(A 为一次切割,B 为二次切割)。

实际上,离心泵型号的汉语拼音字母表示方法有时不完全统一。为方便比较,将部分字母的含义介绍如下:

BA(旧型 K)——单吸、单级悬臂式泵;

Sh(旧型 Д)——单级双吸泵;

DA(旧型 SSM)——单吸、多级、分段式泵;

DE(旧型 KCM)——单吸、多级、分段式泵;

D——分段、多级、高转速泵;

DG——分段、多级、高压泵;

GC(旧型 HSH)——锅炉给水泵;

FDJ(旧型)——单吸、多级油泵;

FDR(旧型)——单吸、多级热油泵;

Y——单吸油泵;

GY——高压多级油泵;

FSR——双吸、多级热油泵;

YS——双吸油泵;

DJ——单级常温油泵;

DR——单级热油泵;

SD——低速深井泵。

汉语拼音字母前、后的数字所表示的有关尺寸和参数的含意:

(1) 吸入口的直径、比转数和级数。如 4BA-6,10Sh-19,8DA-8×9 等离心泵,字母前的数字是吸入口直径(单位为 mm)除以 25 所得的数值,其单位为 in;字母后第一组数表示泵的比转数除以 10 所得的数值;第二组数表示泵的级数,即叶轮数,单级泵无此数据。

(2) 吸入口直径、扬程和级数。如 150D-170×11,100Y-120×2 等泵,字母前的数字为泵吸入口直径(单位为 mm);字母后第一组数为单级叶轮的扬程(单位为 m);第二组数为泵的叶轮级数。

(3) 流量、扬程和级数。如 D250-150×11,DG270-140×10 等泵,字母后面第一组数字表示泵的流量(单位为 m³/h);第二组数字表示单级叶轮的扬程(单位为 m);第三组数字为叶轮的级数。

(4) 吸入口的直径、泵的流量和压力。如 6D80-120,6D100-150,4D50-200 等泵,字母前的数字为吸入口直径(单位为 mm)除以 25 所得的数值;字母后第一组数字为泵的流量(单位为 m³/h);第二组数字为泵的压力(0.1 MPa),亦即泵的扬程(单位为 m)除以 10 所得的数值。

由于离心泵的种类很多,其代号亦未完全统一,表示方法亦不尽相同,因此对于具体的泵应该具体分析。

一些特殊用途的泵的代号比较复杂,如单吸单级悬臂式耐腐蚀离心泵,代号为50F1M-25A,其中 50 为吸入口直径(单位为 mm),F 为悬臂式耐腐蚀离心泵,1 为轴封型式代号(0 为软填料密封,1 为单端面密封,2 为双端面密封),M 为与介质接触的部件的代号,25 为基本转速时泵设计点的扬程(单位为 m),A 为叶轮直径第一次切割。

三、离心泵的整体结构

离心泵的种类繁多,整体结构多种多样,以下介绍几种常用的离心泵。

1.单吸单级卧式离心泵

此类泵在石油矿场上主要用于供水,或作为砂泵、灌注泵等,应用广泛。它的流量大多在 5.5～300 m³/h,扬程在 8～150 m 液柱范围以内。它的典型结构如图 6-3 所示。泵轴的一端在托架内用轴承支承;另一端悬出,称为悬臂端。悬臂上安装有一级叶轮;在叶轮和轴承之间有密封装置,将液力部分与轴承部分隔绝;轴承用黄油或机油润滑。

为了检修泵时不必拆卸吸入和排出管,该泵具有后开门式结构。检修时,将托架止口以上的螺母松开后就可以将托架和叶轮全部取出。

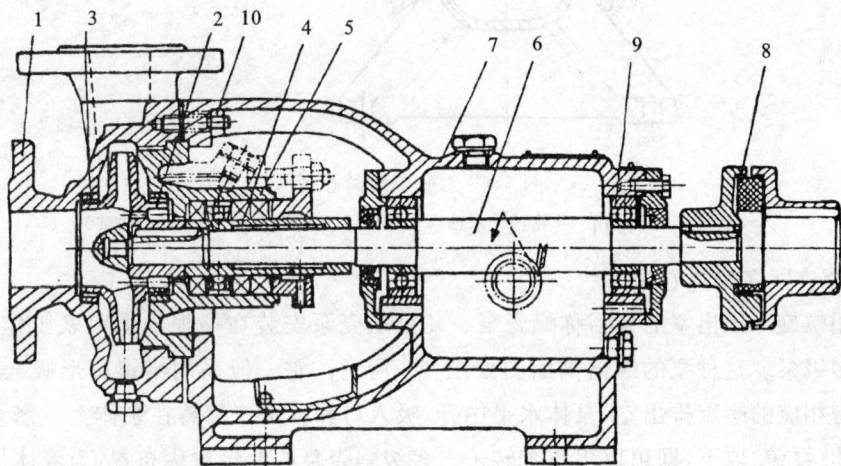

图 6-3　后开门式单吸单级离心泵

1—泵体;2—叶轮;3—密封环;4—轴套;5—后盖;6—泵轴;7—托架;
8—联轴器;9—轴承;10—托架止口螺母

2.双吸单级离心泵

双吸泵在油田广泛用于输油和输水,其特点是能够自动平衡轴向力,流量较大(一般为 120～20 000 m³/h),扬程较低(10～110 m)。这种泵的结构如图 6-4 所示。它的叶轮相当于两个相同的叶轮背靠背地安装在一根轴上并联工作。一般采用半螺旋形吸入室，泵壳水平中开。吸入腔可能具有极高的真空度；除了采用填料密封外，还用管路从高压腔向填料密封装置引水，形成水封。叶轮进口外缘上的密封环则是防止高压液体进入低压室。轴承安装在泵的两端，小泵多用滚动轴承，大泵多用滑动轴承，打开泵盖即可取出转子。吸入管与吸入腔相连，将液体从两侧引向叶轮，由叶轮抛出的液体再经过蜗形排出室进入排出管。

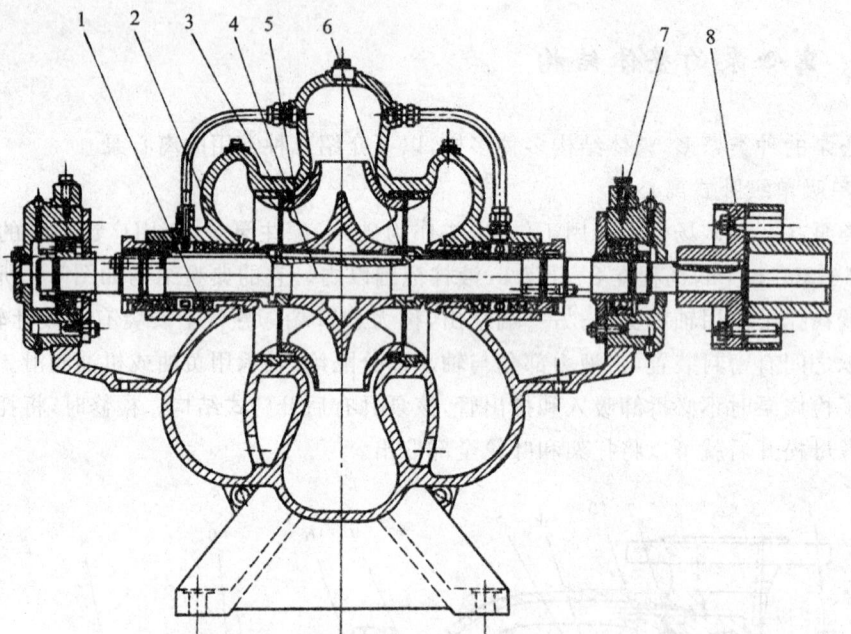

图 6-4　双吸单级离心泵

1—泵体；2—泵盖；3—叶轮；4—泵轴；5—密封环；6—轴套；7—轴承；8—联轴器

3. 蜗壳式多级离心泵

采用螺旋形压出室的泵俗称蜗壳泵。几个蜗壳泵安装在一根轴上串联工作，就成为蜗壳式多级泵。这种泵的纵向剖面图如图 6-5 所示。它一般采用半螺旋形吸入室，每个叶轮均有相应的螺旋排出室，泵体水平中开，吸入口和排出口都铸在泵体上。修泵时只要将上泵体（泵盖）取下，即可取出整个转子。多级蜗壳泵的叶轮对称布置，当液体从吸入管进入空腔 b 和第一级叶轮后，被抛入蜗壳形排水室和泵壳中的流道 K_1，接着进入第二级叶轮的吸入口；由第二级叶轮抛出的液体经外部过流管流向最右边的第三级叶轮吸入口，再由流道 K_2 进入第四级叶轮，之后从第四级蜗壳式压出室进入排出管。液体在泵中运动的路线如图 6-6 所示。这种叶轮布置方式的优点是：当叶轮的级数是偶数时，系统中由液体动力负荷引起的轴向力很小，可以大大减轻轴承的负荷。

蜗壳式多级泵比同性能的多级分段式泵的体积大一些，铸造和加工的技术要求也比

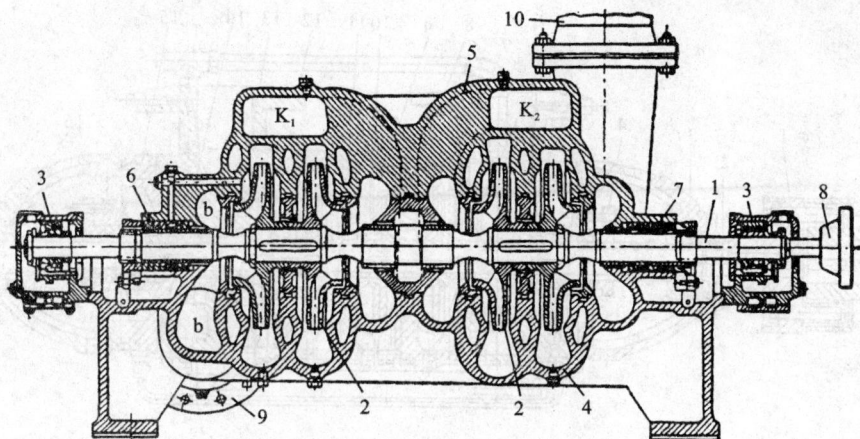

图 6-5 蜗壳式多级离心泵纵向剖面图

1—泵轴；2—叶轮；3—轴承；4—下支座；5—泵盖；6—吸入端填料密封；

7—排出端填料密封；8—联轴器；9—进液管；10—过液管

较高，一般用于流量较大、扬程较高的城市给水、矿山排水和管道输油等场合。它的流量一般为 $450\sim1\,500$ m^3/h，是 $6\sim8$ 级高扬程泵（有 2 个外部过渡管），在转速 $n=2\,900$ r/min 时，扬程大于 $800\sim1\,200$ m。

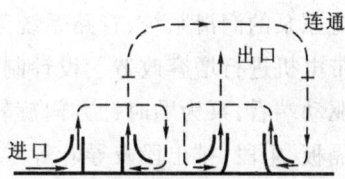

图 6-6 蜗壳式多级离心泵中液体运动简图

4. 分段式多级离心泵

油田注水和远距离输油作业中需要提供较大的压力，通常采用分段式多级离心泵。中压分段式多级离心泵的流量为 $5\sim720$ m^3/h，扬程为 $100\sim650$ m；高压分段式多级离心泵的扬程可达 $2\,800$ m。

图 6-7 所示为重庆第四水泵厂生产的 D 型多级离心泵。它将若干级叶轮安装在一根轴上串联工作。每级叶轮后均有导叶将液体引入下一级叶轮；泵体的两侧有吸入盖（前段）和排出盖（后段），中间为中段，用双头螺栓穿过吸入盖和排出盖的突出部分，将各部分连成一体。它的优点是可以承受较高的压力，泵体由圆形中段组成，容易制造，具有互换性，可以按照压力需要增减中段级数；缺点是拆卸和装配比较困难。

多级泵的第一级叶轮一般是单吸的，为了改善泵的吸入性能，也有用双吸的。其他各级叶轮向着吸入口方向顺序排列，因而自高压侧向低压侧有很大的轴向力，需要专门的平衡装置。

沈阳水泵厂生产的 D300-150×9 型高压离心水泵是开发的高效节能产品，是油田高压注水的主要设备之一。它的性能参数为：流量 300 m^3/h，扬程 1 422 m，效率 76%～77%，轴功率 1 528 kW，配带电机功率 1 800 kW。

为满足采油的工艺要求，提高使用效率，节约能源，中原油气高新股份有限公司在

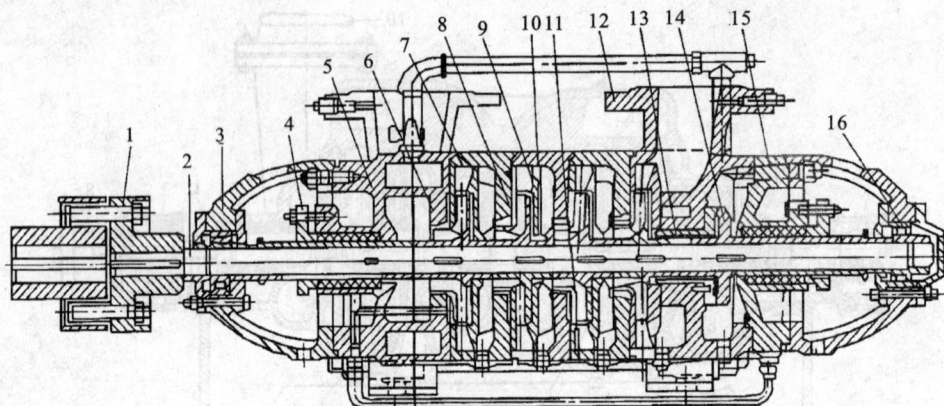

图 6-7　D 型多级离心泵

1—柱销弹性联轴器；2—轴；3—滚动轴承；4—填料压盖；5—吸入段；6—密封环；7—中段；
8—叶轮；9—导叶；10—导叶套；11—拉紧螺栓；12—吐出段；13—平衡套(环)；14—平衡盘；
15—填料函体；16—轴承

保持原泵的润滑系统、管路系统等基础上，对该型泵的"心脏"部分重新进行了设计，并对配带电机进行增容改造。设计制造后泵的离心泵为卧式、单壳体、径向剖分多级节段式。从驱动端看，泵为顺时针方向旋转，泵的结构如图 6-8 所示。定子部分主要由吸入段、吸入隔板、中段、排出段及导叶等零部件组成，并用穿杠连成一体；锻造的吸入段、排出段、中段结构型式简单，便于进行应力计算及无损检验；转子部分主要由叶轮、轴、平衡鼓等零部件组成。叶轮与轴采用滑装结构，增加了转子的刚性，所有叶轮入口都面向吸入端按顺序排列，并用卡环嵌入轴槽内使之轴向定位；高压静密封采用 O 形密封圈及金属密封面密封，低压密封采用 O 形密封圈密封；泵的转子由两端径向轴承支撑，轴承位于泵体外侧轴承体内，径向轴承是四油楔滑动轴承，润滑方式为强制润滑。为了兼顾泵组运转的可靠性及效率，平衡机构采用双平衡鼓结构，残余轴向力由推力轴承承受，保证平衡机构的安全运行，使转子轴向定位，保证轴始终处于受拉状态；这种轴承的设计考虑了足够的安全余量，能够承受非正常运转工作下产生的任何附加轴向力；推力轴承采用强制润滑。轴封采用引进技术的集装式机械密封，冲洗液由一级叶轮出口送出，经过管路进入密封室，机械密封的拆、装工作可保证在 1 h 之内完成。另外，在设计时还考虑了该密封腔可以装填料密封，以便于用户的选择和应用。

经核算，该泵的性能参数如下：流量 500 m^3/h，扬程 1 080 m，转速 2 985 r/min，效率 80%，轴功率 1 838 kW，必需汽蚀余量 10 m；达到最大注水量 13 500 m^3/d 时，扬程为 1 020 m，转速为 2 985 r/min，效率为 80.5%，轴功率为 1 941 kW，电机功率为 2 000 kW。

有些大型高参数多级泵的泵体采用双层套壳结构，内壳体与转子组成一个完整的组合体，再装入铸钢的圆筒形外壳体内。外壳体的高压端有坚固的端盖，用螺栓与外壳连接。维修时，卸下端盖后可取出整个内组合体。内壳体有分段式和水平分开式两种，图

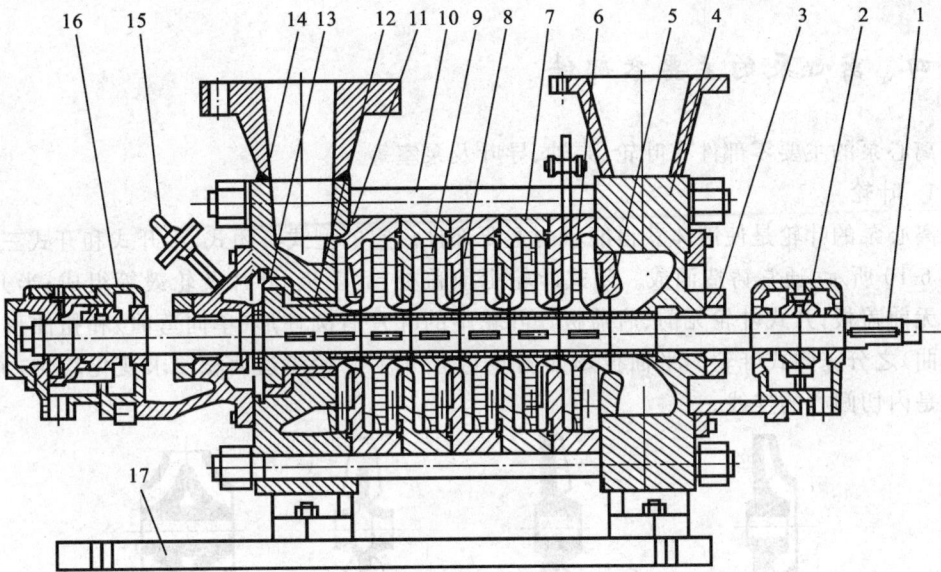

图 6-8　注水泵结构

1—转子部件；2—径向轴承部件；3—机械密封；4—吸入段部件；5—吸入段密封环；6—导叶；

7—中段；8—中段密封环；9—导叶密封环；10—穿杠；11—末级导叶；12—平衡套；

13—平衡套压板；14—排出段部件；15—平衡水管部件；16—止推轴承部件；17—泵座

6-9 所示为分段式结构。在内壳体与外壳体之间的间隙内，充满着由最后一级叶轮打出的高压液体。内壳在液体的外周压力作用下，结合面可保持极高的严密性，外壳体则受内压力。考虑到由于高温引起的热膨胀，在底座上设置纵销、横销等装置，并在联轴器的一端留有一定的轴向间隙。

237

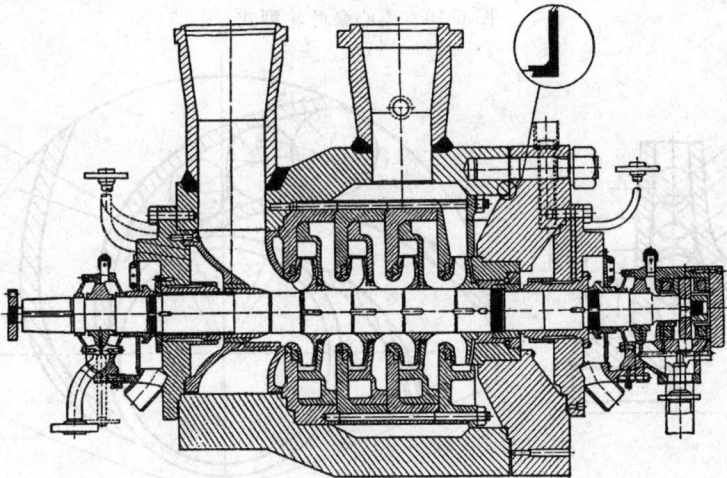

图 6-9　分段式内壳体的圆筒形离心泵结构图

四、离心泵的主要零部件

离心泵的主要零部件有叶轮、泵轴、导叶及泵室等。

1. 叶轮

离心泵的叶轮是使液体获得能量的主要部件。它的型式有闭式、半开式和开式三种，如图 6-10 所示，通常铸造而成。闭式叶轮由前盖板、后盖板、叶片及轮毂等组成；半开式叶轮无前盖板；开式叶轮无前、后盖板。叶轮中的叶片有圆柱形（单向弯曲）和扭曲形（双向弯曲）之分。闭式叶轮的平面投影如图 6-11 所示。叶轮流道面积要求变化均匀，流道中心是内切圆心的连线。

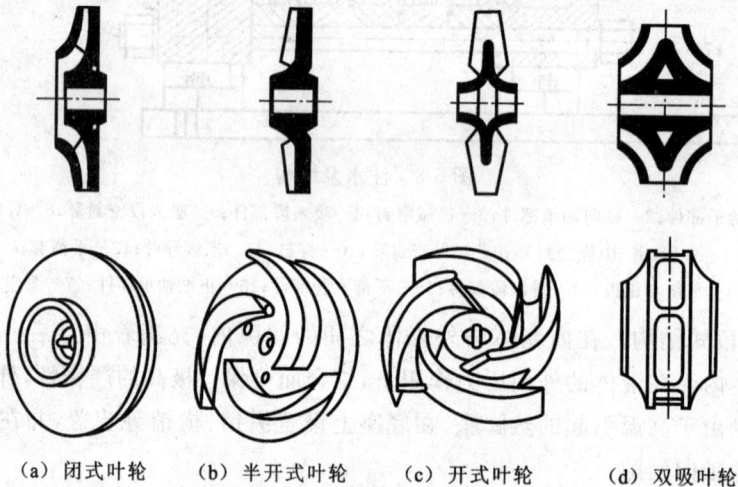

（a）闭式叶轮　（b）半开式叶轮　（c）开式叶轮　（d）双吸叶轮

图 6-10 离心泵叶轮型式

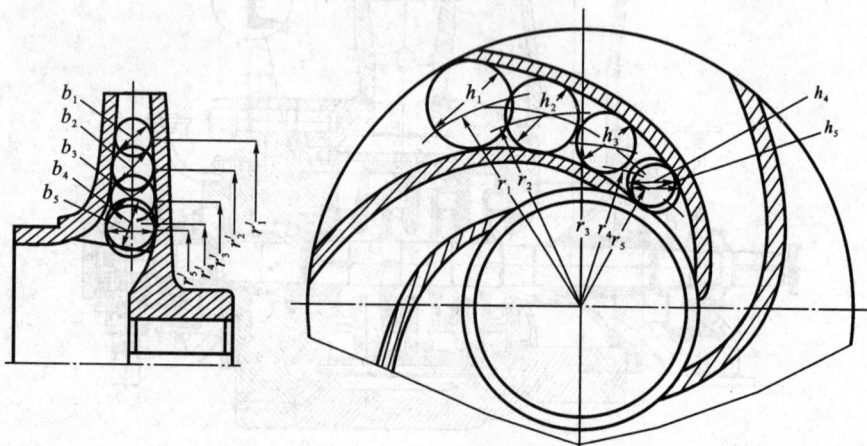

图 6-11 叶轮平面投影图

2．泵轴

泵轴是传递功率和力矩的主要零件。悬臂泵的叶轮安装在泵轴的一端,另一端安装支承;中小型多级泵一般采用平轴,叶轮滑配在轴上,用短键传力;大型多级泵有的采用阶梯轴,叶轮用热套法安装在轴上。

泵轴与叶轮等组装在一起后,用锁紧螺母固定,成为高速旋转的转子。泵总装前要进行小装,检查转子各部位的径向跳动。如果跳动过大,泵在运行中容易产生振动和偏磨,应该设法消除。对于分段式多级泵,需要对转子部件作小装检查;对于悬臂泵,需要对托架部件作小装检查。图 6-12 和 6-13 所示为泵轴小装的装配图。

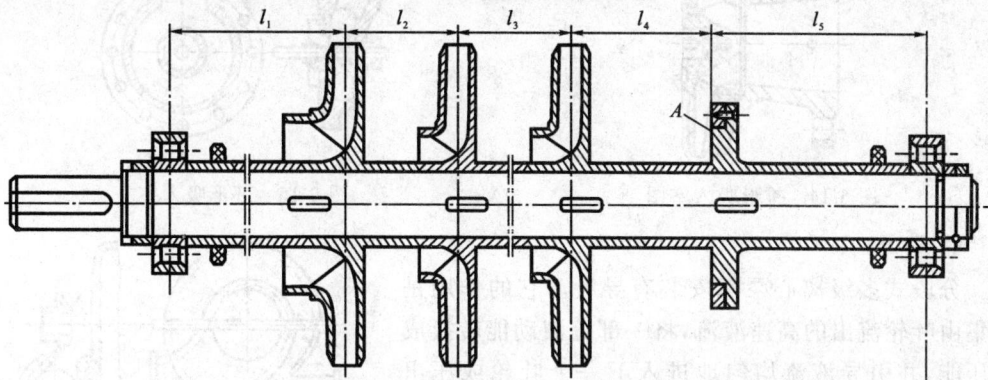

图 6-12 分段式多级离心泵转子装配图

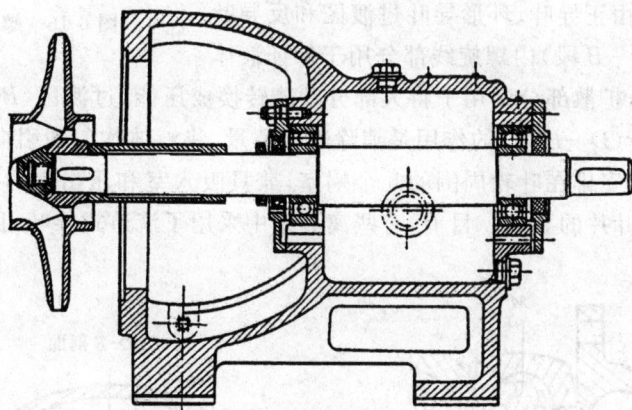

图 6-13 悬臂泵托架部件小装配

3．吸入室

吸入室的作用是将吸入管中的液体均匀地吸入叶轮,力求流动损失最少。吸入室有锥形吸入室、环形吸入室和螺旋形吸入室三种。

锥形吸入室如图 6-14 所示,其末端圆滑地过渡到叶轮入口直径处,锥度 7°～18°。它能在叶轮入口前造成不大的液流加速,使叶轮前流速均匀,流动损失很小。小型单吸单级悬臂式离心泵多采用此种结构。

环形吸入室如图 6-15 所示,其吸入流道过流面积逐渐缩小,圆环液流速度略小于叶轮入口速度,以保证液流进入叶轮时有一个不大的加速度。这种吸入室的结构简单,轴向尺寸短,但液体进入叶轮时有冲击和旋流损失,常用在单吸分段式多级离心泵中。

螺旋形吸入室如图 6-16 所示,其优点是液体进入叶轮时流动情况较好,速度比较均匀,但液体进入叶轮前有预旋,对比转数较大的泵,扬程损失比较明显。双吸单级泵和水平中开式多级泵一般采用此种结构。

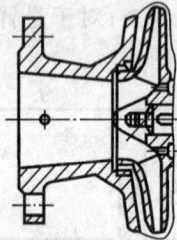

图 6-14　锥形吸入室图

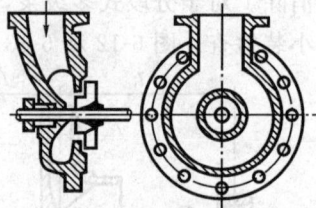

图 6-15　环形吸入室

4. 导叶

分段式多级离心泵都安装有导叶。它的作用是收集由叶轮流出的高速液流,将一部分液动能转换成液压能,并引导液流均匀地进入下一个叶轮或压出室。分段式多级离心泵多采用径向导叶,其结构如图6-17 所示。导叶由正导叶、环形导叶过渡区和反导叶组成。正导叶(A—B 段)内螺旋线部分用于保证液体

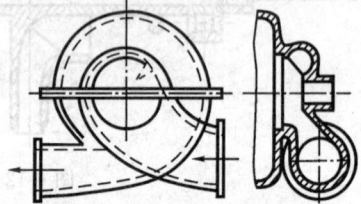

图 6-16　螺旋形吸入室

作自由等速运动,扩散部分则用于将大部分动能转换成压能;过渡区(B—D 段)用于变换液流方向;反导叶(D—E 段)的作用是消除速度环量,将液体均匀地引向下一级叶轮。实际上,导叶相当于安排在叶轮周围的几个蜗室,兼具吸入室和压出室的作用;也可以将蜗室看作只有一个叶片的导叶。目前,有些离心泵中采用了流道式导叶,目的是减小径向尺寸。

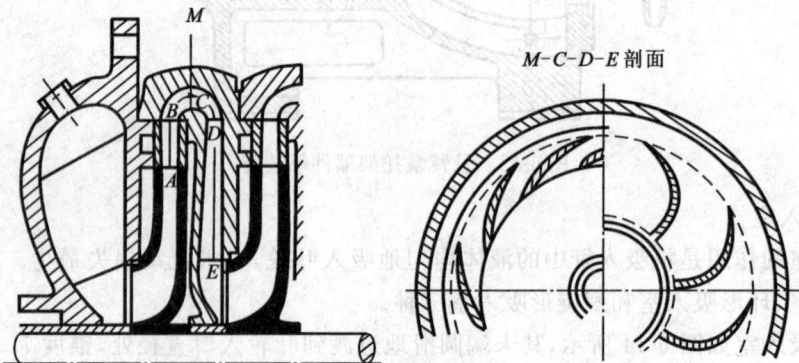

M-C-D-E 剖面

图 6-17　径向导叶

5. 压出室

压出室的作用是以最小的损失将由叶轮中流出的高速液体收集起来,引向出口,同时将一部分液体的动能转变为压能。

环形压出室如图 6-18 所示,其流道断面积各处相等,主要用于分段式多级离心泵的排出段(后段),或输送杂质的泵(如沙泵、泥浆泵、灰渣泵、注水泵等)上。焊接结构的泵体通常也采用环形压出室,以便简化工艺。由于各处断面面积相等,环形室中的流速并不相等,故存在冲击损失,使泵的效率降低。

螺旋形压出室(蜗壳)如图 6-19 所示,一般用于单级双吸泵或水平中开式多级泵中。它的主要优点是制造比较方便,泵性能曲线的高效区域比较宽广;缺点是在非设计工况运转时产生不平衡的径向力。设计螺旋蜗室时,通常以液体在蜗室中作等速运动,并从叶轮中均匀流出为基本条件。螺旋形压出室中的蜗室只起收集液体的作用,在扩散管中才将液体的部分动能转化为液体的压能。

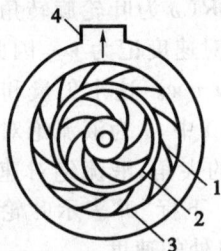

图 6-18　环形压出室
1—导叶片;2—叶轮;3—导叶;4—泄水管

图 6-19　螺旋形压出室

第二节　离心泵的基础理论

研究离心泵的工作理论从分析液体在叶轮中的流动状态开始,并逐步获得有关的计算公式。图 6-20 中将液体在叶轮内的运动表示在投影图上。轴面投影图是将叶轮的流道用旋转(圆柱)投影法,投影到通过轴线的平面上;平面投影图是将叶轮的流道投影在垂直于旋转轴线的平面上。图中的有关符号为:

D_0——叶轮进口直径;

D_1,D_2——分别为叶轮的叶片进口、出口直径;

b_1,b_2——分别为叶轮的叶片进口、出口宽度;

β_{1k},β_{2k}——分别为叶轮的叶片进口、出口的结构角,即叶片进口、出口端部中线的切线与圆周切线间的夹角,在离心泵中一般都小于 40°;

t——节距,同一直径上叶片间的圆弧长度。

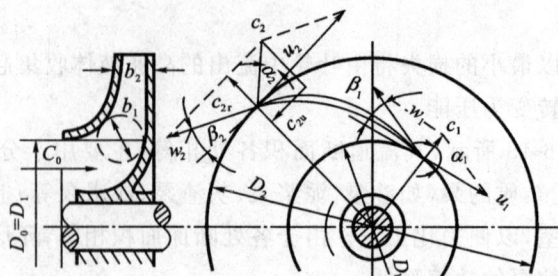

图 6-20　液体在离心泵叶轮内运动

一、液体在叶轮中的运动分析

离心泵工作时,液体在叶轮中作复合运动:一方面,在叶轮的驱动下随叶轮作圆周运动,圆周速度记为 u,同一半径 R 上的圆周速度值为 $u = \omega R$(ω 为叶轮旋转角速度);另一方面,液体由叶轮进口流向出口,沿着叶片作相对运动,相对速度记为 w。因此,液流相对于泵的壳体的绝对速度 c 是上述两种速度的合成,即 $c = u + w$。这个矢量和可以通过矢量合成的速度三角形(或平行四边形)表示出来。在图 6-20 中,α 为液流绝对速度与圆周速度正方向的夹角;β 为液流相对速度与圆周速度反方向的夹角;液流绝对速度 c 又可分为径向分量 c_r 和圆周分量 c_u,并且 $c_r = c\sin\alpha$,$c_u = c\cos\alpha$。下标“0”表示叶轮进口前的速度,下标“1”表示叶轮进口处的速度,下标“2”表示叶轮出口处的速度。

1. 叶轮进口速度三角形

离心泵工作时,吸入池中的液体沿吸入管流向泵的叶轮进口,其速度 c_0 为轴向;进入叶轮后,液流速度由轴向变为 c_1。对于一般的离心泵,液体都是沿着半径方向进入叶片流道的,故 $c_1 = c_{1r}$。进口径向分速度的大小可由公式 $c_{1r} = Q/F_1$ 求得。其中,Q 为泵的流量;F_1 为进口断面的环形有效面积,即 $F_1 = \pi D_1 b_1 \varphi_1$,$\varphi_1 \approx 0.9$。$F_1$ 是定值,所以进口速度值 c_1 或 c_{1r} 只取决于泵的流量 Q。

对于泵轴转速一定的叶轮,其进口处的圆周速度值 u_1 也是已知的,即 $u_1 = \pi D_1 n/60$。

由于速度 c_1 和 u_1 的方向和大小均已知,所以可以求得相对速度 w_1,即 $w_1 = c_1 - u_1$,从而可作出液流的进口速度三角形。

2. 叶轮出口速度三角形

在叶轮的出口处,液流相对速度 w_2 的方向与叶片出口的切线方向一致;圆周速度的方向已知,大小为 $u_2 = \pi D_2 n/60$;绝对速度 c_2 的径向分量值 $c_{2r} = Q/F_2$,$F_2 = \pi D_2 b_2 \varphi_2$。同样,可以作出液流出口速度三角形。

二、离心泵的能量方程式

1. 基本能量方程式

离心泵能量方程式的提出基于下述两条假设:第一,叶轮中的叶片无限多,无限薄,即液体质点完全按照叶片形状规定的轨迹运动;第二,液体是理想的,即液体无黏性、不可压缩、流动时无摩擦阻力。

以上述假设为前提,根据动量矩定理和能量平衡关系,以及叶轮进口、出口处液体运动速度的关系,可以得到无限叶片数叶轮传递给单位重量液体的能量 $H_{i\infty}$ 为:

$$H_{i\infty} = \frac{1}{g}(u_2 c_2 \cos \alpha_2 - u_1 c_1 \cos \alpha_1) \tag{6-1}$$

式(6-17)称为离心泵的基本能量方程。由于 $c_2 \cos \alpha_2 = c_{2u}$,$c_1 \cos \alpha_1 = c_{1u}$,所以式(6-1)可改写为:

$$H_{i\infty} = \frac{1}{g}(u_2 c_{2u} - u_1 c_{1u}) \tag{6-2}$$

由于在一般的离心泵中,液体沿半径方向进入叶轮,即 $\alpha = 90°$,故基本能量方程可简化为:

$$H_{i\infty} = \frac{u_2 c_{2u}}{g} \tag{6-3}$$

式(6-3)中,$H_{i\infty}$ 表示离心泵叶轮传递给单位重量(1 N)液体的能量,称为泵的理论压头,单位是 m;下标 i 表示转化压头;∞表示叶片无限多。该式表明,离心泵的理论压头与出口圆周速度(或叶轮外径 D_2 及转速 n)、出口绝对速度的周向分量 c_{2u}(或 α_2 及 β_2)有关。当叶轮的外径 D_2 越大,转速 n 越高,以及 β_2 越大,α_2 越小时,离心泵给出的理论压头也越大。

在基本能量方程中不包含液体物理性质的参数(如密度、黏度等),说明基本能量方程式适用于被输送的任何性质的液体。

2. 离心泵的功率

液体通过离心泵得到的功率(即离心泵实际输出的功率,下式中以 kW 为单位)为:

$$N = \rho g Q H \times 10^{-3} \tag{6-4}$$

式中,Q 为离心泵的实际平均流量,可以实际测量,m^3/s;H 为离心泵的实际输出压头或有效压头,可以实际测量,m;ρ 为被输送液体的密度,kg/m^3。

叶轮传递给液体的功率(称为转化功率)为:

$$N_i = \rho g Q_i H_i \times 10^{-3} \tag{6-5}$$

式中,Q_i 为转化流量,即流过叶轮(或从叶轮获得能量,下式中以 kW 为单位)的流量;H_i 为转化压头,表示有限叶片数时叶轮传递给单位重量(1 N)液体的能量。

$$Q/Q_i = \eta_v$$

η_v 称为泵的容积效率,一般为 0.93~0.98。

理论上,

$$H_i = K H_{i\infty}, \quad K \leqslant 1$$
$$H/H_i = \eta_h$$

η_h 称为水力效率。

泵的轴功率(即泵的输入功率)为:

$$N_a = \frac{N}{\eta} = \frac{N}{\eta_v \eta_h \eta_m}$$ (6-6)

式中,h 为泵的总效率,一般为 $0.85\sim0.9$;h_m 为泵的机械效率,一般为 $0.9\sim0.95$。

三、离心泵的特性曲线

离心泵的特性曲线是指一定转速 n 下的 $H\text{-}Q$,$N_a\text{-}Q$,ηQ 关系曲线等,主要是指 $H\text{-}Q$ 特性曲线。

1. 理论压头-流量曲线

由基本能量方程可以看出,离心泵的理论压头与叶轮出口处绝对速度的圆周分速度 c_{2u} 成正比。理论分析表明,当叶片数无限多时,离心泵的理论压头与理论流量间呈直线关系:当 $\beta_{2k}=90°$ 时,$\cot\beta_{2k}=0$,$H_{i\infty}\text{-}Q_i$ 是一条水平线;当 $\beta_{2k}>90°$ 时,$\cot\beta_{2k}<0$,$H_{i\infty}\text{-}Q_i$ 是一条向上倾斜的直线;当 $\beta_{2k}<90°$ 时,$\cot\beta_{2k}>0$,$H_{i\infty}\text{-}Q_i$ 是一条向下倾斜的直线。常用离心泵叶片的出口角 $\beta_{2k}<90°$。

2. 实际压头-流量曲线

实际特性曲线与理论特性曲线形状完全不同,主要受到以下几个因素的影响:

(1)实际叶片数是有限的,液体在叶片流道中运动时会产生轴向漩涡。一般认为叶轮提供给液体的转化压头 $H_i=KH_{i\infty}$,$K<1$。

(2)液体在泵内流动时存在摩擦阻力损失 h_f 和冲击损失 h_i,统称水力损失 h。

(3)泵内存在漏失。

考虑上述多种影响后,可得到实际的 $H\text{-}Q$ 曲线。离心泵的结构不同,实际的 $H\text{-}Q$ 曲线形状会有较大差别,大体上分为陡降式、平坦式和驼峰式三种,常用的是平坦式。同一离心泵在不同的转速下运行,其 $H\text{-}Q$ 特性曲线也会发生变化。

3. 特性曲线的应用

离心泵的实际特性曲线中还包括轴功率、效率等随流量变化的规律,一般都通过试验求得,即对应每个流量,分别测量出其相应的压头、轴功率、总效率等。以流量为横坐标,其他参数为纵坐标,即可得到类似于图 6-21 的离心泵特性曲线。

特性曲线是选择和使用离心泵的基本依据,其主要用途是:

(1)根据对流量和压头变化特征的要求,选择 $H\text{-}Q$ 曲线。例如,当工作压力 p 变化较大而希望流量变化较小时,应该选择陡降式的 $H\text{-}Q$ 曲线;当流量变化较大而希望工作压力基本保持不变时,应选择平坦式的 $H\text{-}Q$ 曲线。此外,当泵的 $H\text{-}Q$ 曲线是驼峰形状时,应该避免使用高峰点左边的不稳定工作区。

(2)从 $N_a\text{-}Q$ 曲线可以看出何种工况下轴功率最小,应选择在该工况下启动泵,以防止动力机过载。一般离心泵在 $Q=0$ 时轴功率最小,所以通常在关闭排出阀门的条件下启动离心泵最有利。

(3) ηQ 曲线是判断离心泵经济性能的依据,一般应选择在最高效率点或其左右区域内(最高效率以下 7% 范围内)工作。

有些离心泵特性曲线中还有 $[\Delta h]$-Q 或 Δh_r-Q 曲线,如图 6-22 所示。$[\Delta h]$ 称为允许汽蚀余量;Δh_r 称为必需的汽蚀余量。它们随流量变化的规律多由生产厂家通过试验给出,是确定离心泵安装高度的必要资料。

当给定 $[\Delta h]$-Q 曲线时,由下述公式计算离心泵最大允许安装高度 $H_{sz\,max}$:

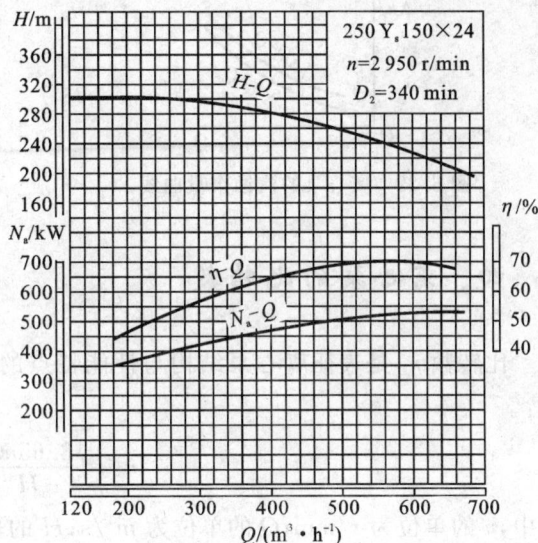

图 6-21 离心泵特性曲线

$$H_{sz\,max} \leqslant \frac{(p_0 - p_t)}{\rho g} - [\Delta h] - \sum h_s \tag{6-7}$$

式中,p_0 为吸入池液面的液体压力;p_t 为被输送液体在当地温度下的汽化压力;$\sum h_s$ 为吸入管中的水力损失。

如果生产厂家给出的是 Δh_r-Q 曲线,则可以进行必要的换算,即 $[\Delta h]=\psi\Delta h_r,\psi=1.1\sim1.4$。

有时,生产厂家通过试验给出图 6-23 所示的 $[H_s]$-Q 曲线。$[H_s]$ 称为允许吸上真空度,此时由下述公式计算离心泵最大允许安装高度 $H_{sz\,max}$:

$$H_{sz\,max} \leqslant [H_s] - \left(\frac{v_s^2}{2g} + \sum h_s\right) \tag{6-8}$$

式中,v_s 为泵吸入口的平均流速。

$[H_s]$ 是在标准情况(即标准大气压为 0.101 325 MPa 汞柱,液体温度为 20 ℃)下获得的。如果泵工作地点的大气压和温度与标准情况不同,则应该对样本中的 $[H_s]$ 进行修正。修正后的吸上真空度 $[H_s]'$ 由下式求得:

$$[H_s]' = [H_s] - 10 + A - \frac{p_t}{\rho g} \tag{6-9}$$

式中,A 为离心泵使用地点的大气压换算成的液柱高度;$\dfrac{p_t}{\rho g}$ 为当时温度下液体的汽化压力换算成的液柱高度。

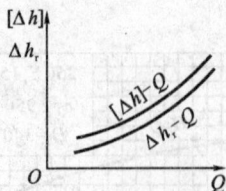

图 6-22　离心泵的汽蚀余量曲线

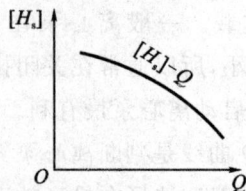

图 6-23　离心泵的允许吸上真空度曲线

四、离心泵的比转数

比转数 n_s 是表征离心泵结构与性能特点的重要参数,由相似理论求得。计算公式为:

$$n_s = \frac{3.65 n Q^{1/2}}{H^{3/4}} \qquad (6\text{-}10)$$

式中,n 的单位为 r/min;Q 的单位为 m³/s;H 的单位为 J/N 或 m。

比转数的物理意义:它相当于某一台标准单级单吸式离心泵的转速,即当该标准泵的压头 $H=1$ m 水柱,流量 $Q=0.075$ m³/s,有效功率 $N=0.735$ W 时,其转速 $n=n_s$。

必须注意的是:

(1) 比转数是以离心泵额定转速和最优工况下的流量、压头计算而得的,因此每一台离心泵只能有一个比转数。同一种类型的离心泵的几何相似,水力效率和容积效率相同,其比转数也相同,而不同类型的离心泵具有不同的比转数。

(2) 对于多级单吸式离心泵,只以其一级压头计算比转数,即:

$$n_s = \frac{3.65 n Q^{1/2}}{(H/K)^{3/4}} \qquad (6\text{-}11)$$

式中,K 为叶轮的级数。

(3) 对于单级双吸式离心泵,叶轮数相当于两个单吸叶轮,流入的流量左右各占一半,比转数计算式为:

$$n_s = \frac{3.65 n \left(\dfrac{Q}{2}\right)^{1/2}}{H^{3/4}} \qquad (6\text{-}12)$$

(4) 利用比转数可以将种类繁多的叶片式泵分为五类,并初步判断或选择其性能。

① 低比转数泵($30<n_s<80$):尺寸比 $D_2/D_0 \approx 3$,叶片为柱状。

② 正常比转数泵($80<n_s<150$):尺寸比 $D_2/D_0 \approx 2.3$,叶片入口处扭曲,出口处为柱状。

③ 高比转数泵($150<n_s<300$):尺寸比 $D_2/D_0 \approx 1.8 \sim 1.4$,叶片为扭曲状。

上述三种泵均为离心泵。

④ 混流泵($300<n_s<500$):尺寸比 $D_2/D_0 \approx 1.2 \sim 1.1$,叶片为扭曲状。

⑤ 轴流泵($500<n_s<1\,000$)：尺寸比 $D_2/D_0\approx1$，叶片为扭曲状。

总体上看，低比转数叶片泵的叶轮外径较大而流道较窄，适合输送较小流量、较高压头的液体；随着比转数的加大，泵的外径减小，流道加宽，输送液体的流量加大而压头减小。表 6-1 中列了 n_s 与叶轮形状和性能曲线形状的关系。

各国比转数的公式及单位不完全相同，数值也不同。为了便于比较，表 6-2 中列出了各国比转数的换算关系。

表 6-1　n_s 与叶轮形状和性能曲线形状的关系

泵的类型	离 心 泵			混流泵	轴流泵
	低比转数	中比转数	高比转数		
比转数 n_s	$30<n_s<80$	$80<n_s<150$	$150<n_s<300$	$300<n_s<500$	$500<n_s<1\,000$
叶轮形状					
尺寸比 $\dfrac{D_2}{D_0}$	≈3	≈2.3	$\approx1.8\sim1.4$	$\approx1.2\sim1.1$	≈1
叶片形状	圆柱形叶片	入口处扭曲，出口处圆柱形	扭曲叶片	扭曲叶片	轴流泵翼型
性能曲线形状					

表 6-2　各国比转数的换算关系

国别	中国及俄罗斯	美 国	英 国	日 本	德 国
公式	$3.65\dfrac{n\sqrt{m^3/s}}{m^{3/4}}$	$\dfrac{n\sqrt{USgal/min}}{(ft)^{3/4}}$	$\dfrac{n\sqrt{impgal/min}}{(ft)^{3/4}}$	$\dfrac{n\sqrt{m^3/min}}{m^{3/4}}$	$\dfrac{n\sqrt{m^3/s}}{m^{3/4}}$
换算系数	1	14.16	12.89	2.12	3.65
	0.070 6	1	0.91	0.15	0.26
	0.077 6	1.1	1	0.165	0.28
	0470 9	6.68	6.079	1	1.72
	0.274 0	3.88	3.53	0.58	1

注：USgal 为美制加仑；impgal 为英制标准加仑。

第三节　离心泵轴向力的平衡及密封装置

离心泵工作时,由于叶轮受力的非对称性会产生轴向力,只靠轴向止推轴承难以承受,必须安装平衡轴向力的装置。离心泵工作时,转子部分高速旋转,同时输送具有一定压力的液体,因而在转动部分与固定部分之间,主要是叶轮与泵体间的口环处和泵轴与泵体间,还必须有良好的密封装置,以便尽可能减少液体的漏失。本节将讨论这两方面的问题。

一、轴向力产生的原因

图 6-24 所示为单吸叶轮两侧压力的分布图。可以看出,从叶轮打出的高压液体有一部分回流到前、后盖板的外侧。一般认为叶轮与泵体之间的液体压力按抛物线形状分布。在密封环直径 D_w 以外,叶轮两侧的压力 p_2 是对称的,无轴向力。但在 D_w 以内,作用在叶轮左侧的压力是入口压力 p_1,$p_1 < p_2$,压差 $\Delta p = p_2 - p_1$。两侧压力差与相应面积的乘积就是作用在叶轮上的轴向力。

对于单吸多级泵,每级叶轮都产生轴向力,其值很大,仅靠轴向止推轴承平衡会使轴承无法承受,或严重降低其使用寿命。

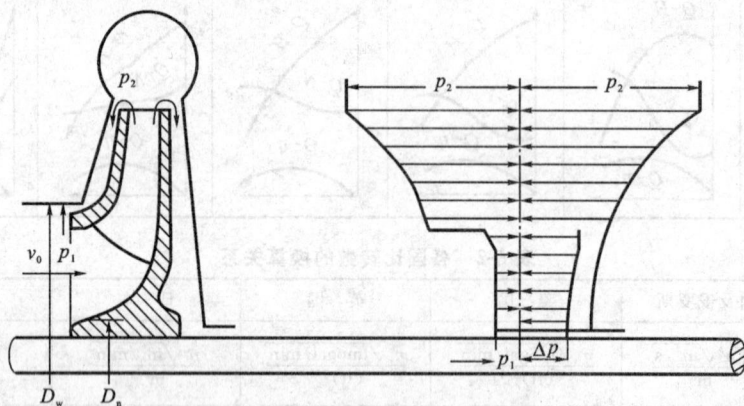

图 6-24　叶轮两侧压力分布图

二、轴向力的平衡方法

从长期的生产实践中总结出许多平衡轴向力的方法:一是利用叶轮的对称性;二是对叶轮进行逐步改造;三是增设专门的平衡装置。这些方法在应用中都收到了良好的效果。

1. 利用叶轮的对称性平衡轴向力

对于单级泵,利用如图 6-25 所示的双吸叶轮使叶轮两侧盖板上的压力相互抵消,可以有效地平衡轴向力。对于多级泵,利用对称排列方式,即将总级数为偶数的叶轮如图 6-26 所示背靠背或面对面地串联在一根轴上。这种方法不能完全消除轴向力,一般还应安装止推轴承。水平中开式多级泵和立式多级泵常采用此法。

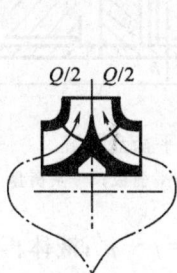

图 6-25　双吸叶轮平衡轴向力　　　　图 6-26　叶轮对称排列平衡轴向力

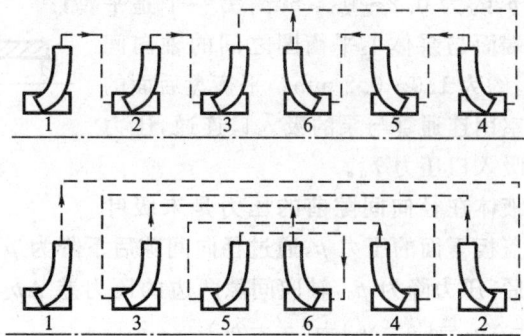

2. 改造叶轮结构平衡轴向力

对于单吸离心泵,可以适当改变叶轮结构,消除或减少轴向力。主要的方法有:

(1) 平衡孔法。在图 6-27(a)所示的叶轮后盖板上开一圈小孔(称为平衡孔),使后盖板密封环内的压力与前盖板密封环内的压力基本相等。由于前、后盖板密封环直径相同,故大部分轴向力可以被平衡。

(2) 平衡管法。在图 6-27(b)所示的前、后盖板上都安装有直径相同的密封环,并自后盖板泵腔处接一根平衡管,使叶轮背后的压力液与泵的吸入口接通,以消除大部分轴向力。

(3) 在叶轮背面加平衡叶片。叶轮旋转时,平衡叶片强迫叶轮后面的液体加快旋转,使压力下降,从而达到减小轴向力的目的。带平衡叶片的叶轮如图 6-28 所示。

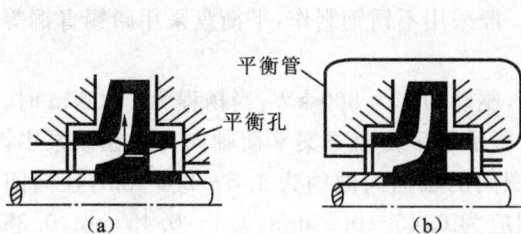

图 6-27　平衡孔法和平衡管法　　　　图 6-28　在叶轮背面加平衡叶片

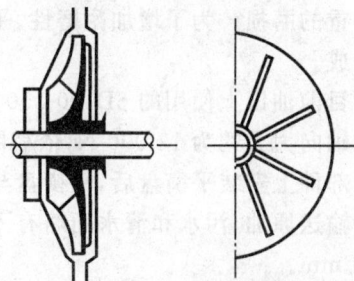

3. 安装专用的平衡装置

对于单吸多级泵,特别是分段式多级泵,一般依靠平衡装置平衡轴向力。

1）自动平衡盘平衡轴向力

自动平衡盘多用于多级离心泵中，安装在末级叶轮之后，随转子一起旋转，如图 6-29 所示。该平衡装置有两个间隙：一个是轮毂（或轴套）与泵体之间的径向间隙 b，约为 0.2～0.4 mm；另一个是平衡盘端面与泵体上平衡圈之间的轴向间隙 b_0，约为 1.0～0.2 mm。平衡盘后面的平衡室用连通管与泵的吸入口连通，压力接近吸入口压力 p_0。

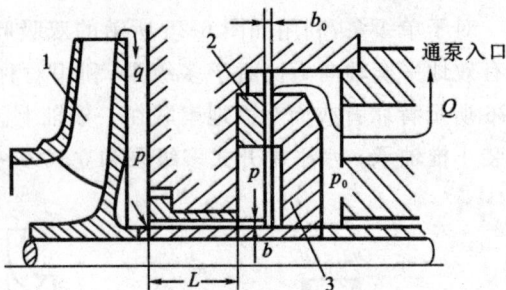

图 6-29 平衡盘装置

1—末级叶轮；2—平衡板；3—平衡盘

液体在径向间隙前的压力是末级叶轮后盖板下面的压力 p，通过径向间隙后下降为 p'，压力降 $\Delta p_1 = p - p'$；液体再流经轴向间隙后，压力降为 p_0，轴向间隙两边的压力差 $\Delta p_2 = p' - p_0$；平衡盘两边的压力差 $\Delta p = \Delta p_1 + \Delta p_2 = (p - p') + (p' - p_0)$。

由于平衡盘两边有压力差 Δp_2，液体在平衡盘上有向右的作用力 P（称为平衡力），其值与向左轴向力 F 大小相等、方向相反。当 $F - P = 0$ 时，轴向力完全被平衡。

这种装置中的径向间隙和轴向间隙各有作用，又互相联系，可以自动平衡轴向力。当工况改变，轴向力 F 与平衡力 P 不相等时，转子就会轴向窜动。若 $F > P$，转子向吸入方向（左）移动，轴向间隙 b_0 减小，液体流动损失增加，漏失量减少，平衡盘前面的压力 p' 增加。在总液压差 Δp 不变的情况下，因泄漏量减少，Δp_1 下降，因而压差 Δp_2 增大，平衡力 P 随之增大，转子开始向出口方向（右）移动，直至与轴向力平衡为止。若轴向力 $F < P$，转子向右移动，轴向间隙 b_0 增大，流动损失减小，泄漏量增加，平衡盘前压力 p' 减小，Δp_1 增大，Δp_2 减小，平衡力 P 随之减小，转子又开始向左移动，直至再与 F 平衡。

由于泵的工况不断变化以及转子惯性力的作用，转子不会总停留在一个位置，而是在某一位置左右作轴向窜动，因此平衡盘的平衡是动态的。基于此，采用平衡装置时一般不安装轴向止推轴承。轴向间隙 b_0 很小，当转子窜向左边时，平衡盘与平衡圈之间可能产生严重的磨损。为了增加耐磨性，平衡圈一般采用不锈钢制作，平衡盘采用磷锡青铜等材料制成。

目前油田上使用的 6D100-150 注水泵，驱动功率为 800 kW，当扬程为 1 500 m 时，产生的轴向力大约为 12 000 N，依靠图 6-30 所示的平衡盘方案平衡轴向力。在该泵中，当转子部件上安装平衡盘后，平衡盘与平衡圈间的轴向间隙约为 1.5～2.0 mm，径向间隙依据输送原油、污水和清水而略有不同，相应为 0.45～0.5 mm，0.4～0.45 mm，0.38～0.43 mm。

2）平衡鼓平衡轴向力

图 6-31 所示为平衡鼓装置，它是安装在末级叶轮后面与叶轮同轴的鼓形轮盘，其外圆表面与泵体上的平衡圈之间有一个 0.2～0.3 mm 的小间隙。平衡鼓左侧压力接近叶轮出口压力 p_2；平衡鼓后面的连通管与泵吸入口连通，平衡鼓右侧的压力接近泵的吸入

压力 p_0；平衡鼓两侧产生压差 $\Delta p = p_2 - p_0$，因而在平衡鼓上有一个与轴向力方向相反的平衡力 P。

平衡鼓的主要优点是当转子轴向窜动时，不会与静止部分发生摩擦；缺点是不能完全平衡轴向力，单独使用时必须安装双向止推轴承。为了减小密封长度，增加阻力，减少漏失量，平衡鼓和平衡圈可制成迷宫式。

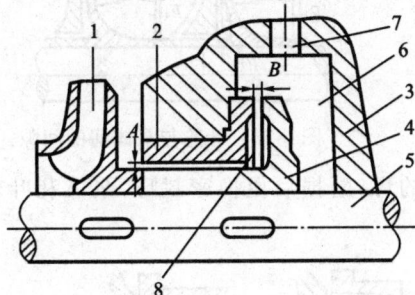

图 6-30　6D100-150 离心泵轴向力平衡系统

1—末级叶轮；2—平衡圈；3—排出段；4—平衡盘；
5—泵轴；6—平衡室；7—通吸入端；8—中间降压室

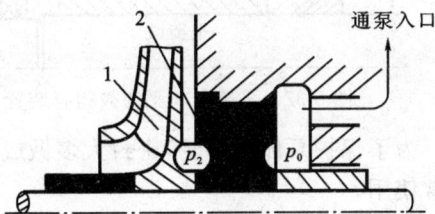

图 6-31　平衡鼓装置

1—末级叶轮；2—平衡鼓

3）平衡盘与平衡鼓组合装置平衡轴向力

图 6-32 所示为平衡盘与平衡鼓组合装置，可以由平衡鼓平衡 $50\% \sim 80\%$ 的轴向力，剩余的轴向力由平衡盘承受。这样既可减轻平衡盘上的负荷，保持较大的轴向间隙，避免由于转子窜动而引起的磨损，又可以自动地平衡轴向力，无需安装止推轴承。目前在大流量高压头的分段式多级离心泵中大多采用此种组合装置。

三、离心泵的叶轮密封

离心泵工作时，叶轮在泵体中旋转，二者之间必须保持一定的间隙，如图 6-33 所示。就叶轮入口处而言，如果其外环与泵体之间的间隙过大，就会导致泵的容积效率显著降低。因此，应该选择合适的密封断面和形状，增加液体流动阻力，既使由高压腔到吸入口的漏失量最小，同时又能保证较高的寿命。这类密封称为叶轮密封或口环密封。

叶轮密封的结构型式很多，如图 6-34 所示。其中，平口式环密封结构简单，但漏失量大，且漏失液会冲向吸入口，造成液流漩涡，降低水力效率，一般只在低扬程泵中使用；直角式密封的漏失量少，主要是漏失液流自径向间隙流入轴向间隙时，由于轴向间隙显著增大使流速下降，因而造成的液流漩涡较小；迷宫式密封对液流的阻力最大，泄漏量小，但结构复杂，容易引起转子自振，不宜用于高压或超高压水泵中；阶梯形密封是在环形密封间增设小室，实际是增加了一个出口损失和一个进口损失，使流动阻力增加，减小泄漏量，优点是工作平稳，在高压泵中广泛应用；螺旋沟槽密封是在动表面上开出螺旋槽，其螺旋方向与叶轮转动方向一致，当叶轮转动时由于液体的惯性和黏性作用，阻碍液体向泄漏方向流动，适用于输送黏性液体，缺点是制造较复杂，也容易磨损。

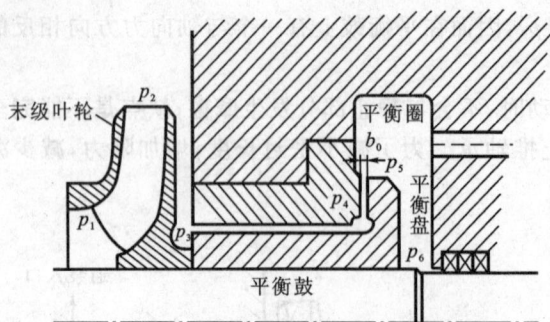

图 6-32　平衡盘与平衡鼓组合装置

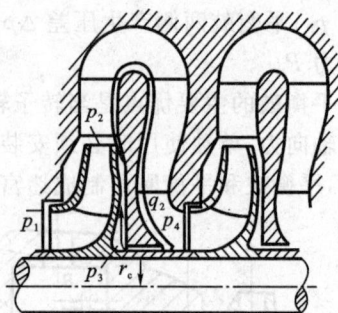

图 6-33　叶轮与泵体间的间隙

为了保护泵体和叶轮,密封大多做成可拆式的环,磨损后更换密封环,泵体和叶轮可照常使用。

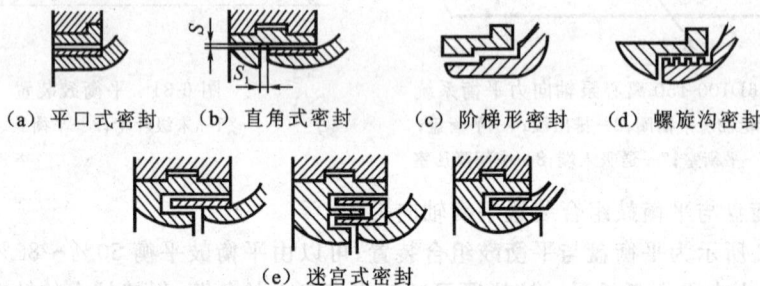

（a）平口式密封　　（b）直角式密封　　（c）阶梯形密封　　（d）螺旋沟密封

（e）迷宫式密封

图 6-34　叶轮密封的结构型式

四、离心泵的轴封结构

旋转的泵轴与固定的泵体间的密封结构简称轴封。轴封的作用是防止高压液体从泵内漏出,或外部空气进入泵内。对于高压或输送含沙、易燃及有毒液体的离心泵,轴封是否可靠是决定使用安全和寿命的关键所在。

离心泵常用的轴封结构有填料密封、有骨架的橡胶密封、机械密封和浮动密封等。

1. 填料密封

填料密封是一般离心泵常用的密封结构,如图 6-35 所示。它由填料盒、填料环、填料、填料压盖、双头螺栓等组成,靠填料和轴（或轴套）的外圆表面接触实现密封。轴封的松紧程度通过调节填料盖控制。太紧,容易造成发热、冒烟,甚至烧毁填料和轴套;太松,泄漏量增加,外部空气容易进入泵内,降低泵效,或使泵无法工作。合理的松紧程度大致是:液体从填料盒中呈滴状渗漏出来,每分钟泄漏 60 滴左右。对于有毒、易燃、腐蚀及贵重液体,不能泄漏,不宜采用此种密封。

填料有软填料、半金属填料和金属填料等。软填料用石棉、橡胶、棉纱等动植物纤维和泰氟隆（聚四氟乙烯树脂）等合成树脂纤维编织成方形或圆形,再根据使用条件用石墨、黄油等浸透,起润滑和防漏作用。软填料只适用于输送温度不高的液体。半金属填料是将石棉等软纤维用铜、铅、铝等金属丝加石墨、树脂等编织或压制成形,适用于输送中温液体以及轴的转速和液压力较高的场合。金属填料则是将巴氏合金、铝或铜等金属丝浸渍石墨、矿物油等润滑剂压制而成,一般做成螺旋状,可用于液体温度小于 150 ℃ 和圆周速度低于 30 m/s 的场合。

2. 橡胶组合密封

橡胶组合密封结构简单,体积小,密封效果比较显著,但密封皮碗内孔尺寸容易超差,将轴压得过紧,消耗功率过大,且耐热性和耐腐蚀性都不够理想,寿命较短,故只在小泵上应用较多,大泵则很少采用。这类密封圈有的带骨架,有的无骨架,已经标准化。图 6-36 所示为 150GZ 型灌注泵所采用的一种新型组合密封结构,主要由一个储能器、三个 J 形无骨架橡胶密封圈和石棉圈组成。当静压力压缩气室中的气体推动橡胶薄膜时,机油室中的机油通过阀门和隔圈通孔流向密封圈的唇口和轴表面,阻止泥浆浸入密封腔,同时对唇口和轴提供充分的润滑和冷却条件,形成油膜,避免膜粒磨损。三道密封圈既可防止泥浆泄漏,又可封住机油。浸油石棉圈可起密封作用,也可阻止空气侵入,确保油封唇口与轴接触区始终保持负压状态,是组合密封的最后一道防线。

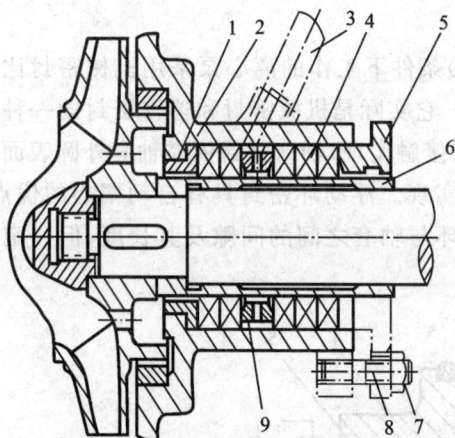

图 6-35 离心泵填料密封结构

1—填料套;2—填料盒;3—引水管;
4—填料;5—填料压盖;6—轴套;
7—螺母;8—双头螺栓;9—填料环

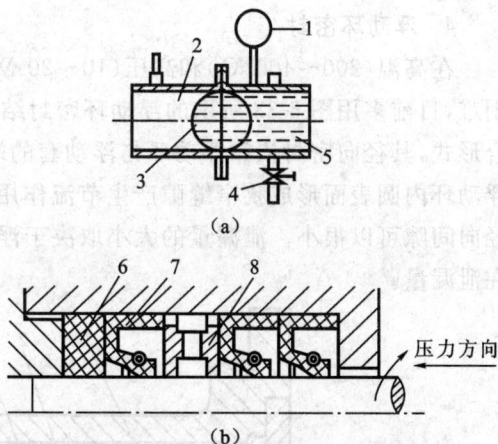

图 6-36 150GZ 型灌注泵组合密封示意图

1—压力表;2—压缩空气室;3—橡胶薄膜;
4—阀门;5—机油室;6—石棉圈;
7—J 形无骨架橡胶油封;8—隔圈

3. 机械密封

依靠两个经过精密加工的端面(动环与静环的端面)沿轴向紧密接触实现密封的结构称为机械密封或端面密封。机械密封的结构型式很多,但原理基本相同,其工作原理如图 6-37 所示。该密封装置中,主要密封件(摩擦副)是动环和静环。动环安装在泵轴上随轴一起转动,静环安装在泵体上为静止件。动环在液体压力的作用下紧压在静环上。动环通过传动座、螺钉、拨叉等克服摩擦力,随轴套和轴一起转动,而静环则由防转销制动。动环和静环一般用不同的材料制成:一个由硬度较低的石墨或石墨加其他填充材料制成,另

253

一个由钢或表面堆焊硬质合金制成；也可以
用同一种材料制成动环和静环，如碳化钨对
碳化钨。

　　由图 6-37 可以看出，机械密封有四个可
能泄漏点：A 处是动环与静环的接触面，由于
二者紧密接触，并有油膜形成，可以阻止液体
泄漏；B 处用 O 形密封圈防止静环与压盖之
间泄漏；C 处动环与轴套（或轴套）也属于静
密封，用 O 形或 V 形密封圈防止泄漏；D 处
是壳体与压盖之间，用 O 形密封圈或垫片防
止泄漏。由此可见，机械密封的特点是将容

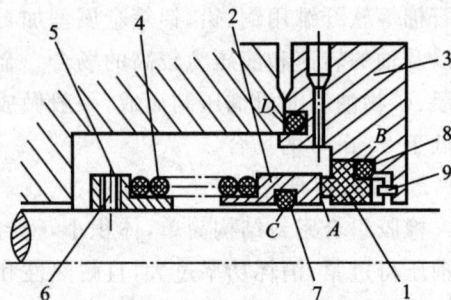

图 6-37　机械密封原理图

1—静环；2—动环；3—压盖；4—弹簧；5—传动座；
6—螺钉；7,8—O 形或 V 形密封圈；9—防转销

易泄漏的轴向密封转换为不易泄漏的静密封和端面密封。它的优点是密封可靠，消耗功
率少，泄漏少，几乎可以做到无泄漏，因此广泛用于输送高温、高压和强腐蚀性液体的离心
泵。它的缺点是对材料、制造和安装精度的要求高，更换困难。

4. 浮动环密封

　　在高温（200～400 ℃）和高压（10～20 MPa）条件下工作的离心泵采用机械密封比较
困难，目前多用图 6-38 所示的浮动环密封结构。它实际是机械密封和迷宫密封的一种结
合形式，其径向密封依靠浮动环与浮动套的端面接触实现，轴向密封依靠轴套外圆表面与
浮动环内圆表面形成狭窄缝隙产生节流作用来实现。浮动环密封具有自动调心的优点，
径向间隙可以很小。泄漏量的大小取决于浮动环与轴套之间的间隙及其长度，但一定存
在泄漏量。

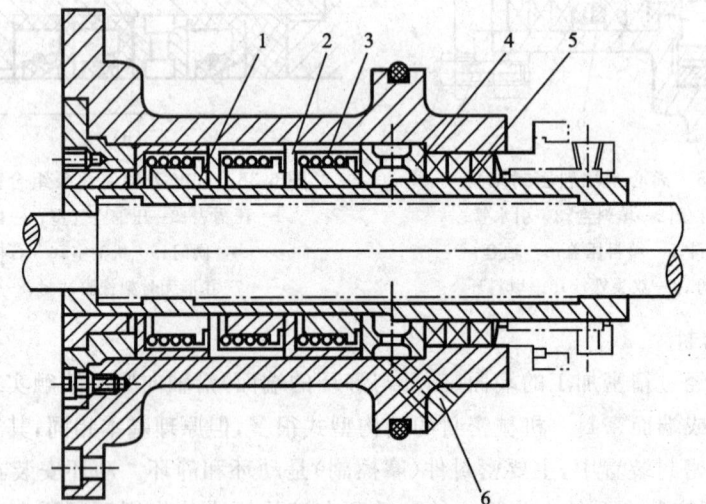

图 6-38　浮动环密封装置简图

1—浮动环；2—浮动套；3—支承弹簧；4—泄压环；5—轴套；6—泄压孔

5. 迷宫密封

迷宫密封主要应用在大容量水泵、汽轮机、压气机及鼓风机等机械中。它的结构种类很多,常用的是金属迷宫密封和炭精迷宫密封两种。迷宫密封的原理是:由密封片与轴之间形成微小间隙,流体通过间隙时由于节流作用使压力逐渐降低,从而大大减小泄漏量。它的优点是不存在任何机械摩擦件,功率消耗少,结构简单。最简单的迷宫密封如图 6-39(a)所示。由一系列铜基合金片与转轴组成微小的间隙是炭精迷宫密封,如图 6-39(b)所示。它是在轴套表面加工出密封片,密封片与方形螺纹相似,炭精环则安装在密封室中。为便于组装,将炭精环分成几个弧段,用几个螺旋压簧定位,并用止动销防止转动。

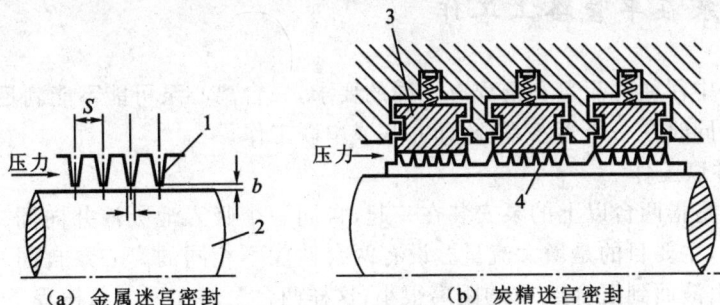

（a）金属迷宫密封　　　　　　（b）炭精迷宫密封

图 6-39　迷宫密封结构

1—静止密封片;2—转轴;3—弧段炭精环;4—具有密封片的轴套

第四节　离心泵的装置特性与工况调节

与往复泵一样,离心泵也必须与管路等组成一个系统(装置)才能实现液体的输送。这个系统的特性称为离心泵的装置特性。不同的工作条件有不同的装置特性。本节讨论装置特性的确定及其调节问题。

一、单泵在单管路上工作

离心泵工作时,其吸入口与吸入管路相连,排出口与排出管路相连,形成一个串联系统。输送液体时,管路中的流量 Q' 与泵的流量 Q 相等,泵提供的扬程或压头 H 全部用于克服管路损失 h_p 和提高液体的静压头 h_s 的总和 H',即遵守质量守恒和能量守恒原理。可用公式表示为:

$$Q = Q'$$
$$H = H' = h_p + h_s$$

h_p 与 Q' 之间呈抛物线关系,即 $h_p = \alpha Q'^2$。对于具体的系统,α 随管路阻力的大小而改变,比如调节排出阀门的开度就可以得到不同的抛物线,但 h_s 为常数。

255 ▶

将泵的特性曲线与管路特性曲线按照相同坐标绘制在同一个图上,就可以得到单泵单管路装置的特性曲线,如图 6-40 所示。管路特性曲线与泵特性曲线的交点 M 称为泵装置的工况点,这些交点完全符合质量和能量的守恒原理。M 点的纵、横坐标分别表示泵的扬程和流量;过 M 点作的垂直线与效率曲线的交点表示泵的工作效率。

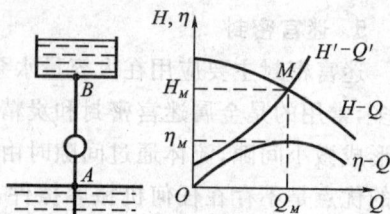

图 6-40　单泵在单管路上工作
的装置特性曲线

二、多泵在单管路上工作

实际生产中往往对流量和扬程有不同的要求,一台离心泵可能不能满足要就,有时需要数台离心泵同时在一个管路系统,即并联或串联工作。

1. 泵的并联工作

并联一般是指两台以上的泵安装在一起,自同一个吸入池吸液并向同一个目标池排液的工作方式,主要目的是增大流量。设有两台性能不相同的离心泵自同一个吸入池中吸入液体,且由液面到汇合点 O 的距离很小,这样两台泵将在同一总扬程下工作,即 $H=H_1=H_2$,总流量 $Q=Q_1+Q_2$。它们并联后的总性能曲线$(H-Q)_{1+2}$,为同扬程下两泵流量叠加的结果,如图 6-41 所示。自总性能曲线与管路特性曲线 $H'-Q'$ 的交点 M 引水平线,与两台泵的特性曲线$(H-Q)_1$ 和$(H-Q)_2$ 分别交于点 A_1,A_2,这两点就是每台泵的工况点。如果每台泵各自单独在该管路上工作,则工况点分别为 M_1,M_2。当两台性能不同的泵并联工作时,其最高扬程限制在低扬程泵的范围内。

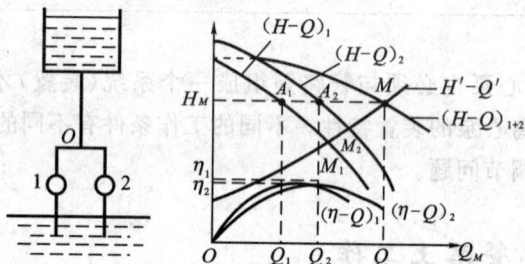

图 6-41　泵并联工作特性曲线

两台性能相同的离心泵并联工作后,其总性能曲线也是同扬程下两泵流量叠加的结果。由于曲线重合,实际上只需在给定的泵性能曲线上取若干点作水平线,将其流量增加一倍,按照这些新的点就可以得到两台泵并联后的总性能曲线。并联后的总性能曲线与管路特性曲线的交点为总的工况点。

可以看出,两台泵并联工作时 M 点的总流量大于单台泵工作时 M_1 点的流量,同样泵并联工作时的扬程也比单台泵的高。泵并联工作的主要目的是增加流量,而并不希望扬程增加过大。如果泵的性能曲线越陡降,管路特性曲线越平坦,越容易达到这个目的。此外,并联工作泵的台数越多,增加流量的效果越不明显。

2. 泵的串联工作

串联一般是指前面一台泵的出口向后面一台泵的入口输送液体,主要目的是提高扬程,增加输送距离。

两台相距很近的泵串联工作时,各自流量相同,即 $Q=Q_1=Q_2$;总扬程等于同一流量下两台泵的扬程之和,即 $H=H_1+H_2$。将两台泵性能曲线同流量下的扬程值叠加就得到总的性能曲线,如图 6-42 所示。串联后总性能曲线 $(H-Q)_{1+2}$ 与管路特性曲线 $H'-Q'$ 的交点 M 即为串联后的工作点。由 M 点作垂直线与单泵曲线 $(H-Q)_1$ 的交点 A_1、与单泵曲线 $(H-Q)_2$ 的交点 A_2 就是串联工作时单泵的工况点。同样,对于两台性能不同的泵,只能在低流量泵的范围内才可以串联工作。

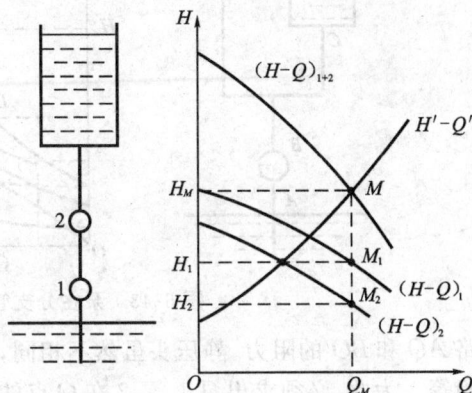

图 6-42　泵串联工作特性曲线

当两台相距遥远的泵串联在一条管路上工作时,例如长输管道输送原油时,在叠加性能曲线之前应该考虑泵间管路的阻力损失,即应从第一台泵的 $(H-Q)_1$ 曲线中减去这一部分损失,然后再串联相加。

泵串联工作比较适用于管路特性较陡的工况,易于使扬程提高而流量变化较小。

三、泵在分支管路上工作

由一台(或数台)泵从某地将液体输送到两处以上的目的地属于此种工况,称为泵在分支管路上工作,如图 6-43 所示。在该图中有三条管路:泵前吸入管路 AB 的特性曲线为 $(H'-Q')_{AB}$,泵后管路 BC 的特性曲线为 $(H'-Q')_{BC}$,管路 BD 的特性曲线为 $(H'-Q')_{BD}$。管路 BC 和 BD 并联,按照泵特性曲线并联相加的相同方法,可以先作出并联特性曲线 $(H'-Q')_{BC+BD}$,再与管路 AB 作串联相加,得到总的管路特性曲线 $H'-Q'$,它与泵特性曲线的交点 M 即为分支管路的工况点。M 点对应的流量是管路 AB 的流量;自 M 点作垂线,与管路特性曲线 $(H'-Q')_{BC+BD}$ 相交于 A 点,再引水平线分别与曲线 $(H'-Q')_{BC}$ 和 $(H'-Q')_{BD}$ 相交于点 C,D,则点 C,D 对应的流量分别是管路 BC 和 BD 中的流量,且 $Q=Q_B=Q_{BC}+Q_{BD}$。

257

四、多泵在交汇管路上工作

两台以上的泵从不同的地点向同一目的地输送液体属于此种情况,称为泵在交汇管路上工作,如图 6-44 所示。设两台泵分别从 A-A 和 B-B 两地经过管路 AO,BO 将液体输送到汇合点 O,再经过管路 OC 将液体输送到 C-C 处。在这个系统中,两台泵的性能、

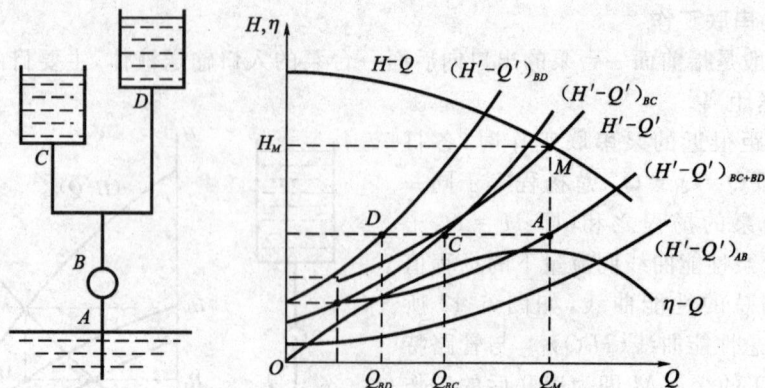

图 6-43 泵在分支管路上工作的特性曲线

管路 AO 和 BO 的阻力、静压头虽然不相同,但从泵 1 和泵 2 输送到 O 点后的剩余压头必须相等。为此,必须求出泵 1、泵 2 在 O 点的剩余压头。具体的方法是分别自泵 1、泵 2 的性能曲线中减去管路 AO,BO 同流量时的扬程,得到位于 O 点的泵的剩余压头曲线(H-Q)$_1'$ 和(H-Q)$_2'$,它是用于克服管路 OC 的阻力及提高液体的静压头的能量。

将曲线曲线(H-Q)$_1'$ 和(H-Q)$_2'$ 并联相加,得到并联剩余扬程曲线(H-Q)$'$,该曲线与管路 OC 特性曲线相交于 M 点,M 点的流量就是管 OC 中的流量,等于管 AO 和 BO 中的流量之和,即 $Q_M = Q_{AO} + Q_{BO}$。过 M 点作水平线,与曲线(H-Q)$_1'$ 和(H-Q)$_2'$ 相交于 A,B 点;过点 A,B 作垂线,分别分别与泵 1、泵 2 的性能曲线相交于 M_1 和 M_2 点,则 M_1 和 M_2 点就是两台泵在交汇管路上的实际工况点。

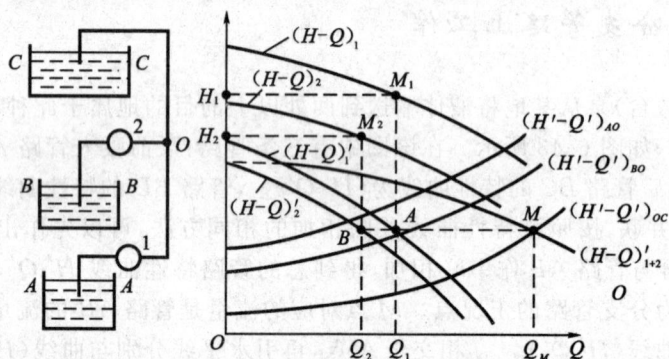

图 6-44 泵在交汇管路上工作的特性曲线

五、泵运转工况的调节

改变运转离心泵的工作点称为工况调节。离心泵的工作点是泵的性能曲线与管路特性曲线的交点。任何一条曲线发生变化,工作点也随之变化。因此,改变工作点有两大途径:改变管路特性和改变泵特性。

1. 改变管路特性调节工况

（1）出口节流调节。即调节排出管路上排出阀门的开度,改变管路中的局部阻力,使管路特性曲线的变化斜率发生变化,使工况点发生变化。图 6-45 所示为出口调节特性曲线变化图。由图看出,设当排出阀门全开时,管路特性曲线为 1,与泵特性曲线的交点为 M_1,对应的流量是 Q_1。随着阀门逐渐关小,管路特性曲线相应变陡,与泵性能曲线的交点变为 M_2,流量相应减小为 Q_2。出口调节的方法简单易行,但随着节流程度增加,阻力增大,能量损失增加。例如在管路特性 2 的条件下,阀门的节流调节损失为$(H_2 - H_{2-1})$,白白损失了部分能量。

（2）旁路调节。如图 6-46 所示,在泵的排出管路上安装带有阀门的旁通管路,当打开旁通阀门使部分液体流回吸入池时,就相当于使离心泵在分支管路上工作。这种方法也要白白浪费能量,在实际工作中往往作为紧急处理措施使用。

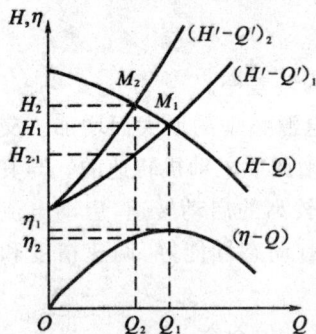

图 6-45　出口节流调节工况变化示意图

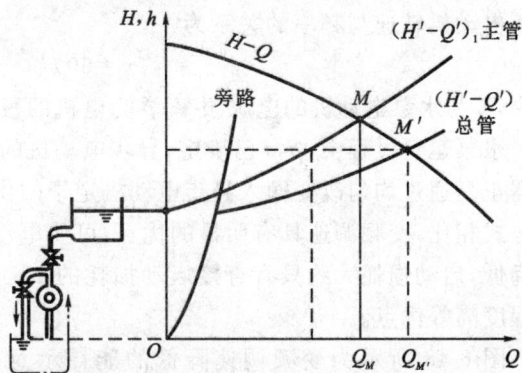

图 6-46　旁路调节工况变化示意图

（3）吸入阀门调节。即调节吸入阀门的开度,改变泵的吸入压力,使液体中的溶解气体分离,当自由气体进入泵腔后可以改变泵的特性。实践证明,与调节排出阀相比,这种调节方法可以节省能量,但使用此方法时以不使泵内发生汽蚀为前提。我国油田的一些转油站在采用离心泵输送含气原油时采用这种调节方法取得了很好的经济效益。

2. 改变泵轴的转速调节工况

根据相似理论,对于同一台离心泵,泵的主要参数与转速之间的关系为:

$$\left.\begin{array}{l} Q' = Q\left(\dfrac{n'}{n}\right) \\[2mm] H' = H\left(\dfrac{n'}{n}\right)^2 \\[2mm] N_z{}' = N_z Z\left(\dfrac{n'}{n}\right)^3 \end{array}\right\} \tag{6-13}$$

式中,Q,H,N 分别为转速 n 时的流量、扬程和轴功率;$Q',H',N_z{}'$ 分别为转速 n' 时的流量、扬程和轴功率。

由图 6-47 可以看出,只要能够改变离心泵的运转速度,就可以得到不同的泵性能,在管路特性一定的条件下,泵的工况点就发生变化。

这种调节方法的调节效率较高,造成的能量损失较少,缺点是需要变转速的动力机(如直流电动机、燃汽轮机、内燃机等)。对于当前普遍采用的异步电动机驱动的离心泵装置,要实现调速,一种方法是采用中间传动装置(如液力偶合器、电磁离合器等),另一种方法是采用变极调速、串级调速、无换向器电动机变速及变频调速等调节电动机的转速。目前,变频调速技术无论对于老设备利用还是新工艺技术要求的变速,都是应用广泛、效果较好的一种调速技术。

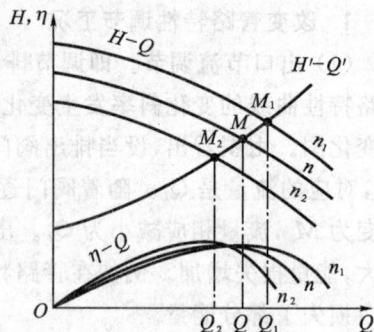

图 6-47 改变泵的转速调节工况

电动机转速与频率的关系为:

$$n = 60f(1-s)p$$

式中,f 为水泵电动机的电源频率;p 为电机的极对数;s 为转差率。

水泵运行过程中,p,s 已确定,异步电动机的转速随电源频率的增大而增加。交流变频器正是通过均匀改变输入异步电动机定子的供电频率来调节电动机转速的。与其他调速方式相比,变频调速具有明显的优点:可使电动机具有较高的启动转速,启动电流也明显降低,启动损耗大约只有直接启动损耗的 1%,并且具有动态性能好、调速精度和自动化程度高等优点。

图 6-48 所示为变频调速降低的能耗示意图。由图可见,当采用阀门控制时,流量从 Q_2 调节到 Q_1 需要关小阀门,使阀门阻力变大,管路特性曲线从 $(H'-Q')_2$ 移到 $(H'-Q')_1$,分别交未经变速的 H-Q 曲线于 A,B 两点。A,B 即为两种情况下的工况点,二者对应的扬程分别为 H_1 和 H_2。由此可见,用水量减少时,系统压力增大,系统实际需要扬程大大小于管网实际需要,扬程损失增加,同时水泵未能工作在高效率

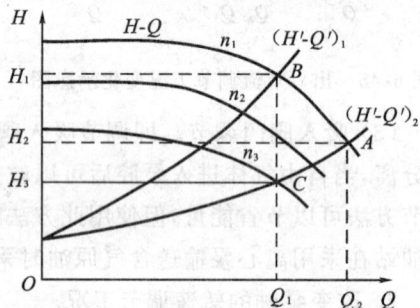

图 6-48 变频调速降低的能耗示意图

区,工作效率降低。如果不改变管网阻力曲线而采用变频调速降低泵的转速,达到 n_3 时,泵性能曲线 H-Q 下移到与管路特性曲线从 $(H'-Q')_2$ 相交于工况点 C,同样可将流量 Q_2 调节到 Q_1,此时对应扬程为 H_3。管网的阻力损失减小,泵的扬程损失也不存在了,所需轴功率减小,同时泵还工作在高效区内。

与阀门调节流量相比,变频调速降低的能耗 ΔN 为:

$$\Delta N = \frac{\rho g Q_1 H_1}{\eta_1} \times 10^{-3} - \frac{\rho g Q_1 H_3}{\eta_3} \times 10^{-3} \tag{6-14}$$

式中,Q_1 的单位为 $\mathrm{m^3/s}$;H 的单位为 m;ρ 的单位为 $\mathrm{kg/m^3}$;ΔN 的单位为 kW。

变频调速范围不应低于额定转速的 60%，否则会引起泵及装置效率的明显下降，很不经济。调速范围最好为额定转速的 $70\%\sim100\%$，此种情况下泵在 n_1 下工作的效率 η_1 和在 n_3 下工作的效率 η_3 都接近泵的额定效率 η，即 $\eta\approx\eta_1\approx\eta_3$。设 $\Delta H=H_1-H_3$，则降低的能耗可改写为：

$$\Delta N\approx\frac{\rho gQ_1\Delta H}{\eta}\times10^{-3}=\frac{\rho gQ_1\Delta H}{\eta}\times10^{-3}+\frac{\rho gQ_1\Delta H}{\eta}\times10^{-3}\left(\frac{1}{\eta}-1\right)\quad(6\text{-}15)$$

由此可以看出，采用变频调速方法调节流量所节约的功率由两部分组成：一部分为扬程损失，另一部分为阀门阻力的损失。采用阀门控制增大管网阻力所消耗的功率只是消耗在泵本身和阀门上，而通过变频调速控制能大大减小这些损耗。

大型变频离心泵是集离心泵优化设计技术、大功率变频调速技术和计算机控制技术为一体的产品。大型变频离心泵的最大特点是节约能源、结构简单、安全可靠、运行平稳，其在国民经济各个领域应用广泛，有的取得了很好的节能效果，系统平均节电率达到 26.5%。

3. 车削叶轮外径改变泵的工况

对于长期固定在某工况下工作的离心泵，少量地车削掉叶轮的外径可以达到改变工况点的目的。当叶轮外径 D_2 切割量较小时，叶片的出口角和通流面积基本不变，效率基本相等，出口速度三角形与切割前相似，泵的特性曲线及工况点向左下方移动，类似于调节转数时的曲线。实践表明，车削量小于 5% 时，车削后的流量 Q'、扬程 H' 和轴功率 N_z' 与车削前的参数间存在下列关系：

$$\left.\begin{array}{l}Q'=Q\left(\dfrac{D_2'}{D_2}\right)\\[2mm]H'=H\left(\dfrac{D_2'}{D_2}\right)^2\\[2mm]N_z'=N_z\left(\dfrac{D_2'}{D_2}\right)^3\end{array}\right\}\quad(6\text{-}16)$$

将切割前后的泵性能曲线绘制在同一图上，并过原点和 A，B 点作两条切割抛物线，它们所包围的四边形 $ABB'A'$ 称为切割高效工作区四边形，如图 6-49 所示。该工作区中 A，B 点所对应的效率一般不低于最高效率的 7%。

六、离心泵的选择

离心泵在油田或其他工农业领域应用广泛，从事石油机械或其他一般机械相关工作的工程技术人员除必须了解离心泵的基本理论和应用外，还必须学会根据实际工作条件和实际特性选择合适的离心

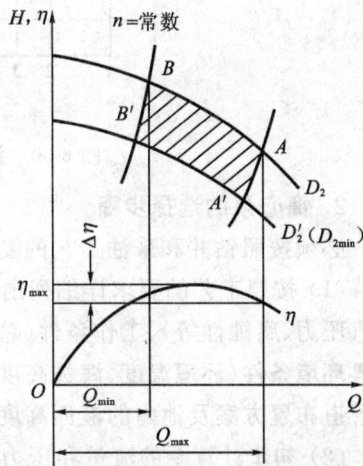

图 6-49　离心泵的切割高效工作区

261

泵。

1. 离心泵的系列型谱图

离心泵发展的历史悠久,应用广泛,已经逐步系列化。系列化的基本表现形式是按照一定的规律将不同类型的离心泵绘制成型谱图,以便指导设计、选择和使用。目前编制型谱图的方法有两种。

(1)按照比转数 n_s 编制型谱图。由于比转数 n_s 反映了流量、扬程和转数间的相互关系,如果转数一定,流量与扬程间的关系更方便确定,因此只要选择适当的流量、扬程和转数三者的组合,就可以将反映同一类型的性能和结构综合参数的 n_s 绘制在一张坐标图上,即型谱图,并且可以使 n_s 在型谱图上均匀分布,如图 6-50 所示。这样就可以大大减少水力模型的数目,对设计制造部门来说,可以节约人力物力。

(2)按照切割高效工作区绘制型谱图。将同一类型的许多离心泵的切割高效工作区四边形绘制在同一坐标图上,充分覆盖各部门所提出的工作点并避免重叠,就形成了按照切割高效工作区绘制的离心泵系列特性型谱图。型谱图的每个切割高效工作区四边形中都标注有离心泵的型号代号。

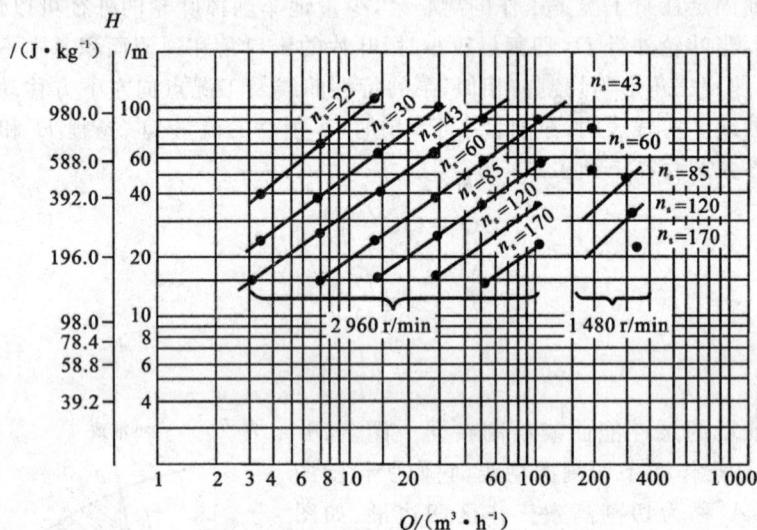

图 6-50　按照 n_s 编制的离心泵系列型谱图

2. 离心泵的选择步骤

必须按照钻井和采油工艺的要求选择离心泵,具体步骤包括:

(1)按照工艺的要求详细列出原始数据,包括输送液体的物理性质(密度、黏度、饱和蒸汽压力、腐蚀性等)、工作条件(总的进口和出口压力范围、流量范围、液体温度等),以及外界环境条件(环境温度、海拔高度、装置的水平面和垂直面要求、进水和出水罐至泵中心的管道布置方案及池内的液面高度等)。

(2)初步计算泵的流量和压力。当原始数据中给出正常流量、最小流量和最大流量时,直接取最大流量作为选泵的依据;若只给出所需的正常流量 Q,则应考虑适当的安全系数估算泵的流量,取泵的流量 $Q_B = (1.05 \sim 1.10)Q$。当原始数据中给出泵装置所需的压头 H 时,可以直接按 $p = \rho g H$ 求出压力。若未给出压头值而需要估算时,一般先作出泵装置的垂直面流程图,标出泵在该流程中的位置、高度、吸入罐和排出罐内的液面高度、压力、管道布置及长度、内径、特殊管件的数量等,考虑泵在最困难的条件下工作(如流量最大、管道存在安装误差以及工作过程中阻力损失变化等),计算泵的压头和压力。最后确定泵所需的压力时,还应再留出一定的余量,如取泵的压头 $H_B = (1.10 \sim 1.15)H$。

(3) 选择泵的类型和型号:

首先,根据被输送液体的性质确定泵的类型,例如输送腐蚀性强的液体时应从耐腐蚀泵系列产品中选取、输送石油产品时应选择各种油泵、输送水基介质时多从水泵系列中选取。

其次,确定泵的台数。一般情况下多用一台泵工作,特殊情况下,例如当流量很大时,可能需要二台或几台泵并联工作。台数确定后,可由单台泵的流量 Q、扬程(或压头)H 及转速 n 计算出比转数 n_s,再根据 n_s 决定选用何种泵型。

最后,根据流量 Q 和扬程 H 选择泵的型号。常用的方法是将流量 Q 和扬程 H 的数值标绘到该型泵的型谱图上,看其交点 P 处于哪个切割高效区四边形中,即可读出四边形中所注明的离心泵型号。如果交点 P 并不恰好落在四边形的上下底边内,则选用该泵后可以应用改变叶轮直径或工作转速的方法改变泵的性能曲线,使其通过 P 点。这时,应从泵样本或系列性能规格表中查出该泵的输水性能曲线,以便作必要的换算。如果交点 P 不落在任何一个切割高效区四边形中,表明没有一台泵能满足 P 点工作参数,此时可以适当改变泵的台数或调节排出阀门等方法来满足要求。

(4) 验算泵的性能。与往复泵相同,为了防止发生汽蚀,保证泵正常工作,必须根据流程图的布置计算出最恶劣条件下泵进口处的实际吸上真空度 H_s 或装置的有效汽蚀余量 Δh_a,并与该泵的允许值相比较。或者,根据泵的允许吸上真空度 $[H_s]$ 或泵的允许汽蚀余量 $[\Delta h]$ 计算出泵的允许几何安装高度,并与工艺流程图中的拟确定的安装高度相比较。当不能满足要求时,必须另选泵型,或采取变更泵的位置等其他措施。

若输送油品等高黏度液体,应先作性能换算再进行验算。若采用一台泵在多管路上工作,必须计算各种不同使用条件下所需的扬程,校核该泵是否满足要求;必要时,可绘制泵的性能曲线和管路特性曲线,验算工况点的参数是否符合工艺要求,并在高效区内工作。

(5) 功率计算。根据输送液体的性质及工作参数 Q,H 和额定效率 η 等可以求得泵的轴功率 N_{ax}:

$$N_{ax} = \frac{\rho g Q H}{\eta} \times 10^{-3} \tag{6-17}$$

式中,Q 的单位为 m^3/s;H 的单位为 m;ρ 的单位为 kg/m^3;N_{ax} 的单位为 kW。

驱动泵的动力机功率应该有 $10\% \sim 15\%$ 的储备,所以动力机的功率 N_p 为:

$$N_p = (1.1 \sim 1.5)N_a = (1.1 \sim 1.5)\frac{\rho g Q H}{\eta} \times 10^{-3} \tag{6-18}$$

263

上式为选配动力机的依据。

选配动力机时要优先考虑可供利用的动力源,在条件许可时尽可能选用电动机。

本章思考题

1. 离心泵是怎样实现液体输送的?

2. 离心泵有哪些主要类型? 其型式代号如何表示?

3. 常用离心泵的主要结构型式有哪些? 其结构和性能有何特点?

4. 如何应用速度三角形来表示液体在离心泵内的运动?

5. 离心泵有哪些主要零部件? 各起什么作用?

6. 什么是离心泵的基本能量方程? 其有何用途?

7. 离心泵的功率怎样计算?

8. 离心泵的特性曲线由哪几部分组成? 其对实际工作有何指导意义?

9. 什么是离心泵的比转数? 其有何用途? 计算中要注意哪些问题?

10. 离心泵的轴向力是怎样产生的? 其平衡的方法和原理是什么?

11. 离心泵的密封型式有哪些? 各有什么特点?

12. 离心泵在不同的管路上是如何工作的?

13. 怎样调节离心泵的工况? 各有什么优缺点?

14. 怎样选择离心泵?

15. 试比较离心泵与往复泵的结构特点、运动形式、性能特点及应用范围。

第七章

石油矿场用压缩机及天燃气输送

压缩机是用于输送气体介质并提高其压力能的一种流体机械。压缩机的用途十分广泛，几乎遍及工农业生产的各个领域，如石油化工、矿山、冶金、机械等。在石油矿场的一些辅助性生产环节中的动力气源、仪表控制用气、人工气举用气等都离不开压缩机。

压缩机种类很多，按作用原理可分为速度式和容积式两大类。速度式包括叶片式和喷射式两种，叶片式又分为离心式、轴流式和混流式三种；容积式包括往复式和回转式两种，往复式又分为活塞式和隔膜式两种，回转式可分为螺杆式、滑片式、涡旋式和滚动活塞式四种。

容积式压缩机是通过其工作容积的周期性变化来实现气体的增压和输送的。在容积式压缩机中，往复式压缩机是依靠活塞在气缸内作往复运动来实现工作容积的周期性变化的；回转式压缩机是借助于转子在气缸内作回转运动来实现工作容积的周期性变化的。

叶片式压缩机依靠高速旋转的工作叶轮将机械能传给气体介质，并转化为气体的压力能。根据介质在叶轮内的流动方向，分为离心式和轴流式等。喷射式也可认为属于速度式，但它没有叶轮，依靠一种流体介质的能量来输送另一种流体介质。

这些机器各有特点，适用于不同的生产条件。目前常用压缩机的适用范围如图7-1所示。

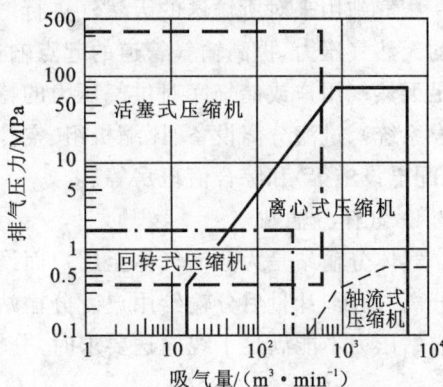

图 7-1　各类压缩机的适用范围

| 第一节 | 天然气管道工程中的场站及输送设备 |

近年来我国天然气工业取得了很大的发展,已逐步进入了工农业生产和日常生活的方方面面,成为国民经济生活中的重要内容。目前已初步形成了包括四川、塔里木、鄂尔多斯、柴达木和海洋在内的五大气区基本格局,建设了以"西气东输"为代表的一批陆地及海上输气干线。"西气东输"建设工程的实施是我国在天然气生产建设能力和技术等方面的综合体现,标志着我国天然气的发展进入了一个新的阶段。

一、天然气管道工程中的场站

天然气管道工程中的场站统称为输气站。它的主要功能是接收天然气、给管道天然气增压、分输天然气、配气、储气调峰、发送和接收清管器等。按输气站在管道中的位置可分为输气首站、输气末站和中间站三大类型及一些附属场站,如储气库、阀室、阴极保护站等。中间站又分为压气站、气体分输站、清管站等。

1) 首站

首站是天然气管道的起点站,接收来自矿场净化厂或其他气源的净化天然气,经过分离、计量后输送给下游场站。通常首站还具有清管器发送、气体组分分析等功能,另外还具有增压功能,以便在进站天然气压力达不到输送要求时进行加压输送。

2) 输气末站

输气末站是天然气管道的终点站,接收来自管道上游的天然气,经过分离、调压、计量后转输给终点用户,或直接注入地下储气库。

3) 压气站

压气站用来对所输送的天然气进行增压。增压的目的是增加来自天然气处理厂或气井的天然气压力,提高输气管道的起点输送压力,克服管道内天然气流动的阻力损失,以满足天然气用户或储气库对供气压力的特殊要求。压气站包括干线进站设备(含清管器收发系统)、过滤分离设备、压缩机组、空冷器、排污设备、放空设备、辅助设备(包括消防设施、配电设施等)和综合值班房等。

4) 气体分输站

气体分输站是为分输气体至用户而设置在输气管线沿线的场站。天然气在分输站经过分离、调压、计量后分输给用户。分输站有时还具有清管器收发、配气等功能。当分输站进站压力不能满足干线输送要求时,分输站还应具有增压功能,此时分输站与压气站合建。

5) 清管站

输气管道投产时需要除水、干燥,因为管道施工后会在管道内残留一些粉尘、杂质,天然气输送过程中会产生凝结水,这些都会影响管道输送的气质、降低输气能力,凝结水还会加剧管道内壁的腐蚀。清管站的作用就是通过清管器的发送、接收,清除管道中的积液、粉尘、杂质和异物。

6)储气库

储气库位于干线输气管道的末端,压气站直接与地下储气库相连,在用气低峰时将管道天然气注入储气库,在用气高峰时抽取储气库中的天然气送往城市输气管网。

7)阀室

阀室的作用是干线截断、两端放空,是为了便于管线维修、缩短放空时间、减少放空损失、降低管道事故危害的后果而设置的。

8)阴极保护站

埋地管道极易遭受电化学腐蚀等腐蚀,因此除了对管道采取防腐绝缘措施以外,还要施加外加电流的保护措施。阴极保护就是其中之一。所谓阴极保护,就是将被保护的金属与外加直流电源的负极相连,将另一辅助阳极与电源的正极相连,从而使被保护的金属管道成为阴极。

二、常用增压机组的选型

天然气输送常用的增压机组主要为离心式和往复式压缩机。对于气量较大且波动幅度不大、压比较低的情况,优先选用离心式压缩机;对于高压和超高压压缩、流量较小且变化幅度较大的情况,优先选用往复式压缩机。

增压机组的选择应满足管线输送的工艺要求及自然环境要求。压缩机组的选型包括压缩机工况参数的确定和机组结构性能的选择。压缩机组的工况参数包括机组进出口压力、进出口温度、流量等。

1)流量要求

压缩机的排气量应满足输气工艺的要求,机组无喘振和阻塞现象。

2)压力、温度要求

压缩机进出口压力关系压气站之间的距离、压气站的数量及场站压力损失等参数。压气站天然气出口温度应不超过管道防腐层所允许的最高温度,必要时应加以冷却,同时还可提高压缩机的输气能力。

3)自然环境条件

大气压力和大气温度的变化直接影响进入燃气轮机的空气质量流量,进而影响燃气轮机的输出功率。大气温度的变化还会影响进入压缩机的输气温度。

4)环保要求

应根据环保对污染物排放及噪音的要求确定电机驱动机组、天然气发动机组或燃气轮机机组,必要时增加辅助的气体排放处理设备和降噪设备。

5）成本因素

压缩机组的设计工况应保持较高效率。机组价格及其维修费用、电力供应能力及价格等因素也是压缩机组选型需要考虑的重要因素。

第二节　活塞式压缩机

一、活塞式压缩机的基本构成

活塞式压缩机主要由传动机构、工作部件及机体构成，此外还有润滑、冷却、调节等辅助系统。

4L-20/8 动力用空气压缩机如图 7-2 所示，其排气量为 20 m^3/min，排气终压为表压 0.8 MPa。它的传动机构为曲柄连杆机构，由电动机通过皮带轮带动曲轴旋转，通过连杆带动十字头在滑道内作往复运动，进而带动活塞组件在气缸内作往复运动。一根连杆所对应的气缸活塞组为一列。该机有两根连杆，分别对应两列气缸活塞组。

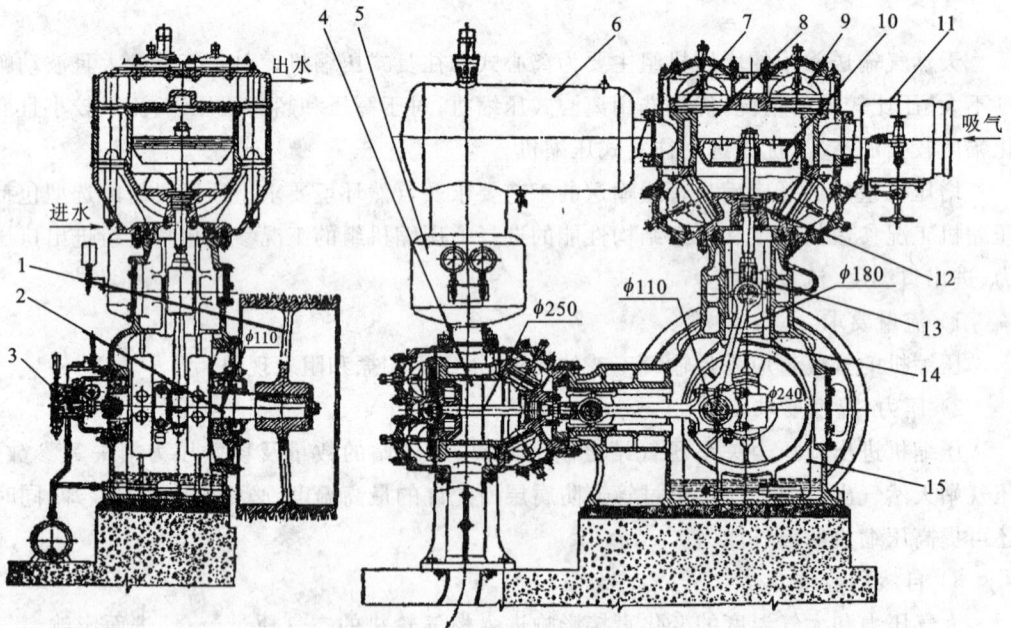

图 7-2　4L-20/8 动力用空气压缩机示意图

1—油泵；2—曲轴；3—皮带轮；4—二级气缸；5—油气分离器；6—中间冷却器；
7—排气阀；8—一级气缸；9—吸气阀；10—活塞组件；11—减荷阀；
12—填料函；13—十字头；14—连杆；15—机身（曲轴箱）

工作部件包括气缸、气阀、活塞组件及填料等。气缸的内表面与活塞工作端面所形成的空间是实现气体压缩的工作腔。气阀的作用是控制气体作单向流动。气阀的启闭动作主要由缸内外压力差及气阀弹簧控制。活塞在气缸内作往复运动时,使工作腔的容积周期性变化,它与吸气阀、排气阀的启闭动作相配合,实现包括膨胀、吸气、压缩和排气四个过程的工作循环,从而不断吸入、排出并压缩气体。该机为双作用气缸,曲轴旋转一周,气缸两侧各实现一次工作循环。该机为两级压缩,气体由一级缸压缩到 0.3 MPa,经中间冷却装置降温后,再被吸入二级缸继续压缩到 0.9 MPa。

压缩机的润滑分两个系统:一个是传动机构的润滑,通常用机油润滑,依靠轴头的齿轮油泵循环供油;另一个是气缸内活塞组件等的润滑,采用压缩机油润滑,依靠高压注油器注入气缸。

二、活塞式压缩机的特点

与离心式压缩机相比,活塞式压缩机的特点是:

(1)适用压力范围广。这种机器依靠容积变化的原理工作,因而不论其流量大小,都能达到很高的工作压力。它的流量变化范围为 $40\% \sim 120\%$。目前工业上超高压压缩机的工作压力已可达 350 MPa。

(2)热效率较高,设计工况点下可达 $80\% \sim 84\%$,功率消耗较其他型式的压缩机低。

(3)适应性较强,可用于较广的排量范围,而且排量受排气压力变化的影响较小。当介质密度改变时,压缩机的容积排量和排气压力的变化也较小。

(4)由于往复惯性力大,转速不能太高,因此机器较笨重。它的结构复杂,易损件多,使维修工作量大。此外,由于排气不连续,造成气流压力脉动,易产生气柱振动。

由于以上特点,活塞式压缩机主要适用于中、小流量而压力较高的场合。目前在国内,活塞式压缩机的应用仍然最为广泛。

三、活塞式压缩机的分类

活塞式压缩机的分类见表7-1。

表 7-1 活塞式压缩机的分类

分 类	名 称	说 明
按排量	微 型	排气量<1 m³/min
	小 型	排气量为 1~10 m³/min
	中 型	排气量为 10~100 m³/min
	大 型	排气量>100 m³/min

分　类	名　称		说　明
按排气压力	鼓风机		排气压力<0.3 MPa
	低压压缩机		排气压力为 0.3～1.0 MPa
	中压压缩机		排气压力为 1.0～10 MPa
	高压压缩机		排气压力为 10～100 MPa
	超高压压缩机		排气压力>100 MPa
按压缩级数	单　级		气体经一次压缩即达排气终压
	多　级		气体经多次压缩达排气终压
按气缸排列方式	直列式	立　式	气缸中心线与地面垂直,机型代号 Z
		卧　式	气缸中心线呈水平且气缸只布置在机身的单侧,机型代号 P
	角　式		气缸中心线互成一定角度,分别以其气缸排列的方式呈 L,V,W 形为其机型代号
	对置式	对动型（或对称平衡型）	气缸水平置于机身的两侧且相邻的曲拐相差80°。其中,气缸在电机的单侧者,机型代号为 M;气缸在电机的两侧者,机型代号为 H
		对置型	气缸水平置于机身的两侧,相邻的曲拐相差180°,机型代号 D
按气缸的工作容积	单作用式		仅活塞的一侧气缸为工作容积
	双作用式		活塞的两侧气缸均为工作容积并实现同一级次的压缩
	级差式		同一气缸与活塞各端面形成几个工作容积并实现不同级次的压缩
按冷却方式	风　冷		气缸用空气冷却
	水　冷		气缸用水套冷却
按润滑方式	气缸有油润滑		气缸内注油润滑,简称有油润滑
	气缸无油润滑		气缸内不注油润滑,简称无油润滑
按用途	动力用		提供动力或仪表用压缩气源
	工艺用		在工艺流程中输送工艺气体

　　活塞式压缩机的型号命名为:□ □ □-□/□。自左至右,第 1 个方框表示列数或设计序号,或不标注;第 2 个方框表示机型代号(见表 7-1);第 3 个方框表示活塞力值,10 kN(小于 10 kN 者不标注);第 4 个方框表示吸入状态下的排气量值,单位为 m³/min;第 5 个方框表示排气压力值,单位为 0.1 MPa(表压)。

四、活塞式压缩机的工作循环

1. 理论工作循环

为便于研究,对压缩机的工作过程作几点假设:① 压缩机没有余隙容积,即排气终了时缸体被排尽;② 吸气、排气过程无阻力损失,无压力脉动,无热交换;③ 气体的压缩过程指数在全行程中为常数;④ 压缩机工作过程中无泄漏。

这种理想化的工作循环称为理论工作循环,图 7-3 所示为压缩机一个级的理论工作循环。当活塞向右移动时,吸气阀打开,气体在压力 p_s 下进入气缸,直至活塞至内止点时吸气阀关闭,吸气终了,图中 4-1 线表示吸气过程。当活塞自内止点左行时,缸内容积变小,气体被压缩,图中 1-2 线表示压缩过程。当缸内压力达到外界压力时,排气阀打开,气体在 p_d 压力下排出气缸,图中 2-3 线表示排气过程。当活塞到达外止点时,气体被排尽,如此便完成了一个理论工作循环,缸内的瞬时压力和容积作周期性变化。

描述理论工作循环的 p-V 图称为理论指示图。压缩线的曲率取决于过程指数 m。当压缩过程冷却完全,即进行等温压缩时,$m=1$,如图 7-3 中 1-2 线所示,此时压缩线较平缓;当压缩过程与外界无热交换时为绝热压缩,$m=k$(k 为绝热指数),如图 7-3 中 1-2″线所示,此时压缩线则较陡;当压缩过程与外界有部分热交换时为多变过程,若气体放热则 $m<k$,压缩线如图 7-3 中 1-2′线所示;若气体吸热则 $m>k$,压缩线如图 7-3 中 1-2‴线所示。活塞式压缩机的 m 值一般介于 1 与 k 之间。

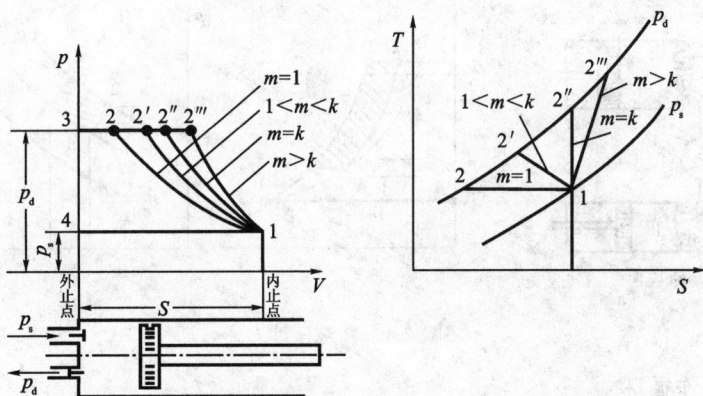

图 7-3 理论压缩示意图

压缩机每一循环所需的理论指示功相当于 p-V 图中 1,2,3,4 所包围的面积,即功 $L = \int_1^2 V \mathrm{d}p$。在压缩机中,取活塞对气体所做的功为正。

等温压缩时有 $pV=$ 常数,积分后得等温压缩时每转理论指示功 L_{is} 为:

$$L_{is} = p_s V_h \ln \frac{p_d}{p_s} \tag{7-1}$$

式中,V_h 为每转的理论吸气量,即气缸的工作容积。

设 F_h 为活塞工作面积,i 为同级的气缸数,S 为活塞行程,则:

$$V_h = i F_h S$$

绝热压缩时,有 $pV^k =$ 常数,积分后得每转的绝热压缩理论指示功 L_{ad} 为:

$$L_{ad} = \frac{k}{k-1} p_s V_h \left[\left(\frac{p_d}{p_s} \right)^{\frac{k-1}{k}} - 1 \right] \tag{7-2}$$

271

每转的多变压缩理论指示功 L_{pol} 为：

$$L_{pol}=\frac{m}{m-1}p_sV_h\left[\left(\frac{p_d}{p_s}\right)^{\frac{m-1}{m}}-1\right] \qquad (7-3)$$

式中，k 为气体的绝热指数；m 为压缩过程多变指数。

设 T_s，T_d 分别为吸气、排气绝对温度，则：

$$T_d=T_s\left(\frac{p_d}{p_s}\right)^{\frac{m-1}{m}} \qquad (7-4)$$

由式(7-4)和图 7-3 可见，等温压缩时 $m=1$，压缩终温最小(等于吸气温度)，压缩所需功最小，压力越高，省功越显著。

由于等温压缩实际上不容易实现，因此在压力比较大时可采用多级压缩，分几级达到排气终压，并在每两级之间进行充分冷却，使压缩过程尽可能接近等温压缩。图 7-4(a)所示为两级压缩的流程图，其理论循环的 p-V 图和 T-S 图分别如图 7-4(b)和图 7-4(c)所示。由图可见，冷却越完善，a' 点的温度越接近吸气温度，省功越多。若冷却不完善，a' 点离等温线远，省功就少。

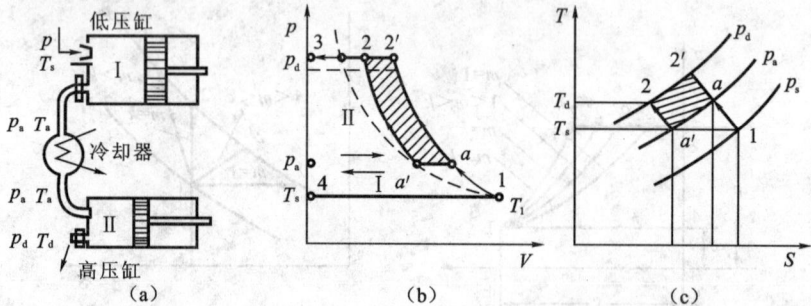

图 7-4 两级压缩

2. 实际工作循环

由于实际压缩机中存在余隙容积，以及存在阻力损失和热交换，从而使实际工作变得复杂。

由于余隙容积的存在，实际工作循环由膨胀、吸气、压缩和排气四个过程组成，使实际吸气量比理论吸气量小。

由于吸气、排气过程中阻力损失的存在，使实际吸气压力降低，实际排气压力升高。压缩机工作过程中，活塞环、填料和气阀等不可避免会有泄漏。

由于气体和气缸壁之间存在热交换(气缸壁温度由于缸外有冷却而基本保持不变)，使膨胀过程指数和压缩过程指数不断变化。

五、排气量

1. 活塞式压缩机的吸气量

压缩机工作时，缸内气体压力及温度是不断变化的，而吸气管的名义压力和名义温度则是基本稳定的，因此压缩机的吸气量是指折算到名义吸气状态下的气体容积。

设气缸的余隙容积为 V_c，工作容积为 V_h。吸气终了点 A 对应的缸内压力为 p_A，温度为 T_A，缸内总容积为 V_h+V_c。余隙容积 V_c 经过膨胀过程，在吸气终了时所占体积为 $V_c+\Delta V$，因此吸入的新鲜气体容积为 $V_h-\Delta V$。根据定义，从吸气终了点 A 的状态折算到吸气状态 p_s，T_s 下，得每转实际吸气量 V_s 为：

$$V_s=(V_h-\Delta V)\frac{p_A}{p_s}\cdot\frac{T_s}{T_A}=\frac{V_h-\Delta V}{V_h}V_h\frac{p_A}{p_s}\cdot\frac{T_s}{T_A}=\lambda_V\lambda_p\lambda_T V_h \tag{7-5}$$

式中，λ_V，λ_p 和 λ_T 分别为容积系数、压力系数和温度系数。

2. 活塞式压缩机的排气量

压缩机的排气量是指单位时间内从末级缸排出端测得的、换算到一级名义吸气状态时的气体容积。设泄漏量为 V_L（一级吸气状态下），转速为 n，则每一转的排气量 V_d 和单位时间的排气量 Q 分别为：

$$V_d=V_s-V_L=\lambda_L V_s=\lambda_L\lambda_V\lambda_p\lambda_T V_h$$
$$Q=V_d n=\lambda_L\lambda_V\lambda_p\lambda_T V_h n \tag{7-6}$$

式中，λ_L 为泄漏系数。

由此可见，减小余隙容积、改善气缸的冷却效果、采用可靠的密封都可以提高压缩机的排气量。

六、功率和效率

1. 指示功率

压缩机中直接消耗于压缩气体的功称为指示功，单位时间内消耗的指示功称为指示功率。可以在运转的压缩机上用示功仪测得示功图，再通过换算得到指示功率；也可以按等功法（即等面积法）通过解析计算得到指示功率。

2. 轴功率

设动力机输出的功率为 N_0；考虑传动装置的能量消耗，压缩机曲轴上所得输入功率减小为 N_{ax}，称为轴功率；由于压缩机内有摩擦损失，消耗摩擦功率 ΔN_m，因此真正用于压缩气体的只是指示功率 N_i。工程上常用机械效率 η_m 来表示压缩机机械部分的完善程度。

$$\eta_m=\frac{N_i}{N_{ax}} \tag{7-7}$$

3. 热效率和比功率

压缩机的经济性能可用热效率来衡量。压缩机的理论等温指示功率 $N_{i\text{-}is}$ 与相同吸气压力、相同吸气量下的实际指示功率相比，得等温指示效率 $\eta_{i\text{-}is}$，而其与轴功率 N_{ax} 相比得等温轴效率 η_{is}，即：

$$\eta_{i\text{-}is}=\frac{N_{i\text{-}is}}{N_i}$$

273

$$\eta_{is}=\frac{N_{i\text{-}is}}{N_{ax}}\qquad(7\text{-}8)$$

等温指示效率反映了实际循环中热交换以及吸气、排气过程中阻力造成的损失情况，常用来评价水冷式压缩机的经济性能。等温轴效率则包含了机械损失。

压缩机的理论绝热指示功率 $N_{i\text{-}ad}$ 与相同吸气压力、相同吸气量下的实际指示功率相比，得绝热指示效率 $\eta_{i\text{-}ad}$，而其与轴功率 N_{ax} 相比得绝热轴效率 η_{ad}，即：

$$\eta_{i\text{-}ad}=\frac{N_{i\text{-}ad}}{N_i}$$

$$\eta_{ad}=\frac{N_{i\text{-}ad}}{N_{ax}}\qquad(7\text{-}9)$$

压缩机的实际压缩过程更接近绝热过程，因此绝热效率较好地反映了压缩机吸气、排气过程阻力损失造成的影响，但它并未直接反映压缩机的功率指标是否先进。

比功率即单位排气量所消耗的轴功率，反映了同类型压缩机在相同的吸气、排气条件下其能量消耗指标的先进性。它是动力用压缩机中用来衡量经济性的重要指标。

七、实际气体的压缩

在理想气体状态方程中将气体分子本身的体积及分子间的相互作用力略去不计，在压力较低时这样处理造成的偏差不大，但当压力增高、温度降低，接近于液态时，其偏差会很大。如令 $Z=\dfrac{pV}{RT}$，可得到与理想气体状态方程类似的实际气体状态方程：

$$pV=ZRT\qquad(7\text{-}10)$$

式中的 Z 称为气体的压缩性系数，是实际气体偏离理想气体的校正系数。Z 与气体性质有关，且随温度和压力而变化，可由实验测定，或由实际气体压缩性系数通用图查得。

八、变工况工作和排气量的调节

1. 变工况工作

在偏离原设计的条件下工作称为变工况工作。

当吸气压力降低时（如在高原上工作），如排气压力不变，对单级压缩机将导致压力比升高，容积系数降低，排气量将随之有所减少。在多级压缩机中将引起级间压力比改变，总压力比升高，排气量会有所下降。

当排气压力升高而吸气压力不变时，会因压力比的提高而使吸气量有所减少，功率一般也会有所增加。

当其他条件不变时，绝热指数高的气体，其膨胀和压缩过程指数也高，功率消耗就大。热导率高的气体在吸入过程容易受热膨胀，温度系数较小。密度大的气体流动损失大，功耗增加。对于有毒气体，还应采取改善密封结构等措施。

2. 排气量的调节

生产条件改变时,压缩机的排气量应能在一定范围内加以调节。排气量的调节分为连续调节和间断调节两种。由式(7-6)可知,在缸径和行程一定的条件下,改变排气系数和转速即可实现排气量的调节。

(1)改变转速、间断停车。能改变转速的压缩机可通过连续改变转速而使排气量连续改变。电机不能变速时,只能采取间断停车的方法。

(2)停止进气。当压力超过规定值时,通过调节阀和减荷阀自动将进气通道关闭,使压缩机进入空转状态而停止吸气。当压力下降后进气通道又自动打开。

(3)旁路调节。将排出的气体全部或部分地引回一级入口,达到连续调节的目的。此方法简单但不经济,常作为压缩机空载启动的辅助手段。

(4)顶开吸气阀。在全部或部分排气行程中强制顶开吸气阀,使缸内的气体重新又回到吸气管而达到排气的目的。

(5)连通辅助余隙容积。将一辅助容积作为附加的余隙容积与气缸连通,因相对余隙容积增大,容积系数下降,吸气量减小,从而达到调节气量的目的。

第三节　螺杆式压缩机

螺杆式压缩机是回转式压缩机的一种。回转式压缩机的结构特点是具有不同形式的转子(即回转活塞)。一台机器可以由单个转子、双转子或多个转子组成。实际的机器往往是根据转子的结构来命名的,如滑片式压缩机的转子为具有可滑动的叶片、螺杆式压缩机的转子为具有特殊齿形的螺杆等。

与往复式流体机械相比,回转式流体机械的优点是:结构简单,质量轻,体积小,零部件(特别是易损件)少,绝大多数机器没有控制液体或气体进出工作腔的阀门,且平衡性好,振动小,运行平稳可靠,转速高,流体压力脉动小,易于实现自动化等。它的缺点是:密封比较困难,热效率较低,由于密封与强度的关系,一般压力也较低;应用进气、排气孔口的压缩机因机内压缩比固定,故当背压改变时要增加附加功耗;转子表面大多是复杂的曲面,加工及检验均较复杂,有的还需要使用专用设备。

在石油矿场中应用较广泛的回转式压缩机是螺杆式压缩机。

一、螺杆式压缩机的结构和工作原理

双螺杆式压缩机的结构如图 7-5 所示。它的阴螺杆、阳螺杆在"∞"字形气缸中平行配置,并按一定传动比反向旋转而又相互啮合。通常,在节圆外具有凸齿的螺杆称为阳螺杆;在节圆内具有凹齿的螺杆称为阴螺杆。一般阳螺杆与发动机相连,并由此输入动力,

由阳螺杆(或相互啮合或经过同步齿轮)带动阴螺杆转动。利用阳螺杆、阴螺杆共轭齿形的相互填塞,使封闭在壳体与两端盖间的齿间容积大小发生周期性变化,并借助于壳体上呈对角线布置的吸气、排气孔口完成对气体的吸入、压缩与排出。

螺杆式压缩机的主要零部件有阴螺杆、阳螺杆、机体、轴承、同步齿轮(有时还有增速齿轮)以及密封组件等。

按运行方式的不同,螺杆式压缩机可分为无油机器和喷油机器两类。

在无油(干式)机器中,螺杆之间并不直接接触,相互之间存在一定的间隙,通过一对螺杆的高速旋转达到密封气体、提高气体压力的目的。利用同步齿轮来传递运动、传输动力,并确保螺杆间的间隙及其分配。

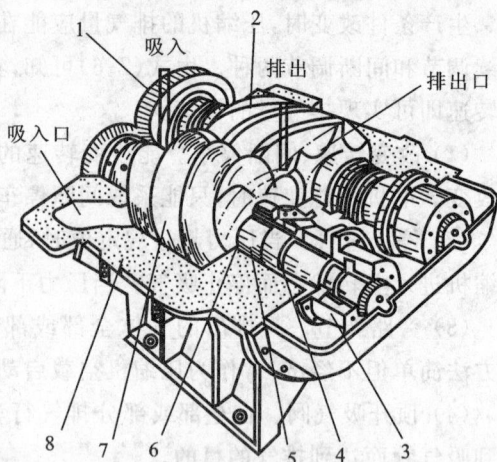

图 7-5 螺杆式压缩机的结构图

1—同步齿轮;2—阴螺杆;3—推力轴承;4—轴承;
5—挡油环;6—轴封;7—阳螺杆;8—气缸

在喷油机器中,喷入机体的大量润滑油起着润滑、密封、冷却和降低噪音的作用。喷油机器中不设同步齿轮,一对螺杆就像一对齿轮那样,由阳螺杆直接拖动阴螺杆转动;同时,由于油膜的密封作用取代了轴封,所以喷油机器的结构更为简单。

螺杆式压缩机属于容积式压缩机械,其运转过程从吸气过程开始,然后气体在密封的齿间容积中进行压缩,最后进入排气过程。螺杆式压缩机的工作过程如下:

(1)吸气过程。开始时气体经吸气孔口分别进入阴螺杆、阳螺杆的齿间容积,随着转子的回转,这两个齿间容积各自不断扩大。当这两个容积达到最大值时,齿间容积与吸气孔口断开,吸气过程结束。需要指出的是,此时阴螺杆、阳螺杆的齿间容积彼此并没有连通。

(2)压缩过程。转子继续回转。在阴螺杆、阳螺杆齿间容积彼此连通之前,阳螺杆齿间容积中的气体受阴螺杆齿的侵入先行压缩。经某一转角后,阴螺杆、阳螺杆齿间容积连通(将此连通的阴螺杆、阳螺杆齿间容积称为齿间容积对),呈"V"字形的齿间容积对,因齿的互相挤入,其容积值逐渐减小,实现气体的压缩过程,直到该齿间容积对与排气孔口连通时为止。

(3)排气过程。在齿间容积对与排气孔口连通后,排气过程开始。由于转子回转时容积不断缩小,将压缩后具有一定压力的气体送至排气管。此过程一直延续到该容积到达最小值时为止。

随着转子的继续回转,上述过程重复循环进行。

图 7-6 所示为螺杆式压缩机中所指定的一个齿间容积对的工作过程。阴螺杆、阳螺

杆转向互相迎合一侧的气体受压缩,这一侧面称为高压区;相反,螺杆转向彼此背离的一侧面,齿间容积扩大并处在吸气阶段,称为低压区。这两个区域被阴螺杆、阳螺杆齿面间的接触线分隔开。可以近似地认为:两转子轴线所在平面是高、低压力区的分界面。

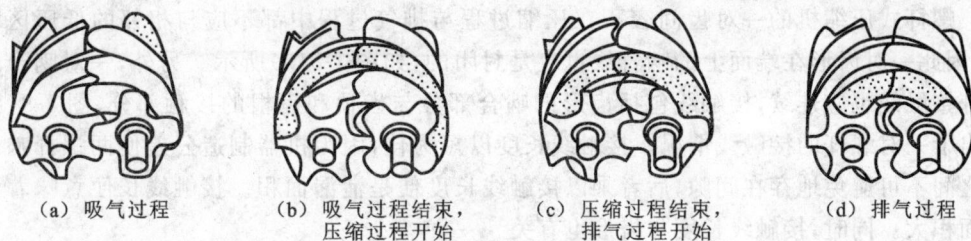

(a) 吸气过程   (b) 吸气过程结束,   (c) 压缩过程结束,   (d) 排气过程
                        压缩过程开始   排气过程开始

图 7-6 螺杆式压缩机的工作过程

设开始吸气时阳螺杆转角为 0°,当转至 180°时容积达最大值,吸气过程结束;然后开始压缩,容积逐渐缩小,气体压力升高;当该容积与排气孔口相通后,排出气体。当阳螺杆旋转 360°时完成一个循环,其容积与压力的变化关系如图 7-7(a)所示。

螺杆式压缩机中气体在螺杆内的压缩称为内压缩;压缩终了压力与初始压力之比称为内压缩比。它取决于该工作腔,即某齿间容积对与进气口断开瞬时的容积、接通排气口瞬时的容积、气体性质(主要是绝热指教)、泄漏、热交换等。对于具体的机器来说,其进气、排气孔口是一定的,故内压缩比也为定值。

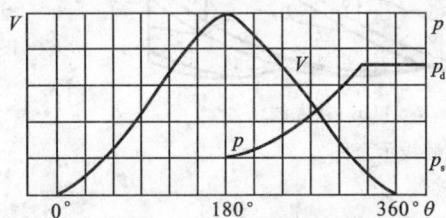

(a) 容积、压力的变化曲线   (b) 附加功耗

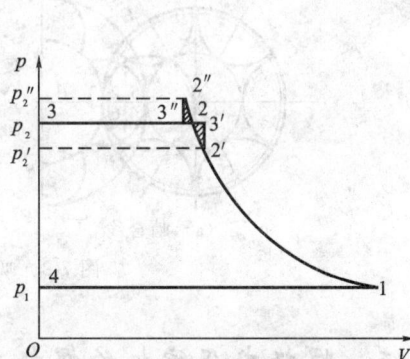

图 7-7 容积、压力的变化关系及附加功耗

排气压力(或称背压力)即为系统内的气体压力,其与进气压力之比称为压力比。背压力是可根据需要改变的,故压力比也是可改变的。

当压力比与内压缩比不相等时,便要产生附加功耗。如图 7-7(b)所示,若内压缩比小于压力比,即内压缩压力尚未达到排气压力便与排气口接通,气体便要产生瞬时压缩,由此增加图中面积 2'-3'-2 的附加损失;若压缩比大于压力比,当内压缩压力超过背压力后才与排气口相通,这时气体要产生瞬时膨胀,形成面积 2-2″-3″ 的附加损失。这一现象在所有利用孔口控制进气、排气的回转式压缩机中都存在,所以这类机器在设计与运行时应注意使两者很好地协调。

二、螺杆式压缩机的啮合线与接触线

螺杆式压缩机的一对齿间容积在压缩过程与排气过程中都不应与相邻的低压区相通,因此一对齿形在端面上的啮合线也应是封闭的,如图 7-8(a)所示。另外,一对啮合的螺杆接触线也应连续,接触线包括齿形的啮合部分与齿顶和齿根的接触部分,图 7-8(b)示出了一对螺杆的接触线情况。接触线长度以短为佳,因为机器制造公差使两螺杆啮合面之间不可避免地存在间隙,后者乘以接触线长度便是泄漏面积。接触线长便意味着泄漏面积大。同时,接触线长度与齿形也有关。

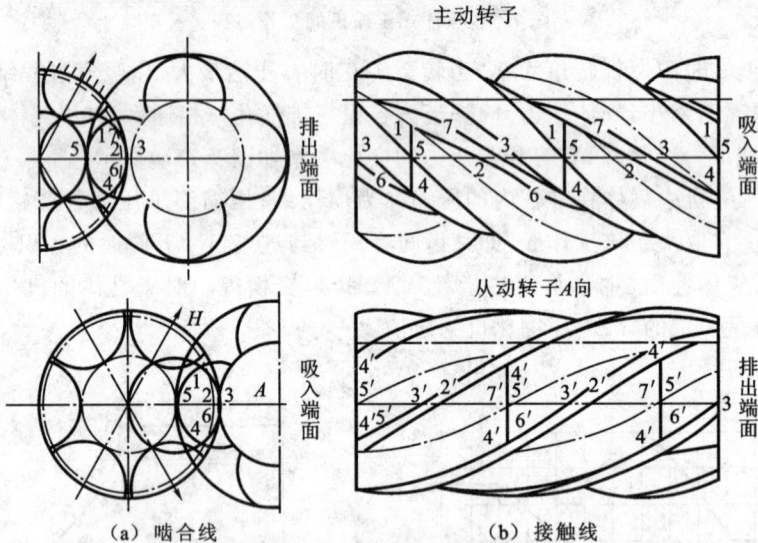

图 7-8　啮合线与接触线示意图

三、螺杆式压缩机的螺杆齿形

螺杆的端面齿形指齿面与螺杆轴线垂直面的截交线(简称齿形)。将端面齿形作螺旋运动就形成了螺杆齿面。

根据螺杆式压缩机的作用,螺杆齿形除应满足一般啮合运动的要求外,在啮合过程中还应满足以下基本要求:具有排出和吸入方面的气密性,或称为横向气密性;具有齿间容积之间的气密性,或称为轴向气密性;具有尽可能短的接触线长度,不形成泄漏三角形;具有较小的吸入封闭容积和排出封闭容积;螺杆齿形具有较大的面积利用系数。

此外,从制造、运转角度考虑,还要求螺杆齿面便于加工制造,具有良好的啮合特性,以及在受热和受力的情况下具有小的不均匀热变形及弯曲变形等。

螺杆式压缩机的齿形与螺杆泵有很大区别,其阳螺杆的齿形通常都不是单一的型线,而是由圆弧、摆线、渐开线、椭圆以及直线段等分别组合而成，而阴螺杆的齿形则为阳螺杆的包络线。

就对称性来说，螺杆齿形分为对称齿形和不对称齿形两种。所谓对称齿形，是指齿形以其齿顶中心线为对称轴；反之称为不对称齿形。就齿形所在范围来说，螺杆齿形分为单边齿形和双边齿形。所谓单边齿形，是指齿形只在节圆的内部或外部（包括节圆本身），而在节圆的内、外部都具有齿形者，称为双边齿形。

1. 对称圆弧齿形

早期螺杆式压缩机广泛采用对称圆弧齿形。图 7-9 上半部（O_1-O_2 线上方）表示的是原始对称圆弧齿形。这种齿形在节圆的一侧，称为单边对称圆弧齿形。图中 r_{2t}，r_{1t} 分别为阴螺杆、阳螺杆的节圆半径；r 表示滚圆半径或阴螺杆齿槽大圆弧半径。由图可知，对称圆弧齿形并非全由圆弧组成。（销齿）圆弧齿曲线限制在阴螺杆节圆之内。阴螺杆节圆之外的齿曲线 $A_1' C_1'$ 却是摆线。若 $A_1' C_1'$ 仍为销齿圆弧，则将引起阴螺杆的共轭曲线 A_2' 点附近出现回旋点，致使实际齿形间隙增大，使机器的气密性有所下降。

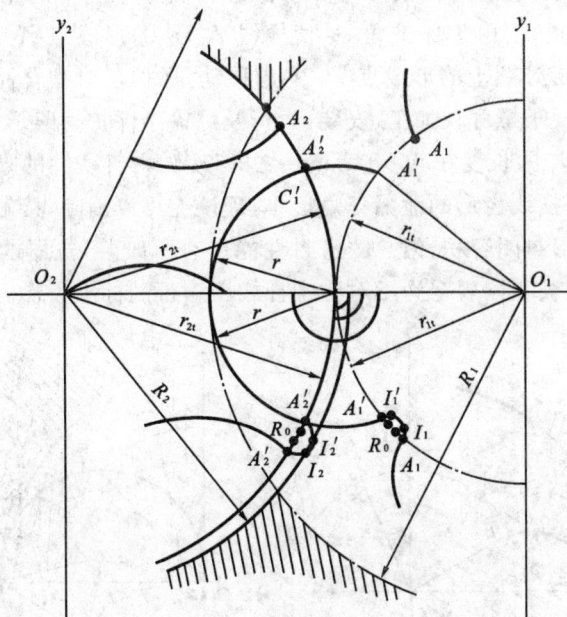

图 7-9　对称圆弧齿形

圆弧型线的优点是接触线短，图 7-8(a) 便是圆弧型线，无楔形封闭容积；缺点是泄漏三角形大。

图 7-9 中 O_1-O_2 线下方是上半部原始对称圆弧齿形的双圆弧修正，得到一种双边对称圆弧齿形。它与原始对称圆弧齿形的区别是：在阴螺杆节圆外增添了由齿峰倒圆形成的齿曲线 $A_2 I_2 I_2' A_2'$。$A_2 I_2$ 和 $A_2' I_2'$ 是中心在节圆 r_{2t} 上半径为 r_0（称为齿峰倒圆半径）的圆弧段。相应的阳螺杆在其节圆之内也增添了齿谷曲线 $A_1 I_1 I_1' A_1'$。这种修正法去除了原始齿形上的尖点（阳螺杆上的 A_1，A_1' 点），使齿曲线间光滑过渡，便于加工、储运，也避

279

免了应力集中,使螺杆能承受更大的载荷。更为重要的是,它增添了圆弧修正段,保护了摆线 $A_1'C_1'$ 的形成点 A_2',有助于确保横向气密性。这就是我国螺杆式压缩机系列所规定采用的对称圆弧齿形。

2. 不对称圆弧摆线齿形

各种不对称齿形都是着眼于克服对称圆弧齿形的主要缺陷,即排出方面的轴向气密性差而设计的。至于处于低压侧的齿形前段,由于其本身并无轴向气密性的要求,仍沿用圆弧齿形。图 7-10 所示为原始不对称齿形,D_1F_1 为普通外摆线,D_2F_2 为长幅外摆线。由图可以看出,原始不对称齿形高压侧的齿形背段啮合的顶点是与机体内圆交点 H 相重合的,这就改善了对称圆弧齿形轴向气密性差的缺点。

图 7-11 所示为原始不对称齿形的修正(径向直线倒棱修正)后的齿形。该齿形是单边的,称为单边不对称摆线——销齿圆弧齿形。它与原始不对称齿形的区别在于:采用径向直线(B_2C_2 及 E_2D_2)倒棱修正,去除了原始不对称齿形外圆上的尖点 A_2 及 F_2(见图 7-10),使摆线 A_1E_1 的形成点 E_2 向内移动;与此同时,将半径为 r 的销齿圆弧齿曲线扩大一角度 φ_1(称为保护角)。由于保护角 φ_1 使摆线 A_2E_2 的形成点 A_1 处于阳螺杆外圆之内,将原始不对称齿形外圆上的形成点 D_1 向内移动,保护了对啮合性能很敏感的摆线形成点。经此修正后,便于螺杆在加工、安装、运行及运输中保护摆线形成点 E_2,A_1。同时,通常限制直线段 E_2D_2 的长度在 $0.5\sim2$ mm 之内,使轴向气密性的降低控制在允许范围内。不对称圆弧——摆线齿形的泄漏三角形小,理论上可以消除,接触线长度较对称圆弧齿形增加,并且有楔形封闭容积,但总的密封性能仍有所改善,机器的热效率较对称圆弧齿形高。这种齿形已被我国规定为不对称螺杆式压缩机的标准齿形。

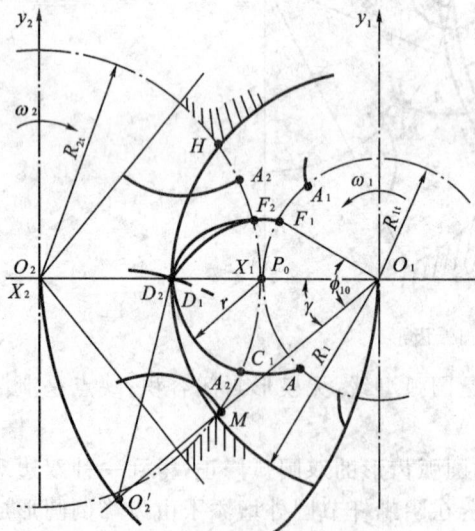

图 7-10 不对称圆弧齿形

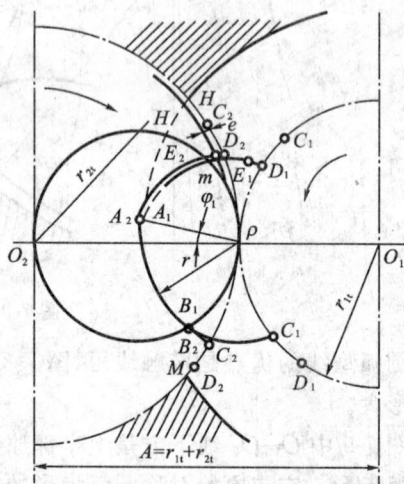

图 7-11 单边不对称摆线——销齿圆弧齿形

3. 其他齿形

按照改善密封性能、扩大齿间容积以及提高齿根强度等原则，近年来发展了许多新齿形，使螺杆式压缩机的性能不断改善。这些新齿形有瑞典的 SRM 齿形、俄罗斯的 СКБК 齿形、德国的 Sigma 齿形、瑞典的 X 齿形、德国的 GHH 齿形等。

目前新设计的螺杆式压缩机大多采用不对称齿形。

四、螺杆式压缩机的排气量与功率的计算

螺杆式压缩机的实际排气量可表示为：

$$Q_0 = (z_1 f_1 + i z_2 f_2) L n c_\phi \eta_V \tag{7-11}$$

式中，z_1,z_2 分别为阳螺杆、阴螺杆齿（槽）数；f_1,f_2 分别为阳螺杆、阴螺杆齿间面积；i 为齿（槽）数比，即 z_1/z_2；L 为螺杆长度；c_ϕ 为扭角系数；η_V 为容积效率；n 为转速。

η_V 考虑了气体被加热、进气阻力损失以及泄漏的影响。螺杆式压缩机转速相当高，没有进气阀，因此前两种损失较小，而泄漏是影响 η_V 的主要因素。

扭角 τ 为螺杆齿形从吸入端面到排出端面所绕过的角度。一个齿间容积完成一次工作循环，扭角并不需要 $360°$。一般阳螺杆 $\tau_1 = 240° \sim 300°$，阴螺杆 $\tau_2 = 160° \sim 200°$。当阳螺杆齿间容积在吸气端受到阴螺杆齿的侵占而开始压缩时，与之相啮合的阴螺杆齿在排气端尚未完全脱出该容积，故可能影响齿间容积的利用，为此用扭角系数 c_ϕ 来表征理论排气量 Q_i（可能充气的最大容积）与理想排气量 Q_i' 的比值，即 $c_\phi = \dfrac{Q_i}{Q_i'}$。

螺杆式压缩机功率的计算与活塞式压缩机功率的计算方法相同，但由于高压齿间容积向低压齿间容积泄漏的影响，压缩过程指数可能大于绝热指数，即 $n > k$。

螺杆式压缩机的容积效率取决于压力比、齿顶与壳体之间的间隙、啮合部分的间隙、齿顶的圆周速度以及是否向工作腔喷油等。

螺杆式压缩机功率与绝热效率的定义及计算与活塞式压缩机相同。

对于一般无油螺杆式压缩机，当压力比 $\varepsilon = 3 \sim 3.5$ 时，绝热效率 $\eta_{ad} = 0.82 \sim 0.83$；当 $\varepsilon = 3.5 \sim 5.2$ 时，$\eta_{ad} = 0.72 \sim 0.80$；大型螺杆式压缩机 η_{ad} 可达 0.84。

对于喷油螺杆式压缩机，由于油能起阻塞液体的作用，齿顶圆周速度可以较低，容积效率较高，η_V 可达 $0.80 \sim 0.95$，并且由于油可以起内冷却作用，故单级压力比 ε 可达 7，排气温度也不会超过许用值。

五、螺杆式压缩机的特性

1. 螺杆式压缩机的特点

就压缩气体的原理而言，螺杆式压缩机与往复式压缩机一样，同属于容积型压缩机械；就运动形式而言，压缩机的转子与叶片式压缩机一样，作高速旋转运动。所以，螺杆式压缩机兼有两者的特点。

螺杆式压缩机具有较高的齿顶线速度,转速高达每分钟万转以上,故常可与高速动力机直接相连。它的单位排气量的体积、重量、占地面积以及排气脉动远比往复式压缩机小。

螺杆式压缩机没有诸如气阀、活塞环等零件,因而它运转可靠,寿命长,易于实现远距离控制。此外,由于没有往复运动零部件,不存在不平衡惯性力(矩),所以螺杆式压缩机基础小,甚至可以实现无基础运转。

无油螺杆式压缩机可保持气体洁净(不含油);又由于阴螺杆、阳螺杆齿间实际上留有间隙,因而能耐液体冲击,可压送含液气体及粉尘气体等。此外,喷油螺杆式压缩机可获得高的单级压力比(最高达20～30)以及低的排气温度。

螺杆式压缩机具有强制输气的特点,即排气量几乎不受排气压力的影响;其内压力比与转速、密度几乎无关,这一点与叶片式压缩机不同。

螺杆式压缩机在宽广的工况范围内仍能保持较高的效率,没有叶片式压缩机在小排气量时出现的喘振现象。

螺杆式压缩机尚有以下不足:首先,由于齿间容积周期性地与吸气、排气孔口连通,以及气体通过间隙泄漏等原因,致使螺杆式压缩机产生很强的中、高频噪声,必须采取消音、减噪措施。其次,由于螺杆齿面是一空间曲面,且加工精度要求又高,故需特制的刀具在专用设备上进行加工。最后,由于机器是依靠间隙密封气体的,加上转子刚度等方面的限制,螺杆式压缩机只适用于中、低压范围。

基于以上特点,螺杆式压缩机在各工业部门日益得到广泛应用,是压缩机械中较有发展前途的一种机型。

2. 螺杆式压缩机的特性曲线

图7-12所示为螺杆式压缩机在不同压力比时排气量 Q_i 与转速 n 之间的关系曲线。过坐标原点引出的一条直线表示理论排气量与转速 n 的关系,它与压力比无关。该直线说明理论排气量正比于转速。直线下面的四条曲线表示不同压力比时实际排气量与转速的关系。

在某一转速下,理论排气量 Q_i 与实际排气量 Q_0 之间的差值 ΔQ 表示因气体泄漏和吸气压力损失引起的排量损失。转速较低时,相对泄漏量增大,使实际排气量 Q_0 急剧下降。转速增加后,相对泄漏量减少,实际排气量曲线 Q_0 逐渐接近理论排气量曲线 Q_i。进一步增加转速,由于吸气压力损失的增加抵消了相对泄漏量的减少,实际排气量 Q_0 与转速几乎成直线关系,并与理论排气量曲线 Q_i 近乎平行。

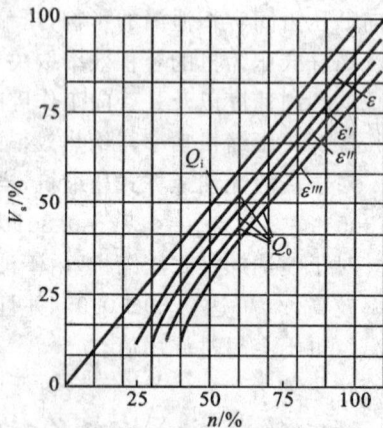

图 7-12 不同压力比时排气量与转速的关系曲线($\varepsilon < \varepsilon' < \varepsilon'' < \varepsilon'''$)

图7-13(a)所示为德国GHH公司生产的无油螺杆式压缩机SK25在转速 $n=5\,500$ r/min时容积效率 η_V、绝热效率 η_{ad} 与压力比 ε 的关系曲线。由图可见,随着压力比的增

加,泄漏量增加,因此容积效率略有下降。这可与图 7-12 得到相互印证。该图还说明,在某一压力比下绝热效率取得最大值。

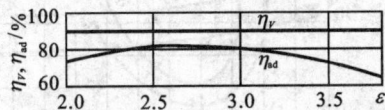

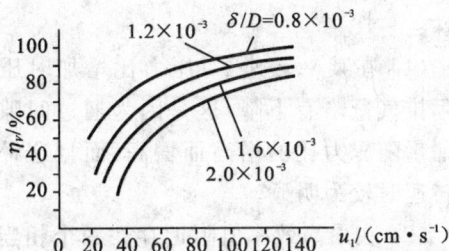

（a）η_V、η_{ad} 与 ε 的关系 　　　　（b）η_V 与螺杆齿顶圆周速度 u_1 和相对间隙 δ 的关系

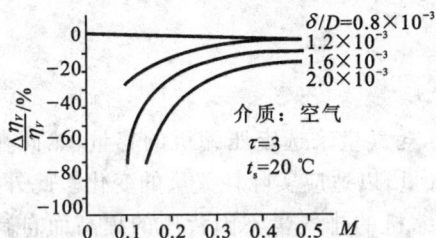

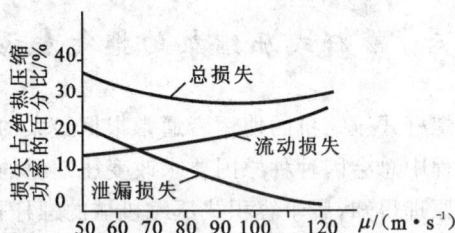

（c）η_V 与马赫数 M 和相对间隙值的关系 　　（d）功率损失中各损失所占的比例

图 7-13　无油螺杆式压缩机特性曲线

压力比不变时,η_V 与螺杆齿顶圆周速度 u_1、相对间隙 δ/D 的关系如图 7-13（b）和（c）所示。由图可见,η_V 随相对间隙的减小而增加,随圆周速度 u_1 的增加而增加,而且在低的圆周速度时影响尤为显著。

目前,常用绝热效率 η_{ad} 来评价无油螺杆式压缩机的经济性。由图 7-13（a）可见,η_{ad} 是取决于压力比 ε 的。同时,η_{ad} 还与圆周速度有密切的关系,圆周速度增加,一方面使容积效率 η_V 增加（图 7-13b,c,d）,另一方面同时也使气体流动损失及摩擦损失增加（图 7-13d）。因此在某一特定的圆周速度下,使泄漏和摩擦两种损失之和为最小,取得最佳的绝热效率。这在图 7-14 所示的曲线中表示得非常明显。

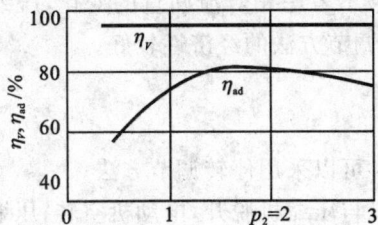

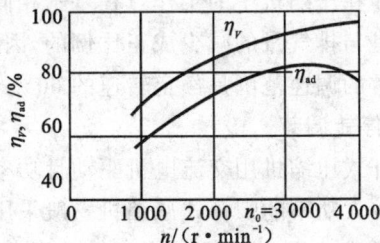

（a）　　　　　　　　　　　　　　　（b）

图 7-14　瑞典 Atlas-Copco 公司的大型螺杆式压缩机的特性曲线

图 7-15 所示为螺杆式压缩机的综合特性曲线,它表示不同转速时排气量 Q_0 和压力

比 ε 的关系。在图上同时也绘出了不同工况下的等效率曲线。由该图可得到螺杆式压缩机有两个特性：

（1）在某一转速下，压力比增加时压缩机的实际排气量略有下降，这是因为通过间隙的气体泄漏量随压力比的增高而增高，而且这种影响在低转速时较为明显。

（2）在最高效率值附近存在一个相当宽广的转速和压力比范围，此范围内压缩机效率的降低并不显著。

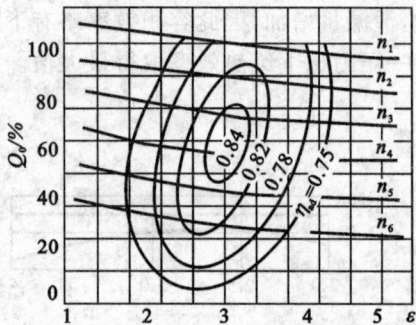

图 7-15　螺杆式压缩机的综合特性曲线

六、螺杆式压缩机的排气量调节

螺杆式压缩机的使用者通常根据最大的实际耗气量来选定压缩机的容量，然而在使用过程中总会因种种原因要求改变压缩机的排气量，以适应实际耗气量的变化。此外，从作用原理得知，属于容积式压缩机械的螺杆式压缩机的排气量不因背压的提高而自行降低。若不作相应的有效调节，不但增加功耗，在某些场合下还可能发生事故，所以必需设置调节控制机构进行排气量调节。

由此可见，排气量调节的目的是使压缩机的排气量和实际耗气量达到平衡，同时还要求这种调节经济、方便。

螺杆式压缩机所使用的调节方法有变转速调节、停转调节、控制吸入调节、进排气管连通调节、空转调节以及滑阀调节等。

1．变转速调节

螺杆式压缩机的排气量和转速成正比关系，因此改变压缩机的转速就可以达到调节排气量的目的。

变转速调节方法的主要优点是整个压缩机机组的结构不需要作任何变动，在调节工况下气体在压缩机中的工作过程基本相同。如果不考虑相对泄漏量的变化，压缩机的功率下降是与排气量的减少成正比例的，因此这种调节方法的经济性较好。

通常的调速范围是额定转速的 $60\%\sim100\%$。

2．停转调节

螺杆式压缩机用交流电机驱动且功率较小时可以采用停转调节方法。

对较大功率的螺杆式压缩机一般采用电动机与压缩机脱开，电动机空转，压缩机停转的调节方式。此时，在压缩机和电动机之间必须加装离合器。

3．控制吸入调节

控制吸入调节利用压缩机吸气管上的进气调节阀进行调节。控制吸入调节又分为停止吸入和节流吸入两种。

停止吸入时,压缩机空转,因而只能进行间断调节,其示功图如图 7-16 中虚线所示。这种调节方法在活塞式压缩机中使用广泛,而在螺杆式压缩机中由于等容压缩段 6-7 致使空载功率较大,达额定功率的 $50\% \sim 60\%$,所以较少采用。

节流吸入时,降低了气体的吸入压力和密度,理论上可以进行连续的无级调节。然而在排气量降低、排出压力不变的情况下,压力比反而增加,功率并不下降,甚至更高,同时排气温度也上升,其示功图如图 7-17 中虚线所示。这种调节方法较少采用,只限于小型机器及工况基本稳定的机组。

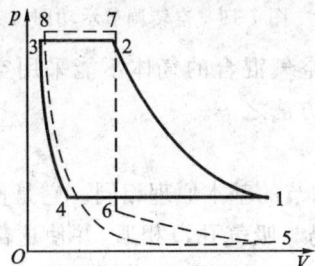

图 7-16 停止吸入调节示功图　　　　图 7-17 节流吸入调节示功图

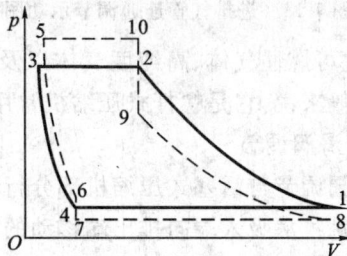

4. 进排气管连通调节

从装置的结构上来看,此种调节方法是简便的,它只需在排出管道上安装一个调节阀。调节工况时,压缩的气体沿旁通管道经此调节阀流回吸入口,其示功图如图 7-18 所示。

图中 1-2-3-4-1 为正常工况时的示功图,而 1-2-3-5-1 为进排气管连通调节时的示功图。面积 2-3-5 表示调节工况时的空转耗功。显然,机器的内压力比越高,这部分功也就越大。由此可见,此种调节方法适用于内压力比低的机器。调节阀开度不同时,排气量有所变化,但幅度并不大。

5. 空转调节

空转调节实际上是停止吸入和进排气管连通调节联合应用的一种综合调节方法。它采用一种在截断吸入的同时能使进排气管连通的减荷阀。空转调节的示功图如图 7-19 所示。它可在停止吸入调节示功图的基础上,考虑气体向进气管道(大气)排放(经安装在压缩机排气止回阀前的连通管)而得到。

由图 7-19 可见,该调节方法的特点是:在调节工况时吸入管道的压力有真空,排出压力为大气压力。显然,这种调节方式的经济性较好,调节工况时的功耗不大于满负荷功率的 30%。

图 7-19 中 1-2-3-4-1 为正常工况时的示功图;5-6-7-8-5 为相应的调节工况时的示功图;低内压力比时的示功图分别为 1-2'-3'-4'-1 和 5-6-7'-8'-5。比较这两种调节工况的示功图可知,低内压力比时空转调节的功耗反而要比高压力比时多消耗相当于面积 7-7'-8'-8 的功。这就是说,空转调节用于高压力比机器较为经济。

必须指出的是,采用这种调节方法时机组的许多部位处于真空状态,周围空气容易漏

285

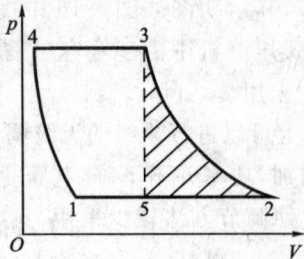

图 7-18 进排气管连通调节示功图

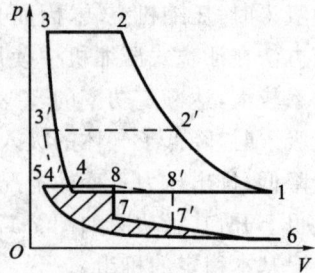

图 7-19 空转调节示功图

入,因此可燃性气体、高纯度气体以及其他不允许与空气混合的气体不能采用空转调节法。一般来说,它是螺杆式压缩机常用的排气量调节方法之一。

6. 滑阀调节

滑阀调节与活塞式压缩机部分行程压开吸气阀调节的基本原理相同。它是使齿间容积在接触线从吸入端向排出端移动的前一段时间内仍与吸气孔口相通,并使这部分气体回流到吸气孔口。也就是减短螺杆的有效轴向长度,以达到调节排气量的目的。

这种调节方法是在螺杆式压缩机机体上装一滑动调节阀(简称滑阀),它位于排气一侧机体两内圆的交点处,且能在气缸轴线平行方向上来回移动。滑阀的运动由与它连成一体的油压活塞推动,进行连续无级调节,如图 7-20 所示。某些结构中,启动时滑阀是由电机经减速后驱动的。

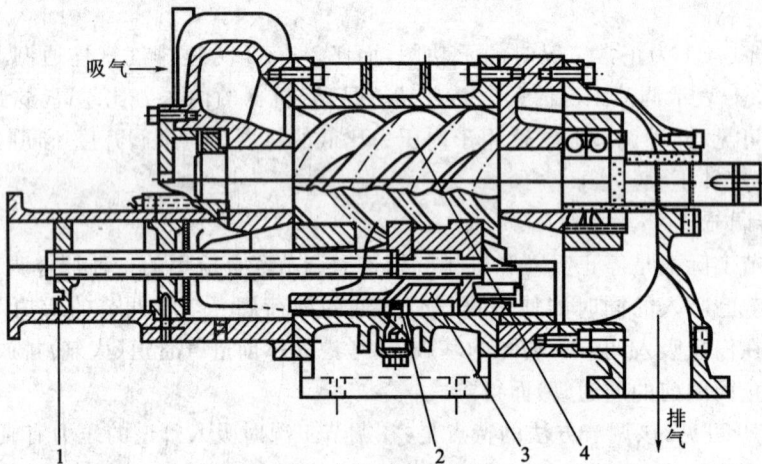

图 7-20 滑阀调节装置

1—油压活塞;2—导键;3—滑阀;4—转子

滑阀的背面在非调节工况时与机体固定部分紧贴,而在调节工况时与固定部分脱离,离开的距离取决于欲调节排气量的大小。滑阀的前缘形成径向排气孔口,当滑阀移动时径向排气孔口一起移动。

滑阀调节的特点是:调节范围广,可在 $100\%\sim10\%$ 的排气量范围内进行无级自动调节;调节方便,适用于工况变动频繁的场合,特别适用于制冷、空调螺杆机组;调节的经济性好,在100%～50%的排气量调节范围内,动力机消耗的功率几乎可与压缩机排气量的减少成正比例下降;可实现卸载启动,特别是在闭式系统中。使压缩机的结构及其自动调节系统复杂化是它的主要缺点。

鉴于上述特点,滑阀调节得到了广泛的应用,特别是制冷装置中几乎都采用其进行能量控制。

第四节 离心式压缩机

一、离心式压缩机的基本构成

离心式压缩机是叶片式压缩机的一种。图 7-21 所示为 DA120-62 离心式压缩机剖面图。型号 DA120-62 中 DA 表示单吸入式离心式压缩机,吸入流量约为 $120\ m^3/min$,6 级结构,第 2 次设计。它的主要设计参数为:流量 $125\ m^3/min$,排气压力为 $6.2\times10^5\ Pa$,工作转速 13 900 r/min,功率 660 kW,用于输送空气或其他无腐蚀性工业气体。

该压缩机由六级组成,每级包括一个叶轮及与其相配合的固定元件。气体由吸入室 1 吸入,通过叶轮 2 做功后气体的压力、温度、速度都提高,然后进入扩压器 3,将气体的动能转变为压能,再经弯道 4 和回流器 5 使气流以一定的方向均匀地进入下一级叶轮。回流器中一般装有导流叶片。气体经一、二、三级压缩后,经蜗壳 6 被引出至中间冷却器,冷却后再进入四、五、六级继续压缩,最后由排出管输出。

转子是离心式压缩机的主要部件,它由主轴 15、叶轮 2、平衡盘 11、推力盘 12、联轴器 13 和卡环 14 组成。静止部件包括机壳 16、扩压器 3、弯道 4、回流器 5、蜗壳 6、隔板 19、回流器导向叶片 20、轴端密封 7 和 8、隔板密封 9、轮盖密封 10、支持轴承 17 和止推轴承 18 等。其中,由叶轮、扩压器、弯道和回流器组成一级,为离心式压缩机的基本单元。

二、离心式压缩机的特点

离心式压缩机在国民经济各领域内的应用越来越广泛,尤其是在大流量、中低压力范围内。与活塞式压缩机相比,其主要优点是:

(1)流量大。气体通流面积较大,叶轮转速很高,气体流速很大,有的压缩机进气量可达 6 000 m^3/min。

(2)转速高。离心式压缩机的转子作旋转运动,转动惯量小,运动件与静止件间保持一定的间隙,因而转速可以很高。其转速一般为 5 000～20 000 r/min。

(3)结构紧凑。机组重量和占地面积均比同一流量的活塞式压缩机小很多。

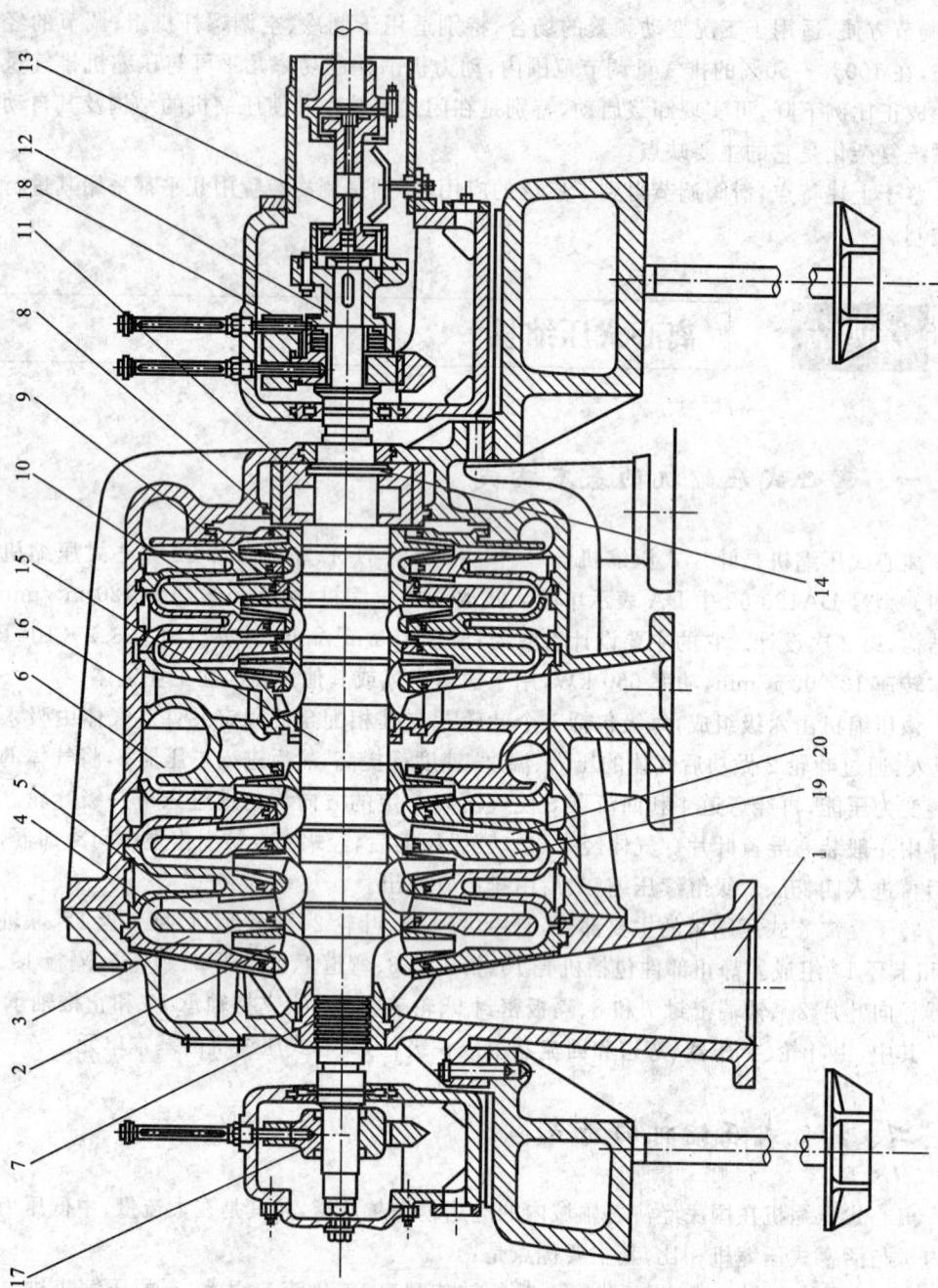

图 7-21 DA120-62 离心式压缩机纵剖面图

1—吸入室;2—叶轮;3—扩压器;4—弯道;5—回流器;6—蜗壳;7,8—轴端密封;

9—隔板密封;10—轮盖密封;11—平衡盘;12—推力盘;13—联轴器;14—卡环;

15—主轴;16—机壳;17—支持轴承;18—止推轴承;19—隔板;20—回流器导流叶片

（4）运转可靠。机组连续运转期为 $1 \sim 3$ 年；易损件少，维修简单，操作费用低；排气均匀；输送的气体不与机器润滑系统的油接触，因此气体可以绝对不带油。

离心式压缩机的缺点是：单级压力比不高；不适用于气量太小和压力比过高的场合；引气流速度大，能量损失较大，效率一般低于活塞式压缩机；转速高、功率大，发生事故后破坏性较大，因此要采取必要的安全措施。

三、离心式压缩机级的基本工作原理

由于离心式压缩机与离心泵在工作原理和结构型式等方面有许多相似之处，因此离心泵一章的内容对于离心式压缩机来说，原则上也是适用的。不同之处主要是输送气体和液体介质性质的区别和流速大小的差异。

1. 欧拉方程式

在离心泵中欧拉方程表示叶轮传递给单位重量液体的能量；在压缩机中，该方程表示为叶轮传递给单位重量气体的能量，该能量也称为理论压头。

$$H_i = \frac{1}{g}(u_2 c_{2u} - u_1 c_{1u}) \tag{7-12}$$

$$H_i = \frac{u_2^2 - u_1^2}{2g} + \frac{c_2^2 - c_1^2}{2g} + \frac{w_1^2 - w_2^2}{2g} \tag{7-13}$$

式中，H_i 为理论压头；u_1 和 u_2 分别为进口和出口处的圆周速度；c_1 和 c_2 分别为进口和出口处的绝对速度；w_1 和 w_2 分别为进口和出口处的相对速度；c_{1u} 和 c_{2u} 分别为进口和出口处绝对速度的圆周分量；g 为重力加速度。

如果知道了叶轮进口、出口处气体的速度，就可以计算出理论压头，且可以不考虑叶道内部气体的流动情况，与气体性质也无关。因此，无论什么介质，只要叶轮尺寸一定、转速一定、流量一定，那么理论压头就确定了。

与离心泵中一样，一般设计成气体径向进入叶轮流道，即 $\alpha_1 = 90°$，$c_{1u} = 0$，称为无预旋，有：

$$H_i = \frac{u_2 c_{2u}}{g} = \frac{u_2^2}{g} \cdot \frac{c_{2u}}{u_2} = \varphi_{2u} \frac{u_2^2}{g} \tag{7-14}$$

式中，φ_{2u} 称为理论压头系数或周速系数。

当叶片数为有限多时，叶道中的气体由于惯性的作用而产生轴向涡旋运动，使气体在叶道中的流动复杂，因此很难精确计算出 c_{2u} 的值。工程上常用环流系数来表示轴向涡旋对理论压头的影响。对于离心式压缩机后弯式和强后弯式叶片的叶轮，常采用斯陀道拉的半理论半经验公式，先计算出环流系数 μ，再将其代入式(7-14)：

$$\mu = \frac{c_{2u}}{c_{2u\infty}} = \frac{u_2 - c_{2r} \cot \beta_{2A} - u_2 \frac{\pi}{z} \sin \beta_{2A}}{u_2 - c_{2r} \cot \beta_{2A}} = 1 - \frac{u_2 \frac{\pi}{z} \sin \beta_{2A}}{u_2 - c_{2r} \cot \beta_{2A}} \tag{7-15}$$

289

$$H_i = \frac{u_2 c_{2u}}{g} = \frac{u_2 \mu c_{2u\infty}}{g} = \frac{u_2^2}{g}\left(1 - \frac{c_{2r}}{u_2}\cot \beta_{2A} - \frac{\pi}{z}\sin \beta_{2A}\right) \tag{7-16}$$

式中，β_{2A} 为叶片出口结构角；z 为叶片数；$c_{2u\infty}$ 为无限多叶片出口周向速度。

对于 β_{2A} 较大，特别是 $\beta_{2A} \geqslant 90°$ 的叶轮，上式不宜采用。

应用连续性方程表示级中任意截面上的容积流量、流速和流量系数。根据质量守恒定律，级中任意截面上的容积流量与该截面上的气体密度成反比，由此可知叶轮任意截面上的容积流量为：

$$Q_i = \frac{\rho_s Q_s}{\rho_i} = \frac{v_i}{v_s}Q_s = \frac{Q_s}{k_{vi}} \tag{7-17}$$

式中，$k_{vi} = v_s/v_i$ 称为比容比；v_s 为进口气体比容；v_i 为任意截面上的气体比容；Q_s 为压缩机进口状态下的容积流量；ρ_s 和 ρ_i 分别为进口和任意截面上的气体密度。

2. 级的总耗功和功率

旋转叶轮所消耗的功用于两方面：一方面，叶轮通过叶片对叶道内的气体做功，也就是气体获得的理论压头 H_i；另一方面，叶轮本身在旋转时产生两项附加损失而消耗功。一项是叶轮外表面与周围间隙中的气体有相对运动，消耗摩擦功，称为轮阻损失功 L_{df}。这部分功将变成热量被气体所吸收，转化为气体的压头 $H_{df} = L_{df}$。另一项是由于轮盖处不能做到绝对密封，有重量流量为 $Q_l N/s$ 的气体从叶轮出口返回到叶轮进口，如此反复压缩、膨胀而消耗功，称为内漏气损失功 L_l。这部分功也将变成热量被气体所吸收，转化为气体的压头 $H_l = L_l$。这样，叶轮对每牛顿气体所作的总功 L_{tot} 和气体从叶轮中得到的相应的总压头 H_{tot} 分别为：

$$L_{tot} = L_i + L_{df} + L_l \tag{7-18}$$

$$H_{tot} = H_i + H_{df} + H_l \tag{7-19}$$

设通过叶轮的有效流量为 Q，叶片做功消耗的理论功率 N_i 为 $N_i = \rho g Q H_i \times 10^{-3}$，轮阻损失消耗的功率为 N_{df}，内漏气损失消耗的功率为 N_l。由于轮盖处的内漏气，经过叶道的实际流量 Q_{tot} 为有效流量 Q 和内漏气流量 Q_l 之和，即 $Q_{tot} = Q + Q_l$。叶轮总的功率消耗（下式中以 kW 为单位）为：

$$N_{tot} = N_i + N_{df} + N_l = \rho g Q_{tot} H_i \times 10^{-3} + N_{df}$$

$$= \rho g Q H_i \times 10^{-3}\left(1 + \frac{Q_l}{Q} + \frac{N_{df}}{\rho g Q H_i \times 10^{-3}}\right) \tag{7-20}$$

令 $\beta_l = \dfrac{Q_l}{Q}$，称为内漏气损失系数；$\beta_{df} = \dfrac{N_{df}}{\rho g Q H_i \times 10^{-3}}$，称为轮阻损失系数。于是总功率（下式中以 kW 为单位）又可表示为：

$$N_{tot} = \rho g Q H_i \times 10^{-3}(1 + \beta_l + \beta_{df}) \tag{7-21}$$

单位重量气体从叶轮中获得的总压头为：

$$H_{tot} = H_i(1 + \beta_l + \beta_{df}) \tag{7-22}$$

3．能量方程

当气体在级中稳定流动时，取级中任意两截面 a, b 为所研究的开口热力系统，如图 7-22 所示。进口截面 a 上的气体状态参数为 p_a, T_a, v_a，速度为 c_a；出口截面 b 上的气体状态参数为 p_b, T_b, v_b，速度为 c_b。

根据热力学稳定流动能量方程，有：

$$H_{ab}+\frac{q_{ab}}{A}=\frac{i_b-i_a}{A}+\frac{c_b^2-c_a^2}{2g}+(Z_b-Z_a)\approx\frac{i_b-i_a}{A}+\frac{c_b^2-c_a^2}{2g}$$

$$(7-23)$$

式中，H_{ab} 为单位重量气体在 a, b 面间对外界输出或输入的功（规定外界对气体做功为正，气体对外界做功为负），N·m/N；q_{ab} 为单位重量气体在 a, b 间对外界输出或输入的热（规定外界传给气体热时为正，气体传给外界热时为负），kcal/N（其中，1 kcal＝4 184.8 J）；i_a, i_b 分别为单位重量气体在 a, b 截面的焓，kcal/N；A 为功的热当量，kcal/(N·m)；Z_a, Z_b 分别为 a, b 截面的位置高度，m。

对于离心式压缩机，Z_b-Z_a 很小，可略去不计。

$$A=\frac{1}{427g}$$

式中，g 为重力加速度；A 的单位为 kcal/(N·m)。

对于理想气体，$k=\frac{c_p}{c_V}$，$c_p-c_V=AR$，式中 c_p 为比定压热容，c_V 为比定容热容，R 为气体常数。因此有：

$$H_{ab}+\frac{q_{ab}}{A}=\frac{c_p}{A}(T_b-T_a)+\frac{c_b^2-c_a^2}{2g}=\frac{kR}{k-1}(T_b-T_a)+\frac{c_b^2-c_a^2}{2g}\qquad(7-24)$$

式(7-23)和式(7-24)称为稳定流动能量方程式或热焓方程式。

在离心式压缩机的计算中常将 q_{ab} 略去不计，此时有：

$$H_{ab}=\frac{i_b-i_a}{A}+\frac{c_b^2-c_a^2}{2g}=\frac{c_p}{A}(T_b-T_a)+\frac{c_b^2-c_a^2}{2g}$$

$$=\frac{kR}{k-1}(T_b-T_a)+\frac{c_b^2-c_a^2}{2g}\qquad(7-25)$$

上式是离心式压缩机计算中的重要公式，可以计算各截面温度、速度的变化规律。

当 a, b 截面为级的进口、出口截面时，有：

$$H_{tot}=\frac{c_p}{A}(T_d-T_s)+\frac{c_d^2-c_s^2}{2g}=\frac{kR}{k-1}(T_d-T_s)+\frac{c_d^2-c_s^2}{2g}\qquad(7-26)$$

上式中级出口气体的实际温度包含了由于级中轮阻损失和内漏气损失所引起的气体温度变化。

4．伯努利方程

将热力学第一定律应用于封闭热力系统，对单位重量的气体有：

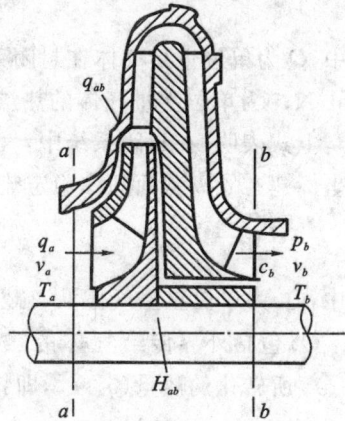

图 7-22 推导能量方程用图

291

$$du = dQ - Apdv$$

$$dQ = di - Avdp \tag{7-27}$$

式中，Q 为单位重量气体在封闭系统中所获得的热量，kcal/N；u 为单位重量气体的内能，kcal/N；i 为单位重量气体的热焓，kcal/N。

上式表明，在封闭系统中，气体得到热量后其焓值增加，同时气体对外做膨胀功。若将坐标建在 a,b 截面间作稳定流动的气流上，使其形成封闭系统，得：

$$Q_{ab} = i_b - i_a - A\int_{p_a}^{p_b} vdp \tag{7-28}$$

式中，Q_{ab} 为单位重量气体从 a 截面至 b 截面所得到的热量。

Q_{ab} 包括外界传给气体的热量 q_{ab} 及气流由 a 截面流至 b 截面时所有的能量损失 $(h_{los})_{ab}$ 所转化的热量 $(q_{los})_{ab}$，即：

$$Q_{ab} = q_{ab} + (q_{los})_{ab} = q_{ab} + A(h_{los})_{ab}$$

因此，式(7-28)成为：

$$i_b - i_a = q_{ab} + A(h_{los})_{ab} + A\int_{p_a}^{p_b} vdp \tag{7-29}$$

将上式代入热焓方程(7-23)得：

$$H_{ab} = \int_{p_a}^{p_b} vdp + \frac{c_b^2 - c_a^2}{2g} + (h_{los})_{ab} \tag{7-30}$$

上式是以机械能形式表示的能量平衡方程，称为伯努利方程。它是计算压缩机级中气体压力变化的一个重要方程式。

在热焓方程式中，热能与机械能是被等同地看待的，但在引用了"损失"的概念后，伯努利方程清楚地将机械功分为三部分：如式(7-30)所示，前两项为有效功，第三项为伴随的无效功(损失)。由热力学第二定律可知，这部分损失是不可避免的，但应采取措施尽量减少。

在式(7-28)中，如果 a,b 截面分别为级的进口、出口截面，则有：

$$H_{tot} = \int_{p_s}^{p_d} vdp + \frac{c_d^2 - c_s^2}{2g} + h_{los} \tag{7-31}$$

式中，p_s 为级进口处气体压力，Pa；p_d 为级出口处气体压力，Pa；h_{los} 为从级进口到级出口全部能量损失，N·m/N；v 为气体比容，m^3/kg。

气体从级进口到级出口的全部能量损失应包括轮阻损失 $h_{df}(=H_{df})$，内漏气损失 h_1 $(=H_1)$ 以及气体在流道中流动所引起的摩擦、冲击、旋涡等流动损失 h_{hyd}，故：

$$H_{tot} = \int_{p_s}^{p_d} vdp + \frac{c_d^2 - c_s^2}{2g} + h_{df} + h_1 + h_{hyd} \tag{7-32}$$

对于离心式压缩机，气体在级中的压缩过程可近似用多变过程来表示，即：

$$\int_{p_s}^{p_b} vdp = H_{pol}$$

因此有：

$$H_{tot} = H_{pol} + \frac{c_d^2 - c_s^2}{2g} + h_{df} + h_l + h_{hyd} \qquad (7-33)$$

由于 $H_{tot} = H_i + H_{df} + H_l$，经比较可得：

$$H_i = H_{pol} + \frac{c_d^2 - c_s^2}{2g} + h_{hyd} \qquad (7-34)$$

在离心式压缩机计算中，总是将包括温度的热焓方程式与含有气流压力及损失压头的伯努利方程同时使用，互相补充，以求得级中气流参数的变化规律。

5. 级效率

由伯努利方程可知，$H_{ab} - \dfrac{c_b^2 - c_a^2}{2g}$ 是外功中可以用来使气体压力升高并克服损失的压头，称为可用压头。将可用压头中真正用于压缩气体的压头所占的比例称为效率。若 a，b 分别为级的进口和出口截面，则称该效率为级效率：

$$\eta = \frac{\displaystyle\int_{p_s}^{p_d} v\mathrm{d}p}{H_{tot} - \dfrac{c_d^2 - c_s^2}{2g}} \qquad (7-35)$$

1）多变效率

在离心式压缩机中，实际压缩过程一般可用多变过程来表示，$\displaystyle\int_{p_s}^{p_d} v\mathrm{d}p = H_{pol}$。将多变压缩功与级的可用压头之比称为级的多变效率：

$$\eta_{pol} = \frac{H_{pol}}{H_{tot} - \dfrac{c_d^2 - c_s^2}{2g}} = 1 - \frac{h_{los}}{H_{tot} - \dfrac{c_d^2 - c_s^2}{2g}} = \frac{\dfrac{mR}{m-1}(T_d - T_s)}{\dfrac{kR}{k-1}(T_d - T_s)} = \frac{\dfrac{m}{m-1}}{\dfrac{k}{k-1}} = \frac{\sigma}{\dfrac{k}{k-1}} \qquad (7-36)$$

式中，σ 为多变指数系数。

一般压缩机级的多变效率 $0.7 \sim 0.84$。

为了便于分析和比较，引入绝热效率和等温效率的概念。

2）绝热效率

设 T_d' 是级中为绝热过程时级出口处的气体温度，绝热压缩功 H_{ad} 与可用压头之比为绝热效率 η_{ad}：

$$\eta_{ad} = \frac{H_{ad}}{H_{tot} - \dfrac{c_d^2 - c_s^2}{2g}} = \frac{\dfrac{kR}{k-1}(T_d' - T_s)}{\dfrac{kR}{k-1}(T_d - T_s)} = \frac{(T_d' - T_s)}{(T_d - T_s)} \qquad (7-37)$$

3）等温效率

等温效率 η_{is} 是指等温压缩功 H_{is} 与级中可用压头之比，即：

$$\eta_{is} = \frac{H_{is}}{H_{tot} - \dfrac{c_d^2 - c_s^2}{2g}} \qquad (7-38)$$

若实际多变过程越接近等温过程，则等温效率越高。

四、离心式压缩机级的性能曲线

压缩机级的工作状况是由进口流量 Q_s，进气压力 p_s，进气温度 T_s 及工作转速 n 等四个独立变量决定的。在进气状态一定、转速不变的条件下，压缩机级的压力比 ε、多变效率 η_{pol} 随流量变化的关系通常称为压缩机级的特性。相应的曲线有 $\varepsilon = f(Q_s)$ 曲线，$\eta = f(Q_s)$ 曲线，统称为性能曲线。图 7-23 所示为某离心式压缩机模型级的性能曲线。

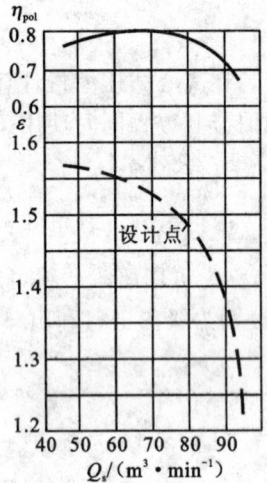

图 7-23 某离心式压缩机
模型级的性能曲线

1. ε-Q_s 曲线

在式(7-34)中，略去级进出口动能差得：

$$H_{pol} = H_i - h_{hyd} \tag{7-39}$$

对于叶轮几何参数已定的压缩机级，当转速 n 一定时，H_i 随 Q_s 增大而呈线性减小。h_{hyd} 较复杂，可以粗略地认为起主要影响的是摩阻损失 h_f 和冲击损失 h_s，因此得出：

$$H_{pol} = H_i - h_{hyd} = f(Q_s) - f_1(Q_s^2) - f_2((Q_d - Q_s)^2) \tag{7-40}$$

上式与离心泵中分析压头-流量的关系是完全相同的。

由于 $\varepsilon = \dfrac{p_d}{p_s} \approx 1 + \dfrac{H_{pol}}{RT_s}$，在进气温度 T_s 和气体常数 R 一定的条件下，ε-Q_s 曲线的形状与 H_{pol}-Q_s 曲线的形状相似，是一条随流量增大、压力比减小的曲线。

2. η-Q_s 曲线

一般在设计工况时气流情况与叶片几何形状最协调，流动损失最小，有最高的效率。当流量大于设计流量 Q_s 时，流动损失 h_f 及 h_s 都增大，随流量增大，效率下降；当流量小于设计流量 Q_s 时，虽然 h_f 随流量减小而减小，但 h_s 随流量减小而急剧增加。另外，在流量小时，内漏气损失及轮阻损失所占的相对比例就增大，因此效率随流量减小而下降，从而使效率曲线呈现中间高、两头低的形状。

离心式压缩机的性能曲线目前尚不能用理论计算方法准确得到，只能在一定的转速、一定的介质下对压缩机级逐点实际测试，得出性能曲线，或利用相似理论进行换算。

五、多级离心式压缩机的性能曲线

由于气体通过一个叶轮级所获得的压头有限，为了满足一定的压力比，实际中常采用多级离心式压缩机。

对整台离心式压缩机，也有大致与级性能曲线相似形状的离心式压缩机机性能曲线，如图 7-24 所示。

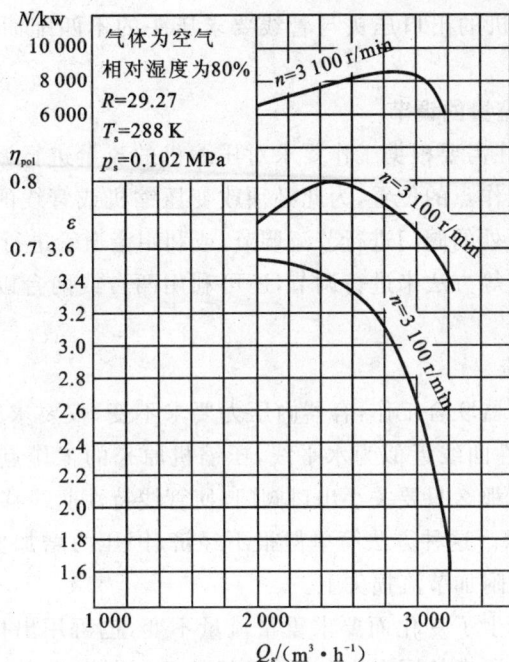

图 7-24　离心式压缩机的性能曲线

六、离心式压缩机的排气量调节

1. 离心式压缩机工作点的建立

当离心式压缩机沿一条管路输送一定流量的气体时,要求机器提供一定的能量用于提高气体的位置、克服管路两端的压力差和克服气体沿管路流动时的各种流动损失,即:

$$H_g = \frac{p_B - p_A}{\rho g} + (Z_B - Z_A) + h \qquad (7-41)$$

式中,p_A,p_B 分别为吸液罐和排液罐液面上的压力,Pa;H_A,H_B 分别为吸液罐和排液罐液面至压缩机轴中心线的距离,m;h 为液体流经吸入管路和排出管路时的总的流动损失,m。

式(7-41)中提高单位重量气体位置和克服压力差所需要的能量与管路中的流量无关,而克服单位重量气体的流动损失所需的能量则与气体流速的平方成正比,即与流量的平方成正比($h = KQ^2$)。

II_g-Q 曲线称为管路特性,将其与压缩机的压头流量曲线 H_{pol}-Q_s 画在同一个图中,两条曲线的交点 M 即为压缩机的工作点,如图 7-25 所示。

当压缩机在 M 点以外的其他点上工作时,如 A

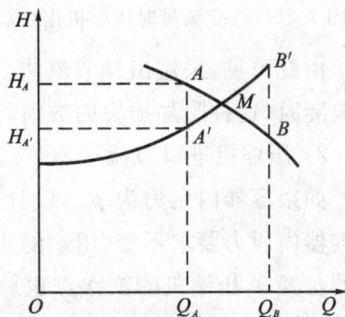

图 7-25　离心式压缩机工作点的确定

点或 B 点,都会因压缩机的出口压头与管线要求压头的不匹配而使工作点自动回到 M 点。

2. 离心式压缩机流量的调节

在实际使用中,往往需要根据工作要求对压缩机的流量进行调节。调节压缩机的流量也就是相应的改变工作点的位置,为此必须改变压缩机或管线的特性曲线。管线特性曲线可利用入口和出口处的阀门进行节流调节,或利用旁通管进行旁路调节;而压缩机的特性曲线可用改变转速等方法来进行调节,还可利用两台或两台以上的压缩机进行串联或并联工作。

1)压缩机出口节流

假定压缩机与某容器联合工作,容器内压力要求不变,仅要求减少流量;同时假定管线中阻力很小,管线特性曲线近似为水平线,压缩机原来的工作点为 S 点。如用户要求将重量流量减小到 $G_{S'}$,那么只要关小出口阀门,使管线特性曲线移到位置3,工作点便移到 S' 点,如图 7-26 所示。这种方法简单但很不经济,因压力增加值 $p_S - p_{S'}$ 完全消耗在由于阀门关小所引起的附加节流损失上。

如果容器内压力发生了变化而要求重量流量不变,也可用出口节流阀方便地得到。如图 7-27 所示,容器内原来的压力为 p_S,压缩机的工作点为 S 点,重量流量为 G_S。若容器内压力下降到 $p_{S'}$,则流量有变大的趋势,这时可关小管线中的阀门,使管线特性曲线移到位置3,这时工作点仍为 S 点。同样,压力增加值 $p_S - p_{S'}$ 完全消耗在由于阀门关小所引起的附加节流损失上。

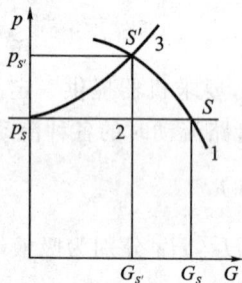

图 7-26　改变流量时压缩机出口调节特性图　　图 7-27　改变压力时压缩机出口调节特性图

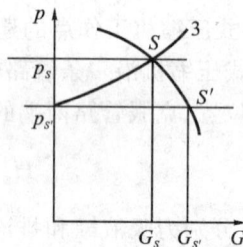

由此可见,采用出口节流法会带来附加损失。当调节量比较大以及压缩机特性曲线比较陡时,这种附加损失的数值将相当大,很不经济。

2)压缩机进口节流

如果容器内压力为 p_{op},设计工况时进口阀门全开,工作点为 S 点,重量流量为 G_S。如容器内压力要求不变,用户的重量流量需减小到 $G_{S'}$,这时可调节进口阀门,使特性曲线移到位置3,压缩机的工作点也就移到了 S' 点,如图 7-28 所示。如容器内压力变化,由 p_{op} 下降到 $p_{S'}$,而要求重量流量不变,可改变进口阀门的开度,使压缩机的特性曲线移到位置3,这时压缩机的工作点为 S' 点,如图 7-29 所示。

进口节流调节也是一种很简单的调节方法,虽然在进口调节阀门处也有一定的附加损失,但与出口节流调节相比,其经济性要好,可少消耗能量 4%~5%。

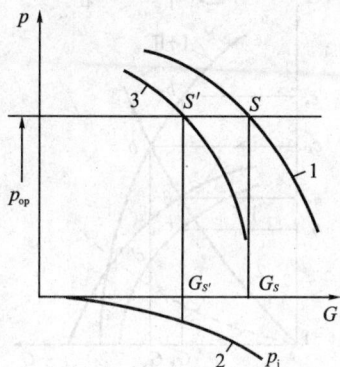

图 7-28　改变流量时压缩机进口调节特性图　　　图 7-29　改变压力时压缩机进口调节特性图

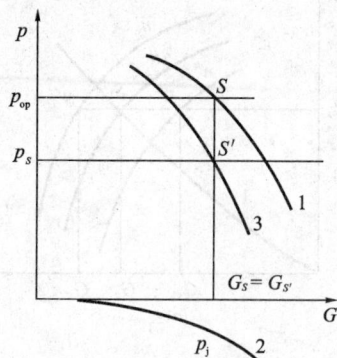

3) 改变压缩机的转速

如果压缩机后面容器内的压力 p_{op} 不变,原重量流量为 G_s,要求增加到 $G_{s'}$,只要将转速提高到 n' 就可以。如果重量流量要求减小到 $G_{s''}$,只要将转速降低到 n'' 就可以。如果压缩机后面是管线,管线的特性曲线为线 1,同样也可用提高转速来增加排气量,用降低转速来减小排气量(但同时压头也会有所改变),如图 7-30 所示。

改变转速是离心式压缩机最经济的调节方法,这是因为压头与转速的平方成正比关系。由于改变转速并不引起附加损失,所以大型压缩机都采用这种调节方法。当然,调节转速后压缩机的新工作点不一定是最高效率的点。

4) 串联工作

当两台压缩机串联工作时要特别注意它们之间的工作协调问题。若两台压缩机的重量流量 G 相同,那么其进口体积排气量 $Q_Ⅰ$ 和 $Q_Ⅱ$ 应符合 $Q_Ⅱ = \dfrac{\rho_Ⅰ}{\rho_Ⅱ} Q_Ⅰ$,其中的 $\rho_Ⅰ$ 和 $\rho_Ⅱ$ 分别为第一台压缩机进口、出口气体密度。第二台压缩机的参数应根据 $Q_Ⅱ$ 和所需增加的压力比 $\varepsilon_Ⅱ$ 来选择。

在图 7-31 中,曲线 Ⅰ 为第一台压缩机的特性曲线,曲线 Ⅱ 为第二台压缩机的特性曲线,叠加后所得曲线 Ⅰ＋Ⅱ 为串联后的总特性曲线。

压缩机串联后的工作效果如何,要根据用户的特点才能确定。如果压缩机是与某压力容器联合工作的,容器内的压力要求从 ε_a 增加到 ε_b,排气量仍为 G_a,这时两台压缩机串联后就能达到所需要求。此时,第一台压缩机的工况不变,排气量为 G_a,压力比为 ε_a;第二台压缩机通过排气量 G_a 时压力比为 ε_c,总的压力比 $\varepsilon_b = \varepsilon_a \varepsilon_c$。

但如果压缩机是与管线联合工作的,这时管线特性曲线为曲线 2,串联后的工作点为 b' 点,总压力比为 $\varepsilon_{b'}$,排气量则增加到 $G_{a'}$。这时压缩机 Ⅰ 的工作点为 a' 点,排气量为 $G_{a'}$,压力比为 $\varepsilon_{a'}$,压缩机 Ⅱ 的工作点变到 c' 点。可见,串联工作时各台压缩机的工作点与其

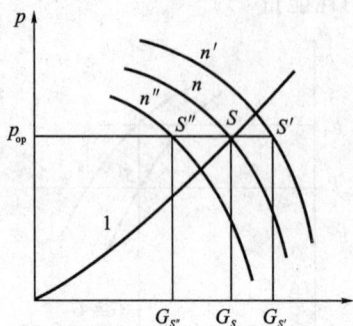

图 7-30　转速改变时工作点的变化

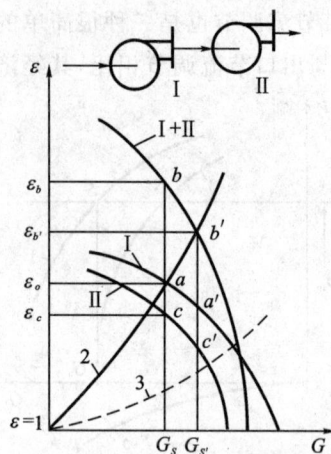

图 7-31　两台压缩机串联后的总特性曲线

在同一条管线中单独工作时的工作点是不同的,不仅增加了气体压力,也增加了流量。

从图 7-31 中还可以看出,如果管线阻力系数降低,管线特性曲线移到曲线 3 位置,这时串联工作是毫无意义的,此时压缩机 Ⅱ 不起增压作用。

压缩机的串联工作增加了整个装置的复杂性,因此很少采用。

5) 并联工作

压缩机并联后的总特性曲线可以根据两台压缩机各自的特性曲线在同样压力比下的排气量叠加而得。图 7-32 所示曲线 Ⅰ+Ⅱ 即为并联后的总特性曲线。

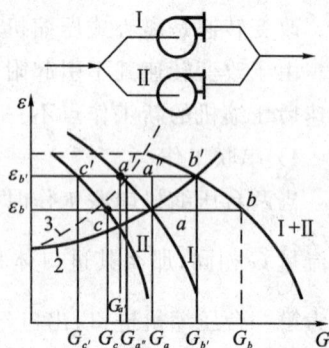

压缩机并联后的效果如何,也要根据用户的特点来确定。如果压缩机与等压容器联合工作,压力比为 ε_b,则压缩机 Ⅰ 的工作点为 a 点,排气量为 G_a,压力比为 $\varepsilon_a = \varepsilon_b$;压缩机 Ⅱ 的工作点为 c 点,排气量为 G_c,压力比为 $\varepsilon_c = \varepsilon_b$。并联后的总排气量 $G_b = G_a + G_c$。

如果压缩机和管线系统联合工作,管线的特性曲线为曲线 2,则并联工作点为 b' 点,排气量为 $G_{b'}$,压力比为

图 7-32　两台压缩机并联后的总特性曲线

$\varepsilon_{b'}$。此时压缩机 Ⅰ 的工作点为 a' 点,排气量为 $G_{a'}$,压力比为 $\varepsilon_{a'} = \varepsilon_{b'}$;压缩机 Ⅱ 的工作点为 c' 点,排气量为 $G_{c'}$,压力比为 $\varepsilon_{c'} = \varepsilon_{b'}$。这样,两台压缩机并联后的总排气量增加了,但每台压缩机本身的排气量比单独运转时减少了。

如果管线阻力增加,管线特性曲线移到位置 3,压缩机 Ⅱ 达到最小流量而开始喘振,这时应使压缩机 Ⅱ 停止运转,使压缩机 Ⅰ 单独工作。

本章思考题

1. 试述天然气管道输送过程中的场站及设备特点。

2. 压缩机有哪几大类？工作原理各有何特点？

3. 活塞式压缩机由哪些部件组成？各起什么作用？活塞式压缩机有什么特点？

4. 活塞式压缩机有哪两类润滑系统？

5. 活塞式压缩机的理论工作循环和实际工作循环有什么区别？

6. 活塞式压缩机的热效率有哪几种？哪一种更能反映压缩机的实际压缩过程？

7. 活塞式压缩机的排气量调节措施有哪些？各有何特点？

8. 试述螺杆式压缩机的特点、结构和作用原理。无油机器和喷油机器有何区别？

9. 螺杆式压缩机有哪几个工作过程？

10. 螺杆式压缩机的齿形应满足什么基本要求？有哪几种齿形？各有什么特点？

11. 螺杆式压缩机的容积效率取决于哪些因素？

12. 螺杆式压缩机的排气量调节措施有哪些？各有何特点？

13. 离心式压缩机有什么特点？由哪些部件组成？各起什么作用？

14. 离心式压缩机级中气流的能量方程式(热焓方程式)和伯努利方程式各说明了什么？该压缩机级的能量损失包括哪几部分？

15. 什么是离心式压缩机的特性？其特性曲线包括哪几条？

第八章

> >> *Chapter Eight*

机械采油设备

第一章中已经提及,机械采油是从井下提取原油的基本手段,因此进一步了解机械采油设备的相关内容就显得十分必要。本章将讨论目前石油矿场常用的主要采油机械设备的结构、工作原理及使用等问题。

第一节　游梁式抽油机

抽油机属于有杆抽油设备的地面动力传动装置。按照驱动型式分,主要是电驱动抽油机和液、气驱动抽油机;按照结构特点分,有游梁式抽油机(常规型游梁式抽油机、前置式游梁式抽油机、异相曲柄抽油机和双驴头型抽油机)和无游梁式抽油机(直线电机抽油机、链条式抽油机、液压抽油机等)。

一、常规型游梁式抽油机

游梁式抽油机是最古老、应用最广泛的一种抽油机型式。它工作可靠、坚实,使用和维修方便,并且在常规型基础上发展了多种型式。它的作用是通过减速箱、曲柄连杆或其他杆件机构等,将动力机的旋转运动变为抽油杆和抽油泵的往复运动,实现抽油泵的吸油和排油过程,并悬挂抽油杆,承受荷重。

常规型游梁式抽油机的简图和结构图分别如图 8-1 和 8-2 所示,主要由动力机、齿轮减速箱、曲柄、平衡块、连杆、游梁、支架和驴头等组成。驴头上安装有钢丝绳悬绳器,通过光杆夹和吊环与光杆连接在一起。光杆通过井口密封盒与油管内的抽油杆相连。

我国常规型游梁式抽油机已经标准化，可以用代号、规格代号和型号表示。按照石油行业标准 SY/T 5044—2003 规定，代号包括类别代号、平衡方式代号和齿形代号三种。

抽油机类别代号：CYJ 表示常规型游梁式抽油机；CYJQ 表示前置型游梁式抽油机；CYJY 表示异相型游梁式抽油机；CYJS 表示双驴头型游梁式抽油机。

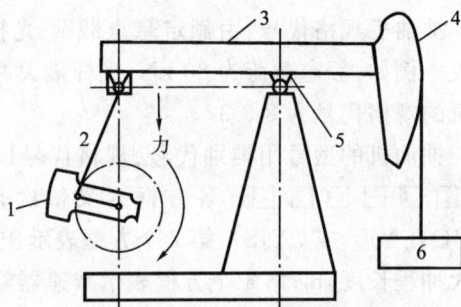

图 8-1　常规型游梁式抽油机简图

1—平衡重；2—连杆；3—游梁；4—驴头；
5—支架；6—悬重

平衡方式代号：Y 为游梁平衡，即在游梁上加平衡重；B 为曲柄平衡，即在曲柄上加平衡重；F 为复合平衡，即同时用两种以上（含两种）方式；Q 为气动平衡，即用气缸平衡。

齿形代号：H 代表点啮合双圆弧齿形；无 H 标记代表渐开线齿形。

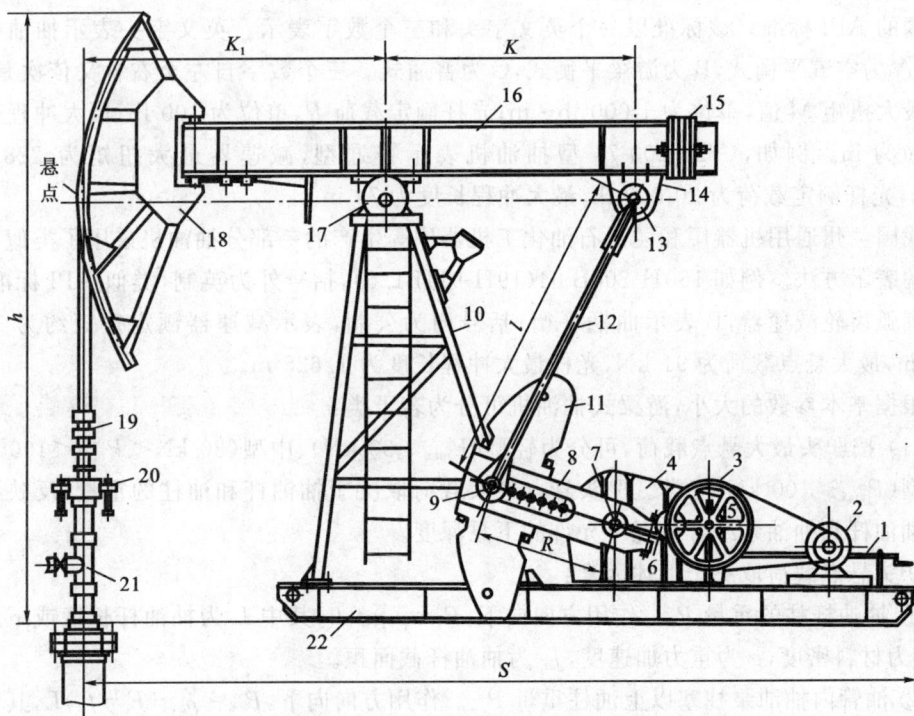

图 8-2　常规型游梁式抽油机结构图

1—刹车装置；2—电动机；3—减速箱皮带轮；4—减速箱；5—输入轴；6—中间轴；
7—输出轴；8—曲柄；9—连杆轴；10—支架；11—平衡重；12—连杆；13—横梁轴；
14—横梁；15—平衡板；16—游梁；17—支架；18—驴头；19—悬绳器；20—井口密封盒；
21—出油三通；22—底盘

抽油机规格代号:由额定悬点载荷-光杆最大冲程-减速器额定扭矩的数值排列组合而成。例如,额定载荷为 80 kN、光杆最大冲程为 3 m、减速器额定扭矩为 37 kN·m 的抽油机的规格代号为 8-3-37。

抽油机的型号用类别代号、规格代号以及减速器齿型代号和平衡方式代号等表示,为:□ □-□-□ □ □。各方框含义依次是:第 1 个方框表示抽油机类别代号(CYJ, CYJQ,CYJY 或 CYJS);第 2 个方框表示驴头额定悬点载荷,10 kN;第 3 个方框表示光杆最大冲程长度,m;第 4 个方框表示减速器额定扭矩,kN·m;第 5 个方框表示减速器齿轮齿形代号(H 为点啮合双圆弧齿形,无代号为渐开线齿形);第 6 个方框表示平衡方式代号(Y 为游梁平衡,F 为复合平衡,B 为曲柄平衡,Q 为气动平衡)。

例如,CYJ8-3-37HB 型抽油机表示常规型曲柄平衡,悬点载荷 80 kN,光杆最大冲程长度 3 m,点啮合双圆弧齿轮啮合传动减速器,额定扭矩为 37 kN·m。

我国抽油机和其他石油钻采设备正逐步进入国际市场,因而结合我国的具体情况,出现了使我国抽油机标准逐渐与国际标准或国际上常用标准靠拢的趋势。具体来说,就是使抽油机的悬点载荷 P、减速器最大扭矩 M 和光杆最大冲程 S 这三个主要参数尽可能接近美国的 API 标准。该标准以一个英文字头和三个数字表示。英文字头表示抽油机的类型:A 为空气平衡式,B 为游梁平衡式,C 为普通式。三个数字自左至右含义依次是:减速器最大扭矩 M 值,单位为 1 000 lb·in;光杆额定载荷 P,单位为 100 lb;最大冲程长度 S,单位为 in。例如,C228-200-74 型抽油机表示普通型,减速器最大扭矩为 228 000 lb·in,光杆额定载荷为 20 000 lb,最大冲程长度为 74 in。

我国兰州通用机器厂和兰州石油化工机器厂等生产的一部分抽油机采用了类似 API 标准的表示方法。例如 160H-200B-64(19H-9.1B1.6),括号外为英制,类似 API 标准,H 表示圆弧齿轮减速器,B 表示曲柄平衡;括号内为公制,表示减速器额定扭矩约为 18.5 kN·m,最大悬点载荷为 91 kN,光杆最大冲程长度为 1.625 m。

根据基本参数的大小,游梁式抽油机可分为若干类:

(1) 按驴头最大悬点载荷,可分为轻型($P_{max} \leqslant 30$ kN)、中型(30 kN$< P_{max} <$100 kN)和重型($P_{max} > 100$ kN)三类。驴头悬点最大载荷取决于抽油杆和油柱的重量,反映了一定的抽油杆和抽油泵组合情况下允许的下泵深度。

驴头悬点载荷取决于下述因素:

① 抽油杆柱的重量 P_r。作用方向向下,$P_r = \rho_r g f_r L$,其中 L 为抽油杆长度或下泵深度,ρ_r 为材料密度,g 为重力加速度,f_r 为抽油杆截面积。

② 油管内抽油泵柱塞以上油柱重量 P_{ou}。作用方向向下,$P_{ou} = \rho_o g(F - f_r)L$,其中 ρ_o 为原油密度,F 为抽油泵柱塞截面积。

③ 油管外油柱对柱塞下端的压力 P_{od}。作用方向向上,$P_{od} = \rho_o g h F$,其中 h 为抽油泵的沉没高度。

④ 抽油杆柱和油柱运动所产生的惯性载荷 P_{ri} 和 P_{oi}。大小与悬点的加速度成正比,作用方向与加速度方向相反。

⑤ 抽油杆柱和油柱运动所产生的振动载荷 P_v。大小和方向也是变化的。

⑥ 摩擦力 P_{fs} 和 P_{ff}。柱塞与泵筒间、抽油杆(接箍)与油管间的半干摩擦力 P_{fs}，以及抽油杆与油柱间、油柱与油管间和油流通过泵游动阀产生的液体摩擦力 P_{ff}，约占总载荷的 2%～5%，一般不考虑。

国家有关游梁式抽油机的标准给出了悬点载荷的推荐计算公式，可以根据具体情况进行详细计算。

(2) 按光杆最大冲程长度，可分为短冲程($S_{max} \leqslant 1\ m$)、中等冲程($1\ m < S_{max} < 3\ m$)、长冲程($3\ m < S_{max} < 6\ m$)和超长冲程($S_{max} > 6\ m$)四类。冲程长度的大小直接影响采油产量和抽油机重量。

(3) 按最大冲次，可分为低冲次($n_{max} \leqslant 6$ 次/min)、中等冲次(6 次/min $< n_{max} < 15$ 次/min)和高冲次($n_{max} > 15$ 次/min)三类。当抽油泵的泵径一定时，采油产量取决于 S_{max} 和 n_{max}。

(4) 按减速箱曲柄轴最大输出扭矩，可分为小扭矩($M_{max} \leqslant 10\ kN \cdot m$)、中等扭矩($10\ kN \cdot m < M_{max} < 30\ kN \cdot m$)、大扭矩($30\ kN \cdot m < M_{max} < 60\ kN \cdot m$)和超大扭矩($M_{max} > 60\ kN \cdot m$)四类。$M_{max}$ 通常随悬点载荷和冲程长度的增加而增加。

此外，抽油机的功率由冲程次数和扭矩的乘积决定，因此也可以根据所需的最大功率 N_{max} 将抽油机分为小功率($N_{max} \leqslant 5\ kW$)、中等功率($5\ kW < N_{max} < 25\ kW$)、大功率($25\ kW < N_{max} < 100\ kW$)和超大功率($N_{max} > 100\ kW$)四类。

游梁式抽油机的基本参数见表 8-1。游梁式抽油机所配用的减速器必须符合规定。

表 8-1 我国游梁式抽油机基本参数

序号	游梁式抽油机规格代号	额定悬点载荷 /(10 kN)	光杆最大冲程 /m	减速器额定扭矩 /(kN·m)
1	2-0.6-2.8	2	0.6	2.8
2	3-1.2-6.5	3	1.2	6.5
3	3-1.5-6.5		1.5	
4	3-2.1-13		2.1	13
5	4-1.5-9	4	1.5	9
6	4-2.5-13		2.5	13
7	4-3-18		3.0	18
8	5-1.8-13	5	1.8	13
9	5-2.1-13		2.1	
10	5-2.5-18		2.5	18
11	5-3-26		3.0	26
12	6-2.5-26	6	2.5	

序号	游梁式抽油机规格代号	额定悬点载荷 /(10 kN)	光杆最大冲程 /m	减速器额定扭矩 /(kN·m)
13	8-2.1-18	8	2.1	18
14	8-2.5-26		2.5	26
15	8-3-37		3.0	37
16	10-3-37	10		
17	10-3-53			53
18	10-4.2-53		4.2	
19	12-3.6-53	12	3.6	
20	12-4.2-73		4.2	73
21	12-4.8-73		4.8	
22	14-3.6-73	14	3.6	
23	14-4.8-73		4.8	
24	14-5.4-73		5.4	
25	16-4.8-105	16	4.8	105
26	16-6-105		6.0	
27	18-6-105	18		
28	18-6-146			146

　　抽油机工作时,在上、下冲程中,电动机所承受的载荷相差很大。上冲程时,驴头悬点静载荷主要是抽油泵柱塞以上的液柱重量与抽油杆重量之和,提起这部分重量时电动机需要做很大的功;而下冲程时,液柱重量转移到固定阀上,驴头仅承受抽油杆的重量,电动机不仅无需做功,反而由于抽油杆靠自重下落,使电动机处于发电机状态。因此,在上、下冲程中,电动机的负载是极不均匀的,加上悬点运动速度和加速度的变化,更加剧了这种不均匀性,结果是使抽油机振动加剧,电机、减速箱、抽油泵等效率降低,寿命缩短,抽油杆断裂现象增加,能耗过多。因此,所有抽油机-抽油泵装置中都必须采取平衡措施,尽可能消除负功,使电动机等在上、下冲程中的负载接近相等,以避免上述不良现象的产生。

　　目前的抽油机主要采用机械平衡和气动平衡两种平衡方式。根据平衡重装设的位置,机械平衡又分为游梁平衡(平衡重装在游梁尾端)、曲柄平衡(平衡重装在曲柄上)、复合平衡(游梁平衡和曲柄平衡同时采用)。改变平衡重量或平衡重的位置可以调节平衡的效果。图 8-2 所示就是复合平衡的游梁式抽油机,在游梁尾部和曲柄上都装有平衡重。当驴头作下冲程运动时,平衡重在抽油杆自重和电动机的带动下由低处抬到高处,将能量以位能形式储存起来;当驴头作上冲程运动时,平衡重由高处下落,释放出能量,帮助电动机提起抽油杆及柱塞上部的液柱。这样,只要平衡重配置合理,既可以消除下冲程时电动机做负功的现象,又可以减少上冲程时电机的能量消耗,使上、下冲程中电动机做功接近相等。

气动平衡是利用气体的可压缩性,使上、下冲程时电动机做功接近相等。下冲程时,抽油杆自重和电动机带动气缸活塞压缩气体,将能量以压能的形式储存起来;上冲程时,气体膨胀推动活塞,帮助电动机提起抽油杆柱及柱塞上部的液柱。对于一定的气缸活塞面积,只要气体压力合适,同样可以达到平衡电动机做功的目的。这种平衡方式大多应用在链条抽油机、液压抽油机上,在游梁式抽油机中也有应用。

经过平衡调整后的抽油机是否较好地达到了平衡要求,应通过实际观察和检测确定。一般来说,平衡较好的抽油机容易启动,无"嗡嗡"的怪叫声;突然停止运转时,驴头和曲柄可以停留在任何位置;用秒表测得的上、下冲程时间相近。与此不同的是,如果平衡偏重,驴头总是停在上死点,曲柄指下方,且上行程速度大于下行程速度;如果平衡重偏轻,则出现相反的情况。现场常用安培表测量电动机三相电流强度。平衡良好的抽油机,驴头上、下行程时电动机电流强度相近。若上冲程电流大于下冲程电流,表明平衡重偏轻或曲柄平衡半径 R 偏小;反之,则表明平衡重偏重或曲柄平衡半径 R 偏大。实际上,要使上、下冲程中电流完全相等是很困难的。现场一般认为,当最小电流与最大电流的比值大于70%时,抽油机就基本平衡。

二、前置式游梁式抽油机

图 8-3 所示为前置式游梁式抽油机的结构简图。它的特点是横梁紧靠驴头,支架与游梁连接处紧靠尾部,减速器和平衡块等置于支架的前方。前置式抽油机除同样具有工作可靠、坚实及维修简便等优点外,还有一些独特之处:

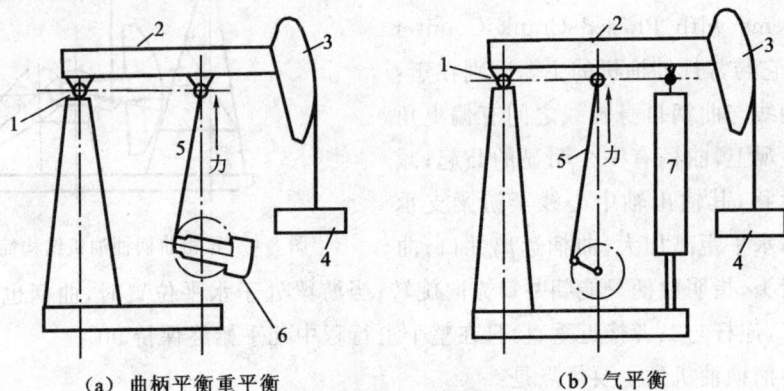

图 8-3 前置式游梁式抽油机结构简图

(a) 曲柄平衡重平衡 (b) 气平衡

1—支架;2—游梁;3—驴头;4—悬重;5—连杆;6—平衡重;7—气平衡系统

(1)平衡效果好。同一种规格的抽油机,前置式的实际净扭矩均是正值,变化比较平缓,而常规式的净扭矩则出现正、负值,变化幅度大。因此,前置式抽油机运行比较平稳,减速齿轮无反向载荷,连杆、游梁等不易疲劳损坏,机械磨损少,噪音小,整机寿命较长。

(2) 光杆最大载荷减小。前置式抽油机的简化模型是曲柄摇杆机构,存在极位角λ,使得上冲程曲柄转角大于下冲程曲柄转角。上冲程时,曲柄约旋转 195°,下冲程时约旋转 165°,上、下冲程时间差约为上冲程的 15.4%。而常规式抽油机由于结构限制,上冲程时曲柄约旋转 182.5°,下冲程约 177.5°,上、下冲程所占的时间接近相等。由于光杆运动加速度与运动时间的平方成反比,上冲程时间长的前置式抽油机的光杆加速度较小,故惯性载荷减小。计算和测定表明,前置式抽油机可使光杆加速度减少 40%,光杆最大载荷减小 10%,从而使抽油杆断杆事故减少,寿命延长。

(3) 节能效果好。前置式抽油机曲柄平衡重与连杆曲柄销之间对称设置,并存在极位角λ,若平衡重配置适当,抽油机上冲程运动开始时平衡重产生的平衡扭矩比油井载荷扭矩"滞后"λ/2,约 7.5°;而下冲程开始时比油井载荷扭矩"超前"约 7.5°。这样,抽油机的工作系统能够达到较佳的均衡扭矩。据实际测定,这一均衡扭矩的特点使得同一等级的前置式抽油机减速器的净输出扭矩减少 35% 左右。因此,与同等级的常规式抽油机相比,前置式抽油机所配备的电动机一般可减小 20% 的功率。如以相同挂泵深度下油井每耗电 1 kW·h 的出油量相比,前置式抽油机比常规式约节约能耗 35% 左右。

三、异相曲柄抽油机

图 8-4 所示为异相曲柄抽油机的结构简图,全名称为后置式异相曲柄平衡 Ⅰ 类杆系抽油机(Rear Mounted Geometry Class Ⅰ Lever Systems with Phased Crank Counter Balance)。它与常规抽油机的主要区别在于:曲柄销孔轴线与曲柄自身轴线之间有偏离角 τ,反映在外观上,曲柄有一个明显的凸起;减速器明显后移,其输出轴中心线至游梁支承架中心线的水平距离加大,曲柄远离井口;曲

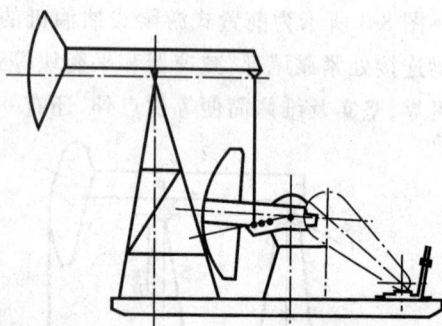

图 8-4 异相曲柄抽油机结构简图

柄上标有箭头,指明曲柄只能朝井口方向旋转;当游梁处于水平位置时,曲柄也基本上处于水平状态,连杆与二者接近垂直,且在整个上行程中几乎始终保持 90°。

异相曲柄抽油机的主要优点是:

(1) 由于曲柄连杆臂与游梁间的夹角 β 在上行程中几乎保持 90°,加大了力臂,减少了连杆拉力,从而使减速器输出的最大净扭矩比常规式的减少 40%～60%,因此在相同条件下配用的减速箱和电动机可以降低 1～2 个等级,减少了动力消耗;异相曲柄抽油机上冲程时扭矩峰值减小,下冲程时扭矩峰增大,使扭矩变化幅度变小。

（2）由于有曲柄偏移角，平衡重可发挥类似前置式抽油机的"均衡扭矩"作用，使上冲程曲柄转角增大约 12°，达到 192°，即上冲程时移动同样距离，时间却延长，加速度减小，动载下降，从而使光杆载荷减小，有利于减小振动和延长机、杆、泵的使用寿命。

（3）曲柄远离井口，井口操作范围扩大。

（4）异相曲柄抽油机结构与常规式抽油机相差不大，有利于常规式抽油机的技术改造。

异相曲柄抽油机的缺点是：由于减速器后移，使底座加长，制造困难；两个曲柄不能通用，增加了制造工作量；曲柄只能单一方向旋转且与常规式转向相反，否则性能变坏。此外，尽管曲柄偏角越大，净扭矩越小，但偏移角越大，制造越不方便，曲柄臂越短，销孔间距越难以保证，甚至可能使上、下冲程净扭矩大小颠倒，这是不允许的。

第二节　无游梁式抽油机

游梁式抽油机的缺点是重量大，振动载荷难以完全避免，这在长冲程条件下更为突出。为了改善抽油杆的工作条件，减轻重量，扩大有杆抽油设备的使用范围，目前石油矿场上已出现多种类型的无游梁-抽油泵采油装置。它们仍然保留有杆抽油方式，只是抽油机结构和运动形式发生了变化。

一、链条抽油机

链条抽油机是我国科技人员独创的一种无游梁式抽油机，具有惯性载荷小、冲程长度大、重量轻、节省电能等优点，已在许多油田应用。图 8-5 所示为 LCJ-5-4 型链条抽油机结构示意图，由传动部分、换向部分、平衡部分、悬吊部分和机架等五部分组成。

链条抽油机的主要特点是采用了轨迹链条的换向机构。轨迹链条上有一个特殊的链节，其上装有向外伸出的主轴销和滑块。主轴销可在滑块的铜套中转动，滑块与往返架相连，并可在其中作水平滑动。工作时，电动机通过三角皮带和减速箱驱动主动链轮旋转，使得垂直布置的环形轨迹链条在主、被动链轮（主、被动链轮齿数相等，垂直布置）之间运转；轨迹链条则通过特殊链节上的主轴销和滑块带动往返架顺着机架上的轨道作往复匀速直线运动；若特殊链节自链轮右边向下运动，往返架被拉向下，达极限位置时，特殊链节作复合运动，并绕过链轮，到达链轮的左边，进而带动往返架一起向上运动；达上极限位置后，特殊链节又绕过上链轮到达右边，再带动往返架向下；往返架的上横梁连接着绕过天车轮的钢丝绳，通过悬绳器与光杆带动抽油泵。

链条抽油机采用气动平衡法，即在往返架的下横梁上连接着一根平衡链条，链条绕过固定于气缸柱塞杆上的平衡链轮，再固定到机架上。当往返架上行时，抽油杆柱靠自重下

307

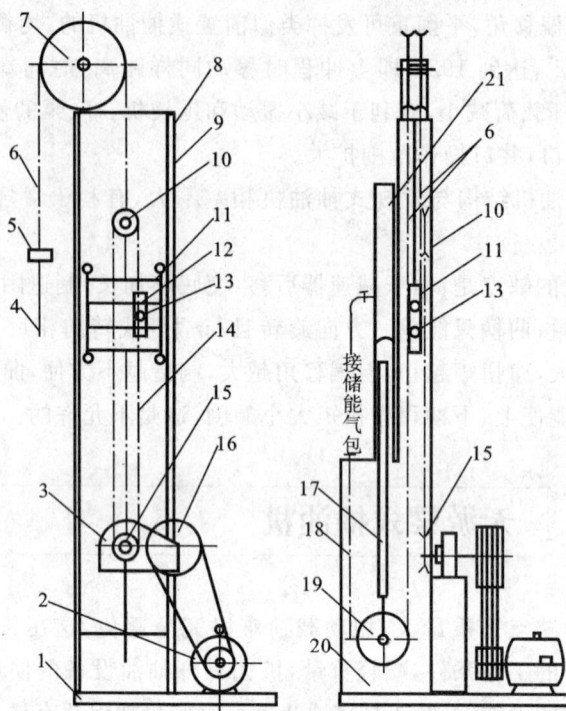

图 8-5　LCJ-5-4 型链条抽油机示意图

1—底座；2—电动机；3—减速箱；4—光杆；5—悬绳器；6—钢丝绳；7—天车轮；

8—机架；9—轨道；10—被动（上）链轮；11—往返架；12—滑块；13—特殊链节；

14—轨迹链条；15—主动（下）链轮；16—皮带轮；17—平衡柱塞；18—平衡链条；

19—平衡链轮；20—油底壳；21—平衡气缸

落,促使柱塞上行并压缩气包内的气体,使压力增高,储存能量;当往返架下行时,抽油杆柱向上,气包内的压缩气体膨胀,推动柱塞下行,帮助提起抽油杆柱。这样,抽油机作往复运动时,电动机的负载就比较均匀。

目前使用的各种长冲程抽油机中,链条式抽油机的工作效率最高,而且行程越长,效率越高。与同类型游梁式抽油机相比,国内应用最广泛的 LCJ12-5 型链条抽油机的泵效可提高 10%～20%,延长作业周期 2 倍以上,节电 30%～50%。但这种抽油机可靠性差,经常出现断钢丝绳、断链条、断特殊链节和主轴销以及气平衡系统漏气等情况,从而导致严重不平衡的三断一漏问题,平均无故障大修时间仅为半年。据此,胜利石油管理局总机械厂研制出了一种保证延长大修周期而价格与同型号游梁机相近的 LPJ12 型链条胶带抽油机。新机型采用由合成纤维和人造橡胶粘结而成的、具有很高弹性模量的柔性胶带,以替代钢丝绳;采用纯机械平衡解决了气平衡失效问题;采用新型导轨设计,将 4 个导向轮增加到 12 个,最关键的是保证导向轮处于良好的转动状态而不是滑动状态,等等。这些改进解决了普通链条机的三断一漏问题,设计目标为 5 年不大修。

根据链条抽油机的设计思路,我国研究人员又提出了一种称为"曲柄链条滑轮式长冲程抽油机"的新型设计,如图8-6所示。它的工作原理是:电动机经三角皮带和齿轮减速箱减速后,使曲柄的转数与悬点的冲次相同,再通过曲柄、连杆、安装有平衡重的导向小车和机架组成的曲柄滑块机构,将曲柄的旋转运动变为小车(滑块)的往复直线运动。小车上铰接有多排链轮(动滑轮)。盘绕该链轮的多排链条的一端固定,另一端与钢丝绳的右端连接。钢丝绳绕过天轮后通过悬绳器连接光杆。这样在无急回运动的情况下,导向小车位移是曲柄长度的2倍,而抽油光杆的冲程又是导向小车位移的2倍。通常,曲柄最大长度为1.25 m,故抽油光杆的冲程可达5 m。如果将减速器输出轴中心偏离导向小车中心线一定距离,还可获得急回运动,以满足慢提快放节省动力或快提慢放开采稠油的要求,并且可略微增大冲程。

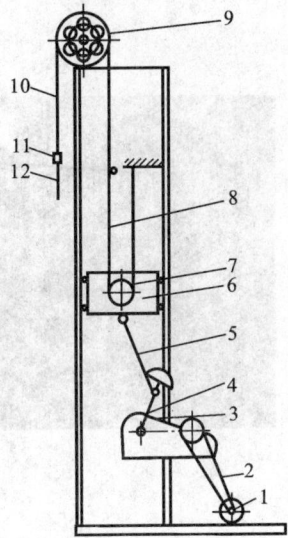

图8-6 曲柄链条滑轮式长冲程抽油机示意图
1—电动机;2—皮带传动;
3—齿轮减速箱;
4—带平衡重曲柄;5—连杆;
6—安装平衡重的小车;
7—链轮;8—链条;9—天轮;
10—钢丝绳;11—悬绳器;12—光杆

二、长环形齿条抽油机

2008年11月,由中国工程院顾心怿院士主持研发、胜利油田盛运机械制造有限公司和山友石油技术有限公司制造的长环形齿条抽油机通过山东省技术鉴定。该抽油机通过现场试验,证明运行平稳可靠,比常规抽油机节能25%～30%。

长环形齿条抽油机有一个由长环形齿条和平衡滑块组成的特殊部件,平衡滑块内部加工有环形导向槽,如图8-7所示。图8-8所示为此型抽油机各部件间的运动关系:与长环形齿条3固定在一起的平衡滑块1上,四个角均由相互垂直的两组扶正滚轮约束,只能在抽油机机身内作上下往复运动;电机输出的旋转运动经过皮带传动到减速器,在减速器输出轴带动下,小齿轮6在作旋转运动的同时,还可以与减速器、导向轮4一起沿着固定在机身上的水平轨道5作横向平动;直径稍大导向轮与小齿轮同轴安装,可以自由转动,但受平衡滑块内部环形导向槽2的约束。这样,在导向轮和导向槽的约束下,小齿轮与长环形齿条能够始终保持良好的啮合。假定小齿轮在长环形齿条上自左向右运动,自身又按顺时针旋转,则在图示的左半环内滑块向下运动,右半环内滑块向上运动,从而使滑块上下往复运动。通过悬挂装置及悬重皮带等带动抽油杆,即可实现抽油作业。

长环形齿条抽油机的机构原理是一项发明创造,结构新颖,设计巧妙,主要体现在:

(1)实现了小齿轮在长环形齿条两边的连续啮合运转和动力传递。主要措施包括:导轮在环形导向槽内的运动轨迹严格控制着小齿轮按照设定的轨迹运行,并保持与长环形齿条的良好啮合;有固定在机身上的横向水平轨道,为小齿轮在长环形齿条的上端和下

309

图 8-7　齿条-平衡块基座组合图

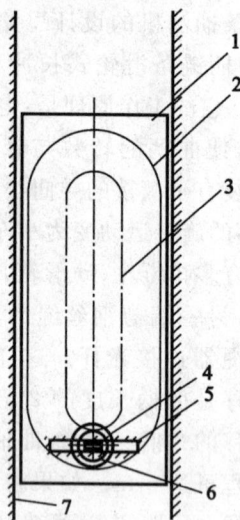

图 8-8　长环形齿条抽油机工作原理图

1—平衡滑块；2—环形导向槽；3—长环形齿条；

4—导向轮；5—水平轨道；6—小齿轮；

7—抽油机机身滑道

端半圆形部分作啮合运动的同时，作横向平动给出了自由度；驱动小齿轮的摆线针轮减速器固定在安装有四个水平滚轮和四个垂直滚轮的座架上，可以随小齿轮和导向轮一起作横向平动，减速器固定在安装图 8-9 所示的有四个水平滚轮和四个垂直滚轮的座架上，也随着小齿轮作横向水平的间歇往复运动；减速器的一端通过很长的柔性皮带传动输入动力，如图 8-10 所示，使得横向平动成为可能，因为在长达 5 m 以上的皮带轮之间，距离不大的横向水平运动，其中心距只有微小的变动，并不影响动力传输。

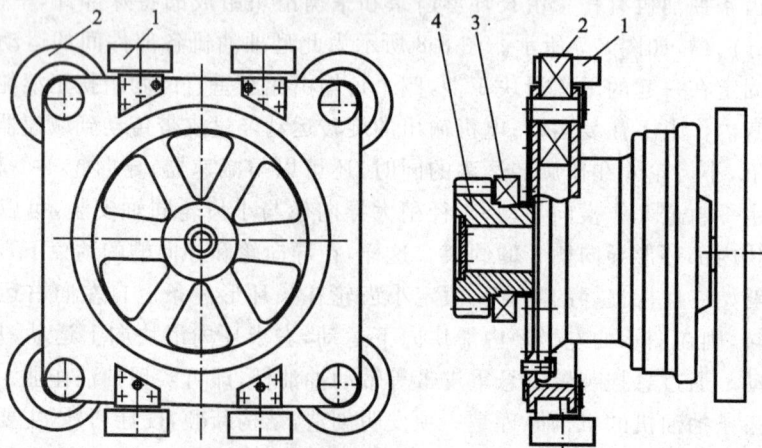

图 8-9　小齿轮横向水平运动机构简图

1—水平滚轮；2—垂直滚轮；3—导轮；4—小齿轮

（2）由平衡滑块基座、长环形齿条、导向槽、四组大小扶正轮等组成的平衡滑块总成不仅是实现往复运动所必需的构件，也是抽油机平衡配重的主要组成部分，可根据油井的情况免加或少加配重。

（3）利用小齿轮与长环形齿条的啮合将旋转运动变为直线往复运动，使得抽油杆在上下冲程的大部分范围内都作匀速运动，其本身又具有很大的减速比，简化了传动系统对减速器的要求。

在长环形齿条抽油机中，小齿轮是主动齿轮，工作中，在齿条的上下半圆弧内运动时，既要保持转动，又要作横向水平移动。它的安装轴系既要传递很大的力矩，又要承受平衡滑块系统的重力及由此形成的力矩，受力和运动状

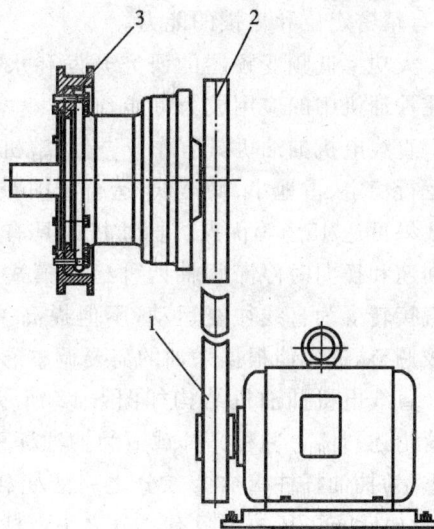

图 8-10　动力输入系统简图
1—主动皮带轮；2—被动皮带轮；3—刹车轮毂

况十分复杂。为了满足齿轮齿条运动的准确度和平稳性，必须保证横向水平运动机构的定位精度。

长环形齿条抽油机是我国胜利油田又一项具有原创性和集成创新的自主知识产权成果。

三、直线电机抽油机

游梁式抽油机存在体积大、精度差等一系列问题，其传动系统能量损失高达 28%，加上旋转特性造成启动扭矩大，系统效率一般不超过 30%。为此，我国科技工作者广泛深入地开展了直线电机抽油机的研究，取得了十分显著的成果，近几年来已经开发出多种先进的直线电机抽机油产品。

直线电机是一种利用电能产生直线运动的电机，它可以直接驱动机械负载作直线运动，取消了从电机到工作台之间的一切中间环节，将工作台进给传动链的长度缩短为零，即"零传动"或"直接传动"。图 8-11 所示为直线电机抽油机原理简图。直线电机可看作是将一台旋转电机沿径向剖开，并将电机的圆周展成直线，但直线电机与旋转电机又有很大不同，直线电机的铁心是长直的、两端开断的。直接将直线电机的初级固定或支撑在井口，作为电机的定子，将电机的杆状动子作为次级，与悬点相连，当电源接通时动子即可作上、下往复运动。滑轮挂-平衡块用于平衡上、下冲程。

直线电机可实现无接触传递力，没有机械损耗，结构简单，工作稳定，寿命长，容易密封，不怕污染，适应性强，推力体积比大，可达到位移的高精度控制，其灵敏度高，随动性

好,有精密定位和自锁的能力。

大功率低频变频器的研究开发和永磁材料的发展使直线电机在抽油机中的应用成为可能。

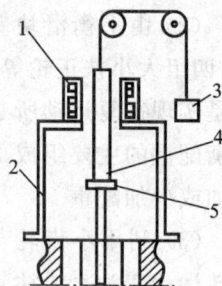

图 8-11　直线电机抽油
机原理简图
1—直线电机初级;
2—支架;3—平衡块;
4—杆状次级;5—悬点

直线电机抽油机具有作业方便、整机结构简单、启动电流低、高运行稳定、占地小、噪声低、运行维护费用低、运动轨迹合理、节能效果可达 45% 等优点。抽油机还具有上快下慢、上慢下快、上下同速和换向时停滞间抽四种运动模式。直线电机抽油机将电能直接转变为直线往复运动,不但提高了效率,且实现抽汲参数无级调整,进而能根据采油的需要调整悬点运动规律。

直线电机抽油机结构如图 8-12 所示。它的工作原理(按静载荷论述)是:上冲程光杆载荷为抽油杆重量加上液柱载荷,而平衡重(为抽油杆柱重加上二分之一液柱载荷)呈自由落体下行做功,此时动子下行拉力只有二分之一液柱载荷;当光杆下行时光杆载荷为抽油杆重量,呈自由落体下行做功,而动子拉动平衡箱上行,此时动上行力仍是二分之一液柱载荷。这种抽油机采用的是天平式平衡,没有旋转运动,平衡效果好,抽油机运行平稳。目前,国内已经有多种型式的直线电机抽油机问世,并在不断的试验和应用中改进完善。

1. 直线电机智能抽油机

世界上第一台直线电机智能抽油机在大港油田完成研发和性能测试工作。该抽油机以直线电机为动力,直接带动抽油杆柱作上下往复运动,实现原油举升,没有中间减速、换向环节,并利用智能控制器和同步机专用变频器实现抽油机的启停、换向、变速、冲程冲次调整、抽油杆断脱自动保护、自动调整最佳工作制度等功能。与其他类型的抽油机相比,它具有结构简单、占地小、冲程长、节能高效、智能调参等优点,代表了当今地面抽油机械设备的发展水平。

图 8-13 所示为直线电机智能抽油机基本结构示意图。通过智能控制柜给定冲程、冲次等工作制度后,启动直线电机。直线电机动子在两侧定子内作往复直线运动。动子上行时,静平衡上行,光杆带动钢丝绳下行,此时抽油机为下冲程,电机和平衡系统储能;达到设定的下死点时,电机换向,动子下行,静平衡下行,钢丝绳带动光杆上行,此时抽油机为上冲程,电机和平衡系统释放能量;到达设定的上死点时,电机换向,如此往复实现油气井正常抽汲。

2. DSP 控制系统直线电机抽油机

图 8-14 所示为大庆油田研制的一种直线电机驱动抽油机,该机采用平板形直线电机驱动。它的主要结构为支架固定在底座上,上端带有固定平台,平台上并列安装大轮和小轮,电机次级固定在支架内部,电机初级下部连接配重箱。配重箱用于增减平衡重,以调整整机平衡。驱动绳一端与悬绳器相连,另一端连接在电机初级上。底座上安装有通过 DSP 控制系统驱动的控制箱。用 DSP 驱动控制系统比变频控制成本低,节能可达 40%。修井作业时,卸去部分平衡重,电机上升,停止在距离上限位置一段距离时,安装光杆卡

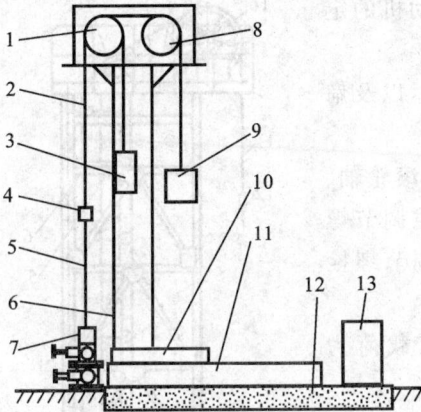

图 8-12　直线电机抽油机结构示意图

1—复合导向轮；2—毛辫子；3—动子；4—悬绳器；

5—光杆；6—机架；7—采油树；8—平衡导向轮；

9—平衡箱；10—平移底座；11—底座；

12—水泥基础；13—控制柜

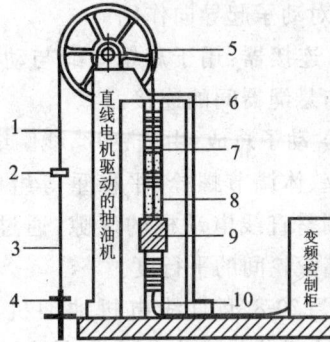

图 8-13　直线电机智能抽油机基本结构示意图

1—钢丝绳；2—悬绳器；3—光杆；4—采油树；

5—天轮；6—机架；7—定子铁心；

8—动子；9—平衡块；10—电缆

子，再点动上提电机，卸载后停机、刹车，卸去负荷，电机下落到底部，卸去大轮，让开井口，即可进行修井作业；正常抽油工作时，电机通过驱动绳绕过小轮和大轮，带动悬绳器及抽油杆上下运动，完成抽油过程。

3．ZXCY20-8 型直线电机抽油机

由华北石油大卡热能技术开发有限公司研发、江汉石油机械有限公司生产的 ZX-CY14-6 型直线电机抽油机于 2003 年在江汉采油厂试用。与游梁式抽油机相比，它具有平均节电约 20％、地面抽汲参数调整方便、可降低电网冲击负荷等优点。

在总结分析 ZXCY14-6 型直线电机抽油机现场试验的基础上，江汉石油机械有限公司与中国石油大学（华东）合作，共同开发出具有自主知识产权的低速同步大推力永磁直线电机抽油机，如图 8-15 所示。

ZXCY20-8 型直线电机抽油机主要包括：

（1）悬绳器：由上体、下体及安装在二者之间的 U 形块组成，用于油井示功图的测试。悬绳器的两端与扁钢丝绳相连。

（2）扁钢丝绳：一端与悬绳器相连，另一端绕过翻转轮及天轮与机架内的动子相连。

（3）翻转轮：除对扁钢丝绳起导向作用外，修井时卸掉翻板与轴承座的连接螺栓，向机架外侧推动翻转轮旋转，可以让开修井空间。

（4）天车轮总成：对扁钢丝绳起导向作用，同时承受扁钢丝绳的压力。

（5）绞车系统：用于提升或下放动子及平衡重。

（6）上、下防撞器：当动子在垂直方向出现过位移现象时，可以限制其继续在垂直方向运动。

（7）桁架总成：是承载的主要构件，支承主板及动子。

（8）主板总成：由主板及导轨组成，作为电动机的定子，同时对动子起导向作用。

（9）连接器：用于扁钢丝绳与动子间的连接，以及扁钢丝绳与悬绳器间的连接。

（10）动子总成：由硅钢片、线圈绕组、滚轮和滚轮轴、滚轮支座、体调节螺栓、平衡重等组成，通过气隙调节螺栓可以调整直线电动机的气隙，通过滚轮支座调节螺栓可以调整滚轮间的平行度。

ZXCY20-8 型直线电机抽油机的最大悬点载荷为 200 kN，电动机推力为 50 kN，最大冲程为 8 m。

与常规的游梁式抽油机相比，ZXCY20-8 型直线电机抽油机的主要优点是：将电能直接转化为直线往复运动，简化了能量传递过程，能量传递效率提高达 23%；采用天平式平衡，平衡效果好，使得抽油机的负载比较均衡；抽油机大多数时间为匀速运动，最大载荷和载荷差明显降低；使抽油泵泵效显著提高。

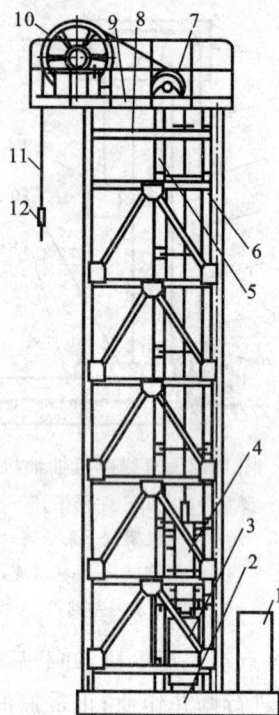

图 8-14　DSP 控制系统直线电机驱动抽油机结构

1—电机控制箱；2—底座；3—配重箱；
4—电机初级；5—引导架；6—电机次级；
7—小轮；8—支架；9—平台；
10—大轮；11—驱动绳；12—悬绳器

四、液压驱动抽油机

液压驱动抽油机具有传能密集、整机结构紧凑、重量轻、适应井况范围广、冲程长度和冲程次数调节方便等特点，因此液压抽油机在我国可望得到较快发展。国外液压抽油机的研制起步较早，已发展到了一个较高的技术水平。法国研制成功的 Mape 型长冲程液压抽油机的最大冲程长度为 10 m。我国液压抽油机的研究始于 20 世纪 60 年代；1987 年吉林工业大学研制了平衡式 YCJ-Ⅱ型液压抽油机；1992 年兰州石油机械研究所研制成功了 YCJ12-10-2500 型液压泵-液马达结构方案的液压抽油机；1993 年浙江大学提出了一种全新的功率回收型液压抽油机方案；同年，胜利油田提出了一种液压泵-液马达齿轮齿条长冲程液压抽油机结构方案。另外，近几年还相继申报了大量的液压抽油机专利。

1. 长冲程链式液压抽油机

黑龙江科技学院设计的长冲程链式液压抽油机采用双平衡方式和液压支柱方式，使平衡机构和直线往复机构极为简单，增加了整机的可靠性。图 8-16 所示为长冲程链式液压抽油机液压系统和结构示意图。工作时，电动机驱动变量油泵将机械能转换为液压能，通过二位四通换向阀给工作缸提供动力，驱动油缸作直线往复运动。活塞杆端部安装有导轮，链条绕过导轮，其一端固定在机架的上端，另一端通过天车轮与抽油杆连接。当活塞向上运动时，利用活塞面积差实现抽油杆下冲程速度小于上冲程速度，以满足常规稠油

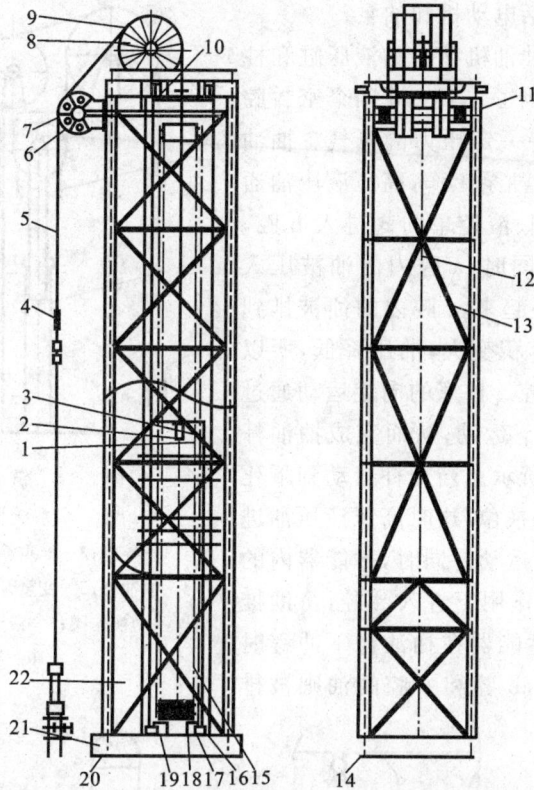

图 8-15 ZXCY20-8 型直线电机抽油机结构示意图

1—平衡箱；2—电刹车总成；3—动子总成；4—悬绳器；5—胶带；6—翻转滚筒总成；
7—翻板总成；8—天车总成；9—护罩；10—上防撞器总成；11—护板总成；
12—前平台；13—桁架总成；14—楔铁；15—主板总成；16—连接板；
17—销轴；18—刹车杆总成；19—下防撞器总成；20—底板固定装置；
21—手刹车总成；22—活动扶梯

开采时节能的要求。当活塞向下运动时，带动活塞杆和端部的导轮向下运动，连接抽油杆链条增程机构，实现长冲程。双重力平衡箱，一个通过导轮与活塞杆端部的导轮板式链条连接；另一个外重力平衡箱通过两个导轮用链条连接，安装在机架外侧，发生断链事故也不会损坏机架。箱外增设了防盗锁具，可有效防止配重被盗。根据井压变化情况调整平衡箱内的铸铁配重块，可使抽油机达到平衡要求。

2. 全状态调控液压抽油机

大庆油田选用的全状态调控液压抽油机在萨南油田聚驱油井上进行了现场试验。该抽油机能够方便地调节抽油杆在上下冲程的运动速度，实现抽油杆上行速度快、下行速度慢，降低抽油杆所受的法向力和下行阻力，从而减少杆管偏磨现象。全状态调控液压抽油机由三个系统组成：一是机械传动系统，包括驴头、游梁、支架、底座等；二是液压传动与控制系统，包括液压缸、柱塞、液压阀（二位四通阀、单流阀等）、蓄能器、过载和断载保护装置

315

等；三是动力系统，包括电动机和油泵。

全状态调控液压抽油机独特的液压缸和柱塞设计将液压缸内分成了 a，b，c，d 四个密封腔室，蓄能器充入了保持一定压力的氮气。抽油机启动后，电动机带动油泵工作，高压液压油通过单流阀、二位四通阀、液控单向阀进入 b 腔，推动柱塞向上运动。同时，a 腔内的油被压入蓄能器内，将能量储存起来，c 腔内的油被排到油箱，而 d 腔则由于容积变大，油压降低，所以油箱内的油被吸入 d 腔。柱塞的向上运动通过游梁转换成光杆的向下运动，从而完成抽油杆的下冲程，如图 8-17 所示。当光杆运动到下死点时，二位四通阀自动换位，这时高压液压油进入 c 腔，推动柱塞向下运动。同时，蓄能器内的液压油在氮气压力的作用下进入 a 腔，协助推动柱塞向下运动，使蓄能器在抽油杆下冲程时储存的能量得以释放，b 腔和 d 腔的油则被排

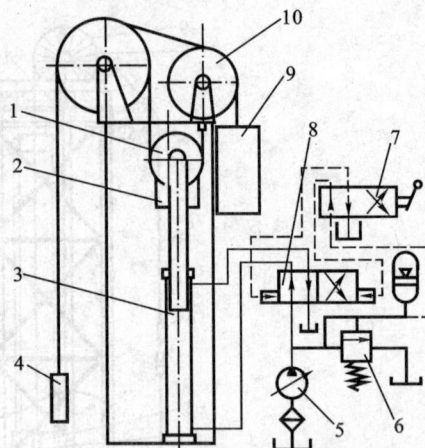

图 8-16　链式液压抽油机
系统原理图

1—导轮；2—配重箱；3—液压单体支柱；
4—抽油杆；5—变量泵；6—蓄能器和溢流阀；
7—手动换向阀；8—液动换向阀；9—外配重箱；
10—导向轮

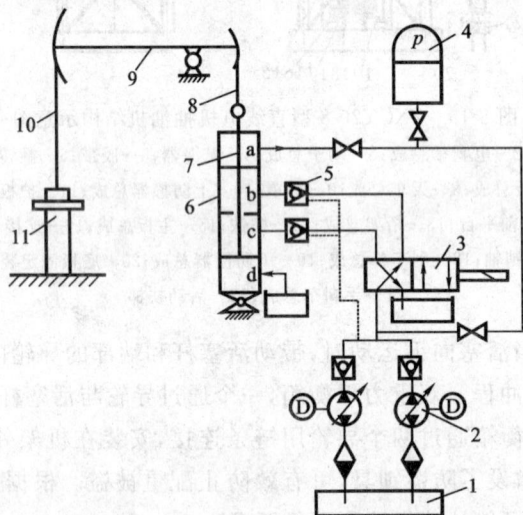

图 8-17　全状态液压抽油机下冲程工作原理示意图

1—油箱；2—油泵；3—二位四通阀；4—蓄能器；
5—液控单向阀；6—液压缸；7—柱塞；
8—钢丝绳；9—游梁；10—光杆；11—采油树

回油箱，柱塞的向下运动通过游梁转换成光杆的向上运动，从而完成抽油杆的上冲程。当光杆运动到上死点时，二位四通阀自动换位，又开始下冲程运动。

3. 液压驱动无游梁无塔身抽油机

由中国石油大学、辽河油田等研制的新型液压抽油机技术已获国家专利。它的主要特点是采用液压驱动方式,通过液缸活塞直接带动井下抽油杆、抽油泵柱塞上下往复运动,将井液抽汲到地面。它主要由动力系统、液压系统、阀件安装块、蓄能器、控制系统、测量控制系统等部分组成,如图 8-18 所示。

液压抽油机的液压油缸直接坐在井口油管四通上。液压油缸中的活塞杆通过丝扣与抽油杆连接。油管中的原油经液压油缸和油管连接器构成的环形空间从油管四通上的开口流出。液压缸中的活塞在液压驱动下作垂直往复运动,通过抽油杆带动井下深井泵工作,实现举升原油的目的。由于液压缸直接坐在井口油管四通体上,因此实现了无塔架形式。由于活塞杆通过丝扣与抽油杆连接,因此通过测量活塞的运动速度、位移和供液压力即可计算功图,监测系统工况。

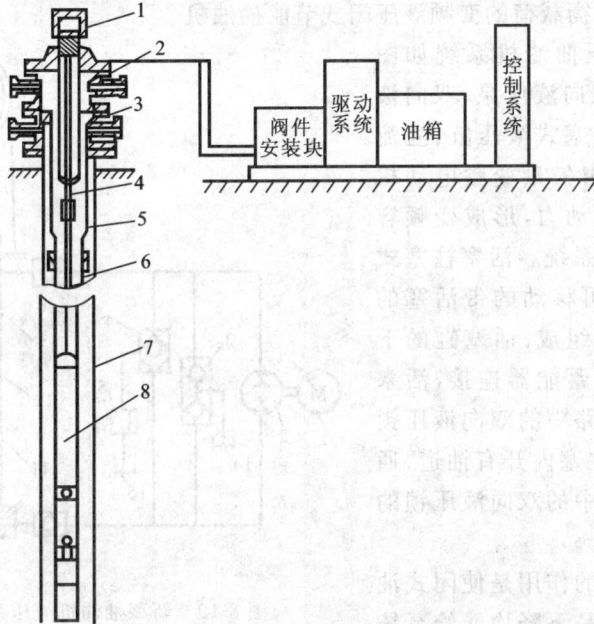

图 8-18 液压驱动无游梁无塔身抽油机
1—液压油缸;2—油管四通;3—套管四通;4—抽油杆;5—油管连接器;
6—油管;7—套管;8—抽油泵

液缸、液压驱动流程和控制流程组成的驱动系统驱动柱塞作往复运动。液缸的上腔室经阀门接油箱,构成一个液体通道,在液缸中的柱塞上、下运动时,给液缸上腔室排出和吸入液压油。液缸的下腔室经单向节流阀、电磁换向器、单流阀、蓄能器、定压减压阀、液压泵、油箱组成液压油回路。单向节流阀组的节流器可通过电路控制节流流量,调节液缸的下行速度;调节液压泵的排量可调节液缸中活塞的上行速度;调节蓄能器的充气压力可调节液缸的提升力、平衡力及下行速度。通过上述调整方法可实现抽油机的冲程、冲次和举升力的调整。

　　测量控制系统由压力传感器、温度传感器、回声传感器、声波发射器、数据采集器、数据处理系统、执行功率放大器、远程数据收发器、电源及相关软件构成。数据采集器将各传感器得到的信号放大、转换后传送给数据处理系统，经相关软件处理后向执行放大器发出指令，并向远处基站传送数据。智能控制系统可实现抽油机工作状态自检监视、故障实时诊断、对有杆泵抽油系统进行工况分析、优化有杆泵抽油系统的工作参数、自动监测油井供液情况并进行优化分析，实现抽油机的远程控制和监测。

　　它的安装方式是：在油井作业过程中先下油管，油管末端接油管连接器，将油管悬挂在套管器四通体上；接着下抽油泵柱塞和抽油杆，抽油杆末端接液压油缸，将液压油缸坐在油管器四通体的上法兰上。另一种施工安装方式是：下完油管后，将液压油缸坐在套管器四通体的法兰上；打开液压油缸上封头，下抽油杆；最后将抽油杆固定在液缸中心管活塞上。

　　4．以蓄能器平衡载荷的变频液压闭式节能抽油机

　　新型节能液压抽油机系统如图8-19所示。其中，双向液压泵、双向液压锁、梭阀、活塞柱塞式液压缸、溢流阀组成闭式油路，由矢量变频电动机向双向液压泵提供动力，形成变频容积调速式闭式液压系统。活塞柱塞式液压缸由活塞缸、可移动的带活塞的柱塞缸和固定柱塞组成；活塞缸的下腔通过液压油管与蓄能器连接，活塞缸的上腔与闭式油路中的双向液压锁的一端相连；固定柱塞内开有油道，通过管路与闭式油路中的双向液压锁的另一端相连。

　　系统中梭阀3的作用是使闭式油路无论载荷上升还是下降均能给系统补充油液，防止双向液压泵的吸油口吸空。梭阀4和溢流阀5的作用是共同保证载荷上升或下降时回路中的油

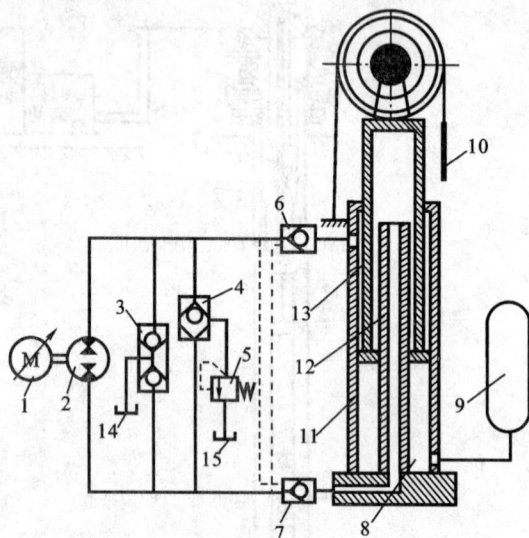

图 8-19　新型抽油机液压系统原理图
1—矢量变频电动机；2—双向液压泵；3,4—梭阀；
5—溢流阀；6,7—双向液压锁；8—活塞柱塞式液压油缸；
9—液压蓄能器；10—载荷；11—活塞缸；12—固定柱塞；
13—带活塞的柱塞缸；14,15—油箱

压均不超过系统的最大压力，起到安全保护作用。理论上，系统的装机功率只与上冲程增加的载荷质量有关，因而可以大幅度降低装机功率。采用变频电动机驱动定量泵的方式可使电动机的转速、泵的输出流量适应系统载荷的变化，大大降低系统的能耗。

　　新型机具有以下技术特点：

　　（1）由于活塞柱塞式液压缸的特殊结构和液压蓄能器的配合使用，在平衡抽油机大部分载荷时不需另外增加配重，可减小抽油机体积、质量和占地面积；

　　（2）抽油机下冲程时，与活塞柱塞式液压缸相连的蓄能器吸收能量，上冲程时储存在

蓄能器中的能量补充载荷上行所需的能量,大幅度降低抽油机装机功率;

(3)变频容积调速的节能效率高,闭式油路节省液压油,同时大大减小液压泵站的体积;

(4)在闭式油路中采用双向液压锁可使抽油机的启停更加平稳、迅速,其工作的稳定性和安全性更好。

五、气体驱动抽油机

气动抽油机的气路系统如图8-20所示。它的工作流程是:气源供给的压缩气体通过开关1、单流阀2、储气罐3不断地向气缸15的下腔供气,达到一定压力时活塞16上行,直至气缸上盖碰撞上部换向机构12,使换向阀11换向。换向之后,经过减压阀9减压的气体通过双气控滑阀10和换向阀11进入气缸15的上腔,推动活塞下行。此时,气缸下腔内的气体被压缩,产生向上推力,对井下载荷起平衡作用;当压力达一定值时,有一小部分气体通过节流阀21进入气缸上腔,或返回储气罐。活塞达下缸盖时,碰撞下部换向机构20,再使换向阀11换向,气缸上腔的气体通过换向阀11和节流阀排出或回收,活塞又开始另一个冲程。该抽油机的冲程长度可达5 m。

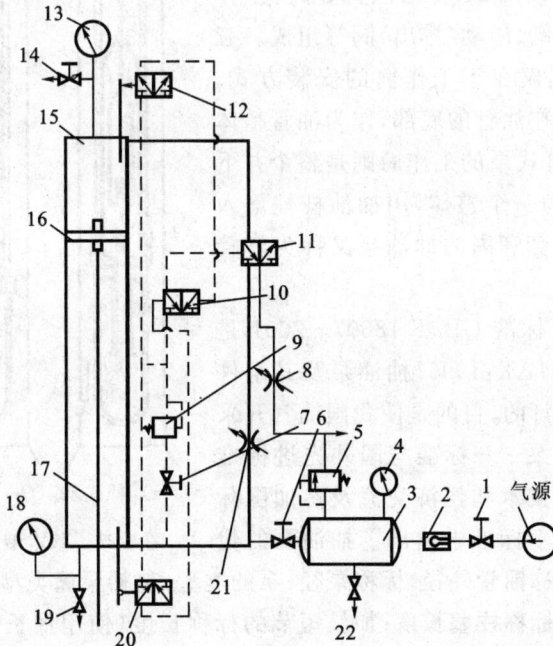

图8-20 气动抽油机气路系统图

1,6,7,14,19—开关;2—单流阀;3—储气罐;4—压力表;5—安全阀;
8,21—节流阀;9—减压阀;10—双气控滑阀;11—换向阀;
12—上部换向机构;13—上腔压力表;15—气缸;16—活塞;
17—活塞杆;18—下腔压力表;20—下部换向机构;22—排污阀

第三节　抽油泵和抽油杆

抽油泵实际上相当于单作用柱塞泵的液力端,适用于从深井、超深井、高产井和多油层井中提取原油。石油矿场中的抽油泵型式很多,对于一般井况,大多采用基本型抽油泵。对于含气及含砂多的油井、原油稠度大的油井等,则分别采用不同类型的抽油泵。此外,针对不同的井况,抽油泵的柱塞、阀及泵筒等结构型式也各不相同。

抽油杆是抽油机和抽油泵之间承受载荷、传递运动的重要部件。由很多根抽油杆和过渡接箍组合而成的抽油杆柱,上端与抽油机驴头下部的光杆相连,下端与抽油泵柱塞相连,使抽油泵柱塞随着抽油机驴头悬点一起作往复运动,达到抽汲地下原油的目的。

一、管式泵

基本型抽油泵主要有两类:管式泵(油管泵)和杆式泵(插入泵)。如图 8-21 所示,它们都由工作筒、柱塞、固定(吸入)阀、游动(排出)阀等组成。三种抽油泵的基本区别仅在于工作筒的安装方式。管式泵的工作筒连接在油管的底部,作为油管整体的一部分下入井中;杆式泵的工作筒则是整个井下泵装置的一部分,作为一个整体,用抽油杆柱下入油管或套管内。下入套管内的抽油泵又称为套管泵。

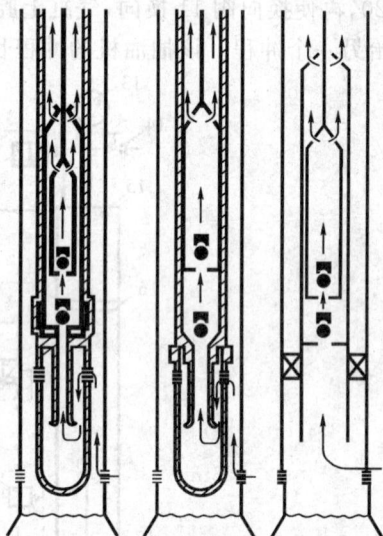

（a）杆式泵　（b）管式泵　（c）套管泵

图 8-21　基本型抽油泵结构示意图

我国新的抽油泵标准 GB/T 18607—2001 是等效采用 API Spec 11AX:1996《抽油泵及其组件规范》(第 10 版)而制订的,目的是使我国油气开采的重要设备——抽油泵——标准与国外先进标准接轨,适应国际贸易、技术和经济交流及参加国际标准化活动的需要。新标准中给出了抽油泵的代号,涵盖的内容有:标称油管外径;标称泵径;泵的类型,包括泵筒类型、支承总成的位置及型式;标称泵筒长度;标称柱塞长度;加长短节的标称长度(使用加长短节时)。抽油泵代号的表示方式为:×× - ××× × × × × × - × - ×。自左至右,第 1 项 ×× 表示标称油管外径:15[48.3 mm(1.900 in)],20[60.3 mm(2⅜ in)],25[73.0 mm(2⅞ in)],30[88.9 mm(3½ in)],40[114.3 mm(4½ in)];第 2 项 ××× 表示标称泵径:125[31.8 mm(1¼ in)],150[38.1 mm(1½ in)],175[44.5 mm(1¾ in)],178[45.2 mm(1²⁵⁄₃₂ in)],200[50.8 mm(2 in)],225[57.2 mm(2¼ in)],250[63.5 mm(2½ in)],275[69.9 mm

(2¾ in)]，375[95.3 mm(3¾ in)]；第 3 项×表示泵的类型：R(杆式泵)、T 管式泵；第 4
项×表示泵筒类型：H(金属柱塞泵厚壁泵筒)、W(金属柱塞泵薄壁泵筒)、P(软密封柱塞
泵厚壁泵筒)、S(软密封柱塞泵薄壁泵筒)；第 5 项×表示支承总成位置：A(顶部)、B(底
部)、T(底部，动筒式)；第 6 项×表示支承总成类型：C(皮碗式)、M(机械式)；第 7 项×表
示标称泵筒长度，单位为 m；第 8 项×表示标称柱塞长度，单位为 m；第 9 项×表示标称加
长短节长度，单位为 m。

抽油泵基本类型的字母组合代号所表示的含义见表 8-2。

表 8-2 抽油泵基本类型字母代号

泵 型		字母代号			
		金属柱塞		软密封柱塞	
		厚壁泵筒	薄壁泵筒	厚壁泵筒	薄壁泵筒
杆式泵	定筒式，顶部固定	RHA	RWA	—	RSA
	定筒式，底部固定	RHB	RWB		RSB
	动筒式，底部固定	RHT	RWT	—	RST
	管式泵	TH	—	TP	

管式泵的泵筒与油管直接连接，并与油管具有大
致相同的内径。它的主要优点是可以采用较大直径
的工作筒和柱塞，可以获得较大的产液量。管式泵的
游动阀和柱塞可以安装在一起，通过抽油杆取出。固
定阀有固定式和活动式两种。固定式的固定阀安装
在油管的底部，检修时需将油管柱全部从井中提出。
这种阀的尺寸可以做得大一些，在低液面和高黏度的
油井中或者工作筒充不满时效果很好。活动式的固
定阀可以在工作筒下入井中之前装在工作筒上，也可
以在下入工作筒之后再从地面投下，并用柱塞推动就
位，采用摩擦锥等形式固定；检修时，可以用连接在柱
塞底部的阀打捞器拔出，但检修工作筒时也必须提出
全部油管柱。由此可见，管式泵的缺点是检修比较困
难。管式泵的工作示意图如图 8-22 所示。

图 8-23 所示为管式泵结构图，固定阀是活动式
的。图 8-23(a)所示的固定阀上部有打捞杆，柱塞下
端有卡杆式打捞器，可以很方便地提出固定阀，但其
游动阀必须装在柱塞的上部，使得泵内余隙容积增
大，不宜在油气比大的井内采用。图 8-23(b)所示的
固定阀上部有打捞杆，其上有打捞销，柱塞下部有灯

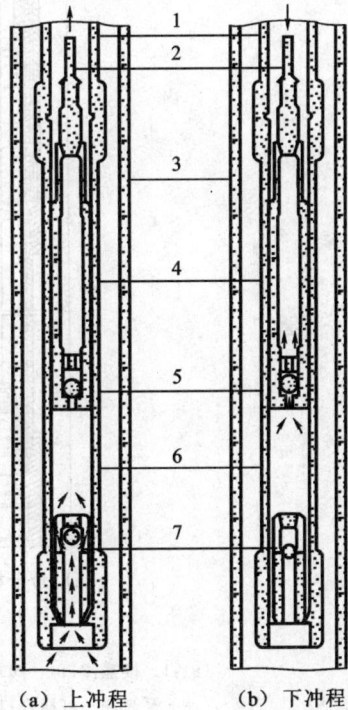

(a) 上冲程 (b) 下冲程

图 8-22 管式泵工作示意图

1—油管；2—抽油杆；3—套管；4—柱塞；
5—游动阀；6—工作筒；7—固定阀

口式打捞器,也可以提出固定阀。这种泵的游动阀可装在柱塞下端,减少了余隙容积,液体充满度系数比较高,同时可以在柱塞上端也装上一个游动阀,有利于抽汲含气油液及提高游动阀的寿命。

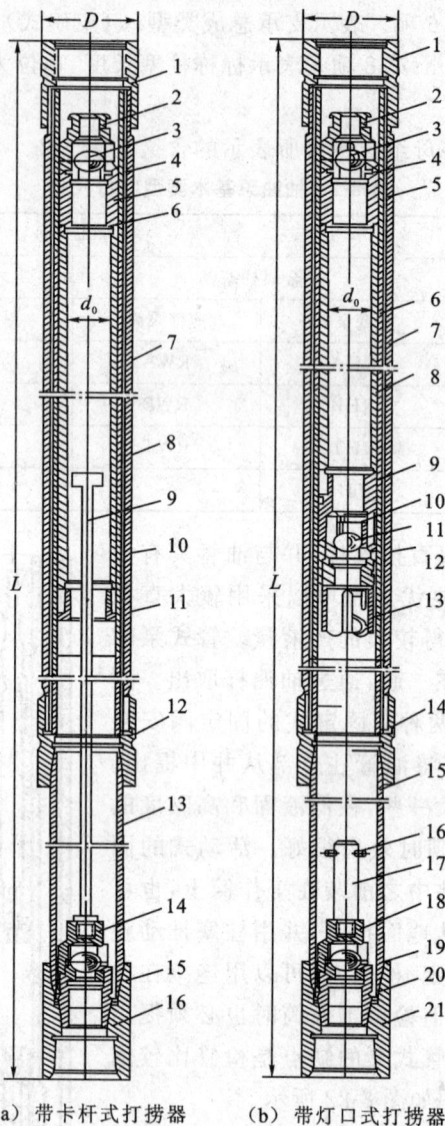

（a）带卡杆式打捞器　　（b）带灯口式打捞器

图 8-23　管式泵结构图

（a）:1—接箍;2,14—阀罩;3—阀球;4—阀座;5,10—衬套;6—接头;7—柱塞;
8—泵筒;9—打捞杆;11—短节;12—垫片;13—尾管;15—锥体;16—锥座
（b）:1—接箍;2,10,18—阀罩;3,11—阀球;4,19—阀座;5—短接头;
6—衬套;7—泵筒;8—柱塞;9—阀体;12—打捞器;13—打捞器护套;
14—垫片;15—尾管;16—打捞杆销;17—打捞杆;20—锥体;21—锥座

二、杆式泵

杆式泵有外工作筒和内工作筒两个泵筒。外工作筒带有锁紧卡簧和锥体座等,连接在油管下部,随油管先下入井中。内工作筒与柱塞、游动阀及固定阀连成一体,通过抽油杆直接下放到外工作筒内,坐在锥体座上,由锁紧弹簧等卡住,与外工作筒连成一体。这种杆式泵的主要优点是:只要提起抽油杆,就可以提起内工作筒及其内的柱塞和两种阀,便于检修。由于内泵筒是通过油管下入井中的,所以直径必然比管式泵小,产量也相对较小。

常用杆式泵如图 8-24(a)所示,其抽油杆与柱塞连接,带动柱塞在工作筒内作往复运动,而内工作筒则是底部固定在外工作筒内(涂黑色部分),也可以顶部固定(画剖面线部分)。这种工作筒固定而柱塞作往复运动的泵称为定筒杆式泵,其结构如图 8-25 所示。

如图 8-24(b)所示,将柱塞与固定阀装在一起,固定在油管下端的锥座上,而内工作筒与抽油杆相连并在固定柱塞上作往复运动,则称该泵为动筒杆式泵,其结构如图 8-26 所示。动筒杆式泵的固定阀位于固定柱塞的顶部,游动阀则位于游动泵筒的顶部。这种泵的优点是:泵筒的往复运动能使其外围环形空间的液体产生旋涡运动,从而阻止泵周围砂子沉积,避免泵卡在砂子中;如果抽油装置需要间歇停抽,则泵筒顶部的游动阀就会关闭,可以防止进入泵中的砂子沉积在柱塞的顶部和周围。它的缺点是:不宜在偏斜的井眼中工作,因为会导致泵筒和油管间的磨损加剧;固定阀距井底较远,尺寸较小。定筒杆式泵可以采用尽可能大一些的固定阀,并可放置到可靠近井底的位置,从而可减小井中液体进入固定阀的压力降,使气体分离减少,有利于提高泵效。

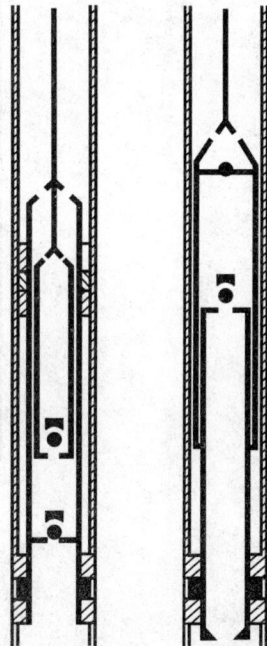

(a) 定筒杆式泵　(b) 动筒杆式泵

图 8-24　杆式抽油泵示意图

目前美国主要采用杆式泵,管式泵仅占有杆抽油泵的 15%,而我国主要采用管式泵。总体上看,杆式泵优于管式泵,特别是在油井不断向深层发展,泵挂深度愈来愈大的情况下,管式泵的检修工作势必费时费工,采用杆式泵则可以使检泵工作量减少一半左右;如果采用上、下冲程都可以排液的杆式泵,其排液量可以达到或超过管式泵;此外,杆式泵的防气、防砂能力也比管式泵好。但是,杆式泵制造难度大,成本高,为了保证杆式泵顺利通过,对油管壁厚的均匀程度及内径尺寸的一致性要求较高。

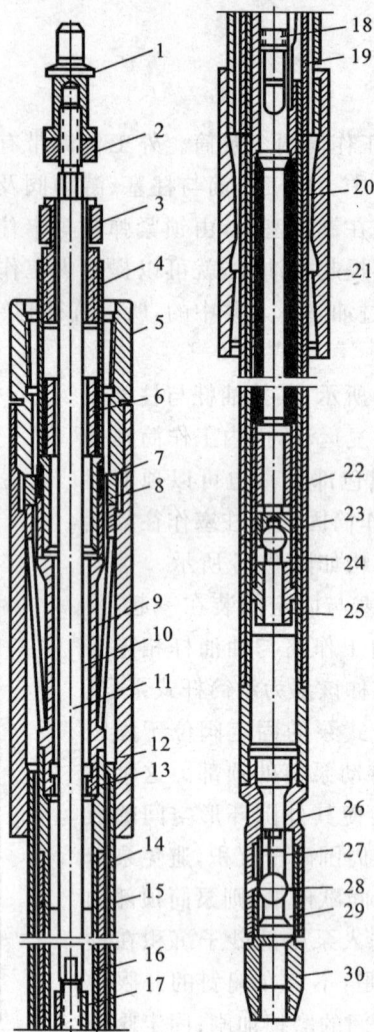

图 8-25 定筒杆式泵结构图

1—接头；2—锁紧螺母；3—导向接头；4—锥体；5—大小头；6—防砂阀；7—封严锥体；
8—支承环；9—锁紧卡环；10—支承接头；11—过渡导杆；12—支承接箍；13—支撑；
14—泵筒大小头；15—外泵筒；16—内泵筒；17—锁紧螺母；18—柱塞罩；19—衬套；
20—柱塞；21—导向接箍；22—游动阀体；23,27—阀罩；24,29,30—阀座；25—锥体；
26—固定阀体；28—阀球

三、套管泵

　　用套管代替油管出油时所用的抽油泵都属于套管泵，它实际上是一种较大型的杆式泵，与一般杆式泵的安装及操作方式基本相同。套管泵用抽油杆下入井中，并在泵筒的底部或顶部装有封隔器，以便在泵筒和套管之间建立液体密封。套管泵是一种排量大、适用于浅井的抽油泵,特别适用于高产井。

抽油泵的主要易损件是柱塞和泵阀。常见的柱塞由金属制造,有各种形状。抽油泵阀也有各种不同的结构。金属柱塞常与游动阀组装在一起,其总成如图8-27所示。

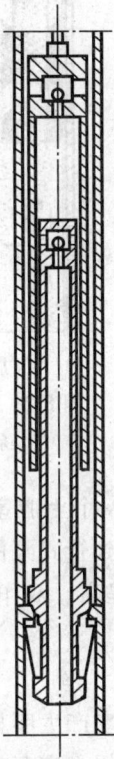

图 8-26 动筒杆式泵结构图

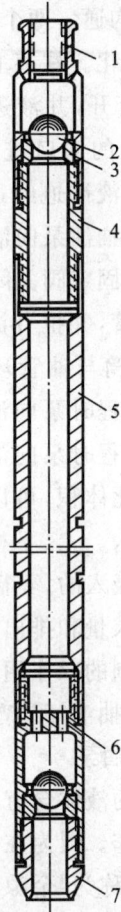

图 8-27 抽油泵柱塞阀总成
1—上游动阀罩接头;2—阀球;3—阀座;
4—上游动阀座接头;5—柱塞体;
6—下游动阀罩接头;7—下游动阀座接头

四、其他类型抽油泵

除了上述三种基本型抽油泵外,根据不同的采油条件还设计和制造了多种变型泵。

1. 双作用抽油泵

为了克服杆式抽油泵产液量较小的缺点,研制了一种柱塞上、下行程都向地面排液的双作用抽油泵,其原理图如图8-28所示。它具有上、下两个柱塞,二者由连通管连接,形成"工"字形柱塞总成。连通管在一个密封元件中运动，并形成两个密封腔室。上腔室由密封元件与上柱塞形成，与连通管内腔相通；下腔室由密封元件与下柱塞形成，与泵筒和油管之间的环形空间沟通。两个液腔室的长短随"工"形柱塞总成的上、下位移而变化。柱塞上行时，游动阀在液柱重力作用下关闭，而固定阀打开，井液进入泵筒并经下柱塞和连通管上升，再经连通管上的油口进入上腔室，抽油泵吸液。与此同时，下腔室内的井液被迫经过泵筒上的油口进入泵筒与油管间的环形空间，即抽油泵向油管排液。随着柱塞上提，井液升到地面。下行时，固定阀关闭，下柱塞下部空间及上腔室内的液体被挤入连通管，并推开游动阀进入油管。随着下腔室增大，压力降低，泵筒与油管环形空间又有一部分井液返回泵内。实际上，上行程时泵向油管排出的井液相当于下腔室中变化的体积，下行程时泵向油管下排出的井液只相当于下柱

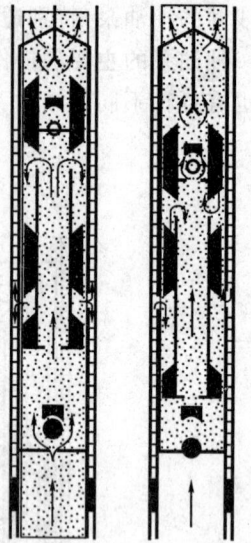

(a) 上冲程　　(b) 下冲程

图 8-28　双向排液抽油泵示意图

塞下部腔室的变化体积，可以认为上腔室中排入油管中的液体又被下腔室吸入。上、下行程时抽油泵排出的液体总量是在上行程中一次吸入的，下行程时无吸入量。但是，由于多了一个上腔室参加吸入，故一个冲次中泵的吸入量和排出量都有所增加，使得产液量能够达到管式泵的水平。

胜利油田研制的双作用式抽油泵能使油井产液量大幅度提高。双作用式抽油泵的缺点是下行阻力大，抽油杆易弯曲，易造成抽油杆断裂或脱扣。

2. 防气锁抽油泵

有些油井中的液体含有大量的溶解气体，这会对抽油泵效率产生明显影响，甚至使抽油泵无法正常工作。因为在任一抽油泵中，固定阀与游动阀之间必定存在一段距离，称为"防冲距"，其空间称为"余隙容积"，充满油气混合物。当柱塞下行时，泵筒内压力增高，余隙容积内气体受压缩并溶解于油液中；当柱塞上行时，泵筒内压力迅速降低，溶解气自油液中分离、膨胀，占据一定空间。含气量较少时，气体膨胀后所占空间不大，对泵效影响不大。但是当含气量较大时，膨胀气体可能占据柱塞在泵筒中移动的空间，且压力仍然不低于套管中的沉没压力，使固定阀打不开，抽油泵无法吸入。这时，柱塞只是使气体处于交替的压缩和膨胀状态，抽油泵不工作，产生所谓"气锁"现象。

为了提高泵效和防止"气锁"，除尽可能减小余隙容积外，还设计出适合抽含气原油的抽油泵（简称油气抽油泵）。这种泵实质上就是在常规抽油泵上端装上一个承载阀，目的是消除"气锁"。

图 8-29 所示为中原油田采油工艺研究所研制的 ZY57-Ⅰ型防气锁抽油泵。该泵采用整体无衬套泵筒和软硬结合的新型活塞体，具有三个阀门：上部浮动环形阀（承载阀）、中部标枪形锥阀（标枪阀）、下部球形固定阀（进油阀）。标枪阀与抽油杆刚性连接，抽油杆

上、下运动时标枪阀随之而动;标枪阀与活塞浮动连接,在轴向允许有 15 mm 相对运动距离,径向彼此可以相对旋转。在轴向允许的范围内,标枪阀随着抽油杆的上、下运动反复关闭或开启,并使活塞将泵筒分为上、下两个腔室。

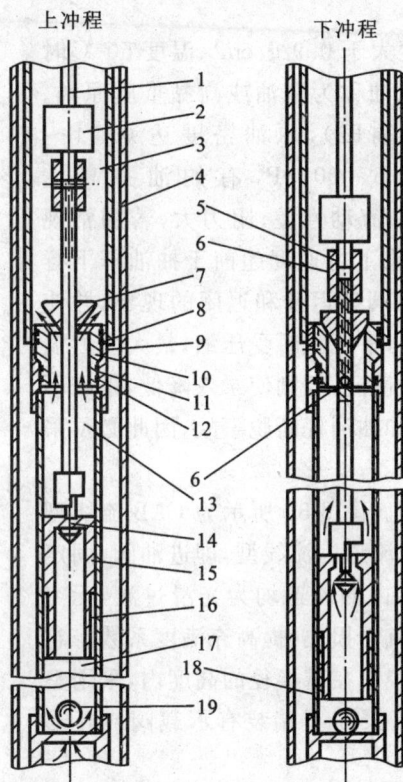

图 8-29　ZY57-Ⅰ型防气锁抽油泵结构图

1—抽油杆;2—脱接器;3—油管;4—套管;5—接头;6—放气孔;7—承载阀;
8—密封件;9—泄油孔;10—承载体;11—密封件;12—卡簧;13—上腔室;
14—标枪阀;15—硬活塞体;16—软活塞体;17—下腔室;18—泵筒;19—进油阀

　　上冲程开始前,承载阀和进油阀在压差的作用下关闭,标枪阀开启;上冲程开始后,标枪阀随抽油杆上行 15 mm 提前关闭,再带动活塞上行,使上腔室内压力逐渐升高,当高于油管内液柱压力时承载阀打开,上腔室中的油液进入油管,实现排油。与此同时,下腔室内压力迅速降低,进油阀打开,地层液进入下腔室。活塞达上止点后,承载阀和进油阀关闭。下冲程开始后,标枪阀先下行 15 mm,提前打开,使上、下腔连通,再推动活塞下行,下腔室中的油液通过标枪阀的间隙进入上腔室,直至活塞达下止点。

　　对于含气的井液,这种泵仍可正常工作,因为下冲程时标枪阀靠抽油杆下推开启,不存在开启滞后或打不开的现象。此外,该泵的活塞杆上设计有放气孔装置,当活塞接近下止点或即将离开下止点时,放气孔将油管内液柱与泵筒的上腔室相连通,液柱在压差的作用下迅速通过放气孔,占据上腔室内的气体空间,上腔室内的气体被驱入液柱内。因此,上冲程时也不存在由于上腔含气而造成承载阀开启滞后或打不开的现象。试验表明,与普通抽油泵相比较,这种防气抽油泵增产效果明显。

3.稠油抽油泵

石油矿场中通常将密度大于 0.9 g/cm^3、温度 50 ℃时黏度为 $100 \sim 1\ 000 \text{ cP}$ 的原油称为稠油或高黏重质原油。在有些油田(如我国高升油田),原油密度达 $0.94 \sim 0.96 \text{ g/cm}^3$,黏度一般达 $5\ 000 \text{ cP}$,有的油井高达 $10\ 000 \text{ cP}$。这种高黏性原油流动性差、阻力大,若用常规抽油泵开采,经常会发生驴头下行速度超前于抽油杆下行速度(所谓"驴头打架")以及阀球迟开和迟闭的现象,并使抽油杆上行程时拉应力增加,下行程时受压缩,最大应力值和交变应力幅度增加。这些情况,轻则使泵效降低,重则不能正常工作,甚至引起卡泵和抽油杆断脱事故,因此必须采用合适的稠油抽油泵。

稠油抽油泵的种类很多。图 8-30 所示为 CLB 流线型稠油抽油泵的结构图。它的流道为流线型,即进油阀(固定阀)、排油阀(游动阀)及柱塞内的流道均为光滑过渡,无突然收缩和扩大,有利于减少流动损失,提高充满度系数。它的特点还有:阀球的升程都控制在球半径的高度内,采用整体泵筒,液力自封式短柱塞,泵筒上端装有承载阀或环形阀。

承载阀或环形阀装置对于改善稠油的进泵和抽油杆的受力状态、加快柱塞的下行速度、减少气体的影响、提高泵效等都起着良好的作用。因为采用承载阀或环形阀后,就将常规抽油泵的一级压缩过程改为二级压缩过程。柱塞下行时,承载阀或环形阀在液柱的作用下关闭,将柱塞上部与油管柱内部的液体分开,且承受油管柱内的全部液柱压力,使游动阀与承载阀或环形阀之间的二级压缩腔成为低压区,压力值为 p_2,而压缩腔中的压力 p_1 很快升高,$p_1 > p_2$,使游动阀及时打开。同时,使抽油杆只受重力作用而处于拉伸状态,减少了抽油杆柱的断脱事故和维修工作量。当柱塞上行时,由于一级压缩腔始终处于低压状态,固定阀在油层压力的作用下会很快打开。

对于常规抽油泵,柱塞上部液柱的压力为 p_2,只有当柱塞将其下面的液体逐渐压缩到 $p_1 > p_2$ 时,游动阀才能打开,这就导致抽油杆柱受压缩,影响了柱塞快速下行,当然也

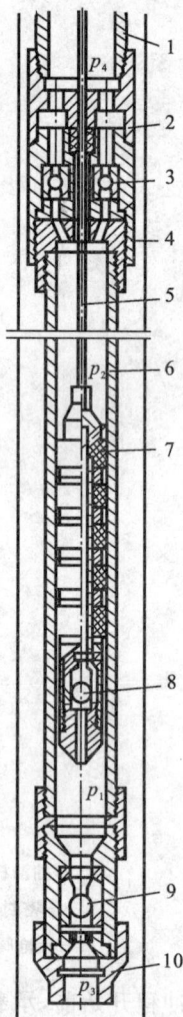

图 8-30　CLB 流线型稠油
抽油泵结构图

1—油管柱;2—密封件;3—承载阀;
4—承载阀接头;5—柱塞杆;6—泵筒;
7—液力自封式柱塞;8—游动阀;
9—固定阀;10—下油管接头

就使泵效降低,抽油杆受力状况恶化。承载阀或环形阀还有一个优点,即在固定阀漏失情况下,柱塞下行时油管柱内的液体不会再进入泵腔而漏回油层,这也有利于提高泵效。

4．防砂抽油泵

许多油田的地质结构比较疏松,井液中含砂较多,采用常规抽油泵抽油经常发生砂卡、砂磨和腐蚀,造成油井停产等事故。针对上述情况,研究成功了双筒式防砂卡抽油泵、动筒式防砂抽油泵、旋转柱塞防砂泵等抽油设备。图 8-31 所示为长柱塞式防砂抽油泵,是在双筒式防砂卡抽油泵的基础上发展起来的新型防砂抽油泵。该泵采用长柱塞、短泵筒及泵下沉砂、侧向进油结构。

柱塞上行时,下出油阀与固定阀之间的空间变大,压力降低,井液在沉没压力的作用下经双通进油接头的侧向进油孔顶开进油阀进入泵腔,柱塞上部的液体同时被举升一个冲程高度;柱塞下行时,进油阀关闭,出油阀被顶开,进入泵腔的液体被迫经过柱塞到达其上部,完成一个工作循环。柱塞上行时,柱塞上部压力大于下部压力,上部液体会沿间隙下行,下部泵筒与柱塞之间的砂粒不会进入密封段,只有直径小于密封间隙的砂粒随泄漏的液体进入密封段;柱塞下行时,柱塞下部压力大于上部压力,下部液体会沿间隙上行,砂粒不会从上部进入泵筒与柱塞之间的密封段,同时下部的砂粒也不会进入泵筒,而只有部分粒径细小的砂粒进入。细小的砂粒不会使柱塞与泵筒之间产生较大的摩擦力,从而达到防止砂卡、减轻磨损的目的。

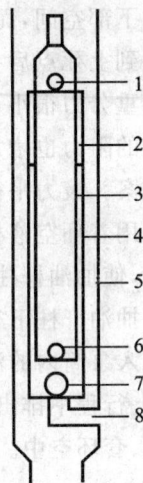

图 8-31 长柱塞式防砂
抽油泵结构示意图
1—上出油阀;2—短泵筒;
3—长柱塞;4—加长内筒;
5—沉砂外筒;6—下出油阀;
7—进油阀;8—双通接头

双通接头的下端连接沉砂尾管,用于储集进入尾管的泥砂;泵的内筒与外筒之间有一环行空间,是沉砂进入尾管的通道。当油井停抽时,下沉的砂粒沿环形空间沉入泵下尾管,避免了砂埋抽油杆。

5．水平井抽油泵

随着大斜度井和水平井的不断增加,水平井抽油泵的开发研究取得了进展,已经有多种产品问世。图 8-32 所示为带液力平衡补偿液缸的水平井抽油泵,主要由抽油泵和液力平衡补偿液缸组成。它的主要结构特点是:具有下拉力,可部分解决稠油水平井抽油泵下行程阶段抽油杆漂浮、下行困难及下部抽油杆柱受压等问题;采用整筒泵筒-水力自封结构,即泵筒与外管间承受油井液柱压力,有利于减少泵筒径向变形、环隙漏失,提高泵效;泵筒与外管间下端采用固定连接,下端滑动配合,泵筒不承受轴向交变载荷;游动阀采用机械启闭式结构,固定阀采用拉杆带动结构,两种阀均具有机械开闭功能,启闭迅速,不受井斜角大小影响。

当抽油杆上行时,带动柱塞 4,并经拉杆 5 带动液缸 7 中的柱塞同时向上移动;机械启闭式游动阀关闭将柱塞上方的液体抽出泵筒;而液缸柱塞又将其上方的液体提出液缸,经过迂回流道、交叉流道、外管 1 与泵筒 2 环形空间,也排到泵以上的油管中。与此同时,固定阀组 6 中的固定阀在拉杆的带动下迅速打开,井液经过交叉流道和固定阀组进入泵柱塞的下部空间,而液力平衡液缸柱塞下端则吸入液体。

达到上死点后,整个抽油杆柱系统应该在重力作用下向下运动,但由于在水平井中杆柱的自重分力很小,抽油杆柱(扶正器)与油管接触增大了下行阻力,在特稠油井中杆柱与液体间的阻力也增加,因而抽油杆柱很难下行。为此,该泵采用了带液力平衡补偿液缸的结构方案。液力平衡液缸柱塞的上端始终作用着油井液柱的压力,而平衡液缸柱塞的下端则作用着环空液柱的压力(沉没压力),平衡液缸柱塞在上、下压差的作用下很容易克服摩擦力,使抽油杆柱向下运动。

当抽油杆柱下行时,拉杆带动固定阀立即关闭,机械启闭式游动阀迅速打开,将上行程中吸入泵筒内的液体转移到机械启闭式游动阀的上部。与此同时,平衡液缸柱塞向下运动,上行程中排出缸外的液体再次回注缸内,而上行程中柱塞下部缸内吸入的井液则被排回油、套环空中。

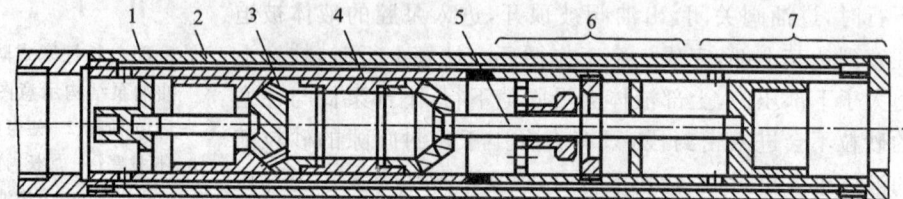

图 8-32　带液力平衡补偿液缸的水平井抽油泵示意图

1—外筒;2—泵筒;3—机械启闭式游动阀组件;4—柱塞;5—拉杆;6—固定阀组;7—液力平衡液缸

五、常规型抽油杆

抽油杆分为常规型和特种型两大类。此外,为了组成抽油杆柱及保证正常的抽油,还配备有一些配套部件或辅助装置。

常规型抽油杆是一种具有圆形断面、两头镦粗的金属杆件,镦粗部分有连接螺纹和打扳手用的方形断面。抽油杆体直径有 13,16,19,22,25 和 29 mm(即 1/2,5/8,3/4,7/8,1 和 1½ in)六种,长度一般为 7.62 m 和 8 m。

抽油杆的结构如图 8-33 所示。为了调节抽油杆柱的长度组合,还配有长度为 410,610,910,1 220,1 830,2 440,3 050,3 660 mm 等短抽油杆。

抽油杆的生产国主要是美国、俄罗斯和我国。美国生产抽油杆的历史最长,品种多且质量好,许多国家都按 API 标准生产抽油杆。我石油天然气行业标准 SY/T 5029—2003 采用了 API Spec 11B《抽油杆规范》(第 26 版)的相关内容。常规型抽油杆可分为:

(1) C 级抽油杆:主要用于轻、中负荷无腐蚀或缓蚀油井抽油,材料为碳钢或锰钢,如 C-Mn 系钢抽油杆,抗拉强度为 620～793 MPa。

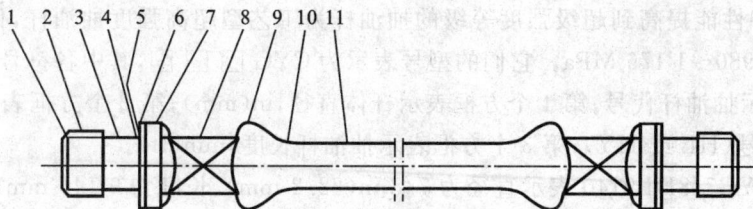

图 8-33　常规抽油杆

1—螺纹倒角;2—螺纹;3—卸荷槽;4—卸荷槽圆弧;5—推承面;

6—台肩倒角;7—台肩;8—扳手方颈;9—凸缘;10—过渡槽;11—杆体

（2）D级抽油杆:主要用于中、重负荷含硫油井抽油,材料为碳钢或合金钢,如 Cr-Mo 系钢抽油杆,抗拉强度达 793～965 MPa。

（3）K级抽油杆:主要用于轻、中负荷中等腐蚀或缓蚀油井,尤其是低硫腐蚀油井抽油,材料为镍钼合金钢,如 Ni-C-Mo 或 Ni-Cr 系钢抽油杆,抗拉强度为 620～793 MPa。

抽油杆一般经过镦锻、整体热处理、外螺纹滚压加工、喷丸强化、油溶性涂料防护等加工过程,以便获得一定的抗疲劳或抗腐蚀疲劳的性能。

我国抽油杆的代号为 CYG□/□□,其中各符号的含义依次为:CYG 表示抽油杆代号;第 1 个方框表示抽油杆体直径,mm;第 2 个方框表示短抽油杆长度,mm;第 3 个方框表示材料强度代号(B 为合金钢,调质处理;C 为碳素钢,正火处理)。

代号中未标注抽油杆长度者是长度为 8 m 的标准抽油杆。常用的短抽油杆为 1, 1.5,2.5,3,4 m 等。例如,CYG22B 表示直径 22 mm、长度 8 m、用 20CrMo 合金钢制造、经调质处理的抽油杆,CYG25/1500C 表示直径 25 mm、长度 1.5 m、用 45 号碳素钢制造、经正火处理的短抽油杆。近年来,对抽油杆还采用了一些特殊的工艺方法处理,如对杆体进行金属喷涂、滚压、高频淬火、用环氧树脂涂敷等,以便提高其抗腐蚀性能或抗疲劳性能。

六、特种抽油杆

随着石油工业的发展,除现有批量生产的 C,D,K 级钢质实心常规抽油杆外,还发展了一些新型抽油杆,其中主要是超高强度抽油杆、玻璃钢抽油杆、空心抽油杆和连续抽油杆等,统称特种抽油杆。发展特种抽油杆的目的是适应不断增长的工作载荷、环境腐蚀和特殊工作条件的需要,在深井、斜井、定向井、稠油井及严重腐蚀性井等油井中实现抽油。

1. 超高强度抽油杆

与 D 级抽油杆相比,这种抽油杆达到了一个新的强度等级,性能指标更高,具有更高的承载能力,最小应力为 0～102 MPa 时许用应力值超出 D 级抽油杆 35% 以上。

我国超高强度抽油杆有两种类型:通过选用适当的材料,将性能提高到超级强度等级的抽油杆为材料型超高强度抽油杆,代号为 HL,抗拉强度达 966～1 136 MPa;采用表面

331

淬火工艺,将性能提高到超级强度等级的抽油杆为工艺型超高强度抽油杆,代号为 HY,抗拉强度达 980～1 176 MPa。它们的型号表示为 CYG □ □ □,其中各符号的含义依次为:CYG 表示抽油杆代号;第 1 个方框表示杆体直径,in(mm);第 2 个方框表示超高强度抽油杆类型号(HL 或 HY);第 3 个方框表示抽油杆长度,mm(ft)。

例如,CYG7/8HL9140 表示直径为 7/8 in(22.2 mm)、长度为 9 140 mm 的 HL 型抽油杆。

美国 20 世纪 60 年代就试制成功了超高强度抽油杆。其中,Oilwell 公司生产的 EL级超高强度抽油杆,材料为 35CrNi2Mo,采用表面感应淬火和低温回火的先进工艺,在表面上产生较高的残余应力,显著提高了疲劳强度,使抗拉强度达 1 029～1 210 MPa;Nor-ris 公司 生产的 97 型超高强度抽油杆,材料为 30CrNi2MnMoV,抗拉强度达 965～1 034 MPa;LTV 公司生产的 HS 型超高强度抽油杆,材料为 36CrNiMn2MoNbN,抗拉强度达 965～1 034 MPa。97 型和 HS 型超高强度抽油杆均采用正火和回火工艺。

2. 玻璃钢抽油杆

用玻璃钢代替钢材制造抽油杆的主要优点是重量轻、耐腐蚀性强,主要缺点是不能承受轴向压缩载荷,使用温度一般不得超过 163 ℃。这种抽油杆的头部(即连接部分)采用钢锻制;杆体用玻璃钢纤维无捻粗纱做增强材料,用树脂做机体,以拉挤方法成型;钢接头用 AISI 4620 钢加工而成,通过特殊的粘结工艺,用环氧树脂将接头和杆体粘结为一体。玻璃钢抽油杆及其接头的结构如图 8-34 所示。

另一种是芯部采用钢丝(或钢丝绳)、外包玻璃钢的所谓钢芯玻璃钢抽油杆。璃钢抽油杆以杆身直径、最高工作温度和端部接头的级别表示。例如,7/8 in-93 ℃-A 表示杆身直径为 7/8 in,最高工作温度为 93 ℃、端部接头级别为 A 的抽油杆。

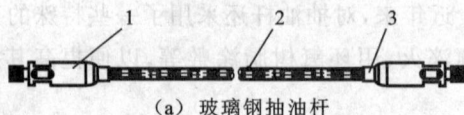

(a) 玻璃钢抽油杆

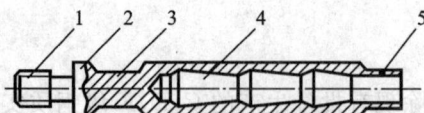

(b) 玻璃钢抽油杆接头

图 8-34 玻璃钢抽油杆及其接头结构示意图

(a):1—头部;2—杆体;3—护套

(b):1—外螺纹;2—台肩;3—扳手方颈;4—空腔部分;5—护套

3. 空心抽油杆

空心抽油杆的主要特点是:其内孔可以输油,油液在较高的流速下通过,提高了携带砂粒和机械杂质的能力;可以降低光杆最大载荷,减少修井次数;利用内孔向井底注入热油、热水或蒸汽,用以降黏和清蜡等。空心抽油杆特别适用于稠油井、含砂井和需要连续注入介质的抽油井。

俄罗斯的空心抽油杆由内孔直径为 45 mm、壁厚为 3 mm 的 45 号钢冷拔无缝钢管做杆体,接头加工螺纹后用摩擦焊焊接到杆体上。我国油田有多种空心抽油杆获得应用,其中一种是外径为 36 mm、内孔直径为 25 mm 的抽油杆,接头和杆体采用摩擦焊接,接箍外径与杆体外径相同,采用 35CrMo 钢经调质处理,机械性能可达 D 级抽油杆水平。另一种是整体式,两端镦锻成形,一端为外螺纹接头,另一端为内螺纹接头,组成抽油杆时不需要接箍,其结构如图 8-35 所示。

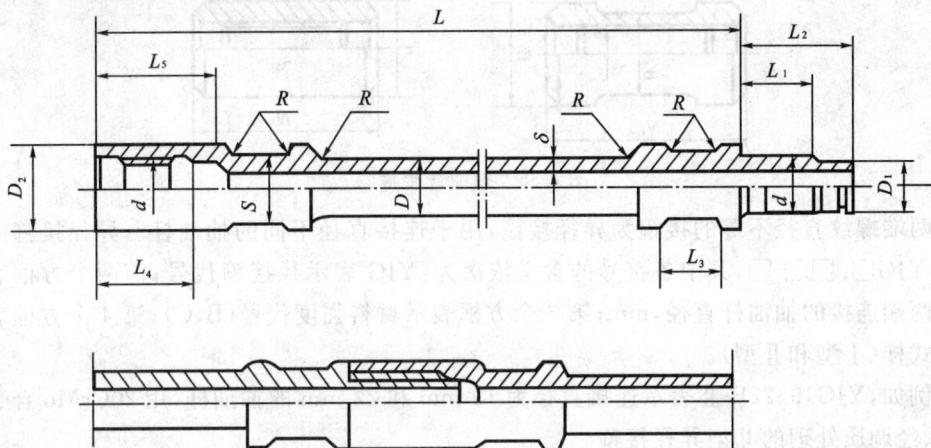

图 8-35 空心抽油杆结构示意图图

除了上述特种抽油杆外,还有连续抽油杆、柔性抽油杆、电热抽油杆、铝合金抽油杆、喷涂不锈钢抽油杆等,它们各自具有不同的用途和特点。其中,由石墨复合材料等制成的连续"带杆"具有高的弹性模数和用来抽油时所需的足够刚度,还有很大的挠性,可以绕到一个卷筒上。将卷筒置于井口上方,将抽油泵和若干加重杆连接在"带杆"的端部,然后下放到油管中的预定深度,再将"带杆"的上端固定到光杆上就可以实现抽油。连续型"带杆"不用接头,质量轻,运输方便,抗腐蚀,是比较理想的一种抽油杆。

此外,KD 级抽油杆既具有 D 级抽油杆的强度,又具有 K 级抽油杆的耐腐蚀性能。我国研制的 KD 级抽油杆材料是 23CrNiMoV 钢,经过加热保温、正火、回火等较严格的热处理后具有良好的性能。

333

七、抽油杆柱的配套部件

组合成抽油杆柱的配套部件主要包括接箍、加重抽油杆、光杆等。

1. 抽油杆接箍

抽油杆接箍两端带有丝扣,可以根据需要将不同直径的抽油杆组合起来。按结构特征的不同,接箍分为普通接箍、异径接箍和特种接箍。普通接箍如图 8-36 所示,用于连接等直径的抽油杆。普通接箍的代号为 PJG□/□-□,其中各符号的含义依次为:PJG 表示

普通接箍代号;第 1 个方框表示所连接的抽油杆直径,mm;第 2 个方框表示材料强度代号
(B 为合金钢,C 为碳素钢);第 3 个方框表示接箍式样(Ⅰ型和Ⅱ型)。

Ⅰ型与Ⅱ型接箍的结构尺寸相同,Ⅰ型接箍外表面加工有搭扳手的凹槽,Ⅱ型接箍外
形为圆柱形。例如,PJG22C-Ⅰ表示抽油杆直径 22 mm、材料为 40 号碳素钢、正火处理的
普通Ⅰ型接箍。

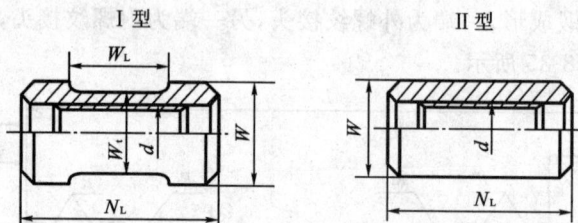

图 8-36　抽油杆接箍图

两端螺纹直径不等的接箍为异径接箍,用于连接直径不同的抽油杆。异径接箍的代
号为 YJG□/□□-□,其中各符号的含义依次为:YJG 表示径接箍代号;前两个方框表示
接箍两端连接的抽油杆直径,mm;第 3 个方框表示材料强度代号(B,C);第 4 个方框表示
接箍式样(Ⅰ型和Ⅱ型)。

例如,YJG19/22B-Ⅱ表示连接直径为 19 mm 和 22 mm 的抽油杆、用 20CrMo 合金钢
制造、经调质处理的Ⅱ型异径接箍。

抽油杆在交变载荷和腐蚀介质中工作时容易产生腐蚀疲劳破坏。对于常规式抽油
杆,最常见的事故是杆体和丝扣处的断裂。因此,上扣时应保证最大载荷作用下抽油杆和
接箍端面间保持紧密的接触,即应有足够的上扣扭矩;同时应保持抽油杆的平直度。据有
关资料介绍,当抽油杆挠度等于 $0.56d$ 时,其产生的拉应力就会增加 4 倍,故用于斜井中
的抽油杆必须采用特种接箍,如铰链式接箍、滚轮式接箍等。图 8-37 所示为一种滚轮式
特种接箍,用于斜井或普通油井中,可降低接箍与油管的摩擦阻力,减少油管的磨损。

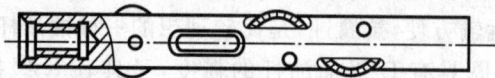

图 8-37　滚轮式抽油杆接箍

2. 加重抽油杆

抽油机工作时抽油杆柱受力状态会不断变化。柱塞上行时,抽油杆一般处于受拉状
态;下行时,由于液流通过游动阀,对柱塞产生向上的流动阻力,同时还有向上的摩擦阻
力,泵径愈大,原油愈稠,泵冲次愈高,这种阻力愈大。这样,就容易使抽油杆柱受力状态
不同,即上部受拉、下部受压,处于受压位置的某根抽油杆可能产生过大的纵向弯曲,从而
造成抽油杆柱的断裂或脱扣事故。为了尽可能减少和避免这种情况的发生,广泛采用了
加重抽油杆。这种加重杆装在抽油泵的上方,替代若干根普通抽油杆。这种下部加重杆
具有较大的重量和刚度,可以避免受压状态或减小弯曲,因而可使上述事故减少。

加重抽油杆的结构如图 8-38 所示。

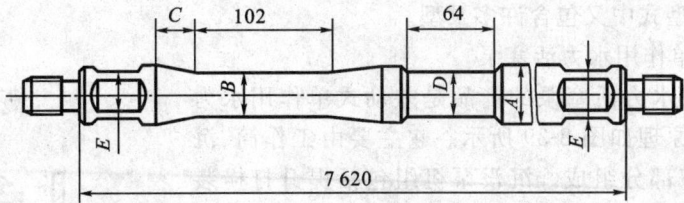

图 8-38 加重抽油杆结构图

3. 抽油光杆

抽油光杆是将抽油机的往复运动传递给抽油杆的重要部件。它的上部通过光杆卡和悬绳器与抽油机连接,下部通过光杆接箍与抽油杆连接,在抽油机的带动下在光杆密封盒内作往复运动。有的光杆体上套有光杆衬套,以保护光杆。光杆分为普通型和一端镦粗型两种,普通型两头螺纹直径相同。

第四节　井下抽油设备

井下抽油设备属于无杆抽油设备,包括水力活塞泵采油装置、潜油电动离心泵机组和电动螺杆泵机组等。

一、水力活塞泵机组

水力活塞泵采油装置中的井下机组简称水力活塞泵。我国水力活塞泵型号表示为 SHB□×□/□□□□□。各符号所代表的含义依次为:SHB 表示水力活塞泵代号;第 1 个方框表示油管规格,用油管内径(单位为 mm)除以 25.4 mm 的商表示,双管柱时在圆括号内写成大直径乘小直径;第 2 个方框表示额定冲次时泵理论流量代号,用其数值的 1/10 表示,单位为 m^3/d;第 3 个方框表示最高扬程代号,用其数值的 1/100 表示,单位为 m;第 4 个方框表示泵结构型式代号(A 为双作用,B 为双泵端、双作用,C 为双动力活塞、双作用,D 为单作用);第 5 个方框表示动力活塞类型代号;第 6 个方框表示动力液循环方式、井下管柱型式、泵井下安装型式代号;第 7 个方框表示泵功能代号。

例如,SHB2.5×20/20 表示油管内径为 62 mm,额定冲次时理论流量为 200 m^3/d,最高扬程为 2 000 m,双作用、单向动力活塞,开式单管柱,投入式普通功能泵;SHB(3×1.5)×6/25D080 表示油管内径分别为 75.9 mm 和 40.3 mm,额定冲次时理论流量为 60 m^3/d,最高扬程 2 500 m,单作用、单向动力活塞,开式同心双管柱,插入式普通功能泵;SHB(2×1)×10/20A023 表示油管内径分别为 50.3 mm 和 25 mm,额定冲次时理论流量为 100 m^3/d,最高扬程为 2 000 m,双作用、单向动力活塞,闭式平行双管柱,投入式泵顶测压泵。

1. 水力活塞泵的结构原理

按照结构和性能,水力活塞泵可分为单作用、双作用、双泵端、双液马达和油气分采等多种型式,每种型式中又包含许多泵型。

1) 差动式单作用水力活塞泵

我国第一代水力活塞泵的产品是差动式单作用水力活塞泵,其结构原理如图 8-39 所示。它主要由工作筒、沉没泵和固定阀三部分组成。沉没泵机组包括提升打捞装置、液马达和抽油泵三部分。图中的位置为泵的下行状态,滑阀位于下止点附近。

泵下行时,高压动力液既经孔 1、流道 2 和孔 3 进入液马达柱塞的下端,又经孔 9 和流道 10 进入液马达柱塞的上端,由于柱塞上端有效作用面积大于下端,液马达柱塞被液压力推动下行。抽油泵柱塞与液马达柱塞由活塞杆连成一体,随着其下行并压缩地层液推开游动阀球,进入抽油泵柱塞的上端,吸入地层液,此时抽油泵固定阀关闭。

泵上行时,当柱塞组接近下止点时,高压动力液经活塞杆的上换向槽进入换向滑阀的下端,由于下端面积大于上端面积,滑阀被液压力推到上止点。液马达柱塞上端通过流道 10、孔 9、孔 4、流道 7 和孔 8 与低压地层液连通,而下端仍为高压液体,柱塞被推动上行。此时,游动阀关闭,抽油泵柱塞上腔内的液体通过孔 6、流道 5、流道 7 和孔 8,液马达柱塞上端的乏动力液经流道 10、孔 9、孔 4 和孔 8 被排入油、套管环形空间,为排出过程。此时,固定阀打开,地层液进入抽油泵柱塞的下端。当柱塞组运动到接近上止点时,滑阀下端经下换向槽、流道 5、孔 4、流道 7、孔 8 与低压地层连通,而滑阀上端为高压,滑阀被推动到下止点,柱塞组又开始下行程。

如此反复,达到不断举升地层液的目的。

这种泵的换向机构简单,易于加工,改变液马达和抽油泵柱塞直径比可获得不同的压力比,实现流量和扬程的变化。

2) 长冲程双作用水力活塞泵

经过多年的改进,我国的水力活塞泵产品进一步完善。在目前国产水力活塞泵系列产品中,长冲程双作用泵为基本型,型号为 SHB2.5×20/20,类似美国 TRICO 公司生产的 E 型泵。它的主要特点是:活塞杆在工作过程中始终承受拉伸载荷,冲程长,排量大,效率高,进、排油阀为球形单阀,流道大,阻力小,适用于抽汲高黏度原油。

基本型泵的结构原理如图 8-40 所示。整机由泵工作筒、底阀(固定阀)和沉没泵三部

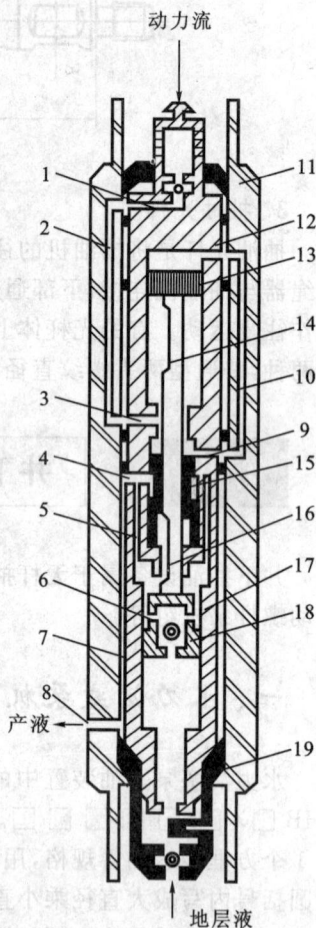

图 8-39 差动式单作用水力
活塞泵结构原理图
1,3,4,6,8,9—通孔;
2,5,7,10—流道;
11—工作筒;12—沉没泵;
13—液马达柱塞;14—上换向槽;
15—滑阀;16—下换向槽;
17—泵端阀球;
18—抽油泵柱塞;19—固定阀

分组成,为投入式。泵工作筒随同油管柱下入井内;底阀为可打捞式结构;沉没泵机组从井口投入,依靠液力起下。沉没泵的差动式换向机构设在泵的中间,上、下各有一缸套、活塞和进、排油阀组件。泵的上端为提升打捞机构,最下端为尾座。沉没泵与泵工作筒之间的密封采用六道压差式四氟密封环结构。

上行程时,当换向滑阀3处于下极限位置时,高压动力液通过流道2进入上液缸的下腔,推动上活塞组上行;上液缸上腔内的油井液通过上排出阀7被排到油、套管环形空间;同时,油井液通过底阀14,经下吸入阀6被吸入到下液缸的下腔;下液缸上腔的乏动力液则通过流道11、孔9及孔13排到油套环形空间。

下行程时,当活塞组运动到接近上极限位置时,高压动力液通过活塞杆1下部的换向槽12及孔4作用到换向滑阀3的下端;滑阀下端的承压面积比上端承压面积约大一倍,在液压力的作用下滑阀3被推到刚刚换过向的位置,即高压动力液刚好能通过滑阀的孔10及流道11,进入下液缸的上腔;而上液缸下腔内的乏动力液刚好能够通过流道2、孔9及孔13排至油、套管环形空间。滑阀换向过程设计有三种速度,上述为三速换向的一速向上运动过程;二速向上运动是低速运动,动力液经滑阀内孔的螺旋槽进入,经节流后压力降低,滑阀缓慢向上运动,这时活塞组已逐渐向下启动;三速是较高的速度,高压动力液除通过螺旋槽外,还通过滑阀的下三速孔,使滑阀迅速走完向上的全行程,此时活塞组全速向下运动,上活塞缸为吸入过程,下活塞缸为排出过程。

当活塞组向下运动接近极限位置时,活塞杆1上部的换向槽8将孔4与泄油孔5连通,滑阀3的下腔为低压;在高、低压差作用下,滑阀3向下运动到刚好高、低压流道换过向来的位置,也就是滑阀向下一速运动完成的位置;随后,二速是滑阀下端的低压动力液通过螺旋槽经阀体的二速孔泄走,使滑阀以较低的速度下行;三速是滑阀下端的动力液除从螺旋槽泄走外,还从滑阀的上三速孔泄走,从而使滑阀3以较快的速度完成最后的向下行程,又处于前述的下极限位置,活塞再开始下行程运动。如此反复循环,产生往复运动,将油液从井底举升到地面。

3) 平衡式单作用水力活塞泵

以长冲程双作用泵为基础,将液马达上、下活塞面积按照一定的比例设计,上小下大,并取消上端的

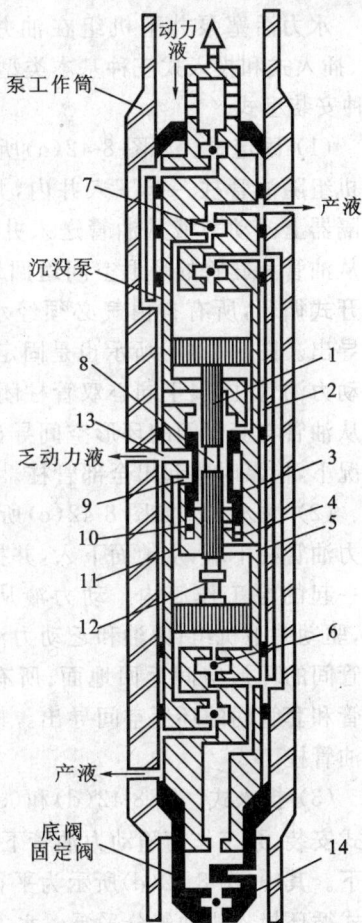

图 8-40　长冲程双作用水力活塞泵
结构原理图

1—活塞杆;2,11—流道;3—滑阀;
4,9,13—通孔;5—泄油孔;6—下吸入阀;
7—上排出阀;8,12—换向槽;
10—滑阀通孔;14—底阀

进、排油阀,使上端活塞的无杆端始终受泵的吸入压
力作用,如图 8-41 所示。当活塞作下行程运动时,下
活塞挤压其下腔内的油井液,经排出阀进入油、套管
环形空,完成排出过程;同时,油井液经过流道进入
上液缸的上腔。当活塞作上行程运动时,固定阀打
开,地层液被吸入到下液缸的下腔,上液缸上腔内的
液体也经过流道进入下液缸的下腔,完成吸入过程。

2. 水力活塞泵井下机组的安装型式

水力活塞泵井下机组在油井中的安装有固定
式、插入式和投入式三种基本类型,图 8-42 中列出了
6 种安装型式。

(1) 固定式。如图 8-42(a)所示,水力活塞泵井
下机组随油管柱一起下入井内,并固定在一个套管
封隔器上。动力液从油管送入井内,原油和乏动力
液从油管和套管的环形空间返回地面。这属于单管
柱开式循环,所有自由气必须经水力活塞泵井下机
组导出。图 8-42(b)所示也是固定式安装,但多了一
层动力油管柱,属于同心双管柱闭式循环,自由气全
部从油管与套管间的环形空间导出。在固定式安装
情况下,检泵时要起出全部管柱。

(2) 插入式。如图 8-42(c)所示,沉没泵连接在
动力油管柱下端,从地面下入,并插入与外油管固定
在一起的泵工作筒内。动力液从动力油管注入井
内,驱动井下机组;原油和乏动力液从动力油管与外
油管间的环形空间返回地面;所有自由气全部从外
油管和套管间的环形空间导出。检泵时只需起出动
力油管柱。

(3) 投入式。图 8-42(d)和(e)所示为平行管投
入式安装,泵工作筒随动力油管下入井内,沉没泵从井口投入,可用循环动力液在管柱中
起下。其中,图 8-42(d)所示为平行双管闭式循环投入式泵,图 8-42(e)所示为平行双管
开式循环投入式油气分采泵。水力活塞泵井下机组从大直径油管柱中循环至井底,并在
一个固定阀座上形成密封;上部的密封进入油管内壁的一个专用环箍处;动力液从大直径
油管柱中进入井下机组的液动机,原油和乏动力液从小直径油管柱中排到地面;自由气从
套管中导出。

图 8-42(f)所示为单管柱、开式循环投入式安装方式,又称为套管自由安装式,只需一
条油管柱下到套管封隔器上。动力液从管柱中送入井下机组的液动机,而原油和乏动力
液则从套管中排至地面;自由气由井下机组导出。我国油田大多采用这种安装方式,即水

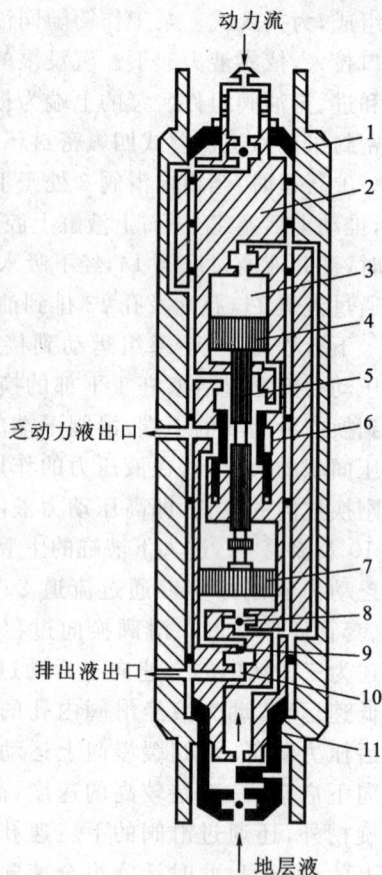

图 8-41 平衡式单作用水力活塞泵
结构原理图

1—工作筒;2—沉没泵;3—与地层液常通腔;
4—上活塞;5—活塞杆;6—滑阀;
7—下活塞;8—吸入阀;9—排出阀;
10—排出液流道;11—固定阀

动力流

1
2
3
4
5
6

乏动力液出口

7
8
9
10
11

排出液出口

地层液

力活塞泵加封隔器的安装方式,其井下管柱和地面泵站的工艺流程最为简单。图 8-43 所示为这种方式的起下泵流程。

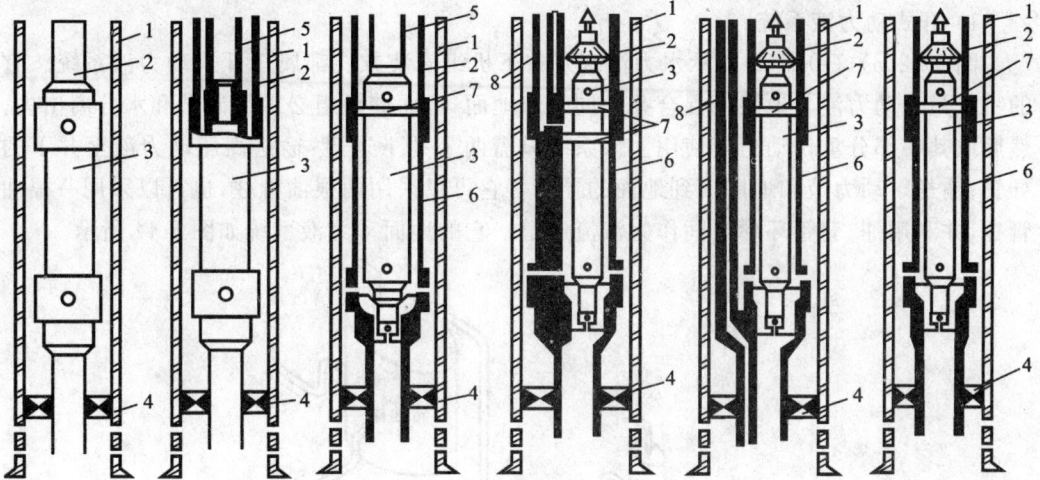

图 8-42　水力活塞泵井下安装示意图

1—套管;2—油管;3—水力活塞泵井下机组;4—套管封隔器;5—动力油管;6—泵工作筒;
7—上部密封;8—小直径油管

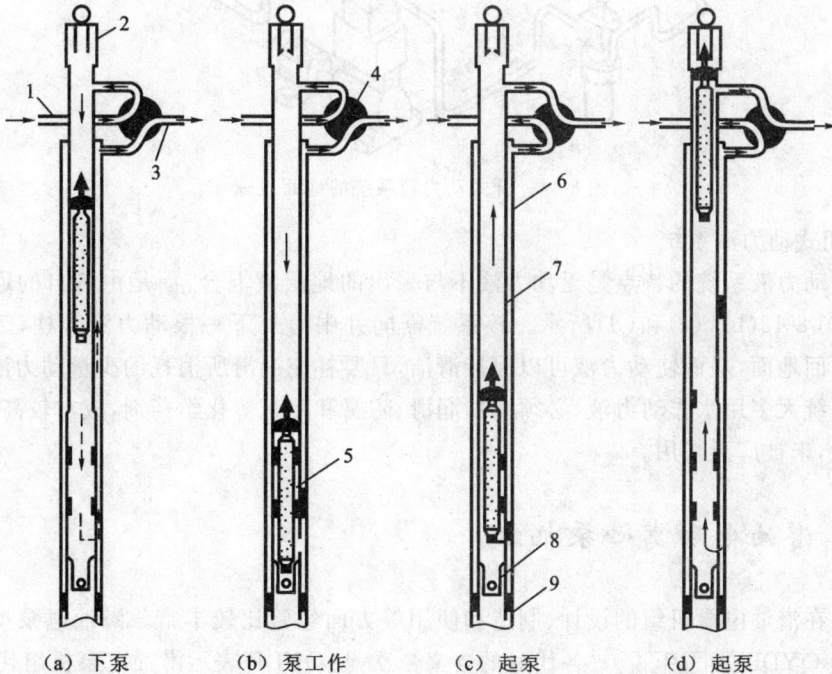

（a）下泵　　　（b）泵工作　　　（c）起泵　　　（d）起泵

图 8-43　套管自由安装型式水力活塞泵井下机组起下流程示意图

1—动力液管线;2—捕捉器;3—出油管线;4—四通阀;5—井下机组;6—套管;7—油管;8—底阀;9—封隔器

3.水力活塞泵装置的动力液系统

水力活塞泵装置的动力液系统基本上有两类,即开式动力液系统和闭式动力液系统。

1) 开式动力液系统

图 8-42(a),(e)和(f)所示水力活塞泵井下机组安装方式都属于开式动力液系统。它的特点是乏动力液与地层液混合并一同采出地面,地面储罐组必须将砂子和水分离出去,然后取其一部分重作动力液使用。该系统只需两个井下通道:输送高压动力液至井下的导管;输送乏动力液和地层液到地面的导管。它可以采用两根油管柱,也可以采用一根油管柱,并利用油、套管环形空间作为液流通道。它的地面动力液系统如图 8-44 所示。

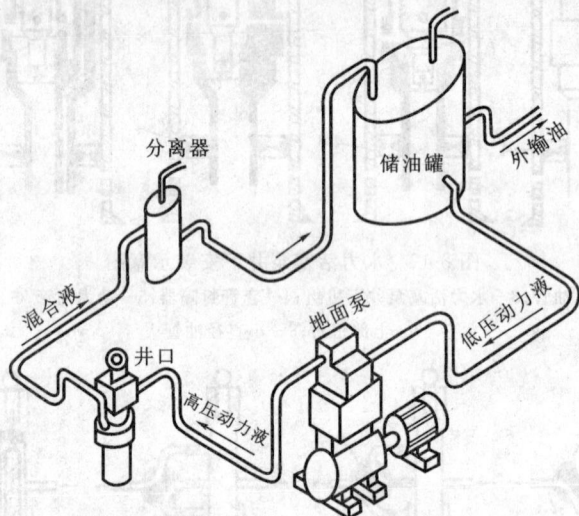

图 8-44　开式动力液系统的地面设施

2) 闭式动力液系统

闭式动力液系统的特点是乏动力液不与采出的地层液混合,而是由各自的通道上返地面,如图 8-42(b),(c)和(d)所示。该系统需向井中另外下一根动力液管柱,乏动力液由此管返回地面,从而使动力液可以保持清洁,只要补充润滑所消耗的少量动力液。闭式动力液系统大多用水作动力液,必须添加润滑、防腐和除氧等化学药剂,成本较高,设备也比较昂贵,未被广泛采用。

二、潜油电动离心泵机组

我国在潜油电泵机组的设计、制造和使用等方面经验比较丰富。潜油电泵型式的表示方法为 QYDB□-□/□□。各代号的含义依次是:QYDB 表示潜油电泵机组代号;第 1 个方框表示机组最大轴向投影尺寸,单位为 mm;第 2 个方框表示额定流量,单位为 m^3/d;第 3 个方框表示额定扬程,单位为 m;第 4 个方框表示通用井温代号(D 为 50 ℃,A 为 90 ℃,E 为 120 ℃,F 为 150 ℃)。

例如,QYDB119-200/1000E 表示额定扬程 1 000 m、额定流量 200 m³/d,适用井温 120 ℃ 的 119 mm 的潜油电泵机组。

潜油电泵机组的主要部分是多级潜油离心泵、电机保护器、潜油电动机、油气分离器等,大部分产品都已标准系列化。例如,QYB 表示潜油泵,QYH 表示保护器,YQY 表示潜油电机,QYF 表示分离器等。

1. 多级潜油离心泵

由于井眼直径有限,为了提高泵的扬程,一般采用多级离心泵从井底抽油。与地面多级离心泵相同,泵的每一级都包括一个固定到壳体上的导轮和一个转动的叶轮。目前用于抽汲原油的离心泵多为闭式、单吸、径向或混合式叶轮。当导轮引导的流体从一级叶轮进入另一级导轮的孔道时,高速动能将有一部分转变成液压能,而速度能降低。

叶轮在轴上的固定方式有固定式和浮动式两种。对于大流量泵,叶轮一般固定在泵轴上。叶轮上及压差所产生的全部轴向推力由安装在保护器内的止推轴承承受。对于深井,电泵的叶轮应采用图 8-45 所示的浮动式结构,即叶轮可以沿泵轴轴向窜动。泵工作时,按其流量的大小,叶轮可以靠在上止推垫或下止推垫上。这样每一级叶轮所产生的轴向推力就可以通过止推垫作用到固定的导轮上,而整节泵的上、下压力差所产生的轴向力仍由保护器中的止推轴承承受。

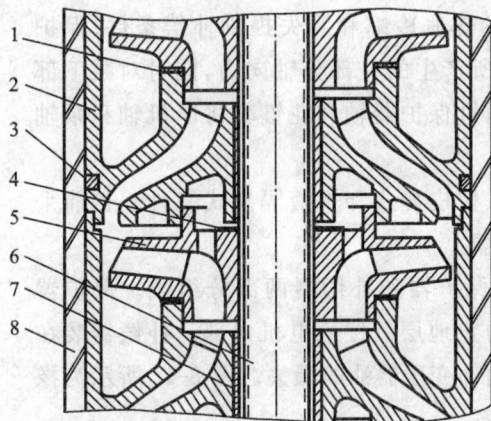

图 8-45 多级潜油离心泵叶轮与导轮装配示意图
1—下止推垫;2—导轮;3—O 形环;4—上止推垫;
5—叶轮;6—泵轴;7—键;8—泵壳

浮动叶轮离心泵应在推荐的流量范围内工作。如果在大于设计流量的条件下工作,叶轮作用在出口端的力小于作用在入口端的力,叶轮将被推向上,产生过大的上止推力;如果在小于设计流量的条件下工作,叶轮出口端的受力较大,叶轮产生向下的止推力。下止推时,保护器的止推轴承和下止推垫将会出现较大的磨损。自由浮动区是泵的最佳工作流量范围,它与止推轴承的承载能力有关,控制在高效率点流量的 75%～125% 内较为有效。

电动多级潜油离心泵的结构特点是：外廓直径小而长度大，泵外壳直径为 92～155 mm，而单节长度为 6～7 m 或 14～15 m；泵的级数多，每节有上百级，由一根直径只有 17～30 mm、长度达 7.5 m 的泵轴带动，故在每一级导轮中心孔和泵轴之间装有青铜衬套，作为泵的径向扶正轴承。

多级潜油离心泵的整体结构如图 8-46 所示。它分为转动和固定两部分。转动部分包括泵轴、轴中部安装的多级叶轮、轴上端的径向滑动轴承和轴向止推轴承、下端的径向滑动轴承等；固定部分包括与每一级叶轮相配的导轮、泵壳、填料密封装置等。填料密封装置将保护器和电机的内腔室与泵的吸入端隔开，防止原油渗漏入电机-保护器系统。

2．保护器

潜油离心泵长期在油液下面工作，沉没深度达几十或几百米，潜油电动机外壳受到很大的压力，地层液极易由接缝处渗入电动机的内部，破坏其正常工作。保护器的功用是：无论沉没度多大，保证地层液不能进入电动机的内部；在电泵机组启动或停止时，给电机油的热胀冷缩和漏失提供补偿条件；保护器内的止推轴承承担泵所产生的一部分轴向力，同时对泵下部的轴承提供润滑条件；通过保护器轴和花键套将电机轴和泵轴连接起来。

保护器分为活塞式、橡皮囊式和重液隔离式三种。目前采用较多的是后两种保护器。

橡皮囊式保护器由保护器和补偿器两部分组成。保护器装在泵和电机之间，以防止地层液侵入电机内部。补偿器装在电机下部，以补偿电机内部变压器油的漏失。图 8-47 所示为橡皮囊式保护器的两种方案。

方案(a)中，保护器腔室 A 和 B 中充满稠油，腔室 C 和整个电动机中充满稀油。当腔室 A 充满稠油时，橡皮囊被压向保护器轴。在保护器橡皮囊的上方有端面密封，以隔绝腔室 A 和 C。在腔室 C 下部的保护器轴上装有专门的离心泵叶轮，当井下机组工作时叶轮在腔室 C 中造成剩余压力，使橡皮囊扩张，压迫腔室 B 中的稠油，进而使腔室 A 中的油压提高。腔室 A 中的稠油对泵下部轴承起润滑作用。当腔室 A 中的稠油通过泵下部填料密封处漏失时，橡皮囊在剩余压力作用下向外扩张，腔室 B 中的稠油予以补充，直到橡皮囊扩张到保护器壳内

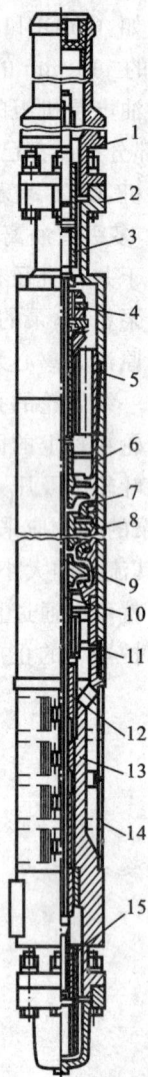

图 8-46　多级潜油离心泵
结构图

1—上节；2—下节；
3—花键联轴器；
4—轴向滑动止推轴承；
5—径向滑动止推轴承；
6—导流装置；7—叶轮；
8—外壳；9—泵轴；10—键；
11—下部滑动轴承；
12—保护套筒；13—底座；
14—过滤器；15—传动联轴器

壁后为止,此时腔室 B 压力降低,腔室 B 中的单流阀打开,使部分地层液进入腔室 B,再进入腔室 A,从而使得稠油消耗完以后,泵的下部轴承还可以正常工作一段时间。

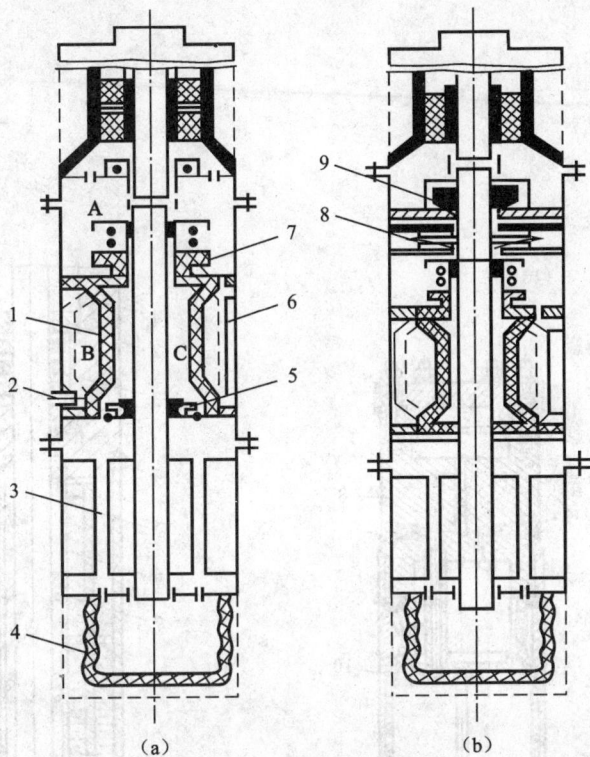

图 8-47 橡皮囊式保护器示意图

1—保护器橡皮囊;2—单流阀;3—电动机;4—补偿器橡皮囊;

5—专门叶轮;6—小管;7,9—端面密封;8—滑动止推轴承

位于电动机下部的补偿器壳体中也装有橡皮囊,内充稀油。壳体上有孔,使胶囊与井中液体接触,其内部油压随井中压力而变化,在电机内部油温变化和漏失的情况下,自动对电机内的稀油起调节容积和补充的作用。由于补偿器单独安装,故即使在稠油消耗完以后,电动机内部腔室仍能维持密封状态。

方案(b)中只采用一种变压器油,不用稠油;不在电机内部造成油液的剩余压力,减少了端面密封处变压器油的漏失。为了更可靠地密封电动机和滑动轴承,增加了一个端面密封。在新型潜油离心泵中用滑动止推轴承代替泵下部的径向止推滚珠轴承,承受泵轴上的轴向力。上端面密封处油液的漏失由保护器中的变压器油补偿;下端面密封处油液的漏失由补偿器中的变压器油补偿。图 8-48 所示为方案(b)的结构图。

重液隔离式保护器使用一种高重度的液体,将电机内的变压器油与地层液隔开,以保持电机内部油压与地层液压力相平衡,并补偿由于热胀冷缩引起的电机油容积的变化。它的结构示意如图 8-49 所示。该保护器的上方安装有三道由两种硬度的碳化钨合金组

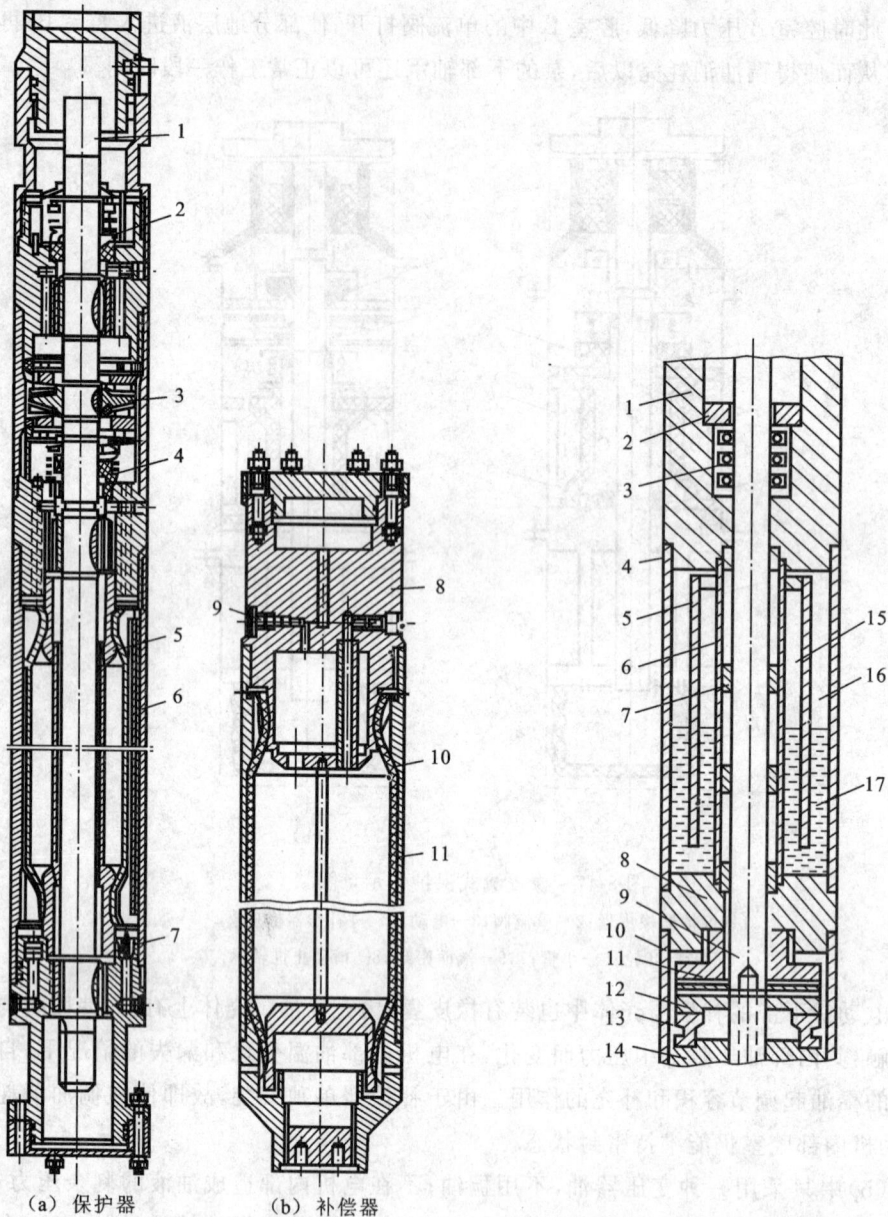

（a）保护器　　　　　（b）补偿器

图 8-48　橡皮囊式保护器

1—保护器轴；2—上部端面密封；3—滑动止推轴承；

4—下部端面密封；5—保护器橡皮囊；6—壳体；

7—单流阀；8—补偿器头；9—移注阀；

10—补偿器橡皮囊；11—外壳

图 8-49　重液隔离式保护器示意图

1—上接头；2—螺母；3—端面密封；4,10—外壳；

5—呼吸管；6—护轴管；7—扶正轴承；8—接头；9—轴；

11—定位螺母；12—止推轴承动环；13—止推轴承静环；

14—下接头；15—电动机内部冷却液（变压器油）；

16—地层液；17—氟油

成的相等磨面的端面密封,以减小漏失量。密封上部锡青铜制的螺母起防止砂子进入密封室的作用。保护器下端安装止推轴承,中段有两个腔室,内腔充以变压器油,并与电动机内腔相通;外腔与地层液相通;内、外腔间充满高重度的隔离液(氟油),将变压器油与地层液隔开。当电动机工作或停转、变压器油发热膨胀或冷却收缩时,隔离液在外腔内升高或下降。

3. 潜油电动机

潜油电动机是驱动潜油泵的动力,一般为两极三相鼠笼感应式。电机内充满电解强度高、润滑和热传导性能好的低黏度矿物油(变压器油)。它一方面润滑轴承;另一方面,电潜泵的井下机组下入射孔之上的某一位置后,进入井筒的地层液经过电机向上流动,电机产生的热量传给电机壳体,再由壳体将热量传递到流过壳体外表面的井液之中,将电机产生的热量带走,使电机冷却。

潜油电动机如图 8-50 所示。它的转子轴一般是空心的,以利于变压器油的循环。潜油电动机的特点是:外廓直径小,必须保证能够下入到 5,6,7 或 8 in 的套管柱中;长度大,转子通常为 3.6~5.5 m,单节电机最大长度可达 9 m,最大功率达 150~370 kW;串联电机最长可达 30 m,最大功率达 735 kW;电机内止推轴承多为滑动型,要求电机只能按正确的方向转动,否则会过早地损坏电机。电机绝缘材料耐温约 180 ℃,有些电机的定子槽内灌注环氧树脂,以便提高端部线圈的防震性能并改善电机的热传导能力。

4. 气体分离器

气体分离器通常作为潜油离心泵的吸入口,固定在泵的下部,用于分离井液中的游离气体,并将其引出。图 8-51 所示为典型的气体分离器。当井中的流体(包括液体和气体)通过叶轮时,在离心力的作用下,液体由于密度大而被甩到叶轮的外围,并进入潜油泵叶轮的流道,气体则聚积在轴线附进,从套管环形空间排走。

三、潜油单螺杆泵装置

这种装置类似电动潜油离心泵装置,自上至下为单螺杆泵、保护器和潜油电动机等。单螺杆泵结构简图如图 8-52 所示。它的螺杆与螺旋输送机的螺旋桨类似,旋转时推动油液前移;又与专门的衬套相配合,在轴向将油流分隔开,在径向将油流一分为二,使衬套的内螺旋面与螺杆表面之间形成一个一个封闭腔室。当靠近吸入端的第一个腔室容积增加时,油液在压差作用下进入泵内,随着螺杆的转动,此腔室封闭,油液被推挤,向排出端移动,达到增压和排油的目的。

对于高压、小排量的单螺杆泵,为了平衡其轴向力,采用图 8-53 所示的两个螺杆-衬套在垂直方向对称布置方案,油液分别从各自的吸入口进入。压力提高后,在两个螺杆-衬套副间的腔室内混合,再沿着上部螺杆泵的衬套和泵的环形空间进入油管。

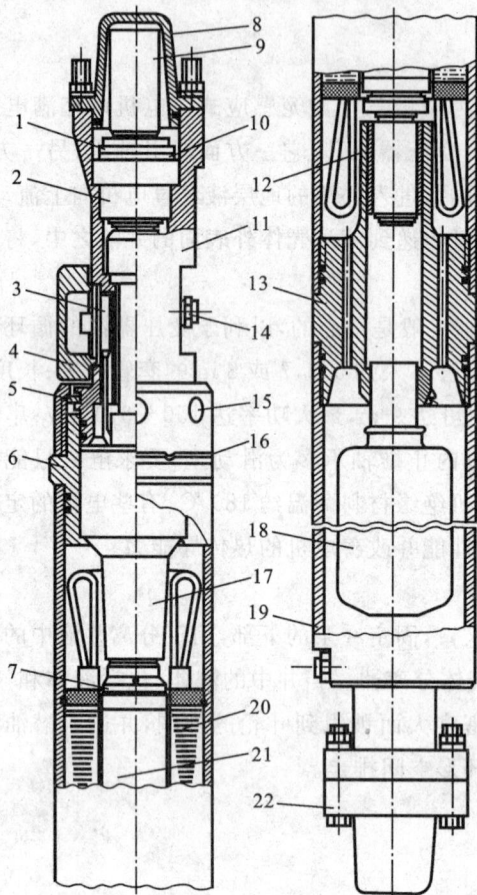

图 8-50　壳体直径 117 mm 的潜油电动机

1—止推轴承;2—轴承基础;3—电缆入口电刷;4—电缆入口
处盖帽;5—环;6—短节;7—循环矿物油小涡轮;8—上盖;
9—花键联轴器;10—止推轴承垫;11—电机头部;12—轴衬套;
13—轴承支架;14—反向阀门;15—压紧螺帽;16—垫圈;
17—轴承壳体;18—滤清器;19—基础;20—电机定子;
21—电机转子;22—下部盖帽

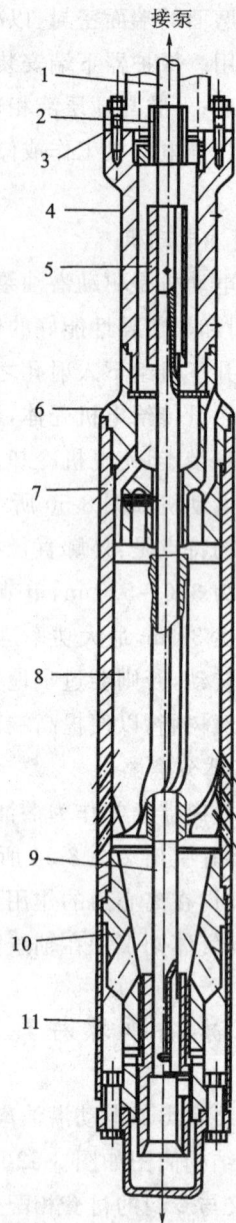

图 8-51　离心式气体分离器

1—泵轴;2—衬套接头;3—垫片;
4—分离器接头;5—花键套;
6—分离器导轮;7—壳体;8—叶轮;
9—轴;10—吸入口;11—滤网

油液出口

1—泵壳；2—衬套；3—螺杆；4—偏心联轴器；

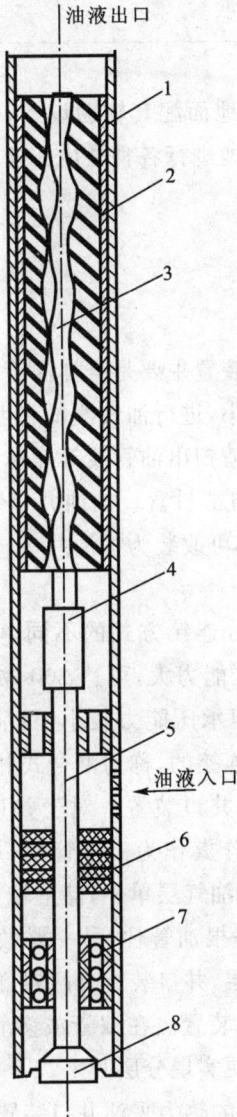

图 8-52　单螺杆泵结构简图

1—泵壳；2—衬套；3—螺杆；4—偏心联轴器；

5—中间传动轴；6—密封装置；

7—径向止推轴承；8—普通联轴节

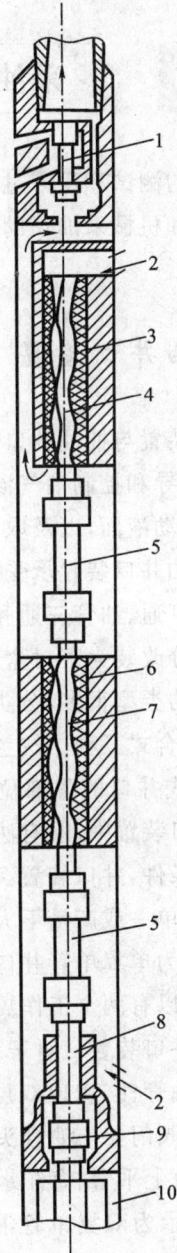

图 8-53　对称布置的螺杆泵示意图

1—安全阀；2—滤网；3—上部螺杆泵衬套；

4—上部螺杆泵螺杆；5—偏心联轴器；

6—下部螺杆泵衬套；7—下部螺杆泵螺杆；

8—短轴；9—启动联轴节；10—保护器

| 第五节 | 采油井口及辅助装置 |

在油气井的测试和生产过程中需要应用一系列井口地面配套辅助设备,包括自喷井采油井口装置和机械采油辅助装置等。它们也是有计划地进行各种井内作业和生产的必要设备。

一、采油井口装置

自喷井口装置与抽油井口装置基本类似。自喷井口装置主要是悬挂油管,密封油、套管环形空间,引导和控制油气混合物的流动方向、流量大小,进行油气测试和生产,同时满足测量示功图、动液面,以及取样、看压力、收集天然气和清扫出油管线等操作要求的重要地面装置。抽油井口装置承受压力较低,装有密封光杆的密封盒。抽油井口装置的最基本部分是套管三通、油管三通和密封盒。自喷井口装置亦可改装为抽油井口,方法是将高压油管闸门部分改装为密封盒。

井口装置的类型很多,分类方法也各异。按照各部分连接方式的不同,可分为法兰式、卡箍式和混合式三种。法兰式井口装置的特点是承压能力大,可达 200 MPa,但拆装不方便。卡箍式井口的各部位用卡箍连接,拆装方便,但承压能力较小,目前不超过 70 MPa。一套井口装置中,既有法兰连接,又有卡箍或螺纹连接的,称为混合式井口。

按照使用条件,井口装置又可分为单翼、双翼或多翼井口装置。对于井口压力不太高,油(气)产量单一或产量不大的油井,一般只有一个工作翼作为工作管线,并只能悬挂一根油管柱,称为单翼单管井口装置。对于深井、超深井,油气层单一,储量较丰富的油气层,井口装置可以有两个工作翼,一翼做工作管线,悬挂一根油管柱,另一翼做备用管线,称为双翼单管井口装置。对于多个且储量较丰富的油气层,井口装置有两翼,同时油管头内可悬挂两根油管柱,实现双层开采,称为双翼双管井口装置。在双管或多管井口装置中,采油树上的阀门要与油管头内的油管柱数目配套,以便实现分层开采。

还有用于海上平台、海洋水下的井口装置和稠油开采的热力采油井口装置等。

图 8-54 所示为双翼单管混合连接的井口装置图,由套管头、油管头和采油树组成。图 8-55 所示为 KR 蒸汽采油井口装置,由蒸汽采油树和油管头四通组成。

二、套管头

套管头是安放和固定整套井口装置,在地面连接并悬吊井下各层套管柱,使各层套管间的环形空间相互密封的重要部件。钻井时套管头上可以安装防喷器等设备,采油时则

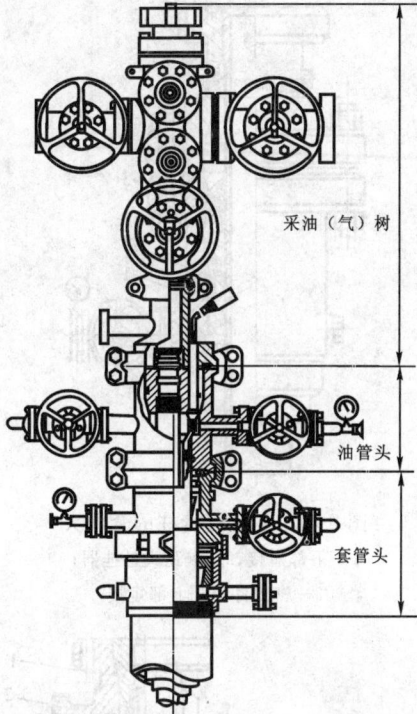

图 8-54 双翼单管整体式法兰和卡箍
混合连接的井口装置

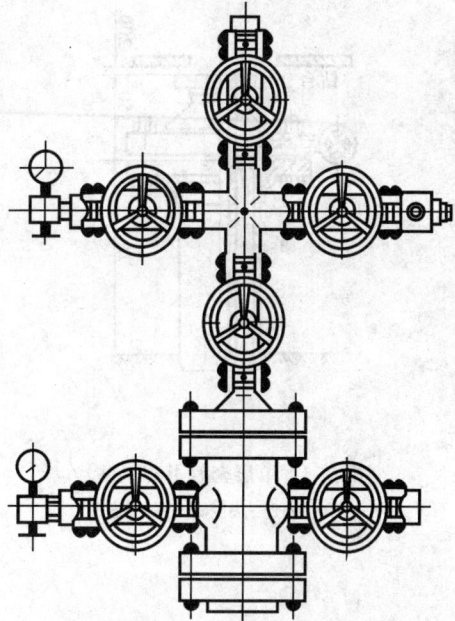

图 8-55 KR 蒸汽采油井口装置

用于安装油管头和采油树。随着井深的增加,需要封隔井下地层的层数增多,下入井内的套管长度也相应增加。目前下入油井的套管柱多达五层,故套管头有单层、双层及多层之分。

　　单层套管头的结构如图 8-56 所示。在表层套管上连接有法兰,用双头螺栓将大小头与法兰连接。该套管头适用于压力为 15~20 MPa 的浅井。双层套管头如图 8-57 所示。第一层套管与下短接相连,下短接内配置卡瓦式悬挂器,其内连接第二层套管;两层套管间的空间相互密封;第二层套管的活端与套管头上的短接焊接在一起。图 8-58 所示为目前常采用的三层套管头。第一层套管头用螺纹连接在表层套管的上部,其法兰表面基本与地面平齐,其下短接的锥面内配置卡瓦式悬挂器,承受注完水泥后技术套管自由段的部分重量。第二层套管头坐落在第一层套管头的法兰上,其下短接的锥面内仍配置卡瓦式悬挂器,与油层套管连接。油管头坐落在第二层套管头的法兰上。

　　目前,多层套管头装置的最大工作压力为 69 MPa。为适应高压深井的需要,四川石油管理局钻采工艺技术研究院研究设计了最大工作压力为 105 MPa,型号为 T508 mm×340 mm×244 mm×178 mm-105 MPa 的套管头。该套管头上端通过法兰与相应的井口设备(如防喷器组、完井井口等)直接相连,下端通过套管悬挂器与套管螺纹连接。

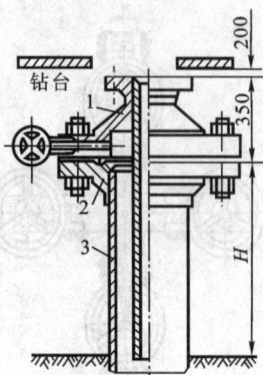

图 8-56 单层套管井口装置
1—大小头；2—法兰；3—表层套管

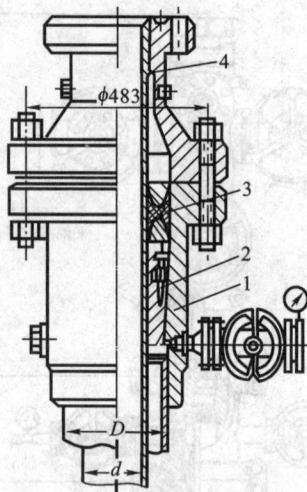

图 8-57 双层套管柱的套管头
1—下部短接；2—卡瓦式悬挂器；
3—密封件；4—上部短接

三、油管头

油管头由油管头四通和油管悬挂器等组成，其功能是悬挂油管柱，密封油管与生产套管之间的环形空间，还可进行各种工艺作业。图 8-59 所示为锥座式油管头结构示意图。四通两侧安装套管阀门，以便进行正反循环洗井，观察套管压力，并通过油、套管空间进行各项作业。下完油管后，将油管头下部的油管短节用螺纹与油管柱上端相连，油管柱被悬挂起来；油管柱与四通内壁之间的间隙由一组密封圈加以密封；用顶丝将油管挂锁住，防止井内液体作用在油管上而将油管柱顶出固有的位置；油管挂上部的护丝是为了保护油管挂上方的螺纹，安装采油树时可将护丝卸去。

我国生产的油管头装置的最大工作压力系列为 20.7，24.5，34.5，58.8，69.0，98.1，103.6 MPa，可悬挂外径为 48.3～114.3 mm 的油管。

四、采油树

采油树安装在油管头的上部，作用是引导油井喷出的油气通向地面的输油管线，控制和调节油井的流量和井口

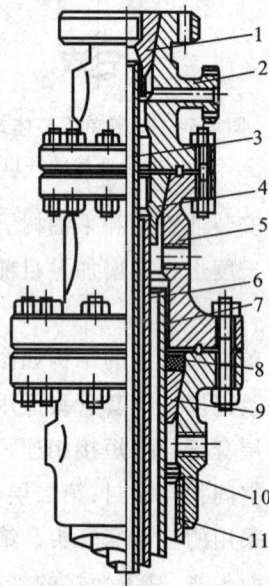

图 8-58 三层套管柱的套管头
1—油管挂；2—油管头；3—油管；
4—丝扣连接悬挂器；5—上层套管头；
6—油层套管；7—技术套管；
8—密封件；9—卡瓦式套管悬挂器；
10—下层套管头；11—表层套管

压力,必要时可关闭油井。图 8-60 所示为法兰连接式采油树的结构,主要由阀门、油管三通或四通、油嘴(节流阀)等组成。其中,总阀门是控制油气流的主要通道,正常情况下总是打开的,只有在需要关井或其他特殊情况下才关闭;清蜡阀门上部可连接清蜡装置、防喷器等,清蜡时才打开,完毕后将刮蜡片起到防喷器中,再将其关闭。

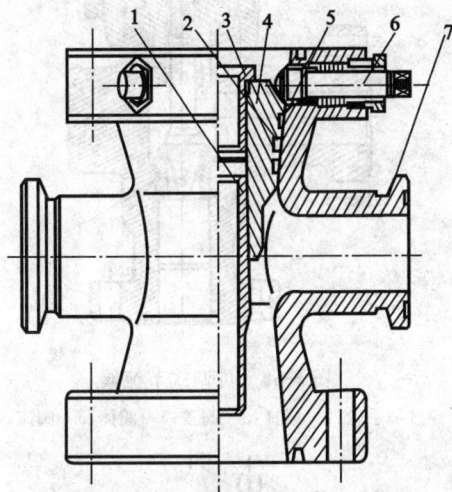

图 8-59　锥座式油管头

1—油管短接;2—圆形密封圈;3—护丝;
4—油管挂;5—紫铜垫圈;6—顶丝;7—大四通

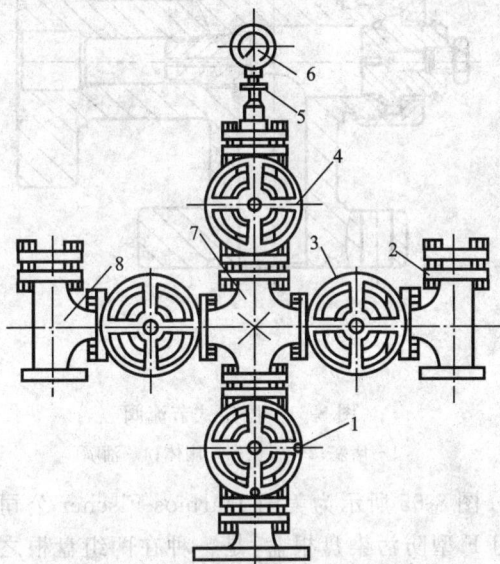

图 8-60　法兰连接式采油树

1—总阀门;2—节流阀;3—生产阀门;4—清蜡阀门;
5—截止阀;6—压力表;7—四通;8—节流阀

　　阀门是采油树的主要组成部件,起着开启或截断管道介质和控制高压介质流向的作用。节流阀是采油树的另一重要部件,主要功用是改变通道面积,调节油、气流量和压力,控制自喷井的产量。节流阀有固定式和可调节式两种。固定式节流阀中有可以换装的油嘴,选装不同内径的油嘴可以得到不同的流量,其结构如图 8-61 所示。可调节式节流阀的阀杆有针形和圆柱形两种,阀杆顶部及阀座一般用碳化钨硬质合金制成,以提高耐腐蚀和耐冲击的性能。调节阀杆顶部与阀座之间的间隙可以得到不同的流量,其结构如图 8-62 所示。

五、光杆密封装置

　　抽油过程中还必须配备相应的辅助装置,如光杆密封和悬绳器等。
　　光杆密封盒与井口密封盒起密封和防止原油泄漏的作用,保证光杆能在其中作上、下往复运动。光杆密封盒分为普通型、双密封型、铰键型、偏心法兰型和光杆密封器等几种型式。图 8-63 和图 8-64 所示分别为双密封型光杆密封盒和光杆密封器结构。

351

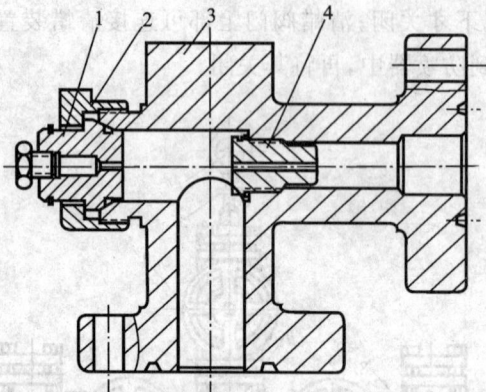

图 8-61　固定式节流阀

1—堵塞;2—阀盖;3—阀体;4—油嘴

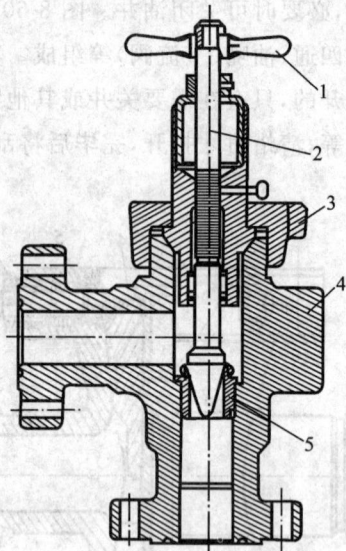

图 8-62　可调式节流阀

1—手轮;2—阀杆;3—阀盖;4—阀体;5—阀座

图 8-65 所示为美国 Harbios-Fischer 公司生产的 J-F 型防污染盘根盒,是一种在两组盘根之间带有流体通道的双盘根的井口盘根盒,具有检查漏失、防止漏失产生污染的功能。下部盘根可以保证油井生产时井口密封,当下部盘根失效时上部盘根就可以发挥密封作用。两组盘根可以控制漏失液向侧向流动,并通过管道输入到由浮子开关和压力开关等井液探测控制仪器内。其中的 $\phi25.4$ mm 侧向孔用于收集漏失液。

六、悬绳器

悬绳器上接钢丝绳、下接光杆,是用于保证光杆在工作过程中处于中心位置、使抽油杆的运动始终与驴头弧线相切的柔性传动件。它的结构如图 8-66 所示。

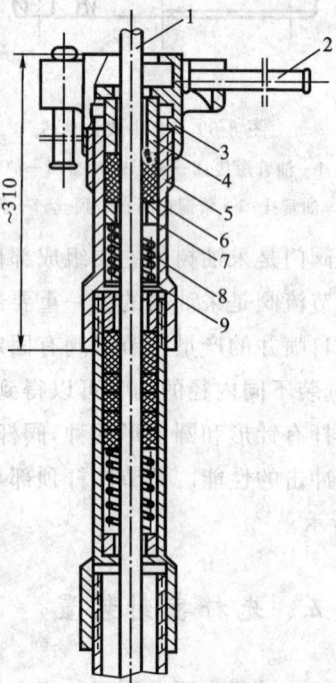

图 8-63　双密封型光杆密封盒结构

1—光杆;2—手柄;3—压紧螺帽;4—上压帽;
5—密封盒外壳;6—胶皮密封圈;7—下压帽;
8—弹簧;9—弹簧座

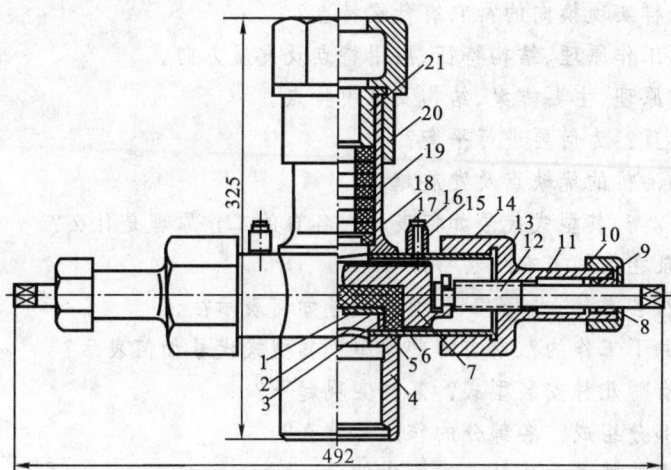

图 8-64　光杆密封器结构图

1—平压板；2,3—压紧螺丝；4—主体；5—半圆压板；6—密封胶皮；

7—主体芯子；8—密封压垫；9—密封圈；10,21—密封压帽；

11—大压盖；12—丝杆；13—紫铜垫圈；14—壳体；15—导向螺母；

16,19—胶皮密封；17—导向螺钉；18—垫圈；20—密封盒压盖；21—压套

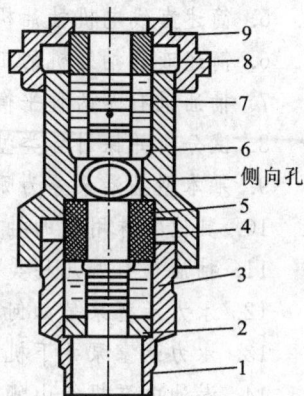

图 8-65　J-F 型防污染盘根盒

1—接头；2—下支承；3—下部盘根；

4—中心支承；5—O 形密封圈；

6—下部支承；7—上部盘根；

8—上部支承；9—端盖

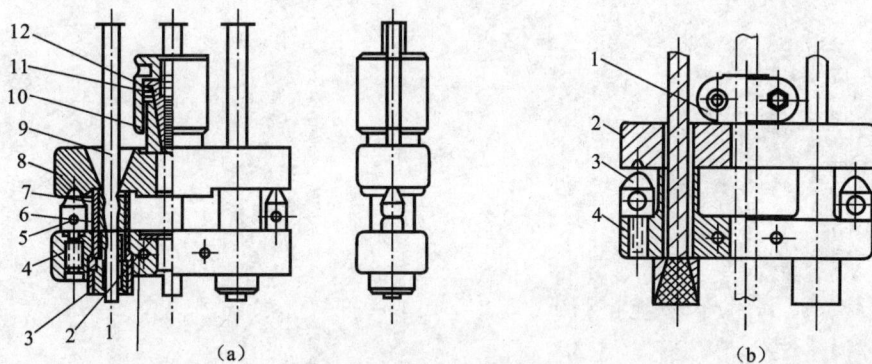

图 8-66　悬绳器结构图

(a):1—垫板；2—销；3—内套筒；4—下盘；5—顶丝；6—弹簧圈；7—钢丝绳固紧器；

8—上盘；9—钢丝绳；10—特殊螺母；11—光杆紧固器(φ22,φ25,φ30,φ35)；12—弹簧圈

(b):1—光杆卡瓦；2—上板；3—顶丝；4—下板

本章思考题

1. 常见的抽油机有哪几种型式？试分析它们的优缺点。

2. 游梁式抽油机有哪几种型式？各有什么特点？其型式代号如何表示？

3. 链条抽油机是怎样实现换向的？与游梁式抽油机比较，它有什么特点？

4. 长环形齿条抽油机是怎样实现换向的？它有什么特点？

5. 简述直线电机抽油机的工作原理、结构特征、应用特点及发展方向。

6. 简述液压抽油机的工作原理、主要方案、结构及应用特点。

7. 抽油机有哪两种平衡装置？为何要进行平衡？

8. 试分析并探讨各类型抽油机的优缺点及发展趋势。

9. 基本型抽油泵分为哪几类？其型式代号如何表示？各自的工作原理是什么？

10. 其他特殊用途的抽油泵在结构上有什么特点？

11. 抽油杆有哪几种类型？各有什么特点？其型式代号如何表示？

12. 水力活塞泵是如何在井下工作的？它有哪些类型？其型式代号如何表示？

13. 水力活塞泵井下机组有哪几种安装型式？怎样实现起下？

14. 潜油电泵机组由哪几部分组成？各部分的作用是什么？

15. 试对多种机械抽油方式的特点和优缺点进行比较。

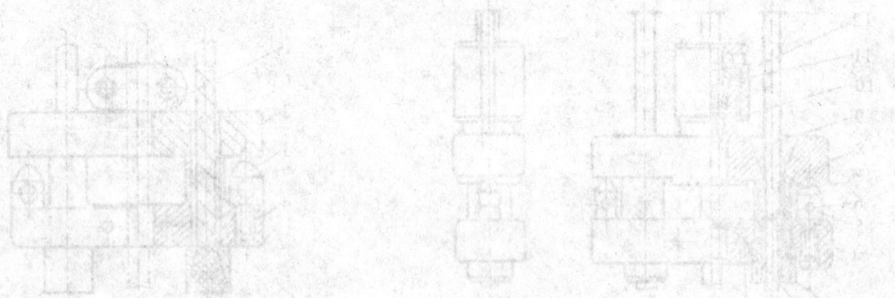

第
九
章

> >> *Chapter Nine*

多相流输送及分离设备

　　油田生产过程中,从地下采出的原油一般伴有大量的天然气、水及固体杂质(如砂子、盐类等),因此在集中、输送过程中,油井液在管线中呈油、气、水、砂多相流动状态。这不仅会使输送困难,腐蚀输油管线,加剧设备磨损,更主要的是使炼油厂、化工厂及其他用户难以使用。油气输送过程中有必要对油井液进行脱水、脱砂及油气分离等处理。整个过程既包括多相流的混合输送,又包括多相流的分离,简称油气集输。油气集输的主要设备是离心泵、往复泵、螺杆泵、压缩机及其他常用设备。往复泵、离心泵和压缩机已分别在第五、第六、第七章中作了介绍,本章将介绍螺杆泵及其他常用设备的结构和工作原理。

　　在石油钻井过程中,从井底返回地面的钻井液中含有大量的岩屑和砂粒,有的还含有气体,同样属于多相流体,经过钻井液池和沉淀池后,固相颗粒和气体有一定的减少,但若继续使用,必然会有一部分固相颗粒和气体经过钻井泵送入井底,造成泵、钻头寿命缩短,钻速降低,甚至造成钻杆遇卡事故。因此,一般的钻井液循环系统都配备钻井液净化装置。图 9-1 所示为简单两级净化流程示意图,即自井口返出的钻井液先经过振动筛除去较大的岩屑,再用砂泵送入旋流器进行除砂处理。图 9-2 所示为完整的处理非加重钻井液净化系统,一般由钻井液振动筛、旋流除砂器、旋流除泥器、离心分离机和除气器等组成。离心机的

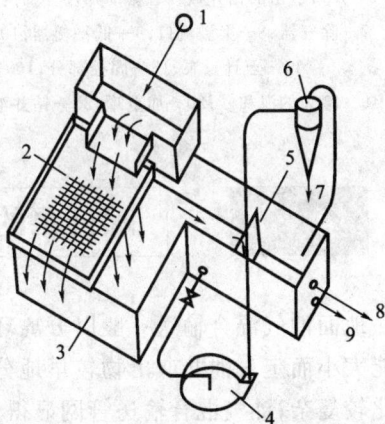

图 9-1　两级钻井液净化流程示意图

1—井口;2—高频振动筛;3—钻井液座罐;
4—砂泵;5—溢流隔板;6—旋流除砂器;
7—排砂;8—净化钻井液至钻井液泵;9—排污

作用是对水力旋流器的底流进行二次分离。振动筛、旋流器和离心机还在各行业中广泛应用于固-液两相流分离和油-水分离、油-气分离等作业，是常见的分离设备。由此可见，多相流混合输送和分离在石油工程中占有相当重要的位置。本章还将结合钻井液的分离特点，分别介绍它们的结构、工作原理和应用等情况。

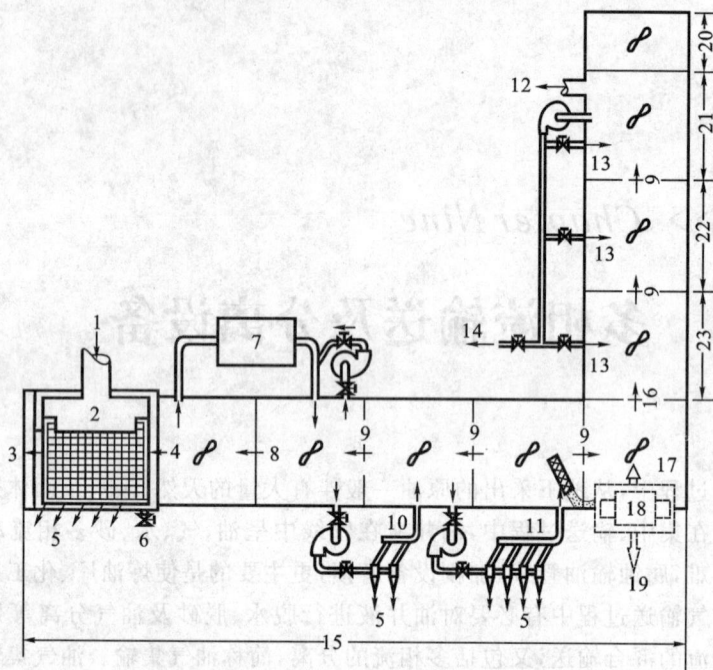

图 9-2   完整的非加重钻井液净化系统

1—井口返出的钻井液；2—振动筛；3—筛网底流；4—上部导流堰；5—清除的大颗粒固相；6—沉砂池排放口；
7—除气器；8—上溢流口；9—低平衡器；10—除砂器；11—除泥器；12—泵入井中的钻井液；13—钻井液枪；
14—至计量泵；15—固控部分；16—可调平衡器；17—回收的液相和胶体颗粒；18—离心机；
19—除去的泥和砂；20—加重罐；21—钻井液检查罐和泵吸浆罐；22—钻井液混合部分；23—钻井液添加部分

第一节   螺杆泵的工作原理、结构与应用

地面油气混合输送一般以分离环节为终点。分离环节设在什么位置需根据集输系统压能大小而定。油井产出物较早地分别输送，一定的井口回压可输送较长距离，但集输管网比较复杂；油气混合输送管网显得简单，但输送距离相对变短。

近年来海上石油发展较快。由于采油平台面积有限，距离陆地又比较远，平台上没有足够的空间安装分离设备，这时必须采用油气混合输送流程，并借助多相混输泵来为集输系统提供足够的压能。相关资料表明，以螺杆泵作为多相混输泵取得了明显的效果，其应用前景十分看好。

此外，与其他液压泵相比，螺杆泵具有结构紧凑，体积小，流量、压力无脉动，噪声低，容许的转速较高，自吸能力强，使用寿命长等优点，在工业和国防的许多部门都得到了广泛的应用。

一、螺杆泵的结构和工作原理

螺杆泵按其具有的螺杆的个数不同，可分为单螺杆泵、双螺杆泵、三螺杆泵、五螺杆泵等。在油田所用的螺杆式油气混输泵中，以单螺杆泵和双螺杆泵为主。

单螺杆泵中有一个螺杆，而螺杆的头数又有单头和多头之分。下面以单头单螺杆泵为例介绍螺杆泵的结构和密封原理。

螺杆的任一断面都是半径为 R 的圆，如图 9-3 所示。整个螺杆的形状可以看成是由很多半径为 R 的薄圆盘组成的，不过这些圆盘的中心 O 分布在一条圆柱螺旋线上。该圆柱的半径为螺杆泵的偏心距 e，螺旋线的螺距为 t。

衬套的断面形状是由两个半径为 R（等于螺杆断面的半径）的半圆和两个长度为 $4e$ 的直线段组成的长圆形，如图 9-4 所示。衬套的内表面就是由很多这样的断面所组成的导程为 $T(T=2t)$ 的双头内螺旋面。衬套的旋向与螺杆的旋向相同。

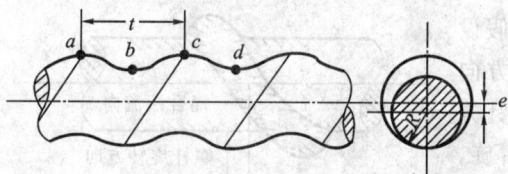

图 9-3　单螺杆泵的螺杆　　　　　　　　图 9-4　单螺杆泵的衬套

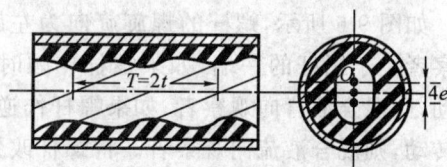

将螺杆置于衬套内，则在每一个横截面上，螺杆断面与衬套断面之间都有相互接触的点。在不同的横截面上，接触点是不同的。当螺杆断面位于衬套长圆形断面的两端时，螺杆和衬套的接触为半圆弧线，而在其他位置时，螺杆和衬套仅有 a,b 两点接触，如图 9-5 所示。这些接触点在螺杆-衬套副的有效长度范围内构成空间密封线，在衬套的一个导程 T 内形成一个完整的密封腔。沿螺杆泵的全长，在螺杆的外螺旋表面和衬套的内螺旋表面之间形成一个一个的密封腔室。当螺杆转动时，螺杆-衬套副中靠近吸入端的第一个腔室的容积增加，在压力差的作用下混合液便进入第一个腔室。之后该腔室形成封闭，以螺旋方式向排出端移动，并最终在排出端消失。同时，在吸入端又形成新的密封腔。由于密封腔的不断形成、推移和消失，使混合液通过一个一个密封腔室从吸入端推挤到排出端，压力不断升高。由于密封腔的推移速度是恒定的，理论上螺杆泵的流量是非常均匀的，不存在流量波动。

螺杆泵的衬套由橡胶制成，螺杆与衬套之间的相对运动为滚动加滑动，这为高黏、高含砂、高含气原油的输送创造了有利的条件。再加上螺杆泵的运动件少，过流面积大，油流扰动小，使其能在高黏原油中高效工作。

另外还需要明白一个问题,即螺杆的螺旋旋向(左旋或右旋)、螺杆的转向(顺时针或逆时针)和混合液的流向三者之间的关系。

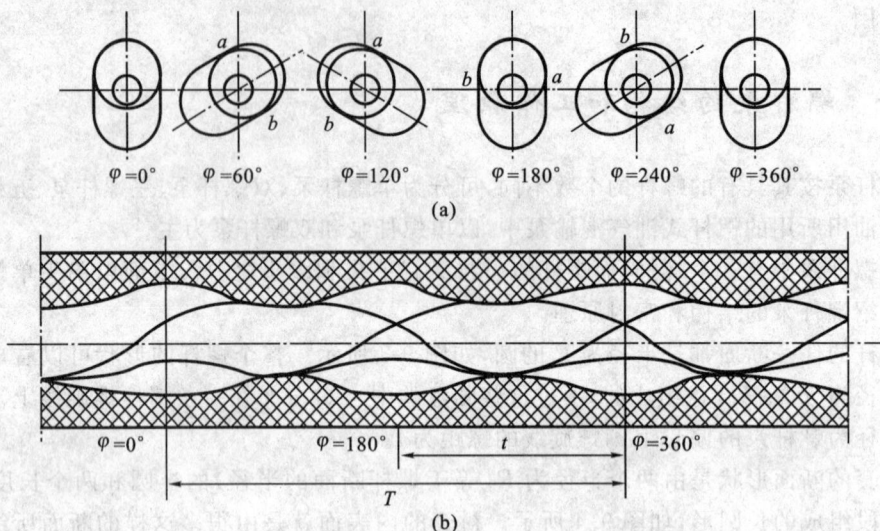

图 9-5　螺杆-衬套副的密封线和密封腔室

如图 9-6 所示,螺杆的螺旋旋向为左旋,假设观察者位于螺杆的一端,如果螺杆作顺时针方向转动,则混合液背向观察者;如果螺杆作逆时针方向转动,则混合液流向观察者。将螺杆改为右旋,如果螺杆作顺时针方向转动,则混合液流向观察者;如果螺杆作逆时针方向转动,则混合液背向观察者。由此可见,旋向、转向和流向三个因素中,给定任意两个因素,也就确定了第三个因素。

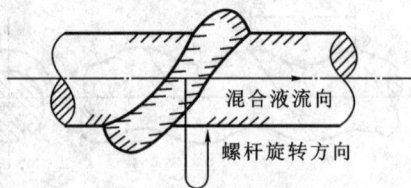

图 9-6　螺杆泵的螺旋旋向、转动方向与混合液流向的关系

二、单螺杆泵的流量及基本尺寸

1. 单螺杆泵的流量计算公式

单螺杆泵的理论流量 Q_i 由下式计算:

$$Q_i = \frac{4eDTn}{60} \tag{9-1}$$

式中,e 为螺杆的偏心距,在现有结构的单螺杆泵中,偏心距的变化范围为 $1 \sim 8$ mm;D 为螺杆断面的直径,$D = 2R$;T 为衬套的导程,$T = 2t$;n 为螺杆的转速。

单螺杆泵的实际流量 Q 由下式计算:

$$Q = Q_i \eta_v = \frac{4eDTn\eta_v}{60} \tag{9-2}$$

式中，η_v 为单螺杆泵的容积效率。

初步计算时，对于具有过盈值的螺杆-衬套副，取 $\eta_v = 0.8 \sim 0.85$；对于具有间隙值的螺杆-衬套副，取 $\eta_v = 0.7$。

2. 单螺杆泵的基本尺寸

以 $k = T/D, m = T/e$ 代入式(9-2)，换算后得：

$$D = \sqrt[3]{\frac{15mQ}{k^2 n\eta_v}} \tag{9-3}$$

$$T = \sqrt[3]{\frac{15mkQ}{n\eta_v}} \tag{9-4}$$

$$e = \sqrt[3]{\frac{15kQ}{m^2 n\eta_v}} \tag{9-5}$$

为保证单螺杆泵给出一定的流量 Q，首先应确定 e, D, T 三个参数值。对于采油用的小流量、高压头单螺杆泵，一般取 $k = 2 \sim 2.5, m = 28 \sim 32$。因此，一般将螺杆断面直径 D 作为计算的基础，因为它受到油井直径的限制。确定螺杆断面直径 D 后，再计算螺杆的偏心距 e 和衬套的导程 T。

根据泵流量 Q 的要求确定 e, D, T 三个参数后，再按照泵压头 H 和衬套单个导程的压力增加值 Δp 的要求确定螺杆-衬套副的长度或衬套工作部分的长度 L：

$$\Delta p \frac{L}{T} = \rho g H \tag{9-6}$$

Δp 选择的正确与否直接影响螺杆-衬套副的效率和寿命，一般可取 Δp 为 0.5 MPa 左右。

衬套的橡胶材料必须根据抽汲混合液的性质和泵工作条件来选取。抽取油类、弱酸和碱等介质，可用丁腈橡胶做衬套材料；如要求在高耐磨、高强度和耐油、耐苯条件下工作，可用聚氨酯橡胶做衬套材料。衬套橡胶的物理机械性能可参考表 9-1 中的规定。

为了保证单螺杆泵的有效工作，螺杆与衬套之间必须具有足够的密封性。一般采取两种措施：一是使螺杆的一个或几个断面尺寸大于衬套断面的相应部分，即具有初始过盈值，这种情况下衬套单个导程的压力增加值 Δp 较高，但螺杆与衬套之间的摩擦力较大，机械效率较低；二是在螺杆与衬套之间保持一定的间隙值，适当增加螺杆-衬套副的有效长度，可保持较高的机械效率值。后一种措施在地面驱动单螺杆泵中已得到成功应用。

表 9-1　衬套橡胶的物理机械性能

项　目	单　位	数　值
邵尔 A 型硬度	度	65±2
拉伸强度	MPa	≥12
扯断伸长率	%	>500±50
压缩永久变形	%	≤20
撕断强度	kN/m	35～50

续表 9-1

项　目		单　位	数　值
阿克隆磨损		cm³/(1.61 km)	≤0.15
老化系数(90 ℃,24 h)			≥0.8
300%定伸强度		MPa	≥8.5
耐容胀性能	体积变化率	汽油＋苯(3∶1)(常温,24 h)	%　<20
		10 号柴油(90 ℃,24 h)　%	<2.7
	重量变化率	10 号柴油(90 ℃,24 h)　%	<18

注:衬套橡胶与金属壁黏合的 90 ℃剥离强度不低于 16 kN/m;在黏合界面破坏后,金属件的附胶率不少于黏合面的 70%。

三、单螺杆泵的运动学问题

1. 螺杆的自转和公转

以衬套的中心 O 为圆心,以两倍的偏心距 $2e$ 为半径作圆,称为衬套的定中心圆。再以螺杆的轴线 O_2 为圆心,以螺杆的断面中心 O_1 到 O_2 的距离 e 为半径作圆,称为螺杆的动中心圆。螺杆在衬套中的运动就是由螺杆的动中心圆在衬套的定中心圆中作纯滚动所形成的,如图 9-7 所示。

当动中心圆作逆时针转动时(自转),其圆心 O_2 绕定中心圆 O 作顺时针方向的圆周运动(公转),所以自转和公转的方向相反。下面以图9-7 来讨论自转角速度 ω 和公转角速度 ω_{O_2} 之间的关系。

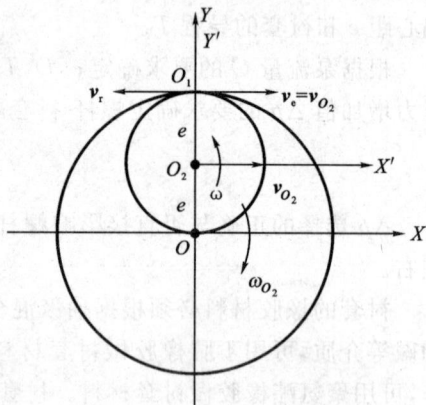

图 9-7　螺杆的自转和公转

建立定坐标系 XOY 如图 9-7 中所示。以 O_2 为原点,取动坐标系 $X'O_2Y'$,它的方向保持不变,即 O_2X' 永远平行于 OX,而原点 O_2 绕衬套中心 O 作圆周运动。螺杆的自转是指螺杆相对于动坐标系 $X'O_2Y'$ 的运动,其自转角速度 ω 与传动轴角速度相同。

设动中心圆圆周上与定中心圆的滚动接触点 O_1 上的绝对速度为 v_{O_1},它应等于相对速度 v_r 和牵连速度 v_{O_2} 的矢量和,即:

$$v_{O_1} = v_r + v_{O_2} \tag{9-7}$$

v_r 是由螺杆自转或相对于动坐标系转动而产生的,$|v_r| = \omega e$;v_{O_2} 是由动坐标系原点 O_2 公转而产生的,$|v_{O_2}| = \omega_{O_2} e$。由图可见,$v_r$ 和 v_{O_2} 方向相反,因此有:

$$|v_{O_1}| = \omega e - \omega_{O_2} e$$

又因为螺杆动中心圆在衬套定中心圆中作纯滚动,所以有 $v_{O_1}=0$,从而有 $\omega=\omega_{O_2}$,即螺杆的自转角速度 ω 与公转角速度 ω_{O_2} 大小相等、转向相反。

螺杆的自转是传动轴通过万向联轴器或软轴来带动的,其转速为 n(单位为 r/min),则螺杆的自转和公转角速度均为 $\omega=\omega_{O_2}=\dfrac{\pi n}{30}$(单位为 rad/s)。

2. 螺杆在衬套中的运动特点

螺杆的断面为圆形而衬套的断面为长圆形,圆断面是怎样在长圆形断面内进行自转和公转的呢?

由于传动轴和万向联轴器限制了螺杆的轴向位移,因此螺杆在衬套内的运动只能是平面运动,即螺杆的圆形断面在衬套的长圆形断面中的运动。

在图 9-8(a)所示为 $Z=0$ 平面上的衬套断面(Z 轴为螺杆-衬套副的长度方向)。将螺杆装进衬套后,螺杆轴线 O_2Z 与衬套中心线 OZ 之间的距离为 e,在该断面上螺杆的断面中心位于 O_1。图中同时给出了螺杆的动中心圆和衬套的定中心圆。图 9-8(b)所示为同一个螺杆-衬套副的任意断面 Z。在该断面上衬套的长圆形断面形状不变,只是长轴 OM 相对 $Z=0$ 断面转过了一个角度 φ,$\varphi=\dfrac{2\pi Z}{T}$。此时螺杆的轴线 O_2Z 和动中心圆不变,但螺杆的断面中心不再位于 O_1 点,而是位于 O_1' 点,O_2O_1' 与 O_2O_1 之间的夹角为 φ_1,$\varphi_1=\dfrac{2\pi Z}{t}=\dfrac{2\pi Z}{T/2}=2\varphi$。也就是说,从 $Z=0$ 断面到 Z 断面,螺杆曲面的螺旋转角 φ_1 等于衬套曲面螺旋转角 φ 的 2 倍。

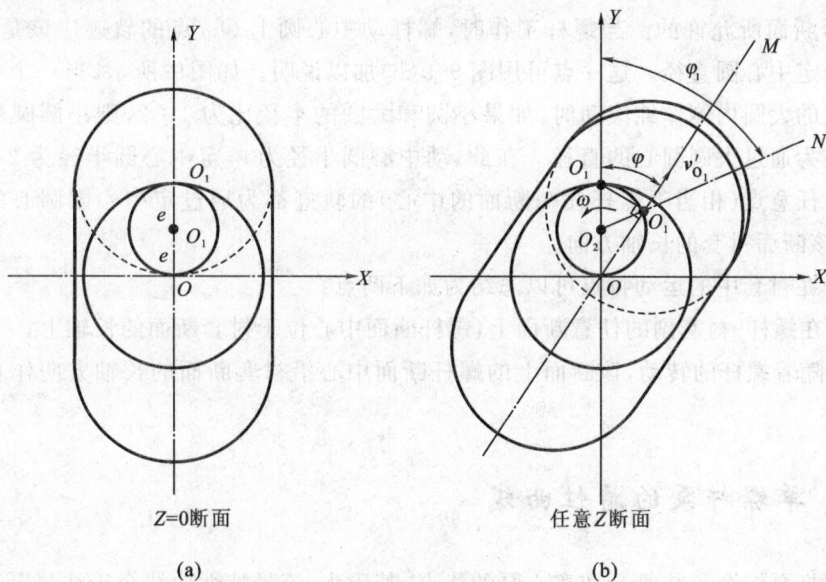

图 9-8 螺杆在衬套内的运动

现用图 9-9(a)来证明 O'_1 点必定位于衬套断面的长轴 OM 上。先假设所给出的 O'_1 点不在 OM 上,而长轴 OM 与动中心圆的交点位于 O''_1。弧长 $O_1O'_1 = e\varphi_1$,而弧长 $O_1O'_1$ $= 2e\varphi$,因为 $\varphi_1 = 2\varphi$,所以,$O_1O'_1 = O_1O'_1$。也就是 O'_1 点与 O''_1 点一定重合,且位于衬套断面的长轴 OM 上,而该点同时也是动中心圆与衬套长轴的交点。

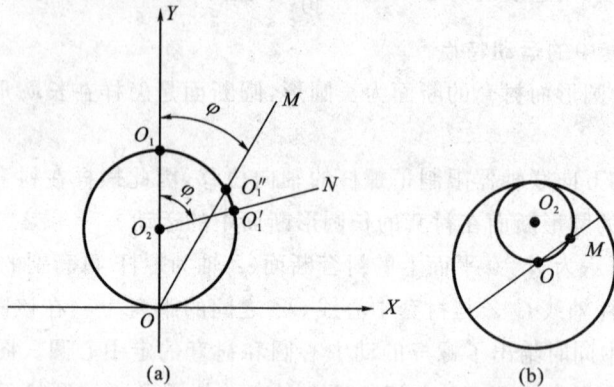

图 9-9   证明螺杆断面中心位于衬套断面长轴上的简图

下面再证明当螺杆转动时,任意断面 Z 中螺杆断面的中心只能沿衬套断面的长轴方向作直线往复运动。

由图 9-8(b)可见,O_1 为动中心圆的瞬时速度中心,也就是螺杆的瞬时速度中心。假设动中心圆作逆时针方向自转,螺杆断面中心 O'_1 的速度 v'_{O_1} 方向应垂直于 $O_1O'_1$。又因为 $\angle O_1O'_1O$ 为半圆的圆周角,是直角,所以 v'_{O_1} 的方向必然沿衬套的长轴方向,这是衬套的长圆形断面所允许的。当螺杆工作时,螺杆动中心圆上 O'_1 点的轨迹应该是通过 O'_1 点的衬套定中心圆直径。这一点可用图 9-9(b)加以说明。如图中所示,当一个小圆在另一个固定的大圆内侧作纯滚动时,如果小圆和大圆的半径比为 1:2,则小圆圆周上任一点的轨迹为通过大圆圆心的直径。在此,动中心圆半径为 e,定中心圆半径为 $2e$,因此动中心圆上任意点(相当于螺杆任一断面的中心)的轨迹都为通过定中心圆圆心的一条直径,就是该断面衬套的长轴方向。

螺杆在衬套中的运动特点可以总结为如下两点:

(1) 在螺杆-衬套副的任意断面上,螺杆断面中心位于衬套断面的长轴上;

(2) 随着螺杆的转动,该断面上的螺杆断面中心沿衬套断面的长轴方向作直线往复运动。

四、单螺杆泵的特性曲线

单螺杆泵综合了往复泵和离心泵的优点,其压头-流量特性曲线介于往复泵和离心泵之间,如图 9-10 所示。表示单螺杆泵特性曲线的一般方法是以压头 H(单位为 N·m/N 或 m 液柱高度)或压力(单位为 MPa)为横坐标,以流量 Q、输入功率(或轴功率)N_{ax} 和泵

效率 η 为纵坐标,有时在纵坐标上还给出泵的容积效率 η_v。

在图 9-11 中,单螺杆泵压头-流量的理论特性曲线 Q_t-H 为一条平行于横坐标 H 的水平线,即 Q_t 为常数,不随压头 H 的变化而改变。实际上,随着压头 H 的增加,通过螺杆-衬套副密封线从泵排出端到吸入端的液体漏失量 q 也增加,实际流量 Q 是理论流量 Q_t 和漏失量 q 的差值。也就是说,随着压头 H 的增加,实际流量 Q 是逐渐下降的。

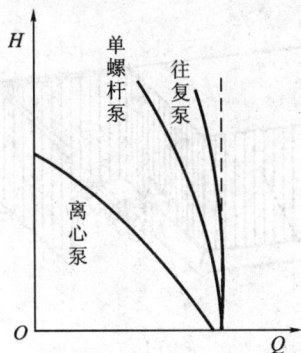

图 9-10 单螺杆泵与往复泵、离心泵的
压头-流量特性曲线比较

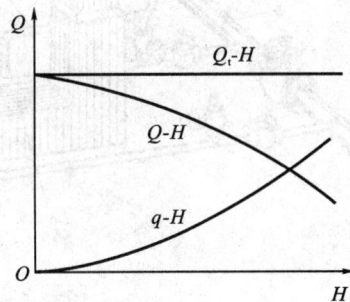

图 9-11 单螺杆泵压头-流量的理论特性曲线
和实际特性曲线

螺杆泵输送气液混合物时的特性曲线与输送纯液体时的特性曲线是不同的,它将随吸入状态下的气液容积比 K 的不同而不同。气液容积比 K 越大,混合液压头越小,所对应的液体流量、混合液流量、轴功率、效率等参数也越小。

第二节 油气集输常用设备

除离心泵、压缩机和螺杆泵外,油气集输系统中常用的设备还有加热炉、锅炉及油气分离器等。

一、加热炉

加热炉是用来给金属管或容器中流动的原油加温、降黏,保证正常输送以及给井场设备保温的主要设备。

加热炉的类型很多,常见的主要有盘管式和水套式。水套式又分为水管式和火筒式两种。

盘管式加热炉是一种直接加热炉,如图 9-12 和图 9-13 所示。它的特点是天然气在炉膛内燃烧,直接给盘管内通过的油、气加热。这种加热炉一般用于集油干线上对油、气加热保温。

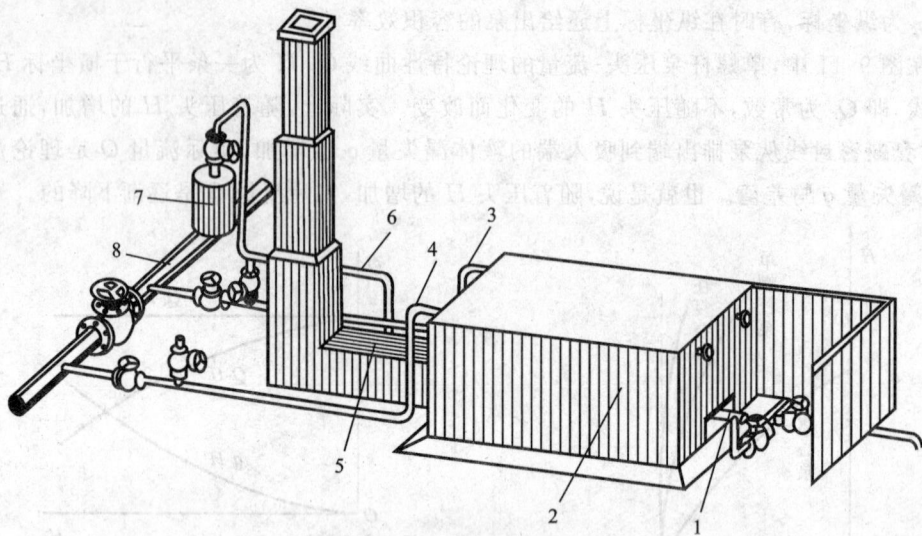

图 9-12　旧式盘管加热炉示意图

1—火嘴；2—油盘管；3—出油管线；4—进油管线；5—调风板；6—气管线；7—干线气包；8—集油干线

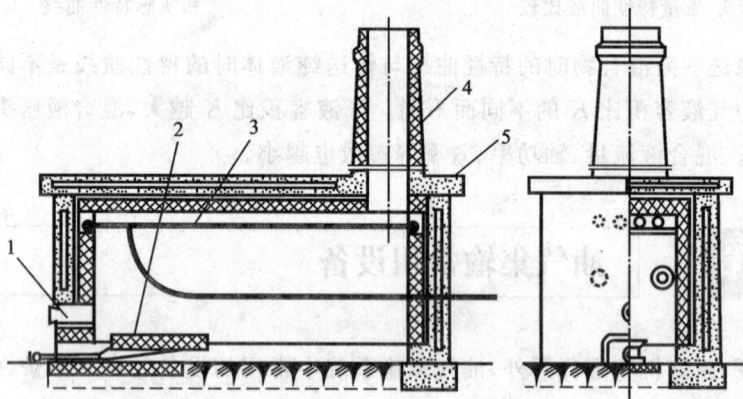

图 9-13　新式盘管加热炉示意图

1—观察孔；2—红外线火炉；3—油盘管；4—烟囱；5—水泥预制炉体

水管式水套炉主要由水套、炉膛、火嘴和沸腾管等组成，如图 9-14 所示。水套是一个密闭的圆形钢筒，其内安放着一组输送原油的盘管。工作时，水套中的水占 1/2～1/3 的体积，蒸汽占 1/3～1/2 的体积，盘管浸在水和蒸汽中，不断从沸腾水和蒸汽中吸收热量，通过油管的原油不断被加热。

沸腾管是穿过炉膛斜放的两排管子，其上部连接水套，下部连接循环管。燃烧时火焰不断地对沸腾管加热，使其中的水经常处于沸腾状态。由于沸腾管中的水经常处于沸腾状态，其中会产生大量的汽水混合物，形成汽化水。汽化水的温度和压力高，比重小，在压力差和比重差的作用下自动向上流入水套，迫使水套中的水进入循环管，进而在循环回路

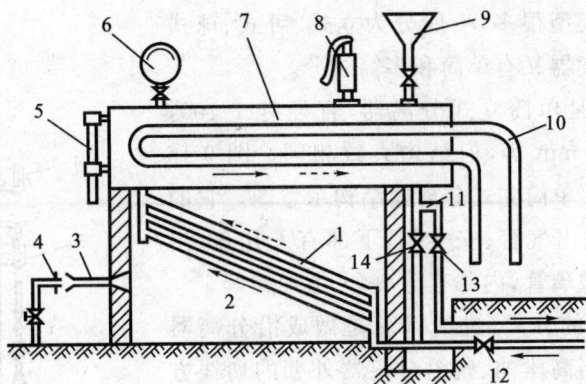

图 9-14 水套加热炉

1—沸腾管;2—炉膛;3—火嘴;4—调风板;5—水位表;6—压力表;7—水套;
8—安全阀;9—加水漏斗;10—油管线;11—循环管线;12—回水闸阀;13—大循环阀门;14—小循环阀门

⟶大循环路线 ----⟶小循环路线

中造成连续的热水循环。

当关闭小循环阀门、打开大循环阀门和回水阀门时,由沸腾管进入水套的水温度最高,绕过输油盘管,经过散热器及井口,回到沸腾管时温度最低,经加热后再度循环。此循环称为大循环。

当打开阀门 14、关闭阀门 13 和 12 时,热水不经散热器和井口,只经过小循环阀门后进入沸腾管,此循环称为小循环。

大循环和小循环的原理如图 9-15 所示。

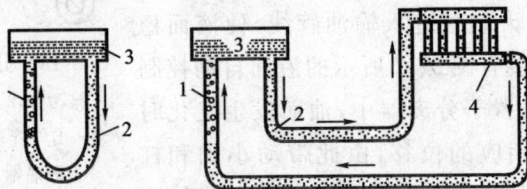

图 9-15 水套加热炉循环原理图

1—沸腾管;2—循环管;3—水套;4—散热器

水套加热炉是以水和蒸汽为传热媒介的间接加热炉,比直接加热安全,同时还避免了原油在盘管内直接与高温管壁接触而引起的结焦现象。

二、油气分离器

油气分离器的主要作用是将油井产出的油、气分开,以便分别计量油、气产量,同时也用来控制井口出油管线的回压,沉降喷出物中的水、砂等杂质,以及憋压后利用天然气清扫管线等。

油气分离器的类型很多,一般分为立式、卧式、球式三种。各类型的分离器又有单筒和多筒之分。

油井上常用的是单筒立式分离器,直径有 1 400,1 200,800,600,412 mm 等,但结构大致相同。图 9-16 所示为直径 800 mm 单筒立式分离器结构示意图。它的外壁上部有进油管、出气管、安全阀,下部有人孔盖、出油管、排污管、量油玻璃管,内部有分离伞、散油帽等。

为了便于油、气的分离,进油管总是做成沿分离器外壁的切线方向。当高压油、气沿分离器外壁的切线方向进入分离器后,受离心力的作用作回旋运动,质量较大的油液被甩到筒壁上,沿壁下行;质量较小的气体则集中在中心作回旋运动,油、气会自动分离。与此同时,自进油管进入分离器的油、气,由于容积突然增大,速度突然降低,油液中的溶解气也陆续析出。分离出的气体升向分离器的顶部时又与分离伞接触,气流中携带的雾状油滴附在伞板表面,随后滴下。

同样,油滴在重力作用下沿内壁回旋下行,与散油帽接触后,油液流速降低并分散开来,油中含有的少量天然气又进一步分离。

为了保持分离器有一个较恒定的压力,防止原油进入输气管线,以及防止天然气进入输油管线,使液面稳定,有些油气分离器上装有图 9-17 所示的液面自动控制器。它的球形空心浮子置于分离器中,油面发生变化时浮子在垂直方向发生相应的位移,由此带动小轴和杠杆,开启或关闭出油阀。当液面下降时,浮子向下运动,转动小轴,使拉杆向上,阀关闭,油流停止;当液面上升时,浮子向上运动,拉杆向下,阀开启,油液流出。如此可保证分离器中的液面高度和压力不变。

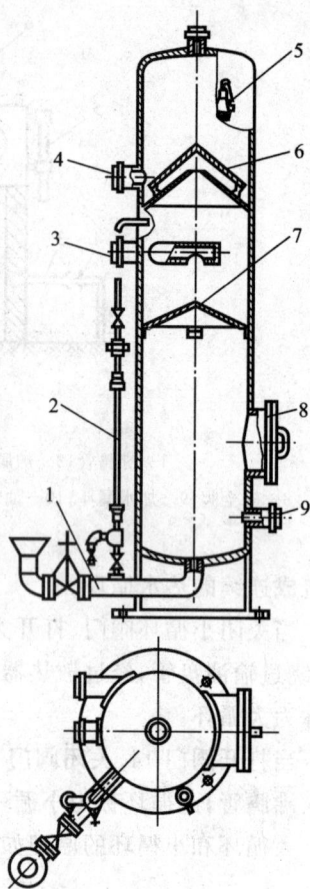

图 9-16 分离器(有人孔)示意图
1—排污管;2—量油玻璃管;3—进油管;
4—出气管;5—安全阀;6—分离伞;
7—散油帽;8—人孔盖;9—出油管

卧式分离器分为单筒和双筒两种。我国多采用单筒卧式分离器,其结构如图 9-18 所示。它的外壳由一个圆形筒和两个半圆形堵头等组成。进口管由分离器后室进入,进口端装有分离头,使油气均匀进入;分离隔板固焊在器壁上,将分离器分成前后两室,隔板底部为油气通道,分离箱焊在隔板的上部开口处;分离器的气体出口端装有分离筒,筒内装有多层不锈钢丝网;底部装有采暖盘管与排污管;安全阀装在出气管上。

当油气混合物由进油管流入时,在分离头处均匀散开。由于液流进入分离器后容积突然变大,流速降低,缓冲降压,油流分散,使气体很容易自液体脱出。由于密度不同,气体上升并沿分离器的上层运动,含油气体经隔板上的分离箱后进一步分离,气体继续运

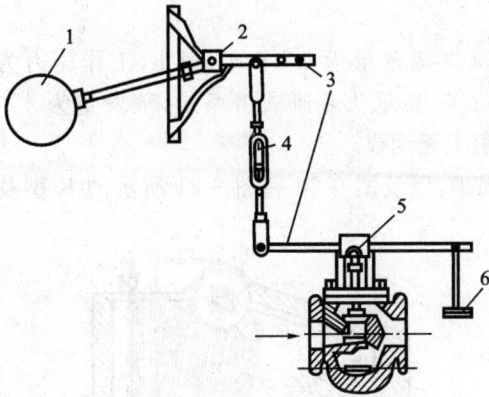

图 9-17 液面自动控制器

1—浮子;2—小轴;3—杠杆;4—拉杆;
5—出油阀轴;6—平衡锤

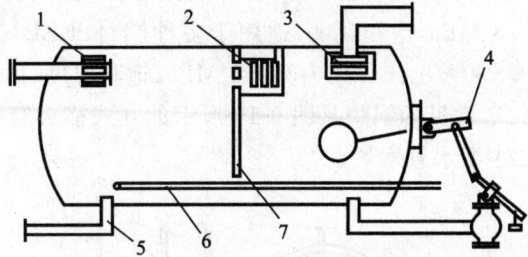

图 9-18 单筒卧式分离器示意图

1—分离头;2—分离箱;3—分离筒;4—浮漂连杆机构;
5—排污管;6—加热盘管;7—分离隔板

动。经分离筒多层不锈钢丝网时,由于油膜的黏附作用,气体中的微小油微粒再次被分离,之后从气管线排出,原油从出油管排出,水和砂子从排污管排出。

三、锅炉

在油气集输系统中,通常要用锅炉对水加热或产生蒸汽,以便用于伴热油气管线、加热原油、保温设备、人员取暖及清洗设备和管道等。

锅炉的类型很多,分类方法各异。比如,按介质分,有热水炉(燃料燃烧放出的热量传给水,使水温度升高的热力设备)、蒸汽炉(燃料燃烧后放出热量,使水在高于大气压条件下汽化的热力设备);按火焰分,有火筒式炉(火焰在火筒前面的燃烧室内燃烧,烟气、火焰通过整个火筒到烟囱排出)、火管式炉(火焰从管道中通过,水在火管外面的锅炉内被加热,如考克兰式炉)、烟管式炉(烟气从管中通过,水在烟管和炉子的内火箱外面加热,如机车炉)、水管式炉(水从管中通过,火焰在管子外面);按燃烧方式分,有炉排式和炉膛式;按工作压力分,有低压炉(工作压力在 0.18 MPa 以下)、中压炉(工作压力在 0.18~0.44 MPa 之间)、高压炉(工作压力在 0.44 MPa 以上)。

锅炉的表示方法为:△△ △×× ××/×××△/×。自左至右,△△表示两个汉语拼音字母,代表锅炉本体型式(LS 为立式水管炉,WN 为卧式内燃炉,KZ 为快装卧式炉,RS 为热水锅炉,FR 为废热锅炉,FH 为分联箱横气包炉,QZ 为强制循环炉,SH 为双汽包横置炉);△表示一个汉语拼音字母,代表燃烧方式;××表示数字,对蒸汽锅炉代表蒸发量,单位为 9.8 kN/h,对热水锅炉代表发热量,有时代表废热锅炉的受热面积;××表示数字,代表锅炉额定工作压力,单位为 0.1 MPa;×××表示数字,代表过热蒸汽温度,单位为℃,蒸汽为饱和温度时无此数;△表示汉语拼音字母,代表所用固体燃料(H 为褐煤,L 为劣质煤,P 为贫煤,W 为无烟煤,Z 为甘蔗渣,若同时可用几种燃料时无此拼音字母);×

表示产品设计序号。

例如,WNG4-8 表示卧式内燃固定炉排,蒸汽蒸发量为 4×9.8 kN/h,工作压力为 0.8 MPa,饱和温度,适用于多种燃料;KZL4-13-W 表示快装卧式链条炉,蒸发量为 4×9.8 kN/h,工作压力为1.3 MPa,饱和温度,适用于无烟煤。

常见的锅炉是图 9-19 所示的立式横火管锅炉,以及图 9-20 和图 9-21 所示的 K 型及 221 型水管锅炉。

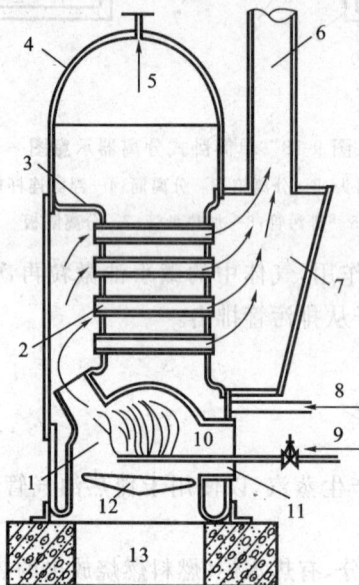

图 9-19 立式横火管锅炉示意图

1—炉膛;2—火管;3—反管板;4—封头;

5—蒸汽;6—烟囱;7—后烟箱;8—进水;

9—天然气;10—火嘴;11—炉门;12—炉栅;13—炉基

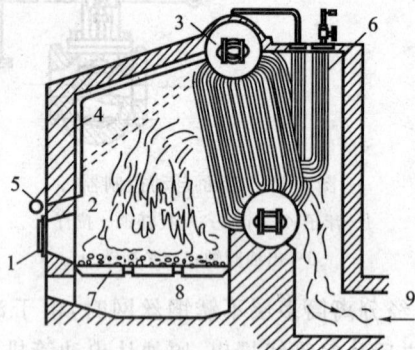

（a）侧视图

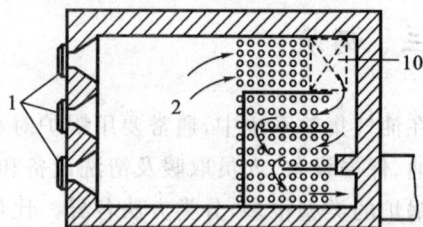

（b）俯视图

图 9-20 K 型水管锅炉示意图

1—炉门;2—炉膛;3—锅筒;4—水冷壁;

5—水冷壁集水管;6—过热器;7—炉栅;

8—通向烟囱的腔;9—废气出口;10—过热器水平投影

立式横火管锅炉又称考克兰锅炉,是油田上应用较广泛的一种小型锅炉。它的火管横装在炉壳中部,沉没在炉水中,横火管的传热面吸收对流热。燃烧时烟气经过狭窄的火筒通入前烟箱,再折转进入火管,通到后烟箱,再从烟囱排出。这种锅炉受热面积较大,单位受热面上的金属耗量较小,造价便宜,炉效比火筒炉高。

K 型锅炉有上、下两个锅筒,锅筒上装有很多弯水管,成为锅炉的主要受热面。此外,还设有水冷壁,以增加辐射受热面;水冷壁管上端与

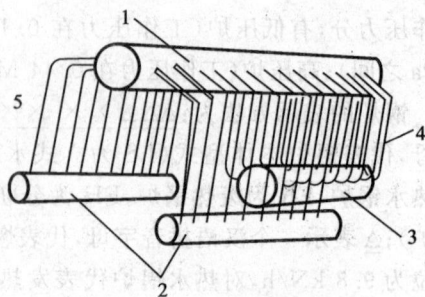

图 9-21 221 型水管锅炉示意图

1—上锅筒;2—下锅筒;3—集水管;

4—对流管组;5—水冷壁管

锅筒相接,下端与设在炉外的水冷壁集水管相接,而水冷壁集水管又与锅筒连接,构成一个完整的水冷壁系统。

221型锅炉也有上、下两个锅筒,上锅筒比下锅筒约长一倍。锅筒沿着锅炉纵向布置,两锅筒间用许多沸水管连接起来。锅炉水冷壁管沿两侧墙排列,上端连到上锅筒,下端连接在左右两侧的集水管上,集水管通过管子和下锅筒连接,构成水冷壁的循环系统。

与火管锅炉相比,水管锅炉结构更简单,受热面积更大,传热效率更高。

第三节	振动筛的工作原理、结构与应用

一、钻井液振动筛的工艺特点及种类

在钻井过程中,井底产生的钻屑由钻井液带到地面后要求将钻屑从钻井液中及时清除出去。振动筛是钻井必备的几种清除钻屑的设备之一。钻井液振动筛是固控系统中的关键设备,如果振动筛不能正常工作,那么后续的旋流器、离心机等固控设备将很难正常工作。

为了提高振动筛的分离粒度和处理效率,振动筛的结构越来越复杂。钻井液振动筛的主要特点是:

(1) 钻井液振动筛筛分的介质是液体,废弃的是固相颗粒。

(2) 所筛分的钻井液是一种物化性能变化很大的液相、固相和化学处理剂组成的混合物。

(3) 所分离的固相颗粒的粒度从几微米到大于 20 mm。由于要求筛下物越细越好,因此筛网使用的最大目数目前已达到 325 目。

(4) 要求钻井液振动筛有极好的运移性,安装简单,筛网更换方便,操作粗放,工作可靠,易损件少等优点。

(5) 钻井岩屑在筛面上的筛分过程远比干物粒的筛分过程复杂。由于钻井液黏度的影响,同时也由于钻屑吸附了一层水膜,这些固相颗粒透过筛孔的难度加大了,使筛下物粒度远小于筛孔尺寸。例如,200目方筛孔尺寸 $a = 70$ μm,绝大部分筛下物料最大尺寸不遵守 $74/(1.1\sim1.13) = 67\sim65$ μm 的规律。实践证明,使用 200 目筛网后的钻井液再进入直径 200 mm 的旋流除砂器,底流中含砂极少。由此看来,200 目筛网不但筛除了 65～67 μm 的固相颗粒,而且绝大部分大于 34 μm 的固相颗粒也被筛除。

已应用于石油工业中的钻井液振动筛类型较多。按筛箱上的运动轨迹可分为圆形轨迹、直线轨迹、椭圆轨迹筛;按筛网绷紧方式可分为纵向绷紧筛和横向绷紧筛;按筛分层数可分为单层筛和双层筛;按筛面倾角可分为水平筛和倾斜筛;按振动方式可分为惯性振动筛、惯性共振筛、弹性连杆式共振筛、电磁振动筛等。

国内外钻井工业基本上都采用惯性振动筛。惯性振动筛又分为：

（1）单轴圆运动振动筛。由单轴集振器激振，其筛箱运动轨迹为圆形或近似圆形。

（2）双轴惯性振动筛。由双轴集振器激振，其筛箱运动轨迹可分为直线和椭圆两种。根据激振方式，它又分为强制同步与自同步两种方式。强制同步的直线筛和椭圆筛可由同步齿轮或双面齿形带动而获得同步。自同步式直线振动筛则依靠振动过程的动力学条件，用两根分别由异步电动机带动的偏心轴（块）来实现。

二、钻井液振动筛的构造与特点

1. 单轴惯性振动筛

单轴惯性振动筛是一种采用偏心轴或偏心块作为激振器，使筛箱完成振动的振动筛。它的运动轨迹一般为圆形或准圆形。与双轴惯性筛相比，它具有结构简单、成本低、运移方便、维修保养工作量少等优点。

1）简单型单轴惯性振动筛

这种振动筛的构造特点是传动皮带轮与激振轴同心，因此也参与振动。它的工作原理如图 9-22 所示。筛箱 5 通过弹簧 4 支承在底座 1 上，偏心轴或偏心块 6 通过轴承 2 安装在筛箱两侧，皮带轮 3 安装在偏心轴端，与筛箱一起振动。

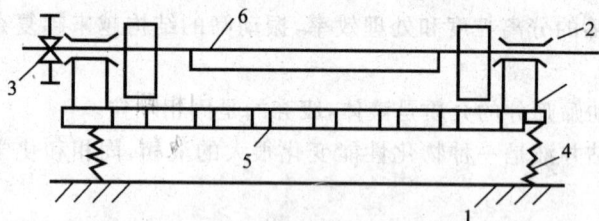

图 9-22　简单惯性筛工作原理

1—底座；2—轴承；3—皮带轮；4—弹簧；5—筛箱；6—偏心轴

简单型单轴惯性圆运动振动筛虽然结构简单，但由于皮带轮参加振动，引起皮带轮中心距周期性变化，使传动皮带反复伸长和缩短，影响使用寿命，筛箱运动也不稳定。

2）自定心钻井液振动筛

自定心钻井液振动筛可分为轴偏心式和皮带轮偏心式两种。由美国引进的 Swaco，Brandt，Pioneer 和 Baroid 钻井液振动筛采用了轴偏心式自定心结构。

国内自行研制并大量生产的长庆 2YNS-D 钻井液振动筛则采用了皮带轮偏心式自定中心结构。实践证明，这种振动筛结构简单、制造容易、维修方便。

所谓皮带轮偏心式，就是使皮带轴孔与几何中心偏离一个距离，其值与单振幅相等；偏心方向与偏心轴（或偏心块）方向相同。当偏心轴的偏心方向向下时，筛箱向上运动，这时偏心皮带轮的偏心方向向下，补偿由于筛箱向上运动后的中心缩短，使胶带始终保持绷紧状态。这就是自定中心振动筛的工作原理。

图 9-23 所示为 2YNS-D 自定中心圆振型钻井液振动筛的结构示意图。图中筛网 1 靠筛箱 6 支承在弹簧 4 上，偏心激振轴 3 通过轴承 2 与筛箱相连，偏心皮带轮 5 装在激振轴 3 上。皮带轮上的偏心值与筛箱的振幅相等，偏心的方向与偏心轴的偏心方向相反，这时皮带轮将围绕偏心点作定点运动。

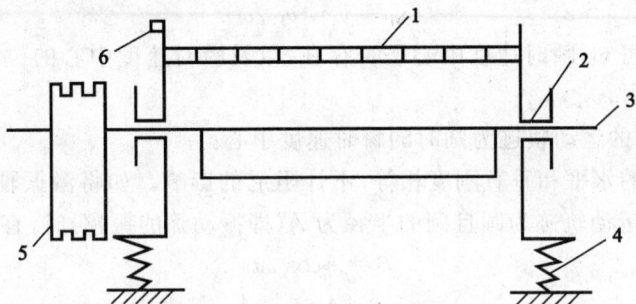

图 9-23 偏心轮式自定中心振动筛

1—筛网；2—轴承；3—偏心激振轴；4—支承弹簧；5—偏心皮带轮；6—筛箱

自定中心的理论分析如下：

（1）激振轴的瞬时运动。

激振轴为平面运动。取坐标系如图 9-24 所示，O_1 为动坐标系 $X_1O_1Y_1$ 的原点，与轴心位置重合。轴心 O_1 在固定坐标系 XOY 中的坐标为 (x_1, y_1)。设任意点 M 在坐标系 $X_1O_1Y_1$ 中的坐标为 (x_{1m}, y_{1m})，M 点在定坐标系 XOY 中的坐标为 (x_m, y_m)，根据坐标变换原理，有以下关系：

$$x_m = x_1 + x_{1m} \cos \omega t - y_{1m} \sin \omega t \qquad (9\text{-}8)$$
$$y_m = y_1 + x_{1m} \sin \omega t + y_{1m} \cos \omega t \qquad (9\text{-}9)$$

式中，ω 为激振轴旋转角度；t 为时间。

M 点的速度为：

$$v_{mx} = \mathrm{d}x_m / \mathrm{d}t = v_{1x} - \omega(x_{1m} \sin \omega t + y_{1m} \cos \omega t)$$
$$(9\text{-}10)$$
$$v_{my} = \mathrm{d}y_m / \mathrm{d}t = v_{1y} + \omega(x_{1m} \cos \omega t - y_{1m} \sin \omega t)$$
$$(9\text{-}11)$$

将式（9-8）代入式（9-10），将式（9-9）代入式（9-11）得到：

$$v_{mx} = v_{1x} - \omega(y_m - y_1)$$
$$v_{my} = v_{1y} + \omega(x_m - x_1) \qquad (9\text{-}12)$$

式中，v_{1x}，v_{1y} 为 O_1 在坐标系 XOY 中的运动速度。

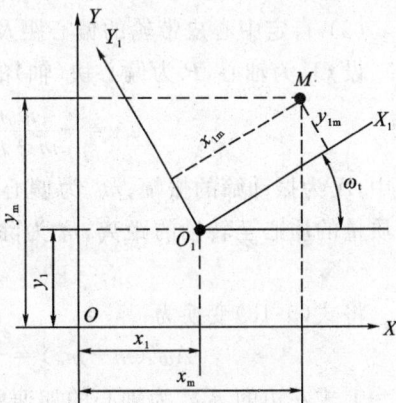

图 9-24 激振轴的瞬时坐标系

O_1 在坐标系 XOY 中的速度为已知，则可由式（9-12）求出 M 点在任一时刻的速度。

只有找到激振幅上某一点的瞬时速度中心，即绝对速度（在 XOY 坐标系上的速度）为零的点，才能解决皮带轮定轴转动而不随筛箱振动的问题。设此瞬心为 C，则有：

$$0 = v_{1x} - \omega(y_C - y_1) \atop 0 = v_{1y} + \omega(x_C - x_1) \Big\} \tag{9-13}$$

即：

$$x_C = x_1 - v_{1y}/\omega \atop y_C = y_1 + v_{1x}/\omega \Big\} \tag{9-14}$$

由式(9-14)可知,瞬时速度中心是否存在,以及瞬时速度中心的位置取决于轴心 O_1 的运动规律: x_1, y_1, v_{1x}, v_{1y}。

（2）轴心 O_1 的运动轨迹为圆时的瞬时速度中心。

设支承弹簧的水平和垂直刚度相等,不计阻尼的影响。如将激振轴心与筛箱质心重合,当轴心 O_1 的运动轨迹为圆且圆的半径为 A(即振动筛的振幅)时,有：

$$x_1 = A\cos \omega t \atop y_1 = A\sin \omega t \Big\} \tag{9-15}$$

$$v_{1x} = -A\omega\sin \omega t \atop v_{1y} = A\omega\cos \omega t \Big\} \tag{9-16}$$

可求得：

$$x_C = 0 \atop y_C = 0 \Big\} \tag{9-17}$$

上式表明,当筛箱激振轴心的运动轨迹为圆时,动坐标系中的速度瞬心 C 与定坐标系 XOY 的坐标原点重合,是一个不动点,其位置不随时间变化。只要将皮带轮的几何中心与瞬心轴重合,就可保证皮带轮作定轴转动而不随筛箱振动。

（3）自定中心皮带轮的偏心距及安装方向的确定。

设 O_1 为轴心, P 为偏心块(轴)的质心,如图 9-25 所示,此时振动筛的振幅 A 为：

$$A = -\frac{m_0 r}{m + m_0} \tag{9-18}$$

式中, A 为振动筛的振幅; m_0 为偏心块或偏心轴的质量; r 为偏心质量的质心至转轴的距离; m 为除偏心块之外的筛箱参振质量。

将式(9-18)变换为：

$$A\omega^2(m + m_0) = -m_0 r\omega^2 \tag{9-19}$$

上式左边的 $A\omega^2$ 为轴心的加速度,也是所有参振质量 $(m + m_0)$ 的加速度,记为 a_1;上式右边的 $r\omega^2$ 是偏心块质心 P 的相对加速度,记为 a_2。于是有：

$$a_1(m + m_0) = -a_2 m_0 \tag{9-20}$$

轴心 O_1 的加速度与偏心块质心加速度方向相反,但在同一条直线上。 O_1 的加速度 a_1 指向以半径为 A 的圆运动中心 O,质心 P 的加速度 a_2 则指向轴心 O_1,因此瞬心 O 位于 O_1 和 P 的连线上,且距 O_1 轴的距离为振幅 A。也就是说,只要将皮带轮设计成偏心

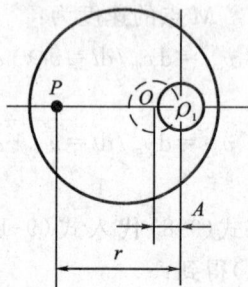

图 9-25 确定自定中心的
位置示意图

距为振幅 A、几何中心与 O 点重合、偏心方向与偏心块(轴)质心方向相反,就能保证皮带轮不随筛箱振动,皮带轮的传动中心距始终保持不变。

2. 双轴直线振动筛

直线振动筛的激振器由两个质量相等的偏心块通过齿轮作同步反向旋转组成。这种激振器将产生直线振动,筛箱的运动轨迹为直线。

钻井液直线振动筛与圆运动轨迹振动筛相比有以下优点:

(1)由于筛箱的运动轨迹为直线,因此钻屑在筛面上的运动规则,排屑流畅。

(2)由于筛面可以水平安置,因此降低了振动筛的整机高度。

(3)由于筛面为直线运动,筛网上的加速度及作用力较均匀,方向保持一定,而不像圆运动轨迹那样,筛网上的加速度和作用力不断在变换方向。因此,在直线筛上可以使用超细筛网,寿命较长。

(4)直线筛的钻井液处理量比圆筛大 20%～30%。

从国外钻井液振动筛近期发展趋势来看,固控设备制造公司均已大量生产直线筛。直线振动筛激振器工作原理如图 9-26 所示。质量相等的两偏心块进行同步反向旋转,工作时所产生的离心力 F 相等。在各瞬间位置上,离心力 F 沿振动方向的分力相加,而与振动垂直方向的分力相互抵消。因此,激振器只在振动方向形成激振力,使筛箱作直线振动。大多数钻井液直线筛的掷抛角(振动方向与水平面的夹角)在 $45°～60°$ 之间。

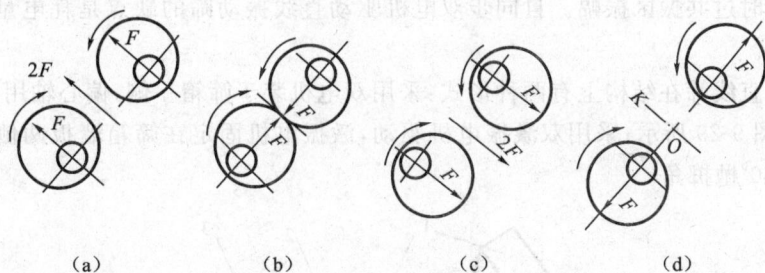

图 9-26　直线振动筛激振器工作原理

目前国内外矿用直线振动筛的发展趋势是采用双振动电机分别驱动,依靠自同步原理工作的激振器。它的主要优点是取消了同步齿轮装置,使结构得到简化,维修方便。

图 9-27 所示为 2ZZS-D 双轴直线振动筛的结构示意图。它由筛箱 1、筛式激振器 2、渡槽 3 组成,筛箱支承在弹簧 4 上。装在渡槽 3 上的电机通过三角胶带与万向轴相连,万向轴带动激振器产生与筛网 5 成 $60°$ 的激振力。筛箱在激振力的作用下作往复直线运动。含有钻屑的钻井液由渡槽进入筛箱右端,钻井液在振动下透筛,回到循环大罐内,钻屑在筛面上跳跃前进。

图 9-28 所示为 2ZZS-G 筒式激振器钻井液直线振动筛的结构示意图。与箱式激振器钻井液直线振动筛相比,它的显著结构特点是筛面上方视野开阔,更换筛网方便,筛箱整体高度较低,结构刚度较大。传动系统仍由万向轴、胶带、电机组成。筒式激振器的方向常与水平面成 $40°～45°$,筛箱将按这一角度反复运动。

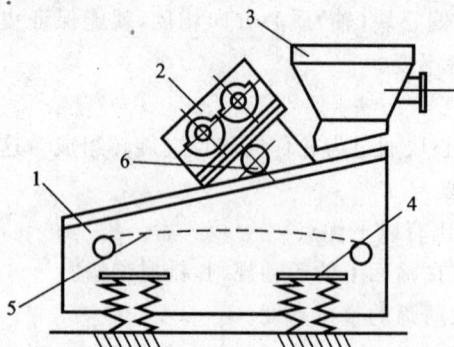

图 9-27　2ZZS-D 箱式激振器钻井液直线振动筛
1—筛箱；2—箱式激振器；3—渡槽；
4—支承弹簧；5—筛面；6—横梁

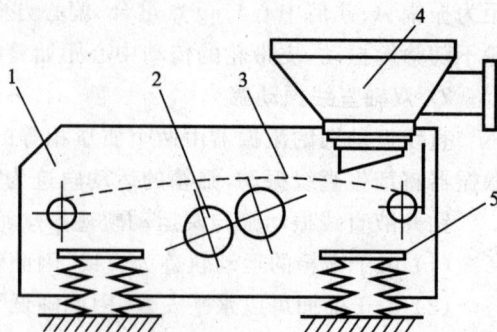

图 9-28　2ZZS-G 筒式激振器钻井液直线振动筛
1—筛箱；2—筒式激振器；3—筛面；
4—渡槽；5—支承弹簧

通过齿轮副进行强迫同步的直线型激振器，由于稀油润滑而造成密封困难；由于齿轮线速度高而出现高噪音。为了克服这些缺点，近年来国外首先在矿用筛上应用了双电机驱动的直线振动筛。该筛激振器的两根轴由两台电机分别驱动，两轴的同步运转完全依靠自同步的力学原理进行。自同步钻井液直线振动筛的优点为：由于没有强迫同步的齿轮传动，因此结构非常简单；由于没有齿轮传动，因此简化了润滑、维修等工作；可以减少启动和停车时过共振区振幅。自同步双电机驱动直线振动筛的缺点是耗电量大，筛机所占地面较大。

自同步直线筛在结构上有两种形式：采用双电机装于筛箱一侧，偏心轴用万向节与电机相连，如图 9-29 所示；采用双激振电机驱动，激振电机固定在筛箱墙板两侧，与筛面安装成 45°～60°抛掷角。

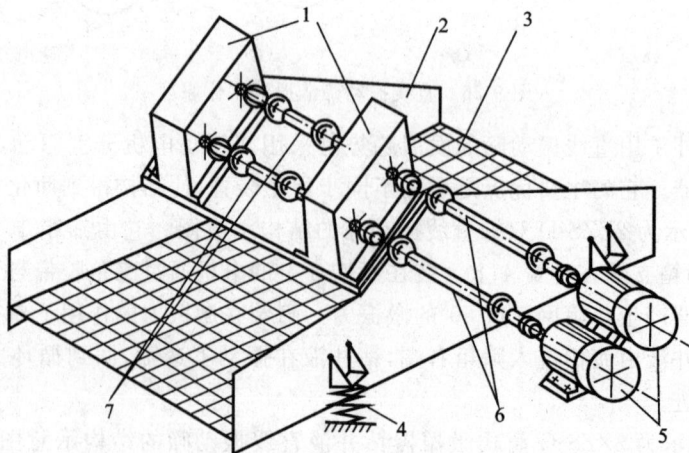

图 9-29　自同步直线筛
1—偏心块；2—筛箱；3—筛网；4—支承弹簧；5—电机；6—万向轴；7—偏心轴

3.均衡椭圆振型振动筛

钻井液均衡椭圆振型振动筛(简称椭圆振动筛)是20世纪80年代初发展起来的一种新型筛。

椭圆振动筛上有一个旋转着的加速度矢量,筛面上物料极易分散,堵塞筛孔的可能性小,但圆运动和抛掷角陡峭,物料输送速度较低,因而在相同条件下其处理量不如直线筛。直线筛筛面水平布置,物料输送速度高,然而加速度只有一个方向,所以堵孔的可能性较大。

均衡运动椭圆筛综合了直线筛和圆筛的优点,即椭圆"长轴"是强化物料输送的分量,而短轴则可减少部分物料堵孔的可能性。一般情况下,椭圆振动筛的总处理量较直线振动筛和圆振动筛大26%左右。

椭圆筛激振器的工作原理如图9-30所示,激振器两轴的偏心质量矩不相等($m_1 r_1 > m_2 r_2$),所以离心力$F_1 > F_2$,在1和3位置,离心力抵消一部分,作用在筛箱上的力为$F_1 - F_2$,因此在椭圆运动上形成短轴b;在2和4位置上,离心力叠加,作用于筛箱上的力为$F_1 + F_2$,因此在椭圆运动上形成长轴a,相当于双振幅。椭圆筛的长短轴之比与物料分离的难易程度有关。难分离的物料一般宜采用2:1或2.5:1,其他情况下宜采用4:1或6:1等。

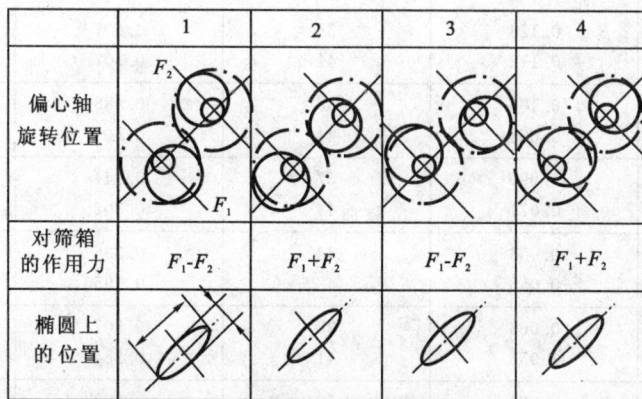

	1	2	3	4
偏心轴旋转位置				
对筛箱的作用力	$F_1 - F_2$	$F_1 + F_2$	$F_1 - F_2$	$F_1 + F_2$
椭圆上的位置				

图 9-30 双轴强迫联系椭圆激振器的工作原理

三、钻井液振动筛的筛网

钻井液振动筛中最易损坏的零件是筛网。几乎所有的钻井液振动筛都采用由不锈钢丝编织的筛网。常见的编织方式是正方形或矩形开孔的平纹编织。

由于筛网长时间在高碱性液体中工作,金属丝材料应选用1Cr18Ni9,1Cr18Ni9Ti,2Cr18Ni9,Cr18Ni10或优于上述材料的材料。

表9-2列出了13类26种规格,基本上可满足石油钻井用各种振动筛的使用要求。

已得到国际公认的API推荐的系列筛网见表9-3。表9-3列出的系列规格完全能满足钻井液振动筛的需要。

表 9-2　部分方孔筛网的规格

网孔基本尺寸 /mm	金属丝直径 /mm	筛分面积百分率 /%	单位面积网重 /(kg·m⁻²)	相当于英制目数 /in
2.000	0.500 0.450	64 67	1.260 1.040	10.16 10.36
1.600	0.500 0.450	58 61	1.500 1.250	12.10 12.39
1.000	0.315 0.280	58 61	0.962 0.773	19.32 19.84
0.560	0.280 0.250	44 48	1.180 0.974	30.32 31.36
0.425	0.224 0.200	43 46	0.976 0.808	39.14 40.64
0.300	0.200 0.180	36 39	1.010 0.852	50.80 52.92
0.250	0.160 0.140	37 41	0.788 0.634	61.56 65.12
0.200	0.125 0.112	38 41	0.607 0.507	78.15 81.41
0.160	0.100 0.090	38 41	0.485 0.409	97.65 101.60
0.140	0.090 0.071	37 44	0.444 0.302	110.43 120.38
0.112	0.056 0.050	44 48	0.336 0.195	151.19 156.79
0.100	0.063 0.056	38 41	0.307 0.254	155.83 162.83
0.075	0.050 0.045	36 39	0.252 0.213	203.20 211.70

表 9-3　API 推荐的油田常用筛网规格

目　数	钢丝直径 /in	开孔尺寸		开孔面积 /%	API 表示方法
		/in	/μm		
8×8	0.028	0.097	2 464	60.2	8×8(2 464×2 464,60.2)
10×10	0.025	0.075	1 905	56.3	10×10(1 905×1 905,56.3)
12×12	0.023	0.060	1 524	51.8	12×12(1 524×1 524,51.8)
14×14	0.020	0.051	1 295	51.0	14×14(1 295×1 295,51.0)
16×16	0.018	0.044 5	1 130	50.7	16×16(1 130×1 130,50.7)

目 数	钢丝直径 /in	开孔尺寸		开孔面积 /%	API 表示方法
		/in	/μm		
18×18	0.018	0.037 6	955	45.8	18×18(955×955,45.8)
20×20	0.017	0.033	838	43.6	20×20(838×838,43.6)
20×8	0.020/0.032	0.030/0.093	762/2 362	45.7	20×8(762×2 362,45.7)
30×30	0.012	0.021 3	541	40.8	30×30(541×541,40.8)
30×20	0.015	0.018/0.035	465/889	39.5	30×20(465×889,39.5)
35×12	0.016	0.012 6/0.067	320/1 700	42.0	35×12(320×1 700,42.0)
40×40	0.010	0.015	381	36.0	40×40(381×381,36.0)
40×36	0.010	0.017 8/0.015	452/381	40.5	40×36(452×381,40.5)
40×30	0.010	0.015/0.023 3	381/592	42.5	40×30(381×592,42.5)
40×20	0.014	0.012/0.036	310/910	36.8	40×20(310×910,36.8)
50×50	0.009	0.011	279	30.3	50×50(279×279,30.3)
50×40	0.008 5	0.011 5/0.016 5	292/419	38.3	50×40(292×419,38.3)
60×60	0.007 5	0.009 2	234	30.5	60×60(234×234,30.5)
60×40	0.009	0.007 7/0.016	200/406	31.1	60×40(200×406,31.1)
60×24	0.009	0.007/0.033	200/830	41.5	60×24(200×830,41.5)
70×30	0.007 5	0.007/0.026	178/660	40.3	70×30(178×660,40.3)
80×80	0.005 5	0.007	178	31.4	80×80(178×178,31.4)
80×40	0.007	0.005 5/0.018	140/460	35.6	80×40(140×460,35.6)
100×100	0.004 5	0.005 5	140	30.3	100×100(140×140,30.3)
120×120	0.003 7	0.004 6	117	30.9	120×120(117×117,30.9)
150×150	0.002 6	0.004 1	105	37.4	150×150(105×105,37.4)
200×200	0.002 1	0.002 9	74	33.6	200×200(74×74,33.6)
250×250	0.001 6	0.002 4	63	36.0	250×250(63×63,36.0)
325×325	0.001 4	0.001 7	44	30.0	325×325(44×44,30.0)

第四节 旋流器的工作原理、结构与应用

钻井液固控系统中的除砂器、除泥器和微型旋流器统称水力旋流器,是钻井液固相控制的重要设备。

钻井液中的固相颗粒大小不同,从胶粒到能悬浮起来的最大颗粒均有。影响钻井液中钻屑颗粒的大小因素很多,但主要的影响因素是地层的可钻性和钻头的类型。松软地

层的钻屑通过钻头水力破岩与机械破岩的共同作用,常常分散成细小颗粒。在胶结较牢固而可钻性又好的地层里,采用长齿钻头钻进,通常机械钻速相当高,产生的钻屑颗粒粗大(>74 μm)。这些大的颗粒必须通过振动筛去掉,以保证旋流器正常工作。在快速钻开软地层的情况下,振动筛只能筛除大颗粒,旋流器必须充分发挥其固控效率,排除细小固相颗粒。当地层非常坚硬时,钻速较慢,产生的钻屑很细,降低固相含量的任务主要由旋流器来完成。

钻井液清洁器是一组水力旋流器与一台超细目振动筛的组合,如图 9-31 所示。旋流器的溢流返回钻井液系统,底流落到振动筛网上,透筛的钻井液回到循环罐内,筛上物被排除。筛网目数为 80~325,通常使用 150 目。

钻井液清洁器主要用来回收加重钻井液中的重晶石,它要清除大于重晶石粒度的剩余钻屑。加重钻井液通过旋流器时,底流中仍有大量重晶石,通过细筛网,重晶石重新回到循环罐内,同时也有一些岩屑回到罐内。当加重钻井液通过振动筛、除砂器、除泥器和离心机

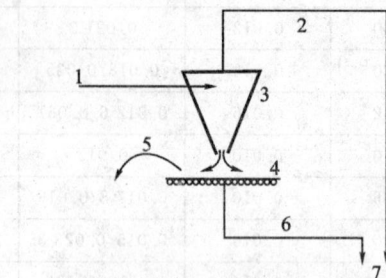

图 9-31　钻井液清洁器工作流程示意图
1—振动筛处理过的钻井液;2—清洁钻井液;
3—水力旋流器;4—细目振动筛;5—排出的固体颗粒;
6—筛网底流;7—钻井液返回循环系统

后,清除的岩屑颗粒尺寸将依次减小。采用旋流器从加重钻井液中清除无用固相的同时,在底流中也有相当多的重晶石。旋流器底流下的细目筛清除了大颗粒岩屑,而重晶石透过筛网又回到了循环罐内。

由此可见,水力旋流器在降低钻井液中细颗粒固相方面有很大的作用,对提高钻井速度效果显著。本节对旋流器的结构性能、设计原理和调试方法等进行简要介绍。

一、水力旋流器的结构和分类

图 9-32 所示为普通水力旋流器的结构示意图。上部是一个圆柱蜗壳,下部是一个锥形壳,圆柱壳的侧面有一切向钻井液入口管,顶部装有出口溢流管。圆锥壳底部是排砂孔,分离出来的砂、泥以及少量的液体由此排出。

水力旋流器的公称尺寸指上部圆柱蜗壳的内径 D。根据内径的不同,将钻井液固控系统中的水力旋流器分为除砂器、除泥器和微型旋流器三大类。到目前为止,尚没有统一严格的分类标准。

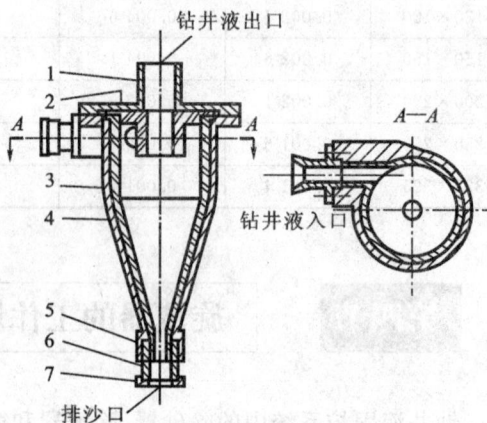

图 9-32　水力旋流器结构示意图
1—盖;2—衬盖;3—壳体;4—衬套;
5—橡胶囊;6—压圈;7—腰形法兰

二、水力旋流器的工作原理

含有悬浮固相颗粒的钻井液在压力作用下以很高的速度由进液口进入圆柱蜗壳。绕锥筒中心高速旋转的钻井液产生极大的离心力,并向圆锥筒底部移动。由于钻井液中的液体与固体存在着密度差,使固相分离出来而靠近锥壁。旋流器的锥筒越向底部,半径越小,钻井液获得的角速度越大,从而产生更大的离心力。对于一个设计较好并进行适当调节之后的旋流器,钻井液在锥体顶部不但绕中心高速旋转,而且产生一个反向旋涡,经垂直导流管而离开锥筒。钻井液和钻井液中的固相颗粒的运移速度几乎相同,这些固相颗粒在小半径处受到极大的径向加速度。

在径向加速度(离心力)的作用下,迫使固相颗粒向锥筒壁运移。同时,由于旋转下行的固相颗粒惯性力很大,将推着它向底部快速运动,因此当液体反向旋转,向上由溢流口排出时,这些已分离出来的固相颗粒不可能随溢流返回,而是由底流口(排砂口)排出。由此可见,这些固相颗粒实际上是由于惯性除掉的,而不是靠沉降作用。由于细小的颗粒受到的离心力较小,在到达锥底之前未能到达锥壁,因而被反向运动的钻井液带至锥筒中心经溢流口返回。

水力旋流器中液体流场(用流线表示)呈对称分布,其内任何一点的流速都可分解成切向速度、径向速度和轴向速度。

经过大量实验证实旋流器中的流线图形如图9-33所示。首先,在水力旋流器中同时有两种基本的同向旋转的液流:一种是顺圆锥螺旋向下(由锥底向锥顶)流动的外旋流;另一种是沿圆锥螺旋向上(由锥顶向锥底)流动的内旋流。当外旋流接近排砂孔时分为两部分:一部分向下,带着已分离出的砂粒经排砂孔排出;另一部分改变流动方向,向上流动,形成内旋流。在溢流管下部,由于外旋流和内旋流的流线反向而形成闭环涡流,此涡流在绕旋流器轴线方向旋转的同时,内侧由下而上流向上盖方向、外侧由上而下流向排砂孔。除此之外,尚有盖下流,它主要由未经旋流器处理的原钻井液组成,先是在盖下流动,然后进入溢流管溢出。

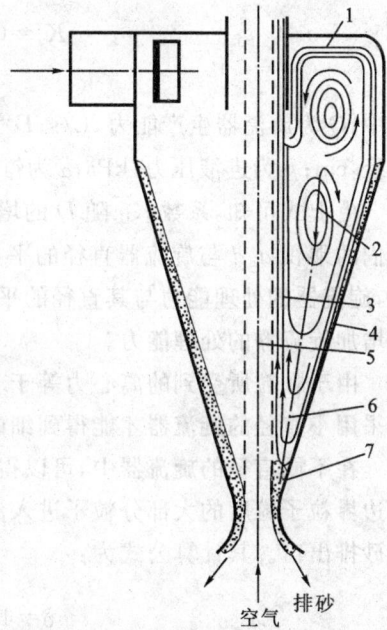

空气　排砂

图9-33　旋流器中液体的流场
1—盖下流;2—闭环涡流;3—内旋流;
4—外旋流;5—空气柱;6—轴向速度零值锥面;
7—经排砂孔排出的部分外旋流

三、水力旋流器的性能参数和尺寸

影响水力旋流器工作的主要因素有:结构参数,包括圆柱蜗壳筒的直径及高度、进口管直径、溢流管直径、锥壳的顶角、排砂孔直径和溢流管的安装方式等;工艺操作参数,包括进口压力、溢流管回压;钻井液的性能、固相颗粒组成、固相含量、黏度、固液相密度等。

按照 Поваров 计算公式,水力旋流器的处理量为:

$$Q=0.008\ 415K_DK_ad_nd\ \sqrt{gp} \tag{9-21}$$

$$K_D=0.8+\frac{1.2}{1+0.1D}$$

$$K_a=0.79+\frac{0.044}{0.039\ 7+\tan\frac{\alpha}{2}}$$

式中,Q 为旋流器生产能力,L/s;D 为旋流器直径,cm;d_n 为进液管直径,cm;d 为溢流管直径,cm;p 为进液压力,kPa;α 为锥壳顶角,(°);K_D,K_a 为系数。

由上式可知,系数 K_D 随 D 的增大而有所减小。由于进口直径和溢流管直径有关系,它们的乘积 d_nd 与旋流器直径的平方成正比。因此,当其他结构参数随直径按比例增加时,旋流器的处理能力与其直径的平方成正比,但当其他结构不变时,单纯增加直径并不能增加旋流器的处理能力。

由于颗粒所受到的离心力等于 mv^2/R,因此旋流器直径 R 越大,离心力就越小。只有采用小直径的旋流器才能得到细的溢流。

在不同直径的旋流器中,可以得到相同的边界粒子粒度。所谓边界粒子粒度,是指小于边界粒子粒度的大部分粒子进入溢流,而大于边界粒子粒度的粒子全部或大部分进入沉砂排出口。其计算公式为:

$$\delta=4.72\sqrt{\frac{dDa}{\Delta K_D\sqrt{p}(\rho_T-\rho)}} \tag{9-22}$$

式中,δ 为边界粒子粒度,μm;Δ 为排砂孔直径,cm;a 为给进的钻井液中的固体含量,%;p 为进液压力,kPa;ρ_T,ρ 分别为钻井液中固相及液相密度,g/cm³;

大直径的水力旋流器比小直径的组合水力旋流器使用简单、可靠,堵塞的机会较少。因此,在可以获得同样工艺指标的情况下,应优先采用大直径的水力旋流器。

以上表明,旋流器的直径 D 是影响其性能的主要因素。此外,其他结构参数也必须合理选择,主要有:

(1)进液管直径。进液管直径的变化对生产能力的影响较大,而对边界粒子粒度的影响不大。用减小进液管直径的办法达不到减小溢流粒子粒度的目的。

(2)溢流管直径 d。溢流管直径 d 的变化将影响水力旋流器的各项工作指标。当进口压力不变时,在一定范围内增加 d 可以使处理能力成正比增加;在生产能力不变的情

况下增加 d，进口压力将成平方降低。要获得良好分离，一般应满足 $d=(0.2\sim0.4)D$。

（3）锥体角度 α。根据使用经验，钻井液固控系统中旋流器的最合理锥角 α 为 $20°$。增加锥角会降低设备的高度，但可增加液体的平均径向速度，因而使溢流粒度增大。较小的锥角可以得到较细的溢流粒度，但由于摩擦损失加大，锥角大小在 $15°\sim20°$ 内得不到明显的工艺效果。

（4）排砂孔直径 Δ。排砂孔直径 Δ 的变化对于水力旋流器的处理能力影响甚微，但使分离质量发生变化。减小排砂孔径将会产生下列影响：对于密度较大、颗粒较大的钻井液，分离时可能堵塞排砂孔；增加溢流中固相颗粒的粒度；增大溢流生产率，相应的减少沉砂率。

当排砂孔直径 Δ 很大，接近甚至超过溢流直径 d 时，水力旋流器的工作过程将被破坏，大部分或全部钻井液经排砂孔排出。

（5）排口比 Δ/d。排砂孔直径 Δ 与溢流管直径 d 的比值 Δ/d 称为排口比。一般情况下取 $\Delta/d=0.15\sim0.8$。排口比 Δ/d、排砂孔直径 Δ 与溢流管直径 d 的改变，对于水力旋流器的工作指标均有极大的影响。首先是影响沉砂。相对沉砂量随排口比的增大而增大，溢流变得更细。超过某一数值将会得到相反的效果。随着排口比增大，底流固相含量急剧减少。

（6）圆柱体高度。圆柱体高度 H 对边界粒度有影响。一般取 $H=(0.5\sim1.0)D$。

（7）溢流管长度。最适宜的插入深度为 $D\sim D/6$（平均为 $D/2\sim D/3$）。溢流管安装高度不得低于锥底平面，也不得高于进口管。增加溢流管的插入深度将减少内旋流的高度，导致溢流固相粒度增大。

为避免溢流管被冲蚀，必须保持溢流管的外径小于差值 $(D-2d_n)$。

（8）溢流导管的尺寸和安装方式。溢流导管是旋流器的延伸部分，其作用不可轻视。如溢流导管出口大大低于排砂孔，由于强烈的虹吸作用，可能使排砂完全停止。必须保证导管直径大于溢流管直径。为保证导管中无过大的真空度，可在导管顶部安装一个吸入空气的小管。

（9）进口压力。在其他条件不变的情况下，进口压力越高，处理能力越大，溢流越细，排砂的浓度就越大。要获得较细的溢流，进口压力不应小于 196.13 kPa。大多数规格的水力旋流器的最佳工作压力为 208.64～344.74 kPa。

增加进口压力实质上是增加液体的旋流速度。旋流速度增加后液体在旋流器中停留的时间就减少了。停留时间是旋流器容积除以流量，基本上是固相颗粒沉降在锥筒壁上并被分离的时间。由于停留时间减少，增加速度不能真正达到有效的分离，只会增加内筒磨损。反之，降低进口压力，由于速度过低，离心力不够，虽然增加了停留时间，但也不能加强分离效果。钻井液在水力旋流器内流速极高，从进口到出口的全部停留时间小于1/3 s。进口压力越大，边界粒子的粒径越小。

（10）钻井液黏度、含砂量、液固相密度的影响。钻井液黏度越大，临界粒度越大，只有大颗粒才能被分离出来，导致底流含砂量减少，溢流中含砂增加，除砂效果变坏。钻井液中含砂量增大,从底流中逃溢的颗粒亦增加,导致底流和溢流中的含砂均增大,分离效果不好。液相密度增加将使溢流颗粒增大。固相密度增加会使溢流粒度减小,而沉砂可能捕获很多固体细粒子,得到较高的固相含量。

(11) 钻井液中固相粒度组成的影响。在处理含有大量粗粒度的钻井液时,排砂孔排除的固相颗粒较大,造成排砂孔超负荷,从而不能排除粗砂,使部分沉砂回到溢流中。对于这种粗粒度钻井液,若要得到细粒溢流,则需要分级处理。第一次分级处理得到粗而浓的沉砂和含有大量粗砂的溢流,然后第二次再处理溢流。

第五节　离心机的工作原理、结构与应用

钻井液离心机是固控设备中固液分离的重要装置之一,一般情况下安装在系统的最后一级。它用于处理非加重钻井液,可以除去 2 μm 以上的有害固相;处理加重液可除去钻井液中多余的胶体,控制钻井液黏度,回收重晶石;处理旋流器底流,可回收液相,减少淡水和油的浪费。此外,离心机也是处理废弃钻井液以防止污染环境的一种理想设备。

一、离心机的工作原理和类型

钻井液沉降式离心机的结构如图 9-34 所示。离心机的转鼓 5 两端支承在滚动轴承上,输送固相的螺旋输送器 6 与转鼓之间留有微量间隙,并用行星差速器 7 使二者维持一定的转差。电动机通过 V 形胶带 1 带动转鼓和螺旋输送器。电机与转鼓之间装有液力联轴器 2,加料管 4 装在转鼓的大端,行星差速器一端装有过载保护装置。

按照结构不同,离心机主要有转筒式、沉淀式和水力涡流式三种类型。图 9-35 所示为转筒式离心机工作示意图。它的工作原理是:带许多筛孔的内筒体在固定的圆筒形外壳内转动,外壳两端装有液力密封,内筒体轴通过密封向外伸出。待处理钻井液和稀释水从外壳左上方由计量泵输入后,由于内筒旋转的作用,钻井液在内、外筒之间的环形空间转动,在离心力的作用下,重晶石和其他大颗粒的固相物质飞向外筒的内壁,通过一种可调节的阻流嘴排出,或由以一定速度运转的底流泵将飞向外筒内壁的重钻井液从底流管中抽吸出来并回收。调节阻流嘴开度或泵速可以调节底流的流量。轻质钻井液则慢速下沉,经过内筒的筛孔进入内筒体,由空心轴排出。这种离心机处理钻井液量大,可回收重晶石 82%～96%。

图 9-36 所示为沉淀式离心机的核心部件,由锥形滚筒、输送器和变速器组成。输送器通过变速器与锥形滚筒相连,二者转速不同。多数变速器的变速比为 80∶1,即滚筒转 80 圈,输送器转 1 圈。它的分离原理是:待处理的加重钻井液用水稀释后,通过空心轴中间的一根固定输入管、输送器上的进浆孔,进入由锥形滚筒和输送器蜗形叶片所形成的分离室,并被加速到与输送器或滚筒大致相同的转速,在滚筒内形成一个液层。调节溢流口

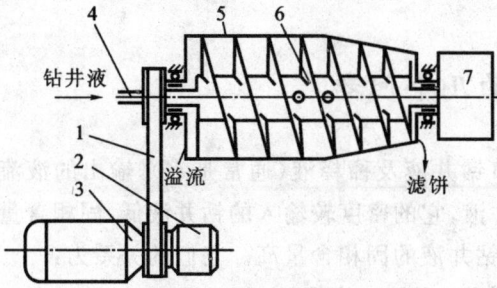

图 9-34　钻井液离心机结构示意图

1—V 形胶带；2—液力联轴器；

3—电动机；4—加料管；5—转鼓；

6—螺旋输送器；7—行星差速器

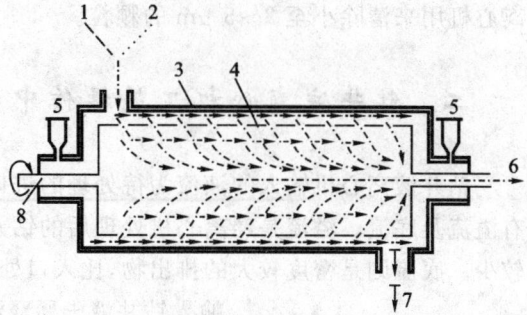

图 9-35　转筒式离心机工作示意图

1—钻井液；2—稀释水；3—固定外壳；

4—筛筒转子；5—润滑器；6—轻钻井液；

7—重晶石回收；8—驱动轴

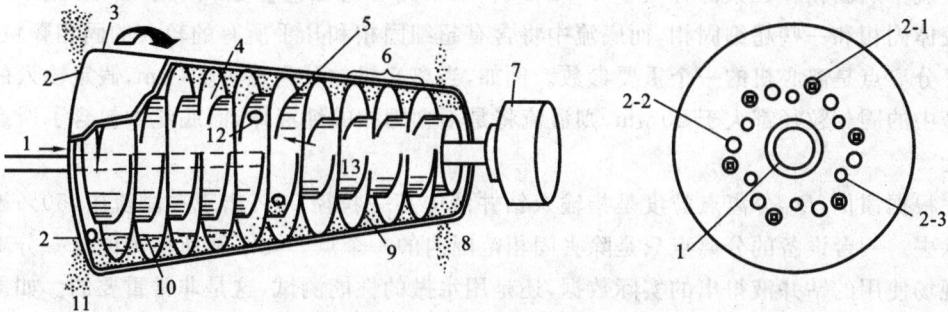

图 9-36　沉淀式离心机的旋转总成

1—钻井液进口；2—溢流孔；3—锥形滚筒；4—叶片；5—螺旋输送器；6—干湿区过渡带；7—变速器；

8—固相排出口；9—泥饼；10—调节溢流孔可控制的液面；11—胶体和液体排出；12—进液孔；

13—进液室；2-1—浅液层孔；2-2—中等液层孔；2-3—深层液孔

的开度可以改变液层厚度。由于离心力的作用，重晶石和大颗粒的固相被甩向滚筒内壁，形成固相层，由螺旋输送器输送到锥形滚筒处的干湿区过渡带，通过滚筒小头的底流口排出，而自由液体和悬浮的固相颗粒则流向滚筒的大头，通过溢流孔排出。

按照离心力、转速、分离点和进液量，离心机可分为：

（1）"重晶石"回收型离心机：主要用来控制黏度，其转速范围为 1 600～1 800 r/min，获得的离心力为重力的 500～700 倍。对低密度固体，分离点为 6～10 μm；对高密度固体，分离点为 4～7 μm。进液量一般为 2.3～9 m³/h。这种离心机用来清除胶体，控制塑性黏度。

（2）大处理量型离心机：进液量为 23～45 m³/h。正常转速为 1 900～2 200 r/min。离心力为重力的 800 倍左右。分离点为 5～7 μm。这种离心机用来清除大于 5～7 μm 的固相。

（3）高速型离心机：转速为 2 500～3 000 r/min，这样的转速产生的离心力为重力的 1 200～2 100 倍。分离点可低达 2～5 μm。进浆速度由待分离的钻井液类型决定。这种离心机用来清除小至 $2\sim5\ \mu m$ 的颗粒。

二、钻井液离心机工艺操作中的几个问题

钻井液离心机输入的液流为待处理的进口钻井液及稀释液(通常是水),输出的液流有溢流及底流。溢流是经离心机处理后的钻井液,它的密度较输入的钻井液低,固相含量较少。底流则是密度较大的排出物,比入口处钻井液的固相含量高。它们的关系为:

$$输入钻井液＋稀释液 ＝ 溢流＋底流$$

离心机是根据固相的尺寸和密度进行分离的,它的处理和分离能力是由设备自身的特性所决定的,同时也与工艺操作有很大关系。例如,某钻井液离心机对重晶石的分离点是 $2\sim4\ \mu m$,是指输入钻井液经离心机处理后,溢流中的固相颗粒大部分小于 $2\sim4\ \mu m$,而底流中的固相颗粒大部分大于 $2\sim4\ \mu m$。如果离心机工艺参数调节适当,溢流中将含有胶体固相和一些超细固相,而底流中将含有超细固相和几乎所有的较大的固相颗粒。

分离点是离心机的一个重要参数。例如,当离心机的分离点为 $10\ \mu m$,假定输入的钻井液中的固相粒径都大于 $20\ \mu m$,则溢流将是不含固相的纯液体,而底流中包含了所有的固相。

根据惯例,D_{50} 分离点粒度是指输入钻井液中某一粒径 50% 出现在溢流中,50% 被底流除去。一台设备的分离点只是除去固相范围内的一个点。要了解所检测的这一分离点是现场使用的钻井液得出的实际数据,还是用水做的性能测试,这是非常重要的。如果设备使用了 D_{95} 分离点,比这小得多的颗粒也会被除去。如使用了 D_{50} 分离点,则大量的颗粒直径比该值大的固相也会返回到钻井液体系。在这两种情况下都要检查被除去颗粒的分布曲线,以确定实际上除去了哪些固体。一台离心机的"分离点"并不是固定不变的,它将随负荷和设备调节的好坏而变化。

要评价离心机的分离能力,仅有分离点这一参数是不够的,还需要有另一个参数——分离倾角。分离倾角是指 90% 和 10% 两个分离点之间在分离曲线上的连线与横坐标之间的倾角。

图 9-37 所示为某一状态下离心机的分离曲线。从纵坐标 50% 处作水平线,与分离曲线相交于一点,此点的颗粒径在横坐标上是 $3\ \mu m$,因此 D_{50} 为 $3\ \mu m$。

可以看出:

$$斜率 = \tan\theta = \frac{90-10}{D_{90}-D_{10}} = \frac{90-10}{5-1} = 20$$

于是,分离角 $\theta=87.2°$。

曲线下面的所有固相都在底流中,曲线上面的所有固相都在溢流中。例如,在 $5\ \mu m$ 处,由曲线查得该粒径的固相 90% 在底流中,10% 在溢流中。

为了提高分离效果,保持较大的分离角是很重要的。为此,应按有关要求调节离心机的工作。

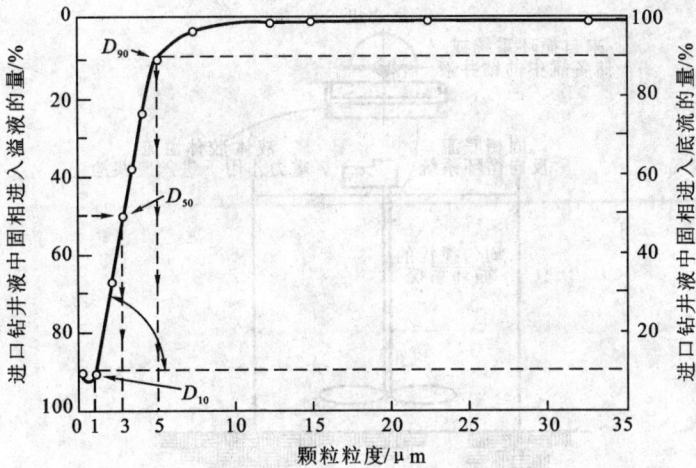

图 9-37　离心机的分离曲线

用离心机处理加重钻井液的主要目的是在获得大部分重晶石的同时,从钻井液中清除低密度胶体固相。因此,需要用重晶石回收率和低密度固相清除率两个效率参数来描述离心机的特性。

$$重晶石回收率 = \frac{底流中的重晶石}{进口钻井液中的重晶石} \times 100\%$$

$$低密度固相清除率 = \frac{溢流中的低密度固相}{进口钻井液中的低密度固相} \times 100\%$$

这两个参数必须进行综合分析,最优值取决于具体应用。对于处理加重钻井液,清除低密度固相是很重要的。

离心机通常用来处理非加重钻井液。

当处理除砂器或除泥器底流时:

$$离心机效率 = \frac{离心机底流中固相量}{水力旋流器底流固相量} \times 100\%$$

当从循环系统中清除固相时:

$$离心机效率 = \frac{溢流中的低密度固相}{进口钻井液中的低密度固相} \times 100\%$$

385

三、离心机的应用

1. 应用离心机处理加重钻井液

在加重钻井液中应用离心机的首要目的是控制黏度。在高黏度下,钻井速度会较慢。控制黏度的方法是将引起黏度增加的超细颗粒固相和胶体通过溢流分离出来,排至废料池,而将含有大量重晶石的底流重新返回钻井液循环罐内,如图 9-38 所示。

由于离心机不能从低密度固相中分离出重晶石,因此在底流中也有一部分很细的无

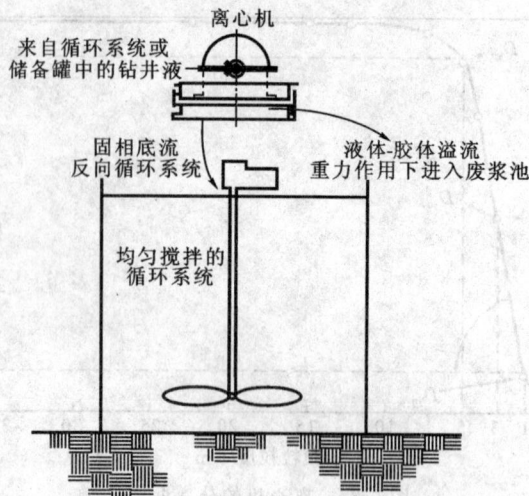

图 9-38　处理加重水基钻井液沉淀式离心机安装位置

用固相和重晶石一起返回循环罐。这样，一方面可以大大减少为降低黏度而排掉钻井液的消耗，以及用水进行稀释产生过量钻井液的问题；另一方面回收了大量的重晶石，一般离心机 1 h 也能回收 3～4 t 左右，效益很高。

黏度很大的钻井液中的固相在离心机中也很难分离。只有进行适当稀释后才能获得良好的分离效果，还可补充部分由溢流排掉的稠液体，使循环系统保持恒定的数量。

根据经验，漏斗黏度大于 37 s 的钻井液都需要进行稀释，以获得好的分离效果。

2．应用离心机处理非加重钻井液

在非加重的低固相钻井液中，离心法是很有效的液固分离方法。所用离心机通常是大处理量型离心机，1 h 能处理 30～50 m³ 的液体、处理 3～4 t 的固相。由于低固相钻井液所带来的巨大效益，因此用离心机来清除非加重钻井液中的固相已越来越普遍。离心机将钻井液分离为溢流和底流两部分。底流中含有大量无用固相，排到废浆池中；而贵重的液相再返回到循环罐中去。

3．用离心机处理水力旋流器底流

旋流器（除砂器、除泥器）底流含有较多的液体，将其送入离心机，离心机分离出的固体被排入废浆池，分离出的液体返回循环罐内或送入高速离心机再进一步澄清使用。

用此方法回收储浆池中的水也是很有效的。也可以用沉淀式离心机来清洁完井液，在此情况下一般使用高处理量离心机从昂贵的完井液中清除无用固相，使其得以重复利用。

4．连续处理两种密度的钻井液

很多井在开钻后很长一段时间内使用低密度钻井液，在进入易蹋或高压层之前才对钻井液进行加重。这时的离心机要完成双重任务：对于非加重钻井液，主要目的是回收液相；对于加重钻井液，主要目的是回收加重材料，排出超细岩屑的颗粒，减小黏度。在离心机的底流安置一个可调导流滑板即可完成这一工作。

5. 循环次数与降低固相含量的关系

要经离心机处理,循环系统中的钻井液都要进行循环,在循环中完成降低固相含量的任务,并要求降低固相含量的大小和循环次数。

假定所有的固相粒度都在离心机能处理的范围之内,因此实际的循环次数将比计算值多。设 V_1 为循环系统总的钻井液量,Q_M 为钻井液循环流量,则钻井液循环一周的时间 t 为:

$$t = V_1 / Q_M \tag{9-23}$$

设 V_{S1} 为处理后钻井液中的总固相(体积分数),V_{S2} 为处理前钻井液中的总固相(体积分数),V_{LG} 为离心机进口钻井液的低密度固相(体积分数),V_2 为处理的钻井液的体积,n 为减少低密度固相所需的循环次数,Q_F 为离心机进口流量,于是有:

$$(V_{S2} - V_{S1})V_1 = V_{LG}V_2 \tag{9-24}$$

$$nQ_F = \frac{V_2}{t} \tag{9-25}$$

所以:

$$n = \frac{V_2}{Q_F t} = \frac{(V_{S2} - V_{S1})V_1}{V_{LG}Q_F t} = \frac{(V_{S2} - V_{S1})Q_M}{V_{LG}Q_F} \tag{9-26}$$

四、离心机的主要技术参数

钻井液中使用的是螺旋沉降离心机的技术参数是根据分离过程的要求和经济效益原则,综合平衡各种因素进行选择的。

1. 结构参数

结构参数包括转鼓内直径 D,转鼓总长度 L,转鼓半锥角 α,转鼓溢流口处直径 D_1,螺旋的螺距 S,螺旋母线(螺旋表面与轴面的交线)与垂直于转轴截面的夹角 θ(通常 $\theta = \alpha$),如图 9-39 所示。

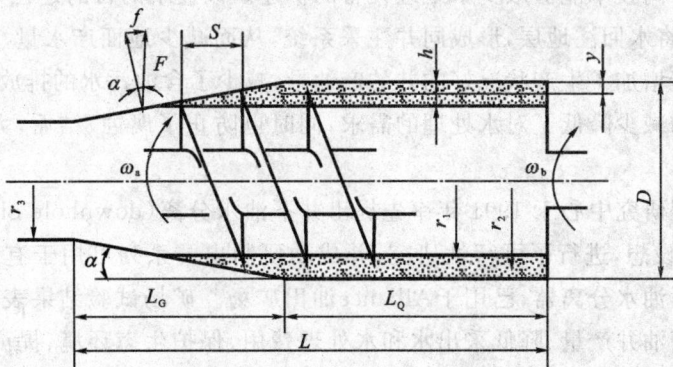

图 9-39　钻井液离心机结构参数示意图

在 L/D 一定的条件下,离心机的生产能力大致与 D^3 成正比。国内外的离心机都已根据直径系列化。我国规定的系列直径为 200,450,600,800,1 000 mm;国外离心机的系列直径为 6,8,10,16,20,25,30,40 in。

在离心力相等的条件下,转鼓直径越大,转速越低,固相粒子在转鼓内停留的时间越长,可使较细的固相颗粒在离心力作用下沉降到转筒壁上而被排除。转鼓长度大,固相的停留时间长,分离效果好。对于难分离的物料,$L/D=3\sim4$。

转鼓的形状有柱锥形和圆锥形两种基本结构。在转鼓直径和长度相同时,柱锥形能提供更大的内部沉降空间,使固相颗粒在转鼓内的停留时间更长,分离能力更强。

2. 操作参数

操作参数包括转鼓的转速 n(或角速度 ω)、转鼓与螺旋的转速差 Δn。

转鼓的最高转速受到材料机械强度的限制。鼓壁应力与转速或圆周线速度成正比。对于一般常用的 1Cr18Ni9Ti 不锈钢,允许的最大圆周线速度为 $60\sim75$ m/s。

转鼓上的沉砂依靠转鼓与螺旋的转速差来输送。增大转速差可以提高处理量,但同时引起对水圈的搅动,转鼓上的滤饼含水量高,分离效率下降,并使螺旋和转鼓磨损严重。

第六节　井下油水气分离设备

一、井下油水分离器

随着油田开发进入中后期,油井采出液含水率越来越高,产出水的处理问题越来越突出。这既增加了油管和处理设备的容量,使水处理设备投入和操作费用等不断增加,同时产出水处理过程中的泄漏及排放又增加了环境污染的风险。

井下油水分离技术能够减少水处理设备的扩建。该技术的目的是在井下将水从油中分离出来,同时将水回注地层,形成同井注采系统,从而减少地面产水量。井下油水分离的有利之处在于增加了生产状况好的井的产油量,减少了含油污水的排放,并保持了油藏压力。产水量的减少降低了对水处理的需求,同时也防止了腐蚀、结垢,大大减少了生产水的处理费用。

加拿大工程研究中心于 1991 年率先提出井下油水分离(downhole oil/water separation,DOWS)的设想,进行了可行性研究,并成功研制出一系列可用于有杆泵、螺杆泵和电潜泵井的井下油水分离器,已用于 Alliance 油田矿场。矿场试验结果表明,采用该技术和设备可以提高油井产量、降低采出水和水处理费用、保护生态环境、提高采油企业的经济效益。

一个 DOWS 系统包括许多组成部分,其中两个最重要的部分是一套油水分离系统和至少一台用于将油举升到地面并将水回注到井下的泵。根据油水分离系统原理的不同，DOWS 可分为两种基本类型：一种是在井筒中靠重力分离；另一种是机械分离，应用水力旋流分离器实现油水分离。

1. 重力式 DOWS

重力式 DOWS 以有杆泵与井筒重力沉降分离组合系统为代表。它利用油水密度差，在重力作用下使油水在油套环形空间进行分离。这种 DOWS 有两个吸入口：一个在油层内，另一个在水层中。随着抽油杆上下移动，沉在下部的水被注入水层，浮在上部的油被举升至地面。重力分离主要有两种形式：双作用泵井下油水分离系统和串联泵井下油水分离系统。前者适用于回注压力较低的油井，后者有助于提高注入压力，但会增加上行的悬点载荷。

美国德士古公司开发研制了一种重力式 DOWS，即井下油水分离与回注的双作用泵有杆抽油系统（DAPS）。它是许多可行的井下油水分离技术中第一个利用重力分离的系统。DAPS 装置已在美国的科罗拉多、得克萨斯和怀俄明等州及加拿大的部分油田共 16 口生产井进行了现场试验。其中 15 口井的统计数据显示：原油产量平均增加 37%，采出水平均降低 61%；增油最多的 3 口井增加了 106%～233%。这表明 DAPS 装置能达到增加原油产量、减少采出水的目的。

2. 机械分离式 DOWS

机械分离式 DOWS 以井下电潜泵与水力旋流器组合系统为代表。工作时油层产出的油水混合液经切向入口进入井下旋流分离器，使液流形成不断加速的旋转流动，利用密度差和离心分离原理将油水分离，在分离器的中心形成一个油核，经旋流器的上出口排出，高含油溢流被举升到地面；比重较大的水聚集在圆锥体的下部并经下出水口回注到处理层。图 9-40 所示为水力旋流器功能原理示意图。

目前已研制出三种与井下旋流分离器相配用的泵系统：ESP（电潜泵）、PCP（螺杆泵）以及有杆泵井下分离系统。图 9-41 所示为电潜泵-井下油水分离系统结构简图。

由于水力旋流器可有效地进行油水分离，采用这种井下油水分离器可从产液中除去大部分水，将产液含水率降至 33%～50%，使大部分高含水井的地面产水大幅度减少。为消除含水变化对注水层的影响，井下油水分离器还具有一定的灵活性，可随井况变化通过地面压力控制油水分离过程，提高油水分离效率，将处理后注入水的含油量降至较低的水平。

二、井下气液分离器

随着高油气比区块地层能量的降低及油层脱气，高含气井不断增多，而油井产出液中的大量游离气会对井下多相混抽泵或电潜泵的性能产生不利影响。

此外，气井产水量的不断增加对天然气生产构成严重威胁，其影响越来越受到人们的

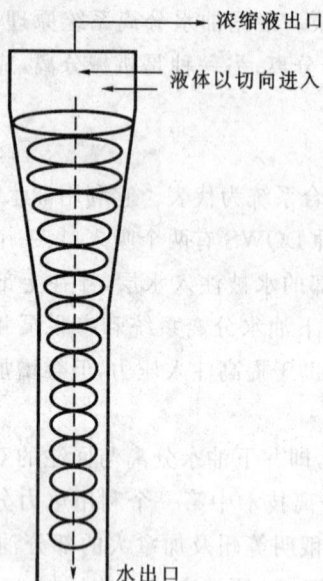

图 9-40　水力旋流器功能原理示意图

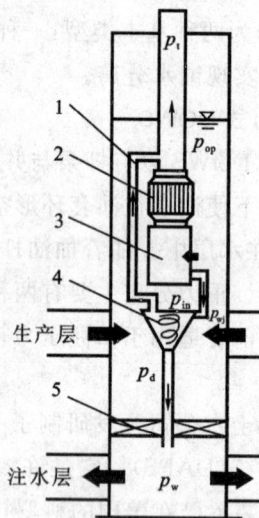

图 9-41　电潜泵-井下油水分离系统结构简图
1—旁通管；2—潜油电动机；3—电潜泵；
4—旋流分离器；5—封隔器

关注和重视。自 20 世纪 90 年代以来,国外注意到传统工艺在开采高含水气田所存在的问题,研究采用低污染、低投入、高产出的采气新工艺,在改进分离设备上取得了长足的进步,成功研究出井下气液分离与产出水直接回注技术。这项技术的应用既可以进一步深化"稳产控水"工作,同时还可以减少对地下水的污染,降低开采成本,提高采收率,从而提高经济效益。

加拿大工程研究中心率先提出了井下气液分离(downhole gas/water separation, DGWS)的设想,对井下气液分离技术进行了可行性研究,目的是通过减少采出水量来检验降低气井举升费用和水处理费用的非常规方法。研究将水力旋流器与常规井下采气系统相结合,实现采气、气液分离和采出水同时注入同井地层。艾伯塔省 PanCanadian 公司在加拿大某气田现场试验了这种井下气液分离技术。目前已研究开发出两种类型的产品。

井下气液分离系统具有一般分离装置所不具备的许多优点:可根据要求在不同场合下使用;结构简单、体积小、维修较容易;使用方便、灵活,可单台使用,也可并联或串联使用,以加大处理量。实现井下气液分离、产出水回注和采气可以降低举升和处理费用,增加生产寿命,提高采收率,减少环境污染,简化地面分离,提高投资效益。

井下气液分离技术的基本原理是:在高含水气井或高含气油井中,在井下利用某种分离装置将地层产出的流体(气井中主要是气与水,油井中主要是气与油)进行分离,然后将气井中的气(气多液少)、油井中的油(油多气少)举升到地面,而将气井中的水(含很少的气)在井下直接回注到某个选定的含水层或报废地层中(选定的注水层应为负压或地层具有良好的注水性,以利于顺利注入),将油井中的气体释放到油套管环空中。

根据气液分离系统的不同原理,DGWS可分为两种基本类型:一种是井下旋流分离器;另一种是井下螺旋分离器。

1. 井下旋流分离器

水力旋流器是一种广泛应用于石油石化行业的分离、分级、分选设备,具有结构简单、成本低廉、体积小、处理能力大、分离粒径小的特点。水力旋流器本身没有运动部件,但能将不同密度的物质通过离心力和重力的双重作用进行分离。

水力旋流器的气液分离机理为:气液混合物以一定的高速度切向进入旋流器内表面,切向速度使气相与液相因密度差产生不同的离心力,从而使气相与液相之间摆脱黏着力的束缚,气相形成内旋流,在沿径向向轴心移动的同时向上经溢流口排出;而液相形成外旋流,沿径向向旋流器壁运动,同时在重力作用下,沿旋流器壁向下作螺旋移动,最后从底流口流出。

图 9-42 所示为油井所用的井下旋流分离器单元结构简图。分离后的气体通过旋流器溢流口 2 进入油套管环空,油液则通过旋流器底流口 9 进入下一级分离器或进入混抽泵输送到地面。

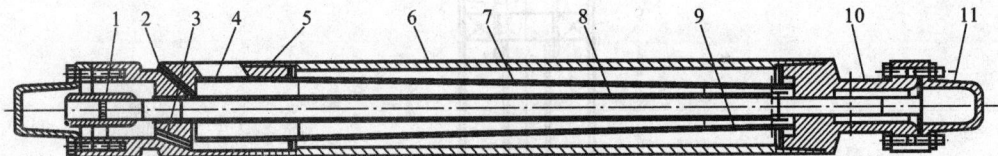

图 9-42　井下旋流分离器单元结构简图

1—花键套;2—旋流器溢流口;3—旋流器出口;4—旋流器入口;5—旋流分离器单元吸入口总成;6—外壳;
7—旋流器锥体;8—旋流器轴;9—旋流器底流口;10—旋流器下接头总成;11—运输帽

2. 井下螺旋分离器

螺旋分离器也是一种应用很广泛的油气分离器,它利用前端螺旋状的轴向诱导轮为气液混合物提供一定的压头和轴向速度,利用后端的径向分离叶轮使气液混合物产生较大的径向速度和离心力,因气体、液体的密度不同,气体将处于中心位置,从而实现气液分离的目的。

螺旋式分离器的缺点是对高含气率的油气混合物分离能力较弱,但当入口含气体积分数小于 30% 时,其分离效率可达 90% 以上。因此,对高含气率的油气混合物进行分离时,往往用旋流分离器对混合物进行第一级分离,而用螺旋式油气分离器对混合物进行第二级分离。

图 9-43 所示为油井所用的井下螺旋分离器单元结构。图 9-44 所示为油井所用的与常规杆式泵结合而形成的井下螺旋分离器工作原理示意图。中心管 6 通过桥式连接筒 7 上的径向孔与油套管环空相通,使得经过油气分离后的油液能从油套管环空经过中心管到达泵筒。

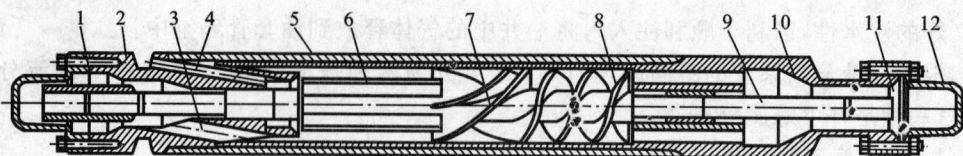

图 9-43　井下螺旋分离器单元结构简图

1—花键套；2—上接头总成；3—离心分离器单元出口；4—排气孔；5—外壳；6—径向破碎器；
7—螺旋轴流叶片；8—螺旋叶片；9—轴；10—下接头总成；11—离心分离器单元入口；12—运输帽

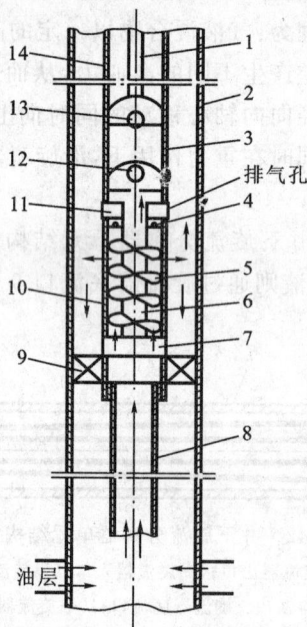

图 9-44　井下螺旋分离器工作原理示意图

1—抽油杆；2—套管；3—泵筒；4—排气阀；5—螺旋片；6—中心管；7—桥式连接筒；
8—尾管；9—封隔器；10—分离筒；11—上接头；12—固定阀；13—游动阀；14—油管

本章思考题

1. 油气集输的主要设备有哪些？钻井液净化系统由哪些设备组成？

2. 螺杆泵有什么特点？单螺杆泵由哪些部件组成？各起什么作用？

3. 螺杆泵的工作原理是什么？螺杆的旋向、轴的转向和液体的流向三者的关系是什么？

4. 螺杆泵的流量与其基本尺寸之间是什么关系？为了保证螺杆与衬套间具有足够的密封性以使螺杆泵有效地工作，一般应采取哪些措施？

5. 在螺杆泵中，螺杆在衬套中的运动特点有哪些？

6. 试述螺杆泵输送气液混合物时特性曲线的特点。

7. 油气集输用加热锅炉有哪几种？各有什么特点？常见的锅炉有哪几种？

8. 油气分离器的作用是什么？有哪些种类？

9. 钻井液振动筛的主要特点是什么？有哪些种类？

10. 试述自定心振动筛的结构和工作原理。直线振动筛和圆运动轨迹振动筛各有什么优缺点？

11. 试述直线振动筛激振器、自同步直线振动筛和均衡运动椭圆筛激振的工作原理。

12. 水力旋流器由哪几部分组成？各起什么作用？

13. 试述水力旋流器的基本工作原理、结构参数和影响其性能的主要因素。

14. 钻井液离心机起什么作用？一般安装在什么位置？试述沉降式离心机的工作原理和组成。

15. 离心机的主要技术参数有哪些？操作离心机应注意哪些问题？

16. 试述井下油水分离技术的基本原理及设备组成。

17. 井下油气分离技术的基本原理上什么？试述油气分离器的结构及原理。

第十章

> >> *Chapter Ten*

石油钻采工具及仪表

钻井和采油过程中需要用到大量的井下和井上工具，它们不仅影响到钻井和采油的速度和效率，有时还会成为决定工作成败的关键；无论钻井或采油单位，都把对工具的研究、改进、创新和合理应用作为技术工作的主要内容。此外，与工具同等重要的测试仪器仪表是石油钻井和采油工作中的"耳目"，甚至是"神经指挥中枢"，它们的广泛应用为钻井和采油工艺的正常实施、工作质量和效率的提高提供了有力的技术保证。钻采工具和仪器仪表种类繁多，更新换代也很快，本章将简要介绍相关钻采工具和仪器仪表的结构、工作原理和应用特点，以帮助读者建立初步的概念。

第一节　钻具与石油管材

一、钻具

钻具指方钻杆、钻杆、钻杆接头、配合接头、接箍、钻铤和钻头等几种主要的钻井工具。方钻杆、钻杆、钻铤用接头连接起来组成钻柱，将钻头送入井底。钻柱重量的一部分形成钻压，中空部分是循环钻井液的通道，并将转盘的旋转运动和扭矩传给钻头，实现破岩钻进。

1. 方钻杆

方钻杆的结构如图 10-1 所示。方钻杆位于钻柱最上端，上接水龙头，承受全部入井钻柱重量。方钻杆的主要作用是传递扭矩。它的断面为正方形或六边形，大小正好与方补心内孔相配合。

方钻杆多用强度较高的优质合金钢制成,其壁厚约比钻杆大 3 倍,上端螺纹为反扣,以免旋转过程中自动卸扣。常用的方钻杆一般长 13～14.5 m,要比单根长 2～3 m。通常所说的"几英寸方钻杆",指的是方形部分的边宽。

2. 钻杆

钻杆结构如图 10-2 所示,用于传递扭矩,输送钻井液,连接、加长钻柱。钻杆由高级合金钢的无缝钢管制成,单根长度为 8～12 m。

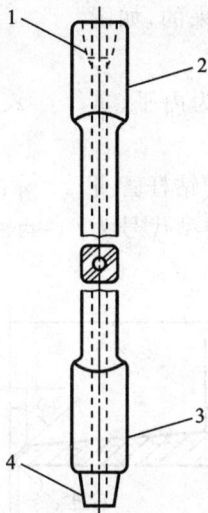 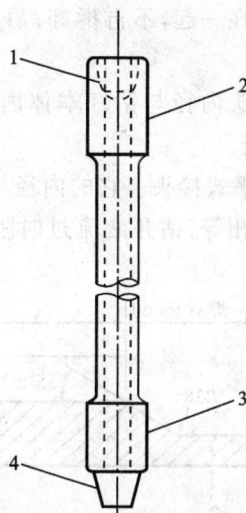

图 10-1　方钻杆　　　　　　　　　　图 10-2　钻杆

1—内螺纹;2—上端接头;3—下端接头;4—外螺纹　　　1—内螺纹;2—上端接头;3—下端接头;4—外螺纹

如图 10-3 所示,钻杆本体两端都是加厚的,以增强其连接部分强度。加厚分为内加厚、外加厚和内外加厚三种类型。钻杆的通称直径指的是钻杆本体外径,以 in 或 mm 表示。常用钻杆尺寸有 $2\frac{7}{8}$(73),$3\frac{1}{2}$(88.9),4(101.6),$4\frac{1}{2}$(114.3),5(127),$5\frac{1}{2}$(139.7) in(mm)。

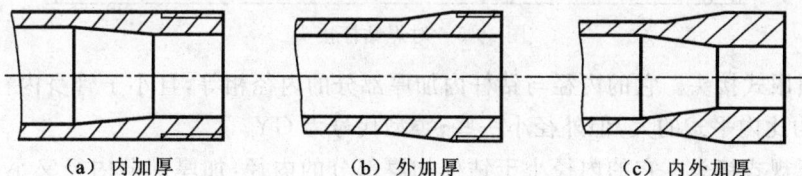

（a）内加厚　　　　　　（b）外加厚　　　　　　（c）内外加厚

图 10-3　钻杆本体两端的加厚

3. 钻铤

图 10-4 所示的钻铤是用高合金钢制成的,壁厚一般为 38～53 mm,相当于钻杆的 4～6 倍,重量约为同长度钻杆的 4～5 倍。依靠钻铤自身的重量给钻头加压。由于钻铤较粗,刚性大,在钻压作用下不易弯曲,有利于防止井斜和钻具折断。大多数钻铤都是一端

带外螺纹,另一端带内螺纹,但特殊钻铤两端都是内螺纹。由于钻铤壁厚很厚,内螺纹段不需镦粗。

常用钻铤尺寸有 5 ¾（146.05）,6 ¼（158.75）,7（177.8）,8（203.2）in（mm）等。

4.钻杆接头

钻杆接头用于连接和保护钻杆。根据接头和钻杆本体的连接关系,可分为细扣钻杆接头和对焊钻杆接头。前者用细扣与钻杆本体上细扣烘装在一起,不再拆卸;后者是与钻杆本体对焊起来的,如图10-5所示。

根据接头内径与钻杆本体内径间的关系,接头可分为内平、贯眼、正规三类。

（1）内平式接头。它的内径与钻杆加厚部分的内径和钻杆管身部分的内径相等;钻井液流过时阻力最小,但外径最大;类型代号为NP。

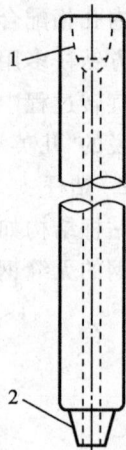

图 10-4　钻铤
1—内螺纹;2—外螺纹

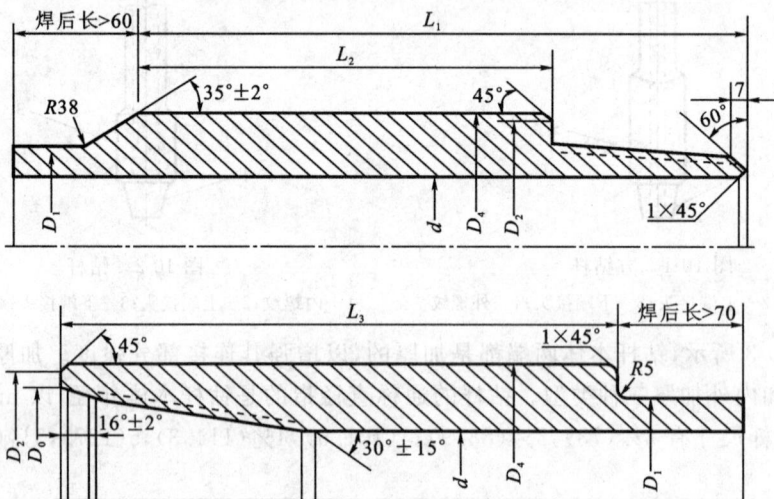

图 10-5　对焊钻杆接头

（2）贯眼式接头。它的内径与钻杆内加厚部分的内径相等,且小于管身内径;钻井液流过时阻力比内平式的大,但外径小一些;类型代号为GY。

（3）正规式接头。它的内径小于钻杆加厚部分的内径,加厚部分内径又小于管身内径;钻井液流过时阻力最大,但强度比前二者都高;类型代号为ZG。

5.钻头

在旋转钻井法中,钻头是直接破碎岩石、钻穿岩层的工具。它接在钻铤之下。钻头质量和寿命直接决定着钻井的速度。钻头类型很多,主要可分为刮刀钻头、牙轮钻头、金刚石钻头以及特殊用途钻头。

1）刮刀钻头

刮刀钻头按刀翼可分为两翼（鱼尾）、三翼和四翼三种，如图 10-6 所示，常用的为三翼刮刀钻头。工作时，钻压使刀片吃入岩层，而旋转运动给刀片施以扭力，在压力和扭力联合作用下刮刀钻头破碎岩石，实现钻进。为提高刮刀钻头的耐磨性，可以在刀翼上加焊硬质合金、镶嵌金刚石等耐磨材料，形成镶齿刮刀钻头。普通刮刀钻头是切削型，适用于软地层。镶齿刮刀钻头是切削研磨型，可用于软、中硬和硬地层。

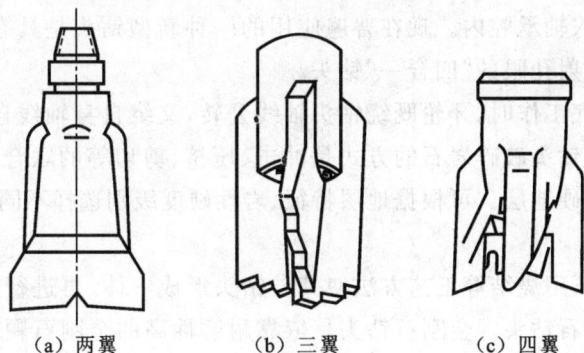

（a）两翼　　　　　　　（b）三翼　　　　　　　（c）四翼

图 10-6　刮刀钻头

2）牙轮钻头

牙轮钻头的钻头体上装有几个能灵活转动的牙轮，其有单牙轮、双牙轮、三牙轮和多牙轮之分。三牙轮工作稳定，使用最多。

由三只牙爪拼装后焊接组成的钻头体称为无体式钻头，如图 10-7(a)所示。若钻头直径过大，受锻压能力限制，需另做一个如图 10-7(b)所示的铸钢钻头体，称为有体式钻头。

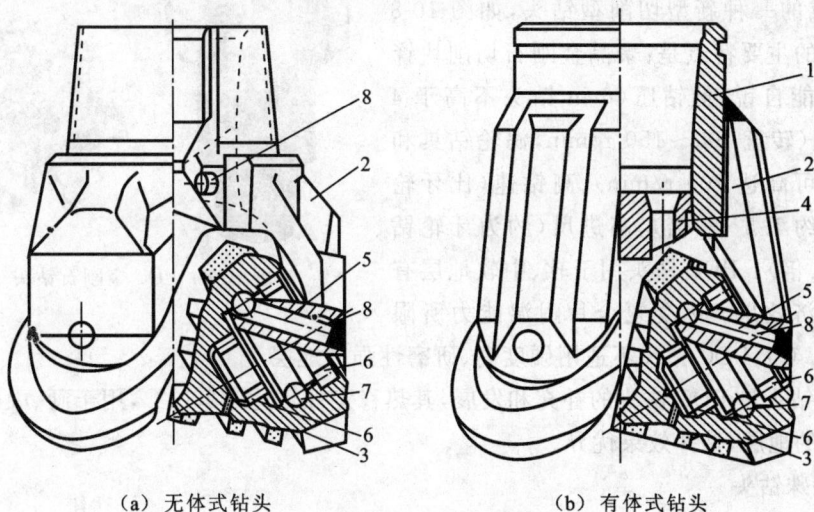

（a）无体式钻头　　　　　　　　　　（b）有体式钻头

图 10-7　三牙轮钻头结构

1—钻头体；2—牙爪（巴掌）；3—牙轮；4—水眼板；5—塞销；6—滚柱；7—滚珠；8—定位销

牙轮钻头主要由牙爪(也称巴掌)、牙轮、轴承组成,此外还有用于润滑轴承的储油补偿系统、密封件以及用于喷射钻井的喷嘴。牙轮钻头的牙轮上分布有牙齿。如果牙齿是用铣刀在钻头体上铣制而成的,则称为铣齿或钢齿钻头;如果是用硬质合金(钨钴合金)将牙齿镶在牙轮上的,则称为镶齿钻头。三牙轮钻头的三个牙轮外形不同:一号牙轮外形完整;二号牙轮锥顶截掉一些;三号牙轮截顶较大。

牙轮钻头所用轴承有滚动和滑动两类,滑动轴承的径向尺寸小。轴承需采用密封,防止钻井液和砂屑进入轴承腔内。现在普遍应用的一种新型钻头是具有镶硬质合金、轴承密封、滑动轴承和喷射孔眼的"四合一"钻头。

牙轮钻头在井底工作时,牙轮既绕钻头轴线公转,又绕自身轴线自转,而且在井底还有滑动。因此,牙轮钻头破碎岩石的方式是冲击、压挤、剪切等的联合作用。牙轮钻头既能钻软地层,也可钻硬地层。可根据地层特征、岩性硬度级别选择不同的牙轮钻头。

3) 金刚石钻头

采用天然金刚石用烧结等工艺方法使其与钻头形成一体,再进行热处理制成坚硬耐磨的钻头,称为金刚石钻头。金刚石钻头是依靠耐磨性高的金刚石颗粒磨损和铣削岩石实现钻进的,故又称为磨铣型钻头。它适用于特别坚硬地层。

20 世纪 80 年代国外相继成功研制出人造聚晶金刚石复合片钻头 PDC(polycrystalline diamond compact bit)和热稳定聚晶金刚石钻头 TSP(thermally stable polycrystalline diamond bit)。

PDC 钻头是用人造聚晶金刚石切削块嵌于钻头钢体(钢体 PDC)或焊于钻头胎体(胎体 PDC)制成的一种新型切削型钻头,如图 10-8 所示。它的主要特点是:聚晶金刚石切削块锋利、耐磨、能自锐;低钻压(6 in 钻头不高于 4 t)、高转速(转盘 100~150 r/min,涡轮钻具和螺杆钻具可高达 700 r/min)、高钻速(比牙轮钻头提高约 1.5~2 倍)、高进尺(约为牙轮钻头的 4~6 倍)。PDC 钻头用于软、中软地层有极好的经济效果。因受复合片耐温能力所限

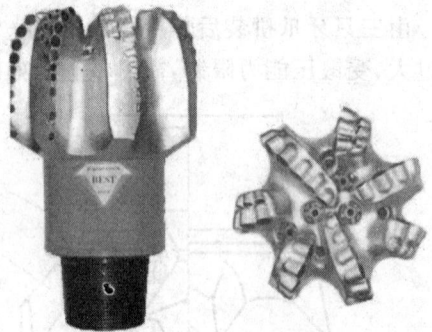

图 10-8 PDC 金刚石钻头

(低于 750 ℃),PDC 钻头不适用硬度高、研磨性强的地层。

TSP 钻头是 PDC 钻头的补充和发展,其热稳定性可达 1 200 ℃,用于硬、中硬及有中等研磨性的地层,钻井效果优异。

4) 特殊钻头

特殊钻头用于特殊钻井情况。有五种特殊钻头:

(1) 取心钻头。为了钻井取心而专门设计的钻头。根据取心钻头破碎岩石原理的不同可分为多种。最普通的是单筒式取心钻头,钻头中间是空心,钻头外圆有牙齿。

（2）矛形钻头。主要用于钻水泥塞；打捞时，用来钻碎井下铁块或将铁块挤入井壁；在换小尺寸钻头之前用它打开导眼，起到找中和领眼作用。

（3）菱形钻头。它的侧边和底边都有刀刃，工作面都加焊硬质合金，主要用于下套管前或钻进过程中遇泥饼太厚时进行划眼钻进。

（4）偏心钻头。用于扩大井下部分井段的直径或用来拨动井下落物使其居中，便于打捞。

（5）梯形钻头。当井眼直径由大变小时用来找中。

二、套管

套管是加固井壁、形成井筒所用的钢管。石油套管的耗费占一口井成本的 20%～30%。

1）套管的材料

套管材料为高合金钢，含 C，Mn，Mo，Cr，Ni，Cu，P，S，Si。

API 标准套管按强度高低分为不同钢级套管，有 H-40，J-55，K-55，M-65，N-80，L-80，C-90，C-95，T-95，P-110，Q-125 等。其中，字母表示含不同化学成分的分类代号；数字表示管材的最小屈服极限，单位是 ksi（即 klb/in²）。

无缝钢管套管用热轧钢制造；焊接套管是用钢板卷成筒后形成直焊缝的套管。

2）套管的尺寸规格

套管的尺寸规格均用其外径表示。例如，4½ in 和 5 in 的套管分别表示套管外径为 4½ in（114.3 mm）和 5 in（127 mm）。

3）套管在井下的承载情况

套管在下井、固井、完井（射孔）过程中会承受复杂载荷。主要包括：

（1）外挤压力。地层对套管施加的静水压力（均匀外压）由套管外钻井液和钻井液液柱压力，地层中的油、气、水压力及地层侧压力组成。生产套管受外挤力最危险的情况是在油井生产的后期，由于油层压力枯竭，套管内压下降。设计生产套管外挤压力时，一般认为套管内部全部淘空，套管外按钻井液密度计算外挤压力。对于高塑性地层（如膨胀性页岩）和岩盐层，外挤压力以上覆岩层压力为计算依据。

（2）内压力。井口打开时，内压力等于管内液柱或气柱压力；井口关闭时，内压力等于井口压力与管内液柱或气柱压力之和。井喷时和压裂时，套管承受较大内压。注水和注热蒸汽套管长期承受内压。

（3）拉力载荷。套管拉力载荷主要由套管自重引起。拉力载荷随深度的分布状况主要取决于套管单位长度重量的变化。此外，套管在井中还受到钻井液浮力、注水泥流动阻力产生附加轴向力、下套管遇卡上提时产生的轴向力以及下套管时刹车产生的动载等多种因素的影响。

（4）击震载荷。完井时，射孔产生的击震载荷。

（5）其他载荷。热采井套管承受热应力，并长期承受腐蚀应力的考验。

第二节 **井口工具与井控设备**

一、井口工具

在钻进接单根、起下钻、下套管等作业中，上卸扣要用到一些工具，如吊钳、吊环、吊卡、卡瓦、旋绳器等，简称井口工具。

1. 吊钳

吊钳又名大钳，是上、卸钻杆丝扣和套管丝扣的专用工具，其结构如图10-9所示。吊钳用钢丝绳吊在井架上，钢丝绳的另一端绕过井架上的滑轮拉至钻台下方并坠以重物，以平衡吊卡自重，调节工作高度。

钳头由五节组成，相互由铰链连接，内面装有钳牙，可抱住管柱。换用不同规格的扣合钳可用于 $3\frac{1}{2}\sim11\frac{3}{4}$ in 的各种管柱。

钻井吊钳已标准化，用统一的型号表示。例如 Q3⅜/75，其中 Q 为产品名称代号，是"钳"汉语拼音的第一个字母；第一个数字为扣合范围（单位为 in）；第二个数字为额定扭矩（单位为 kN·m）。

2. 吊环

吊环挂在大钩的耳环上，用以悬持吊卡。吊环有单臂和双臂两种型式，其结构如图10-10所示。

图 10-9　吊钳

吊环结构型式和基本参数已标准化，有统一的型号表示方法。例如 DH350，SH150，其中第一个字母 D 为单臂型（或 S 为双臂型）；第二个字母 H 是"环"汉语拼音第一个字母；数字表示一付吊环的额定载荷，单位为 10 kN。吊环长度按供货要求确定。

对于吊环的额定载荷系列，DH 型有 DH50，DH75，DH150，DH250，DH350 和 DH500；SH 型有 SH30，SH50，SH75 和 SH150。

DH 型单臂吊环采用高强度合金钢（如 20SiMn2MoVA）整体锻造而成，特别适用于深井作业。SH 型双臂吊环采用一般合金钢（如 35CrMo）锻造、焊接而成，适用于一般钻井作业。

3. 吊卡

吊卡是挂在吊环上，用以起下钻杆、油管和下套管的专用工具。吊卡按用途可分为钻

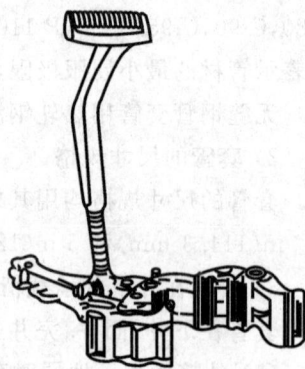

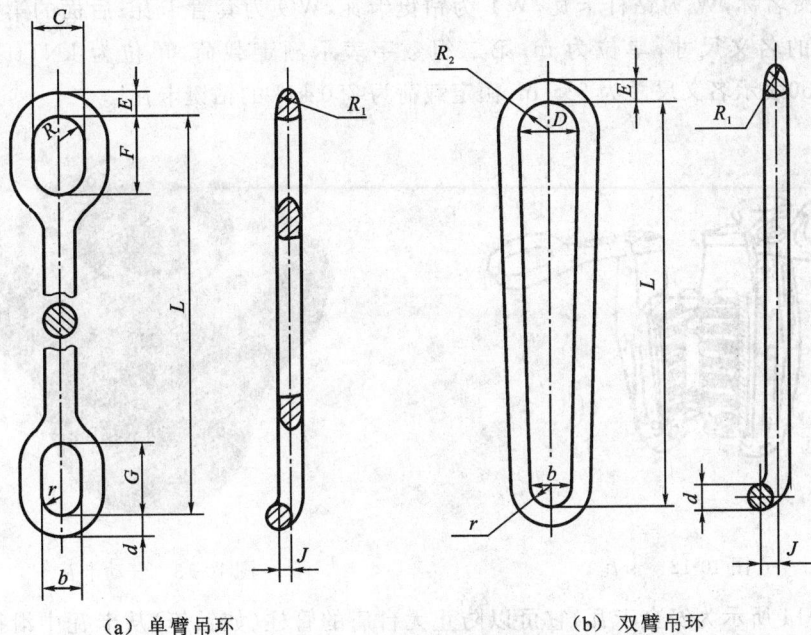

(a) 单臂吊环　　　　　　　　　(b) 双臂吊环

图 10-10　吊环结构型式

杆吊卡、套管吊卡和油管吊卡三类;按结构型式可分为对开式、侧开式和闭锁环式三种。吊卡结构如图10-11。

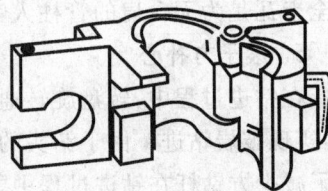

图 10-11　吊卡

　　吊卡的基本参数已标准化,型号用统一的代号表示:□D□□/□,其中,第 1 个方框表示型式代号(C 为侧开式,D 为对开式,B 为闭锁环式);字母 D 表示产品代号,D 为吊卡;第 2 个方框表示结构特征代号(直角台肩省略,Z 为锥型台肩);第 3 个方框表示孔径(单位为 mm);第 4 个方框表示额定载荷,单位为kN(tf)。

　　吊卡额定载荷系列如下:

　　(1) 钻杆吊卡:1 500(150),2 000(200),2 500(250),3 500(350) kN(tf);

　　(2) 油管吊卡:400(40),750(75),1 250(125) kN(tf);

　　(3) 套管吊卡:1 250(125),1 500(150),2 000(200),2 500(250),3 500(350),4 500(450) kN(tf)。

4. 卡瓦

　　一般的卡瓦如图 10-12 所示。它的外形呈圆锥形,可楔落在转盘的内孔中,而卡瓦内壁合围成圆孔。卡瓦上有许多钢牙,在起下钻、下套管或接单根时可卡住钻杆或套管柱,以防落入井中。图 10-13 所示为四片式结构的气动卡瓦。

　　卡瓦型式和基本参数已标准化,有统一的型号表示方法。型号中前面的汉语拼音字母表示产品名称,W 为钻杆卡瓦,WT 为钻铤卡瓦,WG 为套管卡瓦;后面的第一组数字表示卡瓦的名义尺寸,单位为 in;第二组数字表示额定载荷,单位为 kN(tf)。例如,WT5½/750表示名义尺寸为 5½ in、额定载荷为 750 kN 的钻铤卡瓦。

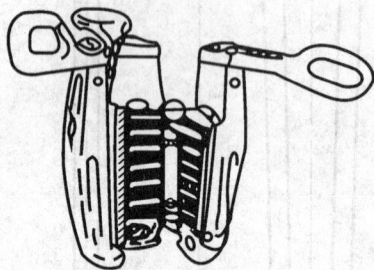

图 10-12 卡瓦

图 10-13 气动卡瓦

图 10-14 所示为安全卡瓦,它可以防止无台肩的管柱(如钻铤)从卡瓦中滑掉。增减牙板套的数量可以调整卡持钻铤的尺寸,拧紧调节丝杠上的螺母可以卡紧夹持的钻铤。安全卡瓦是为无台肩的管柱人工造出一个挡肩,位于卡瓦之上,使其双保险。

5. 滚子方补心

在钻进过程中,转盘旋转通过方补心带动方钻杆转动,方钻杆又带动整个钻柱钻头转动,实现破岩钻进。由于钻头的钻进,方钻杆不断向下移动,造成方钻杆与方补心的磨损。为了减少方钻杆在钻进过程中的摩擦阻力,延长方钻杆使用寿命,我国于 20 世纪 90 年代初研制生产了滚子方补心,其整体结构如图 10-15 所示。四个滚子分别与方钻杆的四个面接触,用于带动方钻杆转动,使滑动摩擦变为滚动摩擦,从而延长了方钻杆使用寿命。滚子用轴承固定在滚子方补心的壳体上。目前油田钻井井队普遍采用滚子方补心。

图 10-14 安全卡瓦

图 10-15 滚子方补心

二、井口机械化装置

1. 液压套管钳

TQ-2000 液压套管钳如图 10-16 所示。该液压套管钳由江苏如东石油机械有限公司生产,用于钻井下套管作业。它的性能参数为:适用管径 4～13⅜ in;额定扭矩 20 000 N·m;钳头转速高挡 62～90 r/min,低挡 11～18 r/min。

该液压套管钳具有开闭型钳头,可自由纳入或脱开套管,完成上卸扣操作;采用齿轮式液马达驱动钳头,结构简单;可根据需要控制钳头扭矩及转速,正反向均可达到最大值;扭矩表指示扭矩值,确保上扣质量。

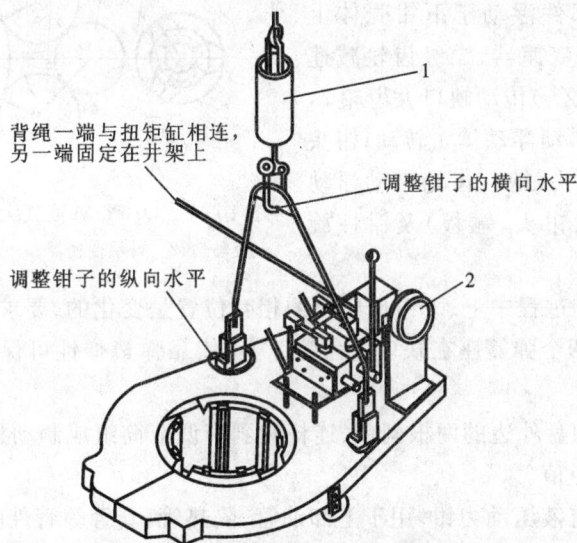

图 10-16　TQ-2000 液压套管钳
1—吊簧组;2—扭矩组

2. 液气大钳

由兰州石油机械研究所设计、江苏如东石油机械有限公司制造的 Q10Y-M 液气大钳是在我国石油矿场应用比较广泛的钻杆开口液气大钳。

该液气大钳的性能参数为:高挡钳头转速 21～40 r/min,扭矩 1 070～5 900 N·m;低挡钳头转速 1.4～2.7 r/min,扭矩 29 500～100 000 N·m;适用于管径为 8 in 的钻铤,以及 5½,5,4½,3½ in 的钻杆接头。

Q10Y-M 液气大钳可完成多种钻井作业,包括起下钻作业中上卸钻杆接头丝扣、正常钻进时卸方钻杆接头、上卸 8 in 钻铤、甩钻杆、活动井下钻具等。

Q10Y-M 液气大钳传动系统和结构分别如图 10-17 和图 10-18 所示。它是上下钳合一的整体结构,工作原理如下:

（1）变速。动力由液马达供给；两挡行星变速箱及不停车换挡刹车机构可使钳头获得高速低扭矩（旋扣时）或低速大扭矩（冲扣时）；高挡时，液马达驱动框架上游轮 Z_3，高挡刹带刹住外齿圈 Z_2，动力经太阳轮 Z_1 输出；低挡时，液马达驱动太阳轮 Z_6 旋转，低挡刹带刹住外齿圈 Z_4，动力经游轮 Z_5 输出。

（2）卡紧。下钳的钳口卡紧机构装在壳体内，由气缸推动钳头转动，卡紧钻杆下接头；上钳的钳口部件浮动于下钳壳体上方，动力经两挡行星变速器、二级齿轮减速（$Z_7 \rightarrow Z_8$，$Z_9 \rightarrow Z_{10} \rightarrow Z_{11}$）传动缺口大齿轮7，再由三个大销子5带动浮动体1转动；钳头向中心靠拢，夹紧接头，缺口齿轮带动浮动体、制动盘、颚板架、钳头（颚板）及钳柱旋转，进行上卸扣作业。

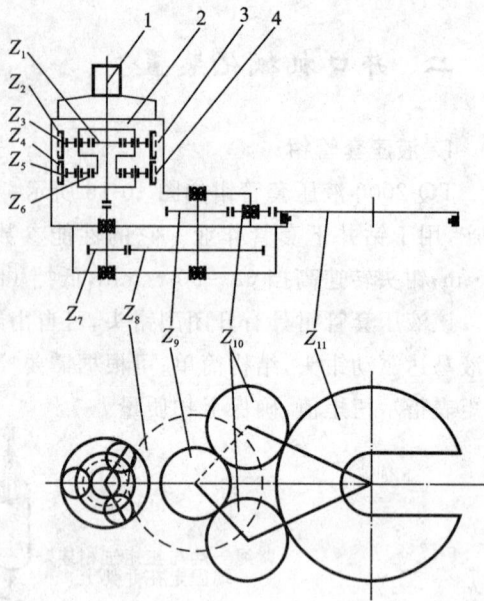

图 10-17 Q10Y-M 液气大钳传动系统示意图
1—液马达；2—行星变速器；3—高挡刹带；4—低挡刹带

（3）浮动。旋扣过程中上、下钳口座间的相互位置是变化的，要求上钳对下钳能相对浮动。浮动体通过四个弹簧座在缺口大齿轮7上，依靠弹簧弹性可保证浮动体（上钳口）有足够的垂位移。

（4）制动。制动盘外边的两根刹带、连杆和刹带调节筒组成制动机构，转动调节筒内弹簧以改变制动力矩值。

修井机上配备有液压动力钳，用于上卸油管、隔热管、套管等管件的丝扣。

我国石油修井用动力钳已经标准化，其代号为：Q□□□□-□，其中 Q 表示动力钳系列；第1个方框表示钳头结构型式（K 为开口钳，B 为闭口钳，H 为活口钳）；第2个方框表示最大扭矩，单位为 10 N·m；第3个方框表示驱动方法（Y 为液动，Q 为气动，D 为电动）；第4个方框表示变速方式（R 为柔性，G 为刚性，B 为半柔性）；第5个方框表示变型设计号，基本变型不表示。

例如，QK600YR-1 表示柔性变速开口液动钳1次改型，最大扭矩 600×10 N·m。

3. 铁钻工

铁钻工是自动化钻井生产中钻机的配套设备。作为液压动力大钳的升级替代产品，铁钻工能够安全、高效地完成钻具的上、卸扣和紧、冲扣等工作。目前欧美的主要石油设备厂商已开发出几代铁钻工产品，具有很成熟的技术，其产品的应用也比较普遍。国内对于铁钻工设备的研究还处于起步阶段，尚未开发出性能稳定、参数优越的铁钻工产品，而国外产品的价格昂贵，限制了该产品在我国的普及和应用。因此，针对国内的钻井市场需求和不同的钻井环境开发适用范围广、稳定性高的铁钻工产品具有非常重要的意义。

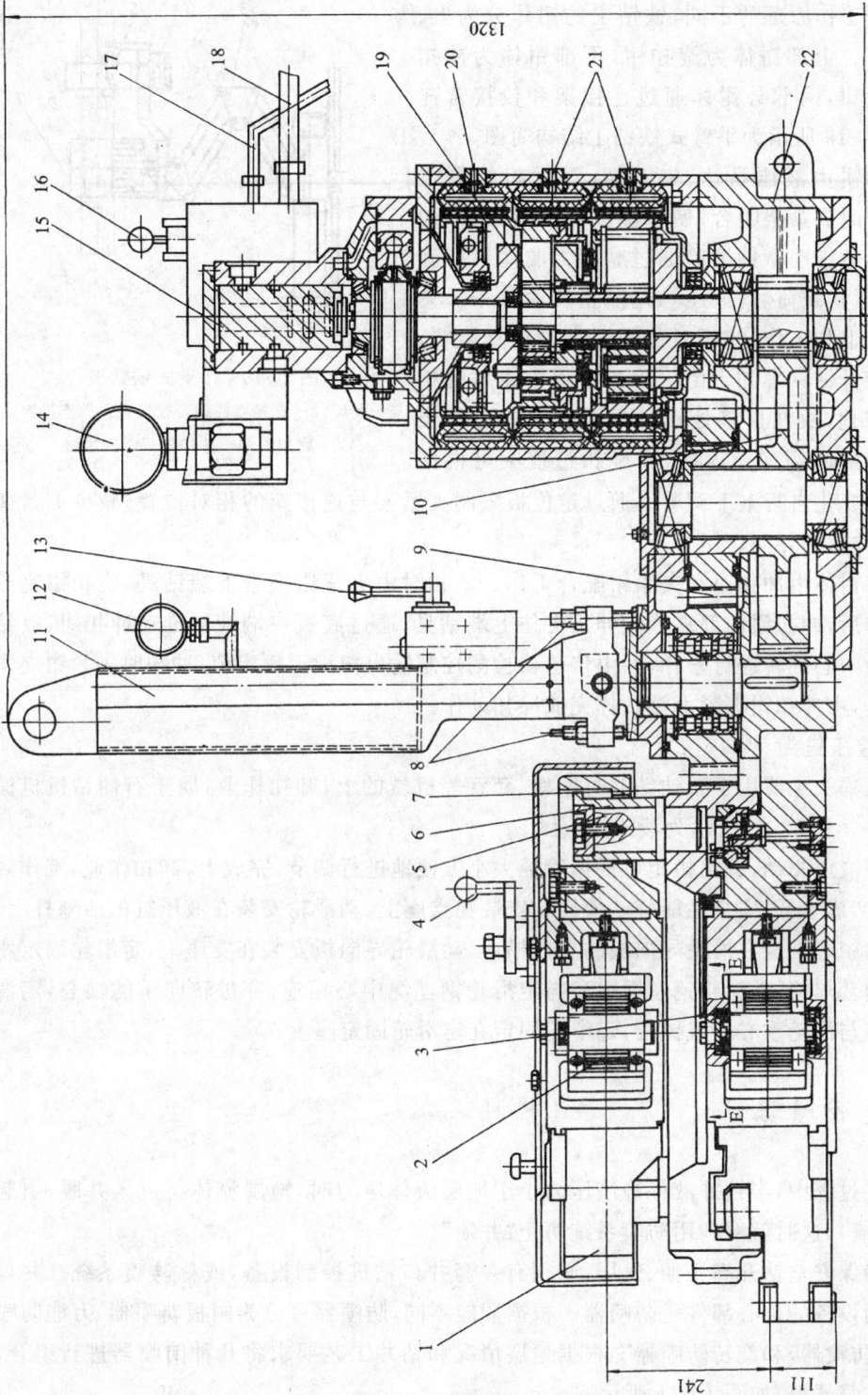

图10-18 Q10Y-M液气大钳

1—浮动体；2—牙板（钳牙）；3—颚板架镶块；4—上钳定位把手；5—销子；6—套筒；7—缺口齿轮；8—调节丝杠；9—惰轮；10—齿轮；11—吊杠；12—气压表；13—双向气阀；14—抗震压力表；15—1JMD-63油马达；16—手动换向阀；17—高压进油管；18—回油管；19—太阳轮；20—高挡气胎；21—振挡气胎；22—下壳

按照工作原理的不同,铁钻工的钳体分为上、下两部分。上部钳体为旋扣钳,下部钳体为冲扣钳和夹紧钳,两部分钳体通过连接架和铰接臂连接。图 10-19 所示为手臂式铁钻工结构简图。

旋扣钳由液压马达、夹紧架、浮动机构等组成。上扣时夹紧架闭合,使摩擦滚筒夹紧钻具,同步液压马达带动摩擦滚筒通过摩擦力驱动钻杆旋转,达到紧扣载荷后,液压马达停止转动并张开夹紧架完成上扣工作;卸扣时旋扣钳夹紧钻具旋转,至完全旋开钻具螺扣。由于旋扣过程中钳口的相对位置变化,故在连接处设计浮动结构。夹紧架和连接架之间用弹簧连接,在旋扣过程中可根据

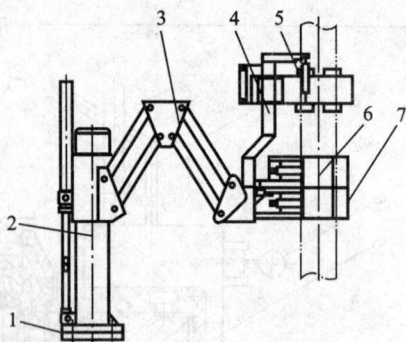

图 10-19　手臂式铁钻工
1—底座;2—支撑立柱;3—铰接臂;4—连接架;
5—旋扣钳;6—冲扣钳;7—夹紧钳

相对位置变化自行上下调节。通过定位板限制夹紧架与连接架的相对位置,减少夹紧架的晃动,并起到导向作用。

下部钳体由冲扣钳和夹紧钳配合工作。紧扣时由夹紧钳夹紧下端钻具,旋扣钳完成上扣动作后,冲扣钳内部夹紧块伸出夹住上端钻具,通过底板一端液缸推动冲扣钳,以钻具圆心为中心旋转进行紧扣,并由传感器检测控制输出扭矩至额定值;冲扣时夹紧钳夹紧下端钻具,由冲扣钳夹紧上端钻杆完成冲扣动作。

4.液压猫头

液压猫头主要用于石油钻井时钻杆、套管等机械的上、卸扣作业,属于石油钻机机械配套部件。图 10-20 所示为液压猫头图。

采用液压驱动,输出扭矩可根据管径大小方便地进行调节,完成上、卸扣作业,工作效率高,生产成本低,安全性能好。液压缸安装在支座上,动滑轮安装在液压缸的活塞杆上,动滑轮的中心轴卡在滑轮导向板的导向槽内,动滑轮导向板安装在支座上,定滑轮固定座和转向销套焊接,动滑轮钢丝绳中心与定滑轮钢丝绳中心相连,穿过转向销的轴心,定滑轮固定座与滑轮重心形成钝角,定滑轮固定在定滑轮固定座上。

三、防喷器

钻井过程中,当钻井液柱静液压力小于地层流体压力时,地层流体将进入井眼,引起井涌(溢流),这时就要利用防喷系统防止"井喷"。

为确保安全钻开高压油、气层,必须有一套井口钻进控制设备,或称防喷系统。井口钻进控制设备的核心部件是防喷器。根据职能不同,防喷器可分为闸板防喷器、万能防喷器(环形防喷器)和旋转防喷器。根据地层情况和钻井工艺要求将几种防喷器进行组合,以组成防喷器组,如图 10-21 所示。

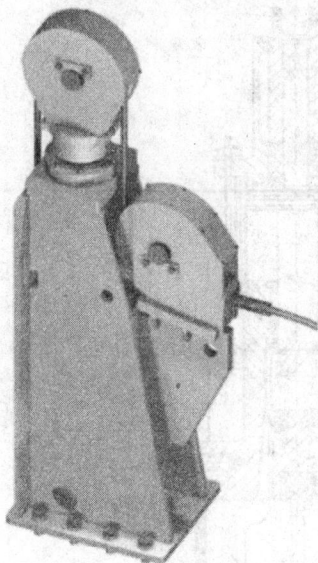

图 10-20 液压猫头

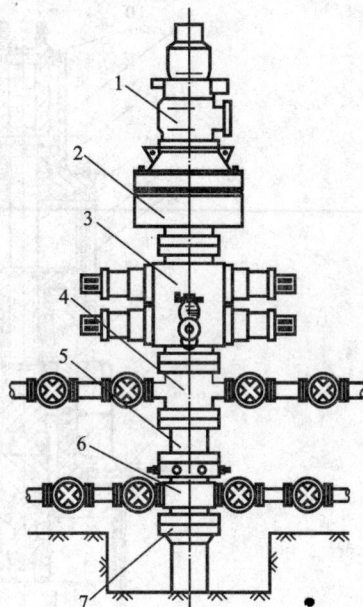

图 10-21 液压防喷器总装示意图

1—旋转防喷器；2—万能防喷器；3—双闸板防喷器；

4—四通；5—法兰短节；6—特殊四通；7—底法兰

防喷器应满足现代钻井工艺的要求：安全可靠，耐压能力高；操作方便，能快速关闭和开启；可在司钻台上控制，也可在远离井口的远程控制台上控制；能够有控制地泄压（称为放喷）；能在不压井情况下进行边喷边钻、起下钻具、完井和换装井口。

国产防喷器的型号由代号和基本参数组成。代号用汉字拼音字母表示，FH 代表环形防喷器，FZ 代表单闸板防喷器，2FZ 代表双闸板防喷器；第一组数字表示直径（单位为 cm）；第二组数字表示工作压力（单位为 MPa）。例如，FZ35-35 表示单闸板防喷器，公称直径为 35 cm，最大工作压力为 35 MPa。

1. 双闸板防喷器

图 10-22 所示为双闸板防喷器结构。上部为半封闸板，下部为全封闸板，故又称两用防喷器（全封、半封）。当井内有钻具时，可封闭套管（或井壁）与钻具间的环形空间，称为半封；当井内无钻具时，可封闭井口，特殊情况下配以剪切闸板可切断钻具封井，称为全封。在关井情况下，可通过旁侧出口连接管汇进行钻井液循环、节流放喷、压井等作业。闸板由橡胶芯子、闸板体、盖板和螺钉组成，如图 10-23 所示。闸板体由合金钢制成，能承受高压力；橡胶芯子有较高的强度和韧性，保证高压下密封性能良好。

2. 环形防喷器（万能防喷器）

环形防喷器一般结构如图 10-24 所示。当井内无钻柱时，它能封闭井口，能对工作通径以下的任何形状的钻柱、油管、套管、方钻杆、测井电缆、钢丝绳等进行密封，胶芯能通过带 18°钻杆接头强行起、下钻柱，故又称万能防喷器。

407

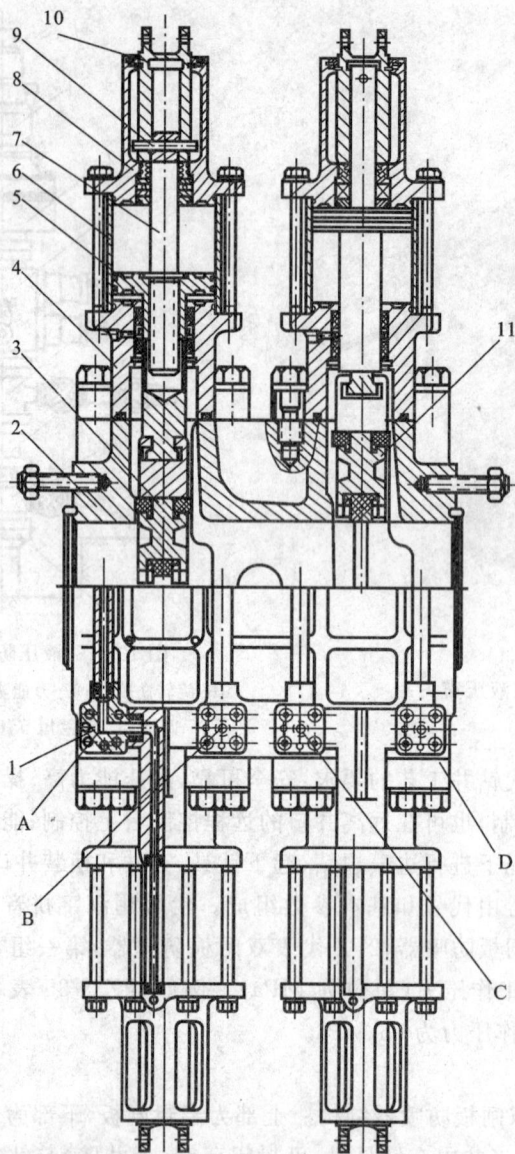

图 10-22 双闸板防喷器

1—液压油口;2—壳体;3—半封闸板体总成;4—侧盖;5—活塞;6—油缸;
7—锁紧轴;8—缸盖;9—销轴;10—滑套;11—全封闸板体总成;A,B,C,D—油口接头

环形防喷器的工作原理是当液压油进入下油缸推动活塞上行时,推挤胶芯向内收缩实现密封;当液压油进入上油缸时,活塞下行,胶芯胀开复原。

图 10-25 所示为一种球形胶芯万能防喷器,是专为满足海上钻井工艺需要而设计的。它可以装在水下器具内,也可以装在钻井浮船上。它在结构上的突出特点是胶芯呈球形,壳体上腔也相应为球形。

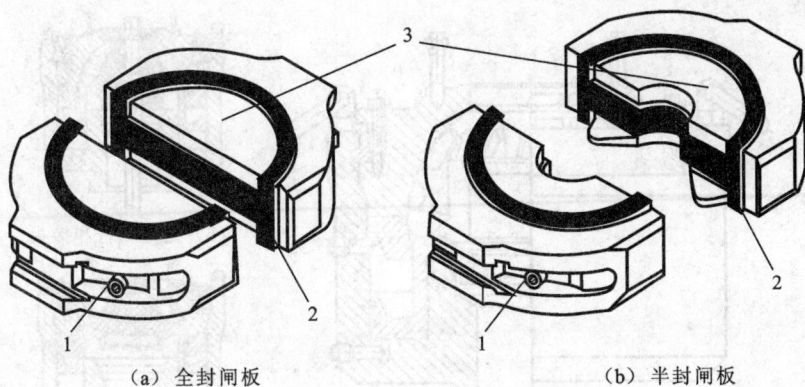

（a）全封闸板 （b）半封闸板

图 10-23 闸板结构示意图

1—闸板体；2—密封半环；3—盖板

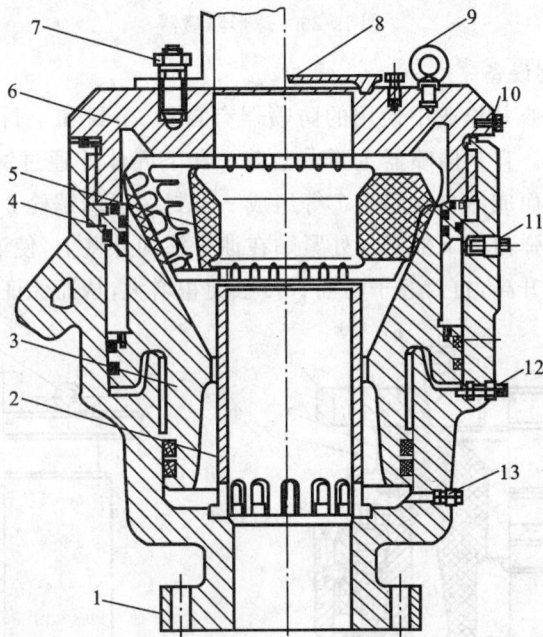

图 10-24 环形防喷器

1—壳体；2—支持筒；3—活塞；4—防尘圈；5—胶芯；6—顶盖；7—螺栓；8—阀盖；

9—吊环；10—挡圈；11—上接头；12—下接头；13—ZG¾ in 接头

当胶芯封住钻柱时，芯子与防喷器体形成球铰，允许钻柱对防喷器有相对摆动。

3. 旋转防喷器

旋转防喷器的一般结构如图 10-26 所示。它的功用是与闸板或万能防喷器联合工作，以实现边喷边钻。旋转筒通过轴承坐于外壳上，钻杆带动自封头和旋转筒在外壳内旋转。

（a）全开　　　　　　　　　（b）通过钻杆和接头

（c）全封

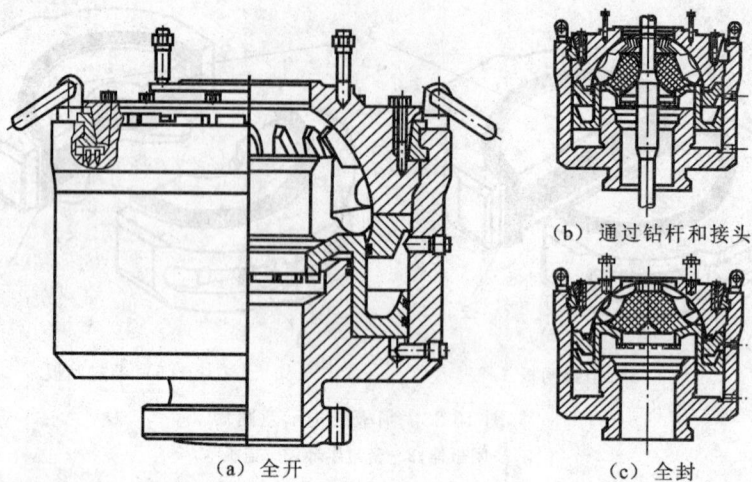

图 10-25　球形防喷器

4. 修井井口控制设备

在不压井不放喷修井作业中使用的防喷器有自封、半封和全封三种。图 10-27 所示为自封防喷器的一种。自封防喷器主要由上盖 3 和下壳体 5 通过螺纹连成的壳体，以及钢质骨架与橡胶硫化而成的自封芯子 7 等组成。自封芯子用螺栓 2 与上盖 3 连接。它借助天然压力和自身的弹力使下部密封处紧贴在油管柱的外壁上，使油、套管环形空间密封住。随着井内压力的升高，自封芯子与油管接触面积增大，从而保证密封的可靠性。

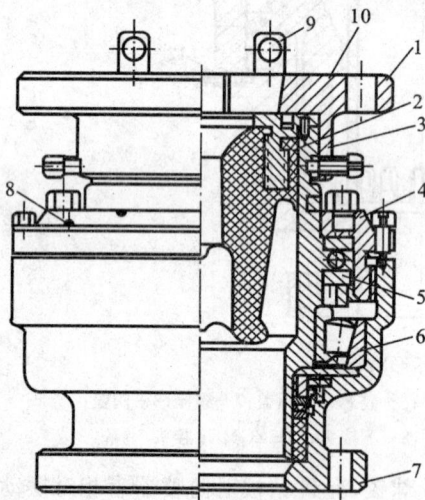

图 10-26　旋转防喷器

1—旋转头;2—自封头;3—旋转筒;4—顶盖;
5—8164 轴承;6—2007960 轴承;7—外壳;
8—直通式注油杯;9—方补心;10—圆柱销

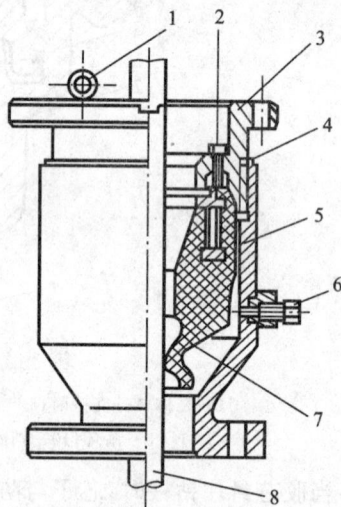

图 10-27　ZF-100 型自封防喷器结构

1—吊环螺栓;2—连接螺栓;3—上盖;
4—密封圈;5—下壳体;6—螺纹堵头;
7—自封芯子;8—油管柱

半封防喷器的主要密封元件是两个半圆孔的橡胶芯子,装在半封的芯子壳体上,转动丝杠便可带动半封芯子总成运动,从而可以密封油、套管环形空间。半封防喷器如图10-28所示。

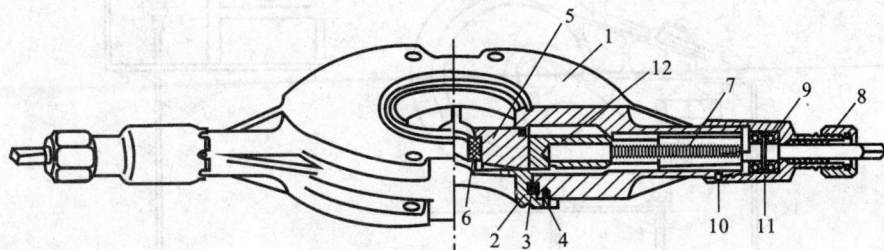

图 10-28　半封防喷器结构示意图

1—壳体;2—压盖;3—V形密封圈;4—固定螺钉;5—芯子壳体;6—橡胶芯子;7—螺纹丝杠;
8—压帽;9—止推轴承;10—O形密封圈;11—螺纹丝杠壳体;12—芯子接头

全封防喷器是起完井下管柱之后封闭井口的工具,其工作原理与普通闸板阀类似,结构也与图 10-28 中类似,只是芯子壳体为半圆形。

第三节　钻井仪表

钻井仪表是油气钻井工程监测钻井过程、进行科学分析和科学决策的重要工具。目前钻井参数仪表正由过去的机械、液压仪表向数字化、智能化、集成化和网络化方向发展。

一、指重表

指重表是钻井过程中最重要的仪表,它总是装在钻台上司钻对面最显眼处。借助指重表,司钻可以准确加钻压,均匀送钻,判断井下情况以进行正确操作。指重表的记录仪还可以自动记录钻进全过程。

指重表有液压式和电子式两类。前者将被测参量(死绳拉力)转换为液压力进行测量;后者则转换成电量进行测量。

1. WZ 型指重表

WZ 型指重表是液压传递机械式直读仪表,如图 10-29 所示。它由死绳固定器、传感器(传压器)、双针指示表、记录仪等构成,统称为指重表。

死绳拉力大小及变化在传感器中转换为液压力的大小及变化,传到指重表、灵敏表及记录仪内,引起波登管(弹性弯管)胀缩变形,通过连杆及齿轮机构带动指针转动,完成测量、指示、记录任务。

WZ 型指重表有如下特点:

(1) 灵敏表和指重表合在一起,外圈刻度是灵敏表,内圈刻度是指重表,用两根指针

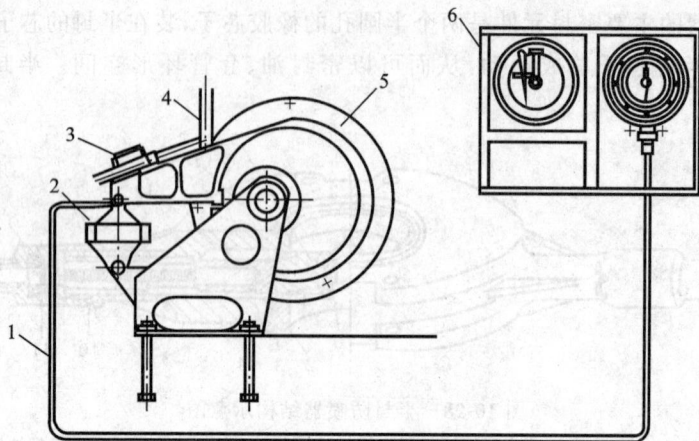

图 10-29 WZ 型指重表

1—管线；2—传感器；3—压板；4—死绳；5—绳轮；6—仪表箱

分别指示，故又称双针指示表。

（2）传感器装在死绳固定器上，死绳固定器安装在钻台面下方的钻机底座上。传感器中压力大小只与死绳拉力有关，故指重表和灵敏表刻度都是均匀等值的，可以直读大钩负荷和钻压。

武汉自动仪表厂生产的 WZ250，WZ400 型指重表可在－35～50 ℃环境露天工作。当死绳固定器最大拉力分别为 240 kN，350 kN 时，仪表的额定负荷分别为 2 400 kN（游绳 $Z=10$），4 000 kN（游绳 $Z=12$）。

湖北江汉石油仪器仪表有限公司生产的 JZ 系列指重表有 14 种规格（JZ40～JZ500）。JZ500 指重表最大死绳拉力为 420 kN 时，仪表的额定负荷分别为 4 200 kN（游绳 $Z=10$），5 040 kN（游绳 $Z=12$）。

2．EB 型指重表

EB 型指重表如图 10-30 所示。它是美国马丁戴克公司（现属国民油井华高公司）生产的液压死绳锚型指重表，也是符合行业标准的锚型指重表。EB 型指重表能准确、可靠地显示大钩载荷和钻压。

3．电子式指重表

DZB 系列电子指重表是近年来我国开发的一种新型电子式指重表，适用于地质勘探、石油钻采开发中各种钻机、修井机等需监测游动系统悬重的场合。

DZB 系列电子指重表利用 DSP 作为中央处理单元，是由可靠的通道隔离技术、数字滤波技

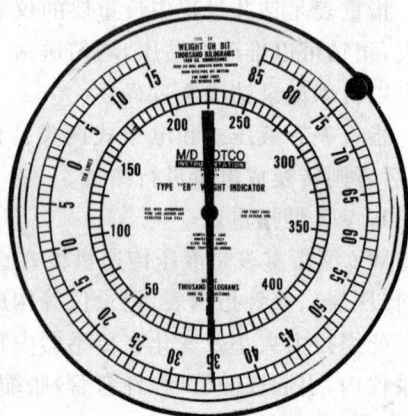

图 10-30 EB 型指重表

术、独有的数学算法构成的智能化仪表。它具有钩载、钻压显示清晰,读数准确,稳定性好,抗干扰能力强,适应性广,精度高,操作简便,维护简单等特点。

钩载数字显示部分采用 1.8 in 超高亮数码管显示,字划清晰,两条红色光条分别显示钩载及钻压。下部光条代表钩载,上部红色光条代表钻压,直观醒目。

4.现代钻机司钻控制界面

现代电驱动钻机普遍采用一体化控制系统,系统采用以计算机控制、数字矢量变频传动控制方案和网络技术为基础的冗余系统结构。钻机各设备控制与钻井工程参数全部反映在司钻控制主界面上。图 10-31 所示为现代电驱钻机司钻控制主界面。

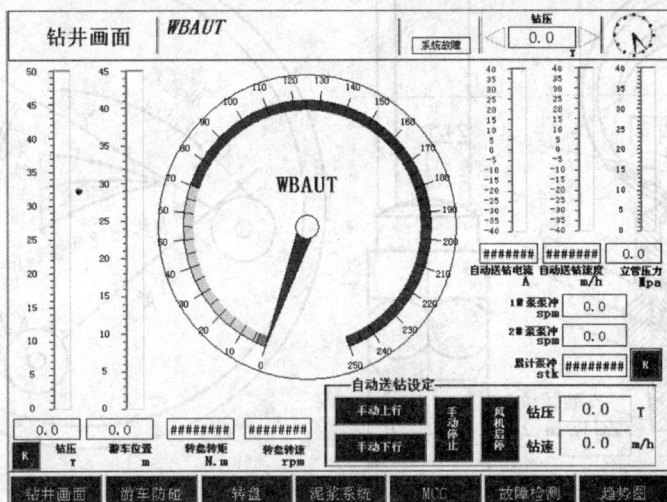

图 10-31　现代电驱钻机司钻控制主界面

二、抗震压力表

如图 10-32 所示 YK-1 型抗震压力表主要由密封垫、膜片组、叉簧、外壳和传动指示机构组成。被测介质脉动压力作用于密封垫,通过膜片组,利用毛细通道限制流体流速的原理,使压力脉动受到抑制而成为平稳压力,并使叉簧变形。经过传动机构使刻度盘回转,便可指示被测压力值。

该表适用于测量脉动压力,如用于石油生产上的压裂、固井设备,钻井过程中测量钻井泵出口压力等,也可用来测量静压。它的主要特点是:具有良好的抗震性能,不仅能测量剧烈脉动的压力,指示平稳、清晰,而且能承受瞬时性压力冲击;具有防"堵"特点,被测介质不进入仪表内部,因此允许介质高黏度、高粒度、易凝固等,如钻井液;具有可靠的密封性和防锈措施,可在较恶劣的环境中(露天、高温)工作。

该表的测量范围为 0～120 MPa,可在 −20～25 ℃ 环境温度下工作。

三、示差转速表

图 10-33 所示的仪表称为示差转速表。示差转速表仅用于柴油机-变矩器驱动钻机上,它直观地指示司钻正确调节柴油机转速和在起钻过程中及时换挡,以确保变矩器始终能在高效范围内工作。

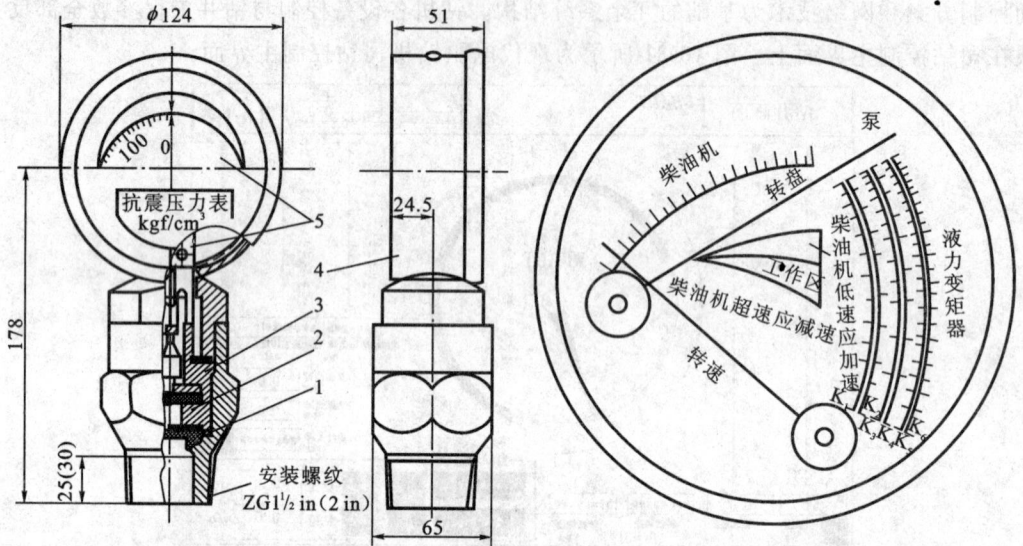

图 10-32　YK-1 型抗震压力表

1—密封垫;2—膜片组;3—叉簧;4—外壳;

5—传动指示机构

图 10-33　示差转速表

表盘左上角是柴油机转速刻度指示线。右上角有 6 条刻度指示线,第 1~4 条分别是转盘的 Ⅰ,Ⅱ,Ⅲ 和 Ⅳ 挡转速,第 5 条是钻井泵每分钟冲次,第 6 条是变矩器转速。

每条线对应一个 K 值,是柴油机至工作机的机械传动比。表盘中间标有"工作区"的三角区域,是变矩器的高效工作区。表上有两根指针,位于右边的指针指示柴油机转速值,位于左边的指针可同时指示变矩器转速、泵冲次及转盘转速值。

假定工作时两指针交点正落在"工作区"内,即表示变矩器是在高效范围内工作(对 CHC-750-2 变矩器,效率 $\eta \geqslant 70\%$)。若外载减少,使涡轮轴转速升高,则两指针交点将逐渐下移而越出"工作区"下限,表示变矩器已在效率低于 70% 范围内工作,将导致功率浪费,变矩器过热。若两指针交点逐渐上移越出"工作区"上限,同样表示变矩器已在低效区工作。在上述情况下,司钻应即时采取措施,按仪表指示使柴油机减速或增速,如果是起钻,就要及时换挡。

四、数字仪表

现代钻井需要各种仪器、仪表,智能化钻井仪应运而生。数字仪表作为新型仪表已应用于钻井中。它利用最新的液晶显示技术,大大提高了仪表的性能。液晶显示技术增强了读数的视角和可视性。光导纤维液晶显示使用背光装置,无论是白天还是黑夜,都可识读显示仪器。趋势箭头(↑或↓)可使操作人员迅速确定当前井况,图形模式可利用参数的最新数值进行趋势分析。数字表无易损的运动部件。

数字仪表可以更精确、更可靠地显示很多钻井参数,如大钩载荷、转盘转速、立管和泵压、钻井液流量、冲程数、大钳扭矩、顶驱扭矩等。实际上所有钻井参数都是由液压或电子模拟显示的。

五、动调式陀螺测斜仪

动调式陀螺测斜仪是一种先进的定向井测量系统,适合于现代钻井工程对井眼位置的精确定位。该仪器采用航空航天的惯导技术,选用惯性级的陀螺仪和加速度计,其精度远高于常规测量仪器。

惯性级的传感器保证测量精度;实时地向地面输出最终测量结果;可消除常规陀螺的对准和漂移修正,缩短测井时间;可消除时间积累误差;耐振性好。

仪器可用于在钻杆、套管、油管和裸眼井中进行单点或多点测量;对造斜器、封隔器、射孔枪、测量仪的定向;三轴测振仪的定向;其他有磁性干扰情况下需定向的情况。

仪器可用单芯或多芯测井电缆进行操作;方位角 $0°\sim360°\pm2°$;井斜角 $0°\sim90°\pm0.1°$;工作面角 $0°\sim360°\pm1°$;耐压 60 MPa;工作温度 $-20\sim125$ ℃。

第四节　采油和修井的井下工具

本节主要介绍几种封隔油、水层的井下封隔器,用于分层开采原油的配产器,固定封隔器所用的支撑卡瓦,注水井所用的配水器,压裂井下工具,套管开窗工具,套管补贴工具等。

一、油、水井封隔器

油井封隔器是分隔油层,实行分层开采的主要井下工具。按作用原理和结构的不同,它可分为支撑式、卡瓦式、皮碗式、水力扩张式、水力自封式、水力密闭式和水力压缩式等多种型式。油井封隔器不仅用于自喷井采油,还用于非自喷井采油,在分层注水、分层压裂酸化及分层测试作业中也广泛应用。

　　常用的油、水井封隔器有支撑式、卡瓦式、水力压缩式等,它们的结构和作用原理有所不同,但都用来分隔油、水层和防止井下管柱轴向移动。图10-34所示的支撑式封隔器以支撑卡瓦(锚类)或以支撑式封隔器为支撑点,通过加压一定重量的管柱坐封。坐封前,将封隔器连接在管柱中,下放到井内预定的坐封深度,由于承压接头9和下接头13与尾管(或支撑卡瓦,或支撑式封隔器)相接,以井底(或支撑卡瓦,或支撑式封隔器)为支点,坐封剪钉11在一定的管柱重量作用下被剪断,上接头1、调节环3、中心管7和键12一起下行,压缩胶筒5,使胶筒的外径变大,封隔住油、套管环形空间。解封时,上提管柱,胶筒直径变小,回复到原来的状态。

　　水力压缩式封隔器所用胶筒为压缩式,无卡瓦支撑,只靠从油管柱加液压压缩胶筒,使直径增大,封隔油、套管环形空间。图10-35所示的DQ755-2型封隔器就是这类封隔器中的一种。坐封时,从油管内加压力液,经中心管6的通孔作用到活塞9上,剪钉10被剪断,活塞9和活塞套15上行,压缩胶筒4,使其直径变大,封隔油、套管环形空间。卸压后,由于活塞套15被大卡簧17卡住,胶筒4仍处于坐封状态。解封时,上提管柱,因上接头1、调节环2、中心管6和键19与管柱相连接,随之上行,其余各件则依靠胶筒与套管壁间的摩擦力保持不动。这样就从上端撤去了对胶筒的压力,胶筒又收缩恢复原状解封。由于坐封时活塞9已上行,使卡块11失去外支承,故上提时卡块11被挤出,不影响中心管运动。小卡簧16的作用是当上提封隔器遇阻时防止胶筒压缩。起封隔器时,小卡簧正好卡在中心管6的下部小槽中。

二、配产器

　　配产器通常与封隔器配合,下入井中将油层分开,实行分层配产。它的作用是控制各油层的回压,适当降低高渗透油层的采油量,相对加大中低渗透层的采油量,以达到分层配产或不压井起下作业的目的。

　　配产器的工作原理如图10-36所示,主要由工作筒和堵塞器组成。工作筒一般是带有两个侧孔和两个竖槽的环形圆筒,竖槽连通上、下油管,下部油槽段的油气流通过竖槽流向上部,侧孔只与本层段的油气流及工作筒中心管相连。堵塞器从井口投入,坐落在中心管上。通过改变安装在堵塞器上油嘴的直径就能控制本层段的油气流。若油嘴畅通,则侧孔与竖槽两个通道内的油气流在上部油管内混合喷出;若堵塞器是安装死嘴(堵头),该层不出油,而其他油层的油气流仍可以沿竖槽从油管产出。将几级封隔器与配产器配合使用,便能达到分几层采油的目的。更换油嘴时,用专用的打捞器起出堵塞器,装好新油嘴,配好密封,再投入井内。

　　偏心配产器是应用较普遍的一种,其工作原理如图10-37所示。它的特点是堵塞器坐于工作筒中心线的一边,不占据油管中心位置,也不受级数限制。当堵塞器坐于工作筒主体的偏孔后,其密封段的进液槽对准偏孔的进液孔,出液槽刚好对准偏孔的出液孔。堵

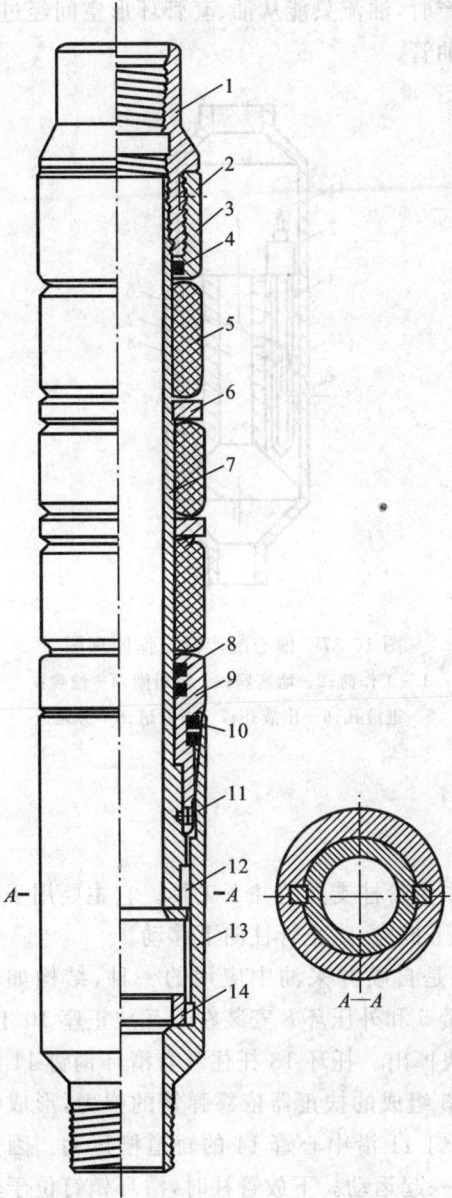

图 10-34 DSL151 型支撑式封隔器

1—上接头;2—销钉;3—调节环;

4,8,10—O 形胶圈;5—胶筒;

6—隔环;7—中心管;9—承压接头;

11—坐封剪钉;12—键;13—下接头;

14—压缩矩形垫环

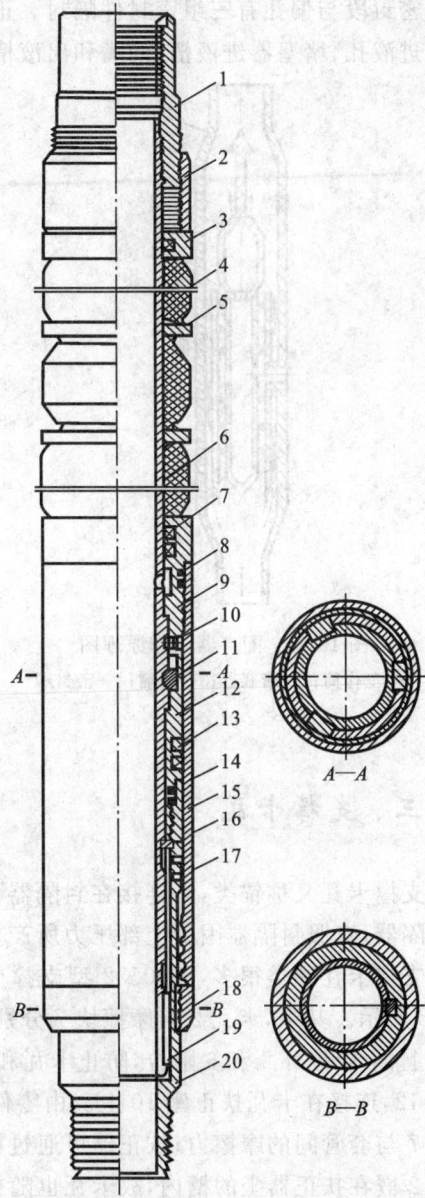

图 10-35 DQ755-2 型封隔器

1—上接头;2—调节环;3—挡环;4—胶筒;

5—隔环;6—中心管;7,8,13,14—O 形密封圈;

9—活塞;10—剪钉;11—卡块;12—悬挂体;

15—活塞套;16—小卡簧;17—大卡簧;

18—保护环;19—键;20—下接头

塞器密封段与偏孔有三组密封件隔封。正常生产时,油流只能从油、套管环形空间经过偏孔的进液孔、堵塞器进液槽、油嘴和出液槽流进油管。

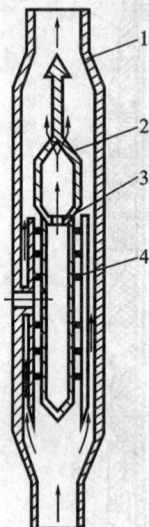

图 10-36 配产器工作原理图
1—工作筒;2—堵塞器;3—油嘴;4—密封圈

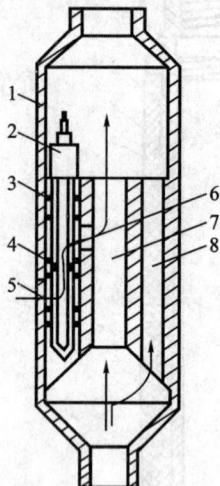

图 10-37 偏心配产器工作原理图
1—工作筒;2—堵塞器;3—密封圈;4—油嘴;
5—进液孔;6—出液孔;7—主通道;8—旁通道

三、支撑卡瓦

支撑卡瓦又称锚类,是连接在封隔器下部,作为管柱支点的井下工具。它主要用于坐封封隔器,克服封隔器因受上部压力所产生的向下推力,防止管柱向下移动。

支撑卡瓦种类很多,DQ0552 型支撑卡瓦就是自喷井采油中应用的一种,结构如图 10-38 所示。其中,卡瓦 2 与摩擦块 7 分别与弹簧 5 和外压环 8 安装在卡瓦扶正座 10 上,并用上、下限位环 4 和 6 限位,防止卡瓦和摩擦块掉出。托环 13 托住装有滑环销钉 11 的滑环 12,连接在卡瓦扶正座 10 上。由零件 6~13 组成的扶正器依靠弹簧的弹力,形成摩擦块 7 与套管间的摩擦力;扶正器可通过滑环销钉 11 沿中心管 14 的轨道槽运动。因为卡瓦 2 嵌在扶正器座的槽内,故卡瓦也随扶正器一起运动。下放管柱时,滑环销钉位于轨道槽的某位置,卡瓦处于收拢状态;坐卡时,按照所需坐卡高度上提管柱后再下放,滑环销钉沿轨道槽运动,卡瓦被锥体撑开,处于坐卡状态,牢牢卡在套管壁内;解卡时,上提管柱,滑环销钉再沿轨道槽运动,锥体从卡瓦中退出,卡瓦在箍簧的作用下收回解卡。

四、配水器

在分层注水过程中用到的主要有封隔器、配水器、循环阀等。

配水器的种类很多,常用的是固定配水器、空心配水器和偏心配水器等。偏心配水器工作原理与图 10-37 所示的偏心配产器相同。

固定配水器结构如图 10-39 所示。当油管中注入高压水时,液体经中心管 8 的水槽作用在阀 7 上,阀压缩弹簧 4,使之离开阀座接头 10,阀开启,高压水经油、套管注入地层。

空心活动配水器的结构如图 10-40 所示。它由活动部分和固定部分组成,活动部分包括 O 形圈 6、水嘴 9 和芯子 10 等组成进入油管的高压液体,经水嘴 9 作用到阀 8 上,阀压缩弹簧 4 离开阀座接头 1 上行,阀开启,高压水经油、套管注入地层。调节环 2 用于调节压簧的松紧,以控制阀的开启压力;捞出芯子 10 就可更换水嘴,以便控制注水量。

当注水层位压力大于井内静水柱压力时,在油管柱的下部应装有循环阀,以便实现不压井不放喷起下钻柱、进行反循环作业和注水作业等。

五、压裂井下工具

在油层的分层压裂管柱中所采用的井下工具包括封隔器、喷砂器、水力锚及安全接头等。封隔器和水力锚(支撑卡瓦)的典型结构前文已介绍。

1. 喷砂器

喷砂器的种类很多,图 10-41 所示为其中的一种。喷砂器的作用是向压裂层喷射压裂砂液,同时造成节流压差,保证封隔器所需的坐封压力。工作时,从油管内先投入钢球或直接泵入高压液体,剪钉 6 被剪断,滑套芯子 9 下行,液体经中心管 5 的孔眼作用在阀 8 上,推动其和护罩 12 一起压缩弹簧 4 上行,阀 8 打开,液体经阀和油、套管环形空间进入地层。卸去油管压力,阀 8 在弹簧 4 的作用下自行关闭。

该喷砂器中,由剪钉 6 固定在中心管 5 上的滑套芯子 9 是用于控制阀开关的;钨钢套 11 的作用是使液流变向减速,以保护套管;调节环 2 用于控制压簧 4 的松紧,从而调节阀

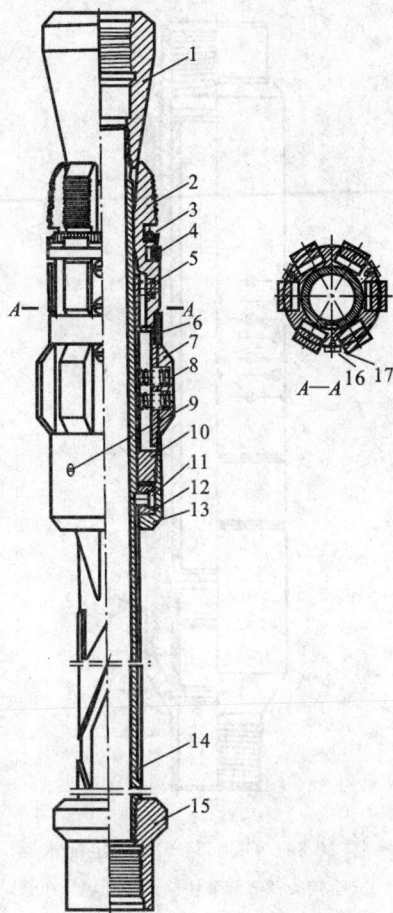

图 10-38　DQ0552 型支撑式卡瓦

1—锥体;2—卡瓦;3—箍簧;4—上限位环;5—内压簧;
6—下限位环;7—摩擦块;8—外压环;9—防松螺钉;
10—卡瓦扶正座;11—滑环销钉;12—滑环;13—托环;
14—中心管;15—下接头;16—固定螺钉;17—垫圈

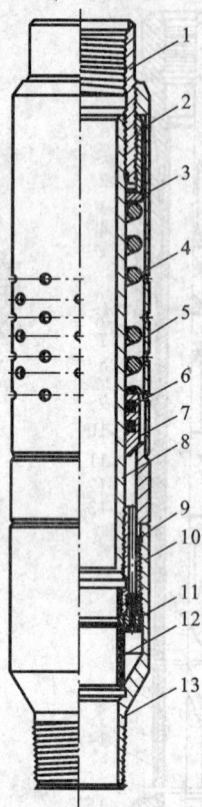

图 10-39 DQ0654-5 型固定配水器

1—上接头;2—调节环;3—垫环;4—压簧;

5—护帽;6,9—O 形圈;7—阀;

8—中心管;10—阀座接头;11—水嘴;

12—滤罩;13—下接头

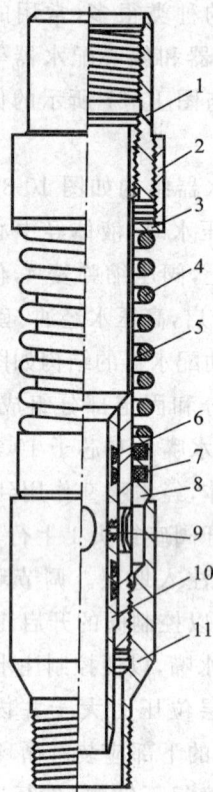

图 10-40 JH0651 型空心配水器

1—上接头;2—调节环;3—垫环;4—压簧;

5—护帽;6,7—O 形圈;8—阀;

9—水嘴;10—芯子;11—阀座接头

8 的开启压力。

2. 锚类

锚类也是压裂施工中不可缺少的井下工具,其作用是固定压裂管柱,防止封隔器因上下受压不平衡而产生上移或下移。锚类品种很多,图 10-42 所示为一种胶囊式水力锚。当从油管中注入高压液体时,液体经衬管 3 的水槽作用在胶囊内,使之胀大,将锚爪推向套管的内壁并卡牢,从而达到固定管柱目的。放掉油管压力,胶囊收回,锚爪也解卡。

3. 安全接头

安全接头用于压裂、化学堵水、封串、防砂和试油等施工管柱之中,接在井下易卡工具的上部,以便遇卡时可从安全接头处倒扣,从而起出安全接头以上的管柱。

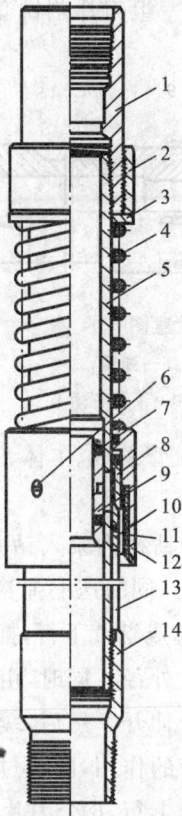

图 10-41　DG0451 型喷砂器

1—上接头；2—调节环；3—垫环；4—弹簧；

5—中心管；6—剪钉；7—O 形圈；8—阀；

9—滑套芯子；10—阀座；11—钨钢套；12—滤罩；

13—衬套；14—下接头

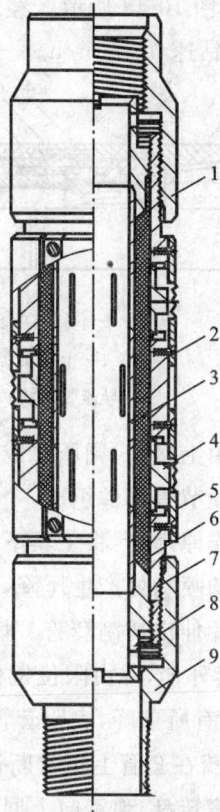

图 10-42　SL0551 型胶囊式水力锚

1—上接头；2—调节环；3—衬管；4—锚爪；

5—定位块；6—胶囊；7—锚体；8—压帽；

9—下接头

六、套管内开窗侧钻及工具

油田开发中后期，由于井下事故、套管变形、破裂、错断等原因，造成难以处理的事故井很多。为了恢复这些井的正常生产，提高油水井的利用率，通常的作法是丢弃下部层段，在其上部进行侧钻作业。套管开窗侧钻是一项较为经济的修复井下严重故障的油气井大修技术。目前，套管开窗侧钻有两种方法。第一种方法是利用套管铣断工具铣掉 20～30 m 套管，裸露出地层，然后进行侧钻；第二种方法是下入倾斜器用铣锥开窗。

1. 套管割铣工具

为了满足生产需要，胜利油田研制成功适用于直径 139.7 mm 的油井套管 TGX-5 型割铣工具,如图 10-43 所示。经现场应用,该套管割铣工具一组刀片割铣套管进尺 13.64 m,平均机械钻速 0.45 m/h。

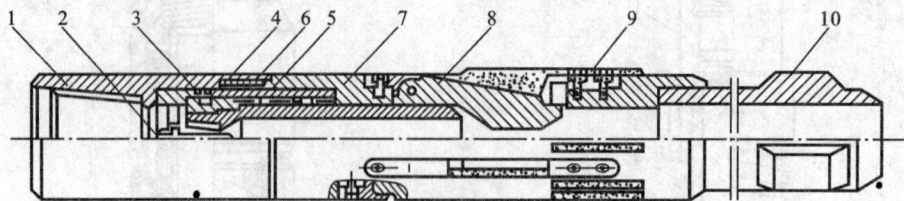

图 10-43　TGX-5 套管割铣工具结构示意图

1—上接头;2—调压总成;3—活塞总成;4—缸套;5—弹簧;
6—导流管总成;7—本体;8—刀片总成;9—扶正器;10—下扶正短节

　　该工具由上接头、调压总成、活塞总成、钢套、弹簧、导流管总成、本体、刀片总成、扶正块及下扶正短节等部件组成。

　　基本工作原理是:将工具下至切割位置,启动转盘并向钻柱内泵入钻井液。此时,在导流管总成的喷嘴处产生压降,推动活塞和导流管总成下行,同时压缩弹簧。导流管先推动 3 个长刀片伸出切割套管。切断套管后,活塞和导流管总成继续下行,推动 6 个刀片(3 长、3 短)继续外伸,并由限位机构控制 6 个刀片伸开的最大外径。同时,由于调压总成的作用,泵压将有所下降,表明套管已被割断,6 个刀片已完全伸开。然后,缓慢下放钻具加压,6 个刀片骑在套管上正常断铣。由于扶正块及扶正短节的作用,断铣过程平稳。断铣完毕,停泵、停转盘,弹簧向上回位,推动活塞和导流管总成上行,6 个刀片自动往本体内收缩回位,即可起钻提出工具。

　　工具总长为 1 275 mm;工具总质量为 64 kg;工具本体外径为 114 mm;刀片收缩状态外径为 118 mm;刀片伸出最大外径为 165 mm;连接螺纹为 NC26 内螺纹。

　　2. 铣锥套管开窗工具

　　利用铣锥套管开窗是侧钻的另一种手段,其方法是用铣锥沿着倾斜器斜面磨铣套管,在套管上开出一个斜长圆滑的窗口,然后进入地层进行侧钻。

　　1) 斜向器

　　导斜和造斜面板的长度及斜度对侧钻作业有重要的影响。斜度要根据侧钻井底的位移大小确定。斜面的长度直接影响窗口的大小,一般选择斜面长 2~2.5 m,斜度角 3°~4°斜面的形状,有平面和弧面两种形态。弧面形态的优点是定向性好,开窗铣锥工作平稳窗口规则。进行定向侧钻用弧面斜向器比较好。

　　斜面的硬度要与开窗位置的套管硬度相同,这样开窗时能使斜向器与套管均匀切割,窗口比较规则、均衡。表面如果太硬,开窗距离短,易提前外滑,使窗口过小;表面过软则窗口太长,有时可能侧钻不进去。

　　斜向器底部与桥塞接头内凸起键配合进行定向,结构设计为键槽的斜口接头。该接头用丝扣与斜面板下端连接,并可以调节相对位置,以适应定向需要。下井前用电焊焊死接口,以固定其方向。

2）铣锥

铣锥用优质钢锻制加工而成,其主要工作面为底部的刀刃和侧面的硬质合金刀刃。侧钻常用的铣锥有单式铣锥和复式铣锥,如图 10-44 所示。

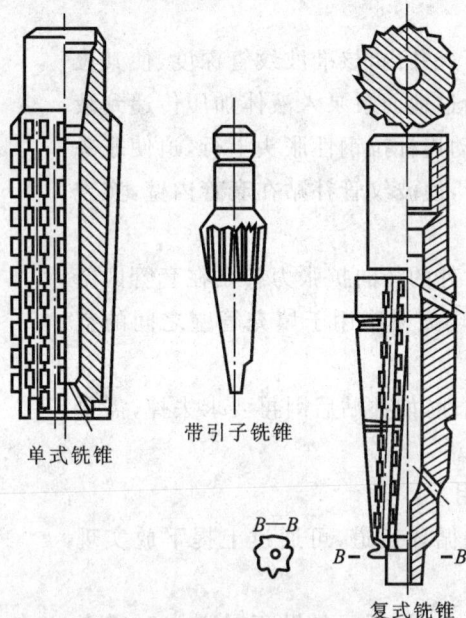

单式铣锥　　带引子铣锥

$B-B$

$B-$ 　 $-B$

复式铣锥

图 10-44　铣锥

复式铣锥由四个不同的锥度的刀刃组成,最下一段是锥体,锥度为 $2°\sim3°$;具有底部切削功能作用,引导铣锥铣进,防止提前滑出套管。第二段刀刃最长,锥度 $6°\sim10°$,是向下磨铣套管的主要工作段。第三段锥体斜度与斜向器斜度基本相同,作用是稳定铣锥扩大窗口。最上一段的斜度为 $0°$,其主要作用是修整窗口。

单式铣锥是在复式铣锥开出窗口后继续加长和修整窗口的工具。用单式铣锥可沿斜向器斜面加长窗口到最大位置。它是平底铣锥,主要用底部刀刃向下铣磨,侧面刀刃起扩大作用。

对铣锥的基本要求是开窗快、耐磨性好、几何形状利于切削和便于排屑,其刀刃要具有轴向和横向两种切铣作用。

七、水力式机械胀贴波纹管

随着油田开发时间的延长,油水井套管会出现不同程度的损坏,如腐蚀穿孔、丝扣渗漏、作业机械损伤等,从而造成一部分油水井不能正常生产。目前应用的取换套工艺、挤封串工艺还不能满足油水井套管大修理工艺的要求,普遍采用世界上较先进的"水力式机械胀贴波纹管补贴工艺"及补贴工具。

1. 胀贴波纹管组成及工作原理

水力式机械胀贴波纹管配套工具由滑阀、震击器、水力锚、双液缸总成、连杆、安全接头、钢性胀头、弹性胀头等部件组成,如图 10-45 所示。

补贴工具组装好后下入井内,核准波纹管深度,使其位置对准需补贴的位置。通过地面泵泵入液体加压传递到液缸处,推动活塞上行并带动连杆拉钢性胀头上行,迫使胀头进入波纹管内扩胀波纹管,使波纹管补贴在套管内壁,实现封堵井段的目的。

波纹管主要是靠其对外的径向扩张力补贴在套管内壁上,而在波纹管表面涂的环氧树脂用于填充管壁之间的空隙。

波纹管补贴具有可黏性,如补贴后因再要求去掉,需要可用磨铣工具磨掉。

2. 配套工具及其作用

(1)滑阀。用作管柱循环通道,可通过上提下放实现关闭或打开。

(2)震击器。为一上击器,用于补贴工具遇卡时震击解卡。

(3)水力锚。主要起定位作用。油管内打压,锚爪首先伸出咬住套管内壁,将圈套工具定在预定位置(限定补贴部位),同时承担胀头的上顶力。

图 10-45　水力机械胀贴波纹管工具结构图

(4)液缸。液缸内活塞上行,带动胀头一起上行,为胀头提供上提力以扩张波纹管。

(5)止动管。起扶正和完成第一个行程后固定波纹管的作用。

(6)连杆。用作传递胀头上行拉力,其长度需调整,以安装不同长度的波纹管。

(7)安全接头。当胀头遇卡时处理无效,无法继续进行补贴时从此处正转倒开,起出其上的工具和管柱,以便进行下一步的处理工作。

(8)钢性胀头。是扩胀波纹管的主要工具。

(9)弹性胀头。采用八瓣分开结构,其直径有较少量的弹性收缩量,具有一定的强度、硬度和适当的弹性,保证波纹管充分地贴紧在套管内壁上。

另外,在波纹管下井前外表面要涂一层环氧树脂黏结剂,用于密封波纹管与套管内壁之间可能出现的微小缝隙,充填补贴套管段的小缝小洞等。要求黏结剂在未固化前与波纹管外壁有一定的附着力,并且遇油、气、水、井液等不会溶解,在高温条件下有较长的凝固时间,以满足施工要求。

波纹管补贴的适应井深小于 3 500 m,最大补贴长度为 10 m。

第五节　采油测量仪表

在采油自喷井、有杆抽油井、注水井和地面油气集输中有大量的仪器和仪表,本节将介绍其中部分的基本结构、工作原理和应用情况。

一、自喷井测试仪器

在自喷井生产过程中,为了分析有关增产措施的效果、获取地下油水运动的资料、研究驱油效率,需要通过测试油井的产出剖面,了解每个生产层的产油、产水、产气、温度、压力及流体密度等参数的变化情况。各种参数的测试必须通过不同的测试仪表来实现。井下仪器中包括各种量程的流量测试仪、高灵敏度的井温仪、油水界面仪、油气水界面仪等。

1. 井下流量测试仪

分层流量测试是产出剖面测试的主要内容之一,近年来我国研制了多种井下流量测试仪。典型的 77-1 型井下流量计如图 10-46 所示。

该仪器由井下仪器和地面仪器两大部分组成。井下仪器中装有永久磁铁的涡轮,在流体冲击下转动,当磁场扫过位于涡轮上方的感应线圈时,感应线圈内产生感应脉冲。感应脉冲的数量与涡轮转速成正比,而涡轮的转速又与流量成正比。感应脉冲经电缆传至地面,地面仪器对信号进行放大和计数,根据不同井段涡轮的转速计算出各井段的相对流量。

该仪器的使用温度≤150 ℃,工作压力≤40 MPa,适应井直径为 62～228 mm(1½～9 in),测量范围为 150～7 000 m³/d,外形尺寸(直径×长度)为 φ44 mm×1 500 mm。可以进行连续测量或点测量,为分析碳酸盐岩油田的开采状况、储层特点、油水运动规律及制定工艺措施方案提供了可靠的依据。

由于仪器不带有井径仪,在裸眼井中测量时需要根据完井电测井径曲线选好井径一致点,然后进行点测,采用递减法解释分层产量。

2. 油气水界面仪

JMY-1 型油水界面仪是为了满足底水块状碳酸盐岩油田开发过程中油水界面的监测需要而研制的。该仪器由磁性定位器、油水界面仪、电缆头等组成,结构如图 10-47 所示。

该仪器采用电阻法测量。界面传感设计成两个互相绝缘的电极,利用原油是绝缘体、

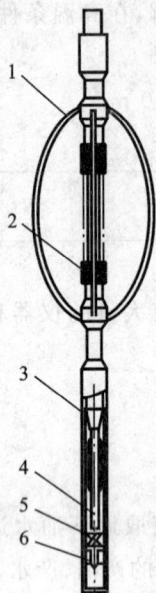

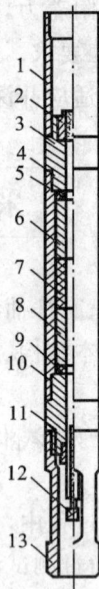

图 10-46 77-1 型井下流量计

1—扶正器片；2—扶正器弹簧；3—涡轮筒；

4—上轴承座；5—涡轮；6—下轴承座

图 10-47 JMY-1 型油水界面仪

1—变换短节；2—接线柱；3—接头；4—盘根；

5—上绝缘垫；6—上磁钢；7—磁定位器线圈；

8—下磁钢；9—下绝缘垫；10—磁定位器线圈筒；

11—接头；12—电极；13—外电极

水是导体的特性完成油水界面的测试。当仪器处于原油中时，两电极被原油绝缘；而当仪器刚刚处于水中时，两电极立即被水短路导通，曲线骤然偏移，此处即为油水界面。

仪器的工作温度≤200 ℃，工作压力≤50 MPa，仪器质量为 5.5 kg，系统误差为 10 cm，分辨率为 1 cm，外形尺寸（直径×长度）为 ϕ48 mm×650 mm。

该仪器的技术关键是解决了两电极之间的绝缘及密封问题，采用三芯与 JD-581 多线测井仪配合，连续照相，或与 SCT 综合测井仪配合，用计算机储存、回放显示。仪器的加工部件少，成本低。由于不带井下电路，在测井时没有任何干扰，记录曲线清晰、精度高、成功率高。

二、有杆泵抽油井测试仪器

有杆泵抽油井产出剖面测试对提高油田开发水平具有重要意义。目前主要是将小直径测试仪经过偏心井口和油、套管环形空间下至生产井段，测出各个层次的流量、压力、温度和含水参数等。测试工艺流程如图 10-48 所示。

1. 井下环空温度压力测试仪

该仪器包括两个传感器，即压力和温度传感器，其结构如图 10-49 所示。

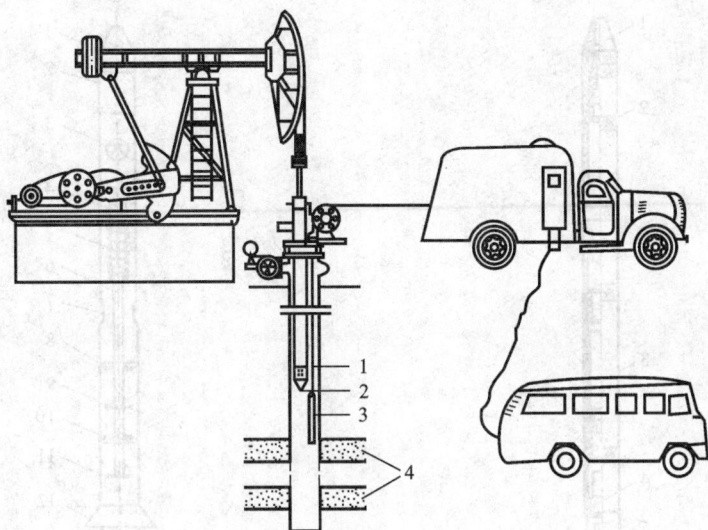

图 10-48 有杆泵环空测试流程图

1—筛管；2—导锥；3—井下仪器；4—油层

压力测量采用应变式压力传感器。当传感器受压时，输出电压发生变化，再将该电压信号转换成频率信号传到地面，得到与不同压力值相对应的频率值。温度测量采用 AD950 温度传感器。当温度传感器两端加上 4～30 V 电压时，器件呈现高阻抗，输出电流与绝对温度成正比。

压力仪的测量范围为 0～40 MPa，测压精度为 0.37%，分辨率为 0.01 MPa。温度仪的测量范围为 0～150 ℃，测温精度为 0.39%，分辨率为 0.1 ℃。仪器的外形尺寸（直径×长度）为 $\phi25$ mm×868 mm，质量为 2 kg。

该仪器一次下井可同时测得油层的压力梯度和温度梯度或任意一点的压力和温度。由于可进行连续测试，测得抽油泵上、下往复作用而产生的周期性压力变化曲线，因而可用于判断泵的工作状况。由液面以上开始向下连续测试时，可测得动液面；停抽定点测量时，可测得压力恢复曲线的开始部分。

2. 小直径低排量流量测试仪

小直径低排量流量测试仪为磁浮靶式流量计，用浮靶来感受流量的大小。与密度计结合可以定量解释各出液层的产量及含水。在集流器作用下，流动的液体全部通过仪器内部，流体向上运动，推动浮靶产生与推力方向一致的位移，由位移检测器检测位移的大小并将位移量的大小转换为相应的电信号，经过井下放大电路放大、转换，最后输出频率信号，由电缆传输到地面仪接收。仪器的井下部分传感器由浮靶、举升磁钢、反馈磁钢和连杆等组成，如图 10-50 所示。

该仪器主要用于有杆泵抽油井的分层产液测试。由于采用了磁悬浮和反馈原理，在调整启动排量和量程时极为方便，而且克服了涡轮流量计启动排量大、受黏度影响等的不

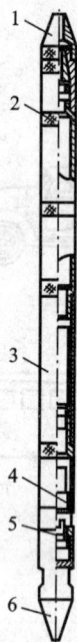

图 10-49　环空温度压力测试仪
1—电缆接头；2—密封短节；3—电路筒；
4—压力传感器；5—温度传感器；
6—导向头

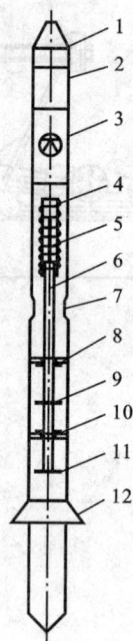

图 10-50　小直径低排量流量测试仪
1—电缆头；2—接箍定位器；3—电路筒；4—线圈；
5—磁芯；6—连杆；7—出液孔；8—反馈磁钢；
9—磁靶；10—举升磁钢；11—浮靶；12—集流伞

足。

该仪器的流量测量范围为 $0.6\sim70\ m^3/d$，可在温度≤120 ℃、压力≤35 MPa 条件下工作，精度为±2.5%，分辨率为 $0.5\ m^3/d$，外形尺寸（直径×长度）为 $\phi25\ mm\times2\ 600\ mm$。

3. 小直径井下流量含水分析仪

小直径流量含水测试仪由井下和地面仪器两部分组成。井下仪器由电缆头、磁性定位器、持水率计、涡轮流量计和电动集流伞等部分组成，如图 10-51 所示。地面仪器由井下供电电源、井下信号接收处理电路数字电路、显示仪表接口电路等部分组成。

持水率计采用压差平衡式原理，通过传感器的特殊结构将井下流体的持水率转换成相应的垂直油水液柱高度，以便测量，如图 10-52 所示。流量采用集流式涡轮流量计，其集流器采用小直径直流电机作为撑伞动力，工作电压低，电流小，操作简单，测试成功率高，适用多层油井的分层测试。

该仪器能够准确地判断井下主要出水层位，定量解释各产液层的产油量、产水量，可在温度≤130 ℃、压力≤40 MPa、流量 $2\sim70\ m^3/d$、含水率 $0\sim100\%$ 的条件下工作，外形尺寸（直径×长度）$\phi25\ mm\times4\ 200\ mm$。

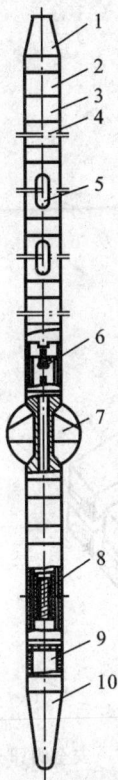

图 10-51　小直径流量含水分析仪

1—电缆头；2—密封接头；3—磁定位器；

4—线路筒；5—含水传感器；6—流量传感器；

7—集流伞；8—丝杆；9—微电机；10—导锥

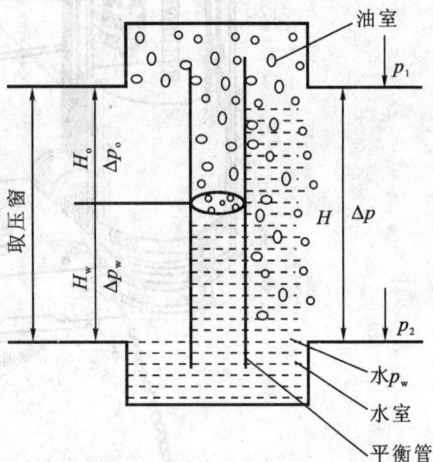

图 10-52　持水率计传感器示意图

4. 动力仪

动力仪是利用液体的压力来反映光杆上载荷变化的仪器。当光杆载荷变化时，仪器内的液体压力也发生变化。通过仪器记录在纸上的变化图形称为示功图。根据示功图可以分析抽油泵在井下工作的情况。图 10-53 所示为动力仪的立体示意图。当需要测示功图时，利用顶丝将悬绳器上、下盘顶开，将动力仪平板部分放入，再旋转顶丝，使上、下盘将动力仪平板夹紧后即可进行测量。

三、注水井测试仪器

1. 水表

注水过程中必须对注入每一口井的水量进行计量。目前常用的水量计量方法按原理分为差压式和速度式两种。差压式计量方法采用标准孔板作为节流装置，用测压差的办

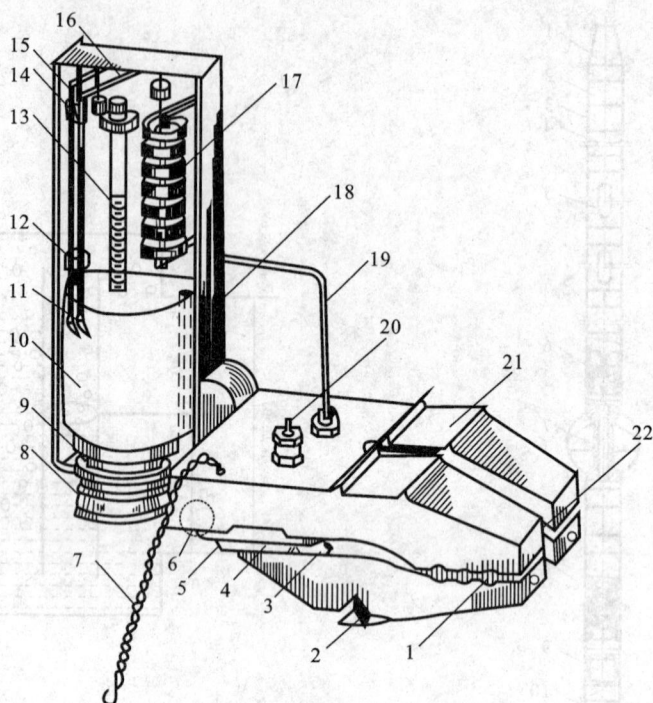

图 10-53 动力仪立体示意图

1—支承轴；2—力点；3—连接弹簧；4—膜压器；5—拉线；6—导向轮；7—安全阀；8—减程轮；
9—返回弹簧；10—记录器；11—记录笔尖；12—卷筒自动轮；13—轮轴；14—斜齿轮；15—基线指针；
16—压力弹簧；17—螺旋弹簧管；18—卷筒；19—毛细管；20—针形阀；21—支座；22—支轴槽

法测得注水量，如浮子式压差计和双波纹管压差计等。速度式计量方法主要是采用各种水表连续累计注水量。水表的基本特点是测定流体在管道中的流速，换算为流量，通过记数装置累计后得到总量。

目前油田上使用的有湿式高压水表和干式高压水表两种。湿式高压水表的结构如图 10-54 所示。它安装在注水管道上，来水后首先流入表壳内，通过滤网，然后由水轮盒四周的进水孔沿切线方向喷射进去，推动水轮旋转，旋转速度与流量成正比。转动的水轮通过转轴带动一套计数齿轮机构将水量由指针指示出来。进入水轮盒的水又经水孔流出。这种水表适用于单井配水间和温度不超过 40 ℃的洁净水。

干式水表的原理与湿式水表相似，但干式水表的水轮叶片是螺旋形的，液体由角形外壳下端进入，经叶轮测量机构后再从侧面流出。它的结构如图 10-55 所示。此外，它还采用磁性连接，将测量部分和指示部分隔开，防止水进入指示部分。

2. 深井分层注水测试仪

为解决分注井吸水剖面测试问题，研制了深井分层注水测试仪及配套技术。深井注水分层流量测试仪由地面仪器和井下仪器两部分组成。井下仪器由采集胶筒、上下轴承

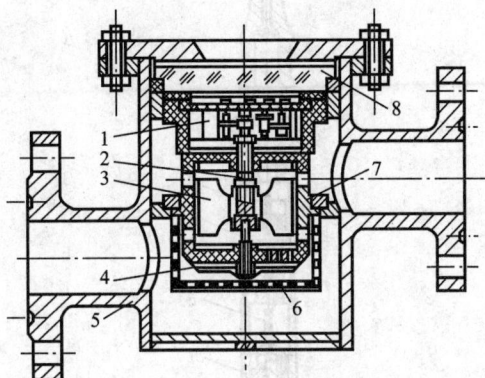

图 10-54　湿式高压水表结构图

1—减速指示机构;2—转轴;3—水轮;4—调节板;
5—外壳;6—滤网;7—水轮盒;8—有机玻璃

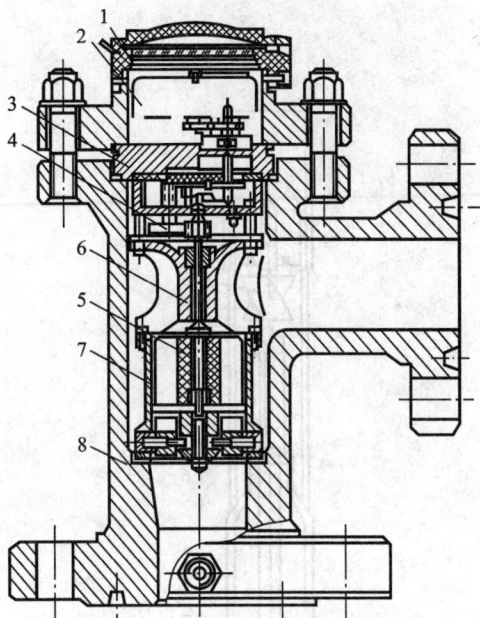

图 10-55　干式高压水表结构图

1—盖;2—减速指示机构;3—隔板;4—减速机构;
5—叶轮;6—上叶轮盒;7—下叶轮盒;8—表壳

座、涡轮筒锥形短节、线路筒、磁性接箍定位器、O 形橡胶圈等组成。它的结构如图 10-56
所示。

该仪器采用涡轮测量液体流速的方法。当液体推动涡轮转动时,镶在涡轮上的永久
磁铁触发霍尔元件,使霍尔元件产生与涡轮转数同步的脉冲信号,经放大后由电缆传至地
面。将霍尔集成器件应用于检测系统可使输出幅度大,抗干扰能力强。

仪器的工作温度为 150 ℃,工作压力为 60 MPa,对直径 62 mm($2\frac{1}{2}$ in)油管,流量测
量范围为 10~500 m³/d;对直径 46 mm 偏心工作筒,流量测量范围为 2.5~300 m³/d。
连续工作时间＞8 h,信号输出电压幅度 7 V。该仪器既适用于偏心配水器,也适用空心
配产器。

3. 深井高温注水井井下流量、压力存储测试仪

该仪器由井下仪器和地面仪器两部分组成。井下仪器由绳帽、挡球、涡轮、霍尔传感
器、存储电路、压力传感器、电池包、回放接口组成,如图 10-57 所示。地面部分由回放电
路、回放微机和打印机组成。

该仪器可同时测量井下流量和压力两个参数。流量测试采用了涡轮式霍尔元件传感
器,霍尔元件产生与涡轮转速同步的脉冲信号。压力测量采用溅射型敏感元件传感器,其
输出信号经过直流放大器放大,再经过电压-频率转换器转换成频率信号。流量、压力的
频率信号分别输入单片机系统的记数端,经过单片机记数处理后储存在外部数据存储器

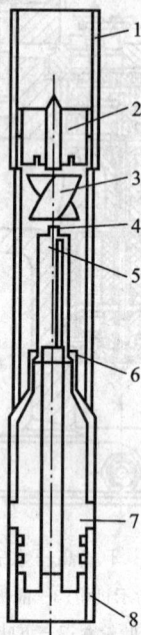

图 10-56　深井分层注水流量测试仪
1—线路筒;2—锥形接头;3—涡轮;4—传感器;
5—磁铁;6—压环;7—下轴承座;8—涡轮筒

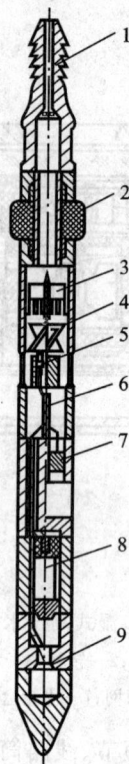

图 10-57　注水井井下流量、压力存储测试仪
1—绳帽;2—挡球;3—涡轮支撑架;4—涡轮;
5—霍尔传感器;6—存储电路;7—压力传感器;
8—电池包;9—回放接

中。测试完毕后再经过地面微机回放、解释处理,打印曲线。

　　仪器工作温度< 125 ℃,工作压力<60 MPa,流量测量范围为 2～300 m³/d,压力测量范围为 0～60 MPa,流量测量精度为±1.5%,压力测量精度为 0.1%,外形尺寸(直径×长度)为 ϕ32 mm×1 700 mm。

　　该仪器采用钢丝下井,可同时测量井下流量和压力两个参数,适应于空心和偏心分注井。

四、地面油、气测量装置

　　量油、测气是油井日常管理的重要工作,目的是计算油、气产量和油井的生产情况。测量采用分离计量、压差计量、容积式计量及速度式计量等方法,具体的仪器装置较多,大多也适用于其他流体的测量。

1. 分离器玻璃管量油

这种装置是在分离器侧壁装设一根高压玻璃管，与分离器构成连通器，如图 10-58 所示。根据连通器平衡原理，分离器内液柱和玻璃管内液柱压力相平衡。因此，当分离器内进油，液面上升一定高度时，玻璃管内液柱也相应上升一定的高度。如果玻璃管内液体是水，则由于油、水比重不同，只是上升高度不同而已。

记录水柱上升高度所需的时间，根据分离器尺寸即可算得油井原油产量。当分离器有人孔且位于量油高度时，应考虑人孔容积的影响。

2. 干簧管分离量油测气

这是玻璃管分离器量油的一种改进装置，能用于间歇出油井和产量波动较大的井，可以连续自动量油，其结构如图 10-59 所示。分离器用隔板分成上、下两部分，上部储油，下部和量油玻璃管是计量部分，上、下部分之间用一根平衡管连通。量油玻璃管上、下各装一个干簧管，管中有一个带磁铁的浮子，浮子上下移动可使干簧管内触点动作，其原理如图 10-60 所示。分离器的出油阀、进油阀、排气阀都采用电控或气控。

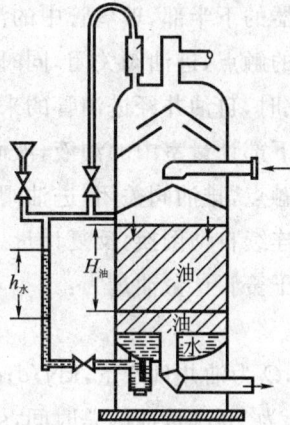

图 10-58 分离器玻璃管量油原理图

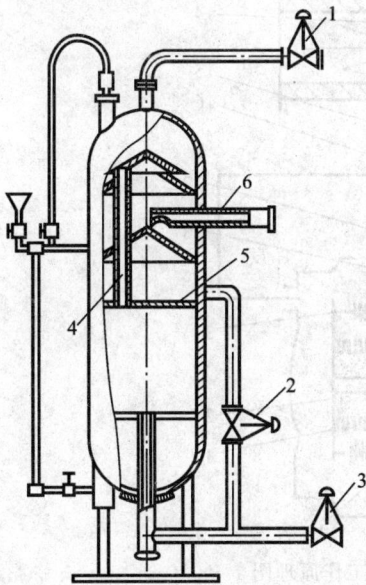

图 10-59 干簧管分离器结构示意图
1—排气阀；2—进油阀；3—排油阀；4—平衡管；
5—隔板；6—进油管.

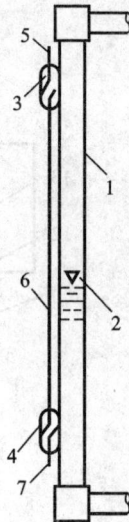

图 10-60 干簧管量油示意图
1—量油玻璃管；2—浮子；3，4—上、下干簧管；
5—上触点；6—公用触点；7—下触点

量油时,首先合上电源,排油阀关闭,油井来油进入分离器的上半部,通过进油阀流到分离器的下半部,玻璃管中的浮子随即上升;当浮子上升到一定高度时,磁铁吸合上干簧管内的触点,进油阀关闭,同时受进油阀控制的排气阀也关闭,而排油阀打开,排油指示灯亮;此时,自油井经进油管的来油暂存于分离器的上部,被分离出来的气体则经过平衡管压迫下部计量室中的油液,液面不断下降;当浮子下落到一定位置时,磁铁吸合下干簧管内的触点,排油阀关闭,进油阀打开,量油指示灯亮,上部存油流入下部,进行第二次测量。如此连续自动倒换,反复计量。

干簧管计量油量为:

$$Q=10qT/t \tag{10-1}$$

式中,Q 为油井日产量,kN/d;q 为量油高度下分离器内的液量,kN;T 为一日的总时间,s/d;t 为 10 次量油的总时间,s。

分离出来的气体每次都通过平衡管进入下部,每次排油体积与排气体积相同。根据气压和排油时间可以计算出气量。

3. 双波纹管压差计量油

图 10-61 所示的双波纹管压差计由测量和显示两部分组成。测量部分主要包括测量元件、芯轴密封、温度补偿、单向保护和阻尼装置、量程弹簧等。显示部分有指示式和记录式两种,其芯轴传动机构均采用四连杆机构。压差计的主要测量元件是分别装在中心基

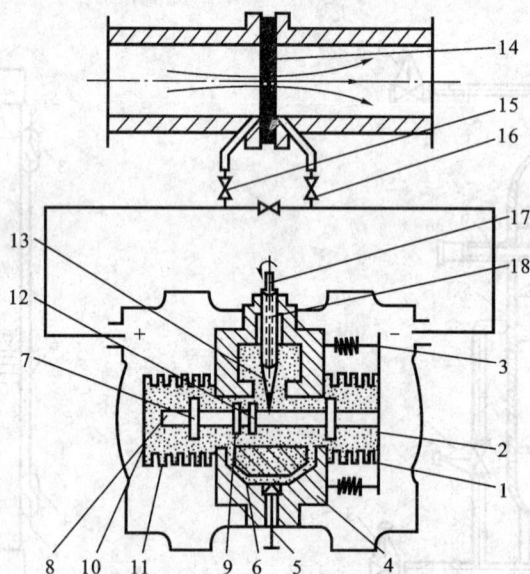

图 10-61　双波纹管压差计工作原理图

1—低压室波纹管;2—低压室单向保护阀;3—量程弹簧;4—基座;5—阻尼阀;6—阻尼旁通;
7—高压室单向保护阀;8—中心轴;9—阻尼环;10—温度补偿波纹管;11—高压室波纹管;
12—挡板;13—摆杆;14—节流装置;15—高压阀;16—低压阀;17—心轴;18—扭管

座两侧的波纹管,二者用中心轴连接,内部都充以液体,并与外壳等形成高压室(左室)和低压室(右室)。测量时,液体自节流装置前后分别进入高、低压室,在压差作用下左波纹管被压缩,其内部填充液通过阻尼环周围环隙和阻尼旁路流向右波纹管,推动中心轴右移,使右端固定着的一组弹簧被拉伸,直到与压差力平衡为止。中心轴右移时,推动摆杆转过一定角度。由于摆杆、扭管尾部和心轴下端三者固定在一起,故心轴也转动同一角度并通过四连杆放大,在指示仪表中反映出来。中心轴位移量与压差成正比,心轴转角又与位移成正比,故转角的大小便反映了压差的大小。通过换算即可求得流量,计算式为:

$$Q = 0.012\ 51\alpha d^2 \sqrt{\frac{h}{\rho g}} \tag{10-2}$$

式中,Q 为流量;d 为挡板孔眼直径,mm;h 为 20 ℃时流量计给出的压差(水柱高度),mm;ρ 为水在 20 ℃时的密度,kg/m³;α 为流量系数。

左波纹管外侧还连通有温度补偿波纹管,用以补偿温度变化对填充液的影响。

4. 节流装置

节流装置种类很多,已标准化的节流装置如图 10-62 所示。使用时,将其安装在管道中。当液体通过时,流束在节流口产生局部收缩,流速增加,静压降低,有较大的压力损失,进口和出口处形成压差。同一管道中的流量越大,压差也越大。找出压差与流量间的关系,测量出压差即可算出流量大小。

5. 浮子压差计量油、测气

浮子压差计是固定装置的工业用仪表,配合节流装置用来测量液体或气体的流量、压差、压力、吸力和液位等。浮子式压差计原理如图 10-63 所示。它是按 U 形管原理制成的,以高压室与低压室分别代替 U 形管的直管部分,二室由连接管连通,其中充以水银。经导压管与阀门将取压孔板前、后的压力分别引入高、低压室以后,高压室液面下降,低压室液面上升,水银面的高差即反映通过孔板的流量。实际结构中,在高压室水银面上浮有铸铁浮子,浮子连杆与装置的主轴相连接,浮子随水银面的升降而升降,并通过连

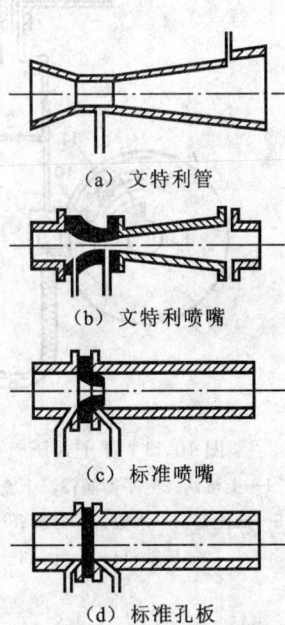

(a) 文特利管

(b) 文特利喷嘴

(c) 标准喷嘴

(d) 标准孔板

图 10-62 标准节流装置

杆将高度的变化为主轴转角。主轴的另一端与仪表内记录部分的扇形板及滑板连接,通过连杆带动记录笔轴转动,将浮子的升降记录在记录纸上。记录纸可由钟表机构或 TD 型同步电动机带动。高压室盖板的中部有一个螺孔,可向高、低压室注入水银,仪表工作时用螺钉拧紧;浮子下面有一个安全阀,过载时安全阀将高压室底部的阀孔闭塞,使高、低压室隔绝,以防止水银经低压室进入管道;高、低压室两导管间用平衡阀连接,校验零位时用以平衡高低压室间的压力。

浮子压差计内所装的水银对人体有害,故浮子压差计有逐渐被双波纹管式压差计代替的趋势。

6.涡轮流量计量油

涡轮流量计是速度式流量计的一种,由流量变送器、前置放大器、频率变送器、指示仪表及数字累积器等组成,其变送器的结构如图 10-64 所示。当流体进入涡轮流量变送器时,冲动涡轮旋转,其转速快慢与流量大小成正比。涡轮旋转时,叶片周期性地切割电磁铁产生的磁力线,使通过线圈的磁通量发生改变,在线圈内感应出脉动的电势信号。脉冲信号的频率与涡轮转速成正比。只要记录下脉冲信号的频率,即可求得流量 Q:

$$Q = N/\varepsilon \tag{10-3}$$

式中,N 为电信号频率总数;ε 为单位体积流量通过涡轮变送器时涡轮的旋转数。

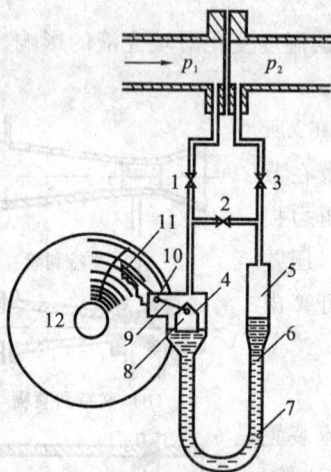

图 10-63 浮子式压差计原理图

1—上流阀;2—平衡阀;3—下流阀;4—高压室;
5—低压室;6—水银;7—弯管;8—浮标;9—连杆;
10—转轴;11—指针;12—记录卡片

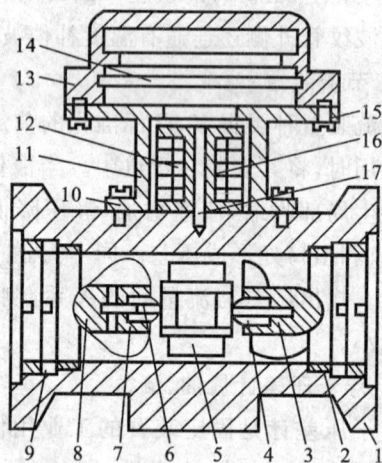

图 10-64 涡轮流量计

1—外壳;2—压环;3—后导流器;4—后轴套;
5—叶轮;6—轴;7—前轴套;8—前导流器;
9—压圈;10—垫片;11—线圈外罩;12—线圈;
13—放大器外罩;14—压紧钢丝;15—螺钉;
16—线圈骨架;17—磁铁

本章思考题

1. 钻具包括哪几种主要的钻井工具?各有何结构特点?各起什么作用?

2. 套管在井下承受哪些载荷?载荷如何确定?

3. 哪些工具属于井口工具?各有何结构特点?各起什么作用?

4. 试分析 Q10Y-M 液气大钳的结构组成及工作原理。

5. 防喷器有哪几种类型？其结构与作用原理有什么不同？

6. 哪些仪表属于钻井用仪表？各起什么作用？

7. 采油工程中所用的井下工具主要包括哪些？试分析各自的结构特点和作用原理。

8. 为什么要进行套管开窗作业？套管开窗用什么工具？试分析套管开窗的工艺过程。

9. 哪些仪表属于采油用仪表？各起什么作用？

10. 你认为哪些钻井与采油工具有改进价值？请提出你的改进方案。

第十一章

> >> *Chapter Eleven*

石油机械的控制与测量

　　控制与测量系统是机械的指挥系统,它通过各种检测元件了解设备的状态信息,经过控制系统的分析计算对执行元件发送相应的指令,以完成系统的控制。检测技术和控制技术的飞速发展也带动了石油机械测控技术的发展。

　　本章以实际系统为例,主要介绍石油装备中各种控制方法、检测方法的实施和应用。

第一节　石油钻机的气控系统

　　石油钻机是一个庞大复杂的机电系统。钻井时,必须严格按照钻井工艺要求对钻机进行有效、及时的控制,使钻机各机组协调工作。钻机的控制形式是多种多样的,有机械控制、气动控制、液压控制和电控制等,本节介绍气动控制。

一、钻机气控的特点

机械驱动钻机广泛采用气动控制,特别是柴油机驱动的几乎全部采用气动控制。

气动控制有着一系列的特点:

　　(1)经济可靠。传递的介质为空气,比液压控制经济;可采用轻便可靠的气管线传递,如橡胶管、低压钢管;空气不受周围环境变化的影响,较少腐蚀性;来源方便,使用后的空气可直接排到大气中,不污染环境。

　　(2)空气的黏度小,管路流动压力损失小,适用于远距离输送和集中供气,系统简单。

　　(3)传递控制信号迅速灵活,在工作压力范围内能保证控制准确;空气流动性好,能迅速充满各执行机构,还采用了快速放气阀,使摘、挂气动摩擦离合器的操作更为迅速。

(4) 对工作环境适应性好,在寒冷的条件下仍能保证可靠工作;气体不易燃烧,可在易燃易爆及多尘、潮湿等环境下工作,使用安全。

(5) 控制柔和准确。气体具有一定的压缩性,可使工作柔和无冲击,但在载荷变化时传递运动不够平衡、均匀。

(6) 由于气体可以压缩,控制中非线性因素较多,精确控制困难。

(7) 与液压控制相比,系统压力低,不能进行大功率的动力控制。

(8) 排气时有噪声。

(9) 需单设一套供气设备,其利用率较低。

二、钻机气控元件

1. 控制阀

与普通气动系统一样,钻机气动控制系统广泛使用各种控制阀,主要有:

1) 压力控制阀

这是一种调节系统压力高低的气阀。压力阀包括减压阀(调压阀)、组合减压阀、安全阀和顺序阀等。

(1) 调压阀(减压阀)。气动系统中所用压缩空气由供气系统统一集中供给,所供给的压缩空气压力较高,压力波动较大,因此需用调压阀将气压调到各执行元件实际需要的压力,并保持调压后气体压力值的稳定。

(2) 安全阀(溢流)。当储气罐或回路中压力超过某调定值时,要用安全阀往外放气。安全阀在系统中起过载保护作用。

(3) 顺序阀。顺序阀是依靠气路中压力的作用来控制执行机构按顺序动作的压力阀。

2) 流量控制阀

流量控制阀用来控制执行元件进气或排气的流量,以调节执行元件的工作速度。流量阀包括节流阀、单向节流阀和快速排气阀等。

(1) 节流阀。调节阀芯轴向位移可以得到不同的流通面积。

(2) 排气节流阀。是一种装在执行元件的排气口处,调节排入大气中气体流量的控制阀。排气节流阀不仅能调节执行元件的运动速度,而且由于它带有消声器件,也可起排气消声的作用。

3) 方向控制阀

方向控制阀用于控制气体的流动方向,从而实现执行元件的换向。方向控制阀包括单向阀、梭阀、换向阀(二位三通阀、三位四通阀)等。

换向阀种类繁多,如按工作位置可分为两位、三位、多位阀;按通气路数可分为两路、三路、四路、五路阀;按控制方式可分为手动、气动和电动阀。

(1) 过卷阀。过卷阀实际上是一种机动二位二通阀。它安装在钻机绞车上,在起升过程中随游车的上升,绞车滚筒上的绳越缠越多,当缠绳碰到过卷阀时给出大钩运行到达极限的信号,使离合器摘开并使刹车气缸动作。

(2)梭阀。梭阀相当于两个单向阀组合的阀。梭阀在气路中主要使两个不同方向的来气达到同一个使用目的。

(3)快速放气阀。快速放气阀主要用于迅速排放出气胎、气盘、气缸等执行元件内的压缩空气,提高传动系统的停、开车灵敏度,延长摩擦零件的寿命。

2. 气缸与气马达

气缸是最常用的执行元件,在钻机上气缸可以作为机械换挡的执行元件,也可用作钻机刹车的动力。在自升式钻机的井架和底座上需要安装缓冲气缸,当起升井架(或底座)时,缓冲气缸使井架(或底座)缓缓靠拢,以减弱冲击力;下放时,缓冲气缸给井架(或底座)一初始的推动力,使其偏离直立位置,以保证下放的正常进行。

刹车气缸是弹簧复位的单作用式气缸。图 11-1 所示为刹车气缸结构图,其主要由缸套、活塞、皮碗、缸顶盖、盖等组成。活塞以铜套为导轨,活塞杆采用半球铰的方式与活塞联系,这样既可保证驱动刹车拐时的摆动,又能保证不妨碍正常刹车的动作。

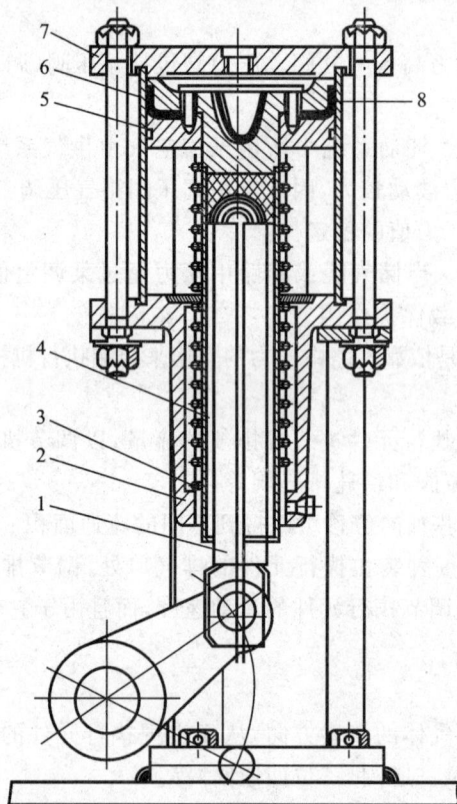

图 11-1 单作用刹车气缸
1—连杆;2—盖;3—铜套;4—筒;5—活塞;6—缸套;7—缸顶盖;8—皮碗

气马达可以提供扭矩不大的旋转动力,如钻杆旋扣、柴油机启动等。这两种气马达都需要有一自动挂合装置,使气马达在不工件时处于摘开状态。图 11-2 所示为用于气动旋扣器的气马达。

3．气动摩擦离合器

钻机上广泛使用的气动摩擦离合器是一种径向作用的气胎离合器。该离合器有普通型和通风型两种。

1）普通型气胎离合器

普通型气胎离合器结构如图 11-3 所示。普通型气胎离合器的气胎的外圆面与钢制轮圈连接在一起,内圆面与摩擦片销接在一起。

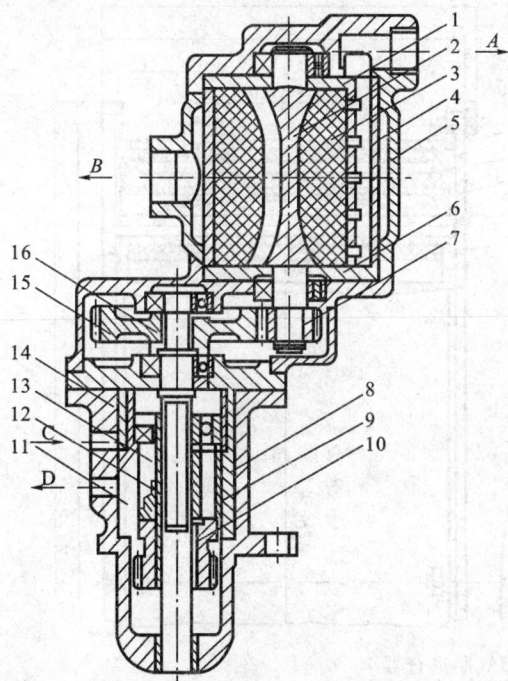

图 11-2　叶片式气动旋扣器马达

1—上气盖;2—转子;3—叶片;4—定子;
5—壳体;6—下气盖;7—小齿轮;8—复位弹簧;
9—啮合弹簧;10—启动齿轮;11—棘轮套;12—轴套;
13—活塞;14—气缸体;15—大齿轮;16—轴;
A—进气口(推动叶片);B—出气口;
C—进气口(推动活塞);D—经气控三通阀接 A

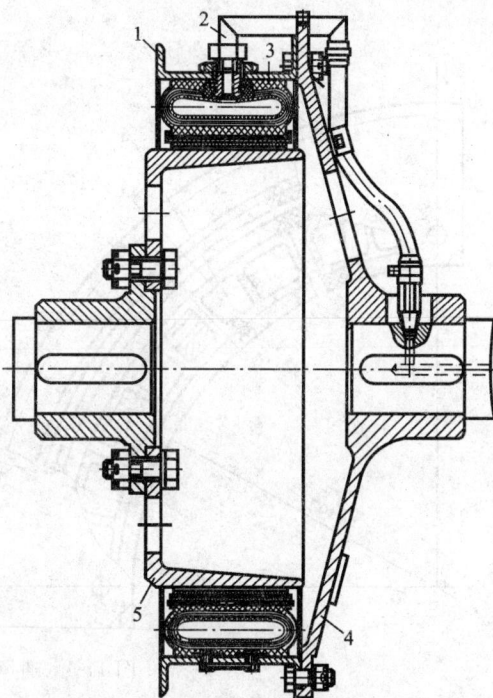

图 11-3　普通型气胎离合器

1—主动轮圈;2—进气管;3—气胎和摩擦片;
4—主动轮;5—摩擦鼓(从动)

挂合时,将压缩空气通入气胎气室,使之膨胀,推动摩擦片向内移动,抱紧安装在另一轴上的摩擦轮,传递扭矩;摘开时,气胎放气,靠弹性回缩,使摩擦片与摩擦轮离开。

普通型气胎离合器结构简单,挂合平稳。挂合过程是随充气过程逐渐完成的,在摩擦片与摩擦轮之间产生打滑现象,因而可以实现不停车摘挂离合器,这是该型离合器的一大优点。但也正是因为有这一过程,使得离合器在挂合过程中产生摩擦发热现象,影响橡胶气胎的寿命、另外,在运行过程中橡胶气胎要传递工作扭矩,这也对气胎提出了强度要求。

2)通风型气胎离合器

通风型气胎离合器是在普通气胎离合器的基础上改进的,其主要特点是增加了一套散热装置,包括扇形体、扭力杆、板簧等零件,结构如图11-4所示。扇形体内侧铆装上摩擦片,外接气胎,将两者隔开,以保证热量的散发。扭力杆插在扇形体中间的方孔中,两端连在扭力盘上,用以传递扭矩。板簧装在扇形体的方孔中,压在扭力杆上,以保证在气胎放气时扇形体带动摩擦片快速离开摩擦轮。

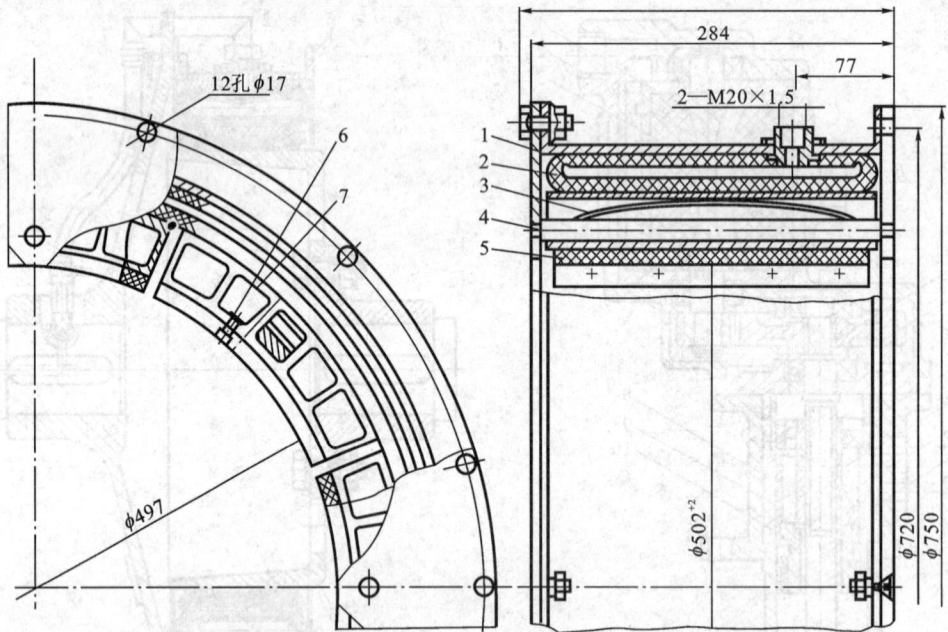

图 11-4 通风型气胎离合器

1—扭力盘;2—气胎;3—片簧;4—扭力杆;5—摩擦片;6—空心螺钉;7—扇形体

三、钻机气控系统

1. 供气系统

在石油钻机上,供气系统包括空气压缩机和储气罐。压缩机的动力来自钻机的统一动力,其控制系统如图11-5所示。该系统通过一个调定好压力的顺序阀实现空气压缩机的自动启动与停止。

由此可见,供气系统是根据气路压力进行调节的自动控制系统。由于在刚开始工作时,系统是没有气压的,因此每台钻机还要另配一台电动空气压缩机,当系统有工作压力后再由自动系统工作。

2．空气处理系统

在气压传动中使用的低压空气压缩机多采用油润滑，由于它排出的压缩空气温度一般在 140～170 ℃之间，使空气中的水分和部分润滑油变成气态，再与吸入的灰尘混合，便形成了水汽、油汽和灰尘等的混合气体。将含有这些杂质的压缩空气直接输送给气动设备使用会给整个系统带来不良影响。因此，在气压传动系统中设置除水、除油、除尘和干燥等气源净化装置对保证气动系统的正常工作是十分必要的。在某些特殊场合下，压缩空气需经过多次净化后才能使用。

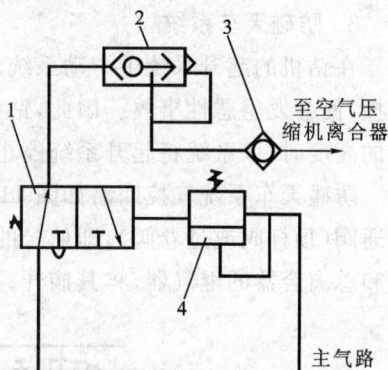

图 11-5　供气系统

1—二位三通气控阀；2—快速排气阀；
3—单向旋转导气接头；4—顺序阀

一般气源净化过程如图 11-6 所示。由空压机输出的压缩空气首先经冷却器进行冷却，使油气与水汽凝结成油滴与水滴，然后进入油水分离器，使大都分油滴、水滴和杂质从气体中分离出来。压缩空气经过初步净化(称为一次净化系统)后即可以供给对气源净化要求不高的一般气动装置使用。在对压缩空气净化精度要求较高的场合，必须进行二次或多次净化处理，即将经过一次净化的压缩空气送进干燥器进一步吸收和排除气体中的油、水。

净化系统中的干燥器Ⅰ和Ⅱ交替使用，其中闲置的一个利用加热器吹入的热空气进行再生，以备接替使用。四通阀用于转换两个干燥器的工作状态。过滤器用来进一步清除压缩空气中的灰尘杂质和一部分油气。经过这样的处理，压缩空气的质量较高，可供给气动元件和仪表使用。

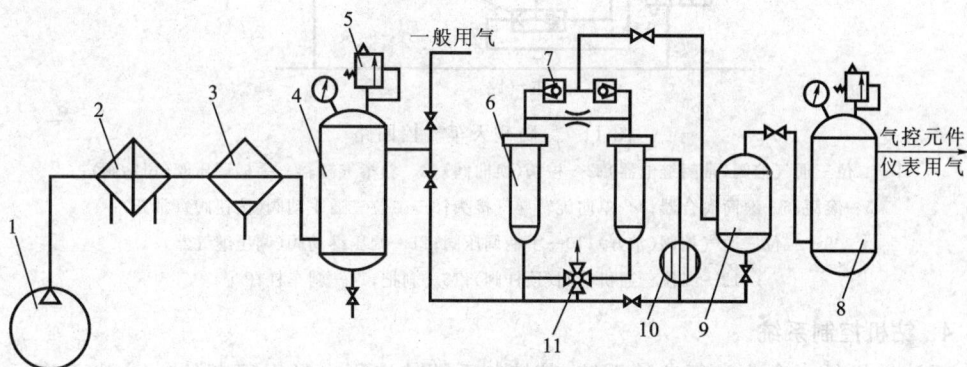

图 11-6　气源净化流程示意图

1—空气压缩机；2—冷却器；3—油水分离器；4、8—储气罐；5—安全阀；6—干燥器；

7—单向阀；9—过滤器；10—加热器；11—四通阀

3. 防碰天车系统

在钻机的起升系统中游动系统的行程必须受到限制,特别是在上行时,若游车与天车相撞,便会发生恶性事故。因此,钻机上必须装有防碰天车系统。当游动系统运动超过设定的高度时,该系统将起升系统停止。

防碰天车系统气控回路如图 11-7 所示,当防碰天车装置起作用时,先触动一个二位三通阀(顶杆阀或过卷阀),即信号的传感器,该阀将气信号分为两路:一路控制滚筒离合器和总离合器的继气器,将其摘开;另一路控制刹车气缸的继气器,使刹车气缸刹车。

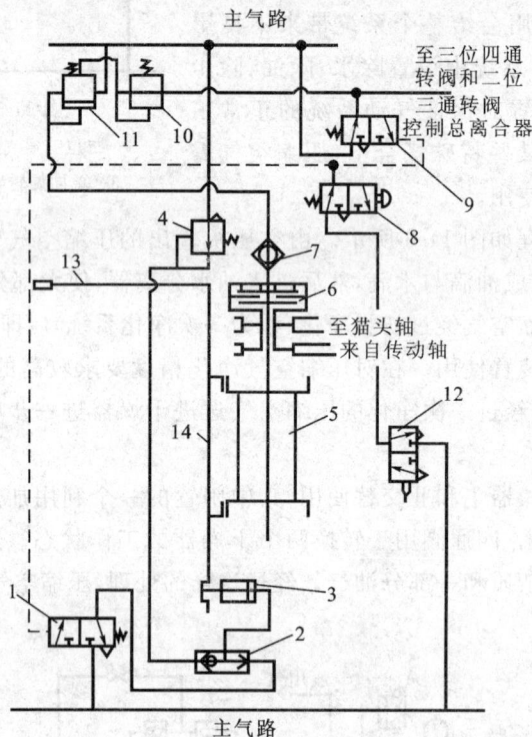

图 11-7　防碰天车气控回路

1—二位三通气控阀(常闭继电器);2—梭阀(换向阀);3—刹车气缸;4—手柄调压阀(司钻阀);
5—滚筒;6—滚筒离合器;7—单向旋转导气接头;8—二位三通手动阀(按钮阀)(常开);
9—二位三通气控阀(常开);10—手柄调压阀;11—调压继动阀(调压继气器);
12—二位三通机控阀(顶杆阀);13—刹把;14—刹车杠杆

4. 钻机控制系统

石油钻机是一个非常复杂的系统,其控制系统的流程也是很复杂的。图 11-8 所示为ZJ45J 钻机的气控流程图。系统虽然复杂,但都是由一些简单的控制回路所组成的,主要包括供气系统、空气处理系统、各柴油机的离合与并车系统、绞车转盘和钻井液泵控制系统、防碰天车系统等。

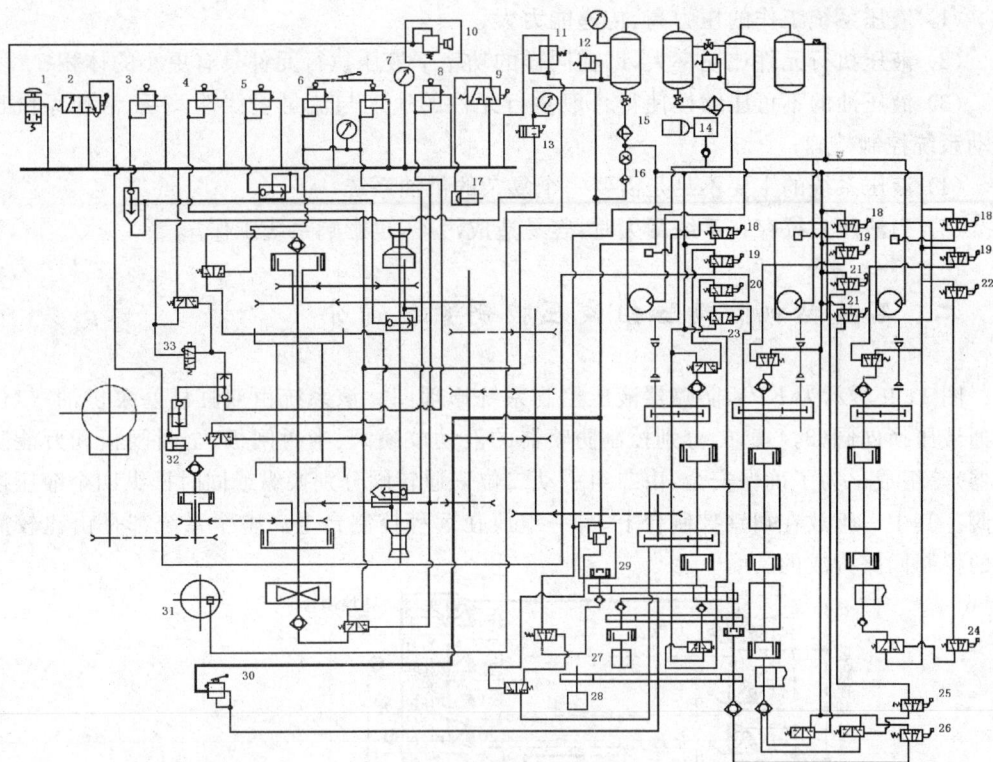

图 11-8　ZJ45J 钻机气控流程图

1—二位二通按钮阀；2—总离合器手动调压阀；3—上扣猫头手动调压阀；4—转盘手动调压阀；

5—卸扣猫头手动调压阀；6—低速离合器手动调压阀；7—高速离合器手动调压阀；

8—刹车气缸手动调压阀；9—起放井架手动调压阀；10—低压报警器；11—水位调节手动调压阀；

12—安全阀；13—二位二通手动阀（总开关）；14—电动压风机；15—油水分离器；16—分水滤气器；

17—缓冲气缸；18—风扇二位三通手动阀；19—输出二位三通手动阀；20—总离合器二位三通手动阀；

21—并车二位三通手动阀；22—带泵二位三通手动阀；23—压风机二位三通手动阀；

24—2 号泵二位三通手动阀；25—1 号泵二位三通手动阀；26—砂泵二位三通手动阀；27—液压泵；

28—砂泵；29—自动压风机；30—液压泵手动调压阀；31—水箱；32—刹车气缸；33—防碰二位三通顶杆阀

第二节　石油机械中的液压控制系统

一、液压控制系统的特点

石油机械上广泛使用液压系统。液压系统与气动系统类似，依靠流体传递控制与动力。与气动系统相比，液压系统具有如下特点：

（1）液压系统工作的压力高，传递能力大；

（2）液压执行元件比功率大，即在同样的功率下液压执行元件具有更小的体积；

（3）液压油的不可压缩性使得一般执行元件的速度与流量呈线性关系，液压系统比气动系统控制精确；

（4）液压系统的主要不足是需要一个复杂的供油系统；

（5）当液压系统存在系统漏失时，容易造成污染，也影响系统工作。

二、石油钻机防喷器组液压控制系统简介

图 11-9 所示为 KPY 防喷器液压控制系统原理图。该系统由双缸柱塞泵供油、二位四通液压换向阀（3，4，5，6，分别控制防喷器的液动放喷阀、半封闸板、全封闸板和万能防喷器）等组成。为了确保安全，由二组手动二位三通转阀分别操纵或同时操纵四个液压换向阀。其中一组放在司钻控制台上；另一组放在远程控制台上。整个系统都是由比较简单的控制回路构成的。

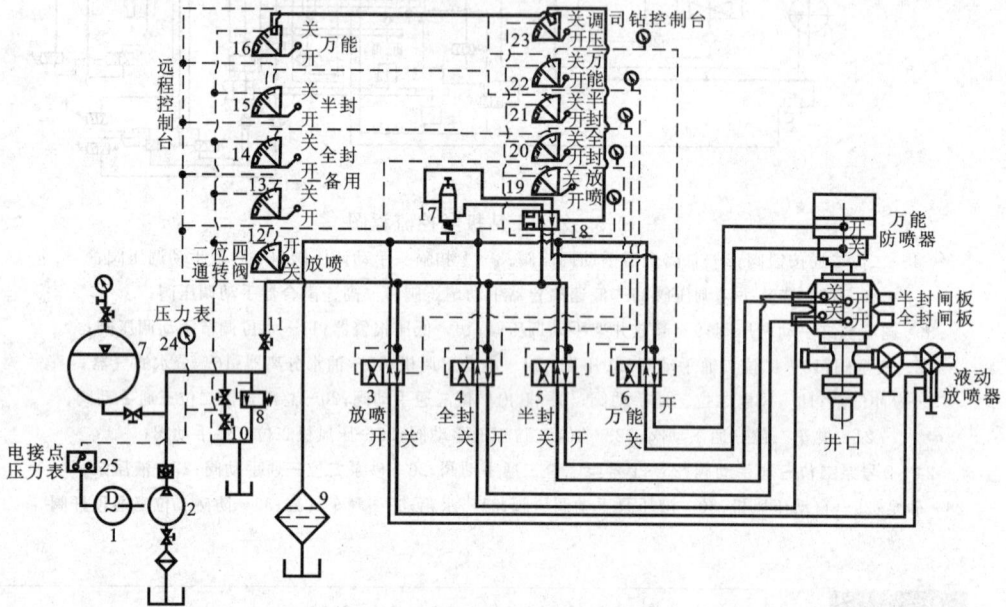

图 11-9　KPY 防喷器液压控制系统（74 型）原理图

1—防爆交流电机；2—双缸柱塞泵；3，4，5，6—二位四通换向阀；7—球形储能器；8—安全阀；
9—精滤清器；10—回流阀；11—输出阀；12，13，14，15，16—二位三通转阀；17—调压阀；
18—二位四通控制阀；19，20，21，22，23—二位三通转阀；24—压力表；25—电接点压力表

防喷器液压控制系统中要配备一个容量较大的蓄能器 7，除了用来维持系统压力恒定外，还要考虑到当井场发生事故时很有可能电源已被切断，此时要靠蓄能器储存的能量保证防喷器组的关井操作。

三、不压井液压修井机

所谓不压井修井,就是油井不用钻井液压井,水井不放喷,而是在井口自封防喷器的控制下强行起下油(水)管。显然,在井内有压力的情况下整个井筒相当于一个大液缸,管柱就是液缸的柱塞。以起升油(水)管为例,当管柱很长、自重很大时,井内压力不足以将管柱推出,修井机要施以上提力才能将管柱提出。管柱慢慢变短,自重减轻,修井机的上提力也相应变小。到某一点井内压力和管柱自重平衡,上提力为零。此点以后,井内压力大于管柱自重,这时修井机就要对管柱施以下压力,以控制管柱起升。下放管柱时,其过程正好相反。由以上分析,不压井修井机的基本工作原理如图 11-10所示。在井口中心,采油树上面连接防喷器组,其中一般包括一个全封防喷器、一个半封防喷器和一个自封头,其作用是控制井口压力,防止井喷。平衡阀的作用是当需要打开半、全封防喷器时,先打开平衡阀,引井口压力到半、全封防喷器上方,使防喷器闸板上、下压力平衡,以便于防喷器操作。泄压阀的作用是当用半、全封防喷器封住井口时,从泄压阀泄掉防喷器上方压力油,以便更换自封头。

在自封头上面连接两个固定卡瓦,其中一个上卡瓦、一个下卡瓦,以分别卡住上冲和下落的油管柱。

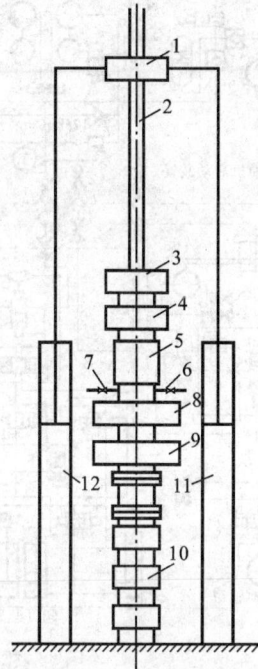

图 11-10 不压井起下油管原理
1—游动卡瓦;2—油管;3,4—固定卡瓦;
5—自封;6—平衡阀;7—泄压阀;
8—半封防喷器;9—全封防喷器;
10—采油树;11,12—液缸

油井中心两侧有两个长冲程液缸,两活塞杆在顶端通过横梁相连,横梁上装有一个游动卡瓦;工作时,通过两长冲程液缸带动游动卡瓦上下运动,使游动卡瓦和固定卡瓦按顺序"倒步",达到起下油管的目的。比如起升油管时,先由固定卡瓦卡住油管(油管上冲用上卡瓦、油管下落则用下卡瓦),液缸带动游动卡瓦下行(空行程)到下位。而后游动卡瓦先卡住油管,再松开固定卡瓦,然后液缸通过卡住油管的游动卡瓦带动油管上升到上位(不管油管的载荷是上冲还是下落),而后固定卡瓦卡住油管,松开游动卡瓦,活塞又下行到下位,完成一个"倒步"循环。油管的卸扣一般用液压动力组。下放油管的过程相反。油管上扣也用液压动力钳。

图 11-11 所示为美国 Baker 公司液压修井机的液压系统。该系统可分成六大部分:动力源、起升系统、倒步卡瓦系统、防喷器系统、管子绞车、转盘。另外,还配有柴油机启动装置和动力油管钳。

447

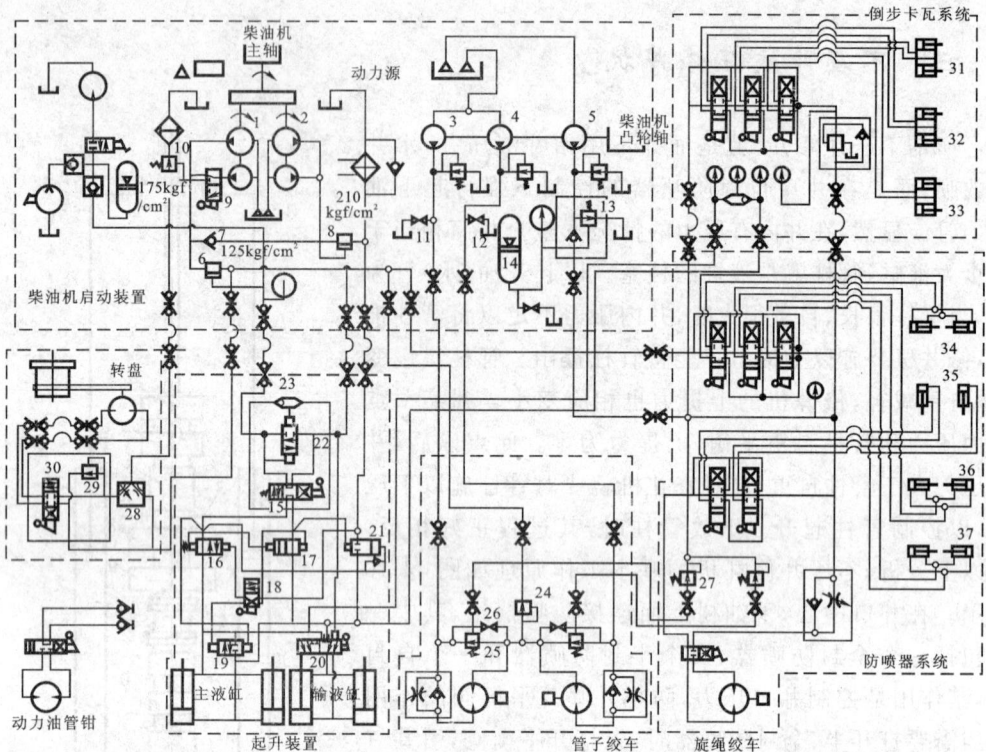

图 11-11　Baker 不压井修井机液压系统图

1,2,3,4,5—油泵；6—卸荷阀；7—单向阀；8,10,13,25,27,29—溢流阀；9—手动二位三通阀；

11,12,26—截止阀；14—蓄能器；15—手动三位四通阀（主换向阀）；16,17—液控单向阀；

18—手动二位四通阀；19,21,22—液控二位二通阀；20—手动二位六通阀；23—三通梭阀；24—背压阀；

28—双节流阀；30—手动三位四通阀；31—游动卡瓦；32,33—固定卡瓦；34,36,37—防喷器；35—平衡阀

1. 动力源系统

1,2 号泵为系统主泵，它们是双联叶片泵（75SDC），主要为起升液缸供能，由发动机主轴驱动。为了合理利用发动机功率，它们组成两级供能系统，即：当系统压力小于 12.6 MPa 时，1,2 号泵同时向工作机构供液，这时工作机构可能有最高的行程速度；当系统压力等于或大于 12.6 MPa 时，1 号泵通过卸荷阀 6 和单向阀 7 卸荷，这时只有 2 号泵向系统供液。最高压力（21 MPa）由溢流阀 8 限定。1 号泵的副联泵还可通过手动二位三通换向阀 9 给转盘供液，供液最高压力由溢流阀 10 限定为 17.5 MPa。此外，6V-71 发动机可通过柴油机启动装置的液马达启动，由 1,2 号主泵系统给启动装置储能器储能。第一次启动时（储能器未储压）可用手摇泵给储能器储能。3,4,5 号泵是齿轮泵，由柴油机驱动。3,4 号泵分别给两台管子绞车供液，分别用截止阀 11 和 12 调节流量，以使 3,4 号泵卸荷。5 号泵则给卡瓦、防喷器系统及一个旋绳绞车供液。由于卡瓦和防喷系统均属卡紧机构，要求瞬时大流量，长时憋压，故它采用的是储能器 14 保压，并用卸荷阀 13，使 5 号泵间歇给储能器补能。

2. 起升液缸系统

起升系统有四个立式液缸,其中一对位主液缸,另一对为辅液缸。四个液缸的同步依靠活塞杆顶端横梁的刚性连接实现。

该系统具有以下性能:

(1) 无论负荷方向如何(油管上冲或下落),液缸可任意负载上行或下行;

(2) 液缸可在任意位置制动、锁紧;

(3) 空行程时实现差动快速运动;

(4) 轻载时可主液缸工作、辅液缸浮动,重载时主辅液缸都工作;

(5) 液缸可大范围平稳调速。

起升液缸的液控系统由主换向阀15、液控单向阀16和17、手动二位四通换向阀18、液控二位二通阀19、手动二位六通换向阀20、液控二位二通阀21和22及三通梭阀23等组成。

(1) 液缸的行程与换向主要通过操纵主换向阀15来实现。主换向阀15左位连通,压力油通过液控单向阀进入主液缸上腔,由于阀16前方的压力信号使阀17和阀21都处于全导通状态,于是主液缸下腔油液通过阀17和阀21流回油箱,这时液缸活塞下行。阀21右边串联的由单向阀和节流阀组成的可调液阻是为使液缸启动平稳而设,当主换向阀处于右位连通状态时,压力油通过阀17进入主液缸下腔,这时阀17前方的压力信号使阀21处于不通状态,因而进入液缸下腔的油液不致从阀21卸回油箱。压力信号还使阀16处于逆向导通状态,因主液缸上腔的油通过阀16和主换向阀15流回油箱,此时主液缸活塞上行,当主换向阀处于中位时,因其M型机能,1,2号泵卸荷,阀15两个工作油口均无压力信号,故阀16,17,21均处于反向不通状态,这时主液缸处于制动状态。由此可见,通过操纵一个主换向阀15、液控单向阀16和17,并由液控二位二通阀21的液压自控作用,可使主液缸活塞负载上行、负载下行以及在任意位置负载制动。应用阀21的目的是因主液缸下行的回油量是上行回油量的两倍,加入阀21可增加主液缸下行的回油辅助通道,这样可减少回油阻力,也使液缸调速平稳。其次,无论液缸是上行还是下行,只有进油腔有压力才能使回油路的阀16,17和21导通并回油,防止了由于压力油方向和外载荷方向一致而出现活塞失控前冲的现象。

(2) 手动二位四通阀18称为差动控制阀,它与液控二位二通阀19配合可实现液缸的差动动作。当阀18处于图示位置(图11-11)时,阀19总是处于不通状态,因而液缸不会实现差动。若阀18处于第二种导通状态,当压力油通过阀17进入液缸下腔时,由于阀17前压力信号的作用使阀19导通,同时也使液控单向阀16反向不通,这时就实现了主液缸上腔油通过阀19流回下腔,从而使液缸差动快速上行。下行程时,因阀16前的压力信号使阀19断路,故液缸能正常下行。液缸的快速差动运动主要用于空负载的快速提升或游动卡瓦回程。

(3) 手动二位六通阀20是辅液缸的控制阀。当阀处于图示位置时,辅液缸不参加工作,只是跟着主液缸上下浮动。当阀20处于左位连通情况时,两个辅液缸直接并入主液缸油路,它和主液缸做同样的动作,只有在重载时才使辅液缸并入工作。

(4) 起升液缸的调速 主换向阀15、液控二位二通阀22及梭形阀23组成系统的调速回路。调速原理如下:该回路主要是通过操作人员控制主换向阀左右(上行和下行)阀口的开度大小实现液缸调速。当主换向阀在右位或左位阀口全开时,压力油路在主换向阀前后的压差很小,这两个压力分别反馈到二位二通阀22的左右控制室,因压差很小(0.2~0.3 MPa),阀22处于不通状态。动力油液通过阀15全部进入液缸,此时液缸以全速运动。当阀15的阀口不是全开而是只有某种开度时,主阀前后动力油液的压差相应有某个较大的值(也就是前后压差与阀口开度成正比)。这个压差反映到阀22的两端,也会使阀22有相应的开度。依照阀22开度的不同,有一定流量通过阀22直接流回油箱,因而进入液缸的流量减少,达到调速的目的。其中,三通梭形阀是为了液缸上下行程都能实现调速目的而设的。这种调速方法可以实现手控的大幅度平稳调速。

从以上分析可知,全部液缸运行控制(包括其调速)都是通过一个主换向阀15人工实现的,人工控制集中、方便、准确,而所用元件的数量、复杂程度也减到了最低。

3. 管子绞车系统

3,4 号泵为两台管子绞车供液。管子绞车用于起下油管柱过程中吊升或下放单根油管。它要求的起重量不大(约 200 kg 左右),但控制灵活。

下面以图 11-11 研究其中一台绞车的工作情况。3 号泵供油进入左边一台绞车的液马达,液马达出口油经背压阀24回油箱,这时绞车全速正转(起升吊物)。调节截止阀11可调节 3 号泵对液马达的供油量,也可使 3 号泵卸荷。绞车的控制操作主要通过截止阀26 的开口大小实现。当阀26 全关时,绞车全速起升。当阀26 有一定开口时,它起支路节流阀的作用,在负荷不变的条件下液马达转速降低。开口愈大,转速愈低,开口到一定程度,液马达起升转速可为零,这时吊升物可悬持不动。开口再增,因为吊升物的自重作用,液马达反转,吊物下落。开口愈大,下落速度愈快。这样,在联合控制阀11 和26 的条件下可灵活控制绞车的起升、下放和悬持,十分方便。系统中的溢流阀25 供调节绞车额定起升负荷之用,溢流阀27 是安全阀,用单向阀和可调节流阀组成的单向阻尼器供限制吊物下落速度之用。这种管子绞车采用了简式节流阀的支路调速回路,机构简单可靠。

右边绞车的控制油路与左边的相同。

4. 卡瓦防喷器系统

卡瓦防喷器系统的工作机构是卡紧类型,能源部分(5 号泵)采用间歇供能,储能器保压。从图 11-11 可知,卡瓦、防喷器及平衡阀的控制都采用并联多路阀,这样三个防喷器、三个卡瓦及两个平衡阀(一个平衡,一个放压)都可以单动,互不影响。三组多路阀中只要有一级多路阀都处于中位,则系统卸荷。卡瓦多路阀的进油路上串联一个单向减压阀的目的是控制卡瓦卡紧力,以免因卡力过大而咬伤油管。

5. 转盘控制系统

转盘控制系统的主要特点是在进油路上串并联一个双节流阀28(固定节流阀并联,可调节流阀串联)。接入此节流阀的目的是将转盘的硬性驱动变成柔性驱动,以适应载荷变化的需要。可调节流阀可调节转盘转速。溢流阀 29 是转盘过载限制阀,方向阀 30 是转盘的正反转换向阀。

四、液压蓄能修井机

1. 特点

修井机是油田使用较多的一种作业机械。常规修井机在起升和下放油管往时都存在严重的能量浪费现象:

(1) 常规修井机一般按最大钩载与相应大钩提升速度的乘积选装电机功率,为了满足快速起升油管柱的需要,装机功率选得相当大。例如,一台修井机如果用 20 s 的时间将 300 kN 的管柱举升 10 m,则需要 150 kW。在起升油管柱时,油管的纯机动起升时间约占整个起单根周期的 1/4,而卸扣、摆放单根等辅助作业时间占 3/4,纯机动起升时间远少于辅助作业时间。大功率动力机在辅助作业期间是低负荷或空负荷运转,不仅能量浪费,也加剧磨损。

(2) 起升管柱时油管柱从井下被提到地面储存了相当的位能,下放油管柱时储存的位能要释放出来。常规修井机不能回收这些能量,只能靠刹车片消耗掉。但下放过程不能使柴油机熄火,因为还有油管的机械化上扣、撤吊卡等工作,此时柴油机虽然开着但基本上是在空转,既费油又磨损设备。

为此,顾心怿院士提出并实施了液压蓄能修井机的方案。这是一种节能型修井机,主要特征有:

(1) 减小了动力机的装机功率,其装机功率不到常规修井机的 1/3。

(2) 消除了常规修井机在起升油管柱的辅助作业期间因存在的低负荷、空负荷运转而造成的能量浪费现象。

(3) 可以回收油管柱下放释放出来的部分位能并重新利用。

(4) 油管柱下放到一定程度可以实现不开机作业。

2. 液压蓄能修井机基本结构

液压蓄能修井机在结构上可分为动力系统、蓄能系统、升降系统、控制系统、运载车等部分。

动力系统包括 2 台电动机、2 台液压主油泵、主油箱、高位油箱等,其作用是向组合油缸及蓄能器供油。蓄能系统包括蓄能液缸和与之相连的氮气包,实际上是一个大型蓄能器,其作用是储存和放出液压油。升降系统包括组合升降油缸、动轮架、动定轮增距系统等,其作用是进行油管柱的升降作业。控制系统包括主阀组、速度调节阀组、力挡分配先导阀组等,其作用是控制油管柱的起升及下放,省去常规机械修井机的刹车、离合器、变速箱等装置。

动力、蓄能、升降和控制系统等部分都装在运载车上。运移时,组合升降油缸呈水平状态放倒在运载车上,到达井口后由变幅油缸将组合升降油缸顶升起来,使之直立于井口

451

上方,进行修井作业。

起升系统为增距机构,如图 11-12 所示。组合油缸柱塞 3 的顶端与动轮架 4 相连,四个动滑轮 5 安装在动轮架上,两个定滑轮 2 安装在组合油缸缸体上,两根长度相等的钢丝绳分别绕过两个动滑轮和一个定滑轮后,其活端与大钩相连,死端固定在底座上。这样形成了增距 4 倍的动、定轮增距系统,即大钩行程和速度为柱塞行程和速度的 4 倍。当柱塞在液压作用下向上伸出时,与之相连的动轮架及动滑轮也同步上升,这样使大钩以 4 倍柱塞上升速度向上运动;当柱塞向下缩回时,大钩以 4 倍柱塞缩回速度向下运动,这样就可完成起下油管和抽油杆的作业。

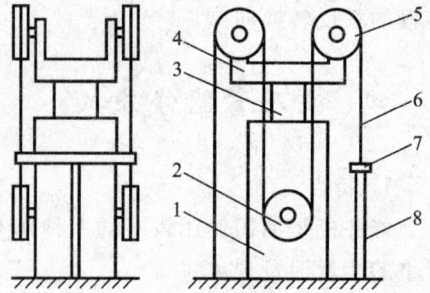

图 11-12　起升轮增距系统简图
1—柱塞缸筒;2—定滑轮;3—柱塞;4—动轮架;
5—动滑轮;6—钢丝绳;7—大钩;8—管柱

3. 液压控制系统

液压蓄能修井机液压系统如图 11-13 所示。组合油缸 11 由一个柱塞缸和一个活塞缸组合而成,大柱塞缸的柱塞 12 兼作小活塞缸的缸筒,小活塞缸的活塞杆固定在大柱塞缸的底盖上。这样组合油缸就被分成 q_1,q_2,q_3 三个腔室。q_1,q_2 腔室通高压油时,油压产生的作用力向上;q_3 腔室通高压油时,油压产生的作用力向下。蓄能器由一个氮气包 5 和一个蓄液缸 4 组成。

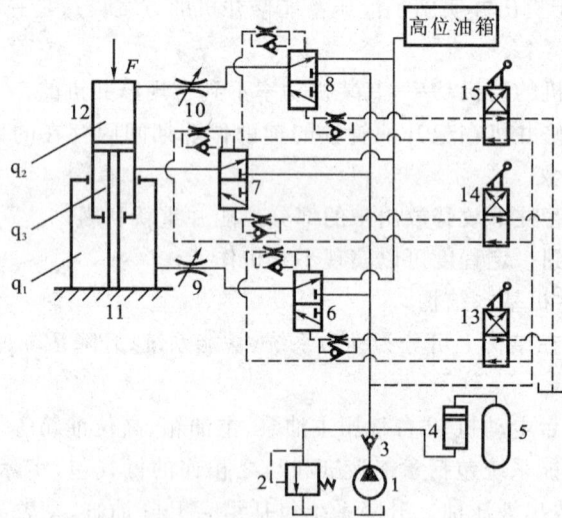

图 11-13　液压蓄能修井机液压系统图
1—油泵;2—溢流阀;3—单向阀;4—蓄液缸;5—氮气包;6,7,8—液动换向阀;
9,10—节流阀;11—组合油缸;12—柱塞;13,14,15—手动换向阀

手动换向阀 13,14,15 分别控制液动换向阀 6,7,8 的换向,液动换向阀 6,7,8 分别控制组合油缸 q_1 腔、q_2 腔、q_3 腔通高压油或低压油。当控制组合油缸某一腔室的液动换向

阀位于下位时,该腔室与高压油泵和蓄能器系统相通;当控制组合油缸某一腔室的液动换向阀位于上位时,该腔室与高位油箱相通;改变手动换向阀的换向组合方式就可以使组合油缸 q_1,q_2,q_3 三个腔室获得不同的与高、低压油相通的组合方式,从而使组合油缸获得不同的几个力挡,满足起升和下放不同负荷的需要。手动换向阀 13,14,15 是一个三联手控制阀组,称为力挡分配先导阀,由一个手柄集中操纵。每一个手柄位置对应一个挡位,见表 11-1。节流阀 9 和 10 控制起下油管的速度并起刹车作用。

表 11-1　液压蓄能修井机力挡表

力　挡	−1	0	1	2	3	4	5	6
q_1 腔	−	−	−	−	+	+	+	+
q_2 腔	−	−	+	+	−	−	+	+
q_3 腔	+	−	+	−	+	−	+	−
大钩起升力/kN		0	38	66	110	138	188	260

注:+表示该腔通高压油;−表示该腔通低压油。

在起升油管柱的辅助作业期间,通过操纵手动换向阀使三个液动换向阀都处于上位,此时组合油缸的三个腔室都通低压的高位油箱,油泵向蓄能器充油。当在某一挡位下起升油管柱时,油泵与蓄能器中的油一起供向组合油缸。动力机在整个工作周期内都全负荷工作,蓄能器储存动力机在辅助作业期间输出的能量供起升油管用,这样就可大大减少动力机的装机功率,使装机功率不到常规修井机的 1/3。表 11-1 中的力挡−1 在快速下放空大钩及卸扣后快速下放单根管柱时使用。

起升油管往时,选择大于油管柱重量的力挡,油管柱就被提起来,如油管柱重量为 230 kN,选择力挡 6 就可将其提起。

下放油管柱时,选择小于油管柱重量的力挡,油管柱就下降。如油管往重量为 230 kN,选择力挡 5 油管柱则下降。同时通过动定轮增距系统压迫柱塞使之缩回,将相应的一份液压油压入蓄能器中储存起来,这样就实现了油管柱位能的部分回收。所回收的能量可以供从井场排管架上提接单根、上扣等辅助工作用。油管柱下放到一定重量后,可以关掉动力机,实现不开机作业,这样又可节约很大一部分能量,并可减轻动力机的磨损。

第三节　石油机械中的电控制系统

电动钻机是目前发展非常快的一种驱动形式,也是现代控制技术发展的必然趋势。电驱动钻机比机械驱动钻机具有更优良的使用性能。电驱动钻机驱动型式的发展经历了 AC-AC 电驱动、DC-DC 电驱动、AC-SCR-DC 电驱动和 AC 变频电驱动等几个阶段。

一、AC-SCR-DC 电驱动钻机的控制系统

AC-SCR-DC 驱动将数台柴油发电机组发出的交流电并网输到同一母线电缆上,经晶闸管整流装置整流后驱动直流电动机,带动绞车、转盘、钻井泵。AC-SCR-DC 驱动电气控制系统框图如图 11-14 所示。

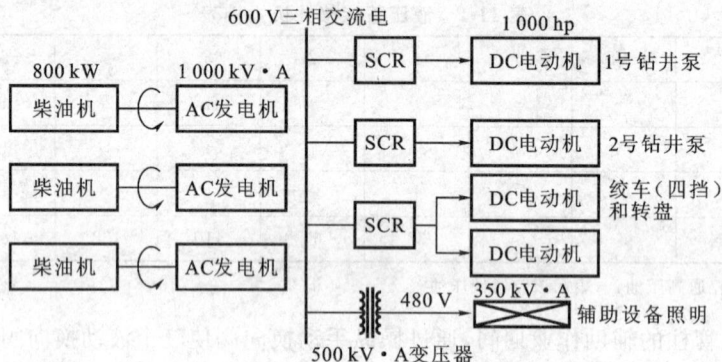

图 11-14　AC-SCR-DC 驱动电气控制系统框图

1. 直流驱动系统

直流驱动系统主电路如图 11-15 所示。整个驱动系统共有 7 台直流电动机,这 7 台直流电动机由 4 个 SCR 柜驱动,每个电动机负载可在两个 SCR 柜中任选一个来驱动,即一个负载在同一时间只能选择一个 SCR 柜供电,进行调速控制。在直流电动机驱动系统中,SCR1 柜可驱动绞车 DWB 和钻井泵 MP1,SCR2 柜可驱动绞车 DWA、转盘 RT 和钻井泵 MP1,SCR3 柜可驱动绞车 DWB、转盘 RT 和钻井泵 MP2,SCR4 柜可驱动绞车 DWA 和钻井泵 MP2。它们的指配关系由司钻控制台上的 SCR 指配开关选择。司钻控制台上指配开关的选择位置可决定驱动主电路中指配接触器的通断。指配接触器串接在 SCR 柜和直流电动机之间的主电路中,以控制 SCR 柜与电动机之间的指配关系。

在每台电动机主回路中都装有一只霍尔效应元件 HED,以便对每台电动机的电流进行检测,并将检测结果在控制电路中比较放大,如检测出带同一负载的两台电动机电流不同时,表明它们受力不相同,需要由控制电路进行平衡调节。调节无效时切断主回路电源,以防受力较大的电动机过载,同时也避免由于受力不同而产生运行性能上的差异。

在每个 SCR 柜的正端输出线上也装有霍尔效应元件 HED,检测该 SCR 柜的电流。将检测结果送入直流控制单元,作为电流反馈信号对触发脉冲进行控制,同时送往 SCR 柜面板上的电流表进行显示。

2. 绞车驱动系统

绞车驱动系统主电路如图 11-16 所示。绞车可由两台直流电动机驱动,分别称为绞车电动机 A(DWA)和绞车电动机 B(DWB)。

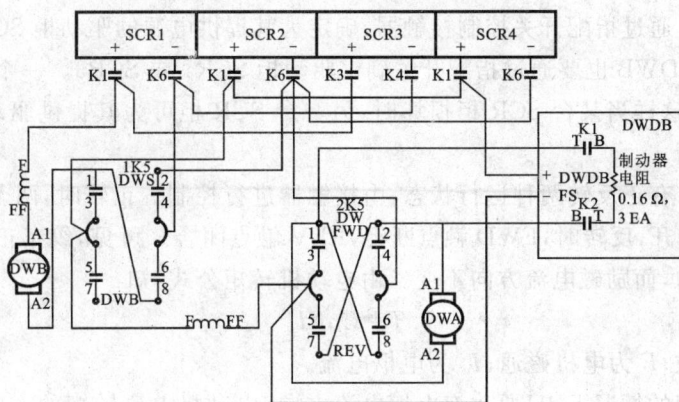

（a）绞车驱动系统主电路

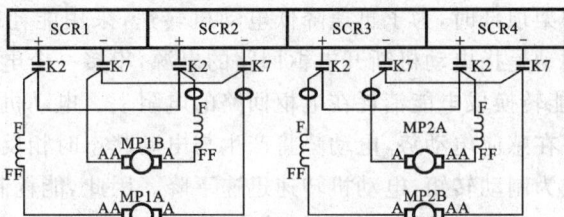

（b）钻井泵驱动系统主电路

图 11-15　直流电动机驱动系统主电路

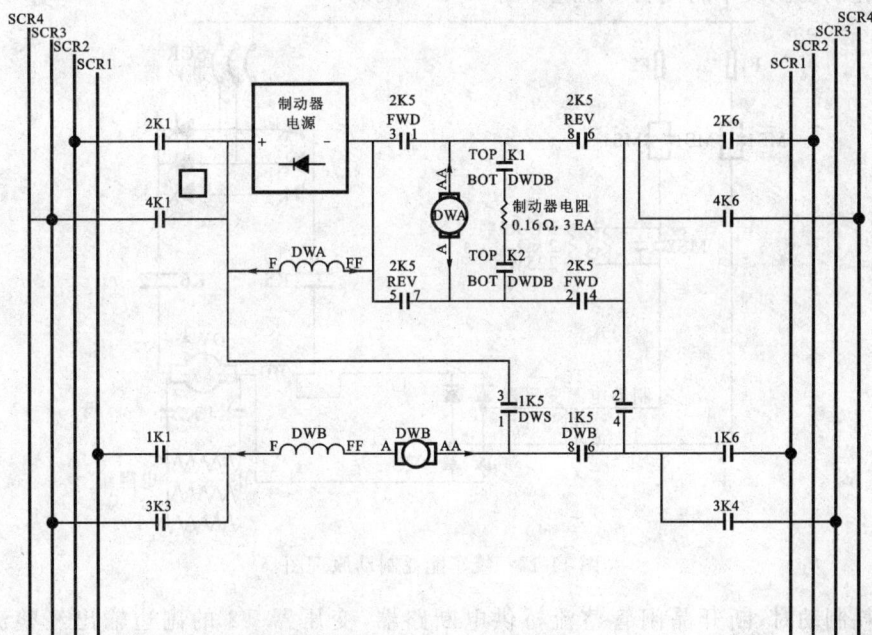

图 11-16　绞车驱动系统主电路

绞车 DWA 通过指配开关控制接触器,确定为其提供电源的驱动柜 SCR2 柜或 SCR4 柜。同样,绞车 DWB 也要通过指配开关确定驱动柜 SCR1 或 SCR3。一个设备可以有两台驱动柜驱动,这样当某台 SCR 柜损坏时,另一台 SCR 柜可为其提供驱动电源,以保证设备的正常运行。

绞车 DWA 有正反转两种运行状态,由接触器进行控制。正转时,两个 FWD 触点闭合,REV 触点断开;反转时,FWD 触点断开,REV 触点闭合。可见,绞车正反转时只是改变电枢电流方向,而励磁电流方向不变。由电动机转矩公式,知:

$$T = C_M F I_a \tag{11-1}$$

式中,C_M 为常数;F 为电机磁通;I_a 为电枢电流。

在磁场不变的情况下,只要改变电枢电流方向,电动机电磁转矩的方向就改变,于是电动机在电磁转矩作用下的旋转方向也随之改变。

当游车接近井架顶部时,为了迅速降低电动机转速,采用能耗制动,使电动机转速很快降下来。能耗制动是指电动机断开电枢回路的电源,串接一个电阻,使电动机处于发电状态,将系统的动能转换成电能消耗在电枢回路的电阻上。电动机制动时,在磁场的作用下系统因惯性仍存在感应电动势,电动势将产生与电动状态时相反的电枢电流,从而使电动机的电磁转矩变成制动转矩,电动机转速迅速下降。因此,能耗制动就是将电动机产生的电磁转矩变成阻力转矩。该转矩与电枢的旋转方向相反,使电动机转速迅速下降或停转。这时电动机吸收转轴上的机械能,将其转换为电能后又进一步转换为热能消耗掉,故称为能耗制动。绞车能耗制动原理如图 11-17 所示。

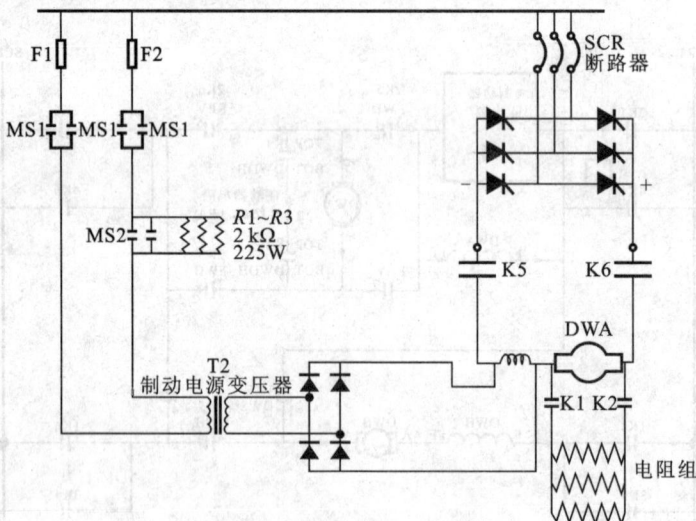

图 11-17 绞车能耗制动原理图

能耗制动时,断开晶闸管整流桥供电断路器,变压器 T2 的副边输出经整流后向 DWA 串励线圈供电,产生磁场。电动机 DWA 电枢绕组经接触器 K1 和 K2,使电流流过制动电阻,该电流产生制动电磁转矩。

3．转盘驱动系统

转盘驱动系统主电路如图 11-18 所示。转盘由一台直流电动机驱动，与绞车 DWA 一样，通过控制接触器可实现转盘的正反转运行。

转盘直流电动机通过指配开关选择可确定是由 SCR2 柜为其供电还是由 SCR3 柜为其供电。

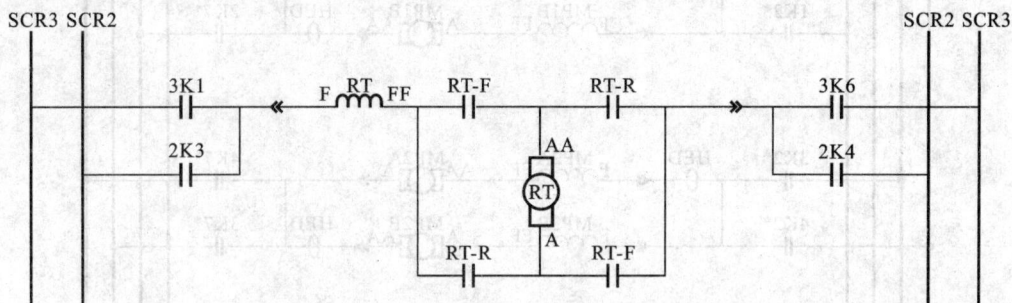

图 11-18　转盘驱动系统主电路图

4．钻井泵驱动系统

钻井泵驱动系统主电路如图 11-19 所示。该电动钻机有两台钻井泵，每台钻井泵由两台直流电动机并联运行驱动。钻井泵 MP1 两台并联的直流电动机可由 SCR1 柜或 SCR2 柜供电，钻井泵 MP2 两台并联的直流电动机可由 SCR3 柜或 SCR4 柜供电，具体由指配开关的选择位置来确定。如指配开关选择 4 点钟（即右下位置），则钻井泵 MP1 由 SCR1 柜供电，钻井泵 MP2 由 SCR3 柜供电，相应的连接 SCR1 柜与钻井泵 MP1 电动机指配接触器的主接触点闭合，连接 SCR3 柜与钻井泵 MP2 电动机指配接触器的主接触点也闭合。

两台电动机对称地安装在钻井泵两端，为使它们以同一转向拖动钻井泵运转，必须使它们输出的电磁力矩方向相反，即一台电动机顺时针方向旋转、另一台电动机逆时针方向旋转。在图 11-19 中，MP1A 电动机的电枢电流方向是由 AA→A，MP1B 电动机的电枢电流方向是由 A→AA，而它们的励磁电流方向相同，都是由 F→FF。因此，在磁场方向相同的条件下，电枢电流方向必须相反，这样才能保证两台电动机旋转方向相反。

二、AC 变频电驱动钻机的控制系统

AC 变频驱动是指将交流变频调速技术应用到钻机的电驱动控制系统上，使 AC-SCR-DC 驱动钻机中的直流驱动装置换成交流驱动装置，直流电动机变成交流电动机。它的电气控制系统框图如图 11-20 所示。

1．交流驱动系统

交流驱动系统的主电路如图 11-21 所示。整个交流驱动系统共有变频主传动装置变频柜 6 套，分别将 600 V，50 Hz 恒压、恒频的交流电压变成 0～600 V 变压、变频连续可调

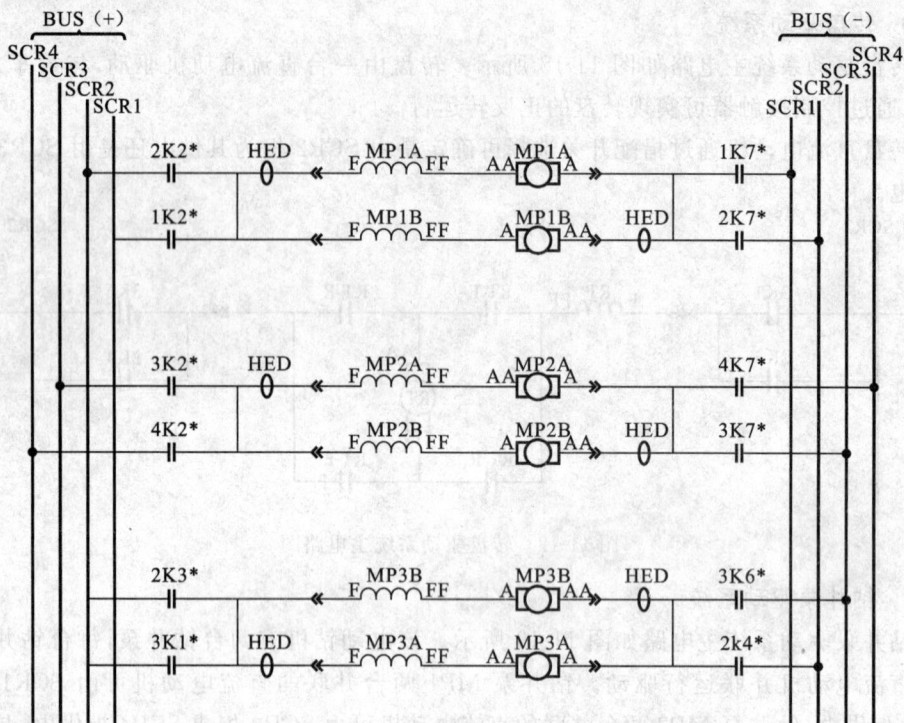

图 11-19　钻井泵驱动系统主电路图

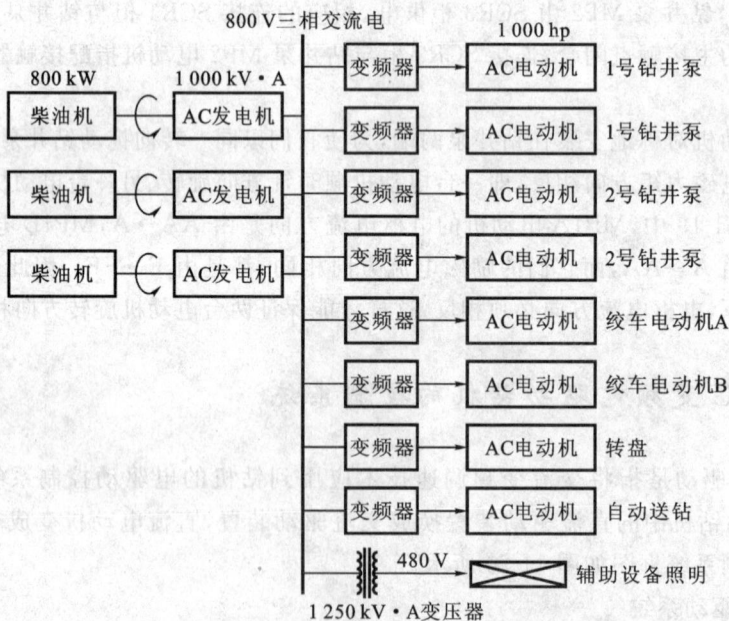

图 11-20　AC 变频驱动电气控制系统框图

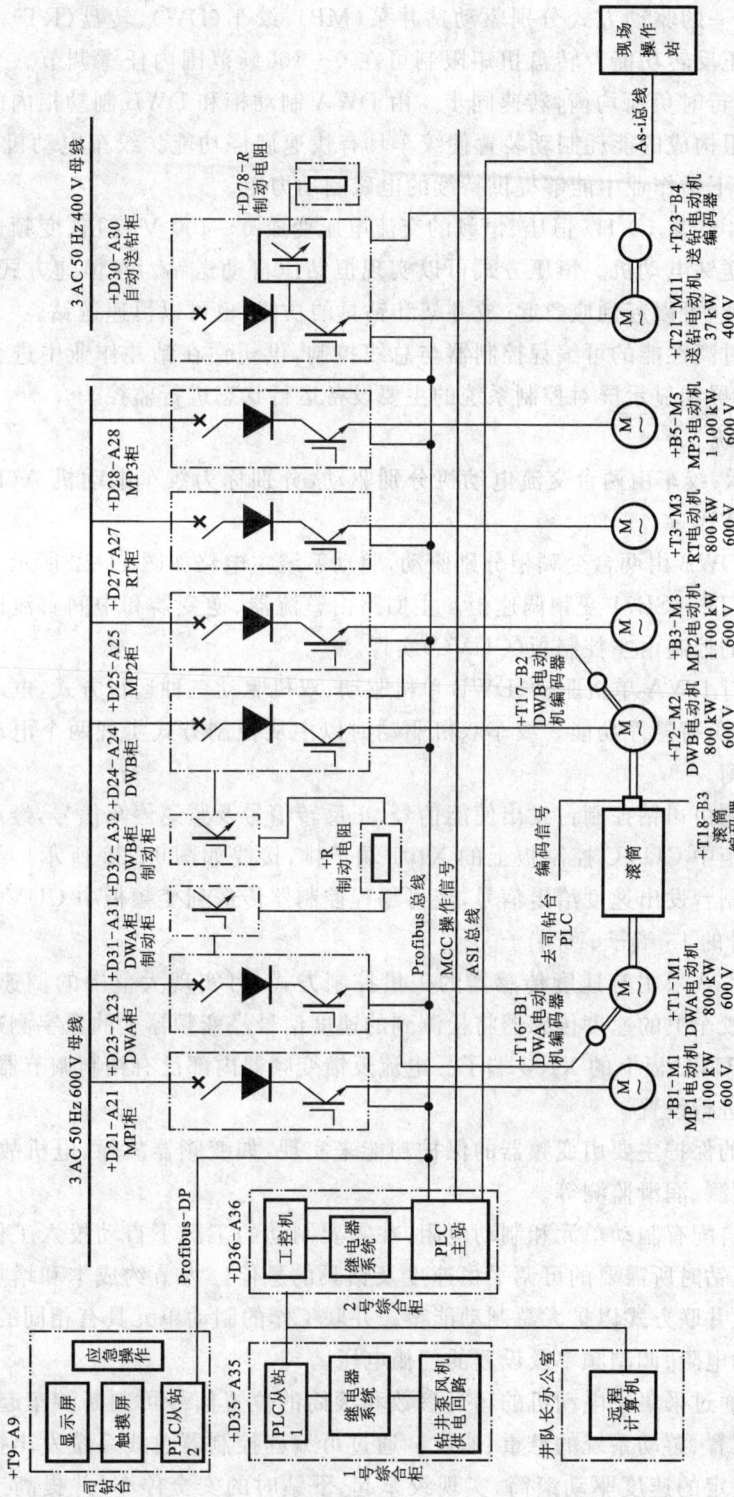

图11-21 交流驱动系统的主电路图

459

的交流电压,以一拖一的驱动方式分别驱动钻井泵(MP)、绞车(DW)、转盘(RT)。绞车和转盘电动机具有正反转功能。转盘扭矩限制可在 0~100% 范围内任意调节。绞车由两台电动机驱动,运行时负荷均衡,转速同步。由 DWA 制动柜和 DWB 制动柜内的制动单元与室外制动电阻构成的能耗制动装置使绞车具有快速启停功能。绞车电动机具有 4 象限运行的特性,在下钻作业中能够提供持续的电磁制动力矩。

送钻变频柜将 400 V,50 Hz 恒压、恒频的交流电压变成 0~400 V 变压、变频连续可调的交流电压驱动送钻电动机。恒压方式可以实现恒钻压自动送钻。在恒速方式时,电动机具有正反转功能,可以起到应急起、放井架和钻具的功能,也可以恒速送钻。

司钻控制台通过高性能的可编程控制器与总线控制,供司钻在钻井作业中进行各项操作,同时通过触摸屏和显示屏对控制系统的主要设备运行状态进行监控。

2. 绞车驱动系统

如图 11-22 所示,绞车由两台交流电动机分别驱动,分别称为绞车电动机 A(DWA)和绞车电动机 B(DWB)。

绞车 DWA 和 DWB 由两台变频柜分别驱动,驱动系统主电路如图 11-22 所示。变频柜采用全套进口西门子 6SE71 变频调速柜。主回路由整流器、逆变器和中间直流回路三部分构成。变频器的控制由主控制板(CUVC)实现。

绞车运行可以有 DWA 单机驱动、DWB 单机驱动、双机驱动三种运行方式,电动机四象限运行,可实现带负荷悬停功能。绞车双机驱动时以主从控制方式实现两个电动机的出力平衡与电流平衡。

绞车的运行控制由司钻控制台发出使能信号、正反转信号及紧急停车信号,经可编程控制器传送到变频柜中 CUVC 控制板上的 X101 端子排,接线如图 11-22 所示。绞车的速度控制由司钻控制台发出速度给定信号,经可编程控制器传送到变频柜中 CUVC 控制板上的 X102 端子排的 15 端子、16 端子。

绞车速度控制方式采用有速度传感器的矢量控制方式,可实现大范围的调速控制。速度反馈由安装在绞车上的速度传感器将检测到的速度信号经变频器上的数字测速机接口板 DT1 传送到 CUVC 板上的 X103 端子。电流反馈变频器内部已有控制调节器,工作参数可以通过软件进行设置。

绞车驱动系统的保护主要由变频器的保护功能来实现,如变频器故障、电机故障、电源监测、防碰天车监测、润滑监测等。

绞车变频柜各自配有制动单元和制动电阻,在需要制动的工况下自动投入工作并产生制动,实现绞车下钻时所需要的可调平稳速度及钻具的悬停。为节约成本和增加可靠性,采用小制动单元并联方式以扩大总制动能量。并联工作的制动单元具有相同的容量、工作电压等级、制动电阻、调制频率及设置的门槛电压。

可编程控制器通过采集主电动机的运行参数和滚筒的位置信号可判断游车起、下钻工况,计算游车的位置、游动系统的悬重、速度。通过可编程控制器总线系统发出控制信号,使主电动机以设定的速度驱动滚筒,实现绞车起、下钻时的安全停车,并提高工作时

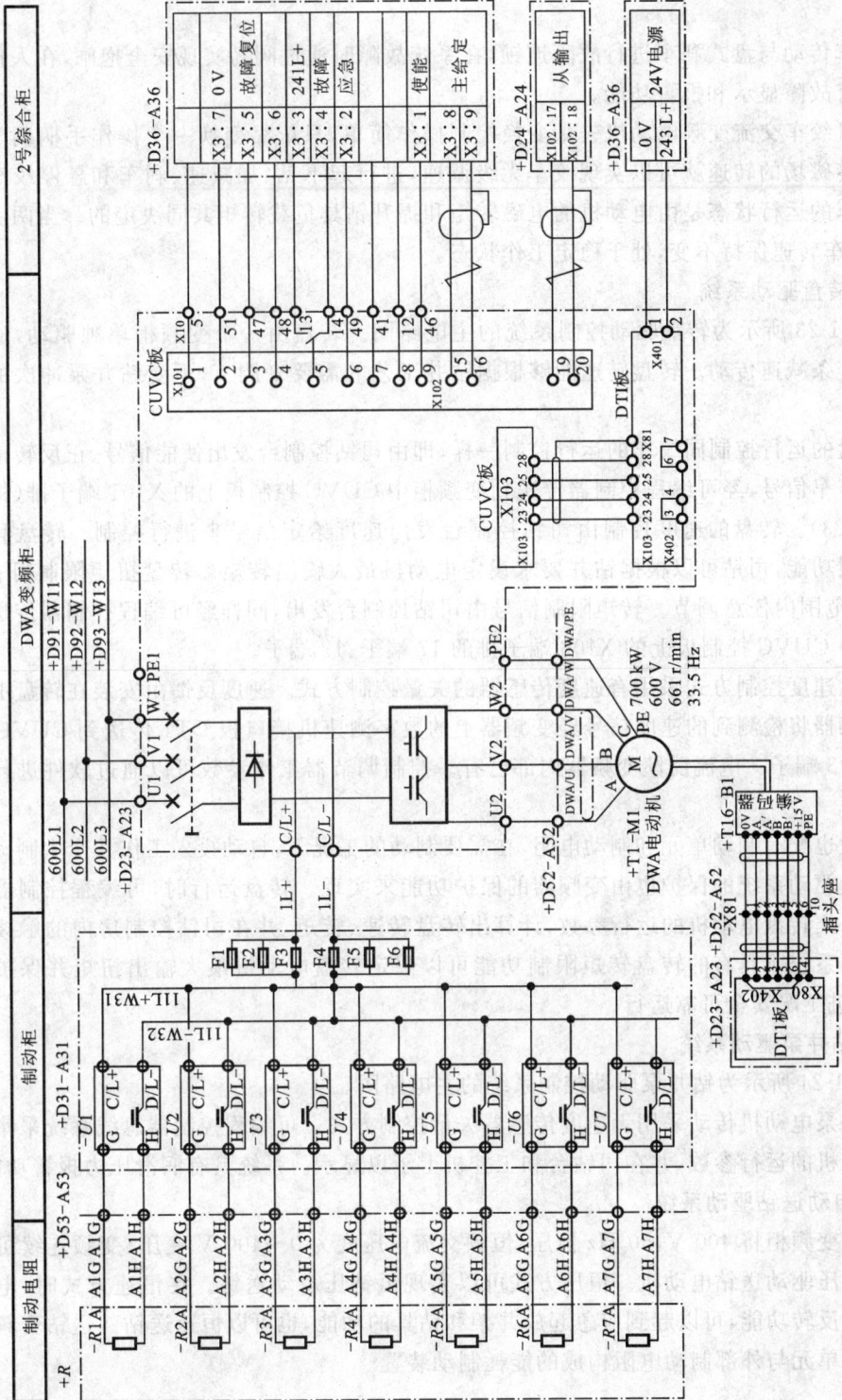

图11-22 绞车驱动控制系统的主电路图

461

效。

绞车传动与盘式刹车进行故障连锁,在系统故障时通过阀岛实现安全抱闸,在人机界面上具有故障显示和报警功能。

钻机绞车交流变频电动机矢量变换控制操作简单,只依靠变换一个操作手柄调节电动机旋转磁场的转速就可以实现绞车无级调速,进行起下钻、加减速、刹车和悬停绞车作业。绞车的运行状态是由电动机的电磁转矩和提升钻具负载转矩共同决定的。当两者相等时,绞车转速保持不变,处于稳定工作状态。

3. 转盘驱动系统

图 11-23 所示为转盘驱动控制系统的主电路图。转盘由一个变频柜单独驱动,通过齿轮或链条减速传动。转盘转速能够根据钻井工艺的需要来调节,不受钻井泵冲次的制约。

转盘的运行控制同绞车的运行控制一样,即由司钻控制台发出使能信号、正反转信号及紧急停车信号,经可编程控制器传送到变频柜中 CUVC 控制板上的 X101 端子排(接线见图 11-23)。转盘的速度控制由司钻控制台发出速度给定信号来进行控制。转盘具有转矩限制功能,司钻可以根据钻井要求设定电动机最大输出转矩。转盘扭矩限制可在 0～100％范围内任意调节。转矩限制信号由司钻控制台发出,同样经可编程控制器传送到变频柜中 CUVC 控制板上的 X102 端子排的 17 端子、18 端子。

转盘速度控制方式采用有速度传感器的矢量控制方式。速度反馈由安装在转盘上的速度传感器将检测到的速度信号经变频器上的数字测速机接口板 DT1 传送到 CUVC 板上的 X103 端子。电流反馈变频器内部已有。控制调节器工作参数可以通过软件进行设置。

转盘也配有制动单元和制动电阻,在需要制动的工况下,自动投入工作并产生制动。

转盘驱动系统的保护也由变频器的保护功能来实现。转盘运行时,可编程控制器总线系统采集转盘电动机的运行参数,计算出转盘转速、转矩,并在司钻控制房内的触摸屏上显示。系统所具有的转盘转矩限制功能可以限定转盘电动机最大输出扭矩并保护设备,使钻进工况安全可靠运行。

4. 钻井泵驱动系统

图 11-24 所示为钻井泵驱动控制系统的主电路图。

钻井泵电动机传动采用无速度传感器矢量控制方式。可编程控制器总线系统采集钻井泵电动机的运行参数,并在司钻台和工控机上予以显示。系统具有润滑压力报警功能。

5. 自动送钻驱动系统

送钻变频柜将 400 V,50 Hz 恒压、恒频交流电压变为 0～400 V 变压、变频连续可调的交流电压驱动送钻电动机。恒压方式可以实现恒钻压自动送钻。在恒速方式时,电动机具有正反转功能,可以起到应急起放井架和钻具的功能,也可以恒速送钻。送钻变频柜设有制动单元与外部制动电阻构成的能耗制动装置。

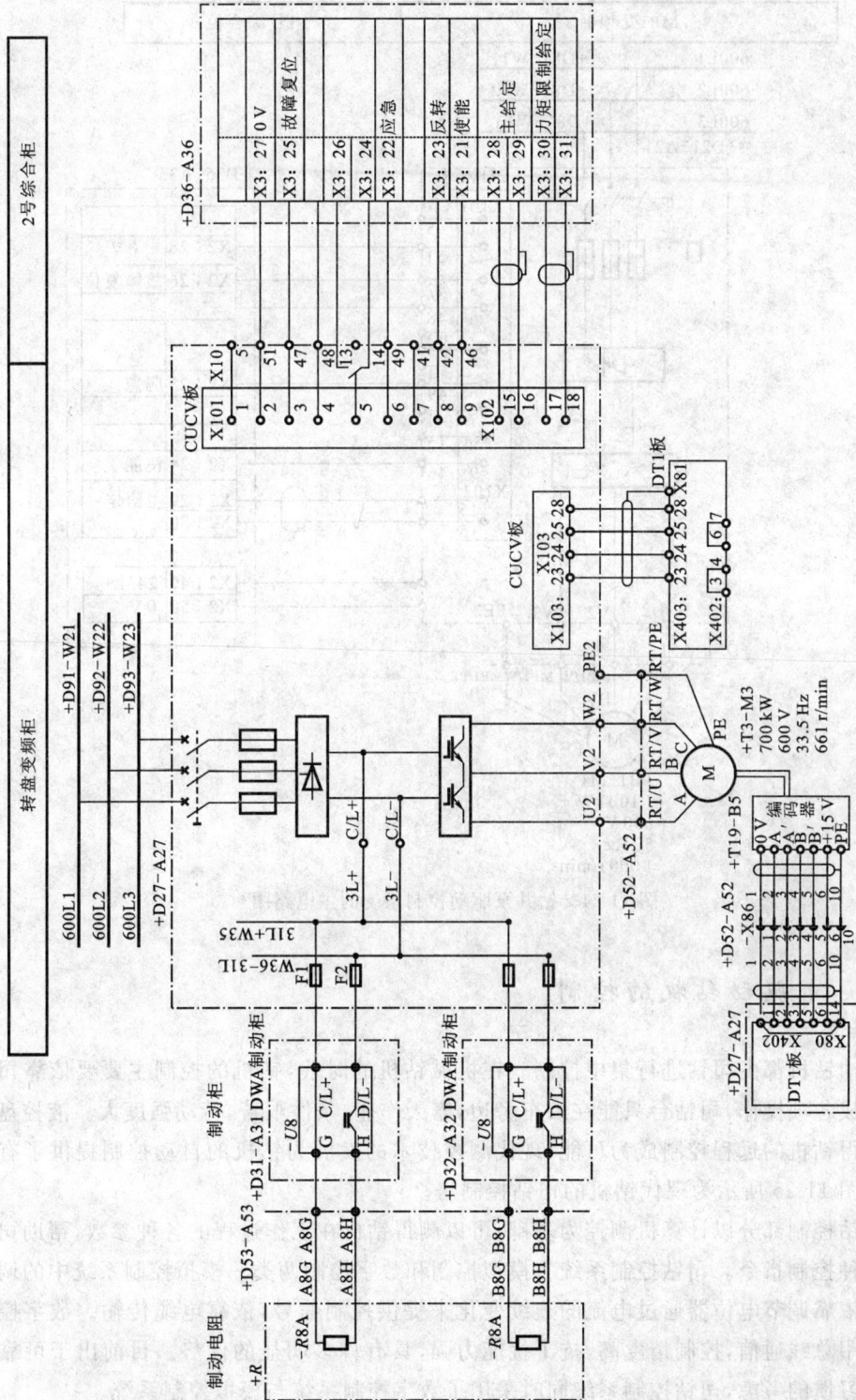

图11-23　转盘驱动控制系统的主电路图

463

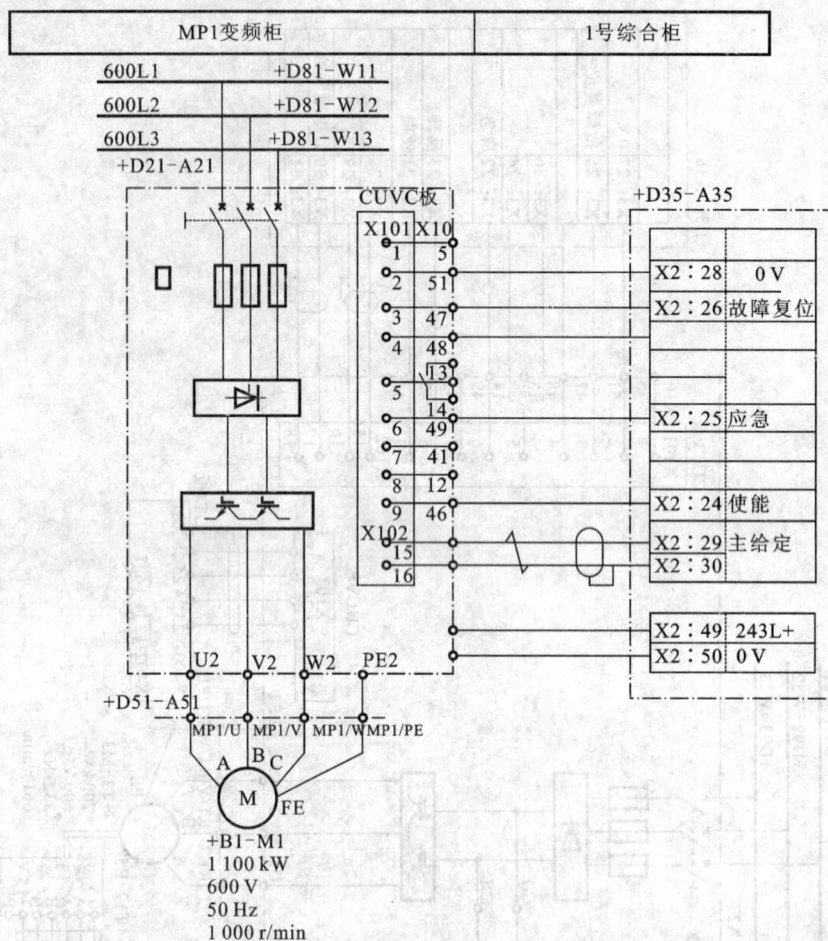

图 11-24　钻井泵驱动控制系统的主电路图

三、电驱动钻机的控制

　　石油钻机都由司钻进行集中控制。在机械钻机的时代,钻机的控制主要要依靠司钻手动完成各项操作,司钻台只能在绞车旁边,露天作业,条件艰苦,劳动强度大。液控盘式刹车使得钻机的远程控制成为可能,现代测控技术的发展为钻机的自动控制提供了有力保障。图 11-25 所示为现代钻机的司钻控制房。

　　司钻控制部分以计算机测控为基础,可以测得钻机在工作过程的各种参数,帮助司钻实施各种控制指令。司钻控制系统有模拟控制和数字控制两类。模拟控制系统中的调速控制是依靠调节电位器通过电流的连续变化来提供控制信号,依靠电缆传输。数字控制系统采用总线通信,控制精度高,抗干扰能力力强,具有许多明显的优势。目前出于可靠性和操作习惯的考虑,司钻控制系统同时采用了数字控制系统与模拟控制系统。

模拟控制系统的司钻控制台从司钻操作习惯出发,设有绞车、转盘、钻井泵等设备的转换开关、给定手轮,还有各种运行、报警及故障指示灯等。同时司钻控制台上还有触摸屏和显示屏,可对控制系统主要设备的运行状态进行监控。

数字控制系统将司钻的大部分操作、参数显示、闭路监视等功能全部集中在液晶触摸显示屏上,操作者可以在触摸屏上进行绞车电动机的启、停、正反转控制,调速控制,自动送钻控制等操作。触摸屏上还可以显示悬重、钻压、钻时、钻速、钻井

图 11-25 钻机司钻控制房

液体积、立管压力、转盘转速、转盘扭矩、大钩速度、大钩高度、猫头压力等钻井参数。操作画面上有运行、停止按钮,加、减速按钮,复位按钮,运行、故障指示灯等,还有各种工况运行的实时参数、历史参数画面、故障报警画面、主电路图画面等。

除控制系统外,司钻房还装有现场监测系统,可将钻台、二层台、机泵房等关键部位用摄像头进行监视。

第四节　钻井随钻测量系统

一、钻井随钻测量系统简介

随钻测量(measure while drilling,MWD)是 20 世纪 80 年代钻井工程技术的重大突破之一。随钻测量是将测量仪器安装在近钻头处,测量钻井过程中的钻井参数,并根据测量参数调整钻井工艺,从而使钻井过程成为透明的、可控的状态。也就是人们的钻井过程可以看得见了,使钻井过程由"摸着钻"、"算着钻"进入了"看着钻"的时代。随着科学技术的不断发展,人们将测井仪器一同放入,使测量范围进一步扩大,也有资料称之为随钻测井(logging while drilling,LWD)。

随钻测量的出现为人们直接获取井下资料提供了有效的手段。有了这第一手资料,人们可以将自动化技术、信息技术引入钻井工程,在钻井过程中根据测得的实时地质数据、储层数据实时调整井眼轨道,引导钻头钻进,并根据实时井下工程数据做出其他重要钻井决策。该系统也称为地质导向钻井系统。

二、地质导向钻井系统组成

地质导向钻井系统如图 11-26 所示。它不仅包括硬件系统（即井下测量系统），也包括相应的软件（即井场信息系统）。

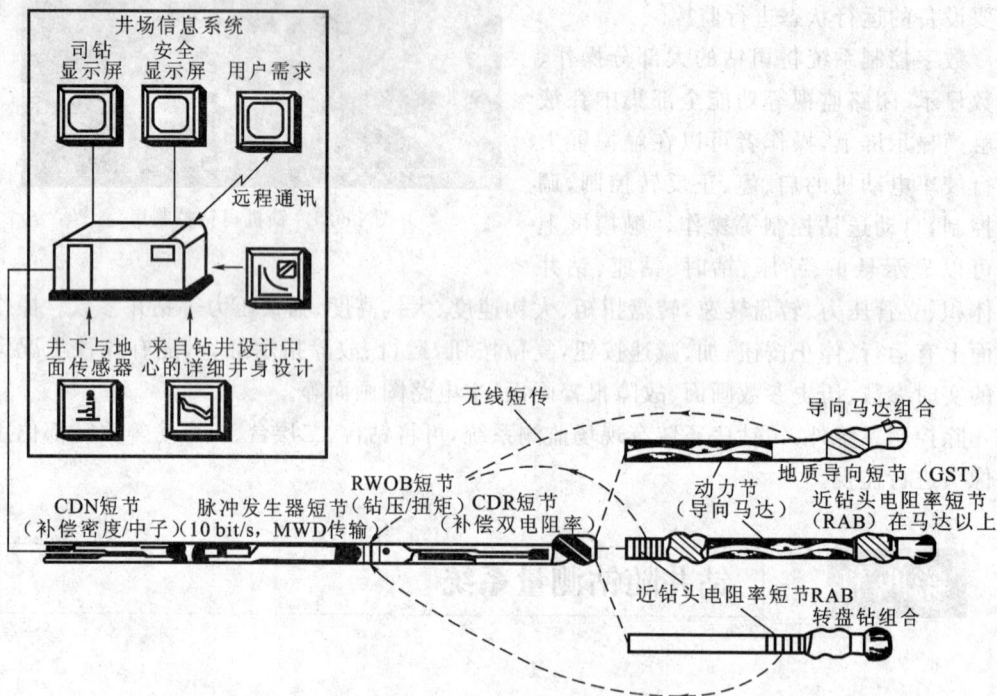

图 11-26　地质导向钻井系统

1. 井下测量工具

井下测量工具主要包括：

（1）测传导向马达（instrumented steerage motor）。如图 11-27 所示，这是一种完全仪器化的导向马达（其壳内装有传感器组件），直接与钻头相连，能够测量近钻头处地层电阻率、方位电阻率、自然伽马以及井斜和钻头转速等参数。这些参数通过电磁波传送到马达以上的 MWD，再由钻井液脉冲传送到地面。司钻和地质家可实时了解到钻头处的岩性变化，检测钻头处的油气显示情况，并通过对钻头进行导向来保证井眼在储层内延伸，达到增大储层泄油面积、提高单位进尺的产量和降低完井成本的目的。

（2）近钻头电阻率工具（resistivity at the bit，RAB）。如图 11-28 所示，这是一种仪器化的近钻头稳定器，直接与钻头相连，可测量近钻头处地层电阻率、自然伽马和井斜等参数。它的最大特点是，利用这些实时测量数据可在地层被污染之前进行高质量的地层评价以及检测裂缝、薄产层或渗透性产层。这种工具可代替测传导向马达用于转盘钻井。

（3）钻压扭矩工具。该工具直接接在 MWD 工具下端，用于接收地质导向工具或近钻头电阻率工具的电磁信号,并传到 MWD 工具。该工具也可测量钻压、扭矩、钻柱内钻井液压差和环空压力等钻井参数。

(4) 钻井液脉冲发生器。应用连续载波编码技术将数据传送至地面,数据传输速度高达 10 bit/s。

(5) 补偿双电阻率(compensated dual resistivity,CDR)及方位密度中子仪器(azimuthal density neutron,AND)。可实时测量井眼补偿感应电阻率、自然伽马、密度和中子,借此可进行初期地层评价、地质对比及孔隙压力评价。

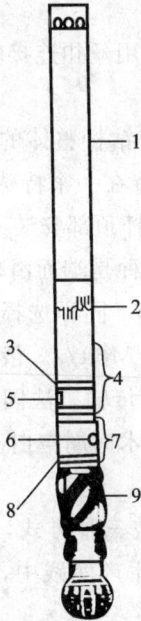

图 11-27　测传导向马达图

1—动力钻具;2—地面可调弯壳体;
3—无线遥测和电流测量发射器;4—井斜、转速、重力工具面;
5—伽马探测器;6—方位电阻率(深度≤12 in);
7—0.75°固定弯壳体;8—测量天线;9—稳定器和轴承节

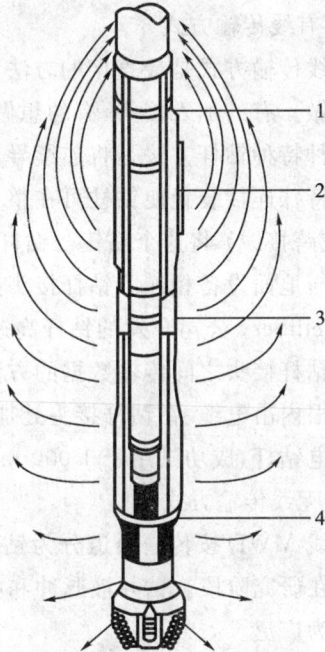

图 11-28　近钻头电阻率工具

1—上发射器;2—方位纽扣电极;3—环状电极;
4—下发射器

2. 井场信息系统

井场信息系统是地质导向钻井系统的中枢,通过结合所有的地面数据和井下数据来监测钻井过程。原始数据由解释程序转换成井场决策人员所需信息,并在高分辨率彩色监控器上以彩图的方式直观显示,使用方便。

三、钻井随钻测量系统的发展

虽然随钻测量系统对钻井工程有着巨大的作用,但其实施是非常困难的:一是要解决井下高温高压下的动力问题;二是要解决井下信号的传输问题。

1. 井下动力问题

井下动力有两种方案:一是采用蓄电池的方案;二是研究以钻井液为动力的井下发电机组。

2. 井下信号传输问题

信号传输是随钻测量技术的一个关键环节,同时也是制约随钻测量技术发展的"瓶颈"。信号的传输方式分为有线传输与无线传输两大类。

1) 有线传输方式

有线传输方式是最直接的方法,但要使电缆经过一根根用丝扣连接的钻杆,还有许多工作要做。有的加入接头,有的想做成同轴式的等。

这种特种钻杆方法是将连续导体附在钻杆内,使其成为钻杆整体的一部分。装在接头内的特殊连接装置使钻柱可在整个长度内导电。传感器装在一个特殊的钻铤内。铠装电缆(或跨接线)将这个钻铤与钻杆下端连接起来。在方钻杆顶部安装一个绝缘的滑环,该滑环与地面设备相连。钻杆接头处的连接方法有两种:一种是端面滑环,另一种是感应式。IntelliServ 公司开发的钻杆高速数据遥传系统 IntelliPipe 同样选择以非接触感应方式作为钻杆接头之间传输数据的方法,数据传输速度高达 2 Mbit/s。俄罗斯采用在钻杆每个单根内吊电缆、在钻杆接头处加电插头的方式进行信号传输。法国 IFP 公司采用唇密封的电钻杆,成功试用于 1 000 m 浅井。我国这方面的技术尚属空白。

2) 无线传输方式

无线 MWD 按传输通道分为钻井液脉冲、电磁波和声波三种方式,最新的组合式目前还处在研究阶段。钻井液脉冲和电磁波方式已经应用到生产实践中,以钻井液脉冲式使用最为广泛。

(1) 钻井液脉冲传输方式。目前,以钻井液为介质的信号传输方式有正脉冲、负脉冲和连续波等三种。在以上三种钻井液脉冲系统中,正脉冲和负脉冲传输方式的传输速率较低,抗干扰能力差,容易产生误码;连续波方式传输速率较高,抗干扰能力强。由于存在污染环空、信号速率低、能量损失大等缺点,负脉冲信号发生器已逐渐被淘汰。目前,以正脉冲方式传输的随钻测量系统在国内外均有较成熟的理论研究和实际应用产品,但以正脉冲方式传输的随钻测量系统的传输速率还较低,一般在 0.5~5 bit/s。以连续波方式传输信息的随钻测量系统因结构复杂、难度大,目前只有斯伦贝谢公司(Schlumberger)拥有产品(PowerPulser TM),以 24 Hz 的频率发送信号,数据传输率最高为 12 bit/s,理论和技术都还不够成熟。哈里伯顿公司(Halliburton)目前也在致力于开发以连续波方式传输信息的随钻测量系统,目标是使传输速率达到 20~30 bit/s。

(2) 电磁波传输方式。作为将 MWD/LWD 数据从井下传送到地面的一种替代方法,电磁波传输方式在 20 世纪 80 年代中期实现了商业化生产和应用,目前正处于发展之中。这种方法是双向传输的,可以在井中上下行传输,不需要钻井液循环。电磁波的传输速率为 1～12 bit/s。电磁波传输的优点是不需要机械接收装置,数据传输速度较快,适合于普通钻井液、泡沫钻井液、空气钻井、激光钻井等钻井施工中传输定向和地质资料参数。它的缺点是由于传输信号快速衰减,导致电磁波测量方法只适合在浅井中使用,且低电磁波频率接近于大地频率,易受井场电气设备和地层电阻率的影响,使信号的探测和接收变得较困难。

(3)声波传输方式。该传输方式是利用声波或地震波经过钻柱或地层来传输信号。井下数据的测试过程是将测试仪器和声波无线传输发射系统随钻柱或抽油泵下入,测试仪器将各种井下参数转化为数字信息,然后编码、暂存,将代表井下参数的二进制码脉冲送至控制电路,发射声波振动信号,沿钻柱或油管传输到地面,被安装在井口的声波接收探头接收,经放大后送入存储介质记录,进行数据处理与解释,得到该井目前的地层评价或生产动态资料。声波遥测能显著提高数据传输率,使无线随钻数据传输率提高一个数量级,达到 100 bit/s。

与电磁波遥测一样,声波遥测不需要钻井液循环,实现方法简单、投资少。它的缺点是衰减很快,受环境干扰大,井眼产生的低强度信号和由钻井设备产生的声波噪声使探测信号非常困难。由于信号在钻柱中传播衰减很快,所以在钻柱内每隔 400～500 m 就要装一个中继站。它的电路包括接收器、放大器、发射器和电源。要在钻柱内附加这么多元件,又要让钻柱在很深的钻井条件下工作,这使得声学信息通道式 MWD 系统使用起来很复杂,因而能使用的最大井深为 3 000～4 000 m。美国圣地亚国家实验室开发了声波遥测技术,通过钻杆的应力波快速传递信息,取代钻井液压力脉冲,但目前该传输方式尚未应用到生产实践中。

第五节　注水站自动控制和测量系统

一、注水工作流程

注水是油田中后期的一项重要开发技术,随着油田的逐渐开发,地层能量也逐渐减少,为此必须向地层补充能量。向油区注水便是主要手段之一。油田注水的全部流程包括水源净化系统、注水站、配水间及注水井等,如图 11-29 所示。

1. 水源净化系统

油田注水时不仅要求水量充足,还要求水质符合油田注入水标准,即应严格控制水质中的悬浮固体含量、含油量、菌类数量及腐蚀性等的指标,使得水质无杂质沉淀、化学稳定性好、对设备的腐蚀性小,同时又具有良好的洗油能力。水质的好坏直接影响注水井的吸水量、注入水的驱油率及对注水设备的腐蚀程度。为此,凡从水源来的水,都必须经过严

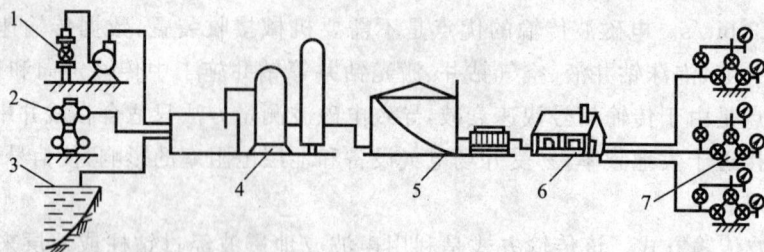

图 11-29　油田注水基本流程图

1—地层水；2—含油污水；3—地面水；4—净化站；5—注水泵站；6—配水间；7—注水井

格的净化处理。

根据水源的不同,净化系统也不一样。对于清洁水源,日注量小于500 m³的注水站,可以采用图 11-30 所示的流程。处理后的水质中,悬浮物的含量≤0.3 mg/L,悬浮物固体颗粒粒径≤2 μm,总含铁量≤0.1 mg/L,溶解氧含量约为 0。

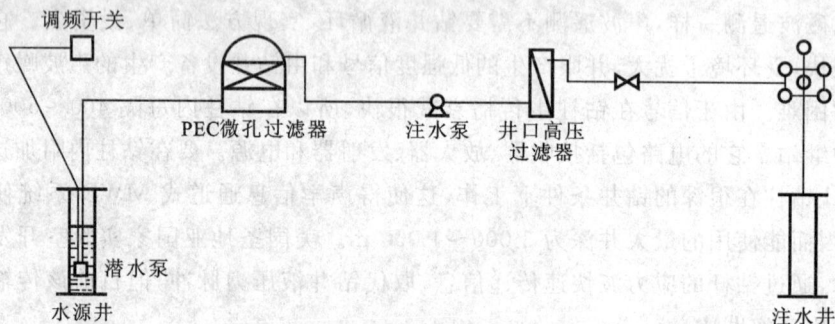

图 11-30　全密闭注清水工艺流程

对于含油污水则要求更严格的处理,采用多功能高效污水处理流程。处理后的水质中,悬浮物的含量≤2 mg/L,粒径≥2 μm 的颗粒去除 90% 以上,粒径≥2 μm 的颗粒占颗粒总数的 20% 以下,含铁量≤0.1 mg/L,含油量≤5 mg/L。包括该污水处理功能的注水流程为:油区来水→立式除油罐→缓冲调节罐→多功能过滤器→回流调节罐→喂水泵→注水泵→配水间→注水井。油田常用的含油污水处理的工艺流程如图 11-31 所示。

2. 注水站流程

注水站是油田注水系统的心脏部分,其作用是根据对注水压力的需求,使经过净化处理后的水升压并输送至配水间。注水站的流程如图 11-32 所示。由水源或净化处理系统的来水先进入储水罐,再由喂水泵输送至若干多级高压离心泵或往复式柱塞泵,增压后从分水器或输水管线流向各配水间。输水管线上安装有流量计和压力表,记录和反映流量和压力。

注水系统是油田能耗大户,也是油田投资的主要领域之一。目前的注水站有三种型式:

(1)以离心式注水泵为主的大站系统,特点是流量大,维护简单,注水压力一般不超

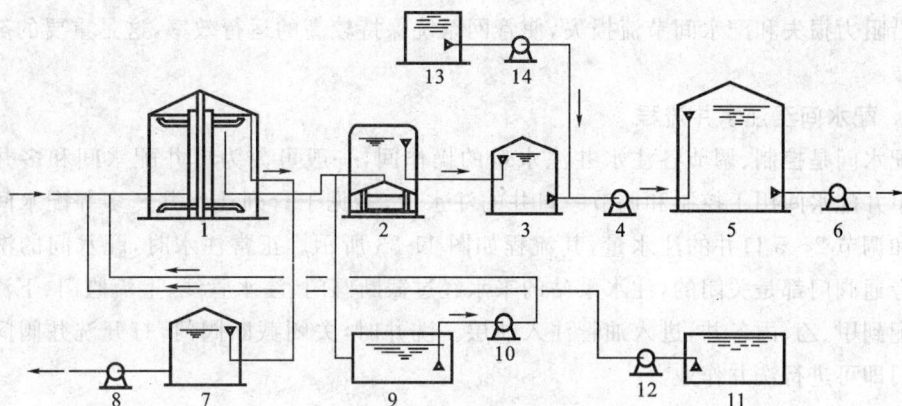

图 11-31 含油污水处理流程

1—除油罐;2—单阀过滤罐;3—缓冲水罐;4—输水泵;5—注水罐;6—高压注水泵;7—污油罐;
8—输油泵;9—污水回收池;10—回收水泵;11—混凝剂溶药池;12—加药泵;13—杀菌剂溶药罐;14—加杀菌剂泵

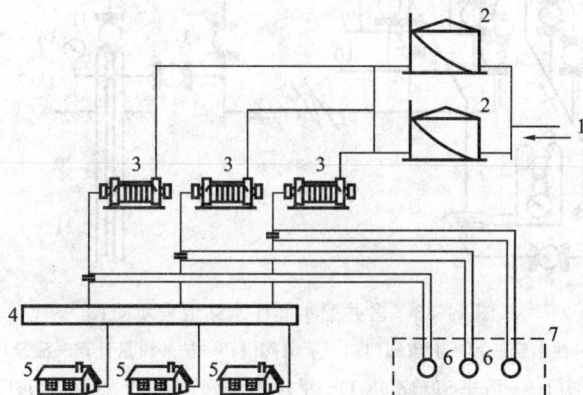

图 11-32 注水站流程示意图

1—水源来水;2—水罐;3—高压注水泵;4—分水器;5—配水间 6—流量计;7—值班房

过 16 MPa,适合高渗透率、整装大油田注水。主要泵型有 DF400-150A,DF300-150A,DG250-160,DF160-150,DF140-150,6D100-150(改型),D155-170 和英国泵 OK5F37 等,平均泵效为 76% 左右。

(2) 以柱塞式注水泵为主的小站系统,具有扬程高、效率高、电力配套设施简单(指 380 V 电压系统)等特点,适用于注水量低、注水压力高的中低渗透率油田或断块油田。主要泵型有 3H-8/450,5ZBII-210/176,3DZ-8/40,5ZBII-37/170,5D-WS34/35,3S175/13 等,平均泵效为 86% 左右。

(3) 对高于系统压力的注水井点采用增压注水泵增注,重点解决井压过高、系统管网节流损失大和高注入压力井的欠注问题。

对于油田外围零散的小油区,采用就地打水源井、简易注水流程技术比较经济。

进一步提高泵的寿命和效率,特别要减少注水泵出口节流损失、沿程水量漏失、注水干线沿阻力损失和配水间节流损失,使管网系统保持较高的运行效率,这是重要的努力方向。

3.配水间至注水井流程

配水间是控制、调节各注水井注水量的操作间,一般可分为单井配水间和多井配水间。单井配水间用于控制和调节一口井的注水量,多见于行列注水井。多井配水间可以控制和调节2~5口井的注水量,其流程如图11-33所示。正常注水时,配水间的洗井阀门和旁通阀门都是关闭的,注水泵站的来水经过截断阀门、注水管线、上流阀门、下流阀门被分配到甲、乙、丙各井,进入油管注入油层。洗井时,关闭截断阀门,打开洗井阀门和旁通阀门即可进行洗井作业。

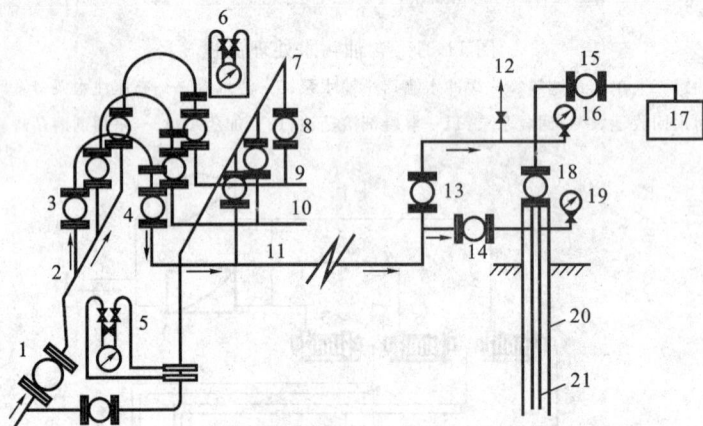

图 11-33 多井配水间注水站流程示意图

1—截断阀门;2—注水管线;3—上流阀门;4—下流阀门;5—洗井流量计;6—流量计;7—洗井管线;
8—洗井旁通阀门;9—丙井;10—乙井;11—甲井;12—放空管;13—生产阀门;14—套管阀门;
15—洗井放空阀门;16—油压表;17—量油池;18—总阀门;19—套压表;20—套管;21—油管

4.分层注水管柱

对于多油田的注采平衡,分层配水常用的管柱结构有固定式、空心式和偏心式三种。固定式分层配水管柱如图11-34所示。它是将配水器直接连接在油管上,当泵站来水压力达到 $0.5 \sim 0.7$ MPa 时,封隔器胶皮膨胀,分隔油层;当注水压力增大到一定值时,配水器的单流阀被推开,注入水即进入油层。这种配水管柱结构简单,配注层位可以任意多级,但是当需要更换配水嘴时必须提出全部注水管柱。

空心分层配水管柱是将空心活动配水器的工作筒与油管连接后先下入井中,再用钢丝将中空胀压杆和带喷嘴的配水器芯子送入井中,分别坐落在各自的工作筒内。此种管柱结构的特点是:各级配水器喷嘴直径不同,故进入各油层的水量得到合理的分配;可以通过相应尺寸的测试仪表和井下工具,便于测试;配水器的芯子是活动的,更换配水喷嘴时可以不提出注水管柱。偏心分层配水管柱中的偏心配水器活动芯子偏离油管中心,处于管柱侧面,各偏心配水器工作筒中心有一主通道,特点是可以任意多级并能通过测试仪器进行分层测试。

二、注水站的控制与检测

　　注水站测控系统是泵站实现自动化最基础、最重要的组成部分,其可靠性和精度直接影响泵站的正常运行。整个测控系统对提高注水生产的效率起着非常重要的作用。它所完成的主要功能是对现场参数进行采集,并转换成 4~20 mA 标准信号,送到显示仪表、控制仪表或计算机模拟量输入接口,通过对数据的处理记录、分析、比较,最终实现对注水泵的压力、流量的闭环调节,对注水泵的前置增压泵变频转速控制,实现设备及系统的自动保护功能。

　　注水站的检测早期均采用传统的电子式、机械式仪表,如流量计、电压表、电流表等。这些仪表安装在电动机、注水泵等被检测设备的附近。该方式比较分散,不便于实时查看、记录数据,很难对泵站进行准确的控制,同时也加重

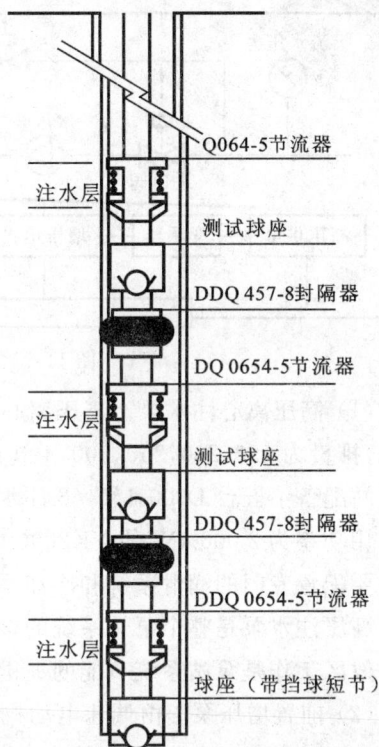

图 11-34　固定式分层配水管柱结构示意图

了工人的工作负担。目前各大油田的注水站大多采用集成式数据采集系统进行检测。将各被检测设备上的仪表、传感器的数据通过专门的信号线传输到控制室,并统一实时地显示出来。该方式能对泵站的运行状态进行实时监测,也便于对其进行准确的控制。

　　在注水站的控制中,为了获得预期的流量,一般采用变频控制。具体操作为:将其中一台驱动注水泵的电动机与变频器连接,通过变频器实现该电机的无级调速,从而实现该泵流量大小的任意控制。将该泵与其他几个泵组合即可得到预期的流量。

三、PCP 技术与实现

　　PCP(pump control pump)技术即泵控泵技术。它基于双泵的串联,通过对前置泵机组的变频仪表测控来控制注水泵的工作点,使其始终在高效区,从而使系统效率最高,达到节能的目的,也使系统运行参数可以进行智能调节。

　　1. PCP 泵站系统的组成

　　整个系统主要由机械系统、电控系统和辅助系统三大部分组成。具体包括:一台注水泵和一台增压泵,注水泵驱动电动机,增压泵驱动电动机及保证运行的润滑系统、水冷却系统、供电系统、仪表测控系统、变频调速系统、计算机控制系统等,如图 11-35 所示。

473

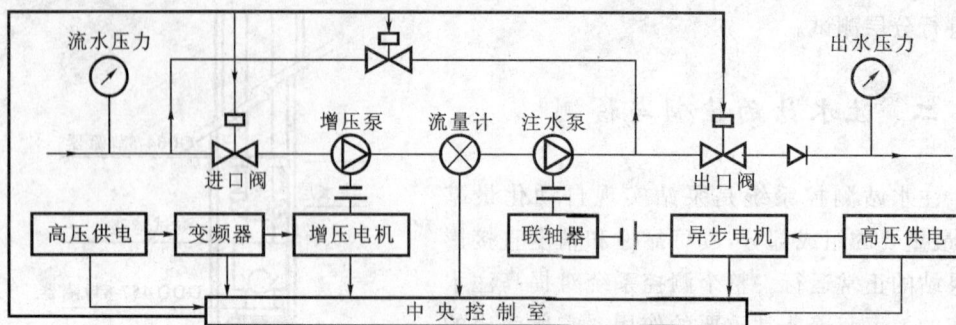

图 11-35　PCP 泵站系统结构示意图

（1）高压离心注水泵。高压离心注水泵是各大油田注水主力泵型，压力等级约为 16 MPa，排量为 150,200,250,300,400 m/h 等。注水泵的特点是流量大、扬程高。如某注水泵站配备了五台 D300-150×8 注水泵，每台流量 400 m^3/h、扬程 1 200 m、轴功率 1 600 kW，用功率为 2 000 kW 的 YK2000 电机驱动。由于拖动注水泵的电动机功率较大，因此还需要配置专门的润滑系统和冷却系统。

高压注水泵是整个泵站系统的核心部分，对泵站系统效率影响最大，因此高压注水泵在高效区工作是泵站系统节能的关键。

（2）前置增压泵。由调速电动机直接驱动，为高压注水泵提供吸入压力，压力调节范围为 0.3～0.6 MPa，以适应注水工艺对压力和流量的调整要求。

（3）转速控制系统。利用变频调速技术，通过控制前置增压泵驱动电动机实现增压泵宽频调节。转速控制系统具有软启动、负荷调节和分布控制等功能，对低压供电系统无干扰。

（4）仪表测控系统。监测注水泵站现场设备的运行参数和运行状态，对超限状态进行报警，保证设备正常运行，并将检测信号送往显示仪表和计算机接口。

（5）计算机控制系统。控制注水泵站设备启停和运行，调节系统控制参数，实现顺序工作的联锁保护控制，具有数据处理、状态检测、超限报警、报表打印等功能。

（6）润滑、水冷却系统。是注水泵站的必备辅助系统，为注水泵站正常运行提供必要的保障。

2．PCP 控制基本原理

PCP 技术基本原理为：在高压注水泵进水端添加前置增压泵，即高压注水泵与前置增压泵串联。通过增压泵电动机变频控制调节增压泵的输出压力和流量达到调控高压注水泵输出压力和流量的目的，实现泵控泵，使大功率注水泵始终运行在高效区，并通过计算机控制系统、仪表监视和测控系统、变频调速系统调节注水泵出口的输出压力和流量，实现增压泵控制注水泵。

PCP 系统由增压泵与注水泵组成，水流经由增压泵增压和流量调节，进入注水泵。注水泵由五级或四级（拆级后）增压后输出，因此 PCP 系统的输出特性与增压泵和注水泵特性有关。图 11-36 给出了增压泵对应不同转速下的 H-Q 曲线,增压泵的输出压力为 1～4 MPa,中间变形圆曲线为泵效曲线。其中,1 040 m/h 时为增压泵的工作点最优,泵效最高。

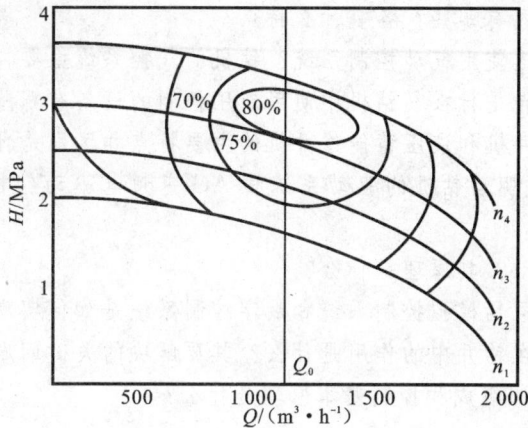

图 11-36 增压泵 H-Q 曲线

图 11-37 所示为注水泵的 H-Q 泵效曲线,在工作点时泵效相对最高,可达到 85%。对于不同的管网,其特性是不同的。增加增压泵后,两泵串联,流量相等,扬程相加。当调整增加泵的转速时,改变增压泵的特性也就改变了 PCP 系统的特性。在日常注水工作中,当管网特性改变时,为保证系统效率,可通过调节 PCP 系统的特性来保证系统的总效率。如图 11-38 所示,当管路特性分别为 A,B 和 C 时,通过增加泵的特性而改变系统的特性,使工作点分别为 A1,A2 和 A3。通过这种方式改变泵系统的效率是一个比较复杂的过程,要靠计算测控系统来计算和调节。

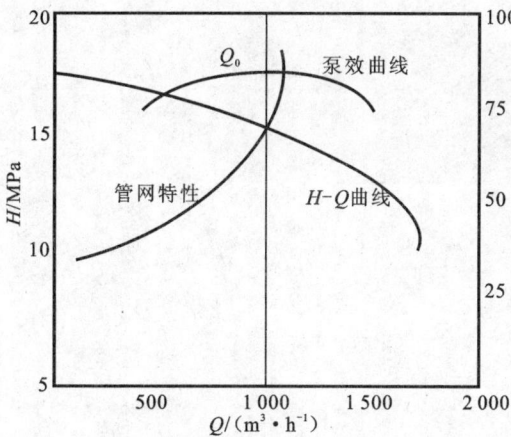

图 11-37 注水泵 H-Q 曲线

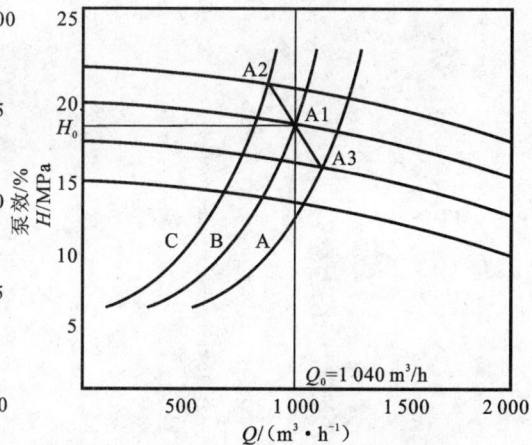

图 11-38 不同管网时 PCP 系统的 H-Q 曲线

本章思考题

1. 钻机的控制形式有哪些? 各有什么特点?

2. 钻机为什么广泛使用气动控制系统? 钻机的气控系统主要包括哪几部分?

3. 液压系统的特点是什么? 钻机中使用液压控制的设备有哪些?

4. 不压井液压修井机和液压蓄能修井机的主要特点和区别是什么?

5. AC-SCR-DC 电驱动钻机的驱动系统和 AC 变频电驱动钻机的驱动系统有何不同?

6. 什么是能耗制动? 其原理是什么?

7. 电驱动钻机中司钻模拟控制系统和数字控制系统是如何实现的?

8. 随钻测量系统在钻井中的作用是什么? 其要解决的关键问题有哪些?

9. PCP 泵站系统的组成和控制基本原理是什么?

第十二章

海洋石油钻采工艺及设备

第一节	概　　述

　　地球上广大而连续的咸水水体称为海洋。它既是陆地水的主要供给源泉,又是陆地水的汇聚场所。根据海洋形态、水文和物理性质的不同,可以将海洋分为海和洋两部分。

　　海是海洋的边缘部分,深度较浅,一般在 2 000 m 以内,约占海洋总面积的 11%。根据被大陆孤立的程度和周围环境的不同,海可分为地中海、边缘海和内海。地中海又称陆间海,是指位于几个大陆间的海,如南、北美洲间的加勒比海等。边缘海是指位于大陆边缘,一面以大陆为界,另一面以岛屿等与大洋分开的海,如我国的黄海、东海和南海等。内海是指深入陆地内部,海水水文特征受陆地影响显著的海,如我国的渤海。

　　位于北大西洋中心的马尾藻海是世界上唯一没有大陆海岸的海,因而成为独特的洋中之海。根据国际水道测量局公布的资料,世界上的海共有 54 个。我国主要有渤海、东海和南海等。

　　洋是海洋的中心部分,深度一般在 2 000 m 以上,约占海洋总面积的89%。世界上有四大洋:太平洋、大西洋、印度洋和北冰洋。

　　地球的表面积为 5.1 亿 km²,海洋的表面积约为 3.62 亿 km²,占地球表面积的 71%。海底是地球表面的一部分。

　　人们通过地震波及重力测量了解到海底地壳的结构。海洋地壳主要是玄武岩层,厚约 5 km,而大陆地壳主要是花岗岩层,平均厚度 33 km。大洋底始终都在更新和成长,每年扩张新生的洋底大约有 6 cm 左右。

海底与陆地一样,也有高山、深沟、丘陵和平原。根据外部形态的不同,海底可分为大陆边缘、大洋盆地和大洋中脊三部分。

一、大陆边缘

大陆边缘分为三部分:大陆架、大陆坡、大陆隆。

1.大陆架

大陆架一般是指水深为 0~200 m 的台地。大陆架是大陆的自然延伸,坡度一般较小,起伏也不大。世界大陆架总面积约为 2 700 多万 km²,平均宽度约为 75 km,占海洋总面积的 8%。大陆架浅海靠近人类的居住地,与人类关系最为密切,大约 90% 的渔业资源来自大陆架浅海。人类自古以来在这里捕鱼、捉蟹、赶海,享"鱼盐之利,舟楫之便"。随着生产的发展,人们又在这里开辟浴场、开采石油,利用这里的阳光、沙滩和新鲜空气,开辟旅游度假区。

2.大陆坡

由大陆架向外伸展,海底突然下落,形成陡峭的斜坡,这个斜坡叫做大陆坡。它像一个盆的周壁,又像一条绵长的带子缠绕在大洋底的周围。各大洋大陆坡的宽度不一样,从十几千米到几百千米,平均宽度约 70 km;坡度为几度至 20°以上,平均 4°30′。它是地球上最绵长、最壮观的斜坡。全球大陆坡总面积约 2 800 万 km²,约占海洋总面积的 12%。坡麓横切着许多非常深的大峡谷(称为海底峡谷),规模比陆地上穿过山脉的山涧峡谷还深、还大。大陆坡是水深为 200~2 500 m 的深海盆的斜坡,处在大陆架外侧的边缘。

3.大陆隆

大陆隆又称大陆基,是大陆坡以外到大洋盆地之间的过渡地带,水深为 2 500~4 500 m。大陆隆是由浊流滑塌作用而在大陆坡坡麓形成的倾斜平缓的扇形堆积物。许多大陆隆的下部以前曾经是海沟,后来沉积物充填了海沟,形成了大陆隆。

在大陆边缘中有海沟,它具有陡峭的侧壁和极大的深度。世界大洋中共有 29 条海沟。位于太平洋西部的马里亚纳海沟是世界上最深的海沟,深达 11 034 m。

目前,海洋石油的开发主要集中在大陆架。

二、大洋中脊

大洋中脊是大洋底的山脉或隆起,它们是海底扩张的中心。大洋中脊顶部的水深约 2 000~3 000 m,也有高的地方,露出水面而成为岛屿,如大西洋中的冰岛等。大陆漂移学说认为,大洋中脊是生成新洋壳的地方,即热地幔物质不断从大洋中脊顶部涌出并不断形成新洋壳,这些新洋壳再不断向两侧推移。大洋中脊上有火山和地震活动。

三、大洋盆地

大洋盆地分布在大陆边缘和大洋中脊之间，其形状受制于大洋中脊的分布格局。大洋盆地主体部分的水深为 4 000~6 000 m，称为深海盆地。深海盆地中最平坦的部分称为深海平原。大洋盆地底部的深海平原是地球上最平坦的区域，其坡度极小，一般小于 1/1 000，有的甚至小于 1/10 000。

由于大洋盆地中没有阳光而且温度极低，所以海底动物非常少。但在洋底却有着非常丰富的锰结核资源，世界各国正在研究和开发这一资源。

海底形貌如图 12-1 所示。

图 12-1　海底形貌示意图

第二节　海洋钻井平台

在陆地上钻井时，钻机等设备都安装在地面的底座上。在海上钻井时，不能直接将钻机安装在海里，需要有一个能安装钻机的各系统以及配备有相应器材、物资和可供人员作业及生活的海上基地，保证其能在规定的环境条件下稳定地进行钻井作业，并在几十年或百年一遇的环境条件下具有生存能力，这个海上基地就叫做海上钻井平台。

一、海上钻井平台的分类

1. 按运移性分类

海上钻井平台按运移性可分为：

（1）固定式钻井平台。

（2）移动式钻井平台：坐底式钻井平台（包括步行式钻井平台、气垫式钻井平台）、自升式钻井平台、半潜式钻井平台、浮式钻井船（又叫钻井浮船）。

2. 按钻井方式分类

海上钻井平台按钻井方式可分为：

(1) 浮动式(浮式)钻井平台：半潜式钻井平台、浮式钻井船、张力腿式平台。

(2) 稳定式(海底支撑式)钻井平台：固定式钻井平台、自升式钻井平台、坐底式钻井平台。

二、海上钻井平台的结构及特点

1. 固定式钻井平台

它是从海底架起的一个高出水面的构筑物，上面铺设甲板做为平台，用以放置钻井机械设备，提供钻井作业场所及工作人员生活场所，如图12-2所示。下面简单介绍固定式钻井平台的结构组成。

(1) 导管架。这是整个平台的支撑部分，是用钢管焊接而成的一个空间桁架结构。一个导管架上有许多管节点。

管子相交构成的节点称为管节点。管节点是平台结构的一个组成部分，它是用熔焊的方法将作为拉筋构件的一根或多根管状构件连接到作为弦杆的另一根构件的外表面上形成的。构件的截面可以是圆形、正方形或矩形。管节点是导管架的薄弱环节。与判断平台失效的标准一样，判断管节点是否损坏也有许多不同的标准。例如，管节点所受应力达到材料的弹性极限；管节点所受的应力达到材料

图 12-2　固定式钻井平台

的屈服极限；在受拉力的管节点内发现有裂纹，裂纹达到了一定的值(临界值或规定的值)；在明显的变形出现之前，节点始终处于极限压缩载荷作用下等。

管节点的主要损坏形式有：弦管壁的损坏(穿孔剪切)；拉伸拉筋与弦管间出现相分离的裂纹；在承受压缩载荷的拉筋周围，弦管壁产生局部翘曲；整个弦管横截面的剪切破坏；在受拉伸载荷的拉筋周围，弦管壁出现层状撕裂。

如果从三维几何形状来分析，管节点的布置形式有多种，即使只考虑位于同一平面内的管节点，其类型也有许多种。图12-3给出了常见的圆形管件的一些管节点。

由两根正交的管子构成的管节点叫做T型管节点。如撑杆与主管以锐角相交，则该连接称为Y型节点。如果两根撑杆都在弦管的一侧，即每根撑杆的中心线与弦管的轴线形成锐角，则该连接称为K型节点。如果一根撑杆与弦管垂直，另一根以锐角相交，则该节点称为N型节点。如两根撑杆从弦管两侧正交并使所有三根管子处于同一平面，则该连接称为X型节点或十字型节点。如此等等。

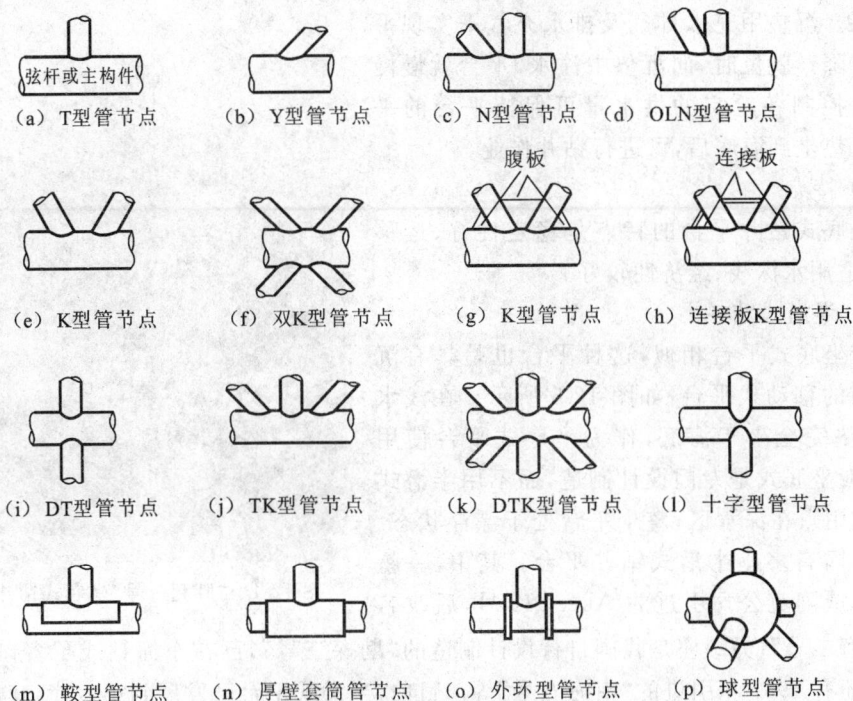

（a）T型管节点　　（b）Y型管节点　　（c）N型管节点　　（d）OLN型管节点

（e）K型管节点　　（f）双K型管节点　　（g）K型管节点　　（h）连接板K型管节点

（i）DT型管节点　　（j）TK型管节点　　（k）DTK型管节点　　（l）十字型管节点

（m）鞍型管节点　　（n）厚壁套筒管节点　　（o）外环型管节点　　（p）球型管节点

图 12-3　管节点的类型

　　管节点的力学分析和计算非常复杂,其不利情况是应力集中。在危险位置处所达到的峰值应力相当于正常应力的倍数称为应力集中系数。不同形状的管节点,其应力集中系数是不同的,因此要尽量采用应力集中系数小的管节点形状。

　　一般导管架是在岸上焊好,然后用拖轮整体运输,到达井位后用浮吊就位。就位后再从导管中插入钢桩,用打桩机将其打入海底基岩,然后在导管与桩的环形空间注水泥,使两者连成一体,这样导管架就固定好了。

　　（2）帽。它的作用是连接导管架与上部平台。这也是一个空间桁架结构,与导管架的连接处焊有销桩。就位时先插入销桩,然后焊成一体。

　　有的固定式钻井平台没有帽。

　　（3）工作平台。它用于放置钻井设备,提供作业场所以及工作人员生活场所。

　　2. 坐底式钻井平台

　　这是一种具有沉垫浮箱的移动式平台。图 12-4 所示是我国自行设计创造的"胜利一号"坐底式钻井平台。

　　1）结构组成

结构组成如下:

　　（1）工作平台。它用于放置钻井设备,提供作业场所以及工作人员生活场所。

　　（2）立柱。它用于支撑平台,连接平台与沉垫。

　　（3）沉垫。它是一个浮箱结构,有许多各自独立的舱室。每个舱室都装有供水泵和

481

排水泵。沉垫用充水排气及排水充气来实现平
台的升降。就位时,向沉垫中注水,平台就慢慢
下降。控制各舱室的供水量可保持平台的平
衡。沉垫坐到海底后,可进行钻井作业。

2) 特点

坐底式钻井平台的特点是稳定性好、运移
性好、适用水深浅、经济性较好。

3. 半潜式钻井平台

与坐底式平台相似,这种平台也是具有沉
垫浮箱的移动式平台,如图 12-5 所示。在浅水
区,沉垫完全坐于海底,作为坐底式平台使用
(但一般坐底式是专门设计制造,而不用半潜式
平台代用);在深水区,整个平台处于漂浮状态。
目前我国有多座半潜式钻井平台。其中,一座
为从挪威阿克公司引进的 Aker H3 号,后改名

图 12-4 "胜利一号"坐底式钻井平台

为"南海二号";另一座是我国自行设计制造的"勘探三号",已在东海钻成了多口勘探井。
此外,还有 1987 年引进的"南海五号"等。目前,半潜式平台已发展到第六代,其作业水深
达到了 3 000 m,钻井深度达10 000 m。

1) 结构组成

半潜式钻井平台与坐底式平台相似,其结构组成如下:

(1) 工作平台。它用于放置钻井设备,提供作业场所以及工作人员生活场所。

(2) 立柱。它用于支撑平台,连接平台与沉垫。

(3) 沉垫(下船体)。它也是一个浮箱结构,有许多各自独立的舱室。每个舱室都装
有供水泵和排水泵。它用充水排气及排水充气来实现平台的升降,

(4) 定位系统。包括动力定位和锚泊定位系统。

2) 特点

半潜式钻井平台的特点是稳定性好、运移性好、使用水深深、经济性好。

4. 自升式钻井平台

它是一种可沿桩腿升降的移动式平台,如图 12-6 所示。平台就位时,先将桩腿放下
插入海底,然后将工作平台沿桩腿升起到一定高度即可进行钻井作业,打完井后,工作平
台降至海面,提起桩腿即可搬运。

1) 结构组成

自升式钻井平台的结构组成如下:

(1) 工作平台。它是一个驳船结构,拖航时浮在海面,支撑整个重量。它用于放置钻
井设备,提供作业场所以及工作人员生活场所。

(2) 桩腿。它的作用是在钻井时插入海底,支撑上部平台。桩腿有圆柱型和桁架型

图 12-5 半潜式钻井平台图

图 12-6 自升式钻井平台

两种。圆柱型桩腿结构简单,制造容易,但由于直径大,承受的波浪力较大,故适用于浅水;桁架型桩腿与之相反。桩腿的根数及布置(成三角形、正方形等)以及桩腿本身的端面形状均有多种。桩腿的升降方式有气动、液压和齿轮齿条传动三种。圆柱型桩腿的升降一般采用气动或液压传动;桁架型桩腿的升降则采用齿轮齿条传动。

(3)底垫。它的作用是增加海底对桩腿的反力,防止由于海底局部冲刷而造成的平台倾斜。

2)特点

自升式钻井平台的特点是稳定性好、运移性好、使用水深中深、经济性好。

5. 浮式钻井船

它是一种移动式钻井平台,如图 12-7 所示。它用改装的普通轮船或专门设计的船作为工作平台。船体可以是一个或两个。前者必须在海底完井,否则船移运时会撞坏井口装置;后者可在海面完井。浮式钻井船一般采用锚泊定位,但现在已开始逐步采用动力定位。

我国曾有一艘浮式钻井船"勘探一号"。它是由两艘退役的军舰改装成的双体船,在东海及南黄海打了多口探井,现已报废。

1)结构组成

浮式钻井船的结构组成如下:

(1)船体。它相当于平台的工作平台。

(2)锚泊系统。它的作用与半潜式平台的锚泊系统相同。

(3)自航系统。这是浮式钻井船区别于其他钻井船的特点。其他钻井平台的搬迁要依靠拖轮,而浮式钻井船具有自航能力,所以其运移性能最好。

图 12-7 浮式钻井船

2）特点

浮式钻井船的特点是稳定性差（横向最差）、运移性最好、适用水深深、经济性较好。

6. 步行式钻井平台

从本质上来说，步行式平台属于坐底式平台。它是我国自行设计、制造，世界上独一无二的钻井平台，如图 12-8 所示。它既可以在极浅海或潮间带行走，又能在深海中拖航，属于两栖钻井平台。

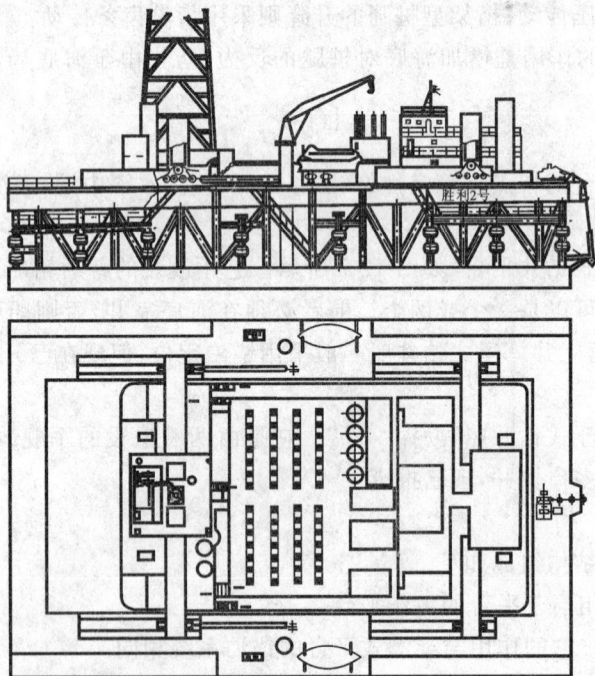

图 12-8 步行式平台

1）结构组成

步行式钻井平台结构如图 12-9 所示，主要包括：

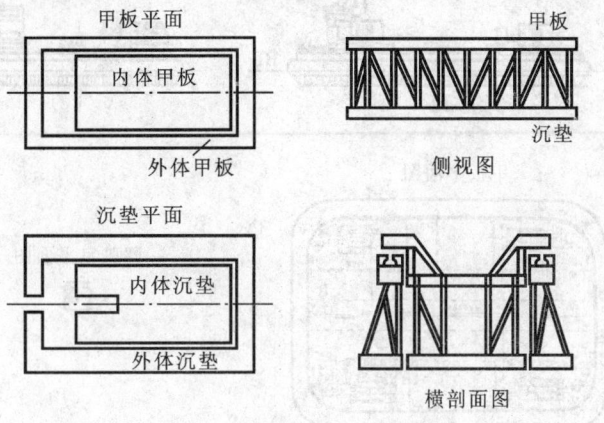

图 12-9 步行式钻井平台结构图

（1）内船体。它由沉垫、支撑以及甲板等组成。沉垫为中空的舱室，漂浮时提供浮力；行走或坐底作业时起支撑作用。支撑由立柱和斜撑组成，用于连接甲板和沉垫。甲板用于安装钻井设备等。

（2）外船体。它也是由沉垫、支撑以及甲板等组成的。不同的是，甲板上有四条长为15 m 的步行轨道，用来提升外体或顶升内体。

（3）步行机械与液压控制系统。它由在内、外体组合部的四个大型顶升液缸、牵引油缸等组成。

2）工作原理

外体坐于海底，支撑整个平台。四个顶升液缸将内船体顶起，由两个牵引液缸拉着内船体沿着外船体上的轨道运行一个步长。接着，内船体坐于海底，四个顶升液缸将外船体顶起，由两个牵引液缸拉着外船体沿着内船体上的轨道运行一个步长。如此往复。

3）特点

步行式钻井平台适合水深为 0.6～8 m 的浅水及潮间带；运移性好，既能自行又可拖航，步行速度为 50～60 m/h；要求作业区海底为泥砂质软土，坡度小于 1/2 000；结构复杂。

7. 气垫平台

20 世纪 70 年代初，为了适应海滩、沼泽、泥塘、冻土等困难地面缺乏港口设施地区的装卸作业，解决在浅海、岛屿、礁石地带进行土建工程施工作业和重型物资的搬运问题，特别是北极周边国家为了满足北极地区石油及天然气勘探开发的迫切需要，研制了一种新型的气垫船——气垫平台，如图 12-10 所示。这类地区常规的车胎不能使用，围田筑路费用又十分昂贵，且受到潮汐、风浪或冰雪等自然条件的影响。气垫平台以其独特的两栖性能为这类地区的实际运用开辟了广阔的前景。因此，它的问世立即得到航运、土建、地质勘探、油气开发以及军事部门的关注，并且得到飞速发展。

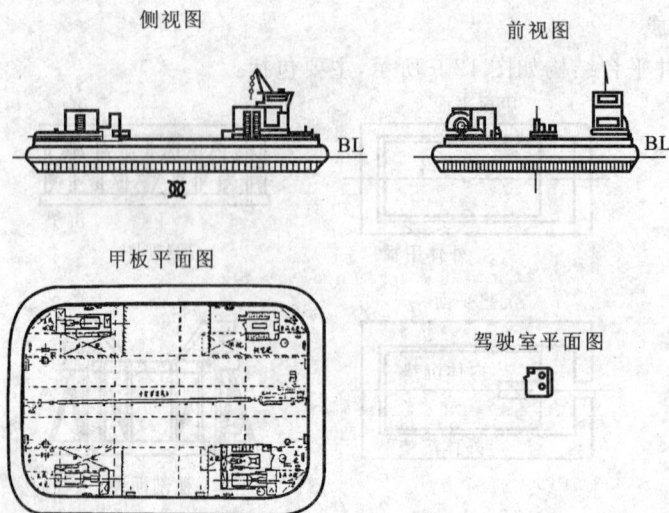

图 12-10　气垫平台

气垫平台的结构包括：

（1）垫升动力系统。它包括柴油机、垫升风扇等。

（2）主船体。采用船用焊接钢材建造,具有良好的使用性能和维修方便性。为了适合在边远地区和各种难以通行地带使用,船体大多采用模块结构,即气垫平台的船体由标准模块部件组合,能迅速分解,用车、船或飞机装运到需用的工地就地组装。当然,也可用常规的方法整体建造,或者在使用的工地附近就地建造。

（3）气垫和围裙。为了防止在水上航行时由于气垫压力较高而导致水和泥浆的飞溅,必须设计有效的防飞溅辅助围裙,降低飞溅海水对机械设备和电气部件的腐蚀,减少冬季时因飞溅引起结冰而增加船体重量,从而提高运行的安全性。

第三节　海上钻井

在海上钻井前,首先将钻井机械装在定位于海中的平台上,其钻井工艺基本上与陆地上的相同。由于钻井装置和海底井口之间存在不断运动着的海水,因此海上钻井还有其特殊之处,主要表现在钻井平台的选择、平台的定位、水下器具的使用、升沉补偿、设备防腐等方面。

一、海上钻井平台的选择

正确选择钻井平台是确保海上钻井成功的关键。选择钻井平台的主要依据是水深、海底地质条件、海洋环境条件、钻井类型、后勤运输条件等。

1. 选择依据

海上钻井平台的选择是一个涉及面很广的问题,需要综合考虑各种因素。主要需要考虑以下方面:

(1) 钻井类型。是钻勘探井还是生产井、是直井还是丛式井以及完井方式等。

(2) 作业海区的海洋环境条件。包括水深、风、波、潮流等海况,海底地质条件及离岸距离等。

(3) 经济因素。主要是各种装置的建造成本、租金及操作费用。

(4) 可供选择的钻井平台及其技术性能、使用条件。

2. 具体的选择方法

勘探阶段和早期开发阶段用移动式钻井平台为宜,这样可以灵活调动,重复使用。开发生产阶段使用固定式平台较好,可以一台多井、一台多用。

在选择钻井平台时,一般应首先考虑水深情况。按水深范围选择平台的基本原则如下:

1) 钻勘探井用的钻井平台

(1) 水深小于 15 m 宜选用坐底式平台;

(2) 水深在 15～75 m 宜选用自升式平台;

(3) 水深在 75～200 m 宜用锚泊定位的半潜式平台或钻井船;

(4) 水深在 200 m 以上宜选用动力定位的半潜式平台或钻井船。

2) 钻生产井用的钻井平台

(1) 水深小于 300 m 可选用桩基导管架式平台;

(2) 水深在 300～600 m 可选用绷绳塔式平台或张力腿平台;

(3) 水深小于 160 m,如果海底地形平坦,又有可建造混凝土重力式平台的深水港湾和航道,可选用混凝土重力式平台;

(4) 若选用浮式生产系统或早期生产系统,可根据水深选用打探井的移动式平台。

海上钻井平台的选择是整个海上油田开发系统的一部分,要综合考虑各种经济和技术因素。

二、钻井平台的定位

钻井时,如果选用的是半潜式钻井平台、浮式钻井船等浮式钻井平台,那么由于平台在海中处于飘浮状态,受风、海浪和海流的影响,它的纵荡和横荡运动(在海平面上的两个直线运动)很大,无法保证平台上的钻井设备对井口的定位,也无法确保钻井工作的顺利进行。为此,必须对平台进行定位,即将钻井平台限制在一定的位置上,以控制钻井平台的纵摇和横摇运动。目前,常用的定位方法有锚泊定位和动力定位两种。

(一) 锚泊定位

锚泊定位就是用锚抓住海底,再通过锚链或锚缆拉住平台将其定位。锚泊定位的最大工作水深可达 1 500 m。

1. 锚泊定位装置的组成

锚泊定位所用的设备是锚泊定位装置,它由以下部分构成:

(1)锚机。主要由起锚机、止链器、导缆器等组成。起锚机相当于一个单轴绞车,它由动力驱动装置和链轮轴总成构成,用于下放或提起锚及锚缆。止链器用于在布完锚缆及收好锚缆后锁紧锚链。导缆器用于改变锚缆的运动方向。

(2)锚。锚插在海底,是抓力件。海洋平台系泊最常用的锚称为动力锚。因为如果没有垂直的提升力,随着水平力的增加,动力锚的抓力也增加,所以为了防止垂直方向的力作用到锚上,锚缆必须足够长。海底条件对锚的抓力有很大影响。动力锚的结构如图12-11 所示。

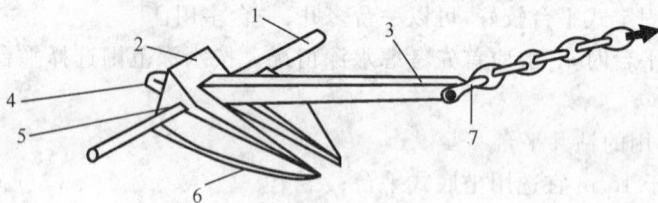

图 12-11　动力锚结构

1—锚杆;2—锚冠;3—锚身;4—锚冠眼板;5—锚冠凸缘;6—锚爪;7—锚卸扣

(3)锚链或锚缆。以前多由钢丝绳或锚链或两者组合而成,现在也有用复合材料做锚缆的。选择何种锚缆取决于锚缆载荷、水深、锚机、舱位大小等。钢丝绳的复位力大于锚链的复位力。与锚一样,锚缆也必须预张紧。锚链的结构如图12-12 所示;系泊钢丝绳的结构如图12-13 所示。

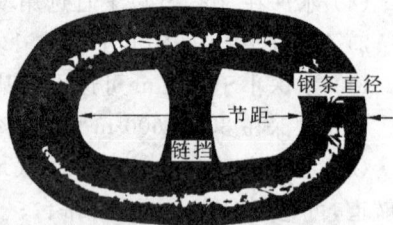

图 12-12　锚链结构

对于锚泊装置,要考虑以下一些重要问题:锚链或锚缆一定要能经受住最大风暴期间的负荷;锚链或锚缆要有足够的长度,以满足作业点水深的要求;平台上要有监测锚链或锚缆所受张力的仪器设备;平台上要有足够大的锚链舱,能够存放所需的全部锚系设备。

2. 锚泊方式及其定位精度

根据钻井平台的形状和海况条件的不同,可以采用6种系泊方式,如图12-14 所示。采用适当的锚泊方式,对于减小锚缆载荷、改善定位性能具有重要作用。

锚泊定位的定位精度通常在水深的 $5\%\sim6\%$ 之间,好的设计可达到 $2\%\sim3\%$,完全能够满足钻井作业的要求。

3. 锚缆和锚的布放

大多数浮式钻井装置都不能自己把所需的锚和锚缆布放好,因此在布放锚和锚缆时要依靠布锚和拖锚船。图12-15 所示为锚和锚缆布放的过程。锚缆从平台的锚缆舱放出,越过锚缆轮,穿过下导缆器(A 点)下到海底的 B 点,但不许在该点堆积起来,否则会

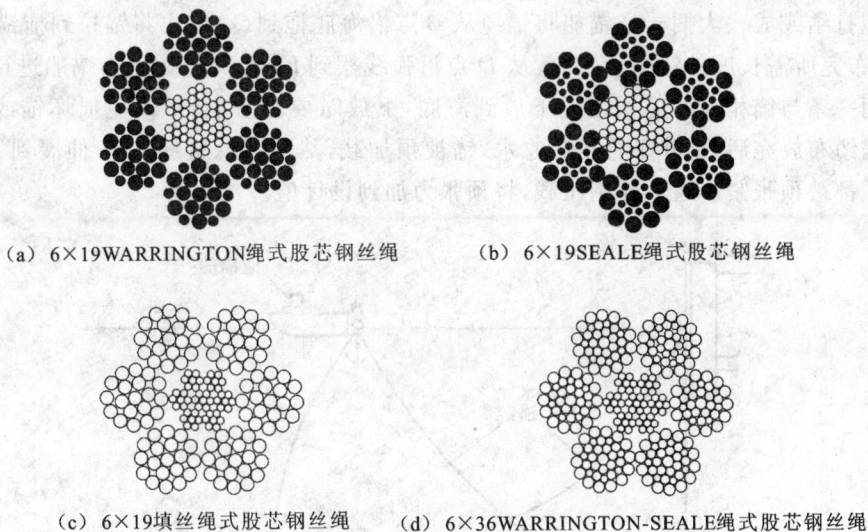

（a）6×19WARRINGTON绳式股芯钢丝绳　　　（b）6×19SEALE绳式股芯钢丝绳

（c）6×19填丝绳式股芯钢丝绳　　（d）6×36WARRINGTON-SEALE绳式股芯钢丝绳

图 12-13　系泊钢丝绳结构

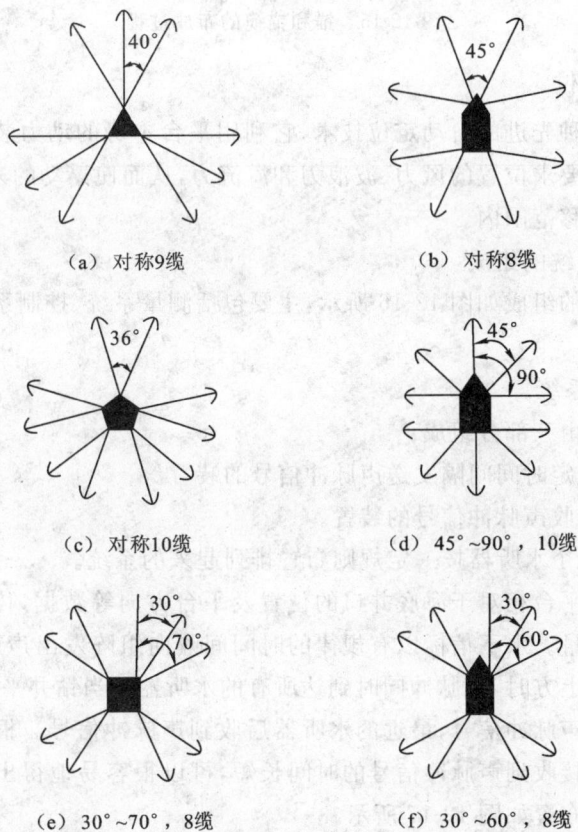

（a）对称9缆　　　　　　　　　　（b）对称8缆

（c）对称10缆　　　　　　　　（d）45°～90°，10缆

（e）30°～70°，8缆　　　　　　（f）30°～60°，8缆

图 12-14　系泊方式

使锚缆打结或成一大捆。拖锚船将锚缆从 B 点沿海底拖到 C 点,再将锚拉到拖锚船上(D 点)。布完所需长度的锚缆后,锚就从 D 点沿弧线摆到 E 点,并开始由布锚船进行初步抛锚。用一条与锚相连的短索把锚下放到海底,下放时要尽可能轻,以免损坏锚或缠住锚索。锚缆布放完后,钻井平台压载吃水,锚被预加载,然后当悬链线从 A 伸展到 F 时,所有锚缆都被预张紧。通过控制压载,将预张力加到设计值。

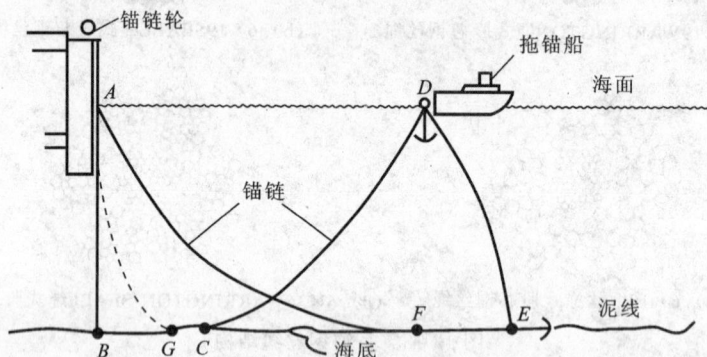

图 12-15 锚和锚缆的布放过程

(二) 动力定位

动力定位是一种先进的自动定位技术,它利用平台本身的动力装置产生的定向推力来平衡使平台偏离要求位置的风力、波浪力和海流力,从而使浮动的未锚定的平台自动保持在一个规定的位移范围内。

1. 动力定位系统的组成

动力定位系统的组成如图 12-16 所示,主要包括测量系统、控制系统和执行机构。

1) 测量系统。

(1) 常规测量系统。

常规测量系统由三部分组成:

① 信标。按规定时间间隔发送声脉冲信号的装置。

② 水听器。接收声脉冲信号的装置。

③ 组阵。由几个水听器按一定规则布置排列起来的系统。

测量系统测出平台相对于海底井口的位置及平台方向等数据,传给计算机。现在常用声呐系统进行测量。水下信标以有规律的时间间隔向组阵发出声脉冲,当钻井平台正好在信标(或井眼)上方时,声脉冲同时到达所有的水听器。当钻井平台偏离井眼时,最近的水听器先接收到声脉冲信号,最远的水听器后收到声脉冲信号。根据声音在水中的传播速度和各水听器接收到声脉冲信号的时间长短,可以很容易地得出平台相对于信标的位置。测量系统的布置如图 12-17 所示。

(2) GPS 测量系统。

GPS(Global positioning system)即全球定位系统。利用该系统,用户可以在全球范

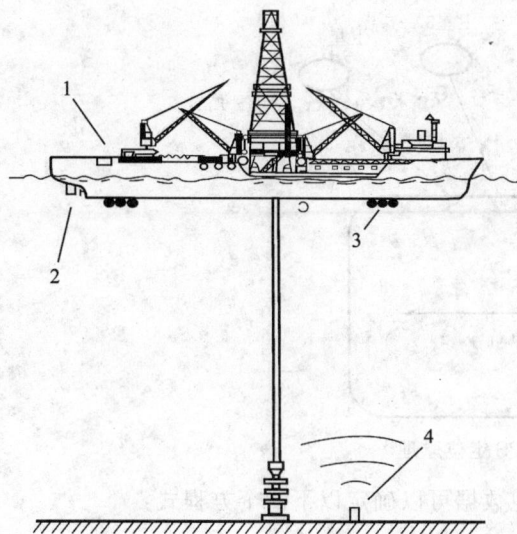

图 12-16 动力定位系统的组成
1—控制部分；2—推进器；3—水听器；4—信标

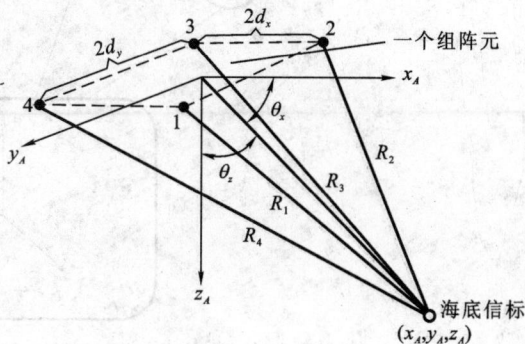

图 12-17 测量系统布置图

围内实现全天候、连续、实时的三维导航定位和测速。另外，利用该系统，用户还能够进行高精度的时间传递和高精度的精密定位。

整个 GPS 系统由空间部分、地面控制部分和用户部分所组成：

① 空间部分。GPS 的空间部分由 24 颗 GPS 工作卫星组成。这些 GPS 工作卫星共同组成了 GPS 卫星星座，其中 21 颗为可用于导航的卫星，3 颗为活动的备用卫星。这 24 颗卫星分布在 6 个倾角为 55°的轨道上绕地球运行。卫星的运行周期约为 12 恒星时。每颗 GPS 工作卫星都发出用于导航定位的信号。GPS 用户正是利用这些信号来进行工作的。

② 控制部分。GPS 的控制部分由分布在全球的若干跟踪站所组成的监控系统所构成。根据作用的不同，这些跟踪站又分为主控站、监控站和注入站。主控站有一个，它的作用是根据各监控站对 GPS 的观测数据计算出卫星的星历和卫星钟的改正参数等，并将这些数据通过注入站注入卫星中。同时，它还对卫星进行控制，向卫星发布指令，当工作卫星出现故障时，调度备用卫星，替代失效的工作卫星工作。另外，主控站也具有监控站的功能。监控站有 5 个，作用是接收卫星信号，监测卫星的工作状态。注入站有 3 个，作用是将主控站计算出的卫星星历和卫星钟的改正参数等注入卫星中。

③ 用户部分。GPS 的用户部分由 GPS 接收机、数据处理软件及相应的用户设备（如计算机气象仪器等）组成。它的作用是接收 GPS 卫星所发出的信号，利用这些信号进行导航定位等工作。

以上三个部分共同组成了一个完整的 GPS 系统。GPS 定位原理如图 12-18 所示。

假设 t 时刻在地面待测点上安置 GPS 接收机，可以测定 GPS 信号到达接收机的时间

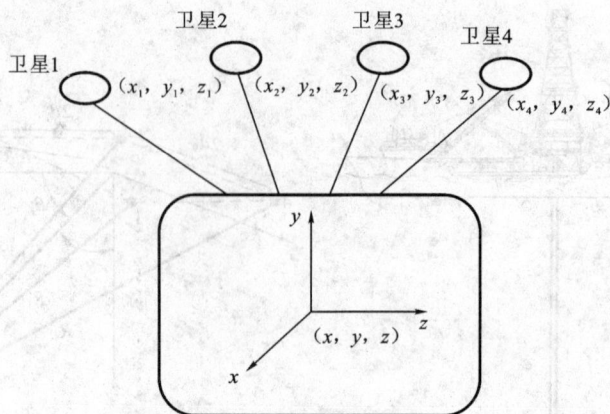

图 12-18　GPS 定位原理

Δt,再加上接收机所接收到的卫星星历等其他数据可以确定以下四个方程式：

$$\left[(x_1-x)^2+(y_1-y)^2+(z_1-z)^2\right]^{\frac{1}{2}}+c(v_{t_1}-v_{t_0})=d_1$$
$$\left[(x_2-x)^2+(y_2-y)^2+(z_2-z)^2\right]^{\frac{1}{2}}+c(v_{t_2}-v_{t_0})=d_2$$
$$\left[(x_3-x)^2+(y_3-y)^2+(z_3-z)^2\right]^{\frac{1}{2}}+c(v_{t_3}-v_{t_0})=d_3$$
$$\left[(x_4-x)^2+(y_4-y)^2+(z_4-z)^2\right]^{\frac{1}{2}}+c(v_{t_4}-v_{t_0})=d_4$$

式中,x,y,z 为待测点坐标;v_{t_0} 为接收机的钟差,为未知参数;$d_i=c\Delta t_i(i=1,2,3,4)$,$d_i$ 为卫星 i 到接收机之间的距离;Δt_i 为卫星 i 的信号到达接收机所经历的时间;x_i,y_i,z_i 为卫星 i 在 t 时刻的空间直角坐标;v_t 为卫星钟的钟差;c 为光速。

由以上四个方程可计算出待测点的坐标 x,y,z 和接收机的钟差 v_{t_0}。

2）控制系统

它根据测量系统提供的数据,计算平台位置及保持平台位置所需的推力,向执行机构发出指令。

3）执行机构

执行机构即动力装置,它发出动力来调整平台位置。

2. 动力定位的工作原理

动力定位是通过声波等先进的测量技术测出平台在某个时刻的位置,通过计算机比较该时刻的平台位置与基准位置的偏差,并根据当时的海况计算出恢复平台位置所需的力的大小和方向,然后发出信号给动力装置（推进器）,使动力装置产生推力（力矩）,从而将平台推回原来的位置,达到定位的目的。

3. 动力定位系统的分类

动力定位系统可分为：

（1）短基线声学定位参考系统。将信标安于海底,将组阵布置在平台底,由于平台的尺寸有限,水听器之间的距离不能很长,故称为短基线声学定位参考系统。

（2）长基线声学定位参考系统。将信标安于平台底,将组阵布置在海底,组阵边长可以很长,故称为长基线声学定位参考系统。

短基线声学定位参考系统的信号传递容易解决,但因基线短,故精度差;长基线声学定位参考系统的信号传递不容易解决,但因基线长,故精度好。

4.动力定位的特点

动力定位是一种比较先进的定位方法。它的优点是调整迅速,工作水深大,目前它的定位能力已超过 3 000 m 水深。它的缺点是不能用于浅水,设备成本高,燃油消耗大,对于非自航的平台,需配备专门的推进设备,设备利用率低。动力定位的定位精度为水深的5%左右,在风平浪静的情况下可达 1%。

三、装备水下设备问题

钻井平台在海面之上,而井口位于海底。为正常钻井,需在海底井口与海面之间装设一套隔绝海水、适应摇摆、控制井口的装置。这套装置就是钻井水下设备,它由如下设备组成。

1.钻井导向装置

钻井导向装置的作用是引导水下井口设备坐于海底井口盘上,如图 12-19 所示。它主要由 3 部分组成:

(1)导向架。导向架的作用是导向,它有 4 个支柱。支柱上栓有导向绳,以引导防喷器组就位。

(2)井口盘。井口盘坐于海底,用来确定井位并固定水下井口。它由钢板和钢筋焊接而成,中间灌注混凝土。

(3)导管。导管也起导向作用。

2.套管头组

根据钻井时要下套管的层数,一层套一层,以悬持套管,接防喷器。它的结构与陆用的相同。

3.防喷器组

海上钻井防喷器可以装在水下,也可以装在平台上。装在平台上的防喷器装置与陆用的基本相同;装在水下的防喷

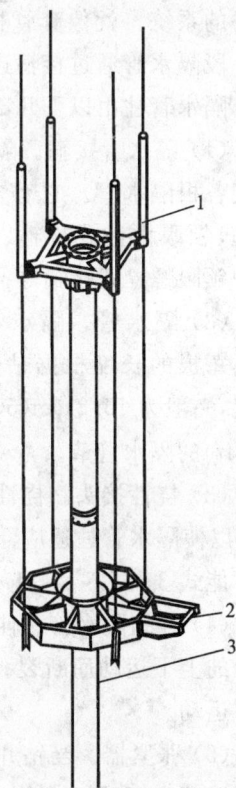

图 12-19 钻井导向装置
1—导向架;2—井口盘;3—导管

器装置与陆用的则有很大不同。由于是装在海底,与之配套的设备也需随之变化。虽然陆用的防喷器装置与海上用的防喷器装置作用相同(都是防止井喷),结构也基本相同(都是由几个闸板防喷器、万能防喷器和旋转防喷器以及压井管汇和放喷管汇等组成),但由于海上特有的环境,对防喷器的使用可靠性要求更高,防腐蚀性能要求也更高。

4.隔水管柱

隔水管柱的作用是隔开海水,并从其内引入钻具,导出钻井液。实际上,它是从平台

到海底输送钻井液并作为钻柱导向装置的直径较大的管柱,如图 12-20 所示。

在固定式、坐底式和自升式等平台上钻井作业时,隔水管从平台甲板下到井口。在半潜式平台、浮式钻井船上进行钻井作业时,除了正常的隔水管之外,还要其他的一些设备来适应平台的升沉运动。这时隔水管柱不再是单纯的管柱,而是具有很多复杂部件的系统。就像套管柱一样,它也是由一段一段隔水管通过接箍连接而成的。

隔水管柱由以下几部分组成:

(1)隔水管接箍。隔水管接箍的作用是连接各根隔水管。它有多种式样,如卡箍式接箍、领眼由壬式接箍、径向驱动榫槽式接箍和领眼螺栓式接箍等。

(2)隔水管。隔水管实际上是一段管件。每根的长度根据钻井平台的几何尺寸确定,一般为 15.24 m(50 ft),也有 22.84 m(75 ft)的隔水管节。

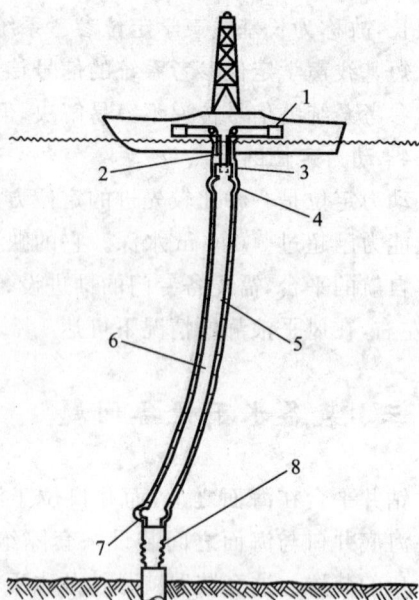

图 12-20　隔水管系统

1—隔水管张紧器;2—伸缩接头内筒;3—伸缩接头外筒;
4—上部球形接头(任选);5—单根隔水管;
6—压井和节流管线;7—下部球形接头;8—防喷器

(3)挠性接头。挠性接头装在隔水管柱的下部,允许隔水管在任意方向转动约 7°~12°,以使隔水管柱适应浮式钻井平台的摇摆、平移等运动。它主要有压力平衡式、多球式及万能式 3 种。

(4)伸缩隔水管。伸缩隔水管的作用是补偿平台的升沉运动,使隔水管柱不至于因平台的上下运动而断裂。它一般装在隔水管柱的上部,由内管和外管组成,两管可以相对上下运动。

(5)张紧器。当钻井平台的工作水深超过 31 m 时,为了防止隔水管柱在轴向压力作用下被压弯而破坏,应使用张紧器张紧隔水管柱,使其承受拉力。目前使用的张紧器主要有张紧导向绳用的导向索张紧器和张紧隔水管用的隔水管张紧器两种。两者的布置分别如图 12-21 和图 12-22 所示。张紧器的工作原理是利用气液储能器的液压推动活塞,随着平台的升沉而放长或收短绳索,以保持导向绳及隔水管的张力恒定。使用张紧器后,隔水管所受的张力变化可控制在 5% 以内。

5. 连接装置

连接装置(器)的作用是在紧急状态时摘开连接器,将防喷器组留在海底,而将其他上部器具提上来,将平台撤走。井口可用防喷器关闭。常用的连接器为液压卡块式,如图 12-23 所示。它由上下接头、卡块、外液缸等组成。上下接头靠卡块卡紧而连接在一起。

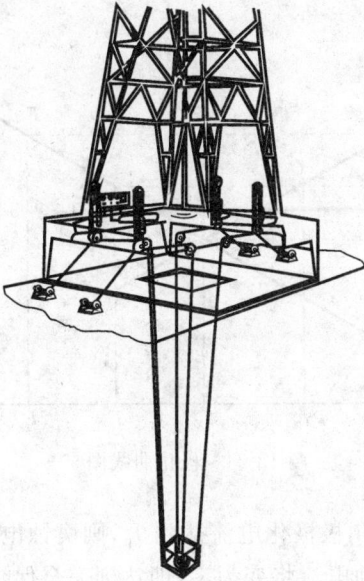

图 12-21　导向索张紧器布置图

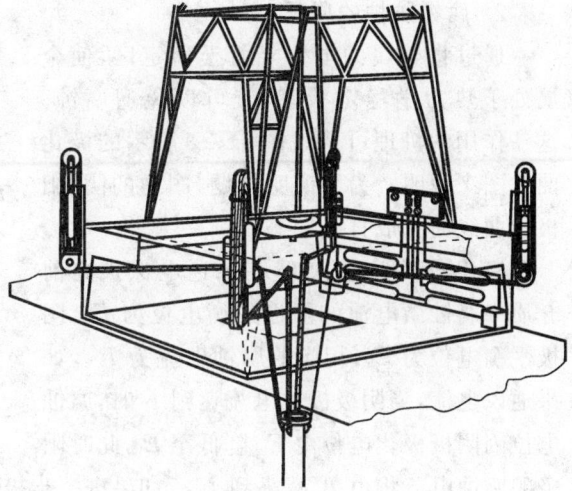

图 12-22　隔水管张紧器布置图

卡块由两部分组成,互成锥面接触。卡块的一部分叫做卡块动作环,与液压缸活塞杆相连。活塞杆的伸缩带动动作环上行或下行,使卡块的另一部分压紧或松脱。遇到危险情况,油压卸载,卡块松脱,上接头与下接头呈 30°或更大角度而脱开,使钻井平台迅速离开井位,以避免重大损失。

6. 其他装备

其他装备包括隔水管导向架、井下电视装置等。

四、防止海水腐蚀问题

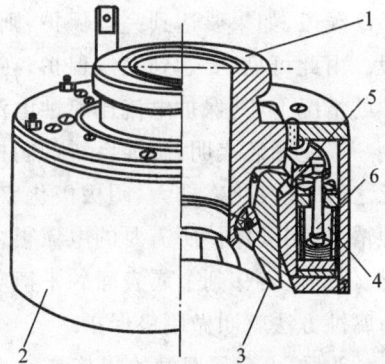

图 12-23　液压卡块式连接器
1—上接头;2—下接头;3—卡块;4—液缸;
5—卡块动作环;6—活塞杆

1. 腐蚀的定义

"腐蚀"一词来自拉丁语"corrodere",意指"损坏"、"腐烂"。从金属腐蚀过程和原因考察,将金属腐蚀定义为"金属和它周围环境介质之间发生化学作用或电化学作用而引起的破坏和变质"。

随着非金属材料,特别是合成材料的迅速发展,非金属材料破坏现象日益增多,20 世纪 50 年代以后已引起人们的重视。由于非金属的破坏同样是在使用和存放过程中与局部环境介质作用而产生的,并由此造成非金属性能的恶化。20 世纪 50 年代以后,许多著名权威腐蚀学者倾向于将腐蚀的定义扩大到所有的材料,如金属、塑料、木材、陶瓷、混凝土和其他的无机物、有机物的非金属材料等,因而将腐蚀定义为"材料和材料性质由于与其所处的环境介质发生反应而引起的破坏和变质"。

2. 腐蚀防护的原理

通过将金属的电位降低至稳定区，使金属处于热力学稳定状态，就可以免遭腐蚀。这一作用的机理可通过图 12-24 所示的极化曲线图来说明。为了说明问题，图中的阴、阳极化曲线简化成直线。

极化图表明，金属体在未通电保护之前介质中腐蚀微电池的阳极平衡电位为 E_c^0，阴极平衡电位为 E_k^0，相应的腐蚀电流为 I_k^0。如果通以电流，当阴极极化电流达到 I_1 时，腐蚀电位因阴极极化电位由 E_k^0 降低至 E_1，此时阳

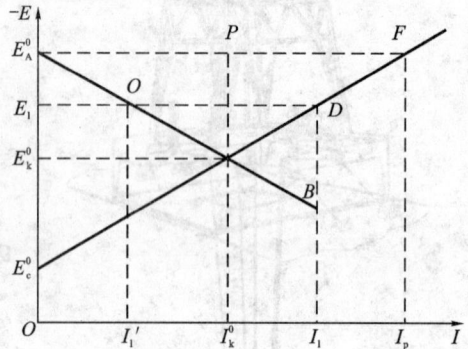

图 12-24　极化曲线图

极的腐蚀电流将由 I_k^0 减小到 I_1'。如果进一步极化，阴极极化电流达到 I_p，则腐蚀电位继续负移至与阳极的初始电位（开路电位）E_A^0 相等，腐蚀电流将变为零，即达到完全保护。

从图中可以看出，当电位降低至 E_1 时，必须外加保护电流 OD 线段，而阴极总电流为 E_1D 线段，如果要达到完全保护，则外加的保护电流 I_p 应为 E_A^0F 线段，即等于 I_k^0+PF 线段。由此可见，要达到完全保护，在阴极上加的保护电流一般要比腐蚀电流大。在耗氧腐蚀的情况下，其保护电流比腐蚀电流约高出 20% 就足够了。

极化图还表明，腐蚀系统的阴极极化率越大，阳极极化率越小，阴极保护效果也越好；反之，阳极极化率越大，阴极极化率越小，则保护效果将越差。例如，钢在酸性中的析氢腐蚀情况，阴极保护所需要的电流很大，保护效率很低。因此，将被保护的金属进行阴极极化，使电位负移到金属表面的平衡电位，消除其电化学不均匀性所引起的腐蚀电池，这种防腐蚀方法就叫做阴极保护。

3. 防止金属腐蚀的措施

海上钻井平台有的部位处于海水中，由于海水对它产生强烈的电化学和化学腐蚀，从而显著降低其使用寿命。可采取的防腐措施有：

（1）正确选用金属材料。在制造海洋平台时应选择对某种介质具有耐蚀性的金属材料，这是防止金属腐蚀最积极的措施。

（2）合理设计。在制造金属制品时虽然应用了较优良的金属材料，但是如果在结构设计时不从金属防护角度加以全面考虑，常常会引起机械应力及热应力、流体的停滞和聚集、局部过热等现象，从而加速腐蚀过程。因此，合理设计金属结构就成为首先应注意的事情。

（3）采用防腐蚀工艺。主要包括：

① 在外面镀上一层金属保护层。

② 在外壳涂上非金属保护层（涂漆等）。

③ 电化学防腐。一般采用阴极保护法,在易腐蚀部位放上锌块等,利用原电池原理,用牺牲阳极的方法来防止结构物的腐蚀。

五、升沉补偿

1. 升沉运动对钻井作业的影响

升沉运动对钻井作业的影响主要是:

(1) 引起井底钻压变化。钻井时,钻头需要一定的压力才能破碎岩石,实现钻进。如果用浮动钻井平台,大钩及井下钻柱会随平台作升沉运动,从而使钻压不稳,严重时会使钻头脱离井底,无法钻进。

(2) 引起大钩动载。钻井时,大钩上挂着钻柱。如果大钩随平台一起作升沉运动,大钩所受的载荷等于钻柱的静载和动载之和。

(3) 使钻井设备发生疲劳破坏。在交变载荷的作用下,构件容易产生疲劳破坏。

(4) 引起井下器具的位置变动。

2. 升沉运动的补偿措施

水深较大时,在海上钻井一般采用半潜式钻井平台或浮式钻井船。它们在海洋环境载荷(主要是风力、海浪力和海流力)的作用下会产生升沉运动(上下运动),从而使钻柱也随之作上下往复运动。钻柱上下运动造成钻压不稳,影响钻进,严重时使钻头脱离井底,无法钻进,因此必须采取措施解决钻柱的上下运动问题。解决方法就是对升沉运动进行补偿。主要方法有两种:一是在钻柱中增设伸缩钻杆;二是增设升沉补偿装置。

1) 增加伸缩钻杆

在钻铤的上方加一根伸缩钻杆,它由内、外管组成,沿轴向可作相对运动,行程一般为2 m。当平台作升沉运动时,由于钻杆的伸缩性,只有伸缩钻杆以上的钻柱作升沉运动,伸缩钻杆以下的钻柱不作升沉运动,这样钻压就保持不变。

目前使用的伸缩钻杆有全平衡式和部分平衡式两种。全平衡式钻杆的结构如图12-25所示。伸缩钻杆工作时,在内管和下工具接头间的环形截面上作用着钻柱内的高压钻井液,因而产生张开力。同时,从井筒中返回的钻井液作用在伸缩钻杆的防磨环的短节上,也产生张开力,因而会使钻压随钻井液压力而变。在伸缩钻杆的中间有一个密封的平衡压力缸,它和流经伸缩钻杆内孔的高压钻井液相通,并使高压钻井液在平衡缸中产生的轴向力和张开力平衡,所以称为全平衡式。部分平衡式伸缩钻杆没有平衡压力缸,只是靠尽量减小内管心轴尾端的壁厚来减小钻井液所产生的张力。

伸缩钻杆的缺点是:

(1) 钻压不能调节。钻压由钻铤的重量决定,不能随地层的不同而调节钻压,不利于提高钻速。

(2) 承载条件恶劣。伸缩钻杆既要承受钻井液的高压,传递钻柱的扭矩,又要承受

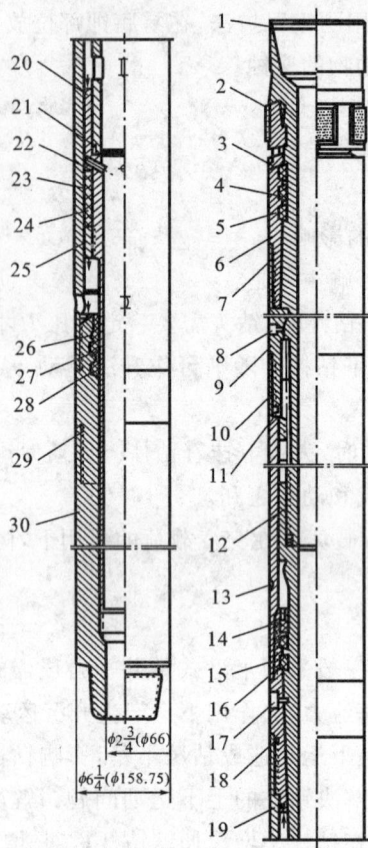

图 12-25 全平衡式伸缩钻杆结构图

1—心轴;2—防磨环;3—隔离环;4—挡圈;5—主密封;6—短节;7—O 形圈;8—油堵;9—传递套筒;
10—套筒;11—传扭销;12—内冲管;13—油堵;14—隔离环;15—挡圈;16—主密封;17—丝堵;
18—平衡缸接头;19—平衡缸;20—内轴;21—O 形圈;22—隔离环;23—挡圈;24—主密封;
25—密封锁紧螺母;26—隔离环;27—挡圈;28—主密封;29—下接头;30—下工具接头

内、外管相对运动引起的交变载荷。

(3)增加操作困难。边喷边钻时,由于伸缩钻杆以上的钻柱上下运动,反复摩擦防喷器芯子,增加了操作困难。

2)增设升沉补偿装置

升沉补偿装置分为主动式和被动式两种,目前常用的是被动式升沉补偿装置;主动式升沉补偿装置用得较少。

被动式升沉补偿装置主要有三种类型:

(1)天车上装升沉补偿装置,如图 12-26 所示。

(2)游动滑车与大钩间装升沉补偿装置,如图 12-27 所示。

(3)死绳上装升沉补偿装置。

由于天车上装升沉补偿装置需要特制的天车和井架,死绳上装沉补偿装置利用了死绳拉力变化,需要传感器等电控系统,比较复杂,故这两种升沉补偿装置用得很少。

3. 结构组成及工作原理

下面介绍游动滑车与大钩间升沉补偿装置的结构组成及工作原理。

1) 结构组成

(1) 液缸。一般有两个液缸,通过上框架与游车相连,可随游车作上下运动。

(2) 活塞。通过活塞杆、下框架与大钩相连。大钩的载荷由活塞下面的液体承受。

(3) 储能器。两个储能器各与一个液缸相连。储能器活塞的下端是液体,通过软管与液缸相连;上端为气体,通过管线与储气罐相连。调节气体压力即可改变液体压力。

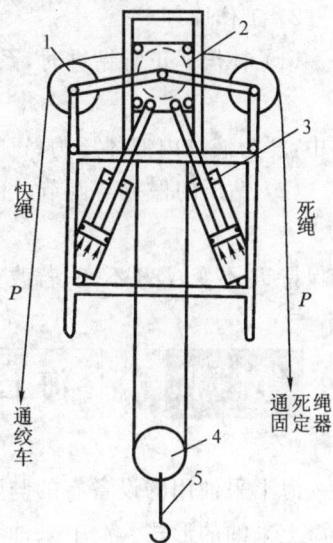

图 12-26 天车上的升沉补偿装置
1—辅助滑轮;2—天车;3—补偿缸;
4—游动滑车;5—大钩

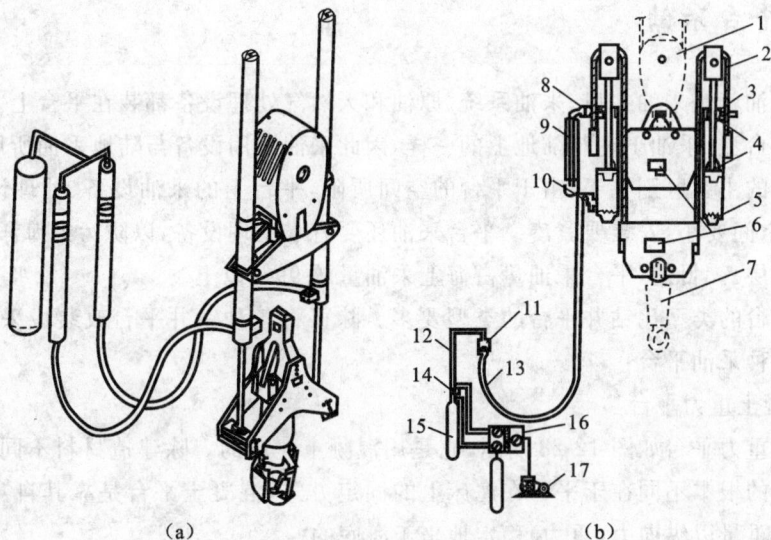

(a)　　　　　　　　　　(b)

图 12-27 游动滑车与大钩间装升沉补偿装置

1—游车;2—链条活塞杆;3—低压密封;4—杆端液垫;5—液垫;6—锁紧杆孔;7—大钩;8—速度限制阀;
9—气液储能器;10,11—空气安全阀;12—主管(2);13—空气软管(4);14—阀汇;15—动力空气储罐;
16—控制盘;17—空气压缩机

(4) 锁紧装置。不用升沉补偿装置时,将上、下框架锁为一体,从而使大钩与游车连在一起。

2）工作原理

（1）补偿。正常钻进时，系统的静力平衡方程式为：

$$2PA + DP - W = 0$$

式中，P 为液缸内液体压力；W 为钻柱重量；DP 为井底钻压；A 为活塞面积。

（2）钻压的保持与调节。由上式知：

$$DP = W - 2PA$$

若保持 P 不变，DP 不变；若改变 P，则 DP 随之变。

第四节　海上采油

海上采油用的设备有的与陆地采油用的设备完全相同，有的却完全不同，这主要取决于海上采油的形式。海上采油有平台采油和水下采油两种形式。海上采油与陆地采油还有一个不同之处在于，由于海上石油生产的投资额巨大，为了尽快收回投资，常常未勘探完一些油田就已实行早期生产。

一、平台采油

平台采油就是采油井口、采油系统、原油和天然气处理设备都装在平台上。由于生产设备都在平台上，采油工艺与陆地上的一样，因此采油所用设备与陆地采油所用设备基本相同。两者的主要区别在于，由于平台的空间所限，平台上的采油设备、处理设备要尽量轻便，所占空间要小，安装要紧凑。平台采油还要有水处理设备，以防污染海洋和油井（如果回注入地层）。目前，平台采油量占海上采油量的 99% 以上。

采油平台的类型比钻井平台的类型要多。除可将各种钻井平台改装成采油平台外，还有以下几种采油平台：

1）混凝土重力平台

混凝土重力平台如图 12-28 所示，它是用混凝土建造的。除建造材料不同之外，它与导管架平台的根本不同在于平台在海床上的固定方式，混凝土平台是靠其自身宽大的底部和巨大的重量以纵向力（重力）稳定地坐于海底的。

优点：平台的重量可以提供所需的稳定性而不需打桩；混凝土是价格比较低廉的材料，而且世界上绝大部分地方都能提供；混凝土有很强的抗火、抗暴能力；建造技术较简单，也为人们所熟悉；建造好后，平台的运移、就位比较简单；配比适当的混凝土具有很高的抗腐蚀性；交变应力造成的疲劳问题没有钢质平台的严重；维修工作量可降低到最小限度；为能浮水拖航而设计的中空的底座和立柱具有很大的储油能力；适用于各种深度的海域。

缺点:对海床的要求比较高,要求海床平整、抗穿透性好和稳定性好。

2)张力腿平台

张力腿平台是利用绷紧状态的锚索产生拉力与平台的剩余浮力相平衡的平台,如图12-29所示。

张力腿平台是根据"顺应"波浪力的原则而设计的浮力平台,由锚定于海底的垂直构件保持其位置。由于浮力大于重力,锚定系统总是处于受拉状态。受拉的系泊缆在减小平台的浪涌、摆动和偏荡的同时,限制了平台的上下起伏、摇晃和前后颠簸。由于平台与海底的非刚性连接,由地震引起的运动在到达平台前就已几乎被完全衰减。

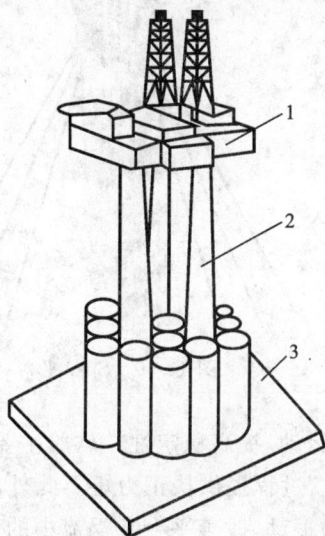

图 12-28　混凝土重力平台
1—采油平台;2—支持腿柱;3—储油腿柱

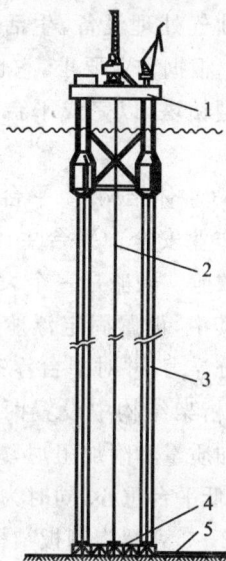

图 12-29　张力腿平台
1—平台;2—钻井或采油隔水立管;
3—张力腿;4—海底支架;5—管线

张力腿平台的结构组成:

(1)锚。用桩锚(打入海底的桩作为锚用)或重力锚。

(2)锚索。由数根钢索组成,直径根据受力情况而定,有的直径达 17.8 cm。

(3)立柱。支承整个甲板及其上设备的重量。

(4)甲板。提供安放设备、钻井及采油的工作场所。

张力腿平台的优点是:与钢平台相比,结构简单;在水深超过 360 m 的海域中比钢结构平台省钢材,比较经济;对水深和地震不太敏感,适用于深水;施工不受水深的限制,海上工作量少,作业费比半潜式平台低。

3)Spar 平台

为了适应深海油气资源的开发,一种具有良好的稳性和运动特性的单柱式深水平台——Spar 平台——已得到越来越多的应用。目前,国外 Spar 平台已从第一代的 Classic Spar 平台、第二代的 Truss Spar 平台发展到第三代的 Cell Spar 平台。

Spar 平台主要由顶部甲板模块、壳体、系泊系统和立管（生产、钻探、输油等）四个系统组成，如图 12-30 所示。

（1）顶部甲板模块。Spar 平台甲板模块通常由两层至四层矩形甲板结构组成，用来进行钻探、油井维修、产品处理或其他组合作业，井口布置在中部。它一般设有油气处理设备、生活区、直升机甲板以及公共设施等。根据作业要求，它也可在顶层甲板上安装重型或轻型钻塔，以完成平台的钻探、完井和修井作业。

（2）壳体（主体结构）。平台主体提供主要浮力，并保证平台作业安全。平台主体从上到下主要分为硬舱、中段、软舱。硬舱是一个大直径的圆柱体结构，中央井贯穿其中，设置固定浮舱和可变压载舱，为平台提供大部分浮力，并对平台浮态进行调整。中段为桁架结构，在桁架结构中设置两至四层垂直挡板，增

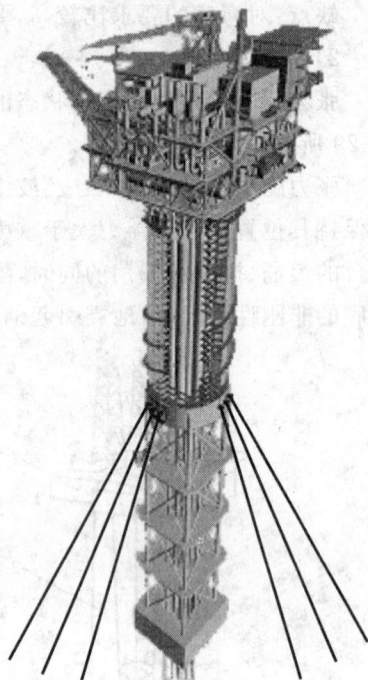

图 12-30　Spar 平台

加平台的附加质量和附加阻尼，减少平台在波浪中的运动，提高稳定性。软舱主要设置固定压载舱，降低平台重心，同时为 Spar 平台"自行竖立"过程提供扶正力矩。此外，主体外壳上还安装 2~3 列螺旋侧板结构，以减少平台的涡激振动，改善平台在涡流中的性能。

（3）立管系统。Spar 平台的立管系统主要由生产立管、钻探立管、输出立管以及输送管线等部分组成。由于 Spar 平台的垂荡运动很小，可以支持顶端张紧立管，每个立管通过自带的浮力罐或甲板上的张紧器提供张力支持。浮力罐从接近水表面一直延伸到水下一定深度，甚至超出硬舱底部。在中心井内部，由弹簧导向承座提供这些浮罐的横向支持。柔性海底管线（包括柔性输出立管）可以附着在 Spar 平台的硬舱和软舱的外部，也可以通过导向管拉进桁架内部，继而进入硬舱的中心井中。由于立管系统位于中央井内，因此在主体的屏障作用下不受表面波和海流的影响。

（4）系泊系统。系泊系统采用的是半张紧悬链线系泊系统，下桩点在水平距离上远离平台主体，由多条系泊索组成的缆索系统覆盖了很宽阔的区域。系泊索包括海底桩链，锚链为钢缆或聚酯纤维。导缆器安装在平台主体重心附近的外壁上，目的是减少系泊索的动力载荷。起链机是对系泊系统进行操控的重要设备，分为数组，分布在主体顶甲板边缘的各个方向上。锚所承受的上拔载荷由打桩或负压法安装的吸力锚来承担。

二、水下生产系统

前文简单介绍了采油平台的分类及各种平台的适合的工作条件。考虑到海上采油的巨额支出,人们一直在想方设法寻找各种经济可靠的采油方式。典型的水下生产系统即是将采油树、水下管汇或水下管汇中心(计量、控制、集输、注气、注水等功能)和储油以及水下处理设备等放在水下的生产系统,如图12-31所示。

虽然水下采油只占海上采油的很小一部分,但它有很多特点。水下采油与平台采油的本质区别在于它的井口不在平台上而在海底,相应的石油生产和处理设备也都在水下。水下采油主要用在水深大于120 m、平台附近单独的卫星井。水下采油所用的设备中,许多是陆地采油所没有的。

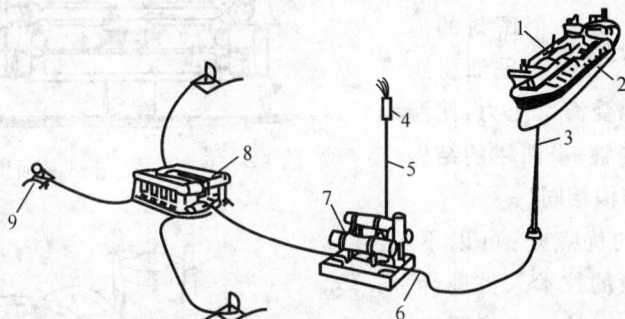

图 12-31　水下采油系统

1—穿梭油轮;2—储油轮;3—单点系泊;4—浮筒;5—立管;
6—输油管线;7—水下分离器;8—水下管汇中心;9—卫星井

水下采油具有如下特点:

(1) 水下采油避开了如风、浪、流、冰山、浮冰和航船等恶劣的海面条件的影响,采油设备处于条件相对稳定的海底。

(2) 水下采油设备能和各种平台甚至油轮组合成不同类型的早期生产系统,以适应不同类型和不同海况油田开发的需要。

(3) 水下采油能充分利用勘探井、探边井,使其成为生产系统的卫星井,或短期内进行早期生产,这不仅可为后期开发收集油层资料,还可以尽快回收初投资。

(4) 可以不钻定向井就开发浅油层。在浅油层上钻出若干垂直井,在其中央建立平台,进行集中处理、输送。

(5) 不影响海面航行、捕鱼等作业。

(6) 是开发超深海域油田的唯一方法。

水下采油设备主要由水下采油树、水下油气集输管汇、贮油设备和油、气、水处理设备等组成。

1. 水下采油设备的主要组成

1) 水下采油树

水下采油树分为干式采油树和
湿式采油树两种。

（1）干式采油树。干式采油树如
图 12-32 所示，是指不直接放置在海
水中的采油树。采油树及其他一些
辅助设备装在一个密封的水下井口
室内，与海水隔绝。室内提供人正常
生活所需的 1 atm(1 atm＝1.013 25
×10^5 Pa)的环境气压。

井口室实际上是一个密封的海
底采油树。它由密封筒和采油树组
成。密封筒足以承受海水压力，使海
水不能与采油树接触；采油树的结构
与常规的采油树结构相同。

干式采油树的优点是：可以不
用潜水员而用一般的技术人员进行
操作、安装和维护；采油树工作环境
条件好，工作可靠；水深较大时，安
装、维护和设备本身的费用都低于
湿式采油树。

干式采油树的缺点是：结构复
杂，需要很好的密封，还需要复杂的
潜水舱及配套的水上设备来进行操
作和维修等。

（2）湿式采油树。湿式采油树
如图 12-33 所示，是指直接浸没于海
水中的采油树。采油树等水下设备
装于海底，与海水直接接触。

虽然由于环境、功能和要求的
不同，湿式采油树的形状和尺寸也
有所不同，但其基本部件相同，都是
由采油树与井口连接器、采油树与

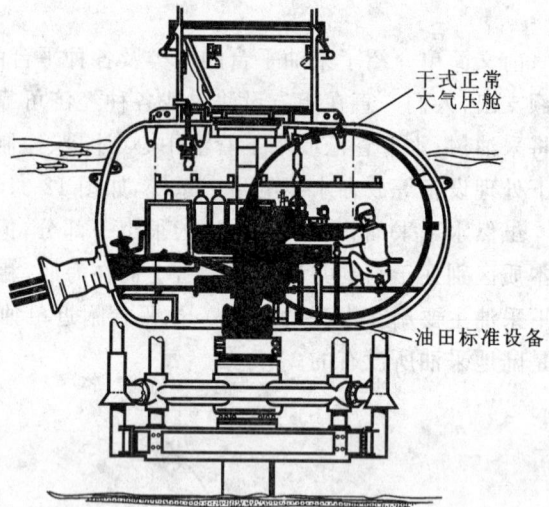

图 12-32　干式采油树

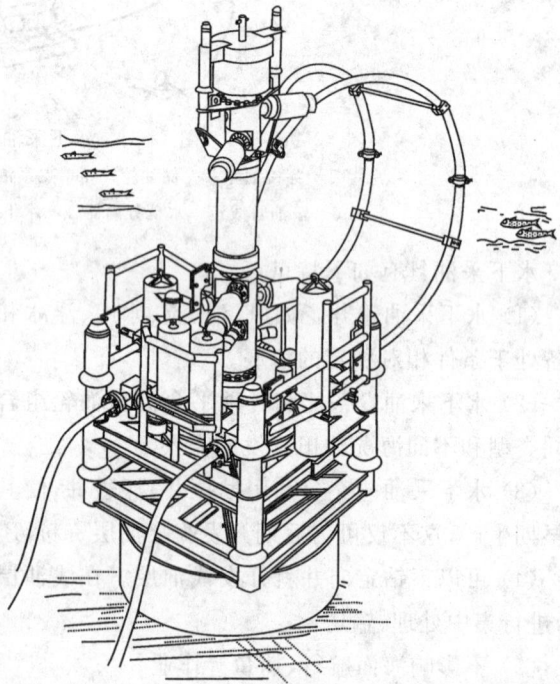

图 12-33　湿式采油树

输油管线连接器、采油树阀件、导向架、回路管线、短管、采油树帽、控制系统等组成。

湿式采油树的优点是:在一定水深范围内可由潜水员方便地对设备进行安装、维护和操作,无需服务舱等配套设备;不需密封,避免了密封等方面的技术问题;结构简单。

湿式采油树的缺点是:由于直接浸没在海水中,腐蚀严重,易受海底淤泥、海生物等的影响;水深超过一定限度后,结构很复杂,成本也很高。

2)水下集油站

来自各单井井口室的油管线在集油站中汇集,合并在一起再通过一条管线将油输到附近的采油平台或岸上。图 12-34 所示是一个供 3 口井用的水下集油站,其顶部有一杯状接合门,作用与井口室的相同,里面是 1 atm 的工作压力。

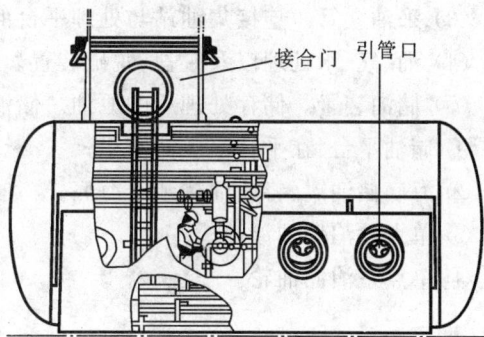

图 12-34　水下集油站

3)水下维修舱

它用来为井口室及集油站供应器材,运送维修工作人员。舱内是常压,当需维修时,由作业船将其放下,其底座与集油站或井口室的接合门相配,工作人员由维修舱进入井口室或集油站进行维修,如图 12-35 所示。

4)海面作业船

海面作业船用于下放或回收水下维修舱。

2. 海上油气集输

与陆上油田的油气集输一样,海上油田的原油和天然气必须经过收集和运输过程。完成这一过程所需的设备称为油气集输系统。

1)海上油气集输系统的分类

根据油、气、水处理设备及储油设备的不同,海上油气集输设备可分为:

(1)全陆式油气集输系统。该系统的特点是油、气、水处理设备及储油设备均置于岸上,原油通过海底管道送到岸上。

(2)半海、半陆式油气集输系统。原油先在采油平台上进行初步处理,然后通过海底管道送到岸上,在岸上进行最后处理后储存。

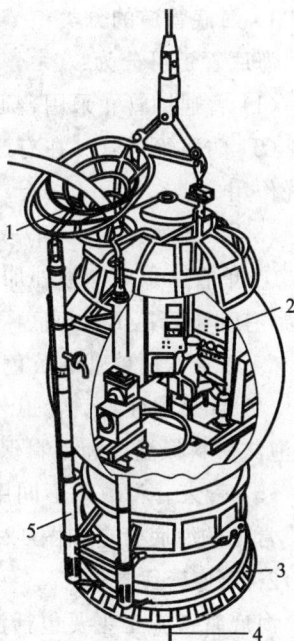

图 12-35　水下维修舱

1—脐孔;2—控制盘;3—裙板;
4—牵引缆绳;5—卸载泵

(3)全海式油气集输系统。原油在海上进行油、气、水分离,储存在储油平台、储油轮或海底储罐中,然后用运输油轮外运。这一系统一般用于离岸较远的低产油田。

2）海上油气集输系统的主要设备

海上油气集输所用的设备随集输方式的不同而不同,它主要由以下部分组成:

（1）井口装置。如果井口在平台上,则用水上井口装置;如果井口在海底,则用水下井口装置。

（2）集油站。将各单井所采原油汇集于站内,再通过输油管道输往采油站。

（3）采油立管。连接集油站与处理平台的管道。

（4）油、气、水处理以及脱盐、脱硫装置。将原油脱水、脱气并去除杂质,以便外运。

（5）储油装置。储存处理后的原油。储油装置有如下类型:

① 储油平台:在平台上装储油罐;

② 海底储油罐:将储油罐装于海底;

③ 单点系泊储油浮筒;

④ 单点系泊储油轮。

三、海底管道

1. 海底管道的分类

海底管道可分为:

（1）普通钢管。采用普通钢管外加涂层以防止腐蚀,常用的涂料是环氧树脂。

（2）防腐绝缘管。在有涂料的普通钢管上外包一层聚四氟乙烯塑料绝缘层,起防腐绝缘作用。

（3）保温管:

① 单管。采用钢管外加聚氨酯泡沫塑料保温层,再加黄色塑料层,最后加混凝土加重层,有利于管道沉入海底。

② 双管。把单管的黄色塑料层换成钢管或聚乙烯塑料管,再加混凝土加重层。

（4）伴热柔性管。管道外有聚四氟乙烯塑料绝缘层、不锈钢带编织的加固层、电阻丝、泡沫塑料保温层和塑料保护层,通过电阻丝加热原油。这种管道的成本高。

（5）管束。将数条不同用途的管线铠装在一起,形成管束。

常见的海底管道如图 12-36 所示。

2. 海底管线敷设

海底管道施工主要包括测量定位、分节加工制作、管道敷设和管道试压、试运转等。其中,管道的敷设是其建设过程中的重要环节。管道敷设最常用的 3 种方法是漂浮法、牵引法和铺管船法。对于某一海底管道,一般可根据具体情况采用其中的一种;或分段采用不同的敷设方法,也就是对同一条管道可以分段采用不同的敷设方法。

1）漂浮敷设法

管道在陆上加工制作并组装成需要的长管段（有时是多根）,然后下水漂浮拖运至管

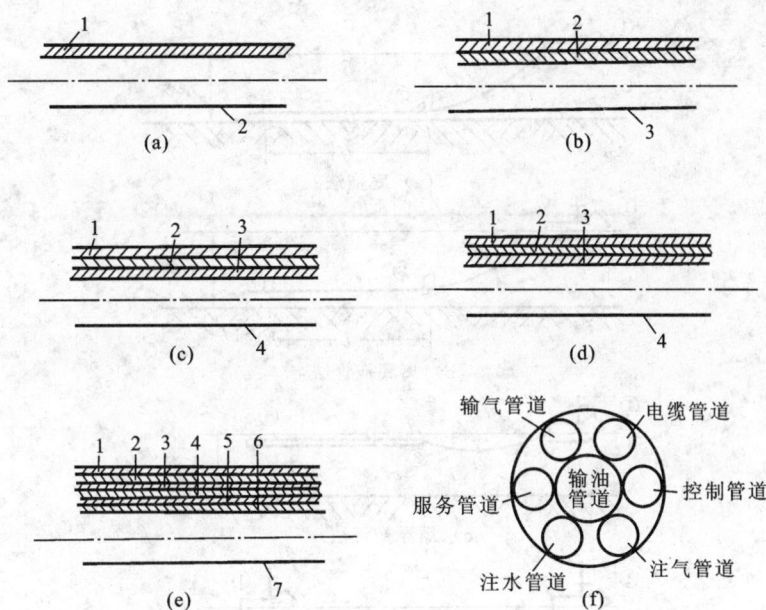

图 12-36 各种类型海底管道

(a) 普通钢管(1—环氧树脂涂层;2—钢管);(b) 防腐绝缘管(1—玻璃布或聚四氟乙烯塑料绝缘层;2—环氧树脂
涂层;3—钢管);(c) 单管保温管(1—混凝土加重层;2—黄色塑料;3—聚氨酯泡沫塑料;4—钢管);(d) 双管保
温管(1—混凝土加重层;2—钢管或聚乙烯塑料管;3—聚氨酯泡沫塑料保温管;4—钢管);(e) 伴热柔性管(1—
塑料保护层;2—软泡沫塑料保护层;3—聚四氟乙烯塑料;4—电阻丝;5—不锈钢带编织的加固层;6—聚四氟乙
烯塑料绝缘层;7—钢管);(f) 管束

道敷设位置,最后就位下沉敷设到海底预定位置或海底沟槽内,如图 12-37(c)所示。

优点:不需要或只需要少量浮筒和链条,简化了操作程序;受海况影响小;不需要测量
海底地形;牵引力小,拖速快,管道无磨损。

缺点:不适于浅水中拖行;管道不能太长。

2) 牵引敷设法

管道在陆上加工制作后,在制管场下水道牵引下水(海底牵引或海面及水中牵引),而
后敷设到预定位置。管道的牵引方法很多,主要有如下几种(图 12-37):

(1) 底拖法。底拖法如图 12-37(a)所示。

优点:整条管道在陆上组装,大大减少了海上施工作业;大大减少了施工船只和设备;
可拖运较长的管道;由于管道始终与海底接触,避免了拖航中的虹跨现象;由于管道始终
贴底,故受海流影响小;不需潜水员解脱浮筒或加重链条。

缺点:牵引力大;在硬质地层中对管道保护层有损坏;预先要了解海底情况,要求海底
平坦;预先要计算管道的最大弯曲度、极限拉应力、最大悬跨距等。

(2) 衍生底拖法。将牵引绳缩短,使管道前段翘起前拖。

优点:减小了牵引力;减小了管道磨损。

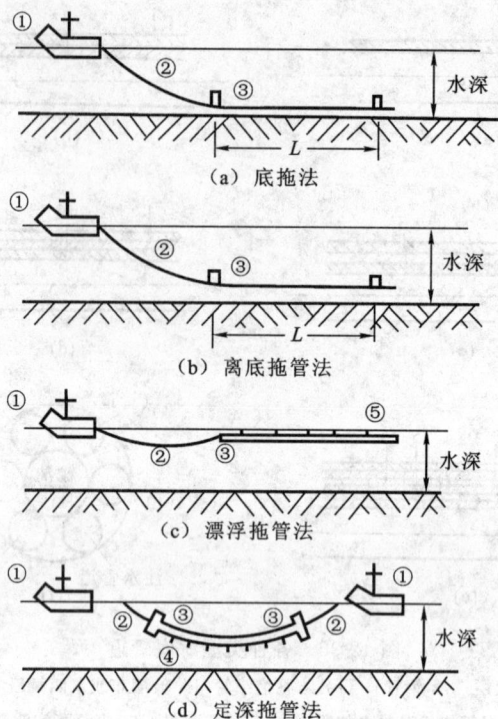

图 12-37　拖管方法

①—拖管船；②—钢缆；③—拖管头；④—铁链；⑤—浮筏；L—管长

缺点：牵引绳的长度要随水深而变；受海底土质和牵引速度的影响，翘起高度经常变化。

（3）离底拖法。管道上安装浮筒和加重链条，使管道保持离海底一定的距离，再用船牵引，如图 12-37（b）和（d）所示。

优点：牵引力小；管道无磨损；管道不受海底地形变化的影响，应力变化小。

缺点：增加了浮筒和链条的投资及解脱工作量。

（4）水面拖行法。将浮筒系结于管道之上或两侧，使它浮于海面上拖行。

优点：直观；拖速快；牵引力小。

缺点：解脱浮筒时，管道受内应力大；对混凝土加重层不易保护；对气候敏感，中浪或 5 级、6 级以上大风不能施工。

3）铺（敷）管船敷设法

铺（敷）管船敷设法又分常规铺管船法和卷筒式铺管船法。

（1）常规铺管船法。如图 12-38 所示，此法使用最为普遍。铺管步骤为：用船将已加工好的管段运到要铺设的地方，在铺管船上将管焊接在一起，用专门设计的托管架将管下到海底。托管架可以限制管的弯曲，防止管断裂。

优点：适应性强，铺管水深一般为 100 m 左右。

缺点:焊管铺管全在海上进行,作业条件差;需要的辅助船只多,如运管船、拖锚船和服务船等;施工人员多,成本较高。

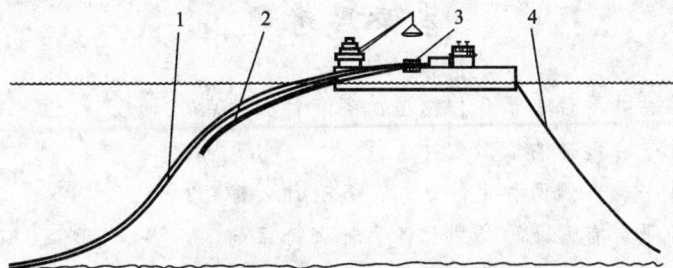

图 12-38　常规铺管船法
1—管线;2—托管架;3—管线拉张器;4—锚链

(2)卷筒式铺管船法。卷筒式铺管船法与常规铺管船法不同,要铺的管已在工厂加工好,缠在船上直径足够大的卷筒上。卷筒上的管子连续下入海中,不需要现场焊接,因而铺管速度很快,如图 12-39 所示。

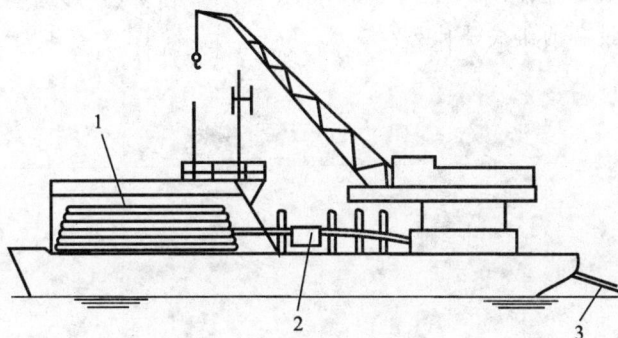

图 12-39　卷筒式铺管船法
1—缠在滚筒上的管线;2—拉直与校正装置;3—托管架上的管线

目前在我国的近海油气田的开发中,海底管道的敷设经常采取底拖敷设和漂浮敷设相结合的方式。也就是说,离岸较近的区段采用底拖施工,而较远的部分则采用漂浮敷设或者铺管船敷设。在漂浮敷设阶段,由于管道要受到波、浪和流等的作用,时常会产生较大的横向变形及弯曲应力。为此,在选择工期的时候要注意选择比较风平浪静的时段。

3. 海底管道挖沟及回填埋设

为了确保海底管道的安全和稳定,管道最好铺在沟里,然后填上。海底管道的埋设方法有预先挖沟埋设法和后挖沟埋设法两种。

(1)预先挖沟埋设法。在管道预定埋设位置,在水下利用有关的机具设备,在管道铺设之前预先把管道的海底沟槽按照规定的要求挖出来,然后再铺管道并回填。

(2)后挖沟埋设法。在管子铺设完后或在铺设的同时,将管道埋置在海底面以下要求的深度。它又分为喷射挖沟法和液化自沉法两种。

本章思考题

1. 海洋石油钻井平台有哪几种类型？各有什么特点？

2. 海洋钻井平台选择的依据是什么？

3. 浮式钻井平台有哪两种定位方式？各有什么特点？

4. 海洋采油平台有哪几种类型？各有什么特点？

5. 系泊缆有哪几种？其性能特点是什么？

6. 海底管道的类型有哪些？

7. 海洋石油开发的水下设备有哪些？

8. 海洋平台防腐的措施有哪些？

9. 升沉补偿有哪几种方式？各有什么特点？

10. 海底管道有哪些铺设方法？

11. 水下采油设备的组成是什么？

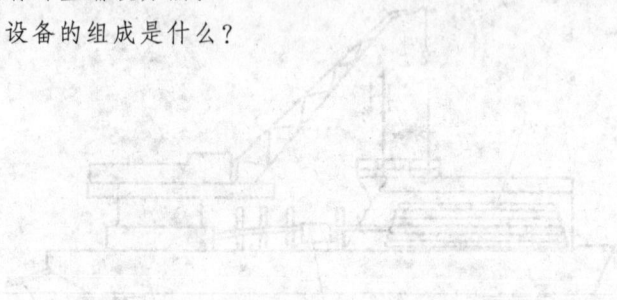

参 考 文 献

[1] 李继志,陈荣振.石油钻采机械概论.东营:石油大学出版社,2001

[2] 李继志,陈荣振.石油钻采设备及工艺概论.东营:石油大学出版社,1992

[3] 华东石油学院矿机教研室.石油钻采机械.北京:石油工业出版社,1980

[4] 陈如恒,沈家骏.钻井机械的设计计算.北京:石油工业出版社,1995

[5] 万邦烈,李继志,等.石油工程流体机械.北京:石油工业出版社,1999

[6] 万邦烈.采油机械的设计计算.北京:石油工业出版社,1988

[7] 方华灿.海洋石油钻采装备与结构.北京:石油工业出版社,1990

[8] 方华灿.海洋石油钻采设备理论基础.北京:石油工业出版社,1984

[9] 赵怀文,陈智喜.液压与气动.北京:石油工业出版社,1988

[10] 陶景明,杨敏嘉.采油机械.北京:石油工业出版社,1988

[11] 刘希圣.钻井工艺原理.北京:石油工业出版社,1980

[12] 王鸿勋,张琪,等.采油工艺原理.北京:石油工业出版社,1989

[13] 张琪.采油工程原理与设计.东营:中国石油大学出版社,2006

[14] 陈庭根,管志川.钻井工程理论与技术.东营:中国石油大学出版社,2006

[15] 蒋有录,查明.石油天然气地质与勘探.北京:石油工业出版社,2006

[16] 何耀春,赵洪星.石油工业概论.北京:石油工业出版社,2006

[17] 张毅.采油工程技术新进展.北京:中国石化出版社,2005

[18] 杨树栋,李权修,韩修廷.采油工程.东营:石油大学出版社,2005

[19] 邹艳霞.采油工艺技术.北京:石油工业出版社,2006

[20] 李颖川.采油工程.北京:石油工业出版社,2005

[21] 大港油田集团钻采工艺研究院.国内外钻井与采油设备新技术.北京:中国石化出版社,2005

[22] 姚长钢.石油地质学基础.北京:石油工业出版社,1991

[23] 中国石油天然气总公司人教局.钻井工程.北京:石油工业出版社,1992

[24] 李介士.水平钻井完井及增产技术.北京:石油工业出版社,1993

[25] 中国石油天然气总公司勘探局.石油钻探新技术.北京:石油工业出版社,1998

[26] 杨服民,耿玉广,等.华北油田采油工程技术.北京:石油工业出版社,1998

[27] 胡博仲.低渗透油田增效开采技术.北京:石油工业出版社,1998

[28] 王仲茂,王怀彬,胡之力.高新采油技术.北京:石油工业出版社,1998

[29] 王杰祥.油水井增产增注技术.东营:中国石油大学出版社,2006

[30] 冯叔初,郭揆常,王学敏.油气集输.东营:石油大学出版社,1988

［31］ 往复泵设计编写组.往复泵设计.北京:机械工业出版社,1987

［32］ 张湘亚,陈弘.石油化工流体机械.东营:石油大学出版社,1996

［33］ 钱锡俊,陈弘.泵和压缩机.东营:石油大学出版社,1989

［34］ 汪云英,张湘亚.泵和压缩机.北京:石油工业出版社,1994

［35］ 姜培正.流体机械.北京:化学工业出版社,1991

［36］ 邓定国,束鹏程.回转式压缩机.北京:机械工业出版社,1985

［37］ 龚伟安.钻井液固相控制技术与设备.北京:石油工业出版社,1995

［38］ 张奇志.电动钻机自动化技术.北京:石油工业出版社,2006

［39］ 苏义脑,等.井下控制工程学研究进展.北京:石油工业出版社,2001

［40］ R 谢菲尔德.浮式钻井设备及使用.北京:石油工业出版社,1988

［41］ 马志良,罗德涛.近海移动式平台.北京:海洋出版社,1993

［42］ 胡瑞华.近海钢质桩基平台.北京:海洋出版社,1989

［43］ 曾宪锦.海上油气田生产系统.北京:石油工业出版社,1993

［44］ W J 格拉夫.近海工程结构导论.北京:国防工业出版社,1989

［45］ W J 戈雷夫.海上固定式平台的设计制造和安装.北京:机械工业出版社,1986

［46］ D A 菲,J 奥戴.近海边际油田开发技术.北京:石油工业出版社,1990

［47］ 喻肇坤,等.海上采油平台用钢.北京:冶金工业出版社,1988

［48］ 广州船舶及海洋工程设计院交通部广州海上救助打捞局.近海工程.北京:国防工业出版社,1991

［49］ 程海舟.海洋未解之谜.百花洲文艺出版社,2004

［50］ 安国亭.海洋石油开发工艺与设备.天津:天津大学出版社,2001

［51］ 陈宽.近海工程导论.北京:海洋出版社,1988

［52］ 魏宝明.金属腐蚀理论及应用.北京:化学工业出版社,1984

［53］ 李金桂,赵闺彦.腐蚀和腐蚀控制手册.北京:国防工业出版社,1998

［54］ 美国腐蚀工程师协会.腐蚀与防护技术基础.朱日彰,等,译.北京:冶金工业出版社,1987

［55］ 许肖梅.海洋技术概论.北京:科学出版社,2000

［56］ 冯士筰,李凤岐,李少菁.海洋科学导论.北京:高等教育出版社,1999

［57］ 马良.海底油气管道工程.北京:海洋出版社,1987